Robert Sommer

Lehrbuch der psychopathologischen Untersuchungs-Methoden

Robert Sommer

Lehrbuch der psychopathologischen Untersuchungs-Methoden

ISBN/EAN: 9783744673051

Hergestellt in Europa, USA, Kanada, Australien, Japan

Cover: Foto ©berggeist007 / pixelio.de

Weitere Bücher finden Sie auf **www.hansebooks.com**

LEHRBUCH

DER

PSYCHOPATHOLOGISCHEN

UNTERSUCHUNGS-METHODEN

VON

Prof. Dr. R. SOMMER
IN GIESSEN.

MIT 86 ABBILDUNGEN.

URBAN & SCHWARZENBERG

BERLIN
NW. DOROTHEENSTRASSE 38/39

WIEN
I., MAXIMILIANSTRASSE 4

1899.

VORWORT.

Das vorliegende Buch ist aus einer Reihe von klinischen Arbeiten entstanden, durch welche mir das Unzureichende der vorhandenen Untersuchungsmethoden zum Bewusstsein kam. Bei dem oft vergeblichen Bemühen, das harte Gestein der Psychopathologie zu durchdringen, wurde es mir allmählich immer deutlicher, dass die Mangelhaftigkeit der Werkzeuge der Hauptgrund für den langsamen Fortschritt auf diesem Gebiete ist. Dabei drängte sich der Vergleich mit dem Entwickelungsgange der körperlichen Pathologie auf, welcher wesentlich durch Verbesserung der Methoden bedingt erscheint. Je mehr ich einsah, welche Hilfsmittel noch fehlten, die in den Grenzgebieten der Physik, der Physiologie und Psychophysik zum Theil schon vorhanden waren, desto mehr fasste ich die Hoffnung, dass sich durch Uebertragung dieser Methoden auf die Psychopathologie und durch Ausbildung neuer, die den besonderen Zwecken und Untersuchungsgegenständen angepasst werden mussten, neue Einsichten in diesen Theil der Naturwissenschaft ergeben würden. So habe ich denn seit Jahren unter Verzicht auf Hypothesen und Theorieen an dem Werkzeug geschmiedet, welches nun mit anderem schon Vorhandenen, besonders mit den von *Kraepelin* in die Psychopathologie eingeführten Methoden, dazu helfen soll, die Hindernisse zu durchdringen und eine Anzahl von Fragen zu lösen.

Eine Menge von technischen Einrichtungen, die sich in der Verfolgung dieser Ideen nothwendig erwiesen, wurden mir erst infolge meiner Berufung nach Giessen durch das Entgegenkommen der hessischen Regierung ermöglicht, die mir in reichlicher Weise Mittel für diese Zwecke gewährte. Bei der Anwendung der Instrumente und den sonstigen umfangreichen Vorarbeiten zu einer Methodenlehre leisteten mir die Herren Dr. *Dannemann*, Dr. *Alber* und Dr. *Rohde* eine so wesentliche Hilfe, dass ich dieselben dankend als Mitarbeiter an dem vorliegenden Buche zu nennen habe.

Eine Arbeit, die in dieser Weise von Einzeluntersuchungen ausgegangen und erst im Laufe von Jahren Stück für Stück zur systematischen Ergänzung gekommen ist, kann, selbst wenn sie in ein System von Methoden eingereiht wird, ihre Herkunft nicht verleugnen und wird mit Nothwendigkeit der Klarstellung der Probleme und der Mittheilung von Untersuchungsresultaten einen grösseren Spielraum gewähren, als es dem üblichen Begriff eines „Lehrbuches" entspricht.

Aber Methoden sind nicht denkbar ohne Probleme, und ihre Brauchbarkeit erhellt nur aus der Mittheilung von Untersuchungsresultaten, in denen durch Anwendung der Methoden etwas zur Lösung der Probleme beigetragen ist. Deshalb sind die öfter eingefügten Auseinandersetzungen über die Ziele der Untersuchung und die eingestreuten Berichte über bestimmte Untersuchungen, die wesentlich differentialdiagnostische Zwecke verfolgen, nicht nur aus der Art der Entstehung des Buches zu erklären, sondern können aus der Natur einer Methodenlehre gerechtfertigt werden.

Andererseits habe ich versucht, eine zusammenfassende Uebersicht über die zum Theil vorhandenen, zum Theil noch zu schaffenden Methoden zu geben, um damit dem Charakter des Lehrbuches zu entsprechen, und hoffe dabei den Männern, welche die Hilfsmittel der klinischen Psychiatrie verbessert und neue Bahnen gewiesen haben, gerecht geworden zu sein. Viel mehr aber als durch die kaum zu erreichende Vollständigkeit soll diese Schrift insofern ein Lehrbuch sein, als sie lehrt, wie man sich zur Lösung eines psychopathologischen Problems das methodische Werkzeug schafft.

Giessen, 1. Juli 1898.

Robert Sommer.

INHALTS-ÜBERSICHT.

Einleitung.

Seite

Methodenlehre als Voraussetzung einer wissenschaftlichen Psychopathologie 1— 3

I. Theil.

Darstellung der optischen Erscheinungen 4—21

1. Beschreibung . . . . 4— 5
2. Reproduction mit optischen Methoden . . . . 5—11
3. Schematische Darstellung experimentell bewirkter Haltungen und Bewegungen . . . . 11—21

II. Theil.

Analyse der die Erscheinungen bedingenden Bewegungsvorgänge mit motorisch-graphischen Methoden . . . . 22—139

1. Untersuchung des cerebralen Einflusses auf Reflexe . . 24— 93
   a) auf den Kniesehnenreflex . . . 24— 82
   b) „ „ Pupillenreflex . . 82— 93
2. Analyse der directen Ausdrucksbewegungen . . . . 93—139
   a) an den Händen . 93—134
   b) „ „ Beinen . 134—139

III. Theil.

Darstellung der akustischen Aeusserungen . . . . . . 140—153

a) Beschreibung . . . . 140—141
b) Reproduction durch den Phonographen . . . 141—152
c) Analyse durch motorisch-graphische Methoden . . . 152—153

**

IV. Theil.

Seite

Untersuchung der psychischen Zustände und Vorgänge . 154—388

Zeitlicher Ablauf von Vorstellungen . . . 156—166

Qualitative Bestimmung der inneren Vorgänge . 166—168

Wahrnehmung und Auffassungsfähigkeit . . . 168—176

Sinnestäuschungen . . . . 176—180

Orientirtheit . . . 180—281

Gedächtniss . . . . . 281—284

Schulkenntnisse . 284—293

Rechenvermögen . 293—326

Associationen . . . . 326—388

Schlusswort . 389—392

Sach-Register . 393—399

EINLEITUNG.

Methodenlehre als Voraussetzung einer wissenschaftlichen Psychopathologie.

Die Wissenschaft im Gegensatz zur blossen Sammlung zufälliger Erfahrungen beruht auf der Anwendung bestimmter Methoden bei der Untersuchung. Nur durch die planmässige Beobachtung kann das Wesentliche in einer Reihe von Erfahrungen erkannt und das Zufällige davon ausgeschieden werden. Vor allem kann nur durch consequente Anwendung einer bestimmten Methode das Subjective, welches in dem einzelnen Beobachter liegt, ausgeschaltet und eine Vergleichbarkeit der Ergebnisse erreicht werden.

Diese Sätze gelten vor allem bei der Untersuchung von psychopathischen Erscheinungen, weil gerade hier nicht blos in dem zu beobachtenden Subject, sondern auch in dem Beobachter selbst eine Menge von variablen Grössen vorhanden sind, welche die Auffassung des einzelnen Zustandes stören und fälschen. Deshalb muss gerade im Gebiet der Psychopathologie eine Methodenlehre die Voraussetzung und Basis aller wissenschaftlichen Behauptung sein.

In einem auffallenden Widerspruch zu dieser Ueberlegung haben wir gerade in diesem Theil der Naturwissenschaft eine Anzahl zusammenfassender Darstellungen der Forschungsresultate (Lehrbücher), während eine Methodenlehre, welche die Voraussetzung dieser Bücher bilden müsste, abgesehen von einer Anzahl sorgfältiger Untersuchungen in Form von Aufsätzen, fast völlig fehlt. Da nun „Wissenschaft“ für jeden selbstständigen Denker im wesentlichen das Resultat seiner Beobachtungen ist — wenn er auch die Mittheilungen der Literatur in sich aufgenommen hat —, so ist aus der Verschiedenheit der Resultate zu schliessen, dass entweder die Beschaffenheit der beobachteten Subjecte oder die Richtung und Art der Beobachtung eine verschiedene war. Man wird zwar in der Psychopathologie immer damit rechnen müssen, dass gewisse Unterschiede der Auffassung einzelner Forscher sich aus dem qualitativen Unterschied der beobachteten Fälle erklären; diese wichtige Thatsache wird aber nur dann ganz ins Klare gestellt werden können, wenn die Art der Untersuchung für alle Beobachter einigermassen gleichmässig geregelt und dadurch das Subjective in der Auffassung der Erscheinungen möglichst vermieden wird.

Dieser Grundstock von allgemein verwerthbaren Feststellungen mag dann von dem einzelnen Beobachter in allen den Punkten, in denen ihm eine genauere Erforschung nothwendig erscheint, ergänzt werden.

Es soll also das im Folgenden Gesagte nicht in dogmatischer Weise die psychopathologischen Methoden bestimmen, sondern nur das Fundament festlegen, auf welchem die einzelnen Beobachter weiterbauen können und auf dem sich eine Verständigung über die verwickelten Fragen der Psychopathologie erzielen lässt.

Auf die Entwicklung der psychopathologischen Methodik werfen wir nur einen kurzen Blick.

Die Methode der psychiatrischen Beobachtung war ursprünglich eine optisch-verbale für die sichtbaren und eine akustisch-verbale für die hörbaren Aeusserungen der Kranken. Man setzte in Worte um, was man sah und hörte. Dabei ist diese Art der Darstellung verhältnissmässig noch wissenschaftlich gegenüber der verbalen Schilderung der subjectiven Eindrücke des Beobachters, welche einen grossen Theil alter psychiatrischer Krankengeschichten ausmachte, und im Gegensatz zu den unerwiesenen Behauptungen, Urtheilen und Schlüssen, die sich in Form von fremdländischen Namen (hypochondrisch, melancholisch, paranoïsch u. s. f.) oder anderen Sammelbegriffen (schwachsinnig, verwirrt u. s. f.) auch jetzt noch in den meisten ärztlichen Acten und Gutachten finden.

Jene optisch-verbalen und akustisch-verbalen Darstellungen traten wesentlich graphisch in Gestalt von Krankengeschichten zutage. Man beschrieb die Handlungen des Kranken, besonders sein Benehmen bei der Aufnahme, bei der Verbringung in bestimmte Abtheilungen, beim Baden, ferner das Verhalten zu der Hausordnung, kurz das Anstaltsleben in groben oder feineren Zügen. In Bezug auf seine inneren Zustände behalf man sich mit den erwähnten Stichworten.

Durch die vielgepriesene anatomische Entwicklung der Psychiatrie wurde die klinische Beobachtung der Kranken zunächst in keiner Weise verbessert. Man baute mikroskopische Laboratorien und liess die lebenden Kranken im gleichmässigen Gang des Anstaltslebens ohne methodische Untersuchung. Die Umwandlung dieses Zustandes wurde durch folgende drei Momente angebahnt:

1. Durch eine Anzahl genauer, zum Theil monographischer Beschreibungen gewisser Zustände aus dem weiteren Gebiete der Geisteskrankheiten, welche methodisch anregend auf die klinische Psychiatrie wirkten.
2. Durch die Uebertragung der bei Untersuchung von Sprachstörungen gewonnenen Methoden in die Psychopathologie.
3. Durch die Uebertragung von psychophysischen Methoden besonders der *Wundt*'schen Schule.

Hier liegt der eigentliche Wendepunkt in der Entwicklung der klinischen Psychiatrie bei ihrer Umwandlung zu einer methodischen Wissenschaft.

Nachdem *Kraepelin* sich schon seit Jahren die Aufgabe gestellt hatte, „die Methoden und Ergebnisse der psychologischen Forschung für die Psychiatrie nutzbar zu machen"[1]), hat er eine Anzahl von Einzeluntersuchungen seiner Schule in den psychologischen Arbeiten zusammengefasst.

Zur Einleitung dieses Werkes hat *Kraepelin* sich principiell über den psychologischen Versuch in der Psychiatrie ausgesprochen. Sein Ausgangspunkt ist das psychophysische Laboratorium *Wundt's*. Nachdem er die bahnbrechende Thätigkeit *Wundt's* geschildert hat, sagt *Kraepelin* pag. 4: „Gerade die Psychopathologie, so sollte man erwarten, könnte in ganz besonderem Masse davon Nutzen ziehen, dass nunmehr eine wirkliche Physiologie der Seele sich zu entwickeln beginnt. Gleichwohl ist die Zahl der Irrenärzte, welche sich eingehender mit den Ergebnissen dieser Wissenschaft bekannt gemacht oder gar selbst zum psychologischen Experiment gegriffen haben, eine ganz verschwindende."

Hier setzt *Kraepelin* mit seinen Bestrebungen ein: Es handelt sich im wesentlichen um Uebertragung psychophysischer und psychologischer Methoden von dem Gebiet des Normalpsychologischen auf die Psychopathologie.

Das vorliegende Buch hat in dieser Beziehung die gleiche Tendenz, erweitert jedoch die Aufgabe dahin, das ganze Gebiet der Psychopathologie auch in den Punkten, in denen die Anwendung von psychophysischen Instrumenten und bekannten psychologischen Methoden unmöglich ist, auf einer experimentellen Grundlage aufzubauen; sucht ferner für eine Reihe von Erscheinungen, für deren Untersuchung die Psychophysik und Psychopathologie bisher überhaupt keine Untersuchungsmittel bietet, besondere Methoden zu schaffen.

Allerdings ist diese erweiterte Aufgabe schon bei *Kraepelin* ausgesprochen, wenn er sagt:

„Jede Wissenschaft entwickelt ihre Hilfsmittel nach ihren Bedürfnissen. Unsere Aufgabe ist es daher, nicht einfach blindlings die Arbeitsweise des psychologischen Laboratoriums in den Krankensaal zu übertragen, sondern die dort bewährten Anschauungen und Forschungsmethoden in Formen umzuprägen, welche den eigenthümlichen Verhältnissen unseres Arbeitsgebietes angepasst sind."

Ferner sagt *Kraepelin* (l. c. pag. 7): „Daraus ergibt sich die Nothwendigkeit, soviel wie irgend möglich Methoden zu ersinnen, welche sich an die psychischen Aufgaben des täglichen Lebens anlehnen, keine ungewöhnlichen Bedingungen in sich schliessen, mit einfachen Hilfsmitteln arbeiten und rasch zum Ziele führen."

Zu der Lösung dieser Aufgabe, welche die blosse Uebertragung psychophysischer Methoden in die Psychopathologie weit überschreitet, sucht das vorliegende Buch beizutragen, indem es die Untersuchungsmethoden systematisch aus der Natur des zu untersuchenden Objectes ableitet.

---

[1]) Cfr. Vorwort der psychologischen Arbeiten. Engelmann, Leipzig.

I. THEIL.

Darstellung der optischen Erscheinungen.

Wir betrachten zuerst die optischen Erscheinungen, welche die Geisteskranken bieten, und behandeln dieselben ebenso wie die Objecte anderer naturwissenschaftlicher Untersuchungen.

Es handelt sich dabei um Haltungen und Bewegungen eines menschlichen Körpers, die von Geisteskranken entweder spontan oder bei der Reaction auf äussere Reize eingenommen oder vollzogen werden.

Diese Erscheinungen können nun entweder von dem Beobachter in Begriffe und Worte umgesetzt werden, welche sich dann am einfachsten in Form einer Beschreibung festhalten lassen (verbalgraphische Methode), oder sie können unter Ausschaltung des beschreibenden Beobachters auf optischem Wege festgehalten und reproducirt werden.

1. Die Beschreibung.

Die Beschreibung ist die älteste aller psychopathologischen Methoden, in vielen Anstalten auch jetzt noch fast die einzige und zäh festgehaltene, weil sie den wesentlichen Punkt bei der Führung einer Krankengeschichte bildet.

Leider wird in den üblichen Krankengeschichten fast niemals das Princip der reinen Beschreibung, welches in der möglichst vollkommenen Darstellung der optischen Erscheinung durch eine Folge von Worten besteht, festgehalten, sondern es werden Eindrücke, Urtheile und Diagnosen hineingemengt, welche der eigentlichen Absicht dieser Methode widersprechen. Wir müssen uns bei der Führung von ärztlichen Acten gewöhnen, die Methode der exacten Beschreibung, wie sie im Gebiete der Nervenpathologie im engeren Sinne längst eingeführt ist, in entsprechender Weise bei psychopathisch bedingten Bewegungen durchzuführen. Allerdings sind die Erscheinungen in unserem Gebiete, z. B. bei katatonischen Grimassen, bei epileptischen Automatismen, bei den „sinnlosen" Bewegungen der Verwirrten viel complicirter und besonders bei rascher Aufeinanderfolge viel schwerer zu erfassen als die Bewegungsanomalien z. B. bei tabischer Ataxie, spastischen Paresen u. s. f. Trotzdem müssen wir uns üben, jene psychopathischen Haltungen und Bewegungen ebenso genau zu beschreiben wie die in der Nervenpathologie bekannten, wennmöglich unter Beziehung auf bestimmte Muskel- und Nervengebiete, weil uns nur dadurch die Möglichkeit gegeben wird, uns über die Natur und den Ausgangspunkt der motorischen Störungen ein Urtheil zu bilden.

Vor allem muss alles, was nicht zur reinen Beschreibung gehört, ausgeschlossen werden, wenn man eine Nachprüfung der niedergelegten Beobachtungen ermöglichen will.

Die häufig zu beobachtenden Fehler dieser Methode sind folgende:

1. Es reicht einer complicirten Erscheinung gegenüber das Fassungsvermögen nicht aus, so dass von vornherein durch Auslassung wichtiger Bestandtheile Fehler entstehen.
2. Es werden Theile des Gesammteindruckes von dem beobachtenden Subject unwillkürlich verändert.
3. Es wird in die gesehenen Haltungen und Bewegungen eine associativ bei dem Anblick ausgelöste Vorstellung oder Stimmung als Inhalt hineinverlegt (z. B. sehr häufig bei katatonischen Grimassen), der in Wirklichkeit oft nicht vorhanden ist.
4. Bei dem Versuch, einen simultanen Gesichtseindruck in eine Reihe von Worten einzukleiden, werden Theile des Erinnerungsbildes vergessen.
5. Durch das Mittel der Sprache werden in dem Leser einer Beschreibung andere Vorstellungen erweckt, als dem Schreiber vorgeschwebt haben.

Diese Fehler drängen mit Nothwendigkeit darauf hin, die Beschreibung in allen den Fällen durch optische Reproduction zu ergänzen, in denen es sich um genauere wissenschaftliche Feststellungen handelt.

Immerhin wird die Beschreibung nach wie vor, besonders wenn sie sich bemüht, lediglich den optischen Eindruck wiederzugeben, ein wichtiges Hilfsmittel der klinischen Psychiatrie bleiben.

2. Reproduction mit optischen Methoden.

Es kommt also im Princip darauf an, die Darstellung der Erscheinungen, welche in den alten Krankengeschichten eine verbale, bezw. graphische war, in einer der Natur des Eindruckes angepassten Weise, nämlich in einer sichtbaren Art, zu geben. Daraus folgt die Anwendung der Zeichnung, und da diese nur wenigen Beobachtern möglich sein wird, der Photographie.

Durch Zeichnung sind uns eine ganze Anzahl von psychiatrischen Eindrücken festgehalten worden, die viel besser als Worte vermögen, uns gewisse Erscheinungen aus der Psychopathologie vorzuführen, selbst wenn diese Eindrücke durch das Subject eines Künstlers gegangen sind. Ich erinnere besonders an die Darstellungen von *Chodowiecki*, *Hogarth*, ferner von *Kaulbach*, die trotz subjectiver Zuthaten nicht blos culturhistorisch, sondern speciell psychiatrisch von grossem Werth sind. Jedenfalls haben uns die Künstler den richtigen Weg der optischen Darstellung sichtbarer Erscheinungen gewiesen.

Die Anwendung der Photographie ist nur ein weiterer Schritt auf diesem Wege. In weiteren Kreisen ist ihre Bedeutung für die Psychopathologie erst durch die Bildersammlung der Salpêtrière zum Verständniss gekommen. In dieser Sammlung wurden hervorragende Resultate photographischer Technik aus dem neurologisch-psychiatrischen Fache mitgetheilt, welche zur weiteren Verbesserung dieser Methoden anregten.

Es kann nun nicht unsere Aufgabe sein, hier die allgemeine photographische Technik zu behandeln, sondern es kommt nur darauf an, die Punkte anzugeben, welche für psychiatrische Aufnahmen von Wichtigkeit sind.

Ich stelle hierfür die folgenden Gesichtspunkte auf:

1. Der Kranke soll nicht besonders zu der photographischen Aufnahme präparirt werden.
2. Der Kranke darf durch die photographische Aufnahme nicht gestört werden.

Aus der ersten Indication wird man im allgemeinen denjenigen Methoden den Vorzug geben, welche eine Momentaufnahme in allen Situationen des Kranken gestatten. Leider ist man bei den gewöhnlichen Momentaufnahmen sehr von den Lichtverhältnissen abhängig. Wählt man daher volles Tageslicht im Freien zu den Aufnahmen, so wird man eine Menge von klinisch sehr wichtigen Zuständen, die sich ausschliesslich im Zimmer, speciell im Wachsaal, im Isolirraum, in der Badewanne etc. zeigen, von der photographischen Aufnahme ausnehmen müssen.

Aus diesem Grunde wird man, abgesehen von den Aufnahmen im Freien, an einen Ersatz des Tageslichtes durch künstliches Licht denken müssen. Es kommt hierfür vor allem das Magnesiumlicht in Frage. Leider wird durch Aufnahme im Dunkeln mit Magnesiumlicht gegen die zweite Indication verstossen, wonach die Kranken durch die photographische Aufnahme nicht gestört werden dürfen. Abgesehen von dem unnatürlichen Gesichtsausdruck, den viele bekommen, wenn ihnen die Beziehung zu einer sichtbaren Umgebung fehlt, abgesehen besonders von der abnormen und den physiognomischen Effect störenden Grösse der Pupillen, welche im Dunkeln eintritt, erschrecken viele Kranke ebenso wie geistig Normale lebhaft unter dem Eindruck des Magnesiumblitzes nach vorhergehender Dunkelheit.

Deshalb ist es am richtigsten, das Magnesiumlicht bei voller Tagesbeleuchtung nur zur Ergänzung der Lichtstärke zu verwenden, das heisst bei Tageslicht mit momentaner Beleuchtung durch Magnesiumblitz zu arbeiten.

Die Vortheile dieser Methode sind folgende:

1. Alle Vorbereitungen können im Hellen vorgenommen werden.
2. Die Unnatürlichkeit der Gesichtsausdrücke infolge von Verdunkelung (abnorme Pupillenweite etc.) wird vermieden.
3. Man kann durch richtige Stellung der Magnesiumlampe eine Menge von physiognomischen Feinheiten, welche bei diffusem Tageslicht verloren gehen, herausheben.

Der physiognomische Eindruck beruht wesentlich auf dem Hervortreten gewisser Linien, welche optisch durch die Furchen der Haut zustande kommen (Nasolabialfalte, Vertical- und Querfurchen der Stirn, Radialfalten am äusseren Augenwinkel etc.). Durch etwas schiefe Stellung des Magnesiumlichtes, welche seitliche Schattengebung bewirkt, kann man diese physiognomischen Feinheiten, welche den Fachphotographen häufig als ein Gegenstand der Retouche erscheinen, wenn sie nicht schon vorher durch das diffuse Tageslicht ausgeglichen sind, deutlich herausheben und dadurch das Wesentliche eines Gesichtsausdruckes kenntlich machen.

Bisher haben wir von der Herstellung von Photographien im gewöhnlichen Sinne gesprochen. Nun muss aber im Princip gesagt werden, dass für eine wissenschaftliche Physiognomik die flächenhaften Photographien nur eine ungenügende Grundlage bieten. Vielmehr muss es unser Bestreben sein, die im Raum ausgedehnte Welt physiognomischer Erscheinungen dreidimensional zu fassen. Es ist deshalb ein dringendes Erforderniss, zunächst die Stereoskop-Photographie in die Psychiatrie einzuführen. Ein plastisch gesehenes Portrait ist mit einem flächenhaften gar nicht zu vergleichen. Bei dem Flächenbilde gehen alle Feinheiten der relativen Grösse und Lage fast ganz verloren. Ich habe mich deshalb bemüht, das Stereoskop-Portrait als wissenschaftliches Hilfsmittel der Psychopathologie zu verwenden und gebe im folgenden eine Reihe von Beispielen.[1])

Fig. 1. Es handelt sich um die seltene, aber im einzelnen Fall prognostisch sehr wichtige Differentialdiagnose zwischen einem vorgeschrittenen Stadium von Paranoia und periodischer Manie.

L. E. aus R., alt 51 Jahre, war schon im Jahre 1889 vorübergehend geistesgestört, war dann im Jahre 1892 9 Monate und 1895 circa 6 Monate in der Irrenanstalt zu H. Seine Erkrankungen sollen mit Hallucinationen, Vergiftungsideen und Aufregungszuständen beginnen, in denen er stark trinke. Vor der Aufnahme in die Klinik am 7. VIII. 1896 äusserte er, er besitze Millionen, ein Kaiserreich etc. In der Klinik fiel nun alsbald neben dem von Wahnideen strotzenden Inhalt seiner Reden das eigenthümlich Maniakalische in seiner Sprechweise und seinem sonstigen Verhalten in das Auge.

Bei der ersten Untersuchung redet er beständig, er schimpft auf seine Brüder und andere Verwandte, behauptet auf Kopf, Hand, Arm etc. tausend Verletzungen zu haben, erzählt von Ueberfällen und Misshandlungen, die ihm widerfahren sein sollen, von Gift etc. Seine Ideen haben etwas Phantastisches und Expansives an sich und wechseln oft: von überall her wähnt er sich verfolgt und vergiftet, bald von Bismarck, bald von den Juden, bald vom Amtsanwalt. Trotz seiner massenhaften Vergiftungsideen isst er sehr viel und zeigt oft heitere Stimmung.

Bei weiterer Beobachtung trat nun der mehr zur Manie passende lebhafte Rededrang in Verbindung mit heftigen Gesticulationen immer stärker hervor, während die Vergiftungsideen nicht constant und ohne den zähen Nachdruck der Paranoïker geäussert wurden.

E. knüpft an alles Mögliche, besonders bei der Lectüre von Zeitungen und historischen Büchern, die er sehr liebt, an, spinnt daraus Wahnideen

[1]) Cfr. Internationale photographische Monatsschrift für Medicin. 1898. *Sommer:* Kurze Mittheilung über stereoskopische Porträt-Aufnahmen bei Geisteskranken.

über Kaiser und Reich, Krieg und Frieden, Papst und Staat; das Schluss-Resumé bei allen Reden ist immer, dass er der einzige sei, der alles richtig machen könne, er besitze die beste Religion, Glauben und Vertrauen auf Gott, er könne deshalb alle Missstände der Welt beseitigen. Er sei ein in jeder, besonders religiöser Hinsicht geläuterter Mensch, der allem Uebel abhelfen könne. Dem einen Patienten legt er die Hand auf den Kopf. behauptet, dieser habe Gottvertrauen und würde bald durch seine Handauflegung gesund. Einem anderen prophezeit er Siechthum; alle Patienten seiner Umgebung prüft er auf ihren Glauben und bemisst danach ihre eventuelle Heilbarkeit. Dann schimpft er wieder auf die schlechte, religionslose Welt und kündet als Prophet baldigen Krieg an. Er ernennt Aerzte. Pfleger und Patienten zu Fürsten und Generälen; spät am Abend will er fort. die Russen ständen schon bei Giessen, er müsse dahin, sonst sei alles verloren.

Es zeigen sich übereinstimmend bei den weiteren Beobachtungen neben dem oft an Paranoia erinnernden Ideeninhalt folgende Züge:

1. Lebhafter Rededrang; 2. rasche Aufeinanderfolge phantastischer Grössenideen; 3. grosser Wechsel seiner Verfolgungs- und Vergiftungsideen; 4. Neigung zu spielen und sich zu schmücken.

Differentialdiagnostisch ist zu bemerken, dass in manchen Fällen von Paranoia, welche mit ausgeprägten Verfolgungsideen beginnen, allmählich eine Neigung zum Confabuliren auftritt mit massenhafter Production von Grössen- und Verfolgungsideen, dass andererseits manchmal bei der Manie derartige Wahnbildungen vorkommen. Aus dem Befund in der Klinik konnte die Differentialdiagnose nur mit einiger Wahrscheinlichkeit zu Gunsten der periodischen Manie mit scheinbar paranoïschen Nebensymptomen entschieden werden. Die Angabe, dass E. in der Zeit zwischen dem ersten und zweiten Anstaltsaufenthalt ganz normal gewesen sei, würde hierzu stimmen. E. wurde am 30. VI. 1897 aus der Klinik entlassen und soll zur Zeit wieder gesund sein.

Jedenfalls drückt das beigegebene Bild physiognomisch den Doppelcharakter des Symptomencomplexes sehr gut aus. Durch den stereoskopischen Anblick wird dieser Eindruck sehr verstärkt.

Fig. 2. Katatonie. Kaspar D. aus W., geb. 1867. Aufnahme in die Klinik am 16. VII. 1896. Ein Brudersssohn der Grossmutter war geisteskrank. D. erkrankte im 21. Jahre zum erstenmal. Er sei so „halsstarrig" gewesen, habe immer das Entgegengesetzte von dem, was sein Vater haben wollte, gemacht (Negativismus). Seit Februar 1896 arbeitete er fast gar nichts mehr, schimpfte viel auf den Mann seiner Schwester, sprach von den „Schwarzen", die ihm erschienen seien; er hat grosse Angst vor ihnen, verschliesst sich deshalb, sagt, er habe alle umgebracht bis auf zwei. Manchmal hat er stereotype Bewegungen mit der Hand gemacht, „als ob er einen umbringen wolle". Zeitweise habe er gar nicht, dann wieder sehr viel geredet. D.'s Krankheit erwies sich bei der klinischen Beobachtung immer deutlicher als Katatonie schwerster Art, während er in der ersten Zeit bei völliger Orientirtheit, gutem Gedächtniss, guten Schulkenntnissen etc. nur leichte Hemmungserscheinungen und Negativismus gezeigt hatte. Allmählich wurde die Stereotypie der Haltungen und der Negativismus immer stärker.

22. VII. Alle Versuche der Fütterung (mit dem Löffel und der Sonde) scheitern an dem hartnäckigen Widerstande. Patient hat 14 Pfund (!) abgenommen.

Fig. 2.

Fig. 3.

Fig. 4.

Fig. 7.

Die Figuren 1, 5, 6 *a* und *b* sind als Stereoskop-Porträts am Schlusse des Buches beigegeben.

15. VIII. Es ist ganz unmöglich, den Patienten dazu zu bewegen, dass er sich im Bett umlegt. Wie vor drei Wochen so sitzt er heute noch im Bett, den Rücken leicht gekrümmt, die Beine angezogen, den Kopf starr nach der Bettdecke gerichtet, die Hände und Arme unter der Bettdecke. Diese Haltung wird Tag und Nacht festgehalten. Einmal im Laufe der letzten 10 Tage hat Patient sich während der Nacht 3 Stunden im Bett umgelegt. (!) Ruft ihn der Arzt, um mit ihm zu sprechen, so wendet er den Kopf nach der entgegengesetzten Seite, gibt auf Fragen keine Antwort.

Später hat sich die Stereotypie mehr in bestimmten Bewegungsreihen gezeigt, indem D. z. B. hundertmal am Tage zum Closet lief, oder fortwährend spuckte, oder in einer anderen Periode fortwährend mit der rechten Hand wie haschend bei gebückter Körperhaltung am Boden entlang fuhr.

Auf dem vorliegenden Stereoskop-Porträt ist die Starrheit der Haltung, das feste Umspannen des Bechers, der trotzige und feindliche Blick ausserordentlich charakteristisch.

Fig. 3. Genuine Epilepsie. (Adam S. aus R. Der Fall ist pag. 37 dieses Buches genauer beschrieben.) Das Bild stellt den müden Zustand nach einem epileptischen Anfall dar. Der Unterkiefer hängt leicht herunter, die Finger sinken wie die Arme schlaff herab. Zugleich sind die leichten Abnormitäten der Ohrbildung auf dem stereoskopischen Bilde sehr gut zu erkennen.

Fig. 4. Genuine Epilepsie. (O. H. aus D. Der Fall ist im IV. Theil dieses Buches genauer behandelt.) Mässiger epileptischer Schwachsinn mit einer stark egocentrischen Religiosität, die auf dem Bilde in der Blickrichtung und Kopfhaltung angedeutet ist.

Fig. 5. Polyneuritische Psychose (Frau R. aus F., Krankengeschichte cfr. *Rohde*, Ueber polyneuritische Psychosen, Zeitschrift für praktische Aerzte, 1898, Heft 2) mit starken amnestischen Störungen. Sie hat wenige Minuten, nachdem sie sich in einer Situation anscheinend ganz besonnen benommen hat, diese wieder vollständig vergessen und sieht fortwährend erstaunt aus, was auf der Stereoskop-Photographie deutlich zum Ausdruck kommt.

Fig. 6 *a* und *b*. Verwirrtheit bei puerperaler Septikämie. Frau E. N. aus G., geb. 30. VII. 1875. Aufnahme in die psychiatrische Klinik in Giessen am 28. V. 1896. Hereditäre Belastung nicht zu ermitteln. Am 1. V. Geburt eines Kindes ohne Kunsthilfe. Drei Tage später Fieber. Bei einer Scheidenspülung soll „ein Stück Eihaut“ mitgekommen sein. Das Fieber dauerte fort, wobei die Kranke psychisch klar war. Ungefähr am 24. V. wurde sie verwirrt, nahm keine Nahrung, war nachts unruhig und schrie bisweilen laut. Es erfolgte Eintritt in die Universitäts-Frauenklinik in G. Der Befund an den Genitalorganen war negativ. Sie war völlig benommen, reagirte auf nichts, blickte ganz theilnahmslos um sich. Nachts unruhig, strebte immer aus dem Bett und schrie. Temperatur 40°. In die psychiatrische Klinik transferirt, zeigte sich eine völlige Verwirrtheit mit Prostration und hohem Fieber. Der Verlauf ist kurz folgender: Das Fieber dauerte in wechselnder Höhe bis 15. VI. Wegen völliger Nahrungsverweigerung musste sie bis zum 9. VI. mit der Schlundsonde genährt werden. Anfangs Juni begann sie manchmal Züge von Verständniss für ihre Umgebung zu zeigen.

2. VI. Sie liegt bald ins Leere starrend und interesselos, bald mit etwas ausdrucksvollerem Blick die Umgebung musternd im Bett, spricht nichts, zeigt aber durch Bewegungen der Augen, manchmal auch durch das ganze Mienenspiel, dass sie die Umgebung zu begreifen anfängt.

Dieser Zustand der völligen Prostration bei beginnender Klärung des Bewusstseins ist in Fig. 6 *a* festgehalten und ersichtlich.

20. VI. Immer noch keine sprachliche Aeusserung, dagegen stets lebhafter werdendes Mienenspiel. Häufig Thränen.

23. VI. Die sprachliche Hemmung ist unverändert, bei ersichtlich besser werdender Apperception.

1. VII. Seit vorgestern ist eine plötzliche Veränderung eingetreten: Sie weint fortgesetzt vor sich hin, verweigert wieder die Nahrungsaufnahme, nimmt körperlich rasch ab. Sie hat nun weiter bis Mitte September eine Krankheitsperiode durchgemacht, in der man sie bei Mangel der Anamnese hätte für eine einfach Melancholische halten können. Mit kurzen Zwischenpausen, in denen sie etwas Flüssigkeit nahm, musste sie wieder lange Zeit künstlich ernährt werden. Ende September trat endlich geistig und körperlich definitive Wendung zum Besseren ein, so dass sie am 6. XII. geheilt entlassen werden konnte. Das Merkwürdige in dem Krankheitsverlauf ist das Auftreten einer melancholischen Phase nach Besserung der Verwirrtheit, immer noch mit Prostration verbunden.

Dieser Zustand ist in der Fig. 6 *a* dargestellt. Als Flächenbild zeigt letztere eine starke perspectivische Verziehung, bei stereoskopischer Betrachtung tritt jedoch das Charakteristische des Gesichtsausdruckes gerade bei dieser Stellung des Beobachters, welche einen deutlichen Einblick in die stark verzogene Mundpartie gewährt, sehr gut hervor.

Jedenfalls bieten die beiden Bilder einen optischen Beweis für die Richtigkeit der in der Krankengeschichte gegebenen Beschreibungen.

Als Anhang zu der Untersuchung der Haltungen und Bewegungen müssen wir die Darstellung der morphologischen Zustände besprechen. Auch hier handelt es sich um sichtbare Erscheinungen und um ihre Messung. Wenngleich die Beziehungen der morphologischen Abnormitäten zu den endogenen geistigen Abnormitäten noch dunkel sind, so empfiehlt es sich doch, sorgfältig auf alle körperlichen Abweichungen zu achten. Abgesehen von der einfachen photographischen Nachbildung, welche mit ziemlicher Genauigkeit auch Messung bestimmter Körpertheile ermöglicht, falls die Gesammtlänge des photographirten Objectes bekannt ist, kommen hier vor allem die Körpermessmethoden in Betracht.

In erster Linie verdient die Bertillonage genannt zu werden. Diese Methode hat jedoch im wesentlichen nur den Zweck, zu identificiren, das heisst eine rasche Wiederfindung, beziehungsweise Wiedererkennung speciell krimineller Individuen zu ermöglichen.

Für die wissenschaftliche Frage nach dem Bestand von morphologischen Abnormitäten bedarf es jedoch einer genaueren Messung und Feststellung der relativen Grössenverhältnisse einzelner Körpertheile.

Auch hierfür ist nun die Stereoskop-Photographie ein vorzügliches Mittel, da sie Abnormitäten, welche der Messung entgangen sind, festhält und vielfache Betrachtung der räumlichen Verhältnisse gestattet. Als Beweis gebe ich:

Fig. 7. Angeborener Schwachsinn mit morphologischen Abnormitäten. Auf dem Stereoskop-Porträt ist die sehr complicirte abnorme Ohrform, die Prominenz der Jochbögen, die starke Wölbung der Arcus superciliares, die geringe Entwicklung des Unterkiefers u. s. f. sehr leicht erkennbar. Ebenso klar tritt die durch Kypho-Skoliose bedingte abnorme Haltung hervor. Das Bild beweist, wie sehr die stereoskopische Methode zum Studium der morphologischen Abnormitäten brauchbar ist.

In dem einen der gegebenen Beispiele (Fig. 6*a* und *b*) sind zwei verschiedene Stadien einer Krankheit durch stereoskopische Bilder festgehalten worden. Im Sinne dieses Versuches wäre es principiell wichtig, die Stereoskop-Photographie zur Darstellung ganzer Bewegungsreihen, wie wir sie in der merkwürdigsten Form bei den maniakalischen, hallucinatorischen und katatonischen Zuständen finden, anzuwenden. Das Princip der „Reihenphotographie“, welches von *Edison, Anschütz, Lumière* und anderen ausgebildet ist, muss in die Psychopathologie übertragen werden, wenn eine Menge merkwürdiger Bewegungserscheinungen bei Geisteskranken für die wissenschaftliche Behandlung greifbar gemacht werden sollen. An Stelle der schönen Worte, mit welchen wir uns über die Unbeschreiblichkeit vieler Erscheinungen hinweggetäuscht haben, muss eine exacte Analyse womöglich mit dreidimensionaler Nachbildung der einzelnen Momente treten.

Ich habe versucht, für speciell physiognomische und psychiatrische Zwecke einen solchen „Bewegungsseher“ herstellen zu lassen.

Das Wesentliche des Apparates besteht darin, dass der Rotations-Momentverschluss mit den Walzen, über welche sich das lichtempfindliche Papier abwickelt, durch eine Axe verbunden und vermittelst dieser durch die gleiche Kraft isochron bewegt wird. Als Kraftquelle dient eine Feder.

Da es für psychopathologische Zwecke oft unnöthig ist, die feinsten Uebergänge in kleinen Zeiträumen zu erforschen und es genügend erscheint, wenn in Pausen von $^1/_2$—1 und mehr Secunden Aufnahmen gemacht werden, so empfiehlt es sich, eine Vorrichtung anzubringen, mit welcher man den Ablauf der Walzen nach Belieben hemmen kann.

Unterdessen ist die Technik durch Construction einfacher und relativ billiger Apparate dem praktischen Bedürfniss soweit entgegengekommen, dass die weitere Behandlung des erwähnten Versuches an dieser Stelle überflüssig erscheint.

Jedenfalls ist das Ideal für psychiatrische Zwecke ein stereoskopischer Kinematograph mit der Möglichkeit, die Zeiten zwischen den einzelnen Aufnahmen beliebig zu verändern.

3. Schematische Darstellung experimentell bewirkter Haltungen und Bewegungen.

Wenn man bei der Untersuchung der pathologischen Innervationszustände über die blosse Beschreibung oder photographische

Darstellung der spontanen Haltungen und Bewegungen hinausgehen will, handelt es sich wesentlich um drei Aufgaben, nämlich:

1. alles Verbale aus der Untersuchung auszuschalten;
2. möglichst verschiedene Innervationsgebiete in das Bereich der Untersuchung zu ziehen;
3. die gleichen Reize auf eine grosse Menge verschiedener Individuen, und dieselben Reize bei dem gleichen Individuum zu verschiedenen Zeiten anzuwenden, um eine Vergleichbarkeit der Resultate zu erzielen.

Zu dem ersten Punkt (Ausschaltung des Verbalen) ist Folgendes zu bemerken:

Es kann natürlich im einzelnen Fall von grossem Interesse sein zu untersuchen, wie sich ein Kranker auf zugerufene Befehle, bestimmte Haltungen anzunehmen oder Bewegungen auszuführen, verhält. Die Wirkung des Wortcommandos zu erforschen ist sicher eine oft sehr lohnende Aufgabe, und es erschien mir zuerst wünschenswerth, diese Untersuchungsart in Form einer bestimmten Reihe von Reizen auszugestalten. Es zeigen sich jedoch bei der Anwendung eine Menge von Schwierigkeiten besonders im Hinblick auf die Gleichheit des Reizes. Bei der Befehlsgebung spielt die Art, wie ein Mensch das Befehlswort ausspricht, eine zu grosse Rolle. Die praktische Erfahrung in allen Organisationen, bei denen es auf stricte Ausführung von Befehlen ankommt (Militär etc.), lehrt, dass es wesentlich auf die persönliche Art der Befehlsgebung ankommt, auf die Intensität des Ausdruckes, die Raschheit der Aussprache, den Stimmklang. Ein Befehlswort kann durch die Art der Aussprache zu einem inhaltslosen Wortgehäuse werden, welches den Befehlscharakter ganz verliert.

So beobachtet man auch, wenn man einen Kranken den gleichen Befehl von verschiedenen Personen ertheilen lässt, dass die Wirkung zum grossen Theil abhängt von der Art des Sprechens. Die scheinbare Gleichheit des Reizes tritt hier vor der individuellen Verschiedenheit der sprechenden Subjecte völlig zurück. Und auch das gleiche Individuum wird bei einer Untersuchung am Kranken schwerlich in der Lage sein, den Befehlscharakter des Wortes immer in gleicher Weise zum Ausdruck zu bringen.

Untersuchungen über das Verhalten von Kranken gegen Wortcommando sind also zwar im allgemeinen wünschenswerth, erscheinen aber im einzelnen Fall sehr zweifelhaft, da die Gleichheit der Reize nur eine hypothetische ist.

Ich habe deshalb versucht, für die elementaren Feststellungen, um die es sich für uns handelt, das Wort womöglich ganz auszuschalten und andere Reize an seine Stelle zu setzen.

Es erschien mir nun bei vielen Versuchen die Reaction auf zwei Arten von nichtverbalen Reizen immer bedeutungsvoller für das vorliegende Problem, nämlich:

a) das Verhalten der Kranken gegen gewisse von dem Untersuchenden vorgemachte Bewegungen, das heisst die motorische Reaction auf gesehene Bewegungserscheinungen, speciell am lebenden Körper (des Untersuchenden);

b) das Verhalten gegen passive Bewegungen, das heisst die Reaction auf Bewegungsvorgänge, mit denen der Untersuchende einzuwirken sucht.

Das erste Moment spielt schon in der normalen Psychologie eine bedeutende Rolle. Bei dem Anblick von bewegten Gegenständen, speciell bei Bewegungen organischer Körper, statten wir das Object in der Anschauung mit Impulsen aus, die erst in uns selbst subjectiv vorhanden gewesen sein müssen, bevor wir sie in die Form des Gegenstandes oder in die bei seiner Bewegung für unser Auge aufeinanderfolgenden Formen hineinlegen können. In vielen Fällen sind diese Impulse so stark, dass sie in uns, das heisst im betrachtenden Subject selbst zu objectiven Bewegungen (unwillkürlichen Ausdrucksbewegungen) führen, welche in vielen Fällen die Bewegung des Objectes nachzuahmen scheinen. Diese Mitbewegung beim Anblick von bewegten Formen ist sicher ein starkes psychologisches Moment des normalen geistigen Lebens speciell bei physiognomischen Wirkungen vor allem in der Kunstanschauung. Es ist ferner zweifellos, dass es Zustände erhöhter Suggestibilität speciell für Bewegungen gibt und dass diese besonders bei bestimmten hysterischen und hypnotischen Phänomenen eine grosse Rolle spielt.

Ferner sind in der Symptomenlehre des als Katatonie bezeichneten Bildes schwerer Geisteskrankheit eine Reihe von Erscheinungen bekannt, welche deutliche Beziehung zu diesem psychischen Grund-Phänomen der Suggestibilität für Bewegungen haben.

Es lag daher bei dem Versuch, verbale Reize zu vermeiden, nahe, diesen optisch-motorischen Zugang zu dem inneren Zustand eines Kranken zu wählen und zu prüfen, wie er sich gegen eine Reihe von vorgemachten Bewegungen verhält. Auch hier war es erforderlich, nicht nur diejenigen Reactionen in Betracht zu ziehen, bei denen auf eine gesehene Bewegung eine Reaction des Untersuchten in Form von Nachahmung erfolgte, sondern auch anzumerken, ob sich im einzelnen Fall eine andere Art von Reaction, z. B. eine verbale, zeigte, da das Nichtvorhandensein der Suggestibilität für gesehene Bewegungen ebensogut ein positives psychisches Symptom ist wie das Vorhandensein derselben.

Bei der Vermeidung von verbalen Reizen war ich in zweiter Linie auf das Verhalten des Kranken gegen passive Bewegungen gekommen. Diesem theoretischen Gedanken kamen eine Reihe von schon vorhandenen klinischen Beobachtungen entgegen. Bei der Prüfung der als Katalepsie bezeichneten Spannungszustände, sowie der psychomotorischen Zustände, welche dem „Negativismus“ zugrunde liegen, gelangt man in gleicher Weise zu der Aufgabe, die Reaction des Kranken auf bestimmte passive Bewegungen, die der Untersuchende an seinem Körper, meist an den Extremitäten vornimmt, zu ermitteln. Somit stand auch hier die bisherige klinische Erfahrung mit der theoretischen Forderung, Wortreize möglichst zu vermeiden, durchaus im Einklang.

Ich habe aus diesen Ueberlegungen bei der Aufstellung des Untersuchungsschemas unter Ausschluss verbaler Reize (Wortcommando) mich lediglich auf:

a) optische und
b) mechanische Reize, und zwar
ad *a)* gesehene Bewegungen, ad *b)* passive Bewegungen beschränkt.

Die allgemeine Absicht dieses Schemas ist also die, ad *a)* die Suggestibilität für gesehene Bewegungen, ad *b)* die Erscheinungen der Katalepsie und des Negativismus möglichst klar im einzelnen Fall herauszustellen und ein vergleichbares Material für die Analyse dieser psychopathologisch wichtigen Phänomene zu erhalten.

Es handelte sich nun ad 2 darum, eine Reihe von verschiedenen Innervationsgebieten herauszugreifen, da die gewöhnlich geprüften Bewegungen der Extremitäten nur einen geringen Bruchtheil der in Betracht kommenden Muskel- und Nervengebiete berühren. Dabei mussten in Bezug auf die beiden Aufgaben (Prüfung der Suggestibilität und des Verhaltens bei passiven Bewegungen) möglichst solche Bewegungen herausgesucht werden, welche für den Untersuchenden und den Untersuchten nicht zu unbequem waren. Eine Identität der einzelnen Bewegungen bei der Prüfung der Suggestibilität und des Verhaltens gegen passive Bewegungen war nicht erforderlich.

Dagegen wurde ad 3 die Gleichheit des Reizes durch Prüfung einer grossen Menge von Kranken und durch vielfache Prüfung der gleichen Kranken nach demselben Schema im Auge behalten.

Das von diesen Gesichtspunkten aus entworfene Schema hat folgende Form erhalten:

Innervationszustände.

Name:	Nr.:
Datum:	Stellung vor Beginn d. Experimentes:
Zeit:	

a) Suggestibilität für Bewegungen.	**b) Passive Bewegungen.**
1. Hand nach rechts:	1. Beugen des rechten Armes:
2. Hand nach links:	2. Drehung des Kopfes nach rechts:
3. Kreisbewegung mit der Hand:	3. Drehung des Kopfes nach links:
4. Kreuzbewegung mit der Hand:	4. Nickbewegung:
5. Kopfnicken:	5. Zeigefinger zur Nase:
6. Schnurbartdrehen:	6. Schliessen der Augenlider:
7. Stirnrunzeln:	7. Hebung des rechten Armes:
8. Zunge vorzeigen:	8. Beugen des Rumpfes:
9. Schütteln des Kopfes:	9. Beugen d. recht. Beines im Knie:
10. Spreizen der Finger:	10. Beugen d. link. Beines im Knie:

In diesem Schema beziehen sich ad *a)* Nr. 1—4 auf Bewegungen der Hand und des Armes (Hand nach rechts, nach links, Kreisbewegung, Kreuz). Auf den Kopf bezieht sich Nr. 5 (Kopfnicken) und Nr. 9 (Schütteln des Kopfes). auf die Gesichts- und Zungenmuskeln Nr. 7 und 8 (Stirnrunzeln und Herausstrecken der Zunge). In Nr. 6 wird nochmals eine Bewegung des Armes und der Hand aufgenommen, und zwar zu einem Zweck, der sehr complicirte Bewegungen erheischt und sich auf das Gesicht bezieht (Schnurbartdrehen). In Nr. 10 ist noch einmal auf eine bestimmte Bewegung der Finger eingegangen, die es ermöglicht, leichtere Zittersymptome zu erkennen, welche den Uebergang zu neurologisch bekannten Phänomenen bilden.

Von Bewegungen der Beine und des Rumpfes musste in dieser Reihe leider Abstand genommen werden, weil die Situation des Untersuchenden und des Untersuchten meist nicht übereinstimmt und infolge dessen diese Bewegungen gar nicht nachgemacht werden könnten. Der Untersuchte liegt meist im Bett, der Untersuchende steht vor ihm. Diese gegenseitige Situation eignet sich nicht zur Prüfung der Suggestibilität für Bewegungen an den unteren Extremitäten.

In dieser Beziehung ist also zweifellos eine Lücke in dem Untersuchungsschema vorhanden und man wird gut thun, in den Fällen, in denen der Untersuchte mit dem Untersuchenden die gleiche Stellung (stehend oder sitzend) einnehmen kann, einige Prüfungen in Bezug auf Bewegung der Füsse und des Rumpfes anzuschliessen.

Bei der Untersuchung der passiven Bewegungen waren diese Schwierigkeiten nicht vorhanden, vielmehr ist die Bettlage, in welcher die Kranken meistens untersucht werden, für eine vollständige Prüfung günstiger als aufrechte Stellung, besonders was die Untersuchung der Innervationszustände an den unteren Extremitäten betrifft.

Von den unter *b)* 1—10 angedeuteten Experimenten bezieht sich Nr. 1, 5 und 7 auf Bewegungen der Arme, und zwar sind diese Prüfungen in der Reihenfolge absichtlich auseinandergestellt, weil die Erfahrung lehrt, dass z. B. negativistische Erscheinungen sich bei rasch aufeinanderfolgenden Versuchen an dem gleichen Körpertheil verstärken, dass infolge dessen in die Untersuchung ein Moment hereinkommt, welches der eigentlichen Absicht: Feststellung der Verhältnisse in den verschiedenen Muskelgebieten, widerspricht. Uebrigens bleibt es dem Untersuchenden unbenommen, gelegentlich die auf den Arm bezüglichen Bewegungen unter Aenderung der Reihenfolge dicht hintereinander zu stellen. Unter die Bewegung ist absichtlich eine sehr complicirte (Nr. 5, Führung des Zeigefingers zur Nase) aufgenommen.

Auf den Kopf und das Gesicht beziehen sich Nr. 2, 3, 4, 6 (Drehung nach rechts und links, Nickbewegung, Schliessung der Augenlider). Auf die Bewegung des Rumpfes bezieht sich Nr. 8 (Beugung des Rumpfes bei Bettlage nach vorn), auf die Bewegung der Beine (bei Bettlage) beziehen sich Nr. 9 und 10 (Beugen des rechten und linken Beines im Knie).

Ich gebe nun das Untersuchungsresultat bei einem diagnostisch ganz klaren Falle, der sich klinisch als Katatonie erwiesen hat. Wir werfen zunächst einen Blick auf die Krankengeschichte:

L. B. aus M., geb 1872, aufgenommen in die psychiatrische Klinik in Giessen am 22. XII. 1896. Hereditäre Belastung nicht zu ermitteln. Sie war wenig begabt, jedoch nicht schwachsinnig. Sie arbeitete nach ihrer Confirmation in dem ländlichen Anwesen des Vaters. Nach dem Tode des Vaters am 22. II. 1895 zeigte sich zuerst eine psychische Veränderung. Sie machte sich Selbstvorwürfe, weil sie eigensinnig gegen den Vater gewesen sei. Im Sommer 1895 nahm dies zu, sie betete viel und las in Erbauungsbüchern, kaute stundenlang mit ängstlichem Gesichtsausdruck an den Nägeln. Dann wurde sie erregter, predigte laut, recitirte Bibelverse und das Vaterunser. Dabei vernachlässigte sie sich in der Kleidung, lief im Hemd im Hause umher, einmal auch ins Freie. Sie rief gelegentlich, sie wolle sterben; sie sei ein verirrtes und verlorenes Menschenkind, es müsse gespart werden, man habe kein Brot, keine Kleidung mehr. Nachts hatte sie grosse Angst, glaubte bei jedem Geräusch Einbrecher und Mörder zu hören, schlief deswegen gar nicht, auch glaubte sie Stimmen und Reden höhnischen Inhaltes zu vernehmen. Dann zeigten sich paranoïsche Züge: Sie beargwöhnte ihre Hausgenossen, dass man gegen sie etwas verüben wolle. Sie behauptete, die Mutter sei an allem schuld, lasse ihr keine Ruhe, wolle ihr Schlimmstes, einen im Hause beschäftigten Knecht verdächtigte sie sexuell, er habe es mit ihrer Mutter. Dieser rief sie zu, sie „solle sich doch zu dem Kerl legen".

November 1895 wurde sie in die Anstalt zu E. aufgenommen, im Juli 1896 probeweise entlassen.

In dem Bericht über diesen Anstaltsaufenthalt treten die katatonischen Züge sehr deutlich hervor: „Sie antwortet immer dasselbe." „Steht gewöhnlich in den Ecken herum, das Gesicht nach der Wand gerichtet, und jammert und weint wie ein Kind." „Macht allerlei sonderbare Dinge. Närrische Gesten und Bewegungen; läuft z. B. einer anderen Patientin beständig nach, kniet vor ihr nieder und geht ihr nicht von der Seite." „Zeitweise kataleptische Starre, theils stereotype Bewegungen, z. B. stundenlang Reitbahnbewegung: Schiebt sich seitwärts im Kreise herum, dabei einen Fuss mit grossem Geräusche nachschleppend." „Schreit oft stundenlang, und zwar gewöhnlich einzelne Redensarten in consequenter Weise." „Oft stundenlang vociferirend, z. B. Bettelstab, unter gellenden und juchzenden Tönen." „Hält an ihrem verschrobenen närrischen Benehmen fest, besonders in Haltungen und Bewegungen."

Die schon aus diesem Bericht höchst wahrscheinliche Diagnose auf Katatonie wurde nach der Aufnahme in die psychiatrische Klinik in Giessen weiter bestätigt.

Ich greife aus der Krankengeschichte folgende Notizen heraus: 1. III. In der Nacht unruhig, kommt oft aus dem Bett, reisst die offene Thür zu, wälzt sich im Bett umher, lacht, ruft mehrfach andauernd den gleichen Ausdruck, z. B. „Grossmutter" oder „die Hausbettelei ist bei uns verboten" oder „ich habe schöne Kleider". Einmal ruft sie gegen hundertmal immer in demselben Klang und Rhythmus: „gelbe Rüben! gelbe Rüben" u. s. f. In die bei ihr beobachteten Zustände von Negativismus, Suggestibilität für Bewegungen, Katalepsie geben die folgenden Untersuchungsbögen einen guten Einblick.

Name: B.
Datum: 1. II. 1897.
Zeit: 5 Uhr nachmittags.

Nr. 1. Stellung vor Beginn des Experimentes: B. steht vor dem Untersuchenden

a) Suggestibilität für Bewegungen.

1. Hand nach rechts: Keine Reaction, stumm.
2. Hand nach links: Keine Reaction, stumm.
3. Kreisbewegung: Keine Reaction, stumm.

b) Passive Bewegungen.

1. Beugen des rechten Armes: Ausführbar mit Widerstreben.
2. Drehung des Kopfes nach rechts: Widerstand; schlägt mit den Händen.
3. Drehung des Kopfes nach links: Heftige Abwehrbewegungen.

4. Kreuz: Keine Reaction.	4. Nickbewegung: Abwehrbewegungen.
5. Kopfnicken: Keine Reaction.	5. Zeigefinger zur Nase: Abwehrbewegungen.
6. Schnurrbartdrehen: Keine Reaction.	6. Schliessen der Augenlider: Nicht ausführbar, heftigste Abwehrbewegungen.
7. Stirnrunzeln: Keine Reaction.	7. Hebung des rechten Armes: Nicht ausführbar, heftigste Abwehrbewegungen.
8. Zunge vorzeigen: Keine Reaction.	8. Beugen des Rumpfes: Nicht ausführbar, heftigste Abwehrbewegungen.
9. Schütteln des Kopfes: Keine Reaction.	9. Beugen d. recht. Beines im Knie: Nicht ausführbar, heftigste Abwehrbewegungen.
10. Spreizen der Finger: Behält die Finger am Munde.	10. Beugen d. link. Beines im Knie: Nicht ausführbar, heftigste Abwehrbewegungen.

Bei der jetzt folgenden Analyse müssen wir auch einige kritische Bemerkungen über die Art der Anwendung des einzelnen Schemas einfliessen lassen. Ich gebe nun das Untersuchungsresultat auf Grund dieses ersten Bogens. Es zeigt sich bei den 10 Experimenten ad *a)* keine Suggestibilität für Bewegungen. Das Resultat ist scheinbar ein völlig negatives, in Wirklichkeit ist aber gerade die völlige Reactionslosigkeit auch in sprachlicher Beziehung ein sehr auffallendes Symptom, da bei anderen Formen von Geistesstörung, z. B. Manie, paralytischem Blödsinn, einfachem Schwachsinn u. s. f., das Vormachen von Bewegungen fast ausnahmslos eine Reaction hervorruft, wenn diese auch nicht eine motorische Imitation ist, sondern eine sprachliche oder physiognomische Aeusserung eines indirect durch den Reiz erweckten inneren Zustandes.

Der scheinbar negative Befund ist in Wirklichkeit ein durchaus positives Symptom, welches in dem Gesammtkrankheitsbilde bei dem Mädchen eine bedeutende Rolle spielt. Es handelt sich um das bei Katatonischen häufige völlig reactionslose Verhalten, welches in der sprachlichen Sphäre als katatonischer Mutacismus bekannt ist.

In dem Untersuchungsbogen ist ein Punkt, welcher darauf deutet, dass bei der Aufnahme ein Fehler gemacht worden ist. Als Notiz ad 10 findet sich die Bemerkung: „behält die Finger am Munde“, was implicite besagt, dass die Kranke im Lauf der Untersuchung diese Bewegung ausgeführt hat, worüber in den Notizen ad 1—9 keine Beobachtung niedergelegt ist. Der Untersuchende hat anscheinend die Bedeutung dieser Bewegung zu gering bewerthet und deshalb eine Notiz unterlassen, während eine völlige Aufnahme auch solche Nebenzüge berücksichtigen muss.

Die Prüfungen ad *b)* 1—10 ergeben ein ganz übereinstimmendes Resultat: Heftigen Negativismus bei völliger sprachlicher Reactionslosigkeit, und zwar ist dieser bei allen untersuchten Muskelgebieten im wesentlichen gleich.

Das Resultat an diesem Tage lässt sich unter folgende Begriffe bringen: Keine Suggestibilität für Bewegungen, Mutaeismus, Negativismus in allen Muskelgebieten.

Es ist nun sehr wichtig, in solchen Fällen die Aenderung der Symptome durch Prüfung mit den gleichen Reizen zu studiren. Wir wollen daher zwei später aufgenommene Untersuchungsbögen analysiren und das Resultat mit dem bisher erhaltenen vergleichen.

Name: B.
Datum: 10. II. 1897.
Zeit: $^1/_2$5 Uhr nachmittags.

Nr. 2. Stellung vor Beginn des Experimentes: Sitzt im Bett, die Hände über der Bettdecke haltend, ab und zu zwei Finger in den Mund steckend, der Kopf vornübergebeugt.

a) Suggestibilität für Bewegungen.

1. Hand nach rechts: Bleibt unverändert sitzen, sagt: „Ich kann nicht", nach einer Minute richtig ausgeführt, nur sehr flüchtig.
2. Hand nach links: Sagt „ja", lacht, faltet die Hände.
3. Kreisbewegung: Macht die Kreisbewegung nach, die Bewegung erfolgt sehr energielos, schlaff, macht sehr geringe Excursionen.
4. Kreuz: Bleibt vornübergebeugt sitzen, macht ein sehr verdriessliches Gesicht, spielt mit den Fingerbeeren, saugt an den Fingern, beachtet die Aufforderung kaum.
5. Kopfnicken: Lacht laut und anhaltend, nickt.
6. Schnurrbartdrehen: „Habe keinen Schnurrbart, brauch auch keinen zu drehen."
7. Stirnrunzeln: Runzelt die Stirn ohne sich zu besinnen.
8. Zungevorzeigen: Ohne Besinnen nachgemacht.

b) Passive Bewegungen.

1. Beugen des rechten Armes: Lässt anfangs ruhig gewähren, setzt etwa beim achten Male Widerstand entgegen.
2. Drehung des Kopfes nach rechts: Lässt ruhig gewähren, bringt den Kopf sofort in die ursprüngliche Lage zurück, murmelt „au", lacht.
3. Drehung des Kopfes nach links: Lässt ruhig gewähren, bringt den Kopf sofort in die ursprüngliche Lage zurück, murmelt „au", lacht.
4. Nickbewegung: Lässt ruhig gewähren, hält den Kopf dabei schlaff.
5. Zeigefinger zur Nase: Lässt den Zeigefinger zur Nase führen, hält ihn etwa eine $^1/_4$ Minute an der Nase, lässt ihn schlaff zurücksinken.
6. Schliessen der Augenlider: Widersetzt sich, schlägt den Arzt auf die Hand.
7. Hebung des rechten Armes: Hebt gleichzeitig den linken Arm mit.
8. Beugen des Rumpfes: Lacht dazu, widersetzt sich nicht.

9. Schütteln des Kopfes: (Ausgelassen).

10. Spreizen der Finger: Ohne Besinnen nachgemacht.

9. Beugen d. recht. Beines im Knie: Erröthet, schlägt auf den Arzt ein, lacht.

10. Beugen d. link. Beines im Knie: (Ausgelassen.)

Dieser Bogen zeigt ad *a)* folgendes Resultat:

I. Es treten deutliche Erscheinungen von Suggestibilität für Bewegungen hervor: Sie imitirt die Bewegungen ad 1 Bewegung der Hand nach rechts, ad 3 Kreisbewegung mit der Hand, ad 5 Kopfnicken, ad 7 Stirnrunzeln, ad 8 Vorzeigen der Zunge, ad 10 Spreizen der Finger.

II. Die imitatorischen Bewegungen sind mehrmals sehr flüchtig und schlaff (cfr. Bemerkungen ad 1, 3).

III. Oefter treten kurze sprachliche Reactionen auf: ad 1 „ich kann nicht“, ad 2 „ja“, ad 6 „habe keinen Schnurrbart, brauch auch keinen zu drehen“. Im übrigen ist sie noch völlig stumm.

IV. Manchmal treten als Reaction unerwartete Stimmungsausdrücke oder seltsame Bewegungen auf, z. B. ad 2 „lacht“, ad 5 „lacht laut und anhaltend“, ad 2 „faltet die Hände“, ad 4 „spielt mit den Fingerbeeren, saugt an den Fingern“. Diese Erscheinungen machen durchaus den Eindruck einer Reaction auf den Reiz, sie gehen aber gewissermassen an dem richtigen Zielpunkt vorbei. Es handelt sich um eine Art mimischer und gesticulatorischer Parapraxie.

Es ist also im Verhältniss zu der Untersuchung vom 1. II. jetzt am 10. II. eine beträchtliche Veränderung eingetreten. An Stelle der völligen Reactionslosigkeit mit Mutacismus ist getreten: Suggestibilität für gesehene Bewegungen, mit mehrfachen sprachlichen Reactionen und Parapraxie.

In Bezug auf *b)* passive Bewegungen erhalten wir folgendes Resultat:

I. Der Negativismus ist fast völlig verschwunden. Die passive Bewegung ad 1 (Beugung des rechten Armes) kann siebenmal ohne Widerstand ausgeführt werden, erst bei dem achten Experiment leistet sie Widerstand. Nur ad 6 und 9 (Schliessen der Augenlider und Beugung des rechten Beines) leistet sie activen Widerstand.

II. Einigemale treten sprachliche Reactionen und Stimmungsausdrücke auf, ad 2 „au“, ad 8 „lacht dazu“, ad 9 „erröthet, lacht“.

III. Einmal zeigt sich eine Mitbewegung in der correspondirenden Muskelgruppe der anderen Seite: ad 7 „hebt gleichzeitig den linken Arm mit“.

IV. Einmal bleibt sie in einer passiv ertheilten Stellung haften, ad 5: „Hält den Zeigefinger etwa eine Viertelminute an der Nase“. Im übrigen sind keine kataleptischen Erscheinungen vorhanden.

Es ist also auch in Bezug auf passive Bewegungen eine völlige Aenderung des Zustandes eingetreten: Mit dem Auftreten der Suggestibilität für gesehene Bewegungen ist der Mutacismus und der Negativismus gegen passive Bewegungen fast völlig verschwunden.

Auch das Auftreten der unter *b)* III und IV erwähnten Phänomene hat wahrscheinlich eine psychophysiologische Beziehung zu dem Auftreten der Suggestibilität für Bewegungen, im Falle III handelt es sich um psychomotorische Uebertragung einer passiven Bewegung auf das entsprechende Muskelgebiet der anderen Seite, im Falle IV um leichte Andeutung von Katalepsie, das heisst psychomotorische Beibehaltung einer passiv ertheilten Stellung.

Somit stehen in diesem Falle Negativismus und Suggestibilität (für gesehene und passive Bewegungen) im umgekehrten Verhältniss.

Name: B.
Datum: 18. II. 1897.
Zeit: 10 Uhr vormittags.

Nr. 3. Stellung vor Beginn des Experimentes: Sitzt vor dem Arzt auf einem Stuhl, sehr verdrossener Gesichtsausdruck, klemmt die Lippen zusammen, hält die Hände, die linke über die rechte gelegt, im Schooss. Sieht den Arzt nicht an, wendet sich von ihm ab, blickt vor sich hindämmernd ins Leere.

a) Suggestibilität für Bewegungen.	b) Passive Bewegungen.
1. Hand nach rechts: Bleibt reactionslos sitzen, kräuselt die Stirn, verzieht ihr Gesicht, wird mürrischer.	1. Beugen des rechten Armes: Lässt ruhig gewähren, hält den Arm ganz schlaff.
2. Hand nach links: Führt die Bewegung mit der rechten Hand aus, lächelt überlegen.	2. Drehung des Kopfes nach rechts: Ohne Widerstand sehr prompt.
3. Kreisbewegung: Führt die Bewegung richtig, aber unlustig, ohne Energie, flüchtig aus, erhebt dabei den Arm nur wenig über die Unterlage (ihren Schooss).	3. Drehung des Kopfes nach links: Ohne Widerstand sehr prompt.
4. Kreuz: Schlägt die Unterlippe unter die Oberlippe. Macht statt eines Kreuzes eine Bewegung, die einem lateinischen H entspricht. Die Bewegung selbst wird schlaff ausgeführt.	4. Nickbewegung: Ohne Widerstand sehr prompt.
5. Kopfnicken: Nickt richtig, mit sehr ernstem Gesicht.	5. Zeigefinger zur Nase: Lässt ihn an die Nase bringen und dann gleich fallen.
6. Schnurrbartdrehen: Sieht den Arzt von der Seite an, macht ein paar Verlegenheitsbewegungen mit der linken Hand, lässt sie aber sofort wieder zurücksinken.	6. Schliessen der Augenlider: Ohne Widerstand ausführbar.

7. Stirnrunzeln: Runzelt die Stirn, jedoch mit äusserst geringer Willensanstrengung. Nachdem sich die Stirn geglättet hat, erfolgt nach wenigen Minuten ein spontanes Runzeln, das längere Zeit beibehalten wird.
8. Zunge vorzeigen: Wendet sich geärgert ab.
9. Schütteln des Kopfes: Macht nur einen Ansatz zur Bewegung.
10. Spreizen der Finger: Spreizt die Finger sehr präcise.

7. Hebung des rechten Armes: Bei schlaffer Haltung gut ausführbar.
8. Beugen des Rumpfes: Bei schlaffer Haltung gut ausführbar.
9. Beugen d. recht. Beines im Knie: Gut ausführbar.
10. Beugen d. link. Beines im Knie: Gut ausführbar.

Wir erhalten bei der Analyse dieses Untersuchungsbogens folgendes Resultat: ad *a)* sie zeigt deutliche Suggestibilität für Bewegungen; ad 2 Bewegung der Hand nach links; ad 3 Kreisbewegung; ad 4 statt eines Kreuzes eine Bewegung, die einem lateinischen H entspricht, das heisst eine unvollständige Nachahmung des Kreuzes (für + ein |–) mit einer Zuthat, ad 5 Kopfnicken, ad 7 Stirnrunzeln, ad 9 Andeutung des Kopfdrehens, ad 10 Spreizen der Finger. Die Suggestibilität tritt also in 8 von 10 Fällen deutlich hervor.

Ad *b)*. Negativismus fehlt bei sämmtlichen Prüfungen.

Im Verhältniss zu dem Bogen 1 zeigt sich ebenso wie im Bogen 2 ein umgekehrtes Verhältniss zwischen Suggestibilität für gesehene Bewegungen und Negativismus. Zugleich erscheinen diese Symptome als die das ganze Krankheitsbild beherrschenden.

Aus diesen Bögen allein könnte man mit grosser Wahrscheinlichkeit die Diagnose auf Katatonie ableiten, während dieselbe eine Zeitlang aus den blossen spontanen Aeusserungen der Kranken nicht ohne Weiteres gestellt werden konnte. Jedenfalls beweist schon dieses eine Beispiel, dass man durch derartige Untersuchungen mit der gleichen Reihe von Reizen nicht blos schon bekannte Symptome auf einen zahlenmässigen Ausdruck bringen, sondern auch völlig neue Einblicke in das Verhältniss verschiedener Symptome zu einander bekommen kann.

II. THEIL.

Analyse der die Erscheinungen bedingenden Bewegungsvorgänge mit motorisch-graphischen Methoden.

Wir haben bisher die optischen Erscheinungen betrachtet, die uns die Haltungen und Bewegungen der Geisteskranken bieten. Nun ist jede Gestalt nach ihrer objectiven Seite im letzten Grunde ein Resultat der Bewegung materieller Theile. Naturwissenschaftlich ergibt sich demnach die Aufgabe, diejenigen inneren Veränderungen, welche die äusserlich sichtbaren Körperbewegungen veranlassen, zu ermitteln.

Da die Abhängigkeit der Muskelzustände von den Nervenerregungen als Grundthatsache angenommen werden kann, so führt die angestellte allgemein-naturwissenschaftliche Betrachtung zu der speciellen Aufgabe, diejenigen Nerven-, beziehungsweise Gehirnvorgänge zu erforschen, welche sich in den sichtbaren Haltungen und Bewegungen des Körpers bei Geisteskranken ausdrücken.

Wenn man sich von diesen feineren Bewegungsvorgängen in der Nervensubstanz einen genaueren Begriff bilden will, so kommt man im Hinblick auf eine grosse Menge physiologischer und psychologischer Thatsachen zu der Annahme, dass es sich dabei abgesehen von den directen Ausdrucksbewegungen, bei denen wir den zugrunde liegenden Zustand als selbstständigen Ausgangspunkt der Bewegung betrachten, um Reflexe, sowie um Hemmung oder Steigerung von Reflexen handelt. Je mehr man das Gehirn lediglich als einen motorischen Apparat ansieht, dessen Function als Empfindungsorgan jenseits der Grenzen der naturwissenschaftlichen Erkenntniss liegt, desto mehr wird man geneigt sein, das Princip des Reflexes als das für die cerebrale Dynamik Wesentliche zu betrachten.

Dementsprechend ist das Reflexschema zur Grundlage der ganzen Lehre von den Sprachstörungen geworden, und wenn sich auch eine dogmatische Eintheilung dieser nach den einzelnen Abschnitten eines Reflexbogens als unzureichend erwiesen hat, um die Fülle von Erscheinungen zu umfassen, so sind doch durch diese Hypothese eine Menge von wichtigen Fragestellungen für die Untersuchung veranlasst worden.

Wenn man nun wirklich die Annahme macht, dass alle cerebralen Vorgänge, welche als materielles Correlat des psychischen Geschehens gefordert werden müssen, nach der Art eines Reflexes ablaufen, so erscheint es widersinnig, dass die ausserordentliche Fülle von psychischen Inhalten, die für die Selbstwahrnehmung völlig von einander verschieden sind, auf ein so einfaches und einheitliches Princip zurückgeführt werden soll.

In der That ist die Beziehung der cerebralen Bewegungen auf das Reflexschema und die Erklärung psychischer Vorgänge daraus vorläufig nichts als eine unbefriedigende Annahme.

Will man diese Lehre von dem zweifelhaften Ruf einer blossen Hypothese befreien, so muss vor allem untersucht werden, wie sich die angenommene Hemmung und Steigerung von Reflexen besonders unter cerebralen Einflüssen gestaltet, weil nur so eine wissenschaftliche Grundlage für eine Gehirnmechanik, welche den Reflex als Grundschema der Kraftübertragung annimmt, geschaffen werden kann.

Auf die Nothwendigkeit der Untersuchung der Muskelzustände bei Geisteskranken hat *Kraepelin* in seinem Aufsatz „Der psychologische Versuch in der Psychiatrie“ (cfr. Psychologische Arbeiten, I. Bd.) hingewiesen. „Eine werthvolle Ergänzung der psychologischen Prüfung bilden jene Methoden, welche darauf ausgehen, uns ein genaueres Bild von dem Ablauf einfacher Muskelbewegungen zu verschaffen.“ *Kraepelin* bezieht sich an dieser Stelle auf Zergliederung der Schreibbewegungen, auf die Ergographenversuche *Mosso's* und die Untersuchungen über die psychische Beeinflussung von reflectorischen Vorgängen, wie sie von dem Verfasser des vorliegenden Buches angestellt worden sind (Wiener med. Presse, 1894, Nr. 40). Dieser principiellen Stellung entsprechend hat *Kraepelin* (cfr. Psychologische Arbeiten, I, pag. 378 „über die Wirkung der Theebestandtheile auf körperliche und geistige Arbeit“ von *August Hoch* und *Emil Kraepelin*) den Ergographen zum Nachweis von motorischen Aenderungen unter dem Einflusse von bestimmten Substanzen benutzt. Dabei gingen die Verfasser darauf aus, nicht blos das ungenaue Dynamometer durch den *Mosso*'schen Ergographen zu ersetzen, sondern auch diesen möglichst zu verbessern (l. c. pag. 382).[1])

Es handelt sich bei diesen Versuchen wesentlich um Aenderung der geistigen und körperlichen Arbeitsleistung durch Aufnahme bestimmter Stoffe in den Organismus. Ich stelle nun hier das viel weitere Problem auf, die Innervationen, welche die Geisteskrankheiten begleiten und zum Theil charakterisiren, in experimenteller Weise zu fassen und zu diesem Zweck zunächst das Verhältniss von reflectorischer Uebertragung und Reflexhemmung, speciell der durch cerebrale Einflüsse bedingten, experimentell zu ergründen. Es handelt sich nun darum, den Angriffspunkt für diese Untersuchungen zu finden.

[1]) Während der Correctur kommt mir Bd. II, Heft 3, Jahrgang 1898 der Psychologischen Arbeiten mit dem Aufsatz von *Groos* in Heidelberg „Untersuchungen über die Schrift Gesunder und Geisteskranker“ in die Hände, in welcher das obenerwähnte Programm *Kraepelin*'s weiter geführt wird. Ich kann auf diese wichtige Arbeit hier nur kurz hinweisen.

1. Cerebraler Einfluss auf Reflexe.

a) Auf den Kniesehnenreflex.

Im Vordergrunde des klinischen Interesses hat seit langer Zeit das Kniephänomen als der am leichtesten zu untersuchende Reflex gestanden. Wie wichtig dieses Phänomen für die Diagnose gewisser Rückenmarkskrankheiten ist, soll hier nur kurz hervorgehoben werden. Auch für psychophysiologische Zwecke ist dasselbe schon untersucht worden, jedoch ist bisher in einseitiger Weise die Höhe des Ausschlages und seine Beziehung zu gewissen Gehirnzuständen betrachtet worden. Für die Psychophysiologie viel wichtiger ist die Untersuchung der Art des Ablaufes, die sich nach Aequilibrirung des Unterschenkels ausführen lässt.

Ich füge an dieser Stelle den kurzen Aufsatz ein, den ich über eine hierzu geeignete Methode unter dem Titel „Reflexmultiplicator" früher veröffentlicht habe (Deutsche medicin. Wochenschrift, 1894, Nr. 45).

„Die Schwierigkeit, psychophysische Methoden zur Untersuchung von pathologischen Zuständen zu verwenden, liegt wesentlich in der Kürze der Zeiten, um die es sich bei den zu untersuchenden Vorgängen handelt. Genau wie man in der anatomischen Forschung die Gegenstände vergrössert, um sie besser sehen zu können, so müssen wir uns bemühen, den Ablauf von physiologischen Vorgängen zu verlängern, um sie leichter wahrnehmbar zu machen. Es handelt sich darum, sozusagen ein physiologisches Mikroskop zu construiren.

Die künstliche Verlängerung des Kniephänomens, welches wohl der am besten studirte Reflexvorgang ist, kann nun am einfachsten durch Aequilibrirung des Unterschenkels bewirkt werden.

Dadurch werden Unterschenkel und äquilibrirendes Gewicht in ein mechanisches System verwandelt, welches durch die reflectorisch bewirkte Innervation des Unterschenkels ausser Gleichgewicht gebracht wird und nun, nach Art eines Pendels schwingend, ganz allmählich zur Ruhe kommt, wenn nicht andere Kräfte vorzeitig hemmend eingreifen. Durch die Pendelbewegungen wird also der einfache Reflex in eine Reihe von Hebungen und Senkungen verwandelt, gewissermassen multiplicirt (wenn man diesen kurzen Ausdruck annehmen will), und man kann nun an der Art des Ablaufes, das heisst bei graphischer Aufzeichnung, an der Form der Curve die Kräfte studiren, welche diese Pendelbewegung modificiren. Da sich diese Curve über mehrere Secunden erstreckt, so ist in der That obige Forderung, nämlich Verlängerung der Zeit, erfüllt. Es kommt mir also weniger auf die Höhe des ersten Ausschlages als vielmehr auf die Form der Curve an.

Nach mehrfachen Aenderungen im einzelnen hat der Apparat folgende Gestalt angenommen. Er besteht aus vier Theilen (cfr. Fig. 8):

I. Der Stütze für den Oberschenkel;

II. Dem Apparat zur Auslösung des Reizes mit Messung des mechanischen Momentes;

III. Dem Aequilibrirungsapparat;

IV. Dem Schreibapparat.

Von diesen sind je zwei (I mit II, III mit IV) mit einander verbunden.

Nr. I besteht aus einem Dreifuss, auf welchem sich eine Röhre von circa 50 Cm. Länge erhebt, in welcher ein Stahlstab gleitet, der zur Verlängerung der Stütze dient. An diesem ist oben ein gepolsterter Bogen mit Convexität nach unten angebracht, auf welchem der Oberschenkel ruht.

Nr. II ist eine Nachahmung der gewöhnlichen Methode, ein Kniephänomen auszulösen, unter exacten Bedingungen.

Der Stiel eines Hammers ist um eine Achse drehbar angebracht, welche sich senkrecht über der Stütze, beziehungsweise dem Kniegelenk quer zu diesem befindet. Der Hammerkopf hat eine quer stehende Kante, welche die Sehne des Quadriceps in möglichster Breite trifft. Der Kopf ist verschiebbar, sein Gewicht kann durch zwei auf dem Stiel gleitende Gewichte nach Belieben variirt werden.

Die Messung des mechanischen Momentes geschieht in folgender Weise: Der Hammerstiel ist jenseits der Queraxe verlängert. Dieses kurze Stück bewegt sich beim Fallen des Hammers an einem Halbkreis vorüber, welcher eine Gradeintheilung trägt. Dieser Halbkreis zeigt parallel zur Peripherie eine ebenfalls halbkreisförmige Lücke, in welcher zwei verschiebliche Hemmungsvorrichtungen angebracht sind. Dadurch kann die Bewegung des Hammers in festen Grenzen gehalten werden. Die obere Hemmung dient mehr dazu, den Hammer nöthigenfalls (cfr. Fig. 8) zu suspendiren, die andere als Anschlag, um eine bestimmte Fallhöhe des Hammers in Graden zu bestimmen.

Länge des Stieles vom Drehpunkt, Gewicht des Hammers und Winkelhöhe — alles nach Belieben variable Grössen — geben ein Mass für das mechanische Moment des Reizes. Die Aufhebung des Hammers nach Aufschlagen auf die Sehne geschieht am besten durch Drücken auf den Fortsatz des Hammerstieles, was man sehr leicht lernt.

Nr. III. Der Aequilibrirungsapparat besteht aus einem viereckigen, circa zwei Meter hohen Holzgestell, an welchem oben eine Rolle mit minimalster Reibung angebracht ist. Auf dieser gleitet eine Schnur, welche auf der Seite der Stütze mit dem Unterschenkel des zu Untersuchenden, auf der andern Seite mit einer Gewichtsschale in Verbindung steht. Die Befestigung der Schnur am unteren Ende des Unterschenkels geschieht durch eine gepolsterte Ledermanschette. Durch Einlegen von Gewichten in die Schale wird der Unterschenkel in verschiedenen Winkelstellungen äquilibrirt.

Nr. IV. Der Schreibapparat steht durch den längeren Ast eines zweiarmigen Hebels mit der Schnur, welche das äquilibrirende Gewicht trägt, in Verbindung. Diese Verbindung ist so construirt, dass bei Hebung und Senkung sich dieser Ast des zweiarmigen Hebels verlängern kann, während die Schnur, an der das Gewicht hängt, in der Verticalen bleibt. (Mathematisch ausgedrückt: die Kathete kann bei der Bewegung durch Verlängerung zur Hypothenuse werden.) Die Ausschläge des kurzen Hebelarmes, welche im gleichen Sinne wie die des Unterschenkels bei Auslösung des Kniephänomens vor sich gehen, werden durch eine complicirte Technik bei minimalster Reibung in eine verticale Bewegung umgesetzt, welche sich auf einer rotirenden Trommel aufschreibt.

Ich knüpfe nur noch einige allgemeinere Betrachtungen über die Untersuchung motorischer Vorgänge im Nervensystem an. Die Nervenheilkunde ist wesentlich vorwärts gegangen durch die Analyse motorischer Störungen und ihre diagnostische Verwerthung. Wenn wir die anatomischen Methoden, welche sich zur Auflösung

Fig. 8.

der functionellen Nervenkrankheiten unfähig erweisen, ergänzen wollen, müssen wir die motorische Seite dieser zur experimentellen Untersuchung bringen. Denn Erforschung der verschiedenen Formen von Bewegung ist das Problem der Naturwissenschaft in der materiellen Welt. Die Untersuchungen über die Verknüpfung gewisser Hirntheile mit gewissen Bewegungsfunctionen sind, abgesehen von ihrem materiellen, von hervorragendem methodologischem Werth. Sie weisen uns energisch darauf hin, auch die feineren Bewegungen, welche als Begleiterscheinungen psychischer Vorgänge unstreitig vorhanden sind, der exacten Prüfung zugänglich zu machen.

Mit dem oben beschriebenen Apparat lassen sich eine Menge von minimalen Bewegungen, speciell von „Ausdrucksbewegungen" sichtbar machen, welche ohne Aequilibrirung des Unterschenkels sozusagen von der Schwere desselben erdrückt werden. Das Kniephänomen, wenn es mit dieser Methode untersucht wird, ist also ein sehr empfindliches psychophysisches Reagens, welches besonders für eine experimentelle Psychopathologie geeignet erscheint."

Auf dem damit betretenen Wege bin ich nun weiter gegangen und habe zuerst in einem Aufsatz über exacte graphische Darstellung unwillkürlicher cerebral bedingter Bewegungen (cfr. Wiener med. Presse, 1894, Nr. 40) einige Resultate der Methode beschrieben. Es empfiehlt sich jedoch an dieser Stelle zusammenfassend zu berichten, welche Curvenformen überhaupt bei Anwendung der Methode bisher zur Erscheinung gekommen sind. Wir werden noch Gelegenheit haben, auf die in dem citirten Aufsatz mitgetheilten Phänomene zurückzukommen. Es erscheint angebracht, bei der Darstellung dieser Resultate nicht von den zur Zeit geltenden Krankheitsbildern auszugehen, sondern die Curven, welche bei einer grossen Menge von Untersuchungen gewonnen worden sind, nach dem Princip der Aehnlichkeit zusammenzustellen und dann mit den zugehörigen Krankengeschichten zu vergleichen.[1])

Bei der völligen Neuheit dieses ganzen Gebietes halte ich es für nothwendig, die klinischen Mittheilungen ausführlicher zu halten als es sonst nothwendig wäre, damit die Gelegenheiten, bei denen die folgenden Curvenformen beobachtet wurden, genau festgestellt werden.

Als Massstab für den Ablauf der Pendelbewegung eines äquilibrirten Gliedes unter Ausschaltung der Muskel- und Nervenwirkung gebe ich zunächst einige Curven, welche an der Leiche gewonnen wurden.

Das rechte Bein einer männlichen Leiche wurde wenige Stunden nach dem Tod an dem Apparat äquilibrirt (800 Grm.), dann gehoben und fallen gelassen. Es wurde also die reflectorische Innervation des Quadriceps durch passives Heben des Unterschenkels ersetzt.

---

[1]) In den folgenden Beispielen bedeutet: Aequ. = Aequilibrirendes Gewicht in Grm.; ∢ = Winkel, in welchem sich die Verlängerung des Hammers bewegt, wodurch ein Mass der Fallhöhe gegeben ist; H. L. = Hammerlänge, das heisst Entfernung des Gewichtes von dem Drehpunkt des Hammers; G. = Gewicht des Hammers, welches auf dem Stiel desselben auf und ab geschoben wird; U. = Umlaufszeit. Wo keine genaueren Angaben gemacht sind, ist H. L. = 20 Cm., G. = 150 Grm., U. = 55 Secunden. Die Curven sind von rechts nach links zu lesen.

Die entstehenden Curven zeigten bei vielfacher Wiederholung die folgende Form:

Fig. 9. (Verkleinert.)

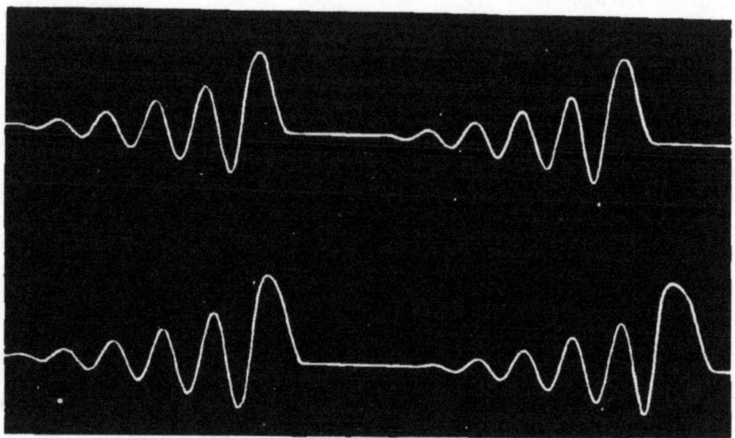

Beschreibung: Nach dem Loslassen des gehobenen Beines erfolgen 5 deutliche Senkungen und 4 deutliche Hebungen; die Gipfel der Senkungen und Hebungen werden successive immer flacher. Das Niveau wird genau wieder erreicht. Gleiche Anfangshöhe vorausgesetzt zeigen die Curven bis in die kleinste Einzelheit den gleichen Verlauf. Die scheinbare Abweichung in dem ersten Theil der Curve ist nur durch die wechselnde Art des Hebens von Seiten des Experimentirenden [1]) bedingt. Bei geringerer Hebung ist die Zahl der Ausschläge geringer.

Ganz ähnlich sind die Pendelcurven, welche man nach passivem Heben des äquilibrirten Armes einer Leiche erhält.

Fig. 10.

allmähliche Abnahme in der Excursion, allmähliches Flacherwerden der Uebergänge (Gipfel), Rückkehr zum Niveau, völlige Gleichheit bei gleicher Fallhöhe.

Es stellt sich nun heraus, dass schon bei dem normalen Menschen der Ablauf des Kniephänomens Erscheinungen aufweist, welche diesem Typus des mechanischen Pendels völlig widersprechen und nur als physiologische Wirkungen gedeutet werden können.

Unter dem Einfluss der Muskel- und Nervenkräfte wird diese rein mechanische Pendelcurve schon normalerweise bedeutend geändert.

Diejenige Curvenform, welche sich bei den meisten normalen Menschen findet und die deshalb als normales Kniephänomen bezeichnet werden kann, besteht aus einer Hebung, einer relativ geringen Senkung unter das Anfangsniveau einer zweiten geringeren Hebung mit Abfall zum Ausgangsniveau.

Es treten also bei dem normalen Ablauf nach der ersten Hebung viel weniger Schwingungen auf, als man bei einer einfach mechanischen Pendelbewegung an der Leiche erhält. Es wirken demnach irgend welche Kräfte ein, welche die mechanische Pendelbewegung vorzeitig hemmen. Im Hinblick auf die völlige Schlaffheit, welche die Glieder in Zuständen von Narkose und tiefem Schlaf erlangen, ist es wahrscheinlich, dass diese Hemmungen nicht in dem Mechanismus der Gelenke liegen, sondern durch Innervationszustände bedingt sind. Den Ausschlag für diese Auffassung geben die oben mitgetheilten, an der Leiche angestellten Experimente. Wie weit diese Veränderungen der einfachen Pendelcurve von Nervenzuständen, speciell von Zuständen der cerebralen Apparate abhängen, ist ein wesentliches Problem bei unseren weiteren Untersuchungen.

Zu der oben beschriebenen Form kommt als Charakteristicum des Normalen, dass die einzelnen Curven bei gleichem Reizmoment fast gleich bleiben und das Niveau wieder erreicht wird.

Bei einer grossen Zahl von Untersuchungen haben sich nun eine Anzahl von eigenartigen Abweichungen ergeben, und zwar:

A. In Bezug auf den Verlauf von Reihen.
B. In Bezug auf die Form der einzelnen Curve.
C. Combinirte Formen.

A. Verlauf von Reihen.

In Bezug auf *A*, den Verlauf von Reihen zeigen sich folgende Abnormitäten.

I. Verschiedenheit des Ausschlages bei gleichem Reiz.

Die erste in die Augen springende Erscheinung besteht nun darin, dass bei manchen Individuen trotz sorgfältigster Bewahrung des gleichen mechanischen Momentes sehr verschiedene Höhen des Ausschlages ohne Aenderung des Typus erreicht werden, dass also bei ziemlich gleichem Reiz verschiedene Wirkungen zustande kommen, und zwar ist es mir nicht gelungen.

den Grund hierzu in einer wechselnden willkürlichen Spannung der Musculatur zu finden. Es müssen demnach in den betreffenden Individuen Kräfte wirksam sein, welche den Reflex hemmen oder verstärken. Diese Curvenreihen sind der einfachste Ausdruck eines variablen Momentes im Nervensystem, vermöge dessen bei gleichem Reiz verschiedene Wirkungen zustande kommen.

Diese ungleichmässigen Resultate bei Auslösung des Kniephänomens waren mir schon ohne Anwendung des Reizmessapparates oft aufgefallen, ich habe den Grund aber immer in einer zufälligen Verschiedenheit des Reizmomentes (Verschiedenheit des Schlages mit dem Hammer) gesucht. Nach sorgfältiger Einhaltung aller Vorsichtsmassregeln vermöge des beschriebenen Reizmessapparates kann ich nun mit Bestimmtheit behaupten, dass es sich in vielen Fällen um verschiedene Wirkung auf den gleichen Reiz handelt, das heisst, dass im Organismus Kräfte vorhanden sind, welche diese Abstufung der Reaction bewirken.

II. Successive erfolgende Abnahme und periodisches Verschwinden des Kniephänomens.

Ferner sind einige Fälle zur Beobachtung gekommen, bei denen unter Anwendung der gleichen Reize, ohne dass in der Spannung der Musculatur greifbare oder sichtbare Veränderungen vor sich gingen, eine successive Abnahme, ja sogar manchmal ein völliges Fehlen der Kniephänomene periodisch zustande kam. Dieses merkwürdige Intermittiren macht, da im Hinblick auf die unveränderte Stellung des Beines jede mechanische Ursache im Gelenk ausgeschlossen ist, deutlich den Eindruck einer nervösen Erscheinung. Wahrscheinlich handelt es sich nur um einen höheren Grad des unter *A*.I. beschriebenen Zustandes, bei welchem auf gleiche Reize sehr ungleiche Wirkungen erfolgen.

Dabei ist zu bemerken, dass die Form der einzelnen Curve keinerlei Abweichungen zu zeigen braucht. Diese höchst überraschende Erscheinung, die durchaus den Eindruck einer gesetzmässig ablaufenden Hemmung macht, ist von mir mehrfach beobachtet worden.

Ich gebe zunächst folgende Beispiele:

F., 4. VI. 1896. Rechtes Bein. Aequ. = 500 Grm. ∢ = 60°.

Fig. 11.

Krankengeschichte: Katharina F. aus L., geb. 28. V. 1874, aufgenommen in die psychiatrische Klinik in Giessen am 10. III. 1896. Kam im 18. Jahr wegen häufiger, angeblich bei der Regel auftretender Schmerzen Weihnachten 1892 zur hiesigen Frauenklinik. Sie wurde laparatomirt und von einem grossen Kystom des linken Ovariums befreit. Die Menses verliefen von nun an glatt, nur war sie angeblich zur Zeit der Menses meist deprimirt.

Weihnachten 1895 wurde sie sehr traurig, hatte Beeinträchtigungsideen, die sich an wirkliche Verspottungen anschlossen. Nach einem Aufenthalt in der Frauenklinik wurde sie wieder besser. Ende Januar wieder deprimirte Stimmung. Sie weinte viel, schlief wenig, meinte stets, sie müsse sterben, klagte über Kopfschmerzen, weil sie sich so viele Gedanken machen müsse. Am 31. I. lief sie von Haus fort zur Klinik, von wo sie der Vater zurückholte. Am 1. II. lief sie wieder früh nach G. in die Frauenklinik, „um da zu sterben". Von dort brachte sie der Vater in die psychiatrische Klinik, welche noch nicht aufnahmefähig war. Es wurde damals folgender Befund aufgenommen: Patientin meint, sie sei „hysterisch". Der Arzt habe es gesagt, die Hysterie könne anstecken, ihr Urin und Auswurf könne anstecken. Es habe gestern alles so schön gerochen, in der Klinik, auf der Strasse, ein Schutzmann und ihr Vater hätten so schön nach Eau de Cologne und Citronen gerochen. Sie sei auch bespritzt. In der Klinik sei auch gespritzt, das sei geschehen, um die Ansteckung, welche von ihr ausgehe, zu verhindern. Sie habe auf die septische Abtheilung gewollt. Im Augenblick rumore es in ihrem Leibe sehr stark. Bei ihrer todten Schwester sei es auch im Leibe laut gewesen, als ob dieselbe im Starrkrampf gelegen habe. Gestern habe man ihr in der Frauenklinik etwas in den Wein gethan. Sie habe es heute morgens in ihrem Stuhlgang bemerkt. Es seien von der Polizei Schutzleute ausgeschickt, um sie zu beobachten, weil ihre Krankheit ansteckend sei. Sie sei bange gewesen, dass man sie an die Pferde binden werde. Vielleicht habe sie gestohlen. Sie glaube, sie sei auch jetzt noch verfolgt, deswegen wolle sie hier sterben. Es würden ihr in 2—3 Tagen die Aederchen im Fleisch springen und sie dann sterben.

Die Kranke zeigte also eine verworrene Flucht von Ideen über Ansteckung, Vergiftung und Verfolgung, dabei machte ihre lebhafte Redeweise eher den Eindruck einer Manischen oder Hysterischen.

Da die Klinik noch nicht aufnahmefähig war, wurde sie mit einigen antihysterischen Vorschriften nach Hause geschickt und erst am 10. III. in die nunmehr eröffnete Klinik aufgenommen. Es bot sich damals folgender Befund: Sie ist sehr heiter, begrüsst Arzt und Pflegerinnen als Bekannte, lacht und kichert. Sie sei hergekommen, weil sie nervös sei. Sie erzählt unaufhörlich von ihrer Kindheit, ihrem Vater, ihrer Krankheit. Die am 31. I. vorgebrachten Ideen werden nur leicht gestreift und machen einen noch mehr verworrenen Eindruck als damals. Sie habe oft mit sich selbst gesprochen und dadurch Antworten bekommen. Daraus habe sie auch erfahren, was „die oben" gegen sie habe. Sie habe auch dann und wann gehört, dass Stimmen wie „Vogelstimmen in der Luft" gerufen hätten: „komm mit". Das wären die Stimmen von Todten gewesen, die damit gemeint hätten, dass sie sterben sollte. Es könne auch sein, dass die Stimmen von hier gewesen seien und gemeint hätten, sie solle in die Klinik kommen.

Gestern während der Fahrt habe ein Student, der im gleichen Coupé gefahren sei, sie dadurch ärgern wollen, dass er leise gepfiffen habe. Sie habe ihn aber ausgelacht. Auf der Bahn habe sie Schutzleute gesehen und geglaubt, dass diese ihretwegen dagewesen seien, weil das Hysterische anstecke. Zu Haus habe sie in der letzten Zeit gesungen, sei traurig und lustig gewesen. Vor vier Wochen habe sie wieder geglaubt, sie müsse sterben, sei dann fortgelaufen und wieder geholt worden. Sie sei nicht geisteskrank, „ich war geisteskrank, wie ich mit Euch gesprochen habe, durch die Wände". Sie habe in der medicinischen Klinik mit der Schwester Margarethe durch die Wand geredet. Dabei ist sie über Zeit, Ort, Familienverhältnisse gut orientirt und zeigt leidliche Schulkenntnisse.

Aus dem Symptomenbilde: verworrene Wahnideen, Andeutungen von Sinnestäuschungen ohne Auftreten einer lebhaften Gefühlsreaction, in Verbindung mit einem an das Maniakalische erinnernden Redefluss wurde mit grosser Wahrscheinlichkeit eine Dementia paranoïdes mit Ausgang in dauernden Schwachsinn angenommen.

Nur wurde im Hinblick auf die mehrfachen früheren Depressionen die Frage der periodischen Geistesstörung noch in Betracht gezogen.

Der weitere Verlauf hat erwiesen, dass es sich um einen dauernden Zustand von Geistesstörung handelt, welcher sich jedoch durch periodische Verschlimmerungen und eigenartige nervöse Symptome vor anderen Fällen von Dementia paranoïdes auszeichnet. Ich gebe zunächst noch einen Auszug aus der Krankengeschichte:

13. III. Patientin singt viel, erzählt von jungen Männern ihrer Bekanntschaft. Bei der Untersuchung zeigt sie ein starkes Grimassiren. Sie spitzt die Lippen, verzieht die Mundwinkel, rümpft die Nase, legt die Stirn in Falten, schliesst und öffnet abwechselnd die Lider und rollt die Augen hin und her. Zeigt eine läppische Unruhe, will sich nicht untersuchen lassen, schlägt mit der Hand nach dem Arzte und versucht zu kratzen.

14. III. Lacht und singt ununterbrochen. Im Bade ausserordentlich erregt, bespritzt das ganze Zimmer mit Wasser. Im Bett ergeht sie sich in läppischen Erzählungen, zum Theil obscönen Inhaltes, „Ich bin eine Schnepp', ihr könnt mich alle haben". Erzählt von einem „dicken Studenten, der mit einer Schnepp' vorm Karoussel spazieren ging" und wiederholt diese Erzählung mit mannigfachen Variationen stundenlang in fast stereotyper Weise.

19. III. Seit gestern wieder ruhiger. Sie antwortet geordnet auf Fragen, gibt die Hand, lächelt aber noch verschämt.

15. IV. Patientin hielt sich einigermassen, beschäftigte sich mit Stricken, konnte auch im Garten umhergehen. Dagegen zeigte sie fast fortwährend noch ein läppisches Lächeln. Gelegentlich eines Besuches des Vaters führte sie sich ganz verständig auf, erkundigte sich nach Freunden und Nachbarn etc.

Heute macht sich aber bereits störend die Nähe der Menses bemerklich. Patientin ist häufiger in Bewegung, wirft sich von einem Stuhl auf den anderen, redet von Verlobung und Hochzeit, ab und zu von Beischlaf und Kinderbekommen.

17. IV. Mit dem gestrigen Eintritt der Regel setzte wieder eine manische Erregung ein. In der Nacht unruhig, singt viel, in ihren Reden sehr erotisch. Der Arzt sei ein Frauenarzt, curire die Frauen an der Mutter und den Eierstöcken. Sie wolle in die Gebäranstalt. Die Studenten sollten sie untersuchen, ob sie nicht schwanger sei. Sie lacht und kichert im Bett.

19. IV. Andauernd sehr laut und unruhig, zertrümmert zwei Fensterscheiben, wirft das Bettzeug heraus, lacht und singt, schlägt nach ihrer Umgebung. Sehr lasciv, sie sei eine Hure, müsse Aloë haben, um die Frucht abzutreiben.

21. IV. Seit gestern wieder ruhiger.

5. V. Heute ausser Bett. Sitzt ruhig und strickt, hält sich im Garten auf. Schreibt heute einen Brief, den sie mit Spiegelschrift unterzeichnet.

14. V. Eintritt der Menses. Zugleich Steigerung sämmtlicher Erscheinungen.

8. VI. Ist seither ruhig, freundlich und fleissig gewesen. Den Tag im Garten, nachts im ruhigen Schlafsaal.

11. VI. Die Periode ist wieder eingetreten und das Verhalten dementsprechend verändert durch Steigerung der Erscheinungen.

6. VIII. Ganz ruhig geworden, kann zu leichten Hausarbeiten mit verwendet werden.

12. VIII. In den letzten beiden Tagen grosse Unruhe, Patientin muss wieder im Bett liegen. Heute Einsetzen der Menses.

Es ist nach dieser Zusammenstellung nicht zweifelhaft, dass in der That bei F. periodische Steigerungen der Symptome auftreten, wenn letztere auch in den Zwischenzeiten nie ganz schwinden und das Bestehen einer dauernden Krankheit beweisen. Diese Erregungen treffen manchmal, aber nicht regelmässig mit der menstruellen Blutung zusammen. Am klarsten kommt dieser periodische Charakter in der Gewichtscurve zum Vorschein. Es liegt fast regelmässig zwischen je zwei periodischen Blutungen ein Gipfel der Curve. Die Senkung beginnt entweder kurz vor der Periode oder einige Zeit vorher, so dass der Anstieg dann kurz nach der menstruellen Blutung beginnt. Die Gewichtsabfälle beginnen ziemlich genau mit dem Eintreten der stärkeren Erregungen, welche ebenfalls öfter schon einige Zeit vor der Blutung einsetzten. Wie weit diese Gewichtsabfälle durch Stoffwechselstörungen und wie weit sie durch das einfache Moment der verminderten Nahrungsaufnahme bedingt sind, ist vorläufig nicht zu entscheiden. Es kommt aber hier zunächst nur auf die Feststellung des periodischen Charakters an, der sich zweifellos in den Curven sehr deutlich kennzeichnet.

Es ist nun eine überaus bemerkenswerthe Thatsache, dass die gleiche Kranke, welche sich vor einer grossen Anzahl von Fällen in der Klinik durch diese Periodicität auszeichnet, eine Erscheinung in Bezug auf das Kniephänomen hat, welche auf den gleichen Begriff zu bringen ist, nur dass hier im motorischen Gebiet der Vorgang sich in sehr kurzer Zeit abspielt.

Die obige Curve zeigt bei völlig normaler Curvenform nach gleichem Reiz eine progressive Verminderung des Ausschlages. Es muss also hier im Nervensystem in kurzer Zeit eine Aenderung, eine periodische Schwankung vorgegangen sein, welche sich durch die Aenderung in der Reaction auf den gleichen Reiz kund thut. Hierbei liegt nun die Hypothese sehr nahe, dass es sich bei diesem Phänomen um den motorischen Ausdruck einer eigenartigen Disposition des Nervensystems handelt, welche sich in periodischen Schwankungen äussert, und dass in der Periodicität der psychischen Erregungen die gleiche Disposition nur an anderer Stelle und unter anderen veranlassenden Momenten zutage tritt. Und man könne weiterhin annehmen, dass aus dem Nachweis solcher Schwankungen von motorischen Reactionen ein Schluss auf eine gewisse generelle Disposition der Nervensubstanz eines Individuums gemacht werden könnte. Ohne mich hier weiter auf Hypothesen einzulassen, constatire ich nur die eine wichtige Thatsache, dass zwei periodische Erscheinungen auf scheinbar ganz verschiedenen Gebieten bei dem gleichen Individuum zusammentreffen, und dass bei der relativen Seltenheit dieser Erscheinungen eine zufällige Coïncidenz sehr unwahrscheinlich ist.

Das gleiche Phänomen habe ich bisher bei einer grossen Zahl von untersuchten Individuen nur in sehr seltenen Fällen gefunden

Beispiel: C. R., 4. V. 1895, rechtes Bein. Aequ. 700. ∢ 60°. G. 150.

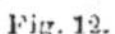

Fig. 12.

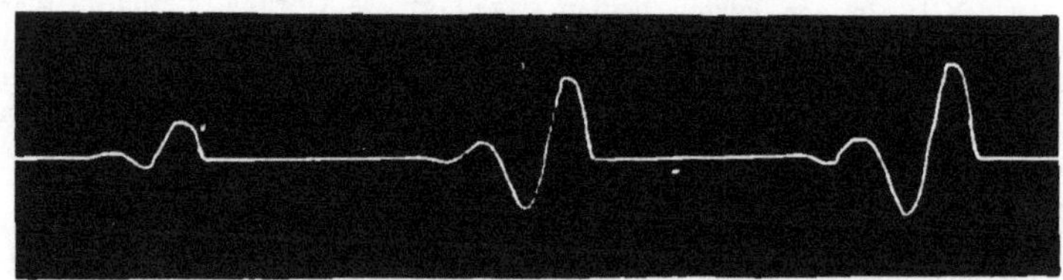

Fig. 13.

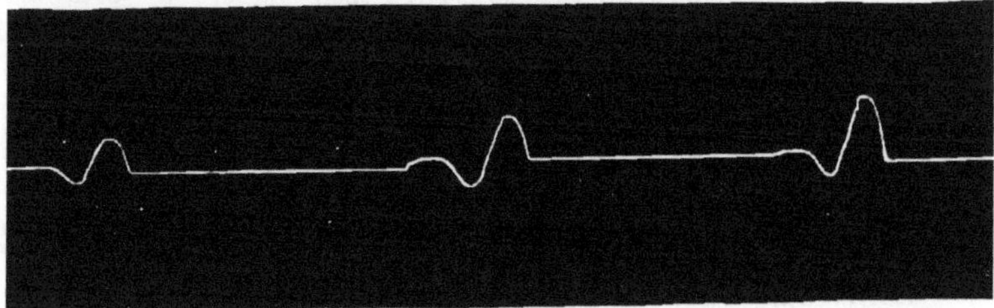

Beschreibung. Auf den ersten Schlag (Fig. 12) erfolgt ein normal hoher Ausschlag mit zwei weiteren Senkungen und einer Hebung. Auffallend ist die Form des Ueberganges von Hebung zu Senkung, der als gerade Linie erscheint (cfr. Fig. 21 bis 27 unter *B.*). Die folgenden Ausschläge werden progressiv geringer, heben sich dann wieder. Die zweite Reihe (Fig. 13) zeigt die gleichen Eigenschaften.

Krankengeschichte: Conrad R. aus B., Landwirth, geb. 1867, kam in die psychiatrische Poliklinik in Giessen am 11. V. 1896. Er klagt über Schmerzen im linken Bein, Beschwerden beim Gehen. Das Bein fing an müde und steif zu werden. Seit letztem Herbst langsam entstanden (NB. keine Versicherungsansprüche, Simulation kommt nicht in Betracht). „Das Bein klappte nach." Der Anfang war im Manöver. Er war 6 Stunden marschirt und musste zurückbleiben. Nach $1^1/_2$ Stunden ging es wieder besser. Zu Hause trat es wieder auf und verschlimmerte sich allmählich.

Status: Der Gang macht einen leicht spastischen Eindruck. Beim Kehrtmachen schwankt Patient etwas und kann nicht sofort stillstehen. Am rechten Bein ausgiebige Bewegungen der Zehen, links mangelhafte Bewegung. Fussclonus beiderseits. Achillessehnenphänomen links gesteigert. Kniephänomene beiderseits vorhanden, links gesteigert. Keine Störungen der elektrischen Reaction. R. macht einen ängstlichen und hypochondrischen Eindruck. Die Diagnose wurde mit grosser Wahrscheinlichkeit auf Hysterie gestellt.

Es erscheint mir nun sehr bemerkenswerth, dass in diesem Falle, in dem zuerst nach einer organischen Ursache gesucht wurde, sich in der Reihe der Curven das Phänomen der periodischen Schwankung so klar ausgebildet zeigt, welches ein Typus functioneller Nervenstörungen zu sein scheint.

Diese periodischen Schwankungen des Kniephänomens zeigen sich manchmal wie zum Theil schon in den letzten Curven mit gewissen Abnormitäten der einzelnen Curvenform verbunden. Ich verweise hier auf die in Figur 48—50 mitgetheilten Fälle.

Jedenfalls spricht in zweifelhaften Fällen der periodische Wechsel der Kniephänomencurve für die Annahme functioneller Nervenkrankheit.

B. Aenderungen der einzelnen Curvenform.

Neben diesen eigenthümlichen Abweichungen im Verlauf der Reihen, in welchen eine physiologisch bedingte Unproportionalität zwischen Reiz und Wirkung hervortritt, gibt es nun eine Anzahl von Veränderungen der Curvenform. Die wichtigsten bisher gefundenen sind folgende:

I. Erhöhung des ersten Ausschlages ohne Aenderung des weiteren Ablaufes.

Diese Form scheint noch im Rahmen des Normalen zu liegen, findet sich wenigstens bei einer Menge von normalen, wenn auch „etwas nervösen“ Menschen. Eine pathognomische Bedeutung kommt ihr demnach nicht zu.

Als Beispiel gebe ich folgende Curve eines rüstigen Mannes, der nur einige nervöse Eigenheiten hat.

Beispiel: E., 11. VII. 1896, linkes Bein.

Fig. 14.

dieser sein. Das Wesentliche ist die bedeutende Höhe des ersten Ausschlages.

Diese Form kommt als einfache Steigerung der Kniephänomene ohne sonstige Abnormität auch bei einer Reihe von Geisteskranken, speciell Epileptischen vor. Es kommt hierbei nur die abnorme Höhe, nicht die Art des weiteren Ablaufes in Betracht.

Beispiel: S., linkes Bein, 27. VI. 1896. Acqu. 800. ∢ = 60°.

Fig. 15.

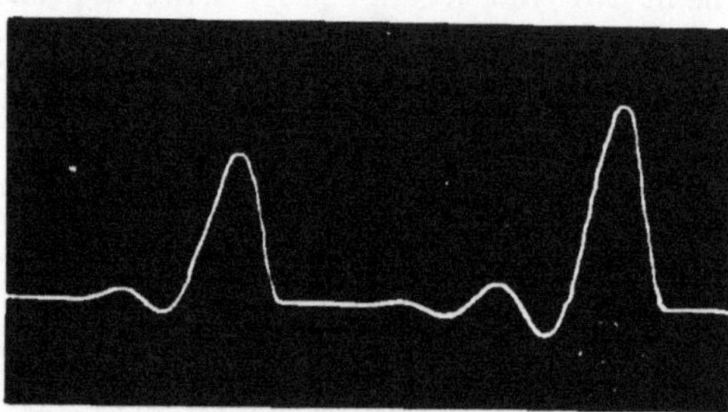

Beschreibung: Der erste Ausschlag ist sehr hoch und steil, die erste Senkung erscheint gering. Die Gipfel werden allmählich flacher. Jedenfalls zeigt die Curve noch den Typus des Normalen. Aehnlich ist die zweite Curve, die nur etwas geringeren Ausschlag bei gleichem Reiz zeigt.

Die Curve stammt von einem genuin Epileptischen, der zu manchen Zeiten stark abnorme Erscheinungen an den Kniephänomenen gezeigt hat. Die genauere Krankengeschichte gebe ich erst bei der Mittheilung der stärker abnormen Curvenformen, welche er zeitweilig aufgewiesen hat (cfr. Fig. 16).

II. Steigerung der Kniephänomene mit Aenderung des Ablaufes.

a) Mit Hemmungserscheinungen.

Beispiel: S., linkes Bein, 28. IV. 1896. Acqu. 500. ∢ = 60°.

Fig. 16.

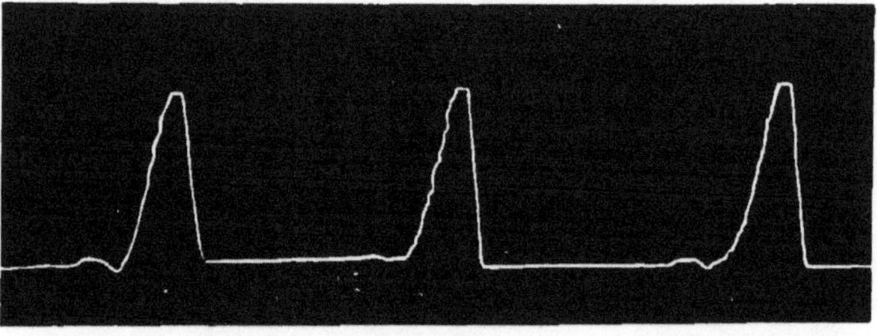

Beschreibung: Es zeigt sich ein sehr hoher und steiler Ausschlag, dann ein auffallend geradliniger Uebergang zur Senkung. Es ist das eine Abnormität, die ich hier übergehe, um sie später als besonderes Phänomen zu behandeln. Dann folgt ein ziemlich steiler Abfall mit einer Menge von feineren Zitterbewegungen. Es läge zunächst nahe, diese aus der Erschütterung des Apparates bei dem Stoss durch den abnorm starken Ausschlag herzuleiten. Es wird sich aber bald zeigen, dass der Apparat auch die physiologisch bedingten Zittererscheinungen mit grosser Deutlichkeit wiedergibt. Zur Zeit schalte ich dieses Phänomen aus und will nur auf die relativ frühe Hemmung aufmerksam machen, welche das Bein erleidet. Es zeigt sich nämlich bei dem Abfall keine Schwingung nach unten, sondern ungefähr bei dem Anfangsniveau eine neue minimale Hebung, dann völliger Stillstand. Bemerkenswerth ist, dass auch in diesem Moment, in welchem von einer Erschütterung des Apparates kaum noch die Rede sein kann, sich immer noch leichte Zittererscheinungen zeigen, deren physiologische Ursache dadurch sehr wahrscheinlich wird. Jedenfalls zeigt die Curve neben der Steigerung des Phänomens im Verhältniss zu der (Fig. 15) wiedergegebenen eine vorzeitige Hemmung. Man kann bei dem Individuum eine temporäre Aenderung im Ablauf eines bestimmten Reflexes constatiren. Es ist nun interessant, diesen motorischen Befund mit der Krankengeschichte zu vergleichen.

Krankengeschichte: Adam S. aus R., geb. 1. VII. 1881: Heredität nicht nachzuweisen. Im 3. Lebensjahre zum erstenmal Krämpfe. Erst im 5. Lebensjahr ein neuer Anfall. Dann zwei Jahre lang petit mal. Er hatte in dieser Zeit nur leichte Zuckungen im Gesicht und am ganzen Körper, so dass man meinte, er müsse erbrechen. Er sei jedoch nicht dabei umgefallen. In der Schule zeigte er durchschnittliche Leistungen. Im 12. Jahr Krampfanfälle mit Verlust des Bewusstseins, ungefähr 2—3mal in der Woche. In letzter Zeit vor der am 2. IV. 1896 erfolgten Aufnahme bekam er manchmal täglich 5 Anfälle. Das Gedächtniss liess allmählich etwas nach. Nach dieser Vorgeschichte und nach den Beobachtungen in der Klinik handelt es sich um einen Fall von genuiner Epilepsie mit wachsender Verblödung.

Schon ohne Verwendung des Reflexmultiplicators lassen sich bei ihm auffallend wechselnde Erscheinungen in Bezug auf Kniephänomene und Fussclonus feststellen. In der Krankengeschichte finden sich z. B. folgende Notizen:

6. V. Vormittags $10^1/_2$ ein Anfall von 2 Minuten Dauer. Patellarreflexe beiderseits auf der Höhe des Anfalles sehr gesteigert, gleichzeitig beiderseits starker Fussclonus, der beim Verschwinden des Anfalls schwächer wird und nach dem Anfall vollständig erlischt.

13. V. Nachmittags $2^1/_2$ Uhr ein längerer Anfall. Nach Aufhören der Zuckungen, welche von Perioden starker tonischer Spannungen unterbrochen sind, während derer die Kniephänomene nicht untersucht werden konnten, zeigt sich noch während des Bestehens der Bewusstlosigkeit starke Reflexsteigerung und ganz bedeutender Fussclonus beiderseits, der bis 5 Secunden ununterbrochen andauert. Die Reflexe werden allmählich schwächer, der Fussclonus ist nach einer halben Stunde noch nachzuweisen, dauert aber nur noch circa 2 Secunden.

1. V. Heute ein Anfall, in dem eine Erection beobachtet wurde.

Somit waren bei diesem genuin Epileptischen schon ohne besondere Darstellungsmittel sehr auffallende Aenderungen der reflectorischen Erreglichkeit im Zusammenhang mit den Anfällen zu constatiren. Die genauere experimentelle Untersuchung hat nun neben der blossen Steigerung des ersten Ausschlages eine ganze Reihe von auffallenden Erscheinungen in Bezug auf den Ablauf der Kniephänomene ergeben, welche durch die Curven in messbarer Weise dargestellt worden sind (cfr. Fig. 15, 16, 25, 26, 27).

b) Steigerung des Kniephänomens mit ataktischen und Zittererscheinungen in Form von starken Schwankungen des Niveaus.

Diese Erscheinung, bei welcher Steigerung des Kniephänomens mit anderen motorischen Störungen verbunden ist, kann gleichzeitig mit einer Hemmung beim ersten Abfall auftreten.

Beispiel: Th., 4. V. 1896. ∡ = 60°. Acqu. 500. Diagnose: Progressive Paralyse.

Fig. 17.

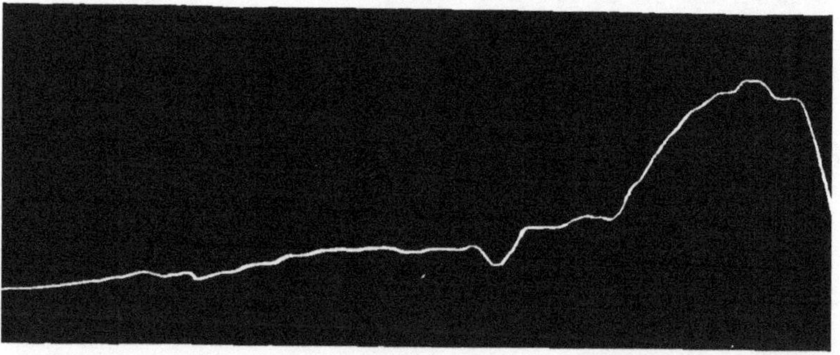

Beschreibung: Es zeigt sich als Wirkung des Schlages eine sehr starke, ziemlich steile Hebung, dann ein geradliniger Gipfel und dann eine von vielen ataktischen Schwankungen unterbrochene Senkung. Die Schwankungen werden allmählich geringer. Dieser Ablauf zeigt eine völlige „Haltungslosigkeit“.

Dieser Curve entspricht völlig die Krankengeschichte: Th. P. aus K., alt 33 Jahre. Befund am 30. IV. 1896. Paralytische Grössenideen: „Ich kenne Elephanten, ich habe einen Bernhardiner, goldene Bäume, ich habe die ganze Welt zur Braut, ich habe Engel, Frühling, Sommer, Herbst und Winter.“ Ausgesprochene Euphorie, dabei ataktischer Gang, Sprachstörung; Pupillen bei Tageslicht ziemlich eng, linke etwas weiter als rechte. Im Dunkeln nur geringe Erweiterung, äusserst träge und geringe Contraction. Paralytische Schreibstörung. Die Diagnose auf tabische Paralyse erschien nicht zweifelhaft und wurde durch den Verlauf bestätigt.

Am 15. V. 1897 ungeheilt von den Angehörigen aus der Anstalt genommen. Die Kniephänomencurve illustrirt, abgesehen von der Steigerung des ersten Ausschlages, die Ataxie des Kranken sehr deutlich.

Beispiel (Fig. 18): G., 21. VIII. 1894, rechtes Bein.

Beschreibung: Auf den Schlag erscheint eine beträchtliche sehr steile Hebung, mit spitzwinkligem Uebergang zur Senkung. Diese sinkt bis unter das Niveau herunter und geht spitzwinklig in die zweite Hebung

erreicht. Nun erfolgen bei leichter Senkung des Niveaus einige ganz feine, kaum erkennbare Zitterbewegungen, dann einige gröbere ataktische Bewegungen mit Ausschlägen nach unten, dann kommt der zweite Schlag mit dem zweiten Kniephänomen.

Es zeigen sich also im Ablauf der ersten Curve:

1. gesteigerter, sehr steiler Ausschlag mit raschem Uebergang,
2. feinere Zitterbewegungen,
3. gröbere unregelmässige ataktische Bewegungen.

Genau die gleichen Eigenschaften lassen sich bei den weiteren Curven nachweisen, wobei starke Niveauveränderung ersichtlich wird.

Im folgenden gebe ich einen Auszug aus der Krankengeschichte der psychiatrischen Klinik in W., welche mir zur Verfügung gestellt wurde:

F. G. aus N., geb. 1879, die Mutter ist 29 Jahre jünger als der 1819 geborene Vater. Dieser war vorher 20 Jahre in kinderloser erster Ehe verheiratet. Der Vater war, als die Mutter das Kind concipirte, 60 Jahre alt. Die Frau wurde nachher noch 6mal schwanger. Sie hatte zweimal einen Abort, im 3. oder 4. Monat. Von den lebenden Kindern ist eines $^{1}/_{2}$ Jahr alt gestorben. F. soll sich bis zum 7. Jahr normal entwickelt haben, von da an allmählicher Verfall. Der Lehrer prügelte den Knaben öfter, woraus sich ein Scandal entwickelte, indem in diesen Prügeln die Ursache der Krankheit erblickt wurde. Im 12. Jahr wurde er auffallend fett. Der Verfall schritt allmählich weiter. Nur einmal soll etwas Anfallsartiges aufgetreten sein. 1893 ist er einmal, als er zur Hausthür herein wollte, umgefallen, hat die Hände eingeschlagen und nachher wenig davon gewusst.

Am 2. VII. 1894 bei der Aufnahme in die Klinik ist er psychisch noch ziemlich normal. Zeigt auffallende Ataxie, besonders der Beine. Rechte Pupille grösser als die linke. Reaction vorzüglich, auffallend lebhaft. Patellarreflexe vorhanden. 28. V. 1894. Hat in 4 Monaten um 20% seines Anfangsgewichtes zugenommen. 3. II. 1895. Pupillen zeigen jetzt träge Reaction. Die Mittellage der rechten immer weiter als die der linken. Die Ataxie ist noch viel stärker. Er kann jetzt kaum noch gehen. 21. IV. 1895. Pupillenreaction allmählich schlechter geworden. Das Gewicht hat um weitere 6 Procent, im ganzen um 26% zugenommen.

Die Diagnose wird im Hinblick auf die Ataxie, Pupillenverhältnisse, das Maststadium mit Wahrscheinlichkeit auf tabische Paralyse (bei dem 15jährigen Knaben!) gestellt.

21. VIII. 1895. Grosse Abnahme der Intelligenz und der Fähigkeit des Sprechens. Pupillenreaction vorhanden. Rechnet sehr schlecht, was früher gut ging. Kann kaum mehr lesen. Schreiben geht nicht mehr blos aus motorischen Gründen (ataktische Bewegungen) schlecht wie vor einem Jahre, sondern er findet auch die Buchstaben nicht mehr.

20. XI. 1895. Ungeheilt entlassen.

Auf Grund dieser Krankengeschichte ist anzunehmen, dass die Diagnose auf tabische Paralyse richtig war. Die Kniephänomencurve bietet nun eine vorzügliche Illustration zu dieser Krankengeschichte. Die geschilderten Symptome treten völlig deutlich zutage, nur dass die Curve noch mehr sichtbar macht, vor allem die steile Art des Ausschlages mit dem raschen Uebergang zur Senkung, ein Phänomen, welches dem bei organischer Pyramidenseitenstrangkrankheit gefundenen (cfr. *B* III) völlig entspricht. Es ist mit Wahrscheinlichkeit anzunehmen, dass, abgesehen von der anatomischen Grundlage der Ataxie, die Pyramidenseitenstränge mit betroffen sind.

III. Abnorm rascher Uebergang von Hebung zur Senkung und umgekehrt (spastische Form).

Das Eigenartige dieser Form liegt in der spitzwinkeligen Form der Gipfel, welche in schroffem Gegensatz steht zu den an der Leiche erhaltenen Curvenformen. Bei der physikalischen Betrachtung dieser Form ist ersichtlich, dass irgend welche Kräfte wirksam sein müssen, welche den Uebergang von Hebung zur Senkung und umgekehrt beschleunigen. Es liegt nun am nächsten, diese Kraft, welche die Uebergänge beschleunigt, in der Wirkung der Antagonisten zu suchen und eine directe oder reflectorische Reizung dieser bei jeder Pendelbewegung anzunehmen. Danach werden bei der ersten Hebung die Antagonisten des Quadriceps erregt, diese reissen den Unterschenkel rasch nach unten, dadurch wird wiederum der Quadriceps gezerrt und reagirt von neuem u. s. f., so dass die einfach mechanische Pendelbewegung fortwährend durch organische Kräfte beeinflusst wird. Somit tritt hier in Bezug auf das Kniephänomen die gleiche Erscheinung auf, welche wir am Sprunggelenk als Fussclonus kennen.

Es ist differentialdiagnostisch sehr wichtig, dass diese spastische Form des Kniephänomens (Antagonistenspiel) hauptsächlich bei organischen Zerstörungen der Pyramidenseitenstrangbahn zur Beobachtung gekommen ist, während bei den durch Hysterie gesteigerten Kniephänomenen sich meist eine wesentlich andere, später zu beschreibende Form des Ablaufes (cfr. Fig. 38 u. 39) zeigt. Allerdings erschwert die klinische Thatsache der accidentellen Hysterie die differentialdiagnostische Verwendung dieser Regel.

Ich gebe zunächst als Beispiel die Curven eines Mannes, der zweifellos eine organische Störung der Pyramidenbahn hatte.

Es handelt sich um einen 36jährigen Handwerksburschen K. aus K. Früher immer gesund, erkrankte er im Juli 1873, 14 Tage nachdem er erhitzt ins Wasser gefallen war, in folgender Weise: Er wurde bei der Arbeit plötzlich matt und bemerkte, dass er den rechten Arm nicht ordentlich bewegen konnte. Mittags war der rechte Arm schon ganz gelähmt, die Beine wurden ihm sehr müde. Nachmittags begann er beim Laufen zu schwanken, ohne schwindelig zu sein. 150 Schritte vom Hause fiel er um, konnte nicht mehr aufstehen. Er hatte am ganzen Körper heftige Schmerzen. Die Glieder sollen öfter gezuckt haben. Ueber Fieber nichts zu ermitteln. Nach circa 14 Tagen angeblich starke Schwellung am linken Unterarm, die im Laufe von vier Wochen von selbst wegging. Als die Geschwulst zu verschwinden begann, wurden die Finger der linken Hand eingezogen. Nach circa sechs bis acht Wochen brachte er den Daumen und Zeigefinger der linken Hand wieder mehr heraus.

Erst im Mai 1874, bis zu welcher Zeit er dauernd im Bette blieb, konnte er die Finger ausstrecken. In den ersten Monaten hat er öfter Berührungen an dem Rumpf und den Beinen nicht gefühlt. Ende Mai 1874 begann er auch die Arme und Hände wieder zu bewegen.

Die rechte Hand war taub und gefühllos, deshalb sehr ungeschickt. Am besten konnte er mit Zeigefinger und Daumen der linken Hand greifen. (Dies ist auch bei der Untersuchung am 27. I. 1892 noch der Fall.) Gegen Ende 1874 verloren sich die Schmerzen. Wenn er eine Zeit lang ging, wurde er sehr müde. Allmählich lernte er wieder, längere Strecken zu laufen. Seit 1875 ist der Zustand unverändert geblieben.

Der Mann arbeitete wieder, meist in einer Porzellanfabrik, wesentlich mit der l i n k e n H a n d, ging auch, trotzdem die Beine steif waren und er mit den Zehenspitzen oft hängen blieb, auf die Wanderschaft. Seit 1881 bekam er eine Verkrümmung der Wirbelsäule, ohne Schmerzen dabei zu haben.

Zur Zeit hat er individuelle Atrophien in den kleinen Handmuskeln rechterseits, dabei spastische Zustände in der Musculatur des rechten Armes. S t a r k e s p a s t i s c h e Z u s t ä n d e in den unteren Extremitäten. Keine Sensibilitätsstörungen. Es hat sich also wahrscheinlich um einen acuten myelitischen Process im Halsmark gehandelt. Für unsere Untersuchung kam hauptsächlich der starke spastische Zustand der unteren Extremitäten in Betracht.

Fig. 19 *a*. Fig. 19 *b*.

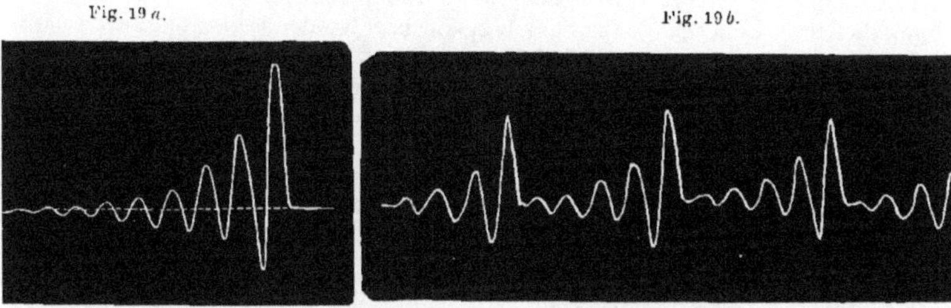

Es zeigt sich bei K. eine Curve, welche nach 10 Hebungen und 9 Senkungen zu dem gleichen Niveau zurückkehrt. Diese Eigenthümlichkeit hatten alle circa 150 Curven, welche von diesem Manne aufgezeichnet worden sind. Das zweite Charakteristicum liegt in der Form der einzelnen Curven. Die ersten, sowohl Hebungen als Senkungen, zeigen viel spitzere Form als die letzten, die allmählich flache Bögen werden. Eine entsprechende Veränderung zeigt sich in Bezug auf das Verhältniss der Abstände von dem Niveau zwischen Hebung und Senkung.

Es beträgt nämlich HI 18, SI 7·5; HII 10, SII 4; HIII 6, SIII 3; HIV 3, SIV $2^{1}/_{2}$; HV $1^{3}/_{4}$, SV 2; HVI 1, SVI 1; HVII $^{3}/_{4}$, SVII $^{3}/_{4}$; HVIII $^{1}/_{2}$, SVIII $^{1}/_{2}$; HIX $^{1}/_{4}$; SIX $^{1}/_{4}$. Also HII $>$ SI, HIII $>$ SII, HIV $=$ SIII, HV $<$ SIV, HVI $<$ SV, HVII $<$ SVI, HVIII $<$ SVII, HIX $<$ SVIII; d. h. also: bis HIII sind die Hebungen grösser als die vorangehende Senkung, denn ist HIV gleich SIII, dann sind die Hebungen kleiner als die vorausgehenden Senkungen. Derselbe Wechsel in dem Verhältniss von Höhen- und Tiefenabständen findet sich in der Mehrzahl der bei K. aufgenommenen Curven. Bei Beklopfen der Quadricepssehne zeigte sich also ein stark gesteigertes Kniephänomen mit einer grossen Anzahl sehr steiler spitzwinkliger Hebungen und Senkungen (Fig. 19 *a*). Die reflectorische Erreglichkeit war so stark, dass schon bei leichtem Beklopfen des Schienbeines sehr starke reflectorische Ausschläge des Quadriceps erfolgten mit auffallend steilen Gipfeln, welche bei directem Beklopfen der Sehne noch viel deutlicher hervortreten (cfr. Fig. 19 *b*). Diese Form lässt sich nur aus einem wechselnden Spiel antagonistischer Muskelgruppen erklären.

Beispiel: A., 22. VIII. 1894. Rechtes Bein.

Fig. 20.

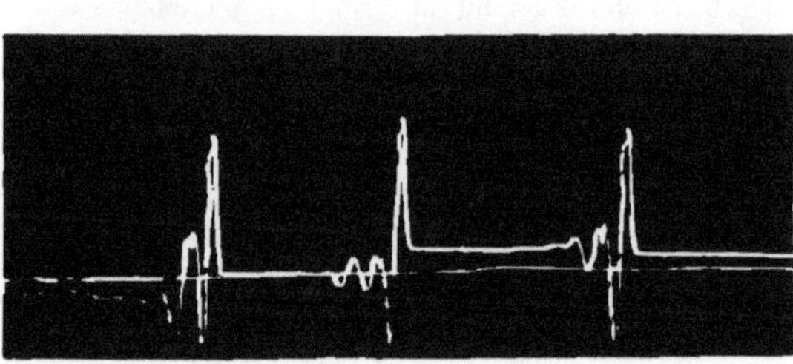

Beschreibung: Auf den ersten Schlag erfolgt ein enorm steiler Ausschlag mit einem spitzwinkligen (durch Schleudern am Apparat etwas modificirten) Uebergang zur Senkung. Ebenso ist der Uebergang der relativ tiefen Senkung zur zweiten Hebung sehr spitzwinklig, diese letztere sehr steil. Diese zeigt nun einen auf den nächsten Curven wiederkehrenden höchst auffallenden Dicrotismus. (Ich lasse dahingestellt, ob es sich um ein Kunstproduct durch einen Fehler des Apparates handelt, wahrscheinlich ist das nicht der Fall.) Dann folgt eine zweite spitzwinklige Senkung, schliesslich Stillstand auf einem etwas erhöhten Niveau mit ganz feinen Zitterbewegungen.

Ganz ähnlich sind die nächsten Curven, bei denen nach Erreichung des Niveaus einige unregelmässige Schwankungen (Zittererscheinungen) hinzutreten.

Im folgenden gebe ich einen Auszug aus der Krankengeschichte (der psychiatrischen Klinik in Würzburg):

A. Anton aus Eichenbühl, Bez. Miltenberg, geb. 1834, bei der am 10. VIII. 1894 erfolgten Aufnahme 60 Jahr. Eine Schwester litt an Epilepsie.

ein Bruder ist taubstumm. Mehrere gesunde Geschwister. Er hat 4 lebende Kinder, die an Krämpfen leiden. 8 Kinder sind gestorben, sämmtlich sehr jung an „Gefraisch". Angeblich im Februar 1893 Schlaganfall. Als er morgens aus dem Bett gehen wollte, konnte er mit dem rechten Bein nicht gehen. Sprechen konnte er gar nichts, was vier Monate anhielt. An der rechten Hand seien drei Finger gelähmt gewesen. Auch habe er den Arm nicht gut heben können. Am 8. VIII. 1893, 12 Uhr nachts, erneuerter Anfall. Es sei ihm die linke Körperhälfte heraufgezogen. Er war nicht imstande, seiner Frau zu rufen. Vor jenem Tage hatte er wieder so ziemlich sprechen und seine Glieder bewegen können. Er habe dann die Sprache aufs neue verloren, habe nur „Brot", „Bett" und „Kaffee" sagen können. Gelähmt sei er diesmal nicht gewesen. Nach acht Tagen sei ihm die Sprache wiedergekommen.

Befund: Leichte Parese im rechten Facialisgebiet. Reaction der Pupillen beiderseits vorhanden. Starker Tremor der Hände, besonders links. Rechte Hand schwächer als linke. Patellarreflexe beiderseits sehr lebhaft ohne nachweisbare Differenz beider Seiten. Cremasterreflex beiderseits vorhanden.

Sprachstörung: Verdreht mehrfach Worte, sagt für „Fuss" „Suss", für „es war im Jahr 1894" sagt er „es bar im O 1894", für „die Zahl eins ist die erste in der Reihe" sagt er „Die Zahlen eins ist der erste in der Geie", für „die Klinik steht am Schalksberg" „die Klinik sette am Spalte". Daneben ist die Fähigkeit, Laute zu Worten zusammenzusetzen, gestört.

Unter Ausschluss von progressiver Paralyse wurde die Diagnose auf einen Erweichungsherd in der linken Hemisphäre ungefähr am Gyr. supramarginalis gestellt. Jedenfalls ist nicht anzunehmen, dass die motorischen Rindenpartien für die rechten Extremitäten schwer geschädigt sind. Immerhin scheinen die Pyramidenbahnen an ihrem obersten Abschnitt durch Wirkung eines benachbarten Herdes gestört zu sein, was wahrscheinlich in der Form der Curve zum Ausdruck kommt.

IV. Abflachung oder Geradlinigkeit der Gipfel.

Im diametralen Gegensatz zu dieser spastischen Form des Ablaufes mit den spitzwinkligen Uebergängen steht eine andere Art mit abnorm langsamem oder geradlinigem Uebergang von Hebung zu Senkung und umgekehrt. Diese Form hat scheinbar am meisten Aehnlichkeit mit der normalen Curvenform, muss aber durch die Form der Gipfel scharf von dieser unterschieden werden.

Die Untersuchungen an der Leiche ergeben, dass einfache mechanische Pendelcurven eines Gliedes allmähliches Flacherwerden der Gipfel aufweisen. Schon die normalphysiologische Abweichung von dieser Form, welche darin besteht, dass die Gipfel meist weniger flach sind als bei dem Leichenexperiment, ist wahrscheinlich dadurch bedingt, dass normalerweise die Pendelbewegung durch Nervenkräfte bei den Uebergängen beschleunigt wird. Die pathologische Abart dieser normalen Form nach der Richtung der grösseren Spitzwinkligkeit ist schon hervorgehoben worden.

Nun habe ich einige Beobachtungen über Curvenformen gemacht, welche den diametralen Gegensatz zu der Spitzwinkligkeit der

Beschreibung: Es ist deutlich ersichtlich, dass die erste Hebung mit einer fast geraden Linie zur Senkung überleitet, dass die erste Senkung bei beiden Versuchen diesen geradlinigen Uebergang nicht zeigt, sondern ganz normal als Bogen verläuft, während alle weiteren Hebungen und Senkungen die gleiche Erscheinung, wie sie bei der ersten Hebung beschrieben ist, wieder zeigen.

Ich war zuerst versucht, dieses ganze Phänomen, abgesehen von der Variation der Umlaufszeit, für ein Kunstproduct zu halten und dieses aus der mechanischen Beschaffenheit des Apparates herzuleiten. Indem nämlich bei der Auslösung des Kniephänomens das Aequilibrirungsgewicht nach unten sinkt, bekommt dasselbe eine lebendige Kraft, mit Tendenz nach unten. Das Gewicht wird erst bei der Abwärtsbewegung des Unterschenkels wieder in die Höhe gezogen und es wäre möglich, dass durch Paralysirung der beiden entgegengesetzt wirkenden Kräfte ein momentaner Stillstand einträte, eine Art Interferenzerscheinung.

Allerdings wird schon, wenn man diese Erklärung billigt, das Vorhandensein einer physiologischen Componente bei dem Phänomen anerkannt werden müssen, weil ja eben der Uebergang des Beines zur Abwärtsbewegung wesentlich von der Art der Erschlaffung des Quadriceps, in manchen Fällen auch von der reflectorischen Reizung der Antagonisten abhängt. Zudem ist diese Geradlinigkeit der Gipfel nicht bei allen Individuen zu beobachten (gleiche Umlaufszeit vorausgesetzt), was wahrscheinlich wäre, wenn es sich um Folgen der mechanischen Verhältnisse am Apparat handelte, vielmehr haben einige Individuen sie oft oder fast durchgehend, andere gar nicht. Schliesslich zeigt sich sogar schon bei einer Curve wie in den obigen Beispielen ein auffallender Unterschied, indem die erste Senkung wie gewöhnlich bogenförmig ist, während die zweite Senkung bei beiden Curven das Phänomen des geradlinigen Ueberganges zeigt. Ich halte deshalb das Phänomen mit grosser Wahrscheinlichkeit für ein physiologisches, beziehungsweise pathologisches. Seiner physikalischen Art nach ist es eine Interferenzerscheinung bei dem Uebergang von einer Bewegung zur entgegengesetzten. Es ist möglich, dass hier ein für die Muskelphysiologie des Menschen generell wichtiges Moment in die Erscheinung getreten ist.

Sehr auffallend ist, dass dieses Phänomen bei dem betreffenden Kranken, der identisch ist mit dem oben (pag. 34) beschriebenen Hysteriker, gleichzeitig mit der allerdings geringen Besserung des Leidens fast verschwunden ist, was aus dem Vergleich der Curven, sowie der Aufnahmezeiten ersichtlich ist.

K. R., 11. V. 1896. Rechtes Bein. Aequ. 700. ∢ 60°.

Fig. 22.

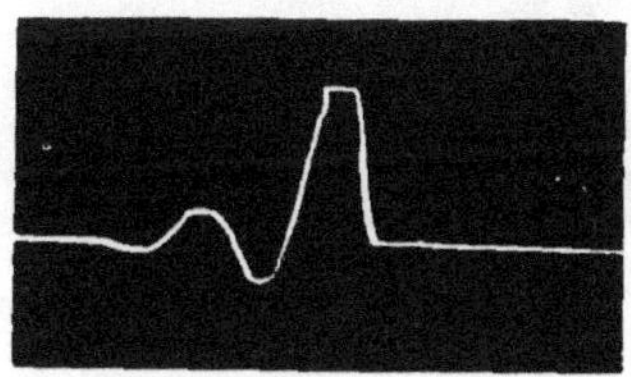

K. R., 18. V. 1896. Linkes Bein. Aequ. 750. ∢ 60°.

Fig. 23.

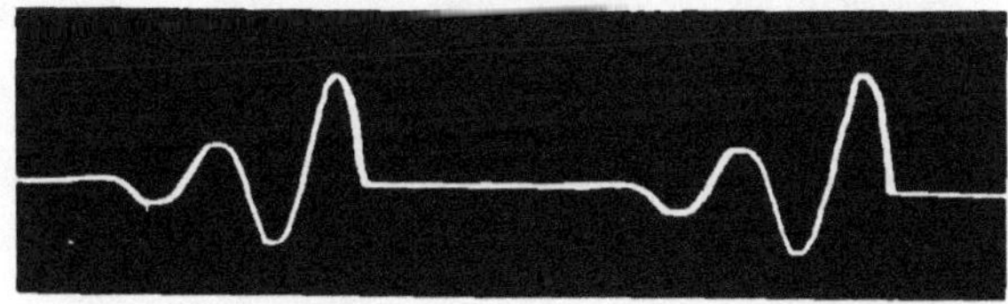

K. R., 5. VI. 1896. Rechtes Bein. Aequ. 700. ∢ 60°.

Fig. 24.

S., 14. IV. 1896. Aequ. 1300. ∢ 60°.

Fig. 25.

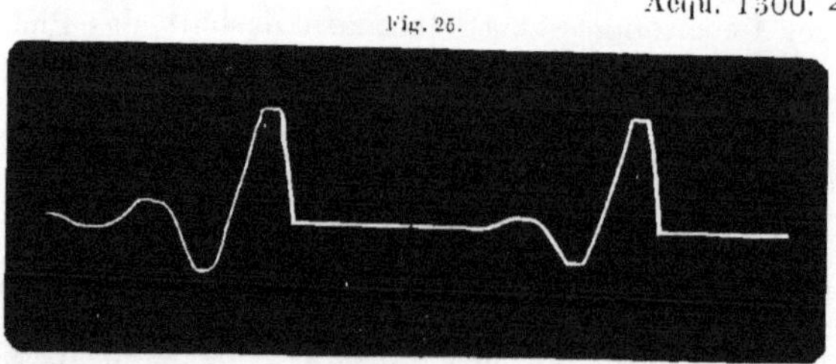

S., 14. IV. 1896. Aequ. 1300. ∢ 60°.

Fig. 26.

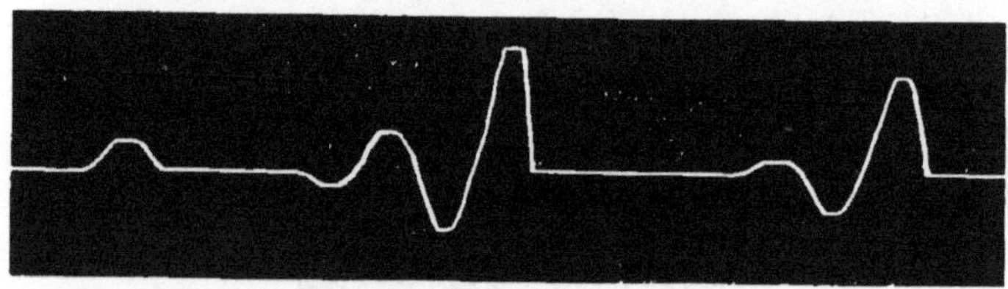

Beschreibung: Abgesehen von dem auffallenden Wechsel in der Höhe der einzelnen Ausschläge bei gleichem Reizmoment zeigen sich hier in Bezug auf die Form der Curven die gleichen Abnormitäten bei dem Uebergang von Hebung zu Senkung und umgekehrt wie in den oben beschriebenen Fällen.

Wer nun noch zweifelhaft sein sollte, ob es sich bei dieser Erscheinung wirklich um physiologische Vorgänge handelt, der muss überzeugt werden durch die Beobachtung, dass bei diesem epileptischen Kranken die Interferenzzone an manchen Tagen sich bei dem Uebergang zur ersten Senkung auf eine auffallend lange Strecke ausdehnt, so dass das Auftreten einer physiologisch bedingten Haltung nach Erreichung des Gipfels der ersten Hebung nicht mehr verkannt werden kann.

Beispiel: S., 19. VI. 1896. Aequ. 1200. ∢ 60°.

Fig. 27.

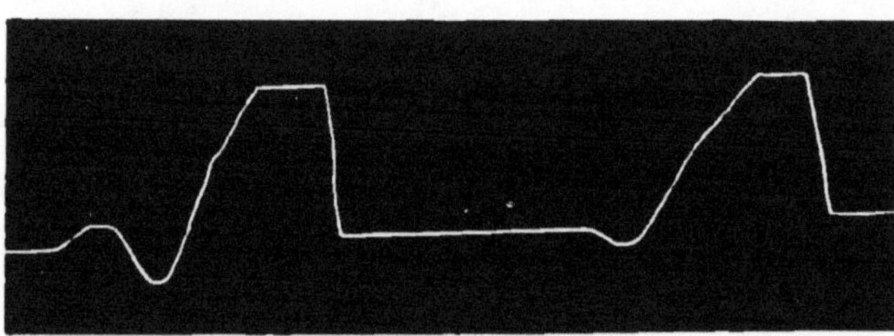

Beschreibung: Der geradlinige Uebergang zur ersten Senkung ist hier circa 1 Cm. ausgedehnt. Da die Umlaufszeit circa 1 Minute beträgt,

der Umfang circa 50 Cm., so entspricht 1 Cm. des Umfanges circa $^{6}/_{8}$ Secunden des zeitlichen Ablaufes, das heisst, es ist bei Senkung nach der ersten Hebung eine Haltung von der Dauer von fast einer Secunde eingetreten. Erst dann sinkt das Bein herab und beschreibt nun eine Curve, die nichts wesentlich Abnormes zeigt.

Es erhebt sich nun die Frage, ob hier nach einer willkürlich bedingten Haltung ein willkürliches Fallenlassen stattfindet. Lange bevor ich in diesem pathologischen Falle dieses Phänomen zu Gesicht bekam, hatte ich angefangen, experimentell zu untersuchen, welche Curve ein willkürlich gehobenes Bein beschreibt, wenn es willkürlich fallen gelassen wird. Diese Studie über die Willensentspannung führt jedoch so weit ab, dass ich sie an dieser Stelle, wo es sich blos darum handelt, die Brauchbarkeit der Methode zu erweisen, übergehe. Vermuthlich haben die Interferenzerscheinungen bei dem Uebergang der Curve aus einer Phase in die andere eine tiefe psychophysiologische Beziehung zu dem Vorgang der Willensentspannung.

V. Anschwellen einer nach der ersten Hebung liegenden Hebung über die Höhe der vorhergehenden.

Dieses Phänomen ist mechanisch ohne weiters als ein von innen hinzukommendes Plus von Innervation zu erklären und ist mit grosser Wahrscheinlichkeit als central bedingter Zuwachs aufzufassen, derart, dass die Pendelbewegung bei gewissen Individuen psychomotorisch oder automatisch durch Erregung höherer Centra eine Verstärkung auslöst. Im folgenden gebe ich die beobachteten Curven mit den zugehörigen Notizen über die betreffenden, grösstentheils schwerkranken Individuen.

Beispiel: B., 29. X. 1894. Beobachtet in der psychiatrischen Klinik in Würzburg.

Fig. 28.

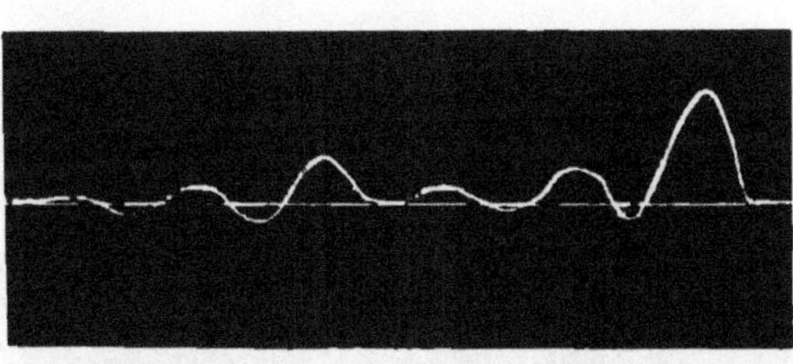

Beschreibung: Auf den ersten Schlag erfolgt eine mittlere Hebung, die zweite Hebung ist auffallend viel grösser als die erste Senkung, ebenso die dritte Hebung höher als die zweite Senkung. Nun folgt aber eine vierte Hebung, welche sogar höher ist als die zweite und dritte Hebung, dann finden sich noch in richtigen Excursionsverhältnissen zwei Hebungen und Senkungen. Nach der dritten Hebung ist also von innen heraus ein Zuwachs von Kraft aufgetreten.

Krankengeschichte: B. J. aus T., geb. April 1877. Aufgenommen in die psychiatrische Klinik in Würzburg am 11. VII. 1892. Heredität nicht nachzuweisen. Im 12. Jahr epileptische Krämpfe. Zur Zeit der Aufnahme kamen die Anfälle wöchentlich circa einmal. Frei von Missbildungen, Organkrankheiten und Innervationsstörungen. In der Klinik häufig Anfälle, vor und nach diesen oft Tage lang dauernde Zustände der Verwirrtheit. In den anfallsfreien Zeiten arbeitet er gut. Später treten schwere epileptische Geistesstörungen mit Sinnestäuschungen hinzu. Es kann an der Diagnose einer genuinen Epilepsie kein Zweifel sein.

Bemerkenswerth ist, dass B. das eigenthümliche Phänomen im Ablauf der Kniephänomene nicht immer bietet, sondern dass dieses als motorisches Symptom in Verbindung mit den periodischen Schwankungen auf Grund seiner Epilepsie auftritt.

Beispiel: B. H. aus Kl., 9. IV. 1896. Rechtes Bein. Aequ. 800. ∢ 60°.

Fig. 29.

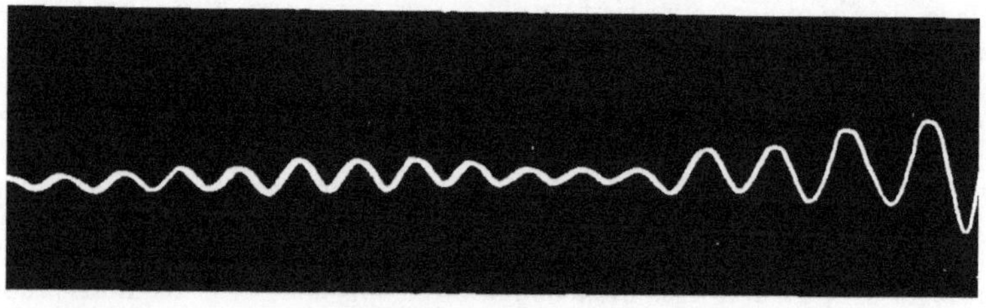

Beschreibung: Nach dem Schlag tritt eine sehr hohe und steile Hebung ein. Der Gipfel der ersten Senkung ist viel spitzwinkliger als der der ersten Hebung. Auf den einen Schlag erfolgen 18 Hebungen und 18 Senkungen. Davon zeigen Nr. 8—10 einen progressiven Anstieg, 12—18 einen progressiven Abfall. Die zweite Reihe (Fig. 30) zeigt ganz analoge Erscheinungen. An einem anderen Tage zeigt er (cfr. Fig. 31) das später zu beschreibende Phänomen der Niveausteigerung.

Fig. 30.

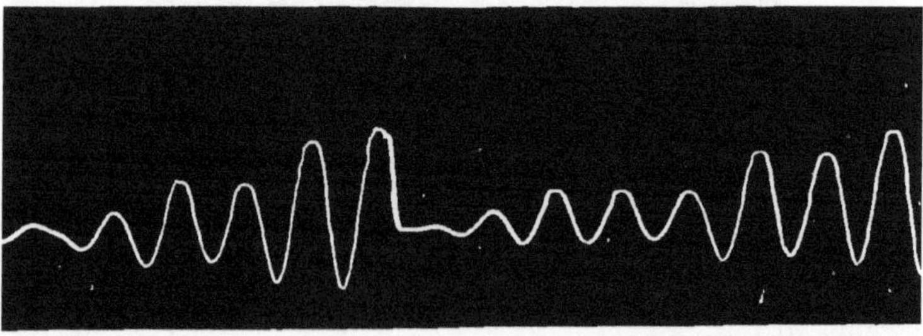

Krankengeschichte: J. H. aus Kl. bei G., geb. 1851, Weissbindermeister, wurde am 28. VI. 95. von dem emporschnellenden Ende eines Balkens gegen die Stirn getroffen. Sofort bewusstlos circa 1 Stunde lang. Alsbald starke Kopfschmerzen, Nackensteifigkeit, später Schwindelanfälle mit Erbrechen, Schlaflosigkeit, Appetitlosigkeit, Abmagerung, Angstempfindungen, starke Schreckhaftigkeit mit lebhaften Thränenergüssen, stockende Sprache,

Fig. 31.

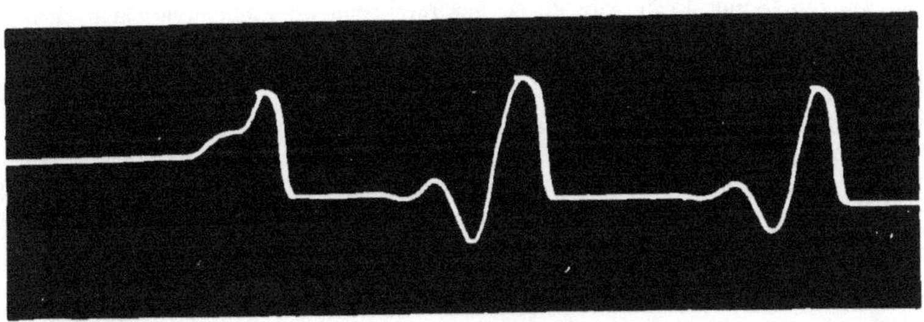

keine Stauungspapille, kein irgendwie beweisendes Symptom von organischer Hirnkrankheit. Lange erfolglos mit Medicamenten und Bädern behandelt.

Befund am 27. II. 1897: Pupillen normal. Kniephänomene vorhanden. Muskelzuckungen im Facialisgebiet, deren Intensität bei psychischer Erregung zunimmt. Starker Tremor der Hände, rechts stärker als links. Grobe Kraft der Hände stark herabgesetzt. Starke Sensibilitätsstörungen der oberen Extremitäten (Anästhesie). Vermehrung des Pulses auf 110—120. Stockende Sprechweise, die unter dem Einfluss von psychischer Erregung immer abgerissener wird. Dabei ängstlicher Affect, weinerliche Verstimmung.

Abgesehen von diesem momentanen Befund hatte H. anfallsweise auftretende Zustände, in denen er ganz matt und ängstlich wird und schlecht gehen kann. Die Diagnose wurde auf Hysteroepilepsie, bedingt durch ein Schädeltrauma, gestellt, unter Ausschluss eines organischen Leidens. Diese Auffassung wurde durch eine nunmehr bald 1½jährige Beobachtung immer mehr bestätigt. Dieser Kranke zeigt nun obiges Kniephänomen, bei welchem auf einen mässigen Schlag nicht weniger als 18 Schwingungen folgen, bei denen mehrfach die folgende Hebung höher ist als die vorhergehende! Und zwar tritt auch bei H. das Phänomen periodisch auf.

Beispiel: H. aus G., 14. VII. 1896. Aequ. 800. ∠ = 60°.

Fig. 32.

Die Krankengeschichte des Falles ist folgende: L. H. aus G., Musiker, geb. 1866, tritt am 17. III. 1896, zunächst in die psychiatrische Poliklinik ein. Der Verlauf bis dahin war folgender: In der Nacht vom 7. zum 8. IV. um 3 Uhr während des Schlafes bekam er einen Anfall von Zuckungen. Seine Frau war durch ein fürchterliches Stöhnen erwacht. Um $7^1/_2$ Uhr morgens wiederholte sich der Anfall, den herbeigerufenen Arzt erkannte er erst, als er eine Weile am Bett gestanden hatte.

H. war also bei Beginn des Leidens 30 Jahre alt.

Genaue Nachforschung über frühere Symptome der Epilepsie erzielt nur Folgendes: Er hat keine nervösen Leiden gehabt, nur hatte er schon einige Jahre mitunter ein „Durchrieseln" im Körper (Parästhesie) mit plötzlichem Gesichtszucken gefühlt. In der letzten Zeit vorher war die Verdauung häufig unregelmässig und schlecht. Am Tage vor dem Anfall war er unruhig und aufgeregt. Der zweite Anfall begann mit Ziehen in der linken Gesichtshälfte, besonders am linken Mundwinkel, dann kam ein Verrenken der Hände und Einschlagen der Daumen, wonach Besinnungslosigkeit eintrat. In diesem Anfall Zungenbiss.

Nach 14 Tagen, nachdem er bis nachts Clavier gespielt und am Morgen wieder Stunden gegeben hatte, auf der Strasse heftige Krämpfe. Die Bewusstlosigkeit dauerte nachher noch eine halbe Stunde. Seitdem ziemlich periodisches Auftreten der Anfälle. er bekam fast genau jeden Montag einen schweren Anfall mit allgemeinen Krämpfen, während er in der Zwischenzeit immer Gesichtszucken der linken Seite hatte, wobei sich mitunter der Kopf nach hinten zog. Er konnte dabei stehen bleiben oder weiter gehen, ohne das Bewusstsein zu verlieren. Diese Zuckungen kamen täglich, an manchen Tagen 1—2mal, an einem Tage sogar circa alle halben Stunden. Ausnahmsweise kam es vor, dass es am Montag nicht zu einem heftigen Anfall kam, sondern bei den Gesichtszuckungen blieb, dann gab es aber dafür nach 14 Tagen Montag und Dienstag je einen heftigen Anfall, von denen der zweite meist schwächer war. Später kamen die Anfälle nicht mehr so genau periodisch, manchmal nach 10 Tagen, nach 8 Tagen, nach 4—5 Tagen und vereinzelt sogar erst nach 14 Tagen. Die Gesichtszuckungen kamen auch an manchen Tagen nicht und blieben schliesslich ganz aus.

Schon im Sommer 1895 hatte ich Gelegenheit, den Kranken zu untersuchen. Es war ausser einer leichten Schlaffheit des linken Facialisgebietes nichts nachzuweisen, was auf organische Hirnkrankheiten deuten konnte. Trotzdem wurde diese Annahme damals sehr in Erwägung gezogen im Hinblick 1. auf das relativ hohe Alter des Mannes bei dem Ausbruch, 2. auf die isolirten Zuckungen im linken Facialisgebiet, welche selbstständig oder als Einleitung von Anfällen aufgetreten waren und die zu der leichten Parese im linken Facialisgebiet stimmten. Es fehlten jedoch sonst alle Symptome, die auf Tumor deuten konnten, speciell Stauungspapille. In der Anamnese liess sich Lues mit grosser Sicherheit ausschliessen, so dass auch die Annahme einer syphilitischen Geschwulst in der Luft schwebte.

Der weitere Verlauf hat sicher erwiesen, dass es sich bei H. um eine spät ausgebrochene und mit stärkerer Betheiligung einzelner Muskelgebiete auftretende genuine Epilepsie handelt.

Ich gebe als Beweis folgende Notizen: Im Herbst 1895 entwickelten sich zwei Arten von Anfällen bei H. Bei den einen, in grossen Zwischenräumen auftretenden, verlor er die Besinnung völlig, alle Glieder zuckten.

das Bewusstsein kam allmählich wieder. Bei den anderen, die nach kürzerer Zeit einsetzten, blieb das Bewusstsein zum Theil erhalten; er empfindet in dem Zustande starke Schmerzen, nimmt die Umgebung wahr und weiss von dem Anfall. Bei den Anfällen fand starke Schweissabsonderung, auch Speichelfluss statt.

Einmal trat ein nächtlicher Anfall ein, bei welchem er aus dem Bett musste. Er lief hin und her, ein sonderbares Gefühl, aus der Bauchgegend nach oben steigend (Aura), nahm ihm die Luft, Hände und Kopf zuckten kurze Zeit, es kam jedoch nicht zu einem schwereren Anfall. Er konnte sich dann wieder ruhig zu Bett legen. Ostern 1896 traten zum erstenmal nach dem Anfall Aufregungszustände ein. Er schlug um sich, schimpfte, konnte von vier kräftigen Männern nur mit Mühe gehalten werden. Er erinnert sich dunkel daran und sagte, es sei ihm gewesen, als ob er ersticken müsse. Später schrie er wiederholt bei Anfällen fürchterlich. Er gibt an, das Schreien vernommen zu haben, ohne es unterlassen zu können.

Am 27. III. 1896 trat H. in die psychiatrische Poliklinik ein, am 16. X. 1896 in die stationäre Klinik.

Auf Grund der charakteristischen psychischen Erscheinungen (speciell der postepileptischen Dämmerzustände, die sich allerdings durch theilweise erhaltene Erinnerung hervorheben) wurde die im 30. Jahre ausgebrochene Epilepsie unter Ablehnung der früher erörterten Annahme einer organischen Hirnkrankheit als genuine aufgefasst. Dementsprechend haben sich bisher leichte Spuren epileptischen Schwachsinns entwickelt, so dass an der Richtigkeit der Diagnose kein Zweifel mehr sein kann.

Dieser Patient zeigt nun das oben beschriebene Phänomen der psychomotorischen, beziehungsweise central bedingten Nachwirkung in ausgeprägter Weise, allerdings nicht immer in gleichem Masse, was zu seinen sonstigen periodischen Schwankungen stimmt.

Das Phänomen ist in diesem Falle um so interessanter, als es zweifellos differential-diagnostische Bedeutung hat. Es ist in keiner Weise einzusehen, wie ein Hirntumor eine derartige Modification eines Kniephänomens bewirken sollte, welche einen durchaus functionellen Charakter trägt, es sei denn dass als indirectes Symptom Epilepsie oder schwere Hysterie bewirkt wird, was in sehr seltenen Fällen thatsächlich vorkommt. Wenn ich schon zur Zeit der oben geschilderten differential-diagnostischen Sachlage, als im Hinblick auf die Facialiszuckungen noch die Annahme eines Tumor cerebri in der Hirnrinde der entgegengesetzten Seite im Vordergrund stand, diese Art des Kniephänomens bei H. gefunden hätte, so würde ich daraus ein Argument für die Annahme einer genuinen Epilepsie hergeleitet haben, weil dasselbe im Hinblick auf die anderen beobachteten Fälle besser hierzu passt als zu der Annahme eines organischen Hirnleidens, wenn auch bei diesem als indirectes Reizsymptom epileptische Zustände vorkommen können. Ich habe dasselbe bei herdartigen Gehirnkrankheiten bisher nur einmal beobachtet, und zwar bei einem Hypophysistumor, bei welchem schon circa ein Jahr vor Auftreten der Stauungspapille epileptische Symptome vorhanden gewesen waren. Hier war das Phänomen also wohl nicht durch den Tumor, sondern durch die indirect ausgelöste Epilepsie bedingt, deren frühzeitiges Eintreten nur mit der speciellen Lage, beziehungsweise mit der an dem Präparat erkennbaren Abquetschung der Blutwege an der Hirnbasis zusammenhängt.

In zweifelhaften Fällen, in denen ein Tumor der Hirnrinde in Betracht kommt, wird man dagegen das Auftreten dieses Phänomens differential-diagnostisch für die Annahme einer schweren Neurose (Hysterie oder Epilepsie) verwenden können.

Beispiel: Anna R., 20. VIII. 1896. Rechtes Bein. Aequ. 200. H. L. 18.

Fig. 33 *a* und *b*.

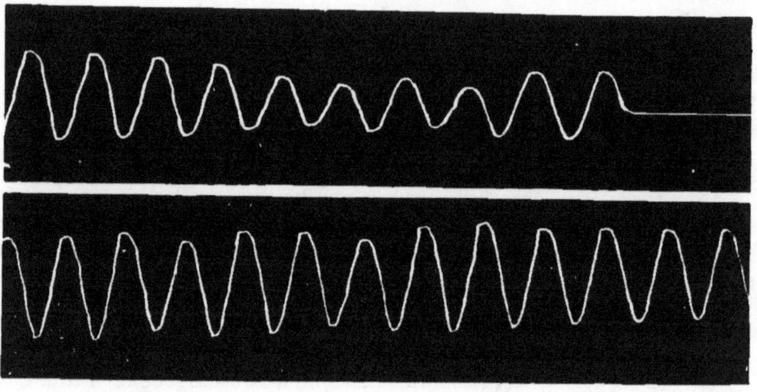

Beschreibung: Auf den ersten Schlag erfolgt eine mittlere Hebung, dann eine relativ beträchtliche Senkung, dann eine zweite Hebung, welche mit der ersten gleich ist, das heisst schon im Gegensatz zu der Curve des einfachen Pendels an der Leiche steht. Dann kommen drei geringere Hebungen, von denen die mittlere relativ grösser ist und nun folgt eine Periode von Schwingungen, bei denen jede folgende Hebung grösser ist als die vorhergehende, ebenso wie jede folgende Senkung grösser als die vorhergehende ist. Der eigenthümliche Charakter dieser Curve wird am besten durch mathematische Nebeneinanderstellungen von Hebungen (H) und Senkungen (S) klar.

H 2 = H 1, H 3 < H 2, H 4 > H 3, H 5 < H 4, H 6 > H 5, H 7 > H 6, H 8 > H 7, H 9 > H 8, H 10 > H 9.

S 2 < S 1, S 3 < S 2, S 4 > S 3, S 5 < S 4, S 6 > S 5, S 7 > S 6, S 8 > 7, S 9 > 8, S 10 > S 9.

Es beginnt also von H 6 und S 6 eine regelmässige Progression. Auf der zweiten Curve, welche unmittelbar anschliesst, ist leicht ersichtlich, dass diese Erhöhung und Vertiefung der Curve progressiv weiter geht bis zu H 15 und S 15, von da tritt dann ein geringer Wechsel in der Höhe beziehungsweise Tiefe der Ausschläge auf. Diese Pendelbewegungen setzen sich bis zum Abbrechen des Versuches nach völligem Umlauf der Trommel (1 Minute) fort. Am interessantesten ist die ausserordentlich regelmässige Progression der Excursionen von H 6 und S 6 bis H 15 und S 15. Es ist dabei in Betracht zu ziehen, dass es sich um eine ganz idiotische Person handelt. Ein gebildeter Mensch mit dem feinsten Muskelgefühl ist nicht imstande, ein solch regelmässiges Anwachsen von Reizen willkürlich hervorzurufen. Das Phänomen deutet zweifellos auf eine progressiv wachsende Erregung centraler Nervenapparate, die sich an einen äusseren Reiz angeschlossen hat. Den gleichen Typus zeigen eine Reihe von weiteren Curven, welche bei der gleichen Kranken aufgenommen worden sind.

Krankengeschichte: A. R. aus B., geb. 1870. Heredität nicht zu ermitteln. Im Alter von $^1/_4$ Jahr wegen Hasenscharte und Gaumenspalt operirt. Angeblich wurden Krämpfe niemals beobachtet. R. zeigte sich geistig schon frühzeitig als sehr zurückgeblieben, lernte nur mit Mühe lesen und schreiben. Eintritt der Menses mit 16 Jahren, Ablauf derselben regelmässig. Angeblich zur Zeit der Menses von Anbeginn auffällig erotisch, zu Koprolalien und exhibitionistischen Excessen neigend. Zu solchen Zeiten war sie aggressiv, wälzte sich mit stark geröthetem Gesicht nackt am Boden umher, zeigte gesteigerten Speichelfluss, schrie und brüllte, zerstörte Gegenstände in ihrer Umgebung, verharrte dann tagelang in einem solchen Erregungszustande. Diesen Zeiten hochgradiger Exaltation sollen meistens kürzere Zwischenräume vorangegangen sein, in denen unter allmählichem Anwachsen die Erregung langsam einsetzte. Der Erregung voraus gingen: Gesteigerte Reizbarkeit, Unlust zur Arbeit, Unverträglichkeit, Schimpfereien. In den letzten Jahren nahmen die Erregungszustände an Heftigkeit zu; auch traten mehrmalige Ohnmachtsanfälle auf. Nach zweijähriger Behandlung im Hospital in die psychiatrische Klinik in Giessen am 6. VII. 1896 aufgenommen. Es handelte sich zweifellos um einen Fall von Idiotie, der durch periodische Tobsuchten ausgezeichnet war. Daneben bestanden körperliche Abnormitäten: Ausserordentlich breite Nasenwurzel, asymmetrische Form der Nase (nicht traumatisch), Spaltbildung des Oberkiefers und Gaumens. Im Hinblick auf die periodischen starken Erregungen sowie die früher beobachteten Ohnmachten wurde die Idiotie von vornherein mit Wahrscheinlichkeit als eine durch Epilepsie bedingte aufgefasst, wenngleich typische epileptische Anfälle fehlten. Ueber den Verlauf gebe ich folgenden Auszug:

8. VII. Klagen über Schmerzen im Leib; sonst geordnet. 10. VII. Leichte nächtliche Unruhe. 16. VII. Menses. In den nächstfolgenden Tagen leicht erregt; widersetzt sich den ärztlichen Anordnungen, will nicht arbeiten, weint viel, ist sehr eigensinnig, klagt über Leibweh, lehnt das Essen ab, schimpft auf die Umgebung. 23. VII. Lacht viel, weint dazwischen. 24. VII. Die Unruhe hält an, R. bleibt nicht im Bett, wälzt sich am Boden. Namentlich abends sehr laut, kreischt, brüllt allerhand Schimpfworte. 26. VII. Macht einen halb benommenen Eindruck, heult, schlägt nach den Pflegerinnen. 28. VII. bis 4. VIII. Ruhig und geordnet. 4. VIII. Abends wieder laut, schreit, lacht, wälzt sich am Boden, verlangt nach Hause, möchte heiraten, versucht zu masturbiren, entblösst sich, lallt unverständliche Worte. 5. VIII. Sehr weinerlich, quärulirend, will nicht recht essen. 7. VIII. bis 12. VIII. Immer noch leicht erregbar. 12. VIII. Beruhigter. 14. VIII. Menses. Gesteigerte Erregung, stark erotisch, aggressiv. 20. VIII. bis 23. VIII. Beruhigter, ausser Bett. 24. VIII. bis 26. VIII. Stärkere erotische Erregung. 27. VIII. bis 1. IX. Wieder geordnetes Verhalten. 2. IX. Grosse Unruhe, lautes Schreien, will einen Burschen haben, wälzt sich fortwährend im Bett umher. Die Aufregung steigert sich in den nächsten Tagen und hält bis zum 12. IX. an. 12. IX. Wieder ruhiger. 15. IX. Menses. 17. IX. Erneuerte Erregung. Starke motorische Unruhe: lacht in unarticulirten Tönen, wirft

sich im Bett umher, schreit, schreibt sinnlose Sätze auf einen Fetzen Papier. 21. IX. Wieder ruhiger. 5. X. Nach H. transferirt.

Die Kranke hat also entsprechend der Anamnese eine Anzahl von heftigen Erregungszuständen geboten, von denen nur ein Theil mit den Menses coincidirt, so dass die generelle Annahme, dass dieselben durch die „Menstrualwelle" ausgelöst wurden, sehr zweifelhaft erscheint. Es ist wahrscheinlicher, dass es sich um periodische Tobsuchten aus der gleichen Krankheitsursache handelt, welche auch die allgemeine Idiotie bedingt hat. Es erschien nun sehr bemerkenswerth, dass bei diesem Krankheitszustand, welcher durch die Symptome und den Verlauf aus dem Rahmen der einfachen Idiotie herausfällt, das Kniephänomen die gleichen Eigenheiten zeigte wie bei den notorisch hysteroepileptischen Personen.

Obgleich kein die Annahme der Epilepsie entscheidendes Symptom beobachtet war, wurde an der Wahrscheinlichkeit einer epileptischen Grundkrankheit mit hysterischem Accidens festgehalten.

R. hat nach der Transferirung in die Pflegeanstalt in H. eine Reihe von Krampfanfällen gehabt, welche durchaus hysteroepileptisch aussehen.

Bei normalen, beziehungsweise nicht als nervenkrank erwiesenen Personen habe ich das beschriebene Phänomen bisher nur dreimal gefunden. Von diesen drei Fällen hat sich einer, den ich hier genauer mittheilen will, später als deutlich pathologisch herausgestellt.

Beispiel: Dr. X., 4. III. 1896.

Fig. 34.

der Niveausteigerung. Bei der Aufnahme der Curve war der Betreffende fast der einzige Gesunde, beziehungsweise noch nicht als krank Erwiesene, welcher dieses Phänomen der von innen kommenden Verstärkung geboten hat. Der Betreffende fiel durch diese Erscheinung aus der Reihe der Normalen schon heraus. Das spätere Lebensschicksal dieses Mannes lässt in der That weitere Zweifel an seiner psychischen Gesundheit aufkommen und stempelt ihn zu einem geistig stark belasteten. Er starb einige Monate nach seiner Verheiratung durch Suicid mit seiner Frau.

Auch andere von mir nachträglich erhaltene Daten machen es mir sehr wahrscheinlich, dass die formelle Aehnlichkeit obiger Curve mit den sonst fast ausschliesslich bei Epileptischen oder Hysteroepileptischen gefundenen Formen keine blos zufällige ist, sondern dass es sich in diesem Fall um einen ähnlichen Krankheitszustand gehandelt hat.

Die übrigen zwei Normalen, bei denen ich unter vielen untersuchten Individuen das beschriebene Phänomen gefunden habe, sind hochbeanlagte Männer aus den gebildeten Ständen, bei denen eine starke Beeinflussbarkeit hervortritt. Beide sind ausgeprägte „Stimmungsmenschen" und werden von ihren Bekannten als „sanguinische Charaktere" bezeichnet.

Wir fassen die vorstehenden Beobachtungen in folgenden Sätzen zusammen:

Während das normale Kniephänomen bei Aequilibrirung zwei bis drei Hebungen zeigt, beobachtet man in einigen Fällen, dass nach der zweiten oder dritten Hebung eine dritte oder vierte auftritt, welche höher ist als die vorhergehende. Das heisst es tritt von innen heraus ein Kraftzuwachs auf, welcher im Gegensatz zu dem Verlauf einer mechanischen Pendelcurve den Ausschlag erhöht. Manchmal tritt dabei auch weitere Vermehrung in der Zahl der Ausschläge auf. Dieses Phänomen findet sich fast ausschliesslich bei hysteroepileptischen, hysterischen oder stark suggestiblen Personen. Dasselbe erklärt sich bei letzteren höchstwahrscheinlich so, dass die Vorgänge bei dem automatischen Ablauf der Curve suggestiv auf das Individuum wirken, welches infolge dessen psychomotorisch in den Ablauf eingreift und die Hebung verstärkt. In anderen Fällen scheint es sich um rein mechanisch ausgelöste Erregungszustände übergeordneter Centren zu handeln, welche verstärkend in den Ablauf des Reflexes eingreifen.

Ich halte dieses Phänomen für einen motorischen und bis zu gewissem Grade messbaren Ausdruck erhöhter Suggestibilität oder erhöhter Erreglichkeit reflexsteigernder Centren, deren Function für den Ablauf von Reflexen von grosser Bedeutung ist.

Zum Schluss gebe ich noch die Curve eines diagnostisch sehr unklaren Falles, der erst durch die Beobachtung über den Ablauf des Kniephänomens eine bestimmte Aehnlichkeit mit einer bekannten Gruppe von Zuständen erhält.

Beispiel: Melchior Sch., 11. VIII. 1894. Beobachtet in der psychiatrischen Klinik in Würzburg.

Fig. 36.

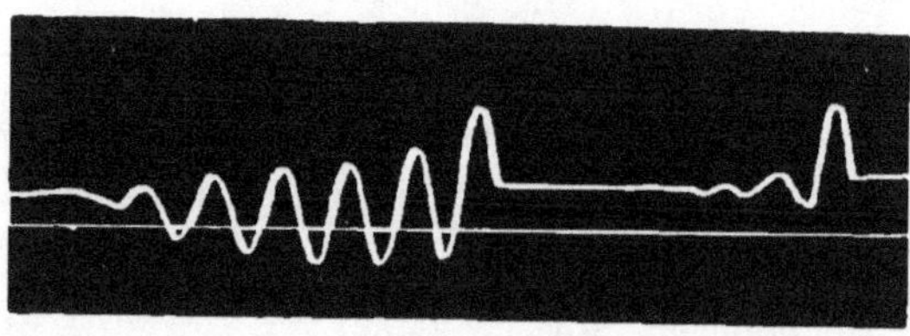

Beschreibung: Die erste Curve der Reihe zeigt ziemlich normale Form wie die meisten bei Sch. aufgenommenen. Die zweite Curve zeigt eine Form, welche durchaus an die beschriebenen Erscheinungen bei den Epileptischen und Hysteroepileptischen erinnert, wenn auch nur die zweite Senkung die erste an Grösse übertrifft, während im übrigen eine scheinbar normale Succession in Bezug auf die Höhen der Ausschläge nachzuweisen ist. Sehr auffallend ist ferner die abnorme Zahl der Schwingungen (sieben Hebungen, sechs Senkungen) bei der zweiten Curve.

Krankengeschichte: Melchior Sch. aus R., geb. 1827. Eintritt in die psychiatrische Klinik in Würzburg am 17. VII. 1894. Angeblich seit Jahren starker Trinker. In neuerer Zeit unsinnige Verschwendung, tractirte im Wirthshaus die Gäste mit Champagner, fragte vorher nicht was es koste. Seit drei Wochen Steigerung, kam selten zum Essen, hat in der Scheuer geschlafen und schon morgens einen Rausch gehabt. Ein Bruder soll geisteskrank gestorben sein. Ein anderer Referent stellt den Alkoholismus des Sch. als gering dar.

Status: Keine besonderen Zeichen von Alkoholismus, keine Delirien, keine Albumminurie. Tremor ist zwar vorhanden, aber nicht nach dem alkoholistischen Typus (Strecktremor). Viel stärker in der rechten Hand als in der linken, zeigt er viel grössere Excursionen als ein Tremor alcoholicus, erinnert eher an Paralysis agitans. Sch. gibt an, dass er schon seit Jahren an diesem Zittern leide und dass es immer in der rechten Hand stärker gewesen sei, sich auch bei Anstrengungen steigere. Psychisch ist kein Grund vorhanden, ihn gegen seinen Willen zu halten. Er spricht aber selbst davon, dass er draussen viele Aufregungen gehabt habe und dass er deshalb gerne in der Klinik bleiben wolle, um hier Ruhe zu haben. Drängen nach Alkohol trat nach meiner Erinnerung niemals auf. Nach zwei Monaten entlassen. Retrospectiv muss ich die Annahme von Alkoholismus als sehr unwahrscheinlich bezeichnen, es hat sich wahrscheinlich nur um symptomatischen Alkoholismus bei einer Neurose gehandelt. Durch die Form des Ablaufes der Kniephänomene kommt Sch. mit den Epileptischen und Hysteroepileptischen in eine Reihe.

VI. Hemmung bei dem ersten Abfall.

Bei dieser Form sinkt die Curve nicht wie bei Normalen unter das Niveau und steigt dann zu einer zweiten Hebung an, sondern kehrt mit langsamem Abfall zum Niveau zurück.

Beispiel: E., 2. V. 1896. Linkes Bein. Aequ. 500. ∢ 60°.

Fig. 37.

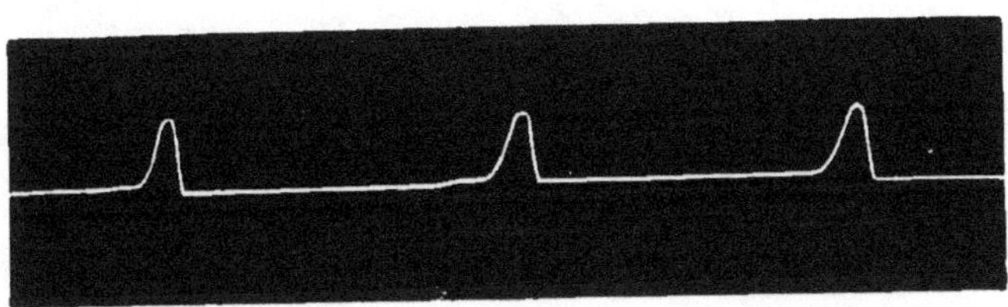

Beschreibung: Die Curve zeigt einen steilen Anstieg zu mittlerer Höhe, einen etwas flachen Gipfel, dann einen Abfall, der etwas weniger steil ist als der Anstieg, bis zu einem Niveau, welches sich unbedeutend oder gar nicht von dem Anfangsniveau unterscheidet. Entsprechend die folgenden Curven.

Krankengeschichte: M. E. aus O., geb. 24. VIII. 1858, Landmannsfrau, wurde am 9. IV. 1896 in die psychiatrische Klinik in Giessen aufgenommen. Hat zwei Kinder von zwei und sechs Jahren. Heredität nicht nachzuweisen. Seit Weihnachten 1896 psychische Veränderung. Sie schlief schlecht, war leicht ermüdet, machte sich wegen des abnehmenden Interesses Vorwürfe, glaubte sie habe sich versündigt, weil sie nicht zum Abendmahl gegangen sei. Sie weinte viel und sprach von Todesahnungen. Daneben entwickelte sich Appetitmangel, Obstipation und Gastralgie. Schon drei Wochen vor der Aufnahme Untersuchung in der Poliklinik. In den letzten Tagen unruhiger, auch nachts, wollte fortlaufen, hatte unbestimmte Angstempfindungen und konnte ihren Hausstand nicht mehr versorgen. Bei der Aufnahme sehr ängstlich, will sich von ihrem Manne nicht trennen, umklammert ihn unter beständigem Flehen, sie wieder mitzunehmen, später antwortet sie auf einfache Fragen über Familienverhältnisse richtig, auf andere, z. B. betreffend zeitliche Verhältnisse (Jahreszahl, Wochentag, Jahreszeit) gar nicht. Angaben über ihren Hausstand und für sie ganz naheliegende Dinge sind fast gar nicht zu erhalten. Es vergeht stets eine lange Zeit, bis Patientin mit halblautem Murmeln antwortet. Patientin zeigte deutlich eine sprachliche Hemmung. Dabei ist sie gegen alle äusseren Einflüsse sehr indolent. Auf ziemlich tiefe Nadelstiche reagirt sie fast gar nicht. Es trat also bald nach der ängstlichen Erregung des Abschiedes ein Zustand von Stupor zutage. Abgesehen von einzelnen weinerlichen Erregungen zeigten sich nun weiterhin immer mehr Züge von Spannung und Hemmung. 12. IV. Sie weiss, dass sie in G. ist, vermag ihre Reiseroute hierher zu nennen, gibt sonst gar keine Antworten, als nur kurzes unverständliches Murmeln. Für das Bestehen von Sinnestäuschungen und Wahnideen keine Anhaltspunkte. 17. IV. Liegt ruhig im Bett, isst mechanisch, was ihr in den Mund geschoben wird, muss zu allen Verrichtungen angehalten werden. 21. IV. Spontan äussert sie nur wenig oder gar nichts. Liegt immer ruhig im Bett und nimmt von den Vorgängen um sie keine Notiz. Eine Prüfung am 21. IV. zeigt die vorhandene Spannung und Hemmung sehr deutlich:

Frage	Wiederholung der Frage nach wieviel Secunden	Antwort	nach wieviel Secunden	Bemerkungen
Wie heissen Sie?	—	Margarethe	—	—
Nachname?	—	E.	—	—
Wo sind Sie?	nach 25 Sec.	Giessen	40 Sec.	—
In was für einem Hause?	—	beim Doctor	40 Sec.	Sie sucht anzulauten, macht Greifbewegungen mit der linken Hand.
Wann sind Sie hergekommen?	nach 35 Sec.	Mittwoch nach Ostern (fast richtig)	?	—
Wie viel Kinder haben Sie?	—	zwei	?	—
Wie alt sind diese?	—	sechs und sieben Jahre	3 Min.!	—
Wie heisst Ihr Mann mit Vornamen?	—	Christian	2 Sec.	—
2 × 3	—	6	4 Sec.	—
4 × 5	—	20	3 „	—
6 × 7	—	42	5 „	—
3 × 6	—	18	$2^1/_2$ Sec.	—
4 × 9	—	36	8 Sec.	—
3 × 10	—	30	2 „	—
8 + 7	—	15	13 „ (!)	—
8 + 11	—	19	43 „ (!)	—
Sind Sie noch traurig?	—	—	—	Sie blickt den Fragenden an, macht Versuche zu phoniren, antwortet aber gar nicht.

Sie lässt sich in die Finger stechen, ohne die Hand wegzuziehen.

Am meisten hervorgehoben wurden die sprachlichen Hemmungserscheinungen, die besonders bei der letzten Aufnahme deutlich waren. In dieser trat besonders hervor, dass sie manchmal bei Antworten, die ihr ganz naheliegende Dinge betreffen, sehr lange Zeit braucht, z. B. auf die Frage nach dem Alter der Kinder drei Minuten! Ferner sind auch die Zeiten am Schluss der Rechenprüfung mit 13 und 43 Secunden enorm lang. Wieweit dabei das Stellen von Additionsaufgaben im Gegensatz zu der vorangehenden Multiplication ausmacht, bleibt dahingestellt.

Auf Grund dieser Beobachtungen wurde am 24. IV. Diagnose und Prognose erörtert. Nach der Entwicklung der Krankheit lag zuerst die Annahme einer Melancholie mit Verfall in einen Zustand von „Hemmung“ am nächsten. Daneben wurden Katatonie und periodische Geisteskrankheit erörtert, letztere jedoch als unwahrscheinlich bezeichnet.

Jedenfalls war es im Hinblick auf die vorhandenen Symptome von sprachlicher Hemmung sehr bemerkenswerth, dass wiederholte Untersuchungen des Kniephänomens durch ganze Reihen immer Resultate von obigem Typus ergeben, das heisst in gesetzmässiger Weise eine Hemmung bei dem Ablauf des Reflexes aufweisen. Es zeigte sich somit eine überraschende Uebereinstimmung in der Beschaffenheit von sprachlichen und anderen motorischen Symptomen.

Ich gebe nun zunächst den weiteren Verlauf. Am 26. IV. nach einem Besuch des Mannes sehr unruhig. Geht an Thüren und Fenster, sucht den Pflegerinnen den Drücker wegzunehmen und greift dieselben an, wobei sie einen äusserst eigenthümlichen, fast lachenden Gesichtsausdruck zeigte. 27. IV. Wieder völlig indolent und stuporös. 1. V. Bot in den letzten Tagen im wesentlichen das gleiche Bild allgemeiner Hemmung auf allen Gebieten. Auch auf Wortcommando auffallende Langsamkeit der Reaction. Sie führt die ihr anbefohlenen Bewegungen richtig, aber erst nach mehreren Secunden aus. Dabei ist der Gesichtsausdruck ein gleichgiltiger halb lächelnder. 6. V. Auffällig ist im Verhalten der Kranken der immer noch ungemildert hervortretende negativistische Zug. Sie lässt sich nur unter beständigem Kampf und Widerstreben ankleiden, sucht die Kleider festzuhalten, das Zuknöpfen zu verhindern, will keine Schuhe dulden. Der Gesichtsausdruck ist ein halb lächelnder. Nahrungsaufnahme und Schlaf sind besser geworden.

10. V. Die Kranke hat nicht mehr die ausgesprochenen Hemmungen wie zuvor, ergeht sich manchmal in Abwesenheit des Arztes in längerer Rede, deren Inhalt das Verlangen nach Entlassung bildet. Selbst nachts drängt sie manchmal zur Thüre oder sucht aus dem Fenster zu gelangen, weint dann häufig und muss immer mit Mühe zum Bett zurückgebracht werden.

Ihre Reden beziehen sich meist auf ihren Mann, den sie stets in der Nähe vermuthet; entweder glaubt sie ihn auf benachbarten Feldern arbeitend, oder vermeint ihn vor der Thüre zu vernehmen. Sonst ist nichts von Sinnestäuschungen und Wahnideen zu ermitteln. Im Garten läuft sie zum Einfahrtsthor, hinter dem ihr Mann stehen müsse. Von solchen Plätzen will sie dann nicht fortgehen und setzt jedem Versuch hierzu energischen Widerstand entgegen.

Die Kranke ist also auf den einen Gedanken, dass ihr Mann da sei, in einer eigenartigen zähen Weise versessen und zeigt dabei starken Negativismus gegen die Umgebung. In der Krankengeschichte wird einmal das Wort „schwachsinnige Halsstarrigkeit“ auf dieses Benehmen angewendet. Jedenfalls sind nach der bis circa 24. IV. währenden Periode vorwiegender Hemmung einige neue Momente aufgetreten, nämlich auffallende physiognomische Züge (welche mit einem melancholischen Gemüthszustande nichts zu thun hatten) und stärkerer Negativismus. Es traten somit zu den Spannungszuständen zwei Züge, die mit jenen zusammen öfter bei Katatonie vorkommen und welche diese früher abgelehnte Annahme von neuem in Frage brachten. Dementsprechend war der weitere Verlauf.

30. V. Patientin macht nur sehr langsame Fortschritte in der Besserung. Alle mit ihr vorgenommenen Untersuchungen, jedes Bestreben, sie ins Freie zu führen, auszukleiden etc. stösst immer noch auf denselben hartnäckigen Widerstand. Sie sträubt sich, wenn sie in den Garten geführt werden soll, will später wieder nicht in den Saal, kann abends nur mit Mühe ins Bett gebracht werden. Dagegen macht sich in den Reactionszeiten keine Verlangsamung mehr geltend. 7. VI. Bei einem Besuch des Mannes verlangt sie nach Hause, erkundigt sich nach den häuslichen Verhältnissen und fragt dabei ganz verständig. 14. VI. Andauernde Weigerung zu arbeiten, stetes Verlangen nach ihrem Mann, kein retrospectives Krankheitsbewusstsein. Abgesehen von dem Umstand, dass sie öfter in irgend welchen Männern, die sie von weitem sieht, ihren Mann zu erblicken glaubt, der sie abholen soll, ist sie orientirt und besonnen ohne sprachliche Hemmung. Wird sehr gebessert entlassen.

Im Hinblick auf den Umstand, dass der Stupor, welcher auf das melancholische Anfangsstadium gefolgt war, nicht zur völligen Genesung geführt hatte, sondern sich mit einigen mehr zur Katatonie passenden Zügen verbunden hatte, musste die Prognose trotz der starken Besserung als eine zweifelhafte bezeichnet werden. Es wurden nun folgende Daten über den weiteren Verlauf ermittelt: Am 11. VII. 1896. Die Angehörigen suchten mehrfach Rath wegen Wiederaufnahme. Nach der Heimkehr war sie zwei bis drei Tage anscheinend verständig gewesen, hatte gut gegessen und geschlafen, sich der Kinder angenommen. Dann kümmerte sie sich um gar nichts mehr, zeigte die gleichen negativistischen Züge wie in der Klinik. „Wurde sie aus dem Bett genommen, so setzte sie dem Ankleiden heftigen Widerstand entgegen, wollte man sie abends auskleiden, so sträubte sie sich heftig.“ Dann zeigte sie heftiges Misstrauen gegen den Ehemann: er habe sie in die Anstalt bringen wollen, um sie los zu werden, nicht sie, sondern jener sei „narrig“. Sie hatte den Mann in Verdacht, dass er sie mit dem Dienstmädchen hintergehe.

Es treten demnach zu Hause neben dem Negativismus eigenartige paranoïsche Züge hervor, ohne dass ein systematisirter Wahn sich entwickelte. Auch dieses Moment passt zur Annahme einer Katatonie.

Die letzten Nachrichten über die Kranke stammen aus dem Frühjahr 1897. Es sei bedeutende Besserung eingetreten, sie habe aber noch ein sonderbares Wesen. „Was auf dem Tisch ist, isst sie mit, sonst nichts, auch wenn man ihr gute Sachen hinstellt. Wenn man ihr die Suppe einschenken will, so isst sie dieselbe nicht. Bringt man sie dazu, den ersten Löffel zu essen, so geht es dann wie automatisch weiter. Wenn man sie anredet, sieht sie seitwärts zum Fenster hinaus. Sie arbeitet unregelmässig, ist für die Kinder sorgsam, kann im allgemeinen ihren Haushalt wieder besorgen. Wahnideen sind nicht mehr hervorgetreten.“

Nach diesem Krankheitsverlauf handelt es sich wahrscheinlich um eine Katatonie, deren Theilerscheinung der nach einem melancholischen Vorstadium entwickelte Stupor gewesen ist. Jedenfalls ist bemerkenswerth, dass sich die allgemeine Hemmung, welche in dem Krankheitsbilde vorgeherrscht hat, auch in der Form der Kniephänomencurve deutlich kundgethan hat.

Im Hinblick auf diesen Fall ergibt sich das Problem, ob es einmal möglich sein wird, die gutartigen Hemmungszustände, wie sie sich öfter im Ablauf von melancholischen Processen entwickeln, durch motorische Kriterien von den prognostisch ungünstigen der Katatoniker zu unterscheiden. Es ist mir bisher nicht gelungen, diesen differentialdiagnostisch oft höchst wichtigen Punkt ins Klare zu stellen, ich hoffe aber die Richtung gezeigt zu haben, in welcher eine Lösung des Problems vielleicht zu erwarten ist.

VII. Hemmung bei dem ersten Abfall mit Niveausteigerung.

Auf diese Curvenformen bezogen sich die Mittheilungen, welche ich in dem erwähnten Aufsatz über die „exacte graphische Darstellung unwillkürlicher cerebral bedingter Bewegungen" gemacht habe (cfr. Wiener Medizinische Presse, 1894, Nr. 40). Es empfiehlt sich, von diesem Aufsatz auszugehen und das weitere Beweismaterial daran anzuknüpfen. Ich wiederhole zunächst die wesentlichen Sätze jener Mittheilung:

„Die klinische Beobachtung ist schon öfter der Anlass geworden, um allgemein physiologische Probleme klar herauszustellen und ihrer Lösung näher zu führen. Von den mannigfaltigen Thatsachen, welche das klinische Studium der hysterischen Zustände ans Licht gebracht hat, scheint mir besonders eine von weittragender Bedeutung für die Gehirnphysiologie im allgemeinen zu sein, nämlich die Beobachtung von Contracturzuständen, welche durchaus den klinischen Charakter des willkürlich Gewollten haben, ohne dass Bewusstsein und Willkür der betreffenden Individuen dabei betheiligt ist. Zum Beispiel kommen hysterische Contracturen der Hände vor, welche auf einer sehr complicirten Zusammenwirkung von Radialis, Ulnaris und Medianus beruhen und deren Innervationsquelle entschieden im Gehirn gesucht werden muss, während eine absichtliche, bewusste, willkürliche Stellung ausgeschlossen ist. Ich meine also diejenigen Contracturen, welche das klinische Merkmal des willkürlich Nachzuahmenden zeigen, ohne aus Willkür hervorgegangen zu sein.

Man hilft sich über dieses ausserordentlich merkwürdige Phänomen öfter sehr einfach mit den Schlagworten „Unterbewusstsein", „unbewusster Wille" und dergleichen fort, ohne dadurch für das wirkliche Verständniss etwas mehr als einen neuen Namen zu gewinnen. Die Unterscheidung zwischen „oben" und „unten", „Oberbewusstsein" und „Unterbewusstsein" ist doch etwas zu primitiv, um sie, abgesehen von ihrem empirischen Inhalt, als Wissenschaft ausgeben zu können. Im Sinne einer wirklichen Hirnmechanik formulirt, lautet das Problem folgendermassen: I. Gibt es, abgesehen von den bewussten willkürlichen Innervationen, noch andere vom Gehirn ausgehende Bewegungsimpulse, und II. in welchem Verhältniss stehen eventuell diese cerebralen Bewegungsimpulse zu unserem bewussten Denken? Da die erste Frage schon im Hinblick auf die genannten klinischen Beobachtungen bejaht werden muss, so bleibt die zweite als das wesentliche Problem.

Wenn nun zwar die klinische Beobachtung den Weg in dieser Richtung weist, so kann sie ihn doch nicht selbstständig vollenden, sondern nur wenn das exacte Experiment vorangeht werden wir das gewiesene Ziel, nämlich den Einblick in die Hirnmechanik, erreichen. Ich kann Ihnen nun heute zwei experimentelle Versuchsreihen in graphischer Fixirung vorführen, welche erstens deutlich beweisen, dass es solche unbewusste centrifugale Bewegungsimpulse vom Gehirn aus gibt, und die zweitens einen Einblick in die Verknüpfung dieser Art von cerebral bedingten Bewegungen mit unseren bewussten willkürlichen wenigstens in Bezug auf einige Fälle gewähren.

Ohne mich auf die mannigfaltigen Formen der Curven, welche bei jeder Versuchsreihe im wesentlichen constant bleiben, näher einzulassen, betone ich für das vorliegende Problem den Umstand, dass unter normalen cerebralen Bedingungen die Curve am Ende auf dasselbe Niveau zurückkehrt, von dem sie ausgegangen ist. Das heisst also: es ist am Ende der Bewegung kein Plus von Spannung vorhanden.

Ich gebe zunächst ein graphisches Beispiel für ein gesteigertes, aber in seinem Ablauf normales Kniephänomen (l. c. Fig. 1).

Im Gegensatz hierzu lege ich nun eine Curve (l. c. Fig. 2—4, in diesem Text Fig. 38 *a*, *b*, *c*) von einem Manne vor, welcher nach einer Kopfverletzung zweifellos an einer traumatischen Hysterie litt. Es zeigt sich, dass nach Auslösung des ersten Phänomens das Ausgangsniveau nicht erreicht wird, d. h. dass der Quadriceps eine Spannung behält; das gleiche Phänomen (Spannungszuwachs, Erhöhung des Niveaus) zeigte sich nach den nächsten beiden, mit gleichem mechanischen Moment ausgelösten Reflexen.

Fig. 38.

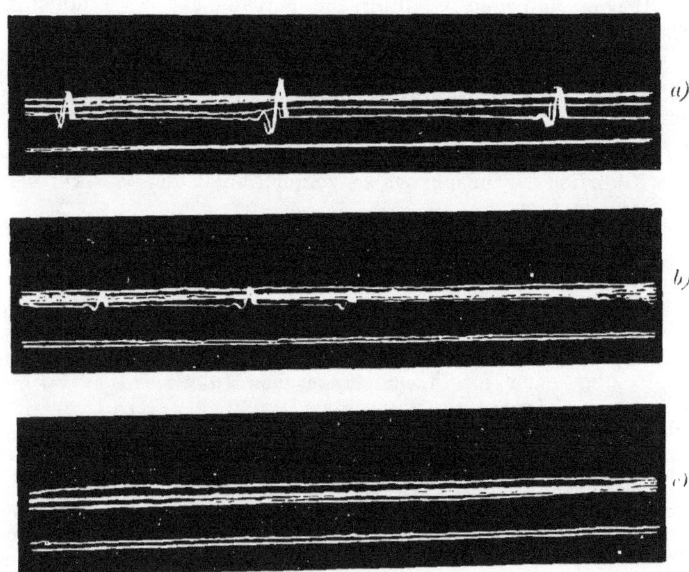

Der Kranke befand sich also ausserhalb des mechanischen Gleichgewichtes und leistete durch Hebung des Beines Arbeit.

Es ist nun nach einer Reihe anderer Untersuchungen ganz ausgeschlossen, dass es sich hierbei um eine rein musculäre Nachwirkung im Quadriceps handelt.

In Fällen von Querschnittsmyelitis, wobei der Quadriceps reflectorisch enorm erregbar ist und sich die Curve mit ihren starken und spitzigen Ausschlägen deutlich als Ausdruck spastischer Zustände erweist, kann keine Spur von Niveauverschiebung constatirt werden. Vielmehr müssen solche Niveauveränderungen, wenn sie nicht rein mechanisch durch Fehlerquellen bedingt sind, als Ausdruck einer fortdauernden cerebralen Erregung aufgefasst werden.

Im vorliegenden Fall wurde nun nach dieser Niveauveränderung mit dem Beklopfen der Sehne abgebrochen und es trat Folgendes ein: Das Bein blieb mehrere Trommelumdrehungen lang — also circa 10 Minuten — fast genau im gleichen Niveau, d. h. in einem solchen, welches nicht Aequilibrium bedeutete, sondern eine permanente Kraftleistung erforderte. Zugleich traten bei dem Kranken die intensivsten Ermüdungserscheinungen auf, subjectives Ermüdungsgefühl und heftiges Zittern des Beines und sodann der Hände, während der Kranke von der dauernden Kraftleistung, welche von seinem Gehirn nachweislich ausging, subjectiv gar kein Bewusstsein hatte.

Hier haben wir nun experimentell dasselbe Phänomen erzeugt, welches wir oben bei der Betrachtung der Hysterie als physiologisch bemerkenswerth herausgehoben haben. Bei einem peripherischen Reiz, welcher sich normalerweise in einen Reflex umsetzt und dann sozusagen aus dem functionirenden Apparat ausgeschaltet ist, tritt hier eine abnorm lange, cerebrale Nachwirkung in Gestalt einer unbewussten cerebralen Arbeitsleistung auf, und zwar tritt diese übermässige, cerebral bedingte Innervation nicht unmittelbar, sondern nur in ihren Folgezuständen (Ermüdung, Zittern) ins Bewusstsein.

Ob sich diese experimentellen Untersuchungen zur Aufklärung einer Reihe ähnlicher Erscheinungen, welche wir bei den functionellen Neurosen finden, verwenden lassen werden, bleibe dahingestellt. Jedenfalls liegt hier eine experimentelle Bestätigung des ersten der oben genannten Sätze vor."

Ich kann nun folgende weitere Beobachtungen mittheilen:

Beispiel: Christian W. 18. VI. 1896. Rechtes Bein. U = 1 Min.

Fig. 39.

Beschreibung der Curve: Auf den ersten Schlag zeigt sich eine sehr starke und abnorm steile Hebung, dann folgt eine geradlinige Strecke, dann eine Senkung mit mehrfachen Zittererscheinungen, deren Deutung als mechanischer Fehler des Apparates durch Erschütterung nicht ganz auszuschliessen ist. Dann folgt eine nochmalige geringe Hebung und dann ein ganz allmählicher Abfall, bei welchem das Bein erst nach einer grösseren Anzahl von Umdrehungen wieder bis fast an das Anfangsniveau zurückkehrt. Jede von den auf der Tafel sichtbaren Linien repräsentirt eine ganze Trommelumdrehung, welche circa eine Minute dauert. Nachdem während der ersten zwei Umdrehungen das Bein relativ rasch bis zur halben Höhe des Ausschlages gesunken ist, zeigt sich von da ein ganz langsamer Abfall, der durch seine Langsamkeit und anscheinende Gesetzmässigkeit auffällt. Die einzelnen Linien, welche je eine Umdrehung andeuten, sind nur Bruchtheile von Millimetern von einander entfernt. Dann werden die Distanzen allmählich etwas grösser, bis die Curve nach 12 Umdrehungen, das heisst circa 12 Minuten, fast das Anfangsniveau erreicht hat. In diesem Moment wird der zweite Schlag ausgeübt, welcher eine ganz entsprechende Wirkung und Nachwirkung hat wie der erste.

Es ist nun ersichtlich, dass diese Curvenform mit der früher von mir beschriebenen principiell gleich ist, da es sich ebenfalls um eine enorm lange Nachwirkung und unbewusste wahrscheinlich cerebrale Arbeitsleistung auf einen einmaligen Reiz handelt.

Wir wollen nun die Krankengeschichte des betreffenden Mannes mit dieser Curvenform vom differentialdiagnostischen Standpunkt aus vergleichen. Zweifellos hätte die rechtzeitige Feststellung dieser Form des Kniephänomens der Diagnose eine andere Richtung gegeben, als sie in der That genommen hat.

Krankengeschichte: W. aus N. bei W., Landwirth und Mitglied der inneren Mission, geboren 1850. Vor 25 Jahren, also circa 1872 Beginn der Krankheit mit Schwindel, Mattigkeit, Kopfschmerzen. Später traten Gehstörungen hinzu. Er ging mit zwei Stöcken wie ein sehr Ermüdeter. Vier Jahre darauf consultirte er Herrn Geheimrath X. in Y. Er reproducirt aus dem Gedächtniss einen Brief desselben, in welchem von Myelitis und beginnender Lateralsklerose die Rede ist. Jedenfalls wurde damals angenommen, dass W. mit organischer Rückenmarkskrankheit behaftet sei. Er gebrauchte damals vergeblich mehrere Curen, war sechs Wochen in Bad Nassau, dann in Bad Nauheim, dann in Cannstadt. Nachdem alle Behandlungsarten vergeblich gewesen waren, wurde er vor 19 Jahren, also circa sechs Jahre nach Beginn der Krankheit, von Gräfin S. durch Gebet geheilt. Seitdem ziemlich gesund. Nur war der Kopf manchmal noch angegriffen, und nach längerem Gehen wurde er müde. Seit sechs Jahren ist er brustleidend. Jedenfalls kann er zur Zeit seinem Beruf als Angestellter der inneren Mission nachgehen.

Abgesehen von einer Steigerung der Kniephänomene liess sich bei W. kein Nervensymptom nachweisen. Der ganze Verlauf der Krankheit, besonders die wunderbare Heilung machte es wahrscheinlich, dass bei W. vor 20 Jahren eine organische Rückenmarkskrankheit durch Hysterie vorgetäuscht worden ist. Dieser Mann, der glaubt, durch Gebet von einer organischen Krankheit befreit worden zu sein, hat nun zur Zeit eine Art des Kniephänomens, welche eine abnorm lange anscheinend cerebral bedingte Nachwirkung auf einen einmaligen Reiz verräth. Es scheint sich hier eine eigenartige Grundbeschaffenheit seines Centralnervensystems zu verrathen, welche zu den psychogenen Verstärkungen, die den charakteristischen Zug der Hysterie ausmachen, sehr gut passt. Zweifellos würde schon auf dem Höhepunkt der Krankheit bei der Differentialdiagnose zwischen organischem Rückenmarksleiden und Hysterie diese Form der Curve den Ausschlag für die Annahme einer Psychoneurose gegeben haben. Ich verweise hier als Gegensatz auf die Art der Curve bei organischen Krankheiten der Pyramidenseitenstränge (cfr. pag. 41), bei denen sich eine Menge von spitzwinkligen Hebungen und Senkungen infolge eines reflectorischen Spielens der Antagonisten zeigen.

Hier liegt in der That ein gewichtiges Kriterium zur Entscheidung der schwierigen Differentialdiagnose zwischen gewissen organischen Nervenkrankheiten (besonders multipler Sklerose) und Hysterie vor. Jedenfalls verdient dieses Thema an einem grösseren Material von organischen Nervenkrankheiten geprüft zu werden, als es mir bisher zu Gebote gestanden hat.

Es ist nun physiologisch und vielleicht auch für die Pathogenese der als Hysterie bezeichneten Neurose sehr bemerkenswerth, dass sich bei Menschen, die gewöhnlich ein normales Kniephänomen haben, eine solche Niveausteigerung mit allmählichem Abfall, wenn auch nicht in so ausgeprägter Weise wie im Fall W., künstlich erzeugen lässt. In der oben erwähnten Arbeit (Wiener Medizinische Presse, 1894, Nr. 40) habe ich schon nachgewiesen, dass eine solche Niveausteigerung oft zustande kommt, wenn man vor der Auslösung den *Jendrassik*'schen Handgriff (Spannung der Arme bei eingehakten Fingern) machen und diesen im Moment oder kurz nach dem Moment des Reizes unterbrechen lässt. Im Moment des Aufhebens der willkürlichen Innervation der Arme tritt also im Ablauf des Kniephänomens eine eigenartige Aenderung auf, die sich als unbewusste cerebral bedingte Bewegung in anderer Richtung im Moment des Verschwindens einer willkürlichen Innervation der Arme darstellt.

In der genannten Arbeit habe ich von vier Fällen (sämmtlich ärztliche Collegen) beweisende Curven in dieser Hinsicht mitgetheilt und daran folgende Bemerkungen (pag. 10) geknüpft:

„Das Wesentliche der obigen Beobachtungen ist Folgendes: Die Kraft, welche im Moment des Aufhörens der willkürlichen Bewegung scheinbar verschwindet, ist für den Mechanismus des Gehirns nicht verloren gegangen, sondern setzt sich in eine unbewusste, vom Gehirn ausgehende Bewegung um, welche im speciellen Falle den Ablauf eines Reflexes hemmt, jedenfalls sich also auf Rückenmarksapparate überträgt. Es wird eine interessante Aufgabe sein, diesen functionellen Verknüpfungen der Nervenapparate weiter nachzugehen. Die vorliegenden Curven sind nur tastende Versuche in dieser Richtung. Jedenfalls ist es ein Problem, das ernst ins Auge gefasst zu werden verdient, nämlich dem Gesetz von der Erhaltung der Energie auch in dem functionellen Labyrinth der Hirnmechanik nachzuforschen."

Es ist mir nun jetzt möglich, das damals gebotene Beweismaterial noch zu vermehren, was durch die folgenden kurzen Beispiele geschehen soll.

Beispiel: Dr. S., 27. X. 1891.

Fig. 40.

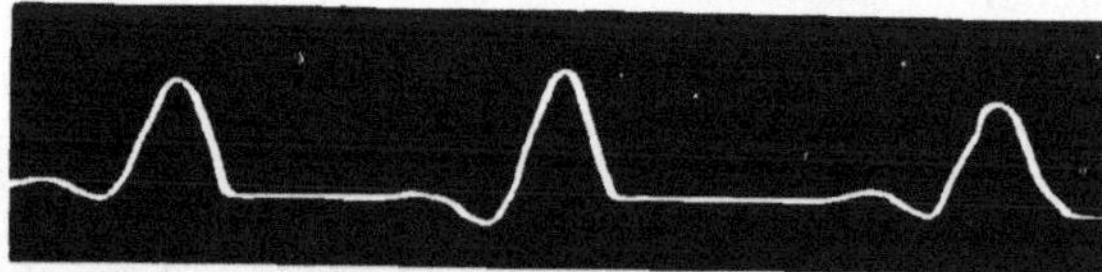

Kniephänomen ohne *Jendrassik*'schen Handgriff.

Fig. 41.

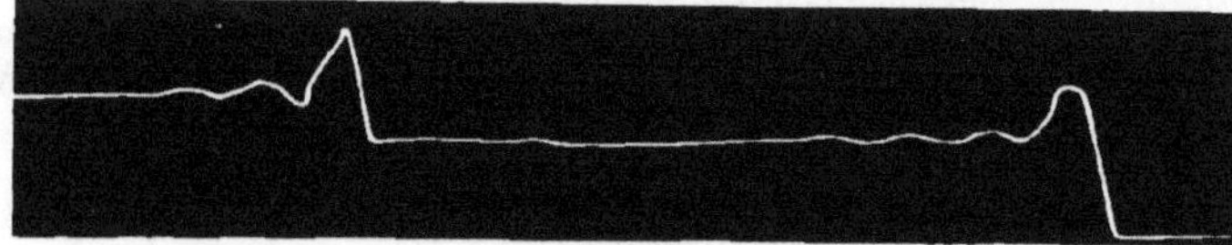

Kniephänomen mit Unterbrechung des *Jendrassik*'schen Handgriffes.

Beschreibung: Die ohne *Jendrassik*'schen Handgriff aufgenommene Curve besteht aus einer grossen Hebung mit einer relativ kleinen Senkung und einer geringen zweiten Hebung. Die Curve zeigt also die normal-physiologische Hemmung und Feststellung.

Die zweite Curve zeigt eine starke Hebung, dann nach Lösung des Handgriffes eine geringe Senkung, dann weit über dem Anfangsniveau drei leichte Hebungen mit geringen dazwischen liegenden Senkungen, schliesslich ein Beharren auf dem gehobenen Niveau. Ganz ähnliches Verhalten nach dem zweiten Schlag.

Beispiel: Dr. Sc., 17. VIII. 1894.

Fig. 42.

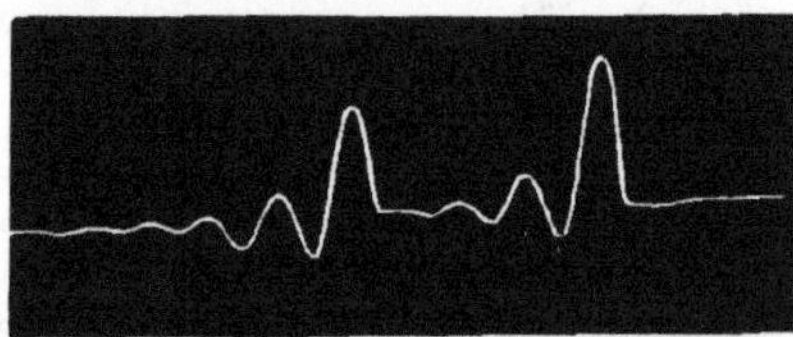

Kniephänomen mit dauerndem *Jendrassik*'schen Handgriff.

Fig. 43.

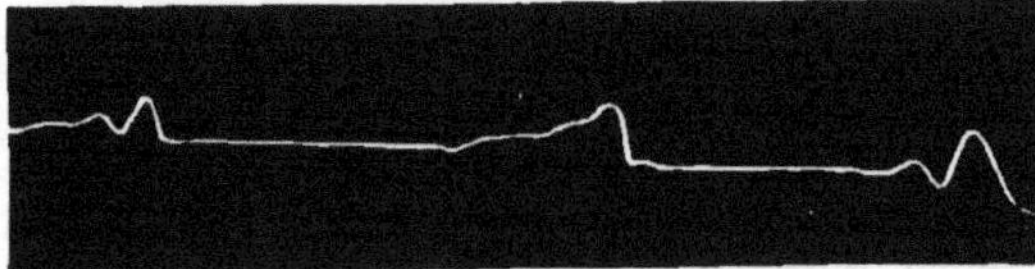

Kniephänomen mit Unterbrechung des *Jendrassik*'schen Handgriffes.

Vorstehende Curven sind ohneweiters verständlich und zeigen das gleiche physiologische Phänomen wie die vorhergehenden und die in dem citirten Aufsatz beschriebenen.

Somit ist noch weiterhin erwiesen, dass im Moment der Entspannung der Arme sich in Bezug auf den Ablauf des Kniephänomens eine vom Gehirn ausgehende Hemmung und Spannung bemerklich macht. In dem Moment, in welchem aus dem Bewusstsein eine Willensspannung entschwindet, machen sich in einem anderen motorischen Gebiet Kraftwirkungen bemerklich.

Es ist mir nun gelungen, eine Beobachtung zu fixiren, welche auf die physiologischen Verhältnisse der epileptischen Zustände ein eigenartiges Licht wirft.

Es handelt sich um folgende beiden von den gleichen Individuum stammende Curven (Fig. 44 und 45):

Fig. 44.

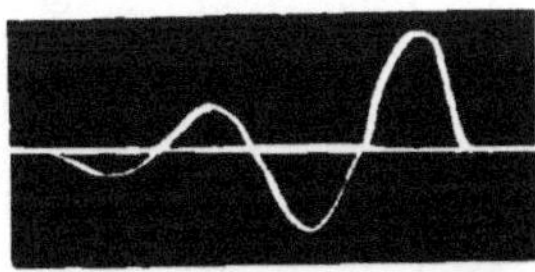

Fig. 45.

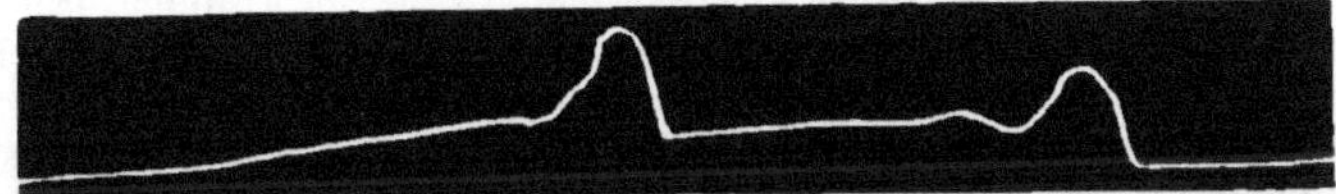

Die zweite Curve zeigt das oben beschriebene Phänomen. Diese Curven stammen von einem Epileptiker D., den ich in der psychiatrischen Klinik in Würzburg beobachtet habe. Derselbe erkrankte erst im mittleren Lebensalter an genuiner Epilepsie mit periodischen Geistesstörungen und relativ normalen Zwischenperioden.

Die erste Curve ist während einer solchen aufgenommen und zeigt nichts Abnormes. Auf den Schlag folgen zwei Hebungen und zwei Senkungen bei genauer Rückkehr zum gleichen Niveau.

Die zweite Curve ist in einem schweren epileptischen Dämmerzustande aufgenommen und zeigt die gleiche Niveauerhöhung mit allmählichem Abfall, wie sie künstlich durch die Unterbrechung des *Jendrassik*schen Handgriffes nach Auslösung des Kniephänomens erzeugt werden kann. Das Gemeinsame ist das Auftreten einer offenbar vom Gehirn ausgehenden unbewussten Arbeitsleistung, welche sich in Form von Hemmung eines Reflexes darstellt.

Es kann also das oben bei zwei Fällen functioneller Nervenkrankheit als Reaction auf einen äusseren Reiz beobachtete Phänomen auch als unbewusste Nebenwirkung bei der Entspannung anderer Muskelgruppen oder als Folge einer cerebralen Reizung im epileptischen Anfall auftreten. In allen drei Fällen ist es der messbare Ausdruck unbewusster cerebraler Arbeitsleistung.

VIII. Senkung des Niveaus bei normaler Curvenform.

Es ist mir bisher nur in einem stark pathologischen Falle gelungen, dieses Phänomen festzustellen. Dasselbe ist aus folgender Curve ersichtlich.

Beispiel: Balthasar H., 18. IV. 1896. Aequ. 800. ∢ 60°.

Fig. 46.

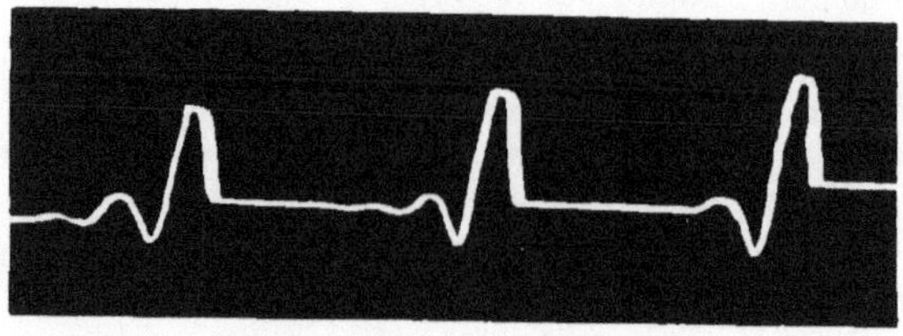

Krankengeschichte: Balthasar H. aus St., geb. 1851. Stiefbruder der Mutter geisteskrank. Im 18. Jahr tobsüchtig, angeblich nachdem er an einem heissen Sommertage ohne Mütze auf dem Felde gewesen war, weshalb der Arzt die Krankheit als „Sonnenstich" erklärt habe. Er hat damals seine Brüder geprügelt, Möbel demolirt, ist in der Kirche zum Pfarrer vorgelaufen und hat sich zu ihm hingesetzt. Seine Umgebung habe er gekannt. Von Wahnideen oder Sinnestäuschungen bei dem damaligen Anfall lässt sich nichts ermitteln. Nach einem halben Jahr habe die Erkrankung nachgelassen. H. hat sogar nach derselben drei Jahre beim Militär gedient, ohne beanstandet zu werden. Seit ungefähr 18 Jahren verheiratet. Seine neue Erkrankung begann circa März 1895. Er äusserte Verkleinerungsideen, zeigte Menschenscheu, hatte Schlaf- und Appetitlosigkeit. Hatte Angst, dass die Leute von ihm reden würden. Er arbeitete sehr unregelmässig. Am 24. III. 1896 versteckte er sich in der Scheune im Stroh, so dass man lange nach ihm suchen musste. Selbstmordideen waren darnach nicht deutlich zu ermitteln, jedoch klagte er über ein dumpfes Gefühl im Kopfe. Auf dem Wege zur Klinik hat er fortwährend mit sich geredet, ohne dass man jedoch etwas davon verstanden hätte. Bei der Aufnahme zeigt er sich völlig orientirt, in deprimirter Stimmung ohne melancholische Wahnideen. Sinnestäuschungen nicht zu ermitteln. Als deutliches pathologisches Symptom tritt nur eine völlige Manierirtheit der Sprache hervor. Seine Rede zeichnet sich durch abgerissene Substantive, Participien und Infinitive aus, z. B. sagt er: „Viel essen und Trinken, keine Kraft, gut geschmeckt." Ferner zeigt er eigenartige Breviloquenzen und Umstellungen in der Satzbildung.

Frage:	Antwort:
Wo sind Sie?	Klinik.
Welche Stadt?	Giessen.
Wo liegt die Klinik?	Seltersweg.
Woher sind Sie?	Steinberg.
Sind Sie traurig?	Ich mich nicht freuen kann weil ich so arm geschaffen bin.

Ferner zeigt er einen eigenartigen Wechsel von starrer Ruhe und plötzlicher sprachlicher Erregung mit automatischen Wiederholungen. Für gewöhnlich sitzt er ruhig mit gerunzelter Stirn und etwas gesenktem Kopfe da, dann schreit er plötzlich in einer halb articulirten Weise auf. Manchmal ruft er plötzlich in stereotyper Weise ein einzelnes Wort, z. B. Otto, Otto, Otto. Manchmal wiederholt er stereotyp: „Heim, heim, heim. Nicht hier bleiben, heimgehen." Einmal sagt er: „Heim gehen, nicht hier bleiben, hier schlimmer werden." Unter Ausschluss von Melancholie, welche im Hinblick auf die Entwicklung der Krankheit am meisten in Betracht kam, wurde aus der Stereotypie und Manierirtheit der Sprache, sowie dem Wechsel von Starrheit und sprachlicher Erregung die Diagnose auf Katatonie gestellt.

Aus den Verlauf hebe ich folgende zu dieser Anfangsdiagnose durchaus passende Züge heraus: In der Nacht zum 28. setzt er sich im Bett auf und ruft einigemale „Lina". Um $1/_2 6$ Uhr wiederholt er dies und macht dabei circa 3—4 Minuten eigenartige Zitterbewegungen mit dem Kopf. Schreibt einen Brief, der voll von Stereotypien steckt: Liebe Familie, Betet, betet, betet. Verzeihet, verzeihet, verzeihet über alles, wozu ich aber gereizt wurde. Mein Schlaf kommt Otto, Otto, Otto mit Thränen. Ach Gott, ach Gott, ach Gott u. s. f. Am 27. IV. suchte er plötzlich im Garten seine Mütze zu zerreissen, zog seinen Rock aus und warf diesen in den Garten. Er hat eine Reihe hypochondrischer Klagen und ist nicht zur Arbeit zu bringen. Während er fortwährend nach Haus gedrängt hat, nimmt er die Nachricht, dass er wirklich entlassen werden soll, völlig gleichgiltig auf, verlässt am 8. V. ohne jeden Affect die Anstalt.

Zu Haus, wo man ihn bei seiner Entlassung für gebessert hielt, hat die Besserung sich weiter entwickelt, wenn er auch noch Sonderbarkeiten zeigte. Später hat er sich wieder verschlimmert und die eigenartigen Wortwiederholungen gezeigt. Jedenfalls ist er auch jetzt noch nicht völlig gesund.

Dieser Verlauf passt zweifellos zu der von Anfang an angenommenen Katatonie sehr gut. Jedenfalls handelt es sich bei H. um einen jener Fälle von Geistesstörung, bei welchen erfahrungsmässig Abnormitäten der Innervationszustände sehr häufig sind. Es ist nun sehr bemerkenswerth, dass H. unter einer grossen Menge untersuchter Personen als einziger das oben beschriebene Phänomen (Niveausenkung) zeigt. Im Zusammenhang des ganzen Falles ist dasselbe vielleicht als Ausdruck von katatonischem Negativismus aufzufassen, indem der Kranke psychomotorisch die der reflectorischen Hebung entgegengesetzte Bewegung verstärkt und das neue Niveau kataleptisch festhält.

IX. Relativ überwiegende Excursion bei der ersten Senkung.

Beispiel: S., 21. IV. $1/_2$ Stunde nach einem epilept. Anfall. Aequ. 800. ∢ 60°.

Fig. 47.

die erste Senkung grösser als die erste Hebung, ein Verhältniss, welches durchaus von dem Verhalten eines einfachen Pendels abweicht und auf eine physiologische Ursache deutet. Am wahrscheinlichsten ist es, dass eine Wirkung der Antagonisten des Quadriceps vorliegt, welche die nach dem Gesetz des Pendels verlaufende Senkung vertieft, was wahrscheinlich auch schon bei der ersten Curve der Fall ist.

Es ist nun sehr bemerkenswerth, dass diese Curvenform, welche ein Unicum in meiner ganzen Sammlung von Curven bildet, zustande gekommen ist bei der Untersuchung eines Epileptikers, eine halbe Stunde nach einem schweren epileptischen Anfall. Und zwar handelt es sich nicht um ein isolirtes Phänomen, sondern fast die ganze Curvenreihe bei dieser Untersuchung zeigt diesen Typus. Wahrscheinlich handelt es sich um eine mit dem Anfall zusammenhängende Tendenz zur Innervation der Antagonisten des Quadriceps, welche anderen epileptischen Reizsymptomen gleich zu achten ist.

C. Combinirte Formen. (Abnormität der einzelnen Curvenform mit Aenderung in der Reihe.)

I. Hemmung bei dem Abfall mit periodischem Verschwinden des Kniephänomens.

Beispiel: Jacob H., 21. IV. 1896. Linkes Bein. Aequ. 1000. ∢ 60°.

Fig. 48.

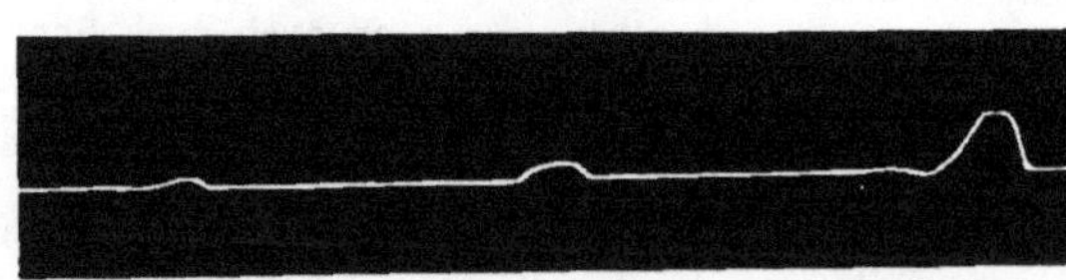

Beispiel: Jacob H., 29. IV. 1896. Linkes Bein. Aequ. 950. ∢ 60°.

Fig. 49.

nun höher, der Abfall relativ steiler, das Niveau wird wie bei der ersten Reihe richtig erreicht. Die progressive Abnahme des Ausschlages ist immer noch vorhanden.

Krankengeschichte: Jacob H. aus S., Schreiner, geb. 1851. Die Begleiter des Kranken geben bei der Aufnahme (18. IV. 1896) an: Mutter soll an Trunksucht gelitten haben. Sie habe viel Schnaps getrunken und sei zuletzt nicht mehr nüchtern geworden, auch habe sie ganz irre geredet. H. war schon früher ein starker Trinker, seit einigen Jahren wurde es schlimmer. Er sei ein tüchtiger Schreiner gewesen. Seit drei Tagen bestehe die Erkrankung. Er habe früh noch tüchtig gearbeitet, habe nachmittags mit einem Messer einen Selbstmordversuch durch Schnitt am Halse gemacht, wobei er sich nur leicht verletzte. Als Motiv gab er verworrene Ideen an, er werde doch umgebracht, er könne nicht mehr leben. Gleichzeitig begann er zu deliriren, hatte Visionen von Menschen, mit denen er Gespräche führte.

Befund bei der Aufnahme: Starker Tremor der Finger. Zuckungen in der rechten Nasolabialgegend, starkes Wogen der herausgestreckten Zunge. Bei Untersuchung der Kniephänomene starke Spannung der Musculatur. Die Reaction ist deutlich, dabei anscheinend starke Innervation der Antagonisten des Quadriceps. Im Urin 1·5‰ Eiweiss.

18. IV. H. zeigt während er das erste Bad bekommt heftige Angst, es möchten Leute kommen, um ihn zur Räderei zu schleppen. Er vermeint, in einer „Tripperklinik“ zu sein und bittet, ihn vor der Räderei zu schützen. Er glaubt, eine Decke bräche herunter. Ausser vielen Personen aus Sch., die er bei Namen nennt, sieht Patient während der Nacht besonders eine Frau, die ihm etwas überschütte, woran er verbrennen müsse. Auch Hunde sah er am Boden, die kämen, um ihn zu zerreissen. Nachts starke Delirien mit motorischer Erregung.

19. IV. Nachmittags fing er wieder an stark zu deliriren von seiner Schwester, die er betrunken herumfallen sah, von Arbeitsgenossen, die ihn mit der Axt todtschlagen wollten. Soldaten wollten ihn erschiessen.

Obgleich Thiervisionen relativ sehr wenig vorhanden waren, wurde aus dem Zusammentreffen von ängstlicher hallucinatorischer Erregung mit Tremor und Albuminurie die Diagnose auf Delirium tremens gestellt.

Der Verlauf war folgender: Das Eiweiss verschwand rasch. Am 20. IV. Erwacht früh und freut sich, dass er nun doch nicht getötet werde, sondern gesund sei. Ist den Tag über ziemlich euphorisch bis zum Abend, jedoch noch nicht klar.

21. IV. Genauere Untersuchung der Kniephänomene ergibt Folgendes: Löst man das Kniephänomen aus, während der Kranke mit der unteren Seite des Oberschenkels auf dem Bettrand ruht, so springt das ganze Knie in die Höhe, während die Winkelverschiebung des Unterschenkels zum Oberschenkel (eigentliches Kniephänomen) gering erscheint. Die Erscheinung beruht auf der schon früher bemerkten reflectorischen Innervation der Antagonisten. (Es folgt genauere Untersuchung mit dem Reflexmultiplicator, cfr. Reihe 1.) Bei der Auslösung des Fussclonus zeigen sich eigenthümliche wellenförmige Zuckungen im Tibialis anticus. Bei dem Beklopfen der rechten Brustseite zwischen der II. und III. Rippe zeigt sich Innervation des Pectoralis und Hebung der Schulter durch reflectorische Innervation des Cucullaris. Auch an den Armen sind durch Beklopfen auffallende Reflexe auf den biceps, triceps, so wie Handbeuger etc. auszulösen.

Hat ängstliche, symptomatisch an Paranoia erinnernde Ideen: Glaubt die Gendarmen kämen, behauptet immer noch, dass Angehörige und Gendarmen in der Nähe reden. Abends hört er wieder die Gendarmen, die ihn abholen wollen, um ihn zu tödten, sein Hemd sei ihm ganz zerrissen worden. Bis 1 Uhr nachts starkes Angstgefühl.

22. IV. Bleibt ruhig im Bett, wird jedoch häufig von Angstgefühlen befallen. Abends glaubt er, er würde abgeholt und geköpft. Stimmen hört er fast den ganzen Tag, kann aber nicht genau verstehen, was diese reden. Te. 37·8 (!).

23. IV. Viel unruhiger, weint häufig aus Angst, er würde abgeholt und todtgeschlagen oder verbrannt.

27. IV. In den letzten Tagen ununterbrochen von Verfolgungsideen beherrscht. Bricht häufig in Thränen aus, jammert, seine Schwestern seien todtgeschlagen worden, ihm passire dasselbe, er würde noch gefoltert, gerädert etc. Hört auf den Corridor Stimmen von Leuten, die ihn zur Folter und zum Tode abholen wollen.

28. IV. Bedeutend besser. Nur manchmal hört er noch Stimmen, die über ihn reden. Er erklärt, er wisse ja, dass niemand da sei, und doch könne er die Stimmen nicht bannen. Er ist bei vollem klaren Bewusstsein, erzählt von seinen Trinkereien und Wanderzügen. Rechenvermögen gut.

29. IV. Ist orientirt über Zeit, Ort, Umgebung. Hat retrospective Krankheitseinsicht, erzählt: „ich war unruhig, dachte, ich würde gerädert". Zeigt partielle Amnesie, an die Gendarmen erinnert er sich nicht mehr, dagegen an die Hunde. Er beschreibt diese genau in Bezug auf Kopf, Behaarung, Farbe etc. Sie seien grau und weiss gefleckt gewesen, sie seien wollig gewesen, einer habe eine Kette gehabt. Nach einer kurzen Besserung am Morgen des 20., hat also H. noch eine von da bis zum 28. reichende Periode ängstlicher Wahnbildung durchgemacht und ist dann genesen, so dass an der Richtigkeit der Auffassung als Delirium alcoholicum nicht gezweifelt werden kann.

Vom 30. IV. bis 15. V. arbeitet H. sehr gut im Garten. Hat sich als sehr bewandert in Geschichte, Geographie und in politischen Dingen erwiesen. Gewichtszunahme von 62·50 auf 67 Kilo.

Am 24. entlassen zu einem Schreiner, bei dem er schon in den letzten Tagen gearbeitet hatte. Von diesem verschwindet H. plötzlich ohne ein Wort, nachdem er vorher sehr gut gearbeitet hat. Ein Rückfall war bis März 1897 nicht eingetreten.

Wenn man diese Krankengeschichte mit den Curvenreihen vergleicht unter Berücksichtigung der Zeiten, so ergibt sich, dass sich in den Curven die krankengeschichtlich festgestellte Aenderung wiederspiegelt.

Am 21. IV., an welchem Tage ganz auffallende Reflexerscheinungen constatirt wurden, zeigt sich der Abfall der Curve bis zum fast völligen Verschwinden bei dem dritten Versuch, am 29. IV., nachdem die entscheidende Wendung zum Besseren schon eingetreten war, sind die Ausschläge bedeutend höher, der Abfall viel rascher, jedoch ist das progressive Zusammenschrumpfen der Ausschläge bei gleichem Reiz noch zu constatiren.

Der Fall ist nun prognostisch von grösster Bedeutung. Es fragt sich nämlich, ob sich nicht nach der Genesung, die circa am 28. für den äusseren Anschein erfolgt ist und bisher anscheinend angehalten hat, in dieser Regression der Reihen in Bezug auf das Kniephänomen eine bestimmte Grundeigenthümlichkeit des Nervensystems dieses Mannes ausdrückt, welche sehr leicht wieder zu stärkeren Schwankungen führen kann (cfr. den Fall Fig. 11, pag. 30).

Beispiel: J., 15. V. 1896. Linkes Bein. Aequ. 800. ∢ 60°.

Fig. 50.

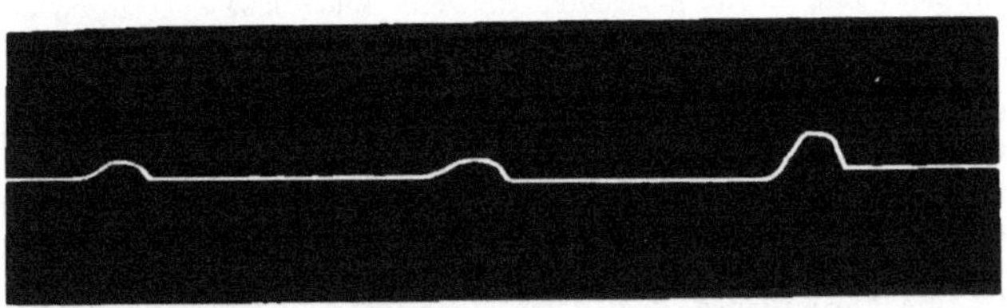

Beschreibung: Die erste Curve hebt sich sehr langsam und zu geringer Höhe. Die Hebung geht in zwei Absätzen, von denen der zweite weniger steil ist. Die erste Senkung geht ungefähr im gleichen Winkel vor sich wie die erste Senkung. Das Niveau ist darauf etwas tiefer als vorher. Die zweite Curve (bei gleichem Reiz) zeigt noch geringere Hebung, geht mit einem ganz flachen Bogen in eine allmähliche Senkung über. Das Endniveau ist ein Minimum höher als das vorhergehende, ein Minimum tiefer als das Anfangsniveau. Bei der dritten Curve ist die Hebung noch geringer und steigt noch langsamer an, senkt sich darauf bis zu dem vorherigen Niveau.

Abgesehen von dem progressiven Abfall der Hebung zeigt sich bei diesen Curven schon bei der Hebung eine ganz beträchtliche Spannung, welche die Hebung verflacht. Schliesslich sind leichte Niveauverschiedenheiten mit völlig geradlinigem weiteren Verlauf zu bemerken.

Zu dieser völlig pathologischen Curve gehört folgende Krankengeschichte:

Wilhelm J. aus B., geboren 1874, Schriftsetzer. Mutter geistig abnorm (schwachsinnig?). Eine zwanzigjährige Schwester ist völlig gesund. Ein dreizehnjähriger Bruder starb im 13. Jahre an Meningitis (?), ein anderer im 18. Jahr, dieser soll an der einen Körperhälfte gelähmt gewesen sein. Ueber J.'s Jugend nichts Auffallendes zu ermitteln. Nach Entlassung aus der Schule drei Jahre als Taglöhner, dann vom 17. Jahre an Schriftsetzer. Vor circa einem halben Jahr in O. Hatte oft Schmerzen im Unterleib. Vier Wochen vor der am 14. V. 1896 erfolgten Aufnahme fühlte er sich andauernd unwohl, hatte Schmerz im Unterleib.

Eines Abends wollte er nicht in seine Wohnung gehen, trieb sich in der Stadt herum. Am nächsten Tag arbeitete er wieder. Am Abend nach Hause gekommen, behauptete er, der Riegel fehle an der Thür, die Lampe habe keinen Docht und er habe keine Streichhölzer (obgleich alles da war). Darauf lief er nach Frankfurt, kam morgens gegen drei Uhr nach Hause und schlief bei einem in der Nähe wohnenden Arbeiter. Vom folgenden Tage hatte Patient keine Erinnerung. Am nächsten Tage ging er wieder in das Geschäft, wo er wegen heftiger Leibschmerzen nur eine halbe Stunde blieb. Nachmittag ging er zum Arzt, sollte dort einen Augenblick warten, blieb aber nicht, sondern lief nach Rumpenheim. Dort fiel er durch sein Benehmen auf der Strasse auf. Man suchte ihn festzunehmen, dabei sprang er in den Main. Ins Arresthaus gebracht, verrammelte er die Thür durch ein untergeschobenes Holz. In der Nacht entwich er durchs Fenster und lief im Hemd nach Klein-Steinheim (zwei Stunden), dort wurde er mit Kleidern versehen und nach B. zurückgebracht. Patient gab an, dass ihm in der gereichten Nahrung schädliche Substanzen gegeben worden seien; auch sei ihm öfter gerufen worden. In B. schien J. dann 14 Tage vernünftig. Am 14. V. 1897 wieder sehr aufgeregt, nahm keine Nahrung, zankte sich mit der Mutter. Er kam auf kreisärztliches Zeugniss zur Klinik.

Aus dieser Anamnese waren nun folgende Symptome scharf hervorzuheben:

1. Der allmähliche intermittirende Beginn der Krankheit;
2. die körperlichen Begleiterscheinungen, beziehungsweise Prodromalsymptome (Leibschmerzen, Diarrhöen);
3. die temporär auftretenden Wahnideen mit Andeutung von Sinnestäuschungen.

Jedenfalls war schon dieser Anfang ein ungewöhnlicher und nicht zu den gewöhnlichen Formen von Geistesstörung passender.

Die erste Untersuchung ergibt Folgendes: Schwächlicher Bau, platte Brust, grosse Magerkeit. Leichter Bleisaum am oberen Zahnfleisch. Bauch stark eingezogen wie bei Meningitis. Pupillen bei Tagesbeleuchtung sehr weit und different, linke > rechte. Reaction normal. Idiomusculäre Zuckungen im Pectoralis und fibrilläre Nachzuckungen nach leichtem Beklopfen. Patellarreflexe vorhanden. Links Fussclonus, rechts nicht. Psychisch macht J. einen völlig gehemmten Eindruck. Er liegt ruhig und apathisch zu Bett, beantwortet einfache Fragen richtig, aber nach abnorm langer Zeit, manche gar nicht.

Frage	Wiederholung der Frage	Antwort	Reactionszeit	Bemerkungen
Wie heissen Sie?	mehrfach	Wilhelm J.	4 Min.	Mit sehr leiser Stimme.
Wie alt sind Sie?	mehrfach	fehlt überhaupt	—	Die Lippen werden öfter wie zum Sprechen bewegt, ohne dass ein Laut herauskommt.
Hören Sie Stimmen?	—	—	—	Schüttelt mit dem Kopf.
Haben Sie Kopfweh?	—	—	—	Schüttelt mit dem Kopf.

Frage	Wiederholung der Frage	Antwort	Reactions-zeit	Bemerkungen
3 × 4	—	12	20 Sec.	—
4 × 5	—	20	14 „	—
5 × 8	—	40	15 „	—
9 × 8	nach 1 Min.	keine Antwort	—	—
Welche Aufgabe war gestellt?	—	9 × 8	15 Sec.	—
9 × 8	—	72	(nicht notirt)	—
2 × 2	—	4	30	—
3 × 6	—	11 (!) dann 12 (!)	10 Sec. nach weiteren 12 Sec.	— Die Antwort wird fast unverständlich gelispelt.
Haben Sie Kopfweh?	—	fehlt	—	Er deutet nach der rechten Schläfe.

Abgesehen von dieser Verlangsamung der Reaction zeigt er auf Schmerzreize keine wahrnehmbare Reaction. Bei einer aus den charakteristischen Gängen nachweisbaren Scabies zeigt er auffallend wenig Kratzeffecte, was jedenfalls mit der Apathie gegen äussere Reize zusammenhängt. Dabei starke kataleptische Erscheinungen. Auf die Aufforderung, seinen Namen zu schreiben, schreibt er in 7 Minuten seinen Namen wie folgt: Wilhelm Jot.

Sehr auffallend ist das Fehlen des Buchstabens s (Jost).

Er zeigt Eigenheiten bei der Nahrungsaufnahme: Vom Mittagessen lässt er sich langsam einen Teller Suppe eingeben, schluckt ohne Anstrengung, das heisst Verlangsamung. Fleisch und Gemüse nimmt er nicht. Als das Essen abgetragen werden soll, verlangt J. mit den Händen und mit Geberden nach dem Teller, setzt sich auf einen Stuhl und isst langsam Brot und Kartoffeln, trinkt Bier dazu. — Wegen andauernder Stuhlverstopfung Einlauf mit Erfolg.

19. V. Beim Essen treten weiter negativistische Erscheinungen hervor: Solange Arzt oder Pfleger versuchen, ihm Milch einzugeben, presst er die Lippen zusammen und nimmt nichts. Wenden jene den Rücken, so greift er nach der Milch und trinkt sie, wenn auch langsam.

Auf Commando zeigt er die Zähne, hebt die rechte Hand in die Höhe und so fort, was einen auffallenden Gegensatz zu der sprachlichen Hemmung bildet. Jedenfalls treten bei dieser Untersuchung Spannungs- und Hemmungserscheinungen in sprachlicher und allgemein motorischer Beziehung sehr in den Vordergrund.

Dementsprechend waren die weiteren Beobachtungen. 15. V. auf Befehle, die Zunge herauszustrecken, den Mund zuzumachen etc. reagirt er sofort. Dagegen tritt die sprachliche Hemmung umso stärker hervor:

Frage	Wiederholung der Frage	Antwort	Reactionszeit	Bemerkungen
3 × 4		12	15	
2 × 3		6	5	
4 × 6		24	16	
13 + 6		20(!)	15	
12 — 6		6	25	
Wo waren Sie Schriftsetzer?		Offenbach	3	
Wie lange sind Sie von Offenbach weg?		Ueber drei Wochen	45—62 Sec.	Während der ganzen Zeit macht er Lippenbewegungen, als ob er sprechen wollte. Nach 3/4 Minuten kam das Wort „drei" heraus, die völlige Antwort erst nach 62 Sec.
Wohin kamen Sie von Offenbach?		Nach Büdingen	75	
Wo kamen sie von Büdingen hin?		Nach Giessen	1 3/4 Min.	
Wo waren Sie im Arresthaus?		fehlt		
Sind Sie traurig?		fehlt		Völlig reactionslos, auch physiognomisch.

Auffallend ist eine stereotyp wiederkehrende Reihe von sonderbaren Schluckbewegungen, welche er nach Verziehung der Lippen ausführt. Bis abends 7 Uhr sehr ruhig, sprach kein Wort und ass keinen Bissen. Wegen der Scabies mit Perubalsam eingerieben und in eine Decke gehüllt, springt J. um 3/4 11 Uhr plötzlich auf, rennt den Pfleger um und sucht durch die Thür zu entkommen. Nur mit Mühe wurde Patient ins Bett zurückgebracht. Um 1 1/4 sprang er wieder aus dem Bett, machte einige Wendungen (rechtsum, linksum, kehrt) und marschirt dann im Zimmer in militärischem Schritt auf und ab. Schläft von 2 1/4 bis 4 Uhr. Von da an sehr unruhig, wollte nicht mehr im Bett bleiben, stemmte sich mit aller Gewalt gegen das Bett, wenn es ihm gelungen war, aus dem Bett zu kommen.

16. V. Um 10 Uhr sehr aufgeregt. Wurde ins warme Bad gesetzt. Er zeigte starke negativistische Erscheinungen, die mit kataleptischen abwechseln. Abends bis Mitternacht ruhig. Von da ab schrie er, wollte zur Thür hinausspringen, sang bald leise, bald laut vor sich hin. Von 4 Uhr

an Schlaf. Um $1/_2$6 Uhr wacht er auf und wird stark erregt. Fast völlige Nahrungsverweigerung, weshalb seit dem 15. Sondenfütterung angewendet wurde.

17. V. Schon $1/_2$ Stunde vor dem Essen sagt J., er habe Hunger, er wolle essen, führt dies aber in ganz krankhafter Weise aus, indem er nach jedem Löffel, den man ihm eingibt, die Lippen fest schliesst und die Suppe geraume Zeit im Munde behält, ehe er sie hinunterschluckt. Auch hier zeigt sich wie in der sprachlichen Sphäre eine abnorme Verlangsamung.

Abends Versuch der Sondenfütterung mit grosser Schwierigkeit. J. liegt dann ruhig und apathisch im Bett. Als dann ein im selben Wachsaal liegender Patient Bier zu trinken bekommt, drückt er durch Geberden und Bewegungen der Lippen (als ob er den Versuch zu sprechen machte) den Wunsch nach Bier aus. Das ihm gereichte Bier führt er hastig zum Munde, trinkt und schluckt jetzt ziemlich schnell. Darauf trinkt er noch einen Becher Milch. Nachts unruhiger Schlaf von $9^1/_2$ bis $10^1/_4$, $10^1/_2$ bis $2^1/_2$, $3^1/_2$ bis 6 Uhr. Im Schlaf warf Patient oft unruhig den Kopf nach rückwärts und blieb längere Zeit mit rückwärts gezogenem Kopfe liegen.

18. V. Nahrungsverweigerung. In längeren Intervallen springt J. aus dem Bett und attaquirt die Pfleger, welche ihn zurückzuhalten suchen.

21. V. Stuhlverstopfung. Retentio urinae.

22. V. Die Kniephänomene fehlen, auch wenn keine äussere Spannung der Musculatur vorliegt, fast völlig.

Der bisherige Verlauf hatte folgende Symptome scharf herausgestellt:

1. Starke Verlangsamung sprachlicher Reactionen.
2. Manchmal völliges Fehlen von sprachlicher Reaction.
3. Vereinzelte Rechenfehler bei leichten Aufgaben. ($3 \times 6 = 11$, auch wenn man annimmt, dass er multipliciren und addiren verwechselt, ein Fehler.)
4. Kataleptische Zustände.
5. Negativismus.
6. Eigenthümliche stereotype Bewegungserscheinungen (z. B. die Schluckbewegungen im Anfang).
7. Seltsame Aufregungszustände mit manierirten Bewegungserscheinungen (plötzliches Aufspringen und Nachahmen militärischer Uebungen).
8. Körperliche Symptome: Stuhlverstopfung und Urinretention. Fast völliges Fehlen der Kniephänomene.

Auf Grund der sub 1—7 genannten Symptome, neben denen man auch die Urinretention als psychomotorisches Phänomen auffassen kann, wurde die Annahme der Katatonie in erster Linie erwogen. Es musste jedoch im Hinblick auf die Anamnese und den Befund in der Klinik (Koliken, Bleisaum, Einziehung des Unterleibes, Stuhlverstopfung, Urinretention, mangelhafte Kniephänomene) die Thatsache der Bleivergiftung festgehalten werden und es wurde gefragt, ob sich im Hinblick hierauf die Psychose als eine „symptomatische", durch Bleiintoxication bedingte auffassen liesse. Je mehr man zu dieser Annahme neigte, desto besser wurde die Prognose, da zu hoffen war, dass mit Besserung der durch die Bleivergiftung bedingten Symptome auch die psychischen Erscheinungen sich zurückbilden würden. Allerdings bestand bei der Annahme der Katatonie wenigstens eine gewisse Aussicht auf eine Remission.

Der Verlauf war nun folgender: Am 26. wurden die ersten Spuren einer Aenderung in Bezug auf die Spannungs- und Hemmungserscheinungen deutlich. Um $^1/_2$9 Uhr ruft er spontan dem Arzt zu, er wolle jetzt schreiben und schreibt in etwa zwei Minuten seinen Namen und Heimatsort nieder.

Auch das Rechnen erzielt im allgemeinen kürzere Reactionszeiten als früher:

Frage	Wiederholung der Frage	Antwort	Reactionszeit	Bemerkungen
3 × 6	—	18	4	—
5 × 5	—	20(!)	8	—
3 × 4	—	12	10	—
2 × 8	—	16	2	—
4 × 6	—	16 (!)	2	—
10 × 11	—	110	35	—
20 + 8	—	28	3	—
10 — 6	—	4	8	—

Urinretention ist gehoben. Stuhlverstopfung und Einziehung des Unterleibes noch vorhanden.

Dann kam eine Periode des Schwankens, in welcher die Reactionszeiten sich manchmal wieder verlängerten, z. B. 30. VI.

Frage	Antwort	Reactionszeit
2 × 2	4	40
2 × 3	6	41
3 × 4	12	22
4 × 5	20	58

Dann kamen wieder intercurrent auftretend kurze Reactionszeiten: z. B. am 1. VII. nach mehrfachen anderen Exempeln mit langen Reactionszeiten:

Frage	Antwort	Reactionszeit
2 × 8	16	3
4 × 4	16	5
10 × 11	110	6
20 + 8	28	$^1/_2$!
10 — 6	4	12
2 × 2	4	37

Am 2. VII. gibt er auf relativ complicirte Fragen gut Antwort:

Frage	Antwort	Frage	Antwort
Wie gross ist Offenbach?	40.000	Welchen Titel hat der Fürst von Hessen?	Grossherzog
Wie gross ist Frankfurt?	180.000	Wie ist der Name desselben?	Ernst Ludwig
Zu welchem Lande gehört Offenbach?	Hessen	Wer regiert Deutschland?	Kaiser Wilhelm II.
Zu welchem Lande gehört Frankfurt?	Preussen	Welches ist die grösste deutsche Stadt?	Berlin

Deutliche Besserung ist am 15. VII. zu constatiren.

Frage	Antwort	Reactionszeit
2 × 2	4	$1^1/_5$ Sec.
2 × 3	6	$^1/_2$ "
3 × 4	12	2 "
4 × 5	20	$2^2/_5$ "
3 × 6	18	$^3/_5$ "
5 × 5	25	$^3/_5$ "
2 × 8	16	$3^1/_5$ "
4 × 4	16	$2^4/_5$ "
10 × 11	110	$3^1/_5$ "
10 × 8	80	2 "
10 — 6	4	$1^4/_5$ "

Die Besserung schritt nach Rückbildung der Symptome von Bleivergiftung mit vielen Schwankungen weiter vor, das einzig Auffallende bestand nur noch in einer Neigung zu Fluchtversuchen, die bei dem Bevorstehen seiner Entlassung wenig zweckmässig erschienen.

Am 31. VII. wurde J. als gebessert nach Haus entlassen. Bei der Entlassung wurde angenommen, dass es sich um eine Katatonie mit Remission, complicirt mit Bleiintoxication, handle, und dass J. später wieder zur Aufnahme kommen werde.

Zu Haus hat sich J. etwas beschäftigt, jedoch ohne rechte Ausdauer. Dann ist er plötzlich verschwunden, wonach Suicid angenommen wurde. Am 19. XI. lief jedoch ein ganz normales Schreiben aus Limburg ein, in welchen er um ein Zeugniss bat. Da J. bisher nicht wieder angemeldet wurde, ist anzunehmen, dass er bisher gesund geblieben ist. Am 1. III. 1897 stand J. in Cassel in Arbeit.

Obgleich dadurch die Annahme einer blossen Remission bei einer Katatonie nicht ausgeschlossen ist, muss der Krankheitsverlauf doch als ein überraschend günstiger bezeichnet werden, und es muss nochmals erwogen werden, ob nicht doch in diesem Falle die Bleiintoxication eine grosse Rolle bei dem Ausbruch der Krankheit gespielt hat. Ich wage diese Frage nicht zu entscheiden und betone hier nur die ganz auffallende Form des Kniephänomens, welches sich bei diesem ausgeprägten „Spannungs-Irresein" gefunden hat.

Beispiel: K., 7. IV. 1897. Rechtes Bein. Aequ. 100. H. L. 20.

Fig. 51.

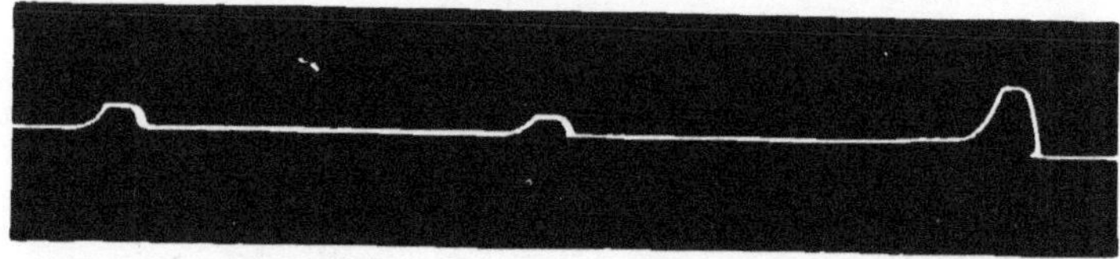

Beschreibung: Die erste Curve zeigt eine ziemlich steile Hebung von mittlerer Höhe, dann einen geradlinigen Uebergang zu der plötzlich einsetzenden Senkung, das Endniveau liegt etwas über dem Anfangsniveau. Die zweite Curve zeigt sehr geringe Hebung mit geradlinigem Uebergang, dann allmähliche Senkung zum gleichen Niveau. Die dritte Curve zeigt fast genau den gleichen Befund wie die zweite.

Die ersichtlichen Auffälligkeiten sind also folgende:

1. Wechsel in der Höhe des Ausschlages.
2. Geradliniger Uebergang zur Senkung.
3. Leichte Niveausteigerung nach dem ersten Schlag.
4. Fehlen der Ausschläge unter das Niveau.

Die Krankengeschichte ist folgende: Es handelt sich um das Gutachten über einen jungen Mann L. K. aus H., der in der Scheuer mit dem Kopf voran heruntergefallen war und sich einen Schädelbruch zugezogen hatte. Später wurde in einem Gutachten Simulation angenommen, nachdem bei K. angeblich tobsüchtige Erregungen aufgetreten waren. Es liess sich bei dem Anstaltsaufenthalt zunächst ausser subjectiven Beschwerden über Kopfschmerzen, Mattigkeit etc. nichts nachweisen als periodisches Zittern der Hände und obige Abnormität der Kniephänomene.

Es stellte sich durch Zeugenaussagen heraus, dass K. schon vor dem Fall über heftige Kopfschmerzen und Schwindelanfälle geklagt hatte und wiederholt zu Boden gefallen war, „so namentlich auch am 11. II. 1895, an welchem Tage er in der Scheuer vom Boden fiel". Später waren Aufregungen eingetreten, die ganz einen hysteroepileptischen Charakter hatten. Somit hellte sich der Fall in dem Sinne auf, dass K. schon vor dem Unfall im Beginn einer Epilepsie stand, infolge dieser stürzte und sich einen Schädelbruch zuzog, worauf später stärkere Dämmerzustände eintraten. Es konnte angenommen werden, dass die Kopfverletzung die Erscheinungen verstärkt und den Ablauf der Krankheit beschleunigt hat.

In diesem Falle, in dem vorher Simulation angenommen war, haben die eigenthümlichen Formen des Kniephänomens mit dem starken Wechsel der Ausschläge für mich den Hauptanlass gegeben, um nach einer Neurose mit periodischen Störungen zu forschen, welche sich immer deutlicher bei Prüfung der Anamnese als Epilepsie erwies.

Werfen wir einen Rückblick auf die mit der beschriebenen Methode erhaltenen Curvenformen, so springen folgende Punkte ins Auge:

1. Eine Anzahl der beschriebenen Phänomene haben offenbare Beziehungen zu bestimmten neuropathischen und psychopathischen Zuständen, nämlich:

a) Das Phänomen der Niveausteigerung, welches eine zwecklose unbewusste Arbeitsleistung ausdrückt, findet sich häufig bei Fällen, die klinisch unter den Begriff der Hysterie und Neurasthenie gehören.

b) Die Vermehrung der Ausschläge mit nachträglicher Steigerung der Hebung findet sich häufig bei schwer hysterischen oder hysteroepileptischen Kranken. Da, wo es bei anscheinend Normalen auftritt, ist es als Ausdruck abnormer Suggestibilität für Bewegungen des eigenen Körpers aufzufassen. Diese ist dadurch auf einen messbaren Ausdruck zu bringen.

c) Vermehrung der Ausschläge mit spastischem Charakter, das heisst spitzwinkligen Uebergängen, deutet wahrscheinlich auf organische Krankheit der Pyramidenseitenstränge.

d) Vorzeitige Hemmung des Kniephänomens findet sich häufig bei den mit dem Wort „Spannungsirresein" zusammengefassten Formen von Geisteskrankheit.

e) Auffallender Wechsel in dem Ablauf des Kniephänomens findet sich häufig bei Epileptischen.

2. Eine Anzahl der beschriebenen Phänomene sind vorläufig vollkommen unerklärlich oder können nur hypothetisch mit bestimmten Grundeigenschaften oder Erkrankungen des Nervensystems in Verbindung gebracht werden. (Verschiedene Reaction bei gleichem Reiz, progressive Abnahme in der Höhe des Ausschlages trotz normaler Form, Geradlinigkeit der Uebergänge zwischen Hebung und Senkung, Vertiefung der Ausschläge nach unten, Niveausenkung.)

3. Die Anzahl der beobachteten Varianten ist eine überraschend grosse, wenn man sie insgesammt auf die beiden Grundvorgänge: Reflex und Reflexhemmung zurückführt. Die vorstehenden Untersuchungen zeigen, dass je nach der Zeit, in welcher ein hemmendes oder verstärkendes Moment in den Ablauf eingreift, ganz verschiedene Formen, das heisst Endresultate von Bewegungen zustande kommen.

Nimmt man eine ebenso grosse Verschiedenheit des Verlaufes auch für diejenigen reflectorischen Vorgänge an, welche wahrscheinlich das materielle Correlat der psychischen Vorgänge bilden, so erscheint die so erweiterte Theorie schon eher geeignet, um die ausserordentliche Mannigfaltigkeit der psychischen Vorgänge zu erklären oder wenigstens eine den verschiedenen geistigen Vorgängen entsprechende Verschiedenheit der Gehirnvorgänge zu behaupten.

Es ergibt sich daraus für die Psychophysiologie die Aufgabe, zu untersuchen, ob sich in bestimmten geistigen Vorgängen und besonders in dem Verhältniss geistiger Functionen zu einander ähnliche Beziehungen zwischen Reflexvorgang und Hemmung finden lassen, wie wir sie für die Einwirkung des Gehirns auf einen Rückenmarksreflex in Gestalt von typisch wiederkehrenden Curven, das heisst Verlaufsarten festgestellt haben.

b) Psychischer Einfluss auf den Pupillenreflex.

Neben dem Kniephänomen ist die Pupillenbewegung auf Lichtreiz für klinische Beobachtung der wichtigste und am meisten studirte Reflex. Ich übertrage nun die Fragestellung, die uns in Bezug auf das Kniephänomen als Leitmotiv gedient hat, ob sich nämlich ein cerebraler, beziehungsweise psychischer Einfluss auf den Ablauf des Reflexes nachweisen lässt, auf das Gebiet der Pupillenbewegung. Eine Reihe von Beobachtungen an Nervösen, ferner das Studium der physiognomischen Ausdrucksmittel bei manchen Kunstwerken sprechen entschieden dafür, dass, abgesehen von der rein reflectorischen Pupillenbewegung und der accommodativen Mitbewegung, gewisse psychisch-cerebrale Factoren bei der Pupillenbeschaffenheit mitsprechen. Es käme wissenschaftlich darauf an, diese feinsten Reize der Irismusculatur, beziehungsweise die resultirenden Haltungen und Bewegungen in einer messbaren Weise darzustellen.

Abgesehen vom psychophysischen Gesichtspunkt, von dem aus eine Messung der feineren Pupillenbewegungen nothwendig erscheint, drängen eine Reihe von nervenpathologischen Erwägungen zur Untersuchung in der gleichen Richtung. Die klinische Ausscheidung eines bestimmten Krankheitsbildes der progressiven Paralyse aus dem grossen Gebiet der „mit körperlichen Lähmungen complicirten Geistesstörungen“, sowie andererseits aus der Gruppe der mit Grössenwahn einhergehenden Psychosen ist wesentlich unter Berücksichtigung gewisser Pupillenveränderungen (reflectorische Starre) vor sich gegangen. Es gibt genug zweifelhafte Fälle, in denen die bestimmte Behauptung, dass eine abnorm träge Pupille vorhanden ist, den Ausschlag für die Annahme einer progressiven Paralyse geben würde, in denen aber die vorhandenen Untersuchungsmethoden nicht ausreichen, um dieselbe einwandfrei zu begründen. Jedem klinischen Praktiker sind solche Fälle bekannt, in denen weder der Psychiater, noch der Ophthalmologe zu einem festen Urtheil darüber kommen kann, ob eine Abnormität der Reaction vorliegt oder nicht. — Ferner gibt es eine Reihe von Abnormitäten der Form der Pupille, die bisher wenig berücksichtigt wurden, weil eben eine exacte Methode der Bestimmung fehlte und deren physiologische oder pathologische Bedeutung noch völlig unklar ist.

Auch diese nervenpathologischen Erwägungen liefen auf die Forderung einer genauen Pupillenmessmethode hinaus.

Es ist nun bei den bisherigen Methoden in etwas einseitiger Weise auf die Messung der Pupillenweite unter Vernachlässigung der Reizmessung Werth gelegt worden, während es nothwendig erscheint, die verschiedene Reaction der Pupillen auf verschiedene Lichtreize festzustellen. Es handelt sich darum, einen Begriff über den Ablauf von Bewegungen an der Pupille zu erhalten und über die Beziehungen zu gewissen Lichtintensitäten in einer abgestuften Reihe von Reizen. Eine exacte Bestimmung des Reizes ist die erste Voraussetzung einer vergleichbaren Messung der Wirkungen, das heisst der Pupillenreaction.

Somit ergibt sich für die Construction eines entsprechenden Apparates die doppelte Aufgabe:

1. den Reiz in einer messbaren Weise abzustufen;

2. die Wirkung, das heisst Weite und Form der Pupille, sowie die Geschwindigkeit der Bewegung bei jeder beliebigen Reizstärke zu messen.

In Bezug auf Nr. 1 ergeben sich zwei Theilaufgaben, nämlich:

a) eine Lichtquelle successive zu verstärken,

b) das abgestufte Licht auf den Augenhintergrund einwirken zu lassen.

Es liegt zunächst nahe, die erste Aufgabe dadurch zu lösen, dass man eine Masseinheit (Normalkerze) verwendet und allmählich eine nach der anderen hinzufügt. Diese Idee ist praktisch kaum auszuführen. Ausserdem würden hier sozusagen sprungweise Masseinheiten aneinandergereiht, während der allmähliche Uebergang von einer zur anderen fehlt. Viel grössere Aussichten bot das elektrische Glühlicht, welches man erfahrungsgemäss durch fortschreitende Verstärkung des Stromes sehr allmählich anschwellen lassen kann. Diese Variation des Stromes lässt sich bei constanter Stromstärke am einfachsten durch einen Rheostaten bewerkstelligen, der zwischen die Glühlampe und die Stromquelle eingeschaltet wird. Leichte Stromschwankungen sind allerdings wohl in keinem Stromkreis ganz zu vermeiden. Nimmt man jedoch einen Strom von relativ hoher Spannung (circa 110 Volt), so werden diese Schwankungen relativ sehr gering sein und kaum einen Fehler in Bezug auf die Abmessung der durch den Rheostaten gehenden Elektricitätsmenge bedingen. Ferner muss berücksichtigt werden, dass die in den Glühlampen verwendeten Kohlenfäden sich bei längerem Gebrauch abnützen, dass ihre Leuchtkraft bei gleicher Stromspannung nicht ganz die gleiche bleibt. Man wird deshalb ein solches System von Zeit zu Zeit mit dem Photometer auf die Leuchtkraft der Glühlampe untersuchen müssen, um Fehler zu vermeiden. Immerhin scheint diese Anordnung noch die meiste Aussicht auf eine messbare Variation des Reizes zu bieten.

Bei der praktischen Durchführung dieser Idee habe ich folgende Anordnung getroffen. In einen Strom von 110 Volt Spannung wird eine Lampe von 50 Kerzen Stärke und ein Rheostat eingeschaltet, welcher mit 10 Contacten den Strom von 0 bis zur vollen Stärke anschwellen lässt (cfr. Fig. 54, pag. 87). Das Licht der Lampe wird durch Reflex von einer Mattscheibe geschwächt und zerstreut, so dass das Bild der Kohlenfäden verwischt wird. Dieses Licht wird durch einen Hohlspiegel in das zu beobachtende Auge geworfen.

Durch empirische Bestimmung mit dem Photometer liess sich nun die Lichtstärke an der Stelle, welche dem untersuchten Auge entspricht, messen. Dabei musste vor allem geprüft werden, ob die Voraussetzung der gleichen Stromspannung praktisch wirklich zutreffend ist und welche Differenzen der Lichtstärke durch Aenderung der Spannung entstehen.[1])

Es ergab sich zum Beispiel am 16. XI. 1897 bei Spannung von angeblich 110 Volt:

1. Bei Rh. 9 und Stellung des Photometers = 200, Stellung der Lampe = 366, 366, 367, 365, 363, 365, 364, 367, 366, 366, also im Durchschnitt = 365·5 : Beleuchtungsstärke B. = $\left(\frac{1000}{365\cdot5}\right)^2$ = circa 36 Kerzen.

2. Bei Rh. 7 und Stellung des Photometers = 200, Stellung der Lampe bei den einzelnen Versuchen = 536, 547, 540, 537, 539, 538, 534, 546, 540, im Durchschnitt = 539·4 : Beleuchtungsstärke B. = $\left(\frac{1000}{539\cdot4}\right)^2$ = circa 8·4 Kerzen.

3. Bei Rh. 5 und Stellung des Photometers = 200, Stellung der Lampe = 675, 685, 691, 695, 685, 678, 685, 685, 697 im Durchschnitt = 687 : Beleuchtungsstärke B. = $\left(\frac{1000}{687}\right)^2$ = circa 4 Kerzen.

Weitere Messungen ergaben zusammen mit dem eben Mitgetheilten folgende Tabelle:

Rh.	Sp. = c. 110 V. 16. XI.	Sp. = c. 110 V. 16. XI.	Sp. = c. 109 V. 18. XI.	Sp. = c. 110 V. 18. XI.	Sp. = c. 110 V. 22. XI.
9	36 K.	36	34·81	34·81	34·81
7	8·4	8·41	7·36	7·36	7·64
5	4	4	3·61	4	ausgelassen

Um zu zeigen, wie stark Aenderungen der Spannung auf den Leuchteffect einwirken, gebe ich folgende Zusammenstellung:

Rh.	Sp. = c. 110 V. 16. XI.	Sp. = c. 110 V. 16. XI.	Sp. = 111 V. 18. XI.	Sp. = 107 V. 18. XI.	Sp. = 111 V. 18. XI.
9	36 K.	36	42·2(!)	32·49	42·2
	Sp. = 107 V. 18. XI.	Sp. = 109 V. 18. XI.	Sp- = 110 V. 18. XI.	Sp. = 110 V. 22. XI.	
	29·1(!)	34·81	34·81	34·81	

Es kommen also bei Aenderungen der Spannung zwischen 107 und 111 Volt bei Rh. = 9 beträchtliche Differenzen der Beleuchtungsstärke (zwischen 29·1 und 42 Kerzen) zustande. Die Voraussetzung, dass der Strom wirklich 110 Volt Spannung hat, muss also jedesmal erst geprüft werden. Ist sie gegeben, so sind die Resultate, besonders wenn man die Fehler bei den Bestimmungen mit dem Photometer, bei denen ein subjectiver Factor immer vorhanden ist, in Betracht zieht, ziemlich gleichmässige. Es entspricht bei Spannung von genau 110 Volt

Rh. 9 einer Beleuchtungsstärke von 34·81 bis 36 Kerzen
Rh. 7 „ „ „ 7·36 „ 8·4 „
Rh. 5 „ „ „ 3·61 „ 4 „

Es ist also die Beleuchtungsstärke bei Rh. 7 ungefähr das Doppelte, bei Rh. 9 ungefähr das Zwölffache derjenigen bei Rh. 5 (= circa 4 Kerzen).

---

[1]) Für die Unterstützung bei diesen Vorversuchen bin ich Herrn Professor *Wiener* in Giessen zu Dank verpflichtet.

Somit ist aus der Rheostatenstellung bei bekannter Stromspannung die Leuchtstärke an der Stelle des zu beobachtenden Auges empirisch bestimmt.

Es handelte sich nun ad *b)* darum, diese Lichtmengen unter Ausschluss von anderem Licht in das beobachtete Auge fallen zu lassen, was eine weitere Voraussetzung zur Giltigkeit der erhaltenen Lichtwerthe ist.

Die mir bekannten Methoden der Pupillenmessung verfolgen meist das Ziel, durch möglichste Annäherung eines Massstabes an das Auge, mag dieser nun linear oder rund, zum Beispiel in Form von verschieden weiten Ausschnitten gestaltet sein, der objectiven Grösse der Pupille möglichst nahe zu kommen. Dadurch wird von vornherein die Vorbedingung, eine variable und dabei messbare Lichtquantität in das Auge fallen zu lassen, unmöglich gemacht und die ganze physiologische Voraussetzung der Messung einer Reaction zerstört. Es musste also eine variable Lichtquelle zwischen

Fig. 52.

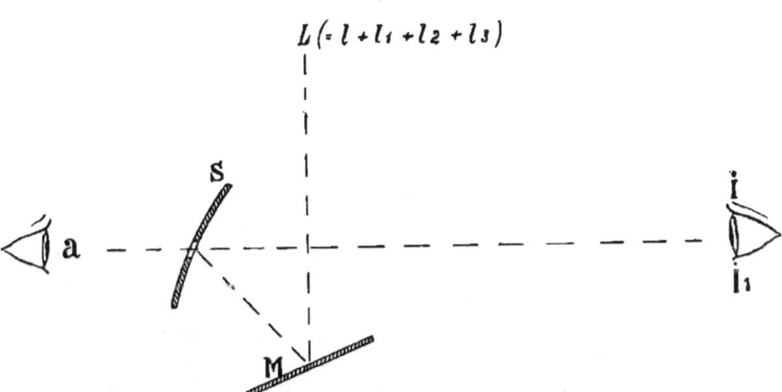

das beobachtende und das beobachtete Auge eingeschaltet werden, ohne das erstere zu stören. Dies kann nur durch Refraction geschehen, da bei Anbringung einer objectiven Lichtquelle zwischen dem Auge des Beobachtenden und dem des Beobachteten der erstere gestört werden würde. Technisch handelt es sich darum, die in angegebener Weise gemessene Lichtmenge ohne Störung der Messung der Reaction in das Auge fallen zu lassen, das heisst die Lichtmessung constructiv mit der Messung des Endeffectes zu vereinigen. Dies kann dadurch geschehen, dass man nach Zerstreuung des Lichtes durch die Mattscheibe *m*, durch einen Hohlspiegel *s*, der in der Blickrichtung des beobachtenden Auges *a* durchbrochen ist, eine variable Lichtmenge ($L = l + l_1 + l_2$ etc.) durch Refraction in das beobachtete Auge ($i\ i_1$) fallen lässt (cfr. Fig. 52).

Nachdem die Aufgabe, den Reiz in einer messbaren Weise abzustufen und die beliebig variirten Lichtquantitäten in das zu untersuchende Auge einfallen zu lassen, in dieser Weise gelöst ist, muss erörtert werden, wie man am besten die verschiedenen Wirkungen dieser abgestuften und in das Auge geleiteten Reize messen kann. Da es unmöglich ist, bei dieser Art der variirten Beleuchtung die Weite der Pupille objectiv durch Anlegen eines Massstabes zu messen, kann es sich von vornherein nur um eine Messung aus gewisser Entfernung handeln, die auf mathematisch-optischem Wege möglichst genau gemacht werden muss.

Das Princip des Apparates ergibt sich am einfachsten aus folgender Zeichnung:

Bei a befindet sich das Auge des Beobachters. Die Buchstaben i i_1 bezeichnen die Iris des zu beobachtenden Auges. Die Entfernung e von a bis zur Fläche i—i_1 lässt sich ziemlich genau bestimmen und ist als bekannt vorauszusetzen. x ist die Pupillenweite. Bringt man nun zwischen a und i—i_1, z. B. in der Ebene v—v_1 in der Ent-

Fig. 53.

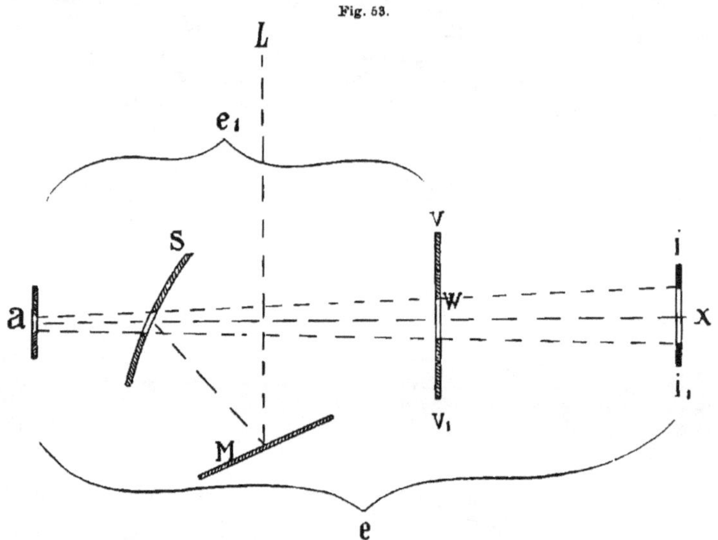

fernung e_1 von a eine Irisblende an, deren Weite w empirisch zu bestimmen ist, so verhält sich nach Einstellung der Irisblende auf die Pupillenweite von dem Visirpunkt a aus:

$$\frac{e_1}{w} = \frac{e}{x} \qquad x = \frac{e \,.\, w}{e_1}$$

Die Pupillenweite x lässt sich also indirect vom Punkte a aus bestimmen.

Nun ist aber eine Irisblende für viele empirische Fälle unbrauchbar, weil die Pupille nicht rund ist. Es empfahl sich deshalb dafür zwei Fäden zu nehmen, deren Entfernung sich variiren lässt, während andererseits die Lage ihrer Axe durch Drehung verändert werden kann.

In dieses optisch-mathematische System (Auge des Beobachtenden a, Irisblende v—v_1, Auge des Untersuchten i—i_1) konnte ohne Störung der Messung der Spiegel s, welcher die variable Lichtmenge ($L = l + l_1 + l_2$ etc.) in das Auge i—i_2 wirft, leicht eingefügt werden.

Auf Grund dieser Ueberlegungen ist der Apparat in folgender Weise construirt worden:

Fig. 54.

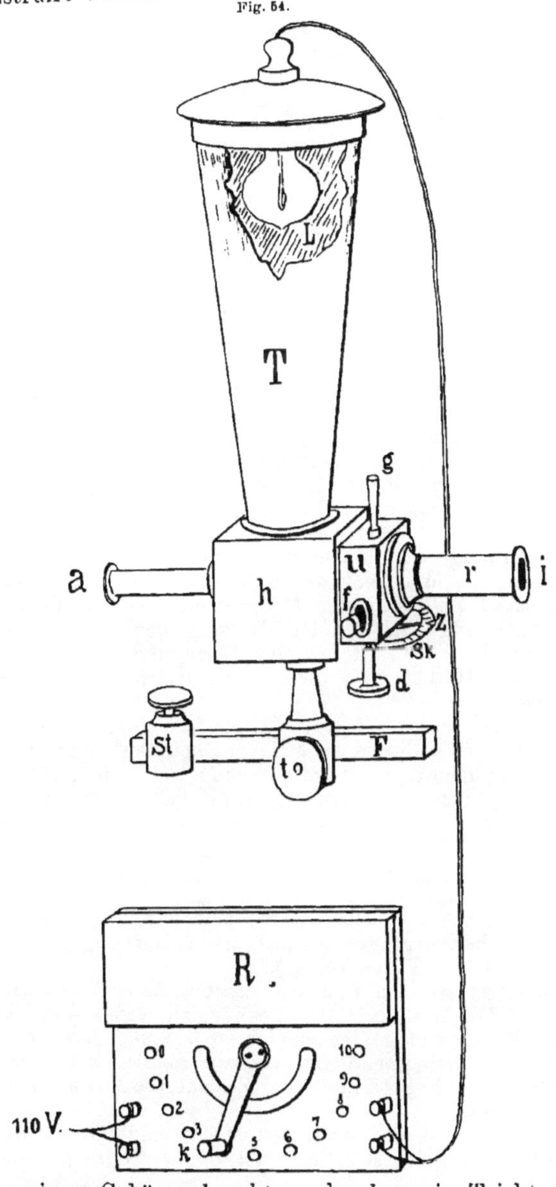

Von einem Gehäuse *h* geht nach oben ein Trichter *T*, unter dessen Deckel eine Glühlampe mit 50 Kerzen Stärke angebracht ist. Von den Leitungsdrähten dieser Lampe geht der eine direct zu einem an der Wand befindlichen Contact des Stromkreises von 110 Volt Spannung, der andere geht zu einem Rheostaten, welcher an der Wand so montirt ist, dass die Kurbel von der linken Hand des Beobachters leicht erfasst und bewegt werden kann. Der Trichter *T* dient dazu, um das Licht der Glühlampe, dessen Abschwächung durch Drehen der Rheostatenkurbel leicht zu erreichen ist, ohne Zutritt von anderem Licht in das Gehäuse *h* zu werfen, in welchem es durch eine schief gestellte Mattscheibe *m* zerstreut und durch den Hohlspiegel *s* (cfr. Fig. 53) in das Rohr *r*, welches das Gehäuse nach rechts verlängert, geworfen wird. Bei *i* befindet sich das zu untersuchende Auge.

Zwischen dem Ansatz des Rohres und dem Gehäuse *h* ist ein Rahmen *u* angebracht, zwischen dem zwei Fäden ausgespannt sind, welche durch Drehen an der Schraube *d* nach Belieben genähert und entfernt werden können. Dieser Rahmen ist um die Mittelaxe des Rohres *r* drehbar, so dass die Fäden in alle Axen eingestellt werden können. Die Drehung wird durch Bewegung an einem Handgriff *g* herbeigeführt. Um nun auch die Excentricität der Pupille, wie sie öfter vorkommt, einigermassen messbar zu machen, lassen sich in dem Rahmen die beiden Fäden in toto ohne Veränderung ihrer relativen Stellung seitlich, beziehungsweise bei horizontaler Stellung der Fäden nach oben und unten verstellen, was durch Drehen an der Schraube *f* geschieht.

Da man die Peripherie der Pupille concentrisch mit der ringförmigen Oeffnung des Rohres *r* bei dem Visiren von *a* aus einrichten kann, so lässt sich durch Verschieben und Einstellen des Fadensystems leicht auch eine Excentricität der Pupille feststellen.

Nun überträgt sich bei der Drehung der Schraube *d*, welche die Stellung der Fäden variirt, die Bewegung auf einen Zeiger *z*, der auf einem Halbkreis *sk* gleitet, an welchem ein Massstab angebracht ist.

Der Zeiger steht auf dem Nullpunkt, wenn die Fäden dicht aneinander liegen, während er auf dem Massstab weiter geht, wenn durch Drehung der Schraube *d* die Fäden auseinandergeführt werden.

Bei der obigen Auseinandersetzung haben wir gesehen, dass sich die Grösse der Pupille bestimmen lässt aus der Gleichung

$$x = \frac{e \cdot w}{e^1}$$

Hierbei ist w der Abstand der beiden Fäden, e der Abstand des Punktes a von der Iris $i—i_1$, e^1 die Entfernung des Punktes a von der Fläche der Fäden $(v—v_1)$.

Man hätte nun, um zunächst die Grösse w festzustellen, den Massstab auf dem Halbkreis und die Verbindung mit der Schraube *d*, welche die Fäden bewegt, so einrichten können, dass der Abstand dieser, also w sich jedesmal am Massstab ablesen liess. Dann hätte man auf Grund obiger Gleichung jedesmal die Grösse der Pupille berechnen müssen.

Es erschien jedoch besser, den Massstab durch empirische Bestimmung so einzurichten, dass durch die Stellung des Zeigers jedesmal direct die Grösse der beobachteten Pupille angegeben wurde. Dies geschah, indem an Stelle der zu beobachtenden Pupille bei *i* ein Massstab eingefügt wurde und nach Visirung bestimmter Millimetergrössen diese auf der Scala *sk* bei der jeweiligen Stellung des Zeigers *z* eingezeichnet wurden. Man konnte also durch eine empirische Scala die weitläufige Rechnung völlig vermeiden. Dementsprechend ist der Apparat eingerichtet, so dass man nach Einstellung der Fäden an der Scala die Weite der bei i—i_1 befindlichen Pupille in der quer zu den Fäden stehenden Axe direct ablesen kann.

Es ist ersichtlich, dass man bei dieser Anordnung des Apparates die Ausdehnung der Pupille in ganz verschiedenen Axen und bei ganz verschiedenen Reizwerthen, sowie die relative Stellung der Pupille in der Iris (Excentricität) leicht bestimmen kann.

Der ganze Apparat ist durch einen Arm, der bei *st* eingreift, so an die Wand montirt, dass der Beobachter und die Versuchsperson sich dicht gegenübersitzen können und ersterer mit der linken Hand leicht den Rheostaten an der Wand dirigiren kann, während er mit der rechten Hand durch die Schraube *t* die Bewegung auf der Zahnstange *F* und durch die Schraube *d* die Stellung der Fäden in dem Rahmen *u* reguliren kann. Wünschenswerth ist noch bei etwas unruhigen Personen ein Assistent, welcher die Stellung des Kopfes der Versuchsperson mit der Hand oder durch leichtes Festhalten an einer Kopfstütze regulirt.

Der Apparat ermöglicht nun in vielen Fällen eine sehr exacte Messung der Form und Stellung der Pupillen, besonders der Pupillenweite bei bestimmten Lichtwerthen. Andererseits kann er nach der Art astronomischer Bestimmungen auch benutzt werden, um einen Ausdruck für die „Tragheit“, das heisst relative Geschwindigkeit der Reaction zu gewinnen.

Es geschieht dies in folgender Weise: Zunächst wird für zwei bestimmte Lichtwerthe (z. B. Rheostatenstellung 3 und 9) die entsprechende Pupillenweite bestimmt. Nun werden die Fäden in der Stellung belassen, welche der Weite der Pupille bei Rheostatenstellung 9 entspricht, während der Rheostat wieder auf 3 gestellt wird. Um einen Ausdruck für die „Trägheit“ zu gewinnen, musste man nun die Zeit bestimmen, welche verstreicht vom Moment der Einstellung des Rheostaten auf 9 bis zu dem Moment, in welchem der Rand der sich verengenden Pupille sich beim Visiren mit den Fäden in zwei Punkten berührt, das heisst astronomisch ausgedrückt bei dem „Durchgang“ des Pupillenrandes durch das Fadensystem. Der erste dieser Momente lässt sich auf dem berussten Papier einer Trommel mit bekannter Umdrehungszeit leicht durch einen elektromotorischen Hebel andeuten, wenn man in dem Augenblick, in welchem die Kurbel am Rheostaten den Knopf 9 trifft, einen elektrischen Strom schliessen lässt, welcher elektromotorisch den Ausschlag des Hebels bewirkt. Es handelt sich nur darum, auf der gleichen Trommel den Moment zu verzeichnen, in welchen der Durchgang der reagirenden Pupille durch das Fadensystem erfolgt. Dies kann natürlich nicht direct mechanisch ausgeführt werden, sondern muss nach Analogie astronomischer Beobachtungsmethoden geschehen, indem der Beobachter im Moment, in welchem der Pupillenrand optisch die Fäden berührt, eine willkürliche Reaction mit dem Morsetaster ausführt, welche durch den so geschlossenen Strom zur Zuckung eines Schreibhebels an der Trommel führt, oder man kann im Moment des Stromschlusses bei Rh. 9 am Chronoskop den Zeiger einschalten und ihn durch die Reaction mit dem Morsetaster wieder ausschalten. Es ist hier die gleiche Fehlerquelle wie bei den astronomischen Beobachtungen vorhanden; aber ebenso wie bei diesen hat der Fehler einen bis zu gewissem Grade gesetzmässigen, individuellen Werth. Er ist gleich der Zeit, welche das Individuum braucht, um auf einen erwarteten optischen Eindruck durch active Bewegung der Hand zu reagiren, das heisst der Zeit der sogenannten musculären Reaction. Durch Subtraction dieser vorher zu bestimmenden Grösse kann man in der That den zeitlichen Werth, welcher zwischen dem ersten und zweiten Hebelausschlag oder am Chronoskop zwischen Anfangs- und Endstellung des Zeigers liegt, als Ausdruck der Trägheit der Pupille bei dem Durchlaufen der Stadien zwischen den Grenzen, z. B. Rh. 3 und 9 gewinnen. Selbstverständlich wird man durch öftere Wiederholung des Experimentes am gleichen Auge und durchschnittliche Berechnung den individuellen Fehler des Beobachters noch verringern können.

Es ist somit ersichtlich, dass mit dem Apparat nicht blos die Weite der Pupille als Endresultat eines bestimmten Lichtreizes sich bestimmen lässt, sondern auch der Grad der Trägheit, das heisst die relative Geschwindigkeit bei dem Zurücklegen des Weges bis zu derjenigen Weite, welche einer messbar grösseren Lichtmenge entspricht.

Theoretisch sind demnach durch diese Construction alle Anforderungen an die Messung von Reiz und Wirkung erfüllt; leider zeigen sich praktisch eine Anzahl von Schwierigkeiten, welche die Anwendung des Apparates erschweren und die Verwerthung der erhaltenen Zahlen öfter zweifelhaft machen.

Diese Fehlerquellen sind folgende:

1. Es ist schon bei normalen und noch mehr bei geisteskranken Individuen sehr schwierig den Kopf so ruhig zu stellen, dass, — selbst ruhige Stellung des Auges vorausgesetzt — die Pupille sich genau in den Ring des Rohres *r* einstellt.
2. Bei Geisteskranken lässt sich häufig keine ruhige Stellung des Augapfels erzielen. Allerdings ist dieser Fehler auch bei jeder anderen Art der Pupillenuntersuchung bei psychopathischen Personen oft vorhanden und kann nicht als Argument gegen Anwendung dieser Methode gelten.
3. Es treten bei vielen Personen auch ohne Aenderung der Lichtintensität auffallende Aenderungen in der Pupillenweite auf, deren Ursache unklar ist und zum Theil vielleicht in accommodativen Verhältnissen zu suchen sein wird. Bei manchen Menschen ist ein förmlicher Hippus vorhanden. Dieses Moment spielt auch bei anderen Arten von Pupillenuntersuchung eine Rolle, muss aber jedenfalls hier als Fehlerquelle namhaft gemacht werden.

Ich habe Grund anzunehmen, dass sich dieses Moment durch Anbringung eines Fixirpunktes dicht an dem reflectirenden Spiegel und einige andere Vorkehrungen noch wird einschränken lassen. Zur Zeit entstehen jedoch in vielen Fällen dadurch noch Fehler.

Immerhin kann man mit dieser Methode die Beziehungen eines messbar variirten Lichtreizes zu der reflectorischen Innervation der Pupille bei sorgfältiger Beachtung der Fehlerquellen genauer feststellen, als es bisher möglich war. Ob es gelingen wird, entsprechend der Absicht dieses Versuches auch die psychophysiologisch bedingten Aenderungen der Pupilleninnervation (z. B. bei Schmerz, Erwartung, geistiger Anstrengung etc.) zu messen, muss ich vorläufig dahingestellt sein lassen. Ich halte es jedoch auf Grund einiger Beobachtungen nach weiterer Verbesserung des Apparates für wahrscheinlich. Allerdings mag ich ihn wegen der noch vorhandenen Fehlerquellen vorläufig nicht zur Benutzung zu diesen Zwecken empfehlen. Somit bleibt die eigentliche Aufgabe bisher ungelöst. Trotzdem habe ich das bisherige Resultat dieser Bestrebungen hier mitgetheilt, weil die Messung der psychophysiologischen Aenderungen der Pupillenweite in den Rahmen einer psychopathologischen Methodenlehre gehört. Auch die mangelhafte Lösung eines Problems kann die Wissenschaft fördern, wenn sie nur die principiellen Erfordernisse der richtigen Lösung scharf hervorhebt.

Zum Schluss theile ich einige Resultate mit, die an geeigneten Untersuchungspersonen gewonnen und nach einer von Herrn Dr. *Dannemann* ausgebildeten Registrirmethode verzeichnet wurden. Bei dieser werden die Resultate in Schemata eingetragen, welche zwei Kreise mit einer Anzahl von Durchmessern aufweisen. Die beiden Kreise entsprechen den auf der gleichen Seite befindlichen Pupillen des beobachtenden Individuums. Die Durchmesser deuten die Stellung der Fäden an. Die dazu gehörige Zahl bedeutet die Weite der Pupille in der senkrecht dazu gestellten Axe. Die relative Grösse der Zahlen, welche die Pupillenweite bei den einzelnen Rheostatenstellungen ausdrücken, gibt einen Einblick in die Anpassungsfähigkeit der Pupille. Die Geschwindigkeit, mit welcher sich der Uebergang aus einer Stellung in die andere vollzieht, wird hierbei nicht direct gemessen, kommt auch nur psychophysiologisch für feine Untersuchungen und in klinischer Beziehung nur für die Differentialdiagnose der progressiven Paralyse in zweifelhaften Fällen in Betracht. Allerdings kann man aus dem Vergleich der Zahlen für die Pupillenweite bei verschiedenen Rheostatenstellungen manchmal werthvolle Einblicke in den Ablauf der Bewegung gewinnen.

Es bedeutet im folgenden: Rb. = Rheostatenstellung, Pw. = Pupillenweite (in der Horizontalaxe), R. = Reihe der Untersuchungen (I, II, III. u. s. f.), D. = Durchschnittswerth.

1. Beispiel: S., Diagnose: Epilepsie. 27. XI. 1897.

		Linkes Auge				Rechtes Auge			
		R. I.	II.	III.	D.	I.	II.	III.	D.
Rb. 5	Pw.	$6^2/_6$	$6^5/_6$	$6^4/_6$	$6^4/_6$	$6^5/_6$	$6^4/_6$	$6^5/_6$	$6^5/_6$
„ 7	„	$5^5/_6$	$6^3/_6$	$6^5/_6$	$6^2/_6$	$6^5/_6$	7 (!)	$6^2/_6$	$6^4/_6$
„ 9	„	$4^4/_6$	$5^3/_6$	$5^2/_6$	$5^1/_6$	$5^1/_6$	$4^4/_6$	5	5

Es handelt sich also um fast gleiche Pupillen, die bei den verschiedenen Rheostatenstellungen sich in gleicher Weise verengern. Die Durchschnittszahlen differiren rechts und links nur um $^{1}/_{6}$ bis $^{2}/_{6}$ Mm. Die Zusammenziehung auf beiden Seiten ist gering; links von $6^{4}/_{6}$ bis $5^{1}/_{6}$, also $1^{3}/_{6}$ Mm.; rechts von $6^{5}/_{6}$ bis 5 Mm., das heisst $1^{5}/_{6}$ Mm.

2. Beispiel: W., Cand. med., 7. XII. 1897. Mit blossem Auge ist r. $<$ l.

		Linkes Auge				Rechtes Auge			
		I.	II.	III.	D.	I.	II.	III.	D.
Rh. 5	Pw.	6	$6^{2}/_{6}$	$4^{3}/_{6}$	$5^{4}/_{6}$	$3^{1}/_{6}$	4	$3^{3}/_{6}$	$3^{3}/_{6}$
„ 7	„	$2^{4}/_{6}$	3	$3^{3}/_{6}$	3	3	$2^{4}/_{6}$	3	$2^{5}/_{6}$
„ 9	„	$2^{1}/_{6}$	$2^{3}/_{6}$	$2^{4}/_{6}$	$2^{3}/_{6}$	$2^{3}/_{6}$	$2^{3}/_{6}$	$2^{2}/_{6}$	$2^{3}/_{6}$

Demnach ist die bei Rh. 5 vorhandene Differenz r. $<$ l. von $5^{4}/_{6}—3^{3}/_{6} = 2^{1}/_{6}$ Mm., — bei Rh. 7 auf $3—2^{5}/_{6} = {}^{1}/_{6}$ gesunken und verschwindet bei Rh. 9 (r. $2^{3}/_{6}$, l. $2^{3}/_{6}$) vollständig. Es hat also ein verhältnissmässig geringer Lichtzuwachs (von 4 auf 8 Kerzen) genügt, um die Differenz fast zum Verschwinden zu bringen, während sie bei Rh. 9 (circa 36 Kerzen) völlig ausgeglichen ist.

Vergleicht man diese Versuchsperson mit der ersten (cfr. 1. Beispiel), so ergeben sich die auffallendsten Unterschiede.

	S.		W.	
	Pw. l.	Pw. r.	Pw. l.	Pw. r.
Rh. 5	$6^{4}/_{6}$	$6^{5}/_{6}$	$5^{4}/_{6}$	$3^{3}/_{6}$

Das heisst bei Beleuchtungsstärke von 4 Kerzen zeigt S. links eine um 1, rechts um $3^{1}/_{3}$ Mm. grössere Weite der Pupillen.

	S.		W.	
	Pw. l.	Pw. r.	Pw. l.	Pw. r.
Rh. 9 . . .	$5^{1}/_{6}$	5	$2^{3}/_{6}$	$2^{3}/_{6}$

Das heisst bei Beleuchtungsstärke von 36 Kerzen zeigt S. eine links um $2^{4}/_{6}$, rechts um $2^{3}/_{6}$ grössere Weite der Pupille. In allen Werthen zeigt sich die stärkere Erweiterungstendenz der gleichweiten Pupillen des S. (genuine Epilepsie) gegenüber denen des W., während dieser bei Rh. 5 eine Pupillendifferenz aufweist. Bei W. sind die Pupillen, abgesehen von ihrer Differenz, bei gleichem Lichtwerth durchschnittlich kleiner, zeigen jedoch dabei grössere Excursionen bei gleichem Lichtzuwachs als die Pupillen von S.

3. Beispiel: Frau C., Diagnose: progressive Paralyse. 20. VII. 1897.

	Linkes Auge	Rechtes Auge
Rh. 1	$1^{1}/_{3}$	$1^{3}/_{4}$
„ 5	$1^{2}/_{3}$ (!)	2 (!)
„ 9	$1^{1}/_{3}$	$1^{3}/_{4}$

Beide Pupillen sind abnorm klein, die rechte ist eine Spur weiter als die linke. Beide haben bei Rh. 1 und 9 die gleiche Weite (l. $1^{1}/_{3}$, r. $1^{3}/_{4}$). Bei Rh. 5 zeigen beide eine ganz minimale Erweiterung gegenüber Rh. 1 (l. $1^{2}/_{3}$ gegen $1^{1}/_{3}$, r. 2 gegen $1^{3}/_{4}$).

Falls diese Erscheinung nicht durch die noch vorhandenen Fehler des Apparates oder durch Beobachtungsfehler vorgetäuscht ist, handelt es sich um minimale Erweiterung beider reflectorisch anscheinend völlig starrer Pupillen bei Vermehrung der Lichtstärke bis zu mittlerem Grade. Derartige Beobachtungen habe ich früher schon in einigen seltenen Fällen bei sorgfältigster Ausschliessung der accommodativen Mitbewegung gemacht und mir als vorläufig unerklärlich angemerkt. Die Messung mit dem beschriebenen Apparat ergibt derartige Resultate öfter, ich wage aber im Hinblick auf die Schwierigkeit ganz exacter Beobachtungen auch jetzt noch nicht dieses Phänomen der perversen Reaction auf Licht unter Ausschliessung accommodativer Mitbewegung bestimmt als selbstständiges Symptom herauszuheben.

Durch den Vergleich mit den Beispielen 1 und 2, in denen ebenfalls Rb. 5 und 9 verwendet ist, so dass die Reize thatsächlich vergleichbar sind, wird das Wesentliche des vorliegenden Falles noch deutlicher.

Jedenfalls zeigen schon diese wenigen Untersuchungen, dass man durch die Methode eine Reihe von Einblicken in die feineren Unterschiede der Pupillenreaction verschiedener Individuen erhalten kann und erwecken die Hoffnung, dass man auf diesem Wege allmählich dazu gelangen wird, die psychophysiologischen Einflüsse auf die Pupillenbewegung klar herauszustellen.

2. Analyse der directen Ausdrucksbewegungen.

a) An den Händen.

Nachdem wir versucht haben, dem cerebralen Einfluss auf den Ablauf von Reflexen nachzuforschen, müssen wir nunmehr das Problem der Ausdrucksbewegung direct ins Auge fassen. Es wird dabei ein innerer Zustand als gegeben angenommen und nur gefragt, durch welche willkürlichen oder unwillkürlichen Bewegungen er sich ausdrückt.

Ich knüpfe hier an meinen Aufsatz über „dreidimensionale Analyse von Ausdrucksbewegungen" an (cfr. Zeitschrift für Psychologie und Physiologie der Sinnesorgane, Band XVI), in dessen Einleitung der bisherige Gedankengang des vorliegenden Buches kurz zusammengefasst ist:

„Bei den Beobachtungen über psychopathische Zustände ist die Aufmerksamkeit allmählich immer mehr auf einen Punkt gelenkt worden, welcher früher hinter der Behandlung der sprachlichen Reactionen sehr zurückgetreten war, nämlich auf gewisse Haltungen und Bewegungen, die von dem Normalen völlig abweichen und deren diagnostische Bedeutung sich immer deutlicher erwies. Aus den symptomatischen Begriffen des Stupors, der Katalepsie, des Negativismus, der automatischen Wiederholung gewisser Bewegungsreihen und so fort, also wesentlich aus motorischen Elementen gestaltete sich allmählich das klinische Krankheitsbild der Katatonie, dessen Kern abnorme Innervationszustände bilden.

Entsprechend dieser neuen Richtung des psychiatrischen Interesses ging eine Ergänzung der klinischen Untersuchungsmethoden vor sich. An Stelle der rein verbalen Beschreibung suchte man diese abnormen Muskelzustände durch optische Reproduction zu fixiren und einer nachträglichen Betrachtung und Vergleichung zugänglich zu machen.

Es erscheint mir nun als eine der wichtigsten klinischen Aufgaben, neben der optischen Methode der Nachahmung auch die realen Bewegungen des Körpers, welche jene auffallenden Erscheinungen hervorbringen, darzustellen.

Diese Aufgabe traf jedoch zunächst auf unüberwindliche Schwierigkeiten, da die gegenwärtige Physiologie eine brauchbare Methode für die Untersuchung der angedeuteten Erscheinungen besonders am Kranken kaum bietet.

Es handelte sich daher zunächst darum, die feinen Bewegungen, welche schon normaler Weise als Ausdruck innerer Zustände unwillkürlich gemacht werden, festzuhalten und in ihre Componenten zu zerlegen. Dass die weitere Anwendung dieser Methode auf psychopathische Bewegungserscheinungen grosse Schwierigkeiten hat, ist klar. Immerhin war es nothwendig, zuerst im Gebiet des Normalen eine solche analytische Methode auszuarbeiten, wenn eine Untersuchung von psychopathologischen Erscheinungen in der motorischen Sphäre mit Erfolg in Angriff genommen werden sollte.

Bei dieser somit nothwendigen Verschiebung des Problems auf das Gebiet des Normalen bekam dasselbe nun Beziehung auf eine Reihe von physiologischen Thatsachen, welche dem sogenannten „Gedankenlesen“ zugrunde liegen (siehe Verhandlungen des Congresses für innere Medicin, 1896, *Sommer*: Eine Methode zur Untersuchung feinerer Ausdrucksbewegungen, pag. 574 bis 575): „Es hat sich herausgestellt, dass schon im Rahmen des Physiologischen solche unwillkürliche Ausdrucksbewegungen, abgesehen von den willkürlichen Bewegungen, vorhanden sind und von einigen feiner organisirten oder geübten Menschen schon jetzt wahrgenommen werden können. Die Art des Gedankenlesens, bei welcher man unter Berührung mit der Hand eines Menschen, der die Lage eines verdeckten Gegenstandes kennt, diesen findet, beruht darauf, dass man die feineren Bewegungen des Zurückziehens und Greifens, welche die Versuchsperson in Bezug auf den versteckten Gegenstand macht, fühlt und dementsprechend seine eigenen Tastbewegungen einrichtet. Die Voraussetzung zu dieser Art des Gedankenlesens ist das Vorhandensein von feineren Ausdrucksbewegungen im obigen Sinne. Es handelt sich nur darum, die cerebral bedingten Bewegungen darzustellen.“

Man kommt also durch diese Betrachtungen zu derselben Aufgabe, welche sich aus den klinischen Beobachtungen über pathologische Innervationszustände ergibt, nämlich: die Bewegungen der Extremitäten, insbesondere die willkürlichen und unwillkürlichen Ausdrucksbewegungen an der Hand einer Messung und Analyse zugänglich zu machen.

Fasst man die Aufgabe zunächst in dieser Form, so ist damit die engste Beziehung zu dem allgemeinen Problem des psychomotorischen Ausdruckes hergestellt und es scheint nothwendig, dieses in kurzen Zügen zu kennzeichnen.

Wenn man bei der Betrachtung des Verhältnisses der seelischen Vorgänge zu den materiellen Zuständen des Gehirns alle Speculationen beiseite lässt, so wird man zum mindesten annehmen dürfen, dass gleichzeitig mit den durch Selbstwahrnehmung festgestellten psychischen Vorgängen irgendwelche Bewegungsvorgänge des Gehirns vorhanden sind. Ob diese als Ursache, als Wirkung, als Begleitvorgang oder als materielle „Erscheinung“ des Psychischen aufzufassen sind, ist Sache der philosophischen Speculation. Naturwissenschaftlich genügt die Annahme, dass sie überhaupt vorhanden sind. Diese Bewegungen gehen in einem Theil der centralen Nervensubstanz vor und werden durch Nervenleitungen (speciell die grossen motorischen Bahnen) direct oder durch Vermittlung von untergeordneten Centren, zum Beispiel die grossen Zellen in den Vorderhörnern des Rückenmarkes, auf musculäre Apparate übertragen, in deren Haltung und Bewegung sich jene, beziehungsweise die ihnen entsprechenden psychischen Vorgänge ausdrücken.

Am folgerichtigsten ist diese Idee des Ausdrucks in der Ausbildung der Lehre von der prästabilirten Harmonie entwickelt worden. Die Behandlung der Physiognomik am Ende des vorigen Jahrhunderts hängt wesentlich mit dieser Lehre zusammen, speciell mit der Idee, dass jedem psychischen Zustand ein Gehirnzustand entsprechen müsse, durch den gewisse Verziehungen der Gesichtsmusculatur bedingt sind. Die Physiognomik in dieser Gestalt war jedoch im Grunde eine Einschränkung des Problems auf eine relativ kleine Gruppe von Muskeln (am Gesicht), während die Ausdrucksbewegungen der anderen Körpermusculatur völlig beiseite gelassen wurden. In dieser Einschränkung auf ein Muskelgebiet, welches die am meisten verwickelten Verhältnisse zeigt und eine objective Messung der Bewegung einzelner Muskeln fast unmöglich macht, lag der Grund zu der Fruchtlosigkeit einer grossen Menge von Arbeit, welche auf diesem Gebiete geleistet worden ist. Fasst man die Physiognomik dagegen als einen Versuch in der allgemeinen Richtung einer Lehre vom Ausdruck auf[1]), so wird man an Stelle einer Physiognomik im alten Stil die Ausdrucksbewegungen vor allem an der Stelle zu fassen suchen, wo sie einer Darstellung und Messung am leichtesten zugänglich sind. Dies scheint nun vor allem die menschliche Hand zu sein, welche neben dem Gesicht am deutlichsten durch ihre Bewegungsart die psychischen Zustände ausdrückt und dabei im Verhältniss zum Gesicht bei der verhältnissmässig einfachen Beschaffenheit der Gelenke eine experimentelle Untersuchung erlaubt. Durch diese allgemeinen Betrachtungen wird man auf das gleiche Problem geleitet wie bei der Erklärung des Gedankenlesens und bei der klinischen Beobachtung gewisser abnormer Bewegungserscheinungen.

Zu diesen psychiatrischen und psychologischen Motiven kam nun noch das praktische Bedürfniss der Nervenpathologie, welches ebenfalls zu der Forderung führt, die feineren Zittererscheinungen, die bei einer Reihe von Nervenkrankheiten vorkommen, genauer zu analysiren, als es bisher möglich war. Es handelt sich hier darum, bessere differentialdiagnostische Kriterien zu gewinnen und besonders bei den sogenannten „functionellen“ Nervenkrankheiten

---

[1]) Siehe *C. Lange*, Ueber Gemüthsbewegungen. Uebersetzt von *Kurella*, 1887, pag. 9. — *Lehmann*, Hauptgesetze des menschlichen Gefühlslebens. Uebersetzung von *Bendixen*, 1892, pag. 92, 138—141.

die zugrunde liegenden Aenderungen in der Erregung der Nervensubstanz durch Studium der motorischen Entladungen zu erforschen (cfr. l. c. pag. 573). Somit concentrirten sich alle diese Ueberlegungen um die eine physiologisch-technische Aufgabe, ein möglichst feines Reagens auf die minimalsten Bewegungen speciell an der Hand des Lebenden zu schaffen.

Wenn es nun galt, diese feinsten Bewegungen der Hand entsprechend ihrem wirklichen Verlauf sichtbar zu machen und festzuhalten, ohne einzelne Componenten auszuschalten, so waren wesentlich drei physikalische Gesichtspunkte zu beachten:

1. Die einzelnen Bewegungen der Hand so zu zerlegen, dass die Excursionen in den drei Dimensionen gesondert übertragen und zur Anschauung gebracht werden.

2. Die Reibung so zu vermindern, dass die allerfeinsten Bewegungen übertragen werden.

3. Die Excursionen so zu multipliciren, dass sie vom Auge des Beobachters leichter erfasst werden.

Vor allem schien mir die dreidimensionale Analyse als erstes Erforderniss einer exacten Messung von Ausdrucksbewegungen, weil jede zweidimensionale Darstellung der complicirten Bewegungen eines Lebenden die Ausschaltung einer Kraft- und Raumcomponente bedeutet.[1]) An einem vertical hängenden und bei dem Reiz in seiner Hauptaxe zuckenden Froschmuskel mag die zweidimensionale Darstellung zur Noth genügen: Die Bewegungen eines von Willensimpulsen bewegten Gliedes gehen mit seltenen Ausnahmen nie in einer Ebene vor sich. Der Uebergang zum lebendigen Object bedingt hier eine complicirtere Untersuchungsmethode. Nur eine dreidimensionale Methode kann diesem gerecht werden.

Der aus diesen Motiven nach vielfachen Versuchen und Aenderungen schliesslich hervorgegangene Apparat [2]) hat folgende Bestandtheile (cfr. Fig. 55):

A. Ein Stützgerüst

und zwar A_1 ein Bodenstück (aus Holz oder Eisen), welches fest auf der Unterlage (dem Tisch) aufruht. Vorn und hinten ist an diesem Bodenstück je ein Träger (A_2 und A_3) angebracht. Der hintere davon ist höher als der vordere und dient als Träger einer Schlinge, in welcher der Arm des

---

[1]) Erst nach Fertigstellung meines Apparates im Sommer 1895 habe ich durch Herrn Dr. *Zwaardemaker* in Utrecht erfahren, dass Herr Dr. *Wertheim Salomonson* sich schon mit dem gleichen Problem der Zerlegung einer Bewegung in die drei Dimensionen beschäftigt und hierzu *Marey*'sche Trommeln verwendet hat. *Salomonson* sagt (siehe Bijdrage tot de Kennis van het Beven. Ned. Tijdschrift voor Geneeskunde, 1894, Deel I, Nr. 1): Wij kunnen nog verder gaan, en drie trommels loodrecht op elkaar plaatsen. Hierdoor zou men elke beweging in de ruimte kunnen registreeren. Ich weise hiermit auf Herrn Dr. *Salomonson* als den früheren Erfinder in principieller Beziehung hin. Die völlige Verschiedenheit in der Art der Lösung springt jedoch ins Auge. Zudem übertrifft der im folgenden beschriebene Hebelapparat den *Salomonson*'schen an Empfindlichkeit beträchtlich.

[2]) Meine Idee wurde zuerst von Herrn *Schmidt*, Mechaniker in Giessen (Seltersweg), im einzelnen ausgeführt. Der Apparat wurde dann von Herrn *Hempel*, dem Mechaniker der psychiatrischen Klinik in Giessen, verbessert, bis er schliesslich die gegenwärtige Gestalt bekam.

zu Untersuchenden hängt (siehe Fig. 56). Der vordere Träger (A_3) hat einen Aufsatz (Gerüst) A_4, an welchem die eigentlichen zur Uebertragung der Bewegungen bestimmten Apparate angebracht sind (cfr. B_3—$_6$). A_5 ist ein Stützapparat, auf welchem die kleine Platte zum Festlegen der Finger bis zum Beginn des Experimentes ruht.

B. Die eigentlichen Uebertragungsapparate.

B_1, die kleine Platte, auf welcher die Finger ruhen. Um letztere an die Unterlage leicht anzudrücken, dient ein Gummiband. Die Platte bildet den Boden eines Steigbügels, welcher durch einen winklig gebogenen Stab vertical über der Fingerplatte bei dem Punkt *a* mit einer Spitze leicht beweglich auf dem Stift *s* in einer Delle festgehängt ist. Bei *a* liegt der Angelpunkt des ganzen Systems. Dieser „Angelpunkt" hat nach oben eine verticale Verlängerung *v* und nach unten eine kleine Spitze.

Fig. 55.

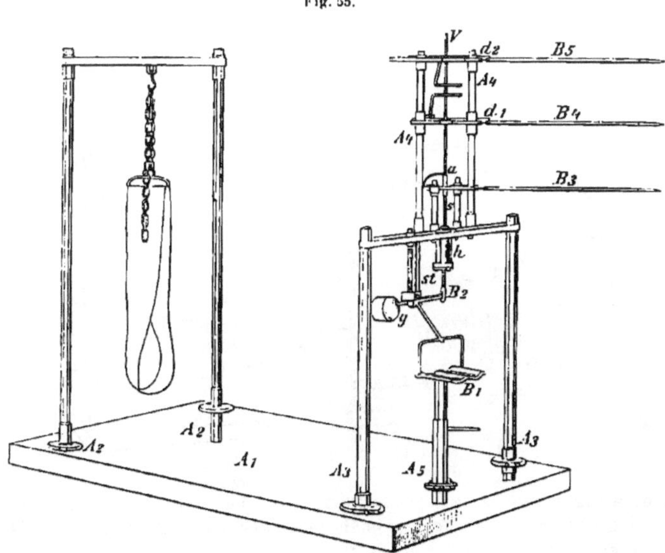

Diese ruht auf dem Stift (*s*), welcher in einer Hülse (*h*) durch den Querbalken des vorderen Trägers (A_3) durchgeführt ist und unter diesem mit B_2, einem Aequilibrirungsapparat, in Verbindung gesetzt ist. Dieser besteht aus einem zweiarmigen Hebel, der sich um das untere Ende eines Stabes (*st*) dreht, welcher von dem Querbalken des vorderen Trägers (A_3) nach unten ragt. Auf den einen Arm dieses Hebels drückt der Stift (*s*), während am anderen Arm verschieblich ein kleines Gewicht (*g*) angebracht ist. Dadurch kann die Fingerplatte B_1, welche durch den Steigbügel im Punkt *a* durch den Stift *s* auf den einen Arm des Hebels drückt, in einer bestimmten Ausgangsstellung äquilibrirt werden. Um dem auf B_1 ruhenden Finger eine kleine Last zum Halten zu geben, kann auf der Gegenseite am anderen Arm des Hebels der Druck etwas vermehrt werden, wenn man *g* weiter nach aussen schiebt und dadurch diesen Hebelarm verlängert.

B_3 der zweiarmige Hebel zur Uebertragung der Bewegung nach oben und unten und umgekehrt, das heisst des Druckes. Dieser Hebel hat seinen Drehpunkt ebenso wie die sub 4 und 5 zu nennenden in einem horizontal an das Gerüst A_4 nach vorn angefügten ⊐-förmigen Bügel. Sein kurzer Arm ist unter dem Punkt *a*, beziehungsweise unter dem oberen Ende des Stiftes *s* in einen Schlitz dieses Stiftes, auf einer kleinen Rolle laufend, eingeschaltet, so dass dieser kurze Arm bei Senkung von *a* infolge von Druck auf die Fingerplatte nach unten geht, während der längere Arm von B_3 nach oben ausschlägt.

B_4 der zweiarmige Hebel zur Uebertragung der Bewegung nach rechts und links und umgekehrt, das heisst der seitlichen Schwankung. Dieser ist durch einen complicirten Hilfshebel so mit der verticalen

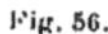

Fig. 56.

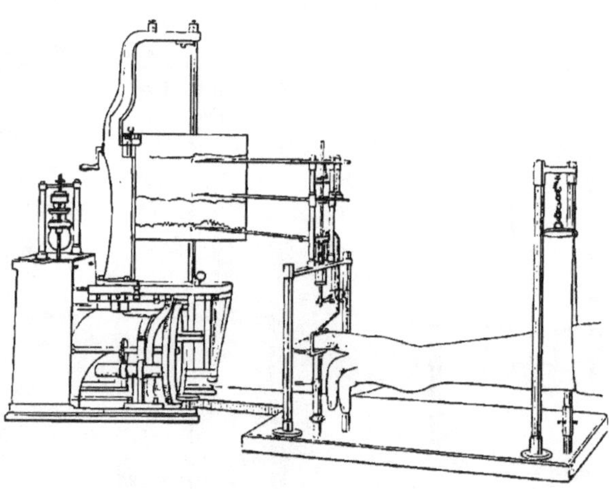

Verlängerung *v* von *a* lose verbunden, dass bei seitlicher Bewegung von *v* um den Punkt *a* nach rechts oder links der lange Arm des Hebels B_4 nach unten, beziehungsweise nach oben geht.

B_5 der zweiarmige Hebel zur Uebertragung der Bewegung nach vorn und rückwärts, das heisst des Stosses. Dieser ist entsprechend wie B_4 mit der verticalen Verlängerung (*v*) von *a* durch einen complicirten Hilfshebel so in Verbindung gesetzt, dass bei einer Drehung von *v* nach vorn um den Punkt *a* der kurze Arm von B_5 nach oben, der lange nach unten geht. Die Hilfshebel von B_4 und B_5, welche auf dem Bild weniger deutlich ersichtlich sind, haben den Zweck, die Drehung von *v* um *a* nach seitwärts und vorwärts so umzusetzen, dass die Hebel B_4 und B_5 sich in der gleichen Ebene mit B_3 bewegen, damit alle drei Bewegungen, obgleich sie aus den drei verschiedenen Dimensionen kommen, gleichzeitig auf einer rotirenden Trommel aufgezeichnet werden können.[1])

[1]) Die Hilfshebel sind in dem citirten Aufsatz genauer beschrieben.

Der Apparat wird nun folgendermassen in Anwendung gebracht (cfr. Fig. 55 und 56). Ein Arm der Versuchsperson wird in eine Schlinge gehängt, welche zwischen dem |‾‾|-Träger A_2 angebracht ist. Ein Finger (Zeigefinger) oder zwei Finger (Zeige- und Mittelfinger) ruhen auf der Fingerplatte B_1, an welche sie durch ein leichtes Gummiband etwas eingedrückt werden. Nun wird die Stütze A_5 herunterbewegt, so dass B_1, welches durch g äquilibrirt ist, frei schwebt. Bewegen sich jetzt die Finger nach unten, so wird diese Bewegung durch den Steigbügel auf den Punkt a übertragen, dieser drückt auf den Stift s, welcher vertical nach unten geht und dabei den kurzen Arm des Hebels B_3 mitnimmt. Der lange Arm von B_3 geht mit der Spitze (Schreibfeder) nach oben, wenn der Finger nach unten geht, und umgekehrt.

Wenn man die Abweichung von dem Ausgangsniveau von B_3 nach oben und unten mit + und — bezeichnet, so ist also B_3 + = Senkung des Fingers, B_3 — = Hebung des Fingers. Da der Stift s in dem Gehäuse h auf kleinen Rollen geleitet und B_1 durch g äquilibrirt ist, so werden in der That die feinsten Schwankungen des Druckes übertragen.

Nehmen wir nun an, dass die Finger, in die Ausgangsstellung zurückgekehrt, eine rein seitliche Bewegung nach rechts machen, so dreht sich v nach links um den Punkt a, der selbst gar keine oder eine ganz verschwindende Bewegung macht. Durch den beschriebenen Hilfshebel wird diese Linksdrehung von v auf den Hebel B_4, der sich in gleicher Ebene mit B_3 dreht, übertragen. Somit ist auf der Curve B_4 + = Bewegung der Finger nach rechts vom Untersuchten aus, B_4 — = Bewegung der Finger nach links vom Untersuchten aus. Widerstand leistet nur das verschwindende Gewicht des Hebels.

Nehmen wir drittens an, dass die Finger nach Rückkehr in die Ausgangsstellung sich nach vorn bewegen, so dreht sich v nach vorn um den Punkt a, welcher wiederum gar keine oder eine verschwindende Bewegung macht.

Durch den Hilfshebel wird diese Bewegung in die gleiche Ebene mit B_3 und B_4 übergeführt. Es bedeutet:

B_5 + = Zurückziehung der Finger.

B_5 — = Vorwärtsbewegung der Finger (Stoss).

Auch hier ist nur ein verschwindender Widerstand zu überwinden.

Nimmt man nun an, dass die Finger complicirte Bewegungen machen, so ist ersichtlich, dass dieselben nach den drei Raumcomponenten (Höhe, Breite, Länge) gesondert übertragen und dargestellt werden, genau so, als wenn sie isolirt nacheinander in diesen drei Dimensionen ausgeführt würden. Denn vermöge der Stellung des Punktes a in dem gesammten System von Hebeln stört die Uebertragung der Bewegung in einer Raumcomponente die in der anderen gar nicht, so dass gegenseitige Abschwächung oder Verstärkung der Bewegungstendenzen nicht eintritt.

Man kann somit auch sehr complicirte Bewegungen mit diesem Apparat graphisch festhalten, um hinterher einen Rückschluss auf die Succession von Bewegungsmomenten und auf die Haltung der Finger in jedem Augenblick des Ablaufes zu machen. Dass die Widerstände in dem ganzen System ausserordentlich geringe sind, ist aus der Beschreibung ersichtlich. Die Multiplication der feinsten Bewegungen geschieht infolge der Anbringung des Schreibapparates an den längeren Hebelarmen von $B_{3,4,5}$.

Somit sind die oben angeführten principiellen Erfordernisse für die Uebertragung und Analyse der feinsten Bewegungen an den Händen des Lebenden erfüllt.

Es hat sich nun in Bezug auf die Verwendbarkeit des beschriebenen Apparates zu physiologischen, psychophysiologischen, psychopathologischen und nervenpathologischen Zwecken Folgendes herausgestellt: Zunächst ist er geeignet, um die „Haltung“ der Finger und der Hand im normalen Zustand und die Abweichungen von der ruhigen Haltung, die schon physiologischer Weise durch Ermüdung und andere Einflüsse bedingt sind, zu studiren. Ferner zeigt er sich als ein gutes Hilfsmittel zur Differenzirung der verschiedenen Arten von Tremor, welche bei bestimmten Nervenkrankheiten (Alkoholneurosen, Hysterie, Paralysis agitans u. s. w.) vorkommen. Ebenso lässt er sich in manchen Fällen zur Differentialdiagnose gewisser Geisteskrankheiten (Epilepsie, „hysterische“ Melancholie, Schwachsinnsformen etc.) verwerthen, wozu er zum Beispiel auch bei Gelegenheit von Gutachten von mir benutzt worden ist.

Schliesslich ist es in psychophysiologischer Richtung im Sinne der obigen Ausführungen über die Ausdrucksbewegungen bei dem sogenannten Gedankenlesen gelungen, in einigen Fällen experimentell das Vorhandensein und die Wirksamkeit derselben zu beweisen und aus ihrem Erscheinen das Eintreten eines bestimmten geistigen Vorganges als Reaction auf einen äusseren Reiz zu erschliessen.

Ich werde die Verwendbarkeit dieser Bewegungsanalysen bei bestimmten nervenpathologischen und psychiatrischen Fällen an anderer Stelle ausführlicher darlegen und beschränke mich hier darauf, einige Beispiele über die Erscheinungen der normalen Haltung und der unwillkürlichen Ausdrucksbewegungen zu geben.

Beide Themata hängen eng miteinander zusammen. Das genaue Studium der normalen Haltung eines Individuums ist nämlich die Voraussetzung dazu, um die feineren Ausschläge an den Curven zu finden, welche eine Besonderheit des inneren Zustandes verrathen und im obigen Sinne zum Gedankenlesen verwendet werden können. Man kann zum Beispiel nicht ohne Weiteres eine bestimmte Bewegungserscheinung herausheben, welche bei allen Individuen gleichmässig als Kriterium für eine Art von inneren Vorgängen gelten könnte, sondern muss zunächst jedes Individuum als einen eigenthümlichen physiologisch-motorischen Apparat betrachten, dessen normale Innervationsart erst erforscht werden muss, bevor man über seine psychomotorischen Ausdrücke bei bestimmten inneren Zuständen etwas aussagen kann.

Ich gebe nun mehrere Belege für das Auftreten von Ausdrucksbewegungen. Die Anordnung des Experimentes ist folgende:

Man lässt eine Person aus einer Anzahl (am besten zwei bis vier) von Worten, welche man ihr in gesprochener oder geschriebener

Form bietet, eins auswählen, welches sie innerlich festhalten muss. Dabei liegt die Hand in der aus Figur 56 (siehe pag. 98) ersichtlichen Weise auf dem Apparat. Nun wird zunächst durch Senkung der Stütze A_6 die Platte B_1 mit der darauf ruhenden Hand in freie Schwebe gebracht. Nachdem nun die Trommel unter Berührung mit den Schreibhebeln B_3—$_5$ in Bewegung gesetzt ist, spricht man die vorher zur Auswahl gegebenen Zahlen oder Worte in beliebiger und öfter veränderter Reihenfolge, welche vorher notirt werden kann, mehrfach vor. Bei dem Aussprechen der einzelnen Reizworte drückt man jedesmal auf einen Morse-Taster, welcher einen Strom schliesst, der einen elektromotorisch bewegten Schreibhebel in Thätigkeit setzt. Dieser ist möglichst genau über den Hebeln B_3—$_5$ angebracht und deutet jedes Reizwort durch einen kleinen Ausschlag an der Trommel an.

Die Aufgabe besteht nun darin, zu sehen, ob nach einem bestimmten Reizwort, dessen Zugehörigkeit zu einem Signalzeichen aus der vorher festgesetzten Reihenfolge und der Zahl der Zeichen leicht festgestellt werden kann, in den drei Curven sich auffallende Bewegungen andeuten, welche von dem Typus der gewöhnlichen Haltung des betreffenden Individuums abweichen.

So ist es zum Beispiel in den folgenden Fällen möglich gewesen, aus den Ausschlägen, welche im Gegensatz zu dem Charakter der Curve bei gewöhnlicher Haltung erfolgten, einen Schluss auf die Zahl oder das Wort zu machen, welches die betreffende Versuchsperson gemerkt hatte."

Ich übergehe hier die einzelnen Untersuchungen, die an der genannten Stelle mitgetheilt sind und greife nur die Schlusssätze des Aufsatzes heraus.

„Aus den vorstehenden Mittheilungen ist ersichtlich, dass die experimentelle Darstellung von Ausdrucksbewegungen mit dem beschriebenen Apparat möglich ist, dass jedoch im einzelnen Fall die Deutung der Curve grosse Mühe verursacht und nur nach einem sehr sorgfältigen Studium der normalen Haltung gelingen kann.

Sobald man das Problem des sogenannten Gedankenlesens aus dem heiteren Gebiet des Spieles und der Salonunterhaltung heraushebt und diese Erscheinungen zu einem Gegenstand der Analyse und Messung macht, zeigen sich alsbald sehr ernsthafte Schwierigkeiten, die eine Reihe von Voruntersuchungen über die normale Haltung und deren physiologische Veränderungen bedingen. Wer in diesen Dingen nichts als ein Spiel sieht und möglichst rasch verblüffende Resultate haben will, möge seine Hände von diesen Untersuchungen fernhalten, denn der häufige Misserfolg und die grosse Mühe, die erforderlich ist, um eine einzige Curve zu analysiren, wird ihn bald abschrecken. Andererseits scheint mir die Hoffnung gerechtfertigt, dass es auf dem betretenen Wege gelingen wird, eine Reihe von motorischen Begleiterscheinungen psychischer Vorgänge aufzudecken und beweisbar zu machen.

Ich betrachte die mitgetheilten Curven nur als einen bescheidenen Anfang des experimentellen Studiums auf dem aussichtsreichen Gebiet des psychomotorischen Ausdruckes."

Nachdem somit die Möglichkeit erwiesen ist, diese Methode für psychophysiologische Zwecke zu verwenden, während andererseits ihre Brauchbarkeit für die Analyse der Zittererscheinungen bei Nervenkrankheiten ohne Weiteres einleuchtet, handelt es sich nun hier darum, nachzuweisen, dass dieselbe auch imstande ist, zur Lösung psychopathologischer Aufgaben beizutragen.

Als Beweis greife ich zwei klinisch sehr wichtige Punkte heraus, nämlich:

1. das periodische Auftreten von Zittererscheinungen bei notorischer und larvirter Epilepsie;

2. die motorischen Wirkungen der Alkoholintoxication.

Beide Momente sind in vielen Krankheitszuständen fest verbunden und spielen bei criminalpsychologischen Fällen eine Rolle.

Es ist nun durch den beschriebenen Apparat möglich, diese Erscheinungen in deutlich sichtbarer und messbarer Weise herauszustellen und damit für die Behauptung, dass periodische Nervenstörung oder Alkoholintoleranz vorliegt, einen greifbaren Beweis zu liefern.

Als Beleg gebe ich zwei Criminalgutachten, in welchen es wesentlich mit Hilfe dieser Methode gelungen ist, Handlungen, deren Natur zuerst sehr zweifelhaft war, auf einen pathologischen Zustand zurückzuführen.

1. Beispiel. T. G. aus B., Schriftsetzer in G., alt 23 Jahre, liess sich ein homosexuelles Delict zu Schulden kommen, indem er in dem Garten eines Vergnügungslocales bei G. mit einem Knaben unzüchtige Handlungen vornahm. Das bei der Grossh. Staatsanwaltschaft in G. abgegebene Gutachten lautete:

T. G. aus B., zuletzt Schriftsetzer in G., geb. 9. III. 1869, wurde vom 9. X. bis 19. XI. 1896 in der psychiatrischen Kinik in Giessen beobachtet.

Die incriminirten Handlungen setze ich auf Grund der Acten als bekannt voraus.

Es erheben sich nach Lage der Sache folgende Fragen:

1. War G. während der Beobachtungszeit in der Klinik geisteskrank?

   Wenn das nicht der Fall sein sollte:

2. Bot er während dieser Beobachtung Symptome einer Nervenkrankheit, mit welcher erfahrungsgemäss manchmal transitorische Geistesstörung verknüpft ist?

3. Lässt sich aus den Acten die Annahme einer transitorischen Geistesstörung zur Zeit der Begehung der Handlung nachweisen?

Ad 1 ist Folgendes zu sagen: In die Augen springende Symptome von Geistesstörung sind zur Zeit in keiner Weise vorhanden (Sinnestäuschungen, Verwirrtheit, grobe Intelligenzstörungen etc.). Das Benehmen des G. ist völlig besonnen, er beschäftigt sich so weit als möglich, ohne Zeichen einer krankhaften Urtheils- oder Interesselosigkeit zu geben. Entsprechend sind seine schriftlichen Producte.

Das Moment, welches trotzdem von vornherein die homosexuellen Handlungen des jungen Mannes in den Gesichtskreis der Psychiatrie bringt, ist seine ausserordentlich starke erbliche Belastung, welche aus der (beiliegenden) Stammtafel, in Zusammenhang mit dem Bericht des Vaters

(Protokoll vom 16. XI. 1896) und den vom Vertheidiger eingesandten Belegen über den Anstaltsaufenthalt einiger Ascendenten ersichtlich ist.

Da sich jedoch aus dem gegenwärtigen Befund der Nachweis einer Geistesstörung zur Zeit der Beobachtung, speciell einer bis zu der Strafthat zurückreichenden nicht führen lässt, so schränkt sich die psychiatrische Frage darauf ein, ob G. auf Grund erblicher Belastung und eventueller äusserer Momente eine transitorische Geistesstörung zur Zeit der Begehung der Handlung gehabt hat.

Ad 2. Im Zusammenhang hiermit musste untersucht werden, ob sich bei G. Symptome nachweisen lassen, welche auf einen Nervenzustand deuten, mit welchem erfahrungsmässig transitorische Geistesstörungen verknüpft sein können, wie z. B. bei Epilepsie, Hysterie etc. Hierbei bleibt zunächst ganz offen, ob aus der Untersuchung des psychischen Zustandes zur Zeit der Begehung der Handlungen das wirkliche Vorhandensein einer solchen glaubhaft gemacht werden kann. Es zeigen sich nun bei G. eine Reihe von

Fig. 57.

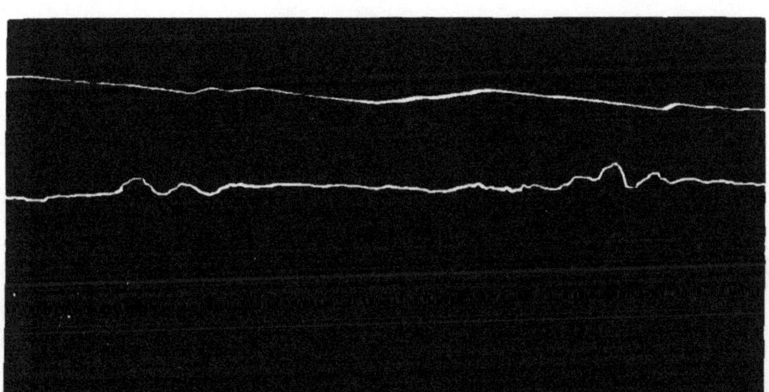

nervösen Symptomen im Gebiete der Bewegungen und Empfindungen. Zunächst zeigten sich bei häufiger Untersuchung auch noch am Schluss der Beobachtungen, als G. fast völlig ohne Alkohol gehalten worden war, eigenthümliche Zittererscheinungen an den Händen, besonders ein seitliches Zittern der Finger, welches willkürlich nachzuahmen mir nicht gelungen ist. Die Erscheinung ist genau untersucht und z. B. in den beiliegenden Curven (Fig. 57) festgehalten worden. Manchmal zeigen sich stärkere Zuckungen, besonders unter dem Einfluss von geringen Mengen Bier oder Wein (Fig. 58). Aehnliche Erscheinungen unwillkürlicher motorischer Erregung finden sich an den unteren Extremitäten. Die Reflexe, welche durch Beklopfen der Kniesehne ausgelöst werden, sind enorm stark, das linke Bein geräth dabei in starke Spannung. Wenn man die Füsse rasch im Sprunggelenk beugt, so gerathen sie in heftiges Zittern (Fussclonus). Alle diese Zeichen deuten auf eine abnorme Erreglichkeit der Nervensubstanz, wie sie besonders bei Epileptischen und Hysterischen vorkommt.

warm (eine klinisch bekannte Erscheinung). Ferner macht er Angaben über heftige **Kopfschmerzen**, die ihn anfallsweise quälen, ferner über **Schlaflosigkeit**, er sieht in der That früh manchmal sehr angegriffen aus. Da G. in keiner Weise den Versuch macht, Geisteskrankheit zu simuliren und diese Angaben zu den nicht simulirbaren motorischen Symptomen passen, da ferner die gemachten Angaben mit bekannten klinischen Erscheinungen zusammenstimmen, so habe ich kein Bedenken, die Angaben über die subjectiven Empfindungen für nicht erfunden zu halten. Dazu kommt, dass sich eine Menge von Angaben über frühere nervöse Symptome mit dem gegenwärtigen Befund decken. G. gibt an, dass er öfter während der Arbeit Schwindel bekomme und Zittern hauptsächlich im rechten Arm und Bein. Letztere Angabe stimmt zu den gegenwärtig besonders an der rechten Körperseite nachzuweisenden Zittererscheinungen. Ferner hatte er Ende vorigen Jahres 14 Tage lang starke „rheumatische" Schmerzen, welche an den Beinen und dem Rücken später noch anhielten. Dabei waren seine „Beine steif und völlig gefühllos" geworden. Nach der ganzen Beschreibung hat es sich damals nicht um Muskelrheumatismus, sondern um nervöse Zustände gehandelt. Somit kann, besonders im Hinblick auf die motorischen Symptome, kein Zweifel sein, dass G. ein abnorm erregtes und erregbares Nervensystem hat, wie es sich namentlich bei den mit Epilepsie und Hysterie bezeichneten Nervenstörungen oft vorfindet. Deutliche epileptische Symptome, Krampfanfälle, Somnambulismus etc. sind jedoch nicht vorhanden. Das Vorhandensein einer larvirten Epilepsie lässt sich im Hinblick auf die vorhandenen Symptome glauben, aber nicht stricte beweisen.

Jedenfalls hat G. einen so erregten Zustand seines Nervensystems, dass das Entstehen einer transitorischen Geistesstörung auf dieser Basis, im Hinblick auf viele andere Erfahrungen möglich erscheint. Ob diese Annahme aus der Untersuchung des Zustandes bei Begehung der Handlungen sich glaubhaft machen lässt, bleibt noch dahingestellt.

Es muss nun gefragt werden, wie G. zu diesem abnorm erregten Nervenzustand gekommen ist. Es lassen sich hierfür 3 Momente namhaft machen:

a) die starke erbliche Belastung, bei welcher häufig, wenn auch keine Geistesstörungen auftreten, starke neuropathische Züge bei den Descendenten vorhanden sind;

b) eine Kopfverletzung;

c) die bei seinem Beruf kaum vermeidliche und klinisch nachweisbare Aufnahme von Blei in seinen Körper.

Ad *a)* ist besonders hervorzuheben, dass in der Anamnese der geisteskranken Ascendenten sich überall als neuropathisches Symptom anfallsweise auftretende Kopfschmerzen finden, ferner, dass auf Grund der vorliegenden Daten die Geistesstörung des Bruders mit Wahrscheinlichkeit als eine epileptische zu deuten ist.

Ad *b)* ist zu bemerken, dass G. über der rechten Augenbraue eine vertical verlaufende, circa 3 Cm. lange, bräunlich verfärbte Narbe hat, welche nach seiner Angabe von einem schweren Steinwurf herrührt.

Ad *c)* ist zu constatiren, dass G. bei der Aufnahme einen deutlichen Bleisaum an den Zähnen zeigte, der zu der mehrjährigen Beschäftigung als Schriftsetzer stimmt und Beeinflussung des Körpers durch das erfahrungsmässig dem Nervensystem sehr schädliche Gift beweist.

Durch diese drei Momente wird der bestehende neuropathische Zustand hinreichend erklärt.

Nachdem festgestellt ist, dass G. im allgemeinen einen Nervenzustand hat, auf Grund dessen transitorische Geistesstörung denkbar ist, frägt es sich, ob sich aus der Untersuchung der Handlungen eine solche Annahme glaubhaft machen lässt. Nun ist die Handlung an sich eine solche (Berührung der Geschlechtstheile eines Knaben durch einen Mann), dass sie von der Norm der allosexuellen Männer abweicht. Ich stehe jedoch als Arzt und Gutachter durchaus auf dem Standpunkt des deutschen Reichs-

Strafgesetzbuches, welches solche „Abnormitäten“ nicht eo ipso als Krankheiten gelten lässt, beziehungsweise ihre Aeusserungen verbietet und kann dementsprechend in der aus dem Zusammenhang gelösten Handlung an sich ein Kriterium von Krankheit nicht finden.

Etwas anders sieht der vorliegende Fall aus, wenn man das Motiv der incriminirten Handlung genauer zu ermitteln sucht. Nimmt man an, dass G. wirklich ein sexuelles Wollustgefühl bei der Berührung der Geschlechtstheile des Knaben empfunden hat, so frägt es sich medicinisch, wie die Ablenkung des sexuellen Triebes auf ein homosexuelles Subject zu denken ist. In den meisten Fällen von mann-männlicher Wollustbefriedigung, die in Kasernen, Instituten, auf Schiffen etc. vorkommen, handelt es sich in Ermangelung von allosexueller Befriedigung um Surrogathandlungen, welche durch Verführung sich unter den Männern fortpflanzen. In anderen wenigen Fällen handelt es sich darum, dass ein Individuum allmählich in sich die Abneigung gegen Personen des anderen Geschlechtes entdeckt, nur durch Personen des gleichen Geschlechtes erregt wird und schliesslich mit dem Bewusstsein der Gesetzwidrigkeit Befriedigung sucht. Keiner von diesen Fällen trifft bei G. zu. Er gibt mit Bestimmtheit an, dass er in keiner Weise zu unzüchtigen Handlungen mit männlichen Wesen verführt worden sei, auch habe er nie eine sexuelle Neigung zu einem männlichen Wesen gehabt. Die Angabe, dass er keinen Verkehr mit weiblichen Geschöpfen gehabt habe, erklärt sich wohl aus dem Bestreben, sich in sexueller Beziehung als musterhaft hinzustellen. Mir gibt er constant an, er habe bis vor einem Vierteljahr manchmal sexuellen Umgang mit weiblichen Geschöpfen gehabt, seitdem habe er sich aus rein äusseren Gründen davon ferngehalten. Sexuelle Handlungen mit dem Zeugen B. bestreitet er auf das entschiedenste. In der That kann ich auf Grund der Acten nicht die Ueberzeugung gewinnen, dass G. mit dem B. unzüchtige Handlungen begangen hat, so dass anzunehmen wäre, G. habe bei dem Zusammentreffen mit der Familie S. schon ein Bewusstsein von homosexuellen Erregungen gehabt. Somit erscheint die Handlung, wenn man überhaupt einen sexuellen Inhalt (Wollust) bei ihrer Ausübung annimmt, als eine erstmalige, aus dem Vorleben des jungen Mannes zunächst nicht erklärliche. Auch erscheint sie nicht von aussen durch Verführung veranlasst und schliesslich kann sie bei dem Gang der Geschehnisse (zufälliges Zusammentreffen mit der Familie S.) nicht als eine mit bewusster Absicht vorbereitete betrachtet werden, wie es bei den sich als homosexuell zum Bewusstsein Gekommenen meistens der Fall ist. Die Handlung kann also nur auf einen plötzlich auftretenden Antrieb zurückgeführt werden, wobei die Frage, ob er im Sinne des § 51 als ein Zustand von krankhafter Störung der Geistesthätigkeit, durch welchen die freie Willensbestimmung ausgeschlossen war, aufgefasst werden kann, noch offen bleibt. Thatsache ist, dass die Handlung sich vor der Mehrzahl der homosexuellen Delicte durch ihre Plötzlichkeit, den Mangel an äusseren Motiven (Verführung), Mangel einer Beziehung zu dem früheren Charakter und ferner durch die kaum glaubliche Unbesonnenheit bei ihrer Ausführung auszeichnet.

Die Handlung geschieht in dem Garten eines öffentlichen Locals, wo fortwährend, schon wegen der Lage der Aborte, Menschen aus der Gaststube herauskommen, in nächster Nähe eines Kinderspielplatzes, an einer Stelle, welche von rückwärts beobachtet werden konnte.

In der That gibt Frau S. an: „Ich sah von hier aus den Beschuldigten mit unserem Fritz in einer offenen Laube, G. sass auf einem Gartenstuhl und hatte den rechten Arm um den Hals meines Jungen gelegt.“ Nimmt man nun selbst an, dass G. sich absichtlich mit dem Rücken gegen das Haus gesetzt hat, um die Manipulation seiner linken Hand zu verbergen, so musste er sich bei voller Besonnenheit doch sagen, dass er von der Rückseite des Hauses her zum mindesten in der beschriebenen zärtlichen Annäherung an den Knaben gesehen werden musste, was in der That geschehen ist. Zudem spielten in der nächsten Nähe, nur durch die Hecke getrennt, Kinder, die jeden Augenblick bei dem Spiel etwas weiter hervorlaufen konnten und dann die Gesichtsseite der beiden und die Manipulation der linken Hand des G. hätten sehen müssen. Jedenfalls zeigt G. bei der Handlung, deren Entstehung aus einem plötzlich auftauchenden Trieb bei der Zufälligkeit des Zusammentreffens mit der Familie klargestellt ist, eine auffallende Unbesonnenheit. Andererseits gibt er selbst zu, dass er den Knaben dann durch Darreichung von 20 Pfennig zu bestimmen gesucht habe, nichts zu sagen.

Für die Erkennung des Zustandes, in welchem sich G. bei Begehung der Handlung befunden hat, ist nun besonders die Frage von Wichtigkeit, ob G. E r i n n e r u n g s l o s i g k e i t für die Vorgänge zeigt. Es ist hierzu nothwendig, die Aufeinanderfolge von Geschehnissen, wie sie sich auf Grund der Zeugenaussagen darstellen, mit seiner Erzählung zu vergleichen. Während nun G.'s Aussagen im allgemeinen mit denen der Frau S. übereinstimmen, findet sich eine sehr auffallende Differenz. Frau S. sagt aus: „Da wir nun auch nach Hause wollten, so ging ich heraus, um meine Kinder zu holen, als ich aber kaum den Hof betreten, kam mein Junge ganz erhitzt um die Ecke des Hauses gelaufen und sah ich wie G. dem Jungen im Laufen folgte. G. rief: „Fritz, Fritz, komm“, ich aber sagte darauf: „nein, wir gehen jetzt fort.“ Während nun G. sich an die eigentlich g r a v i r e n d e H a n d l u n g e r i n n e r t und sie zugibt, bestreitet er mit Entschiedenheit, v o n d e m o b i g e n V o r g a n g i r g e n d e t w a s z u w i s s e n. Weder in seinen Aussagen vor Gericht noch in seiner schriftlichen Darstellung des Vorfalles kommt etwas davon vor, auch kann man ihn durch Suggestivfragen nicht darauf bringen. Es ist nun ganz unwahrscheinlich, dass G. eine gravirende Handlung zugeben und eine Nebensache mit Consequenz leugnen sollte, und nimmt man an, dass er hierbei eine ihm bewusste Handlung verheimlicht, so bleibt der Umstand, dass diese Handlung a n s i c h e i n e g a n z a u f f a l l e n d e ist. Wenn ein erwachsener Mensch im Hof eines öffentlichen Locals „einem Jungen, der ganz erhitzt um die Ecke eines Hauses läuft, im Laufe folgt“ und ihn laut ruft „Fritz, Fritz, komm“, so könnte dies im Hinblick auf die vorausgegangene Handlung nur als eine mit einer abnormen Unbesonnenheit verbundene homosexuelle Erregung gedeutet werden, deren offene Aeusserung ihn für alle zufällig Anwesenden verdächtig machen m u s s t e. Wenn man nun festhält, dass ein Verschweigen dieses Vorganges sehr unwahrscheinlich ist, so erscheint damit erwiesen, dass G. gerade für eine sehr auffallende Handlung, k u r z e Z e i t n a c h d e m i n c r i m i n i r t e n A c t e l i e g e n d, v ö l l i g e E r i n n e r u n g s l o s i g k e i t zeigt. Aehnlich verhält es sich mit einer Angabe des Knaben. Die Frau S. sagt, dass der Knabe die Angabe gemacht habe: „Er sei mit G. gegangen, da dieser ihm gesagt, er möge mitgehen in die Stadt, wo er ihm Süssigkeiten kaufen wolle.“ Wenn G. dies wirklich zu dem Knaben gesagt hat, so war das ausserordentlich sinnlos, weil das Verschwinden des Kindes sofort von den Eltern gemerkt worden wäre und ihn hätte in Verdacht bringen müssen. Dabei behauptet G. consequent, diese Bemerkung, welche wegen ihrer Sinnlosigkeit ihn offenbar nur entlasten könnte, überhaupt nicht gemacht zu haben, beziehungsweise, er weiss nichts davon. Sind also die Angaben des Knaben richtig, so muss man bei G. Erinnerungslosigkeit für dieselben annehmen, was zu dem oben Gesagten stimmt.

Allerdings muss die Möglichkeit offen gelassen werden, dass der Knabe zu dem nachgewiesenen Kern von Thatsachen in der gewöhnlichen Ausschweifung der kindlichen Phantasie etwas dazu erfunden hat. Z. B. sind die der Mutter gemachten Angaben, dass G. ihn auf den Boden geworfen, und dass hierbei seine Kleider schmutzig geworden seien, einfach unmöglich, weil dieser Vorgang sich höchstens vor oder hinter der Hecke abgespielt haben könnte, wo er entweder von der Mutter oder den spielenden Kindern hätte bemerkt werden müssen. Uebrigens gibt der Knabe zu, dass er der Mutter die Vorgänge nicht so genau erzählt habe.

Betrachtet man jedoch obige Angabe des Knaben (betreffend Aufforderung mit in die Stadt zu gehen) noch als Theil der objectiven Vorgänge, abgesehen von den weiteren Zuthaten, so ist dieselbe höchstens geeignet, bei G. eine pathologische Unbesonnenheit mit nachträglicher Erinnerungslosigkeit nachzuweisen. Für die Frage der Amnesie ist nun eine Angabe des G. wichtig. Nachdem er den Vorgang in der Laube, der ihn wesentlich belastet, ohne Beschönigung beschrieben hat, sagt er: „Was hiernach (nach dem Gespräch mit dem Vater) weiter geschehen, weiss ich nicht mehr, ich habe zwar noch nie an einem schwachen Gedächtniss gelitten, ich kann aber die Vorgänge, die sich nun abspielten, nicht mehr angeben, ich habe schon vielfach darüber nachgedacht, ich weiss aber nur noch, dass ich allein nach Hause gegangen bin und vorher einmal auf dem Abort war. Weiteres ist mir nicht im Gedächtniss."

In den weiteren Geschehnissen erscheint bei G. der nachfolgende Zug bemerkenswerth: Während er sich mit seinen Kameraden verabredet hat, Abends wieder zusammenzutreffen, schläft er abends um $\frac{1}{2}$8 Uhr in seinem Zimmer bei brennender Lampe ein und wacht erst um $\frac{1}{2}$12 Uhr wieder auf. Dies ist natürlich kein Beweis für einen geistig abnormen Zustand, andererseits ist es Thatsache, dass schwere und leichte Dämmerzustände sehr häufig einen tiefen Schlaf zu ganz ungewohnten Zeiten nach sich führen.

Es lässt sich also Folgendes über den Bewusstseinszustand während und nach der Handlung sagen:

1. G. zeigt während der Handlung eine auffallende Unbesonnenheit.
2. G. erinnert sich an die Handlung.
3. G. zeigt kurz nach der Handlung eine ganz abnorme Unbesonnenheit (Nachlaufen hinter dem Knaben, Versuch, ihn zum Mitgehen in die Stadt zu bewegen).
4. G. erinnert sich an eine Reihe von Momenten kurz nach der Handlung nicht.
5. G. verfällt zu Hause zu ungewohnter Stunde in Schlaf.
6. G. benimmt sich im übrigen, abgesehen von dem ganz auffallenden Benehmen gegen den Knaben, gesetzt, so dass niemand ihm eine Störung ansieht.

Es frägt sich nun, ob klinisch krankhafte Geisteszustände bekannt sind, welche nach diesem Typus ablaufen (verkehrte Handlungen ohne schwere Bewusstseinsstörung, gefolgt mit partieller Amnesie, Uebergang in Schlaf). Diese Frage ist zu bejahen. Wäre G. ein notorischer Epileptiker, so würde ich kein Bedenken haben, den ganzen Vorgang, dessen Einleitung die incriminirte Handlung bildet, als einen leichten epileptischen Dämmerzustand aufzufassen. Aber auch wenn man ohne jede Beziehung zu der speciellen Diagnose Epilepsie lediglich die nachgewiesene abnorme Nervenerreglichkeit in Betracht zieht und bedenkt, dass diese erfahrungsmässig öfter mit stärkeren Bewusstseinsschwankungen verbunden sein kann, so stimmen die gemachten Ueberlegungen in Bezug auf die Art der Handlung (das plötzliche Auftreten des Antriebes, die Unbesonnenheit bei ihrer Ausführung, die Erinnerungslosigkeit für eine Reihe von kurz nach der Handlung liegenden Momenten) sehr gut zu der Annahme, dass in der That eine Bewusstseinstrübung bei G. vorhanden gewesen ist. Ueber den Grad derselben lässt sich nichts Genaues ermitteln.

Ich stelle im folgenden die Momente zusammen, welche trotz der Abwesenheit einer Geistesstörung zur Zeit der Beobachtung den Verdacht erwecken, dass die incriminirte Handlung einem transitorischen krankhaften Geisteszustand entsprungen ist:

1. Die ausserordentlich starke erbliche Belastung.
2. Die nachweisbare abnorme Erreglichkeit des Nervensystems bei G., speciell im Hinblick auf eine Kopfverletzung und Einwirkung von Blei.
3. Das plötzliche Auftauchen eines abnormen Antriebes zu der homosexuellen Handlung.
4. Die Unbesonnenheit der incriminirten Handlung und die noch viel grössere Unbesonnenheit der von dem Knaben S. weiterhin berichteten Aeusserungen und der von der Mutter beobachteten Handlungen (rasches Herlaufen hinter dem Knaben).
5. Die Unfähigkeit, sich an Umstände, die kurz nach der Handlung liegen, zu erinnern.

Trotz des Fehlens einer Geistesstörung zur Zeit der Beobachtung muss daher die Möglichkeit offen gelassen werden, dass G. sich zur Zeit der Begehung der Handlung in einem Zustand von krankhafter Störung der Geistesthätigkeit befunden hat, durch welchen seine freie Willensbestimmung ausgeschlossen war."

Infolge dieses Gutachtens wurde G. auf Antrag der Grossherzoglichen Staatsanwaltschaft in G. ausser Verfolgung gesetzt. Wenige Tage darauf trat G. freiwillig zur Behandlung seines Nervenleidens wieder in die Klinik ein. Das eigentlich Interessante dieses Falles besteht nun darin, dass sich bei weiterer Beobachtung das ausgesprochene Urtheil über die Natur seines Zustandes vollständig bestätigt hat, was aus folgenden Notizen der Krankengeschichte hervorgeht.

Patient macht bei der Aufnahme am 27. XI. einen etwas verstörten und aufgeregten Eindruck.

30. XI. Schlaflosigkeit und Kopfweh.

6. XII. Kommt von einem Spaziergang angetrunken nach Hause, verlangt mit lallender Sprache nochmals zur Stadt. Als man ihm dies abschlägt, wird er sehr aufgeregt, rennt trotz des Regens im Garten umher. Von einem Pfleger wollte er Geld geliehen haben. Als er keines erhielt, wollte er über das Geländer steigen, woran er gehindert wird, worauf er den Pfleger beschimpft.

11. XII. Leidet an Schlaflosigkeit.

24. XII. Kommt abends in sehr erregtem Zustand nach Hause. Er vermag nur mühsam und stockend zu antworten. Er wird sehr aufgeregt, widerspricht dem Arzt, beschuldigt denselben der Schleicherei und Heuchelei.

25. XII. In Bezug auf die Vorgänge des gestrigen Abends völlig amnestisch.

26. XII. Nachmittags bis 5 Uhr in der Stadt. Um $5^1/_2$ Uhr spielt er mit einem anderen Patienten Schach. Beim Abendessen völlig ruhig. Isst mit gutem Appetit zur Nacht. Um $9^3/_4$ wird der Arzt zu ihm gerufen und findet folgenden Zustand: G. sitzt aufrecht im Bett und schimpft mit lauter Stimme gegen eine Zimmerecke, wobei er den Oberkörper auf- und abbewegt, mit den geballten Fäusten droht und gegen die Bettdecke schlägt. Jeder Versuch, ihn durch Anfassen, beim Namenrufen etc. zu beruhigen, ruft eine überaus heftige Reaction hervor. Er schlägt dann wie rasend um sich, wirft den Kopf gegen die Bettkante. Von den Worten, welche er in lauter, abgebrochener Weise hervorstösst, ist etwa Folgendes zu vernehmen: „Du Lump, mein Geld willst du mir nehmen, du Lump, du Schuft, du Lumpenhund, du verfluchter!“ u. s. f. Der Kranke fährt fort, um sich zu schlagen und zu schimpfen, bekommt dann epileptiforme Zuckungen, wobei er die Augen verdreht, Schaum vor dem Munde hat und die Daumen in die krampfhaft geballten Hände einschlägt. Schliesslich muss er in die Isolirabtheilung gebracht werden, wo der Zustand in verstärktem Masse andauert. Er schlägt um sich, schimpft, schreit, tobt, springt öfters aus dem Bett, schlägt gegen die Wand, haut die Thüre zu, redet von Spitzbuben, die ihm sein Geld nehmen wollen.

27. XII. Benachrichtigung des Vaters und des Kreisarztes, Umwandlung der freiwilligen Aufnahme in eine zwingende wegen zur Zeit bestehender Gemeingefährlichkeit. Hat die ganze Nacht getobt. Heute früh ruhig und apathisch. Den herbeigerufenen Kreisarzt erkennt er nicht, reagirt weder auf Fragen noch auf Namensaufruf.

29. XII. Heute früh etwas erregter. Schimpft laut vor sich hin, „Ihr Lumpen, Räuber“ u. s. f. Als er um $3^1/_2$ Uhr ein Bad bekommt, redet er plötzlich wieder ruhig und vernünftig wie früher und scheint völlig klar geworden zu sein. Er erinnert sich an alles, was er heute Vormittag gesprochen habe, weiss aber absolut nicht, was vorher mit ihm vorgegangen ist. Er sei sehr erstaunt gewesen, sich in der Isolirabtheilung wieder zu finden. Seine letzte Erinnerung sei die, dass er von Herrn B. Feuerzeug gefordert, aber nicht erhalten habe. Von dem Aufregungszustand, der Transferirung in eine andere Abtheilung, von dem Besuch des Kreisarztes weiss er gar nichts.

Aus dieser Beschreibung ist das typische Bild eines epileptischen Dämmerzustandes mit Amnesie für den grössten Theil desselben ersichtlich. Wichtig ist, dass er für den letzten Vormittag (29. XII.), in dem er zweifellos noch pathologisch war, Erinnerung hat, was die Feststellungen des Gutachtens ergänzt.

Es hat sich an diesen Dämmerzustand weiterhin eine Reihe von schweren epileptischen Erregungen mit besonnenen Zwischenperioden angeschlossen. Das Merkwürdigste ist, dass in diesen periodischen Anfällen auch das homosexuelle Moment, welches bei der Strafthat gewirkt hat, klar hervortritt, während in den normalen Pausen nichts Derartiges beobachtet werden konnte.

18. I. Den ganzen Tag sehr unruhig, nimmt beinahe gar keine Nahrung zu sich. Legt sich um 9 Uhr ins Bett und wird 10 Minuten später äusserst erregt. Schimpft mit lauter Stimme: „Ihr Gesichter, geht weg, verschwindet, ihr Lumpen, ihr Mörder, ihr Räuber, was wollt ihr von mir?“ u. s. f.

19. I. Zu Bett. Liegt meist, den Kopf zurückgebogen und in die Kissen gedrückt, ruhig da. Von Zeit zu Zeit abgerissene, unzusammenhängende Schimpfworte. Die Augen sind starr gegen die Zimmerdecke gerichtet, die Lippen bewegen sich unaufhörlich auf und ab.

20. I. Schlaf erst 3 Uhr morgens. Bis dahin sehr erregt, spricht mit lauter Stimme gegen die Wand des Zimmers, z. B.: „Jetzt gehe ich ins Geschäft, meine Collegen lachen alle, die ganzen Häuser werden heruntergebrannt. Elender Lump. Alle frischen Sachen werden todtgestochen, sie müssen alle gehängt werden, sie sollen aber gleich verbrennen.“ Sehr häufig tauchen Vorstellungen wie Feuer, Verbrennen u. s. s. auf.

22. I. Redet, während er anscheinend verwirrt zu Bett liegt, etwa Folgendes: Er sei ganz im Kopf verdreht, die Doctoren und der Professor seien weggelaufen, die ganze Stadt brenne, das Wasser sei eingefroren und mit Eis sei es nicht zu löschen. Die Soldaten seien alle von den Bauern erstochen worden. Er sei schon zweimal todt gewesen, einmal sei er erschossen worden, das zweitemal sei er ertrunken, jetzt lebe er wieder.

Diese Periode deutlicher Geistesstörung dauerte bis circa 25. I., dann war er wieder eine Zeit mehr besonnen, hatte aber viele nervöse Störungen, z. B. häufiges Erbrechen.

4. II. Behauptet, wenn er aufstehe, werde es ihm ganz schwindlig vor den Augen. Gibt an, er sehe alle Gegenstände, hauptsächlich helle und glänzende, doppelt, beharrt auf dieser Angabe, auch wenn das eine Auge verdeckt wird. Blickt unverwandt nach einem, ebenfalls zu Bett liegenden jugendlichen Mitkranken K., verfolgt alle Bewegungen desselben, spricht ihn ab und zu an.

Hier beginnt nun diese eigenthümliche offenbar homosexuelle Neigung hervorzutreten. Ich greife aus den verschiedenen Perioden von Störung in dieser Beziehung Folgendes heraus:

8. II. Hat sich gestern nachts von 10 Uhr an fortgesetzt mit dem jungen K. unterhalten, neckte denselben, sprach ihn fortwährend an, rief ihm zu: „Kleine Kralle, jetzt schlaf“.

10. II. Legt sich tagsüber häufig zu Bett, offenbar, um in der Nähe von K. zu sein, mit welchem er sich in auffallendster Weise beschäftigt. Er spricht mit demselben, will seine Hand haben. Als K. zu ihm sagt, er solle ihn in Ruhe lassen, und sich mit dem Rücken gegen ihn kehrt, schlägt er nach demselben. Später findet der Arzt ihn in folgender Verfassung: Er liegt das Gesicht gegen die Kissen gedrückt, fortwährend stöhnend, sich hin und her bewegend, die Augen rollend, im Bett, zwischen den Lippen bewegt er ein Stück rother Wolldecke, das er abgebissen hat, reagirt auf keinerlei Fragen. Nachmittags ist er wieder auf, völlige Amnesie für die Ereignisse des Vormittags.

11. II. Heute mittags dasselbe Bild wie gestern, er kaut an einem losgerissenen Stück der Wolldecke. Er ruft häufig: „Ich bin ein Mädchen.“

12. II. Fortgesetzt unruhig. Wiederholt oft, er sei ein Mädchen und könne deshalb die Krone nicht übernehmen. Man wolle ihn vergiften und sein Geld fortbringen. Er sei schon zweimal gestorben, sei 17 Jahre alt u. s. f.

18. II. War heute mit dem jungen K. im Tagraum zusammen, neckte und kitzelte denselben.

Wenn auch directe sexuelle Angriffe auf K. nicht erfolgt sind, so hat das ganze Gebaren des G. einen deutlich homosexuellen Anstrich, und zwar treten diese Erscheinungen immer im Anschluss an oder in der Einleitung von Verwirrtheitszuständen bei G. auf. Die zweite fast sechsmonatliche Beobachtung hat also nicht blos erwiesen, dass G. an Dämmerzuständen auf epileptischer Basis leidet, sondern hat auch homosexuelle Züge herausgestellt, welche bei ihrer grossen Aehnlichkeit mit der Strafthat die pathologische Natur dieser noch wahrscheinlicher machen.

In diesem Fall sind die mitgetheilten Beobachtungen über die motorischen Phänomene der Ausgangspunkt gewesen, von dem aus das Gutachten Schritt für Schritt der richtigen Annahme eines epileptischen Zustandes näher gekommen ist.

2. Beispiel: G. W. aus H. war am 21. X. 1896 vom Militär in O. desertirt und hatte am nächsten Tage nachmittags im Walde bei E. nach dem Versuch des Beischlafes ein Mädchen durch Aufschlitzen des Unterleibes ermordet. Das Gutachten erster Instanz war auf Grund mehrwöchentlicher Beobachtung in der Irrenanstalt zu H. zu dem Schluss gelangt, dass W. an periodischen Geistesstörungen leide und die That in einer solchen begangen habe. Das Gutachten zweiter Instanz schloss sich auf Grund nochmaliger Beobachtung in einer zweiten Anstalt im wesentlichen dem früheren an, betonte jedoch mehr das Bestehen eines dauernden Schwachsinns. Trotz der Uebereinstimmung dieser ärztlichen Urtheile in dem wesentlichen Punkt wurde ein Obergutachten der Ministerial-Abtheilung für öffentliche Gesundheitspflege eingeholt, als deren Referent ich folgenden von dem Collegium angenommenen Entwurf abgab:

G. W. aus H., geboren 11. III. 1875, Musketier im x. Regiment, wurde vom 28. X. bis 26. XI. 1897 in der psychiatrischen Klinik in Giessen beobachtet und untersucht.

Auf Grund dieser Beobachtung soll unter Beziehung auf die vorliegenden Acten und auf die schon abgegebenen ärztlichen Aeusserungen ein Obergutachten darüber erstattet werden (cfr. § 51 R. Str. G. B.):

1. ob sich W. zur Zeit der Begehung der strafbaren Handlungen in einem Zustand von Bewusstlosigkeit oder krankhafter Störung der Geistesthätigkeit befunden hat, durch welchen seine freie Willensbestimmung ausgeschlossen war;

2. wenn das der Fall ist, ob W. als dauernd gemeingefährlicher Geisteskranker für sein weiteres Leben einer Irrenanstalt überwiesen werden muss.

Die incriminirten Handlungen des W., auf welche an mehreren Stellen der folgenden Ausführungen Bezug genommen werden muss, setzen wir hier auf Grund der Acten als bekannt voraus.

Es empfiehlt sich bei der Entwicklung des Falles von den ärztlichen Gutachten auszugehen, welche über den W. bisher abgegeben worden sind.

Das Gutachten des Herrn Oberarzt Dr. K. aus H., wo W. am 7. I. 1897 aufgenommen worden war, gelangt im wesentlichen zu folgenden sich ergänzenden Sätzen (cfr. pag. 64, 70, 174, 236):

„1. In Kürze gefasst stellt sich das Ergebniss der vorstehenden Ausführungen also so, dass Rubricat trotz eines guten Gedächtnisses und trotz ansehnlicher seinem Milieu entsprechender Leistungen in elementarer Hinsicht deutliche Fehler und Mängel der höheren intellectuellen Eigenschaften aufweist, namentlich eine geringe Selbstkritik und Urtheilsfähigkeit besitzt.

2. Alle diese Abweichungen von der Norm, die reizbare und labile Gemüthslage, der haltlose, an Widersprüchen reiche, in keiner Weise einheitliche und bestimmter Grundzüge entbehrende Charakter und die geringe Entwicklung der Intelligenz bilden nun einen Zustand geistiger Schwäche.

3. Die Beobachtung während des Anstaltsaufenthaltes, unterstützt durch die Durchmusterung des Vorlebens des Rubricaten, hat ergeben, dass W. erstens einen Zustand mässiger geistiger Schwäche, namentlich hinsichtlich des Gemüths, des Charakters und des Urtheils zeigt, zweitens aber seit längerer Zeit an häufig wiederkehrenden Zuständen vorübergehender Geistesstörung leidet, die sich theils als einfache Aufhebungen, theils als Trübungen, theils als Aenderungen seines Bewusstseins darstellen.

4. Die Betrachtung seines Verhaltens kurz vor, während und nach seinen Delicten ergibt, dass er sich auch zu dieser Zeit in einem der vorgenannten Zustände befunden hat.“

Das Gutachten des Herrn Director Dr. B. aus H., wo W. am 3. V. 1897 aufgenommen wurde, schliesst sich diesem Gutachten im wesentlichen an, indem es zu der Annahme kommt (pag. 32), dass auf dem Boden einer Entwicklungshemmung (das heisst des Schwachsinns im engeren Sinne des Wortes) ein Zustand temporärer Geisteskrankheit sich entwickelt habe.

In Bezug auf die einzelnen Angaben stimmen beide Gutachten durchwegs überein und auch die Beobachtung in der Klinik hat, soweit sie auf der Feststellung der spontanen psychischen Aeusserungen des W. beruht, nicht vermocht, etwas Neues hinzuzufügen. Ferner war es nicht möglich, über das Vorleben des W. neue Momente zu ermitteln. Es musste deshalb von vornherein der Hauptwerth auf die Frage gelegt werden, ob eine genauere wissenschaftliche Untersuchung weitere Momente zutage fördere, die für oder gegen die pathologische Bedeutung der im Leben des W. vorgefallenen Handlungen in Betracht kommen. Der wesentliche und übereinstimmende Inhalt der vorliegenden Gutachten liess sich in den folgenden Satz zusammenfassen: dass W. dauernd eine Reihe von Abnormitäten zeigt, die jedoch den Sinn des § 51 R. Str. G. B. nicht ganz erfüllen, dass er ferner seit dem 16. Jahr eine Reihe von deutlich pathologischen Zuständen aufweist, auf welche § 51 zutrifft, und dass er sich auch zur Zeit der Begehung der Handlung in einem solchen befunden hat.

Bei dieser Sachlage musste die Beobachtung in der Klinik vor allem darauf gerichtet sein, objectiv zu prüfen:

1. ob W. thatsächlich ein zu periodischen Geistesstörungen prädisponirtes Nervensystem hat;

2. ob die eventuell bei ihm dauernd oder unter bestimmten Umständen zu beobachtenden krankhaften Erscheinungen sich mit dem Zustand während der strafbaren Handlungen decken, so dass ein Rückschluss auf die pathologische Grundlage dieser erlaubt erscheint.

Sobald man die medicinische Frage für die Untersuchung des W. in vorstehender Weise stellt, tritt sofort eine Eigenthümlichkeit der früheren beiden Gutachten klar hervor, dass nämlich im Verhältniss zu der Erörterung über die allgemeine Frage der Geistesstörung bei W. (Anwendbarkeit des § 51) die specielle Frage, welcher Art diese Krankheit sei und ob dieselbe zu einer bestimmten wohlbekannten Gruppe von Störungen gehört, verhältnissmässig sehr zurücktritt. Diese Art der Behandlung hat zweifellos ihre Berechtigung und ist im Hinblick auf die Fassung des §. 51 R. Str. G. B. völlig gerechtfertigt. Andererseits beraubt sich der Gutachter durch diesen Verzicht auf eine Fragestellung, bei welcher seine sonstige Erfahrung über bestimmte Arten von Geisteskrankheit als leitendes und regulirendes Moment zur Anwendung gebracht werden kann, einer Reihe von Möglichkeiten, um einen zweifelhaften Fall völlig zu klären.

Wir halten es deshalb für nothwendig, die Auffassung des W., wie sie sich aus den Acten und den vorhandenen Gutachten ergibt, mit den sonstigen psychiatrischen Erfahrungen in festere Beziehung zu bringen und als Leitmotiv für die objective Untersuchung zu benutzen.

Fasst man, ohne etwas über die Anwendbarkeit des § 51 R. Str. G. B. zu präjudiciren, die Erscheinungen bei W. kurz zusammen (seit dem 16. Jahr mehrfaches Weglaufen aus geordneten Verhältnissen ohne erkennbares Motiv, psychische Abnormitäten speciell in der Gefühls- und Willenssphäre bei guten Schulkenntnissen und fast normalem Intellect), so zeigt sich in diesen Zügen eine grosse Aehnlichkeit mit den Erscheinungen, wie sie bei notorisch Epileptischen alltäglich sind.

Wir schliessen nun aus dieser Aehnlichkeit nicht etwa ohne Weiteres auf Anwendbarkeit des § 51, sondern leiten daraus zunächst nur für die objective Untersuchung die Frage her, ob sich bei W. greifbare Kriterien dafür finden lassen, dass er an Epilepsie leidet. Diese Frage deckt sich fast mit der oben gestellten, ob W. thatsächlich ein zu periodischen Geistesstörungen neigendes Nervensystem hat, da, abgesehen von Hysterie, eigentlicher periodischer Geisteskrankheit und einigen anderen Krankheitsformen, gerade die Epilepsie sehr häufig periodische Dämmerzustände zuwege bringt.

Geht man in dieser Weise zunächst von der rein medicinischen Seite an den Fall heran, so erhebt sich sofort die weitere Frage für die objective Untersuchung, wie sich W.'s Nervensystem gegen Alkohol verhält, da einerseits erfahrungsgemäss larvirte und notorische Epileptiker unter Alkoholwirkung leicht Dämmerzustände bekommen, andererseits bei W. in der in Betracht kommenden Zeit seines Lebens ein ziemlich beträchtlicher Alkoholconsum stattgefunden hat (cfr. Acten).

Von diesen Ueberlegungen und Fragestellungen ausgehend, wurde die Untersuchung in der Klinik über die blosse Beschreibung der spontanen Aeusserungen des W. ausgedehnt und in wesentlichen Punkten experimentell ergänzt. Wir gehen nun zunächst von dem Zustand aus, den W. in der Klinik geboten hat und werden dann die unter Beziehung auf obige Gesichtspunkte angestellten Experimente beschreiben.

Der bei W. durch vielfache Untersuchungen festgestellte Befund enthielt folgende wesentliche Punkte:

I. Grösse 165 Cm., Gewicht 59·5 (beim Austritt 63).

II. Der Schädel zeigt folgende Maasse: Umfang 54, Längsdurchmesser 19, querer Durchmesser 14,5. Geringe Asymmetrie in der Wölbung der Stirnbeine. Die Hinterhauptsschuppe springt stark hervor. Die Scheitelbeine sind stark gewölbt. Das Hirngewicht lässt sich aus den Schädelmaassen auf circa 1300 Grm. berechnen. Es ist also am Schädel weder was Rauminhalt, noch was die Form betrifft, eine schwere Abnormität erkennbar, aus der auf das frühere Vorhandensein einer bestimmten Gehirnkrankheit geschlossen werden könnte.

III. Am Schädel eine auffallende Menge von Narben:
1. links: *a)* eine circa $1\frac{1}{2}$ Cm. lange in der Schläfengegend („vom Fallen“); *b)* zwei kleine in der Ohrlinie; *c)* eine kleine linsengrosse oberhalb der Protuberant. occipital. externa; *d)* eine grössere, circa Zwanzigpfennigstück grosse unterhalb derselben (Furunkel). 2. rechts: *a)* vier grössere und kleinere am mittleren vorderen Theil des Stirnbeins gelegene; *b)* eine kleinere, am hinteren Theil des Stirnbeins gelegene; *c)* eine circa 5 Cm. lange auf der Wölbung des Parietalbeins (angeblich bei einer Kirchweih durch Schlag von einer Schiffsschaukel erworben); *d)* eine kleinere erbsengrosse am Hinterhauptbein. — Die Herkunft der meisten dieser Narben ist völlig unbekannt.

IV. Kniephänomene sehr stark, schleudernd. Zittern beider Hände. Lähmung des linken Levator veli palatini (Heber des weichen Gaumens), bei vielfachen Untersuchungen in übereinstimmender Weise festgestellt. Lässt man W. bei geöffnetem Mund a sagen, so hebt sich nur die rechte Seite des Gaumensegels. W. zeigt also einige sehr auffallende Innervationsstörungen, wie sie bei mit Neurosen behafteten Individuen häufig vorkommen (speciell bei Hysterie oder Epilepsie).

Von diesen Erscheinungen wurden die einer Messung zugänglichen mit Hilfe von Apparaten fixirt. In der Beilage 1 (Fig. 59) ist das Knie-

Fig. 59.

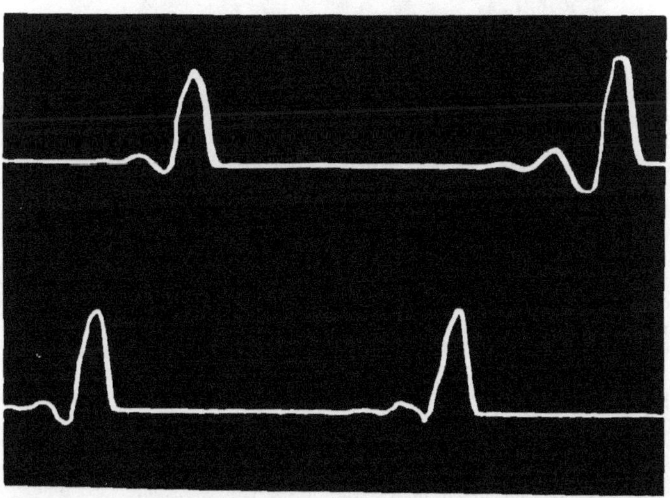

phänomen des W. bei Aequilibrirung des Unterschenkels dargestellt. Es zeigt sich durchgehend ein sehr hoher und steiler Ausschlag, entsprechend der obigen Charakteristik (sehr stark, schleudernd). In der Beilage 2 (Fig. 60) ist das Zittern der Hände sichtbar gemacht mit gesonderter Darstellung der Ausschläge in den drei Dimensionen derart, dass der Druck durch die untere Linie, die seitliche Schwankung durch die mittlere, der Stoss nach vorn durch die obere Linie ausgedrückt ist. Es zeigt sich ein ziemlich feinschlägiges Zittern in allen drei Dimensionen, relativ am stärksten in der Drucklinie, am schwächsten in der Linie des Stosses. Die Linie der seitlichen Schwankung zeigt einigemal einen starken krampfhaften Ausschlag. Simulirung dieser Art des Tremors, bei welchem jede Linie in ihren Ausschlägen einen feststehenden Charakter zeigt, ist nicht möglich.

Weitere Untersuchungen haben ergeben, dass bei W. das Zittern der Hände ohne ersichtlichen Grund an Intensität wechselt, dass besonders das Zuckungsphänomen, welches in dieser Curve nur einigemal erscheint, an anderen Tagen gehäuft auftritt.

In der Anlage 2 *a* (Fig. 61) liegt eine Curve vor, welche diese Zuckungen (abgesehen von den leichten Zittererscheinungen) mehrfach aufweist, besonders in der Drucklinie und der Linie der seitlichen Schwankung. Dabei ist diese Curve am gleichen Tage wie die der Anlage 2 (cfr. Fig. 60) aufgenommen.

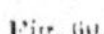
Fig. 60.

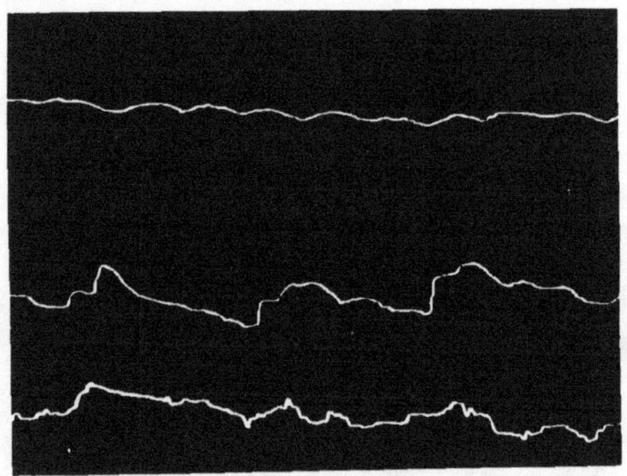

Damit ist die Beobachtung über das Zittern der Hände fixirt und dahin erweitert, dass W. neben dem Zittern an den Händen öfter stärkere unwillkürliche Zuckungen ohne ersichtliche Ursache (Aufregung, Ueberanstrengung etc.) zeigt. Durch diese Feststellungen ist es erwiesen, dass W. an einer functionellen Störung des Nervensystems leidet, welche sich in greifbaren motorischen Symptomen äussert.

Ueber den geistigen Zustand liess sich Folgendes feststellen:

1. Oefter eine in Anbetracht seiner Lage völlig unbegreifliche Heiterkeit. In dem Journal heisst es:

29. X. Ist auffallend heiter und gesprächig. Erklärt, es gefalle ihm hier sehr gut. Schreibt, liest und zeichnet. Fängt später an zu singen und zu pfeifen. Erzählt in völlig unbefangener Weise, die einen naiven und kritiklosen Eindruck macht, von seinem Delict.

30. X. Ist in Bezug auf seine Handlung und die Schwere derselben von einer geradezu wunderbaren Gemüthsruhe und Kritiklosigkeit, schmiedet Zukunftspläne.

3. XI. Aeusserst euphorisch und guter Dinge. Im Wachbericht heisst es: W. kam morgens herauf, war sehr vergnügt, sang und pfiff den ganzen Tag, las abwechselnd im Buche und war mit allem sehr zufrieden.

24. XI. Ist abends und bei den Mahlzeiten ausserordentlich gesprächig und munter. Spielt, singt ab und zu mit den Anderen.

Eine solche Stimmung in der Situation des W. ist entschieden eine sehr auffallende Abnormität.

2. Oefter momentane unbegreifliche Umschläge seiner im allgemeinen heiteren Gemüthsverfassung in weinerlichen oder zornigen Affect. Zum Beispiel weint er öfter plötzlich bei den gleichen Fragen, die ihn sonst ganz kalt lassen. Manchmal plötzlicher Zorn mit Drohungen, zum Beispiel lautet der Bericht vom 30. XI.: Ist bescheiden, freundlich und ruhig. Sagt später: Wenn er Zuchthausstrafe bekomme, so wolle er den

Fig. 61.

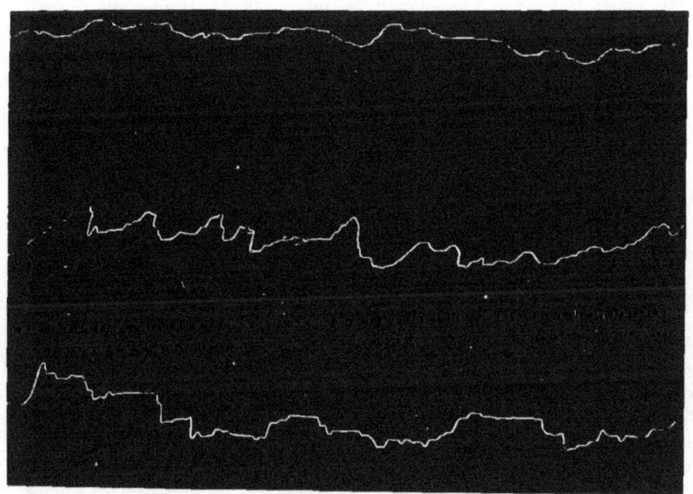

ersten, der zu ihm käme, todtschlagen. Das Bemerkenswerthe bei diesen Aufwallungen ist die Plötzlichkeit und elementare Gewalt, mit der sie bei W. auftreten, während äussere Ursachen im Moment nicht ersichtlich sind.

3. Eine starke Selbstüberschätzung.

14. XI. Er erzählt dem Arzt alles Mögliche über seine früheren Bethätigungen, seine Kenntnisse, rühmt seine Geschicklichkeit. Oefter erzählt er, er habe ein Baumwachs erfunden und brüstet sich damit. Dieses Moment hat wahrscheinlich einen Zusammenhang mit der abnorm gehobenen Stimmung, welche W. häufig zeigt. Dementsprechend zeigen sich auch in dieser Beziehung öfter plötzliche Aenderungen. Jedenfalls muss die ganze Gemüthsbeschaffenheit des W. als eine völlig abnorme bezeichnet werden.

In Bezug auf seine intellectuelle Leistungsfähigkeit liess sich in der Klinik keine wesentliche Störung entdecken. Sein Rechenvermögen und seine Schulkenntnisse (cfr. Beilage 3 und 3 *a*) sind befriedigend. Nur zeigen sich seine Associationen bei genauerer Prüfung auffallend sprunghaft. Bei diesem Experiment werden ihm eine Reihe von Worten nach bestimmter Auswahl zugerufen, nachdem man ihm anbefohlen hat, das erste Wort, welches ihm nach dem Hören des Reizwortes in den Sinn kommt, auszusprechen. W. reagirt sehr rasch in folgender Weise, die im Hinblick auf eine grosse Menge anderer Versuche, die von uns angestellt worden sind, auffallend fernliegende Associationen zeigt. Zum Beispiel Zorn: Pumpe, Gesetz: Neckar, Licht: Walze, Liebe: Schrank, Treue: Hamburg, Glück: Odenwald (Name eines Patienten). Es ist dies ein psychologischer Zug, der zu der raschen Aneinanderreihung aller möglichen Dinge in seinen Erzählungen und zu der phantastischen Lügenhaftigkeit, die in dem Gutachten aus H. hervorgehoben ist, gut passt. Wir werden später sehen, wie sich dieser Zug unter bestimmten Umständen zur pathologischen Grösse steigert.

Für alle Arbeiten, zu denen bestimmte Handgriffe nothwendig sind, zeigt W. ein gutes Geschick, so dass er hierbei keinen pathologischen Eindruck macht. Ebenso können wir in seinen zeichnerischen Producten, die schon in den früheren Gutachten erwähnt sind, keinen Beweis für Geistesstörung finden. Unsere Beobachtung und Auffassung stimmt also abgesehen von einigen weniger wichtigen Punkten völlig mit den Angaben der früheren Gutachten überein.

Somit kommen wir zunächst zu dem Schluss, dass W.

1. objective Zeichen einer Neurose bietet,

2. dauernd eine Reihe von psychischen Abnormitäten zeigt, dass diese jedoch den Sinn des § 51 nicht ganz erfüllen, wenn auch besonders seine aus inneren Ursachen entspringende Impulsivität einen stark abnormen Eindruck macht.

Im Hinblick auf die obigen Ausführungen wurde nun das Experiment gemacht, wie sich diese abnormen Züge bei W. unter dem Einfluss von Alkohol gestalten:

Nachdem in den ersten beiden Tagen durch vielfache Untersuchungen ein vergleichender Massstab gewonnen war, wurde W. am 1. XI. unter grosser Bereitwilligkeit von seiner Seite Gelegenheit gegeben, eine Flasche Wein zu sich zu nehmen (800 Ccm. Wein mit Alkoholgehalt von 11·16%, also 8 × 11·16 = 89·28 Grm. Alkohol enthaltend). Er begann um $5^1/_2$ Uhr Nachmittags mit einem Becher von 100 Grm. dem in Zwischenräumen von circa 12 Minuten 7 weitere folgten, so dass er in $1^1/_2$ Stunden die ganze Flasche leerte.

Die beobachteten und sofort fixirten Erscheinungen waren folgende:

1. In der psychischen Sphäre: Zuerst fängt er unaufhörlich an zu erzählen von München, Meran, Bozen, Prag, Ellwangen, Halle, Heilbronn, Heidelberg, Mannheim, Frankenthal, wobei er zunächst den Eindruck eines sprechlustigen und angeheiterten Menschen macht. Bald aber werden seine Reden deutlich pathologisch. Er wolle eine Baumschule gründen, da verdiene er sich jedes Jahr viel. „Ich bin ein anständiger Mann, jawohl, ich bin ganz anständig. Ich denk halt, unser Herrgott wird die Sache in Ordnung machen, unser Herrgott ist der beste Richter.“ Plötzlich fährt er ohne erkennbaren Anlass zornig auf: „Das ist ein verfluchtes Volk, das sind lauter Spitzbuben, die stehlen dem Herrgott alles vor den Augen weg .... Ich gründe eine Gärtnerei oder eine Obstbaumschule .... Kein Zweiter ist da, der mir's nachmacht, ich hab' in der Baumschule geschafft.

Baumwachs habe ich erfunden . . . . Eingestiegen soll ich sein, das ist lauter Schwindel von Hessen und Preussen.“ Auf die Frage: „Wie war's mit dem Mädchen?“ sagt er: „Die Leute sagen gar viel. Als immer auf den W. Mit dem Mädchen? Das ist nichts, das ist lauter Unsinn.“ „Das Gericht ist auch ein Spitzbube. 's gibt keinen schlechteren Mensch wie den Preuss, hab ich zum Oberstabsarzt gesagt. Ich hab' Spass an meinem Geschäft. Die Veredlung konnt' ich früher besser wie jetzt. Da haben's gesagt, ich sei ein Schwarzkünstler, 15 bis 16 Jahre war ich alt. Wenn ich 'rauskomm', gründ' ich eine Schul' und verheirat' mich und nimm Schüler an. Dann mach' ich Baumwachs. Für den Mensch ist's schad, ich bin so hineingefallen . . . So gesund wie ich ist keines in ganz Deutschland.“ Er spricht fortwährend weiter, wiederholt seinen Plan (eine Schule zu gründen), will vom Arzt ein Fässchen Bier haben.

Nach Beendigung der Alkoholaufnahme um 7 Uhr wird er in das Esszimmer zu anderen Kranken gebracht, wo er tüchtig zu Abend isst und dann unaufhörlich weiterredet. Während dieser Zeit wurde er mehrfach zur Ruhe gewiesen und es wurden in der beschriebenen Weise Experimente in Bezug auf Associationen mit ihm gemacht. Diese zeigen das Moment, welches vorher schon zutage getreten war, in grotesker Verzerrung. Er associirt auf Unglück: Elektrotechnicum, Verfolgung: Karl der Grosse, Belohnung: Elsass-Lothringen, Termin: Dürkheim, Schlaf: Handelsgärtnerei, Erkenntniss: Emmerich, Absicht: Fischer, Wohlthat: Feuerwehr, Trieb: 1800, Sitte: 10 M 20, Liebe: Dragoner, Freude: W. (sein Name).

Diese Art der Association zeigt eine ausserordentliche Zusammenhanglosigkeit, wie sie uns in solchem Grade bisher bei derartigen Versuchen nie vorgekommen ist und die wir für völlig pathologisch erklären müssen. Wahrscheinlich liegt hier der psychologische Grund zu dem phantastischen Confabuliren, welches bei seinem Redefluss öfter hervortritt. Von seinen spontanen Aeusserungen, die in unendlicher Reihe geschehen, wenn er nicht unterbrochen wird, wurde folgende Nachschrift gemacht: W. sagte (zu einem Patienten gewendet): „Gelt Landsmann wir sind am schönen Rhein daheim. Aber die Preussen, die sein Schufte, die Rheinhessen ebenfalls, Spitzbuben, Räuber sind sie alle. Die Fastnacht gibt's lauter Narren, aber die Pariser sind die grössten, Pflüger, am Rhein, am Rhein, am schönen Rhein sind wir daheim. Es gibt gute Leute da, aber auch grosse Lumpen. Die stinkigen Preussen sind die schlechteste Menschenrasse, Spitzbuben sind alle. Gemüthliche Leute sein Württemberger, Badenser, Bayern und ein Stück von Hessen, das übrige ist kein Schuss Pulver werth, die saufen dem Bismarck seinen schlechten Sprit, die Spitzbuben, die Räuber, Schwindler sind sie alle.“ Er pfeift und lacht dann, ist dann kurze Zeit betrübt, lacht dann wieder übermüthig, setzt sich, steht gleich wieder auf, geht ungewöhnlich schnell umher, lacht und singt, trinkt unmässig Wasser, wandert unaufhörlich umher. Dann geht's weiter: „Ein Fass Bier muss her, ich hab' grossen Durst. Der Herr Doctor hat mir eine Cigarre versprochen, der soll mir sie bringen. Spiritus, lauter Spiritus, Donnerkeil Durst hab' ich. Ach wie bin ich so verlassen auf der Welt von jedermann. Einen Vater, den ich hatte, den ich oftmals nannt, eine Mutter, die ich liebte, die hat mir der Tod entwandt. Ach, wär ich doch nicht geboren, weil ich so unglücklich bin. Traurig kehrt ein Wandersmann zurück, doch bevor er geht in Liebchens Haus, kauft er für sie den schönsten Blumenstrauss. Ich weiss nicht wie's weiter heisst. (Aufgeregt.) Ach Gott, das soll das Unglück kriegen. Von Silber und von Edelstein, von Marmor ausgehauen, darinnen liegt ein junger Knab von 21 Jahren, 10 Klafter tief wohl unter der Erd, bei Kröten und bei Schlangen. 6000 Gulden geb' ich euch, schenkt mir mein Sohn das Leben. Euer Sohn, der trägt eine gold'ne Kett', die kostet ihm das Leben. Und wenn er trägt eine gold'ne Kett, so ist sie nicht gestohlen, sein Liebchen hat sie ihm verehrt und ihm die Treu geschworen. So trägt man ihn zum Richtplatz hin mit zugebund'nen Augen. Ach bind' mir doch die Augen auf, dass ich die Welt kann schauen, als er zu der Rechten blickt, sieht er sein Vater stehen, ach Sohn, ach lieber Sohn, muss ich dich sterben sehn" (mit weinender Stimme), „und als er zu der linken sah, sieht er sein Liebchen stehen, sie reichte ihm schneeweiss die Hand" — plötzlich zornig und laut: „und wenn du net ruhig bist, muss dich das

Fig. 62.

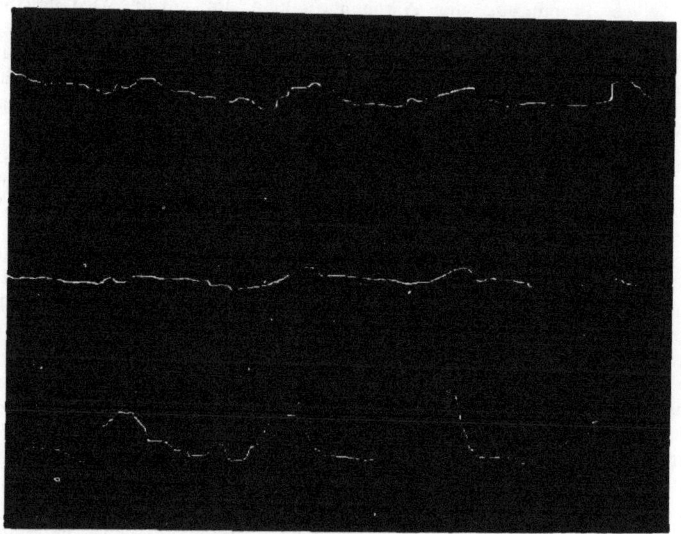

Unglück verschmeissen" (es sprach Niemand etwas). „bist ruhig du Hund! Du wennst kein Schnaps bezahlst, muss dich der Teufel holen, du Schuft, ich, ja ich bin a Bayer, du bist ein stinkiger Preuss', a Sau-Preuss'. O, wenn du nur's Gewitter hättst mit deiner Sängerei. Bier will ich haben. Doctor bring mir Bier her oder ich will nichts mehr von dir wissen, ich hab' Durst, habe eine trockene Leber, wenn du mir kommst, Doctor, schmeiss ich dich zum Ding hinaus. Was frag ich viel nach Geld und Gut, wenn ich zufrieden bin, schenkt Gott mir nur gesundes Blut, so hab ich frohen Sinn." In dieser Art geht es unaufhörlich weiter. Nach Aussage des Pflegers hat er dann noch „etwas phantasirt", ist dann eingeschlafen und hat die ganze Nacht ruhig gelegen.

In diesen spontanen Aeusserungen treten nun die früher schon festgestellten psychologischen Züge in einer deutlich pathologischen Verzerrung hervor:

1. Die starke Euphorie.
2. Plötzliche Umschläge in Weinerlichkeit und Wuth.
3. Die pathologische Selbstüberschätzung.
4. Rededrang.
5. Enorme Zusammenhanglosigkeit und Sprunghaftigkeit seiner Gedanken.

Es ist also zweifellos, dass W. durch das genossene Alkoholquantum in einen völlig pathologischen Zustand gerathen ist, der über den Rahmen eines einfachen Rausches weit hinausgeht und sich dadurch auszeichnet, dass man dem W. den Zustand auf den ersten Anblick gar nicht sehr anmerkt, vielmehr noch ein geregeltes Gespräch führen kann, bei dem der Inhalt der einzelnen Antworten oft nicht so stark pathologisch erscheint.

Fig. 63.

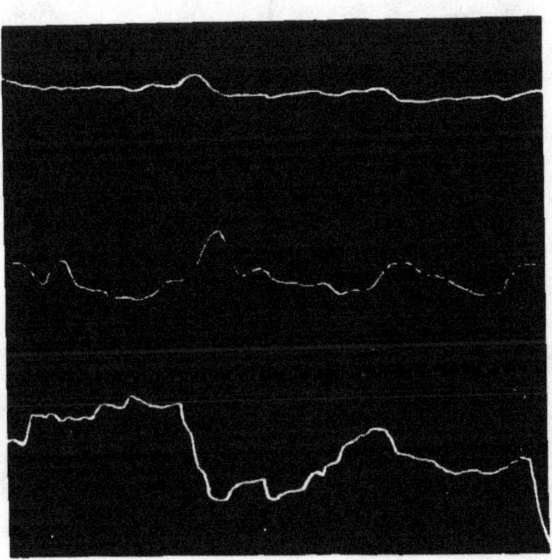

Es ist nun für die ganze medicinische Auffassung des Falles von grossem Interesse, dass völlig parallel zu dieser psychischen Aenderung eine Steigerung der erwähnten motorischen Reizsymptome geht.

Aus den Anlagen ist ersichtlich, wie mit der Zeit eine fortschreitende Vermehrung und Verstärkung der Zuckungen an der Hand auftritt, bis (cfr. Beilage 4, I–IV) förmliche Krämpfe, besonders in der Druckliniе erscheinen (cfr. die Curven Fig. 62—65).

Es zeigt sich ein völliger Parallelismus von psychischen Störungen mit motorischen Reizerscheinungen, wie er zum Typus der epileptischen Zustände gehört.

Ferner ist es sehr bemerkenswerth, dass sich in Bezug auf das Kniephänomen unter dem Einfluss von Alkohol eine Veränderung einstellt, welche bei Epileptischen als Theilerscheinung ihrer epileptischen Zustände auftritt.

In der Beilage Nr. 5, I—IV, Fig. 66—68, sind die Curven, welche man um $5\frac{3}{4}$, 7 und $8\frac{1}{2}$ Uhr abends erhält, zusammengestellt. Die zu der ersten Zeit aufgenommenen gleichen noch der am 29. X. erhaltenen (cfr. Anlage Nr. 1, Fig. 59), die um 7 Uhr aufgenommene zeigt schon ganz auffallende Aenderungen, besonders tiefere Senkung. Die letzte um $8\frac{1}{2}$ Uhr aufgenommene weist eine völlige Veränderung des Typus auf. An Stelle von 1—2 Hebungen sind 3—4 mit entsprechender Vermehrung der Senkungen getreten, das heisst es sind diejenigen Hemmungen, welche die Pendelbewegung des Beines normalerweise abkürzen und das Bein festhalten, verloren gegangen.

Diese Erscheinung kann in der gleichen Weise bei notorisch Epileptischen als Nachwirkung eines epileptischen Anfalls beobachtet werden, wie

Fig. 64.

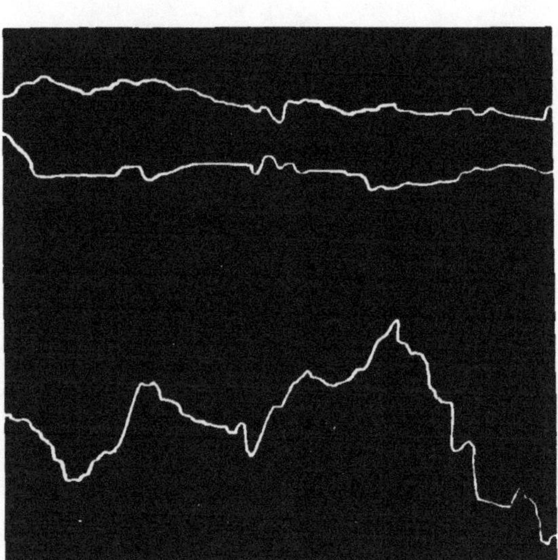

es die Beilage Nr. 6 (Fig. 69 und 70) in ganz entsprechender Weise zu Gesicht bringt.

Sonach ist in psychologischer, wie in motorischer Beziehung ersichtlich, dass W. durch den Alkohol in einen Zustand gerathen war, der von einem epileptischen Dämmerzustand nicht mehr unterschieden werden konnte. Dazu kommen folgende Beobachtungen am nächsten Tage. W. hatte keine Spur der nach Alkoholmissbrauch üblichen Erscheinungen. Er war nach einer vorzüglich durchschlafenen Nacht sehr munter, wusste aber von all den Vorgängen am vorhergehenden Abend, bei denen er sich oft scheinbar besonnen benommen hatte, fast nichts. Er erinnert sich dunkel, 4—5 Glas Wein getrunken zu haben, während es 8 à 100 Grm. gewesen sind. Von dem Inhalt seiner Reden weiss er fast gar nichts. Selbst durch Suggestivfragen kann man ihn nicht auf die Erinnerung bringen, dass er über das Gericht, die Preussen u. s. w. geschimpft hat. Als ihm seine Aussage über das Gericht wiederholt wird, sagt er: „Das kann ich doch nicht sagen über das Gericht.“ Er weiss nicht mehr, dass Professor S. bei ihm war, hat alle Scenen, die sich bei dem Abendessen

Fig. 65.

W. zeigt also eine fast völlige Amnesie für den nach dem Alkoholgenuss aufgetretenen Zustand, in welchem er sehr complicirte Handlungen vorgenommen hat, in dem er sogar bis zu gewissem Grade imstande war, als Gegenstand experimenteller Untersuchung zu dienen. Dieses patholo-

Fig. 67.

angestellt. Dasselbe ergab nur eine Aenderung in der Kniephänomencurve für kurze Zeit, sowie leichte Störung des bei dem betreffenden Individuum immer vorhandenen leichten Zitterns der Hand, jedenfalls in motorischer Beziehung eine unvergleichlich geringere Wirkung als bei W. In psychischer Beziehung war der Unterschied noch grösser, es trat kaum

Fig. 70.

Es war nun weitere Aufgabe der Untersuchung, festzustellen, wie weit man in der Alkoholdosis heruntergehen kann, um zweifellos pathologische Erscheinungen zu erhalten. Es hat sich herausgestellt, dass diese Wirkung schon bei 3 Glas Bier unverkennbar eintritt. Als Beleg gebe ich folgende Mittheilungen über ein am 4. XI. vorgenommenes Experiment. Dosis: 3 kleine Flaschen Bier (Inhalt circa $^1/_2$ Liter) zum Abendbrot. Resultat: Wird sehr gesprächig, redet fortwährend in sehr euphorischer Weise. Oefter kommen ganz verworrene Aeusserungen vor: z. B. „Wenn ich nach H. (Irrenanstalt) komme, lern' ich die dort die Rollen machen." Er meint dabei die Curven, die bei ihm aufgenommen werden. Auf die Frage: Wollen Sie dann wieder

Fig. 72.

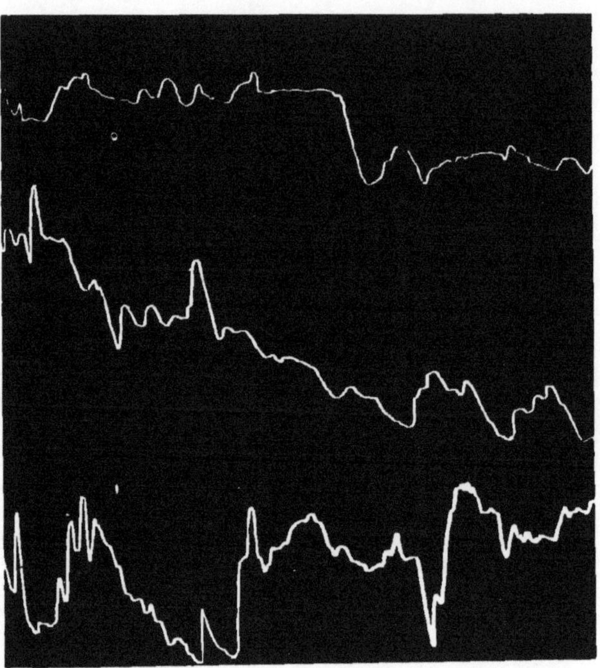

nach H.? sagt er: „Ja, wenn ich frei bin" (!) Verlangt dann eine Ziehharmonica, um zu spielen. „Ich hab 3 Glas Bier gehabt, da thäten sich die Darmstädter ärgern, wenn's mich gesehen hätten." Der ganze Zustand hat die grösste Aehnlichkeit mit dem neulich nach der stärkeren Alkoholdosis aufgetretenen. Auch in motorischer Beziehung lässt sich die Wirkung dieser geringen Alkoholdosis in Form von stärkerem Zittern und Zuckungen an den Händen erkennen (cfr. Anlage 7, Fig. 71 und 72). W. weiss am nächsten Morgen sehr wenig von dem Inhalt seiner Reden. Es zeigen sich also schon bei dieser geringen Alkoholdosis im wesentlichen die gleichen Erscheinungen wie nach der grösseren.

Es ist nun weiter gelungen, schon bei der minimalen Dosis von 1 Glas Bier eine deutliche Steigerung der motorischen Phänomene hervorzurufen und dadurch die ganz pathologische Erreglichkeit des W. zu beweisen. In der Anlage Nr. 8 (Fig. 73 und 74) sind die Curven zusammengestellt, welche vor und nach dem Genuss dieses Quantums zustande kommen, wobei der Unterschied ohne Weiteres ersichtlich ist.

Es ist demnach erwiesen, dass die dauernden Abnormitäten des W. sich unter dem Einfluss einer geringen Alkoholmenge zu deutlich pathologischer Grösse steigern und zu Zuständen führen, welche in jeder Beziehung mit einem epileptischen Dämmerzustand identisch sind.

Fasst man nun vom Standpunkt dieser klinischen Thatsache, welche über die Beobachtungen der früheren Gutachter hinausgeht, das Vorleben

Fig. 73.

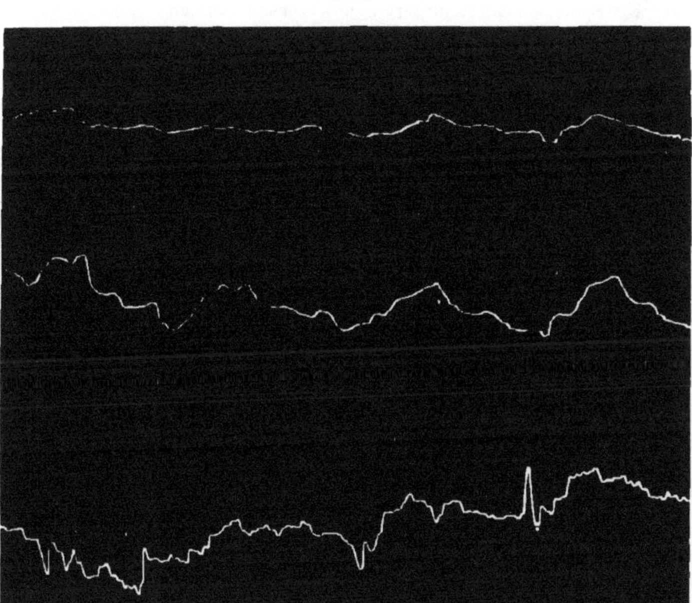

des W. ins Auge, welches besonders in dem Gutachten von H. in vorzüglicher Weise dargelegt ist, so ergibt sich folgendes Gesammtbild:

Gegenwärtiger Zustand: Motorische Reizerscheinungen, psychische Abnormitäten, speciell abnorme Impulsivität und Stimmungswechsel ohne äussere Ursachen, völlige Intoleranz gegen Alkohol, Auftreten eines nach allen Beziehungen deutlichen epileptischen Dämmerzustandes infolge von Alkohol.

Anamnese (cfr. Gutachten aus H.): Ohnmachten, traumartige Zustände, in denen W. Reden führt, von denen er nichts mehr weiss, plötzliche Entweichungen ohne Grund (von der schönsten Arbeit weg) mit einleitenden Symptomen von Unwohlsein und Unruhe und zwecklosem Herumirren in der Dauer von circa 8 Tagen, Erinnerungslosigkeit nach einer früheren Strafthat.

1. Die Rolle des Alkoholgebrauchs.
2. Die Frage der Erinnerungslosigkeit.
3. Die psychologischen Kriterien des hier beobachteten Dämmerzustandes:
   a) Motorische Erregung.
   b) Euphorie.
   c) Plötzliches Auftreten von Wuth.

Bei dem Versuch, ein Bild von dem Gang der Ereignisse durch W. zu bekommen, stösst man sofort auf eine überraschende Schwierigkeit. Bei dem sonst sprachlich sehr behenden Menschen muss man jede Aussage erst herausziehen und bekommt schliesslich doch kein klares Bild. W.'s Aussage lautet: „Ich verliess die Kaserne abends zwischen 7 und 8 Uhr und ging zu Fuss nach S., von dort nach Y., S. und A., woselbst ich morgens um 7 Uhr eintraf."

Eine Prüfung am 9. XI. 1897 in der Klinik ergab im Gegensatz hierzu Folgendes: Das Datum des Wegganges aus der Kaserne weiss er nicht, während er sich an die Termine der Aufnahme und Entlassung in die Anstalten erinnert. Später erinnert er sich, dass vorher Löhnung gewesen ist und schliesst, dass es nach dem 11. oder 21. gewesen sein muss. Abends nach der Putzstunde war er in der Cantine, die Zeit weiss er nicht mehr genau. Er nennt als Kameraden O. und H. Er habe da bis kurz vor Zapfenstreich gesessen und drei Glas Bier getrunken. Dann sei er in das Mannschaftszimmer gegangen, er habe seinen Schrank aufgeschlossen, dann wieder zugeschlossen, sei dann die Stiege herunter und sei fort zur Kaserne hinaus. Wer im Zimmer war, weiss er nicht; „ich glaube, es waren alle da". Ob die Leute im Zimmer gesessen oder gestanden haben, was gesprochen wurde etc., weiss er nicht. Ob ihn jemand angeredet hat, weiss er nicht. Ob er bei der Manipulation am Schrank etwas hineingethan oder herausgeholt hat, weiss er nicht, er erinnert sich nur an den Handgriff des Schliessens. In dieser Beschreibung fehlt das Umschnallen des Koppels völlig. Er behauptet es mitgenommen und auf dem Wege verloren zu haben, wo wisse er nicht. Aus den Acten konnte ich nichts Bestimmtes darüber ermitteln. Entweder hat W. das Koppel wirklich verloren und den Ort vergessen oder die ganze Sache beruht auf Erinnerungstäuschung.

Ob ihn jemand bei dem nochmaligen Verschwinden aus dem Mannschaftszimmer mit dem Koppel, welches er angeblich umgeschnallt hatte, „kurz vor Zapfenstreich" deshalb angesprochen hat, weiss er nicht. Die Zeitangabe steht mit der früheren Angabe und den Acten im Widerspruch. Ob er eine bestimmte Absicht gehabt hat, nach D. zu laufen, weiss er nicht. Er sei „als fortgegangen" und früh zwischen 7 und 8 nach A. gekommen. Die Weglänge von der Kaserne zu O. nach A. ist 25 Kilometer. W. ist von abends zwischen 7 und 8 Uhr (die Angabe „kurz vor Zapfenstreich" ist anscheinend Erinnerungstäuschung) bis früh 7 bis 8 Uhr unterwegs gewesen, also circa 12 Stunden, jedenfalls viel länger als ein tüchtiger Fussgänger zu dem Wege braucht. Davon, was in der Zeit passirt ist, weiss W. gar nichts. Ob er sich hingelegt hat, kann er nicht sagen. „Ich weiss nicht wo und wie lange." „Ich muss als einmal gelegen haben, ich kann doch nicht die ganze Nacht gelaufen sein." Ob er irgend welche Ortschaften passirt hat, weiss er nicht, während er früher einige Ortsnamen benannt hat. Auch durch Suggestivfragen über Licht, Hundebellen etc. beim Passiren von Ortschaften, Wegkreuzungen etc. ist keine genauere Erinnerung zu wecken. Hierbei muss bemerkt werden, dass die Erinnerungen an die spärlichen Eindrücke bei nächtlichen Wanderungen meist ausserordentlich fest und lange hängen bleiben, was wohl mit der normalerweise eintretenden grösseren Spannung der Aufmerksamkeit zusammenhängt. Z. B. sind einem der Unterzeichneten aus jahrelang zurückliegender Zeit von Nachtwanderungen ganz indifferente Dinge im Gedächtniss haften geblieben, was sich bei anderen darüber Befragten bestätigt.

Wenn man auch nur wenige Gesichtseindrücke gehabt hat, kann man sich doch an den Zustand des Schreitens und Tastens, des Suchens, an Hindernisse etc. auffallend gut zurückerinnern. Bei W. ist zur Zeit keine Spur einer solchen Erinnerung aus seiner Nachtwanderung zu erwecken, was sich nicht blos aus der Dauer der seitdem verstrichenen Zeit herleiten lässt. Sein ganzes Verhalten während der 12 Stunden, die er zu einem Wege von 25 Kilometer gebraucht hat (!), ist völlig in Dunkel gehüllt. Dass er in A. in eine Wirthschaft gegangen ist, weiss er (er ist über diesen Punkt oft vernommen worden). Wie dieselbe hiess, wie es in derselben aussah, wer noch darin war, weiss er zur Zeit nicht. Er erinnert sich an einen alten Mann. Früher hat W. ausgesagt: „In der Wirthschaft, in welcher ich mich befand, sass ich an einem Tisch mit zwei Händlern, welche Tuch verkauften, in derselben Wirthschaft befand sich für kurze Zeit der Polizeidiener des Ortes." Er gibt an, circa drei Glas Bier da getrunken zu haben und von circa ½8 bis circa um 12 Uhr da gesessen zu haben. Auf dem Wege von A. nach D. holte ihn der Polytechniker K. ein, dem er sagt, er sei an diesem Tage schon von O. hergelaufen, er wäre 21 Tage im Lazareth gewesen und sei Reservist. „Auch sagte er mir, er sei in H. a. W. zu Hause." Von diesem Gespräch weiss W. nichts. In welchen Wirthschaften er weiter in D. gewesen sei, weiss er nicht. Es seien 3—4 Wirthschaften gewesen. Wieviel er getrunken hat, weiss er nicht. In der ersten sei es „arg voll gewesen". In dieser habe er zwei Glas Bier getrunken. Wieviel er in den anderen getrunken hat, weiss er nicht. Wie es in den anderen Wirthschaften aussah, weiss er nicht. Diese Angaben stehen im Widerspruch mit seinen früheren. In der „Stadt D." erzählte er, er müsse einen Desertour abholen, was aber den übrigen Gästen unglaubhaft erschien. W. weiss davon nichts. Auf die Frage: „Haben sie bezahlt?" lautet die Antwort: „Die Leute sagen, ich hätte nichts bezahlt. Die Frau aus der ersten Wirthschaft sagt, ich hätte ein Zwei-Markstück gegeben, sie habe herausgegeben." Wo dieses Geld geblieben ist, weiss er nicht. Wo sein Koppel, das er angeblich von O. mitgenommen hatte, geblieben ist, weiss er nicht. Wann er von D. weggegangen sei? „Gegen 4 Uhr." Wohin er gewollt habe: „Ich bin als fort, ich hatte keinen Plan gefasst, ich bin die Strasse als weiter gegangen." .

Betrachten wir diesen ersten Abschnitt der kritischen Periode besonders im Hinblick auf die durch Zeugenaussagen festgelegten Thatsachen, so ergibt sich Folgendes:

1. W. weiss von den Vorgängen in der Nacht nach der Desertion bis zur Ankunft in A. fast gar nichts. Sein Verbleib und sein Verhalten während der circa 12 Stunden auf einem Wege, der sonst in viel kürzerer Zeit zurückgelegt werden kann, ist völlig dunkel.

2. Seine Erinnerung an die Vorgänge in A. und D. ist sehr mangelhaft und enthält nur die gröbsten Züge, wobei auch die vielfachen Verhöre in Betracht zu ziehen sind. Diese Beobachtung ist umso wichtiger, weil sie sich nicht auf Angaben des W. in Bezug auf das wesentliche Delict bezieht und speciell die Erinnerungslosigkeit für die Nacht gar keine Beziehung auf seine strafbaren Handlungen enthält.

3. W. hat, nachdem er vor der Desertion in der Cantine einige Glas Bier getrunken und wahrscheinlich die ganze Nacht gelaufen ist, in A. und D. mehrfach Alkohol zu sich genommen.

Ueber die von W. in D. eingenommenen Alkoholquantitäten geben wir folgende Tabelle:

			Zeit	Quantiät in ½ Litern
I. Wirthschaft	:	Stadt D.	zwischen 1 und 2 Uhr	3 bezw. 2½
II.	„	: II. K.	circa 2 Uhr	2
III.	„	: B. H.	zwischen 2 und 3 Uhr	2 bezw. 2½
			Summe . .	6—7

Nimmt man den Alkoholgehalt von Bier zu 3·36—3% (cfr. *Lehmann,* Methoden der praktischen Hygiene, pag. 422) an, so entspricht dies einem reinen Alkoholquantum von mindestens 100 Grm., aufgenommen in circa 1½—2 Stunden.

W. hat also jedenfalls abgesehen von der wahrscheinlich völlig schlaflosen Nacht und von dem Alkoholgenuss in A. allein in D. ein Alkoholquantum in sich aufgenommen, welches grösser ist als dasjenige, bei welchem wir in der Klinik einen deutlichen epileptischen Dämmerzustand mit Erinnerungsstörungen auftreten sahen. Allerdings ist die Zeit etwas länger, andererseits haben wir schon bei viel geringerer Dosis in der Klinik deutliche pathologische Erscheinungen beobachtet.

Verfolgen wir jetzt den weiteren Gang der Ereignisse an der Hand der Acten, so ergibt sich Folgendes:

1. Auf dem Weg von D. nach E. wird er von Lehrer W. begegnet. „Als der Soldat mir auf dem Bankett begegnete, fiel mir auf, dass er einen schlotterigen Gang hatte.“ W. selbst weiss zur Zeit von einer solchen Begegnung nichts.

2. Auf dem gleichen Wege wird er von Lehrer R. getroffen. „Der Soldat hatte weder Seitengewehr noch Koppel um und machte auf mich einen schlappigen Eindruck.“ Dies war kurz vor 4 Uhr. Von diesem Zusammentreffen weiss W. nichts.

3. Die Zeugen S. und H. sehen ihn darauf kurz nach 4, also nicht lange vor der Zeit des Verbrechens in der Nähe der Schlangenschneise. „Er streckte die Arme, machte Honneurs und marschirte auch, ich lachte darüber, dass er so schöne Possen machte.“ (Aussage des Sch.) „Als der Wagen vorbei ging, breitete er die Arme aus und griff dann an die Mütze, wie es die Soldaten machen, wenn sie grüssen. Ich habe gedacht damals, er wäre nicht recht gescheit. Der betreffende Soldat hat dieses Auseinanderbreiten der Arme und das Greifen an die Mütze auch noch fortgesetzt, als er an unserem Wagen vorbei war, wie ich beim Nachschauen bemerkte.“

Von dieser Begegnung weiss W. gar nichts. Einmal sagt er: „Ich soll Parademarsch gemacht haben? Ich mach' doch keinen Parademarsch, wenn ich nicht umgeschnallt habe.“

Was weiter geschehen ist, kann nur aus dem Befund am Thatort und aus seinen Erzählungen erschlossen werden. Es zeigt sich nun bei vielfachen Versuchen, dass es kaum möglich ist, ein ganz klares Bild von dem Ablauf der Ereignisse bis zu der wesentlichen Handlung zu erhalten. Seine Angaben sind vielfach widersprechend. Von der Person des Mädchens hat er keine klare Vorstellung. Was es für ein Kleid hatte, ob es einen Hut gehabt etc. weiss er nicht. Er sagt: „Ein Körbchen hat's gehabt, stand im Protokoll.“ Die Handlung selbst wird folgendermassen von ihm beschrieben (Verhör in der Klinik am 11. IX.): „Wie ich's angepackt habe, von hinten oder vorn, das kann ich mich nicht so genau erinnern.“ 30. XI. „Gepackt hab' ich's von hinten.“ Früher lauteten seine Angaben folgendermassen: „Ich bog mit dem Mädchen in den Wald und setzte ich mich mit demselben hin und habe an seinem Geschlechtstheil gespielt. Da fing das Mädchen an zu schreien. Damit es ruhig wäre, nahm ich mein Messer zur Hand. Ich weiss, dass ich ihr mit demselben den Bauch aufgeschlitzt habe.“ Ferner: „Wie ich tiefer im Walde war, fasste ich es an den Armen, um es auf den Boden zu setzen. Es wehrte sich hiergegen, doch brachte ich es mit Gewalt auf den Boden und griff mit meinen Händen an seinen Geschlechtstheil.“ In dieser unmittelbaren Vorgeschichte der Handlung finden sich also Widersprüche. Auch über den weiteren Verlauf finden sich widersprechende

Angaben. 11. XI. „Da habe ich es hingelegt und wollte es brauchen.“ Ob er das Kind mit dem Geschlechtstheil berührt habe? „Nein.“ In der Klinik sagt er am 20. XI.: „Ich hab's hingeworfen und gebraucht, da hat's noch mehr geschrieen.“ 25. XI. Haben Sie mit Ihrem Geschlechtstheil das Mädchen berührt? „Ja, es war so klein, es ging nicht.“ 24. XI. Haben Sie mit Ihrem Geschlechtstheil das Mädchen berührt? „Ja, es ist nicht gegangen, weil die Geschlechtstheile zu klein waren.“

Hierzu sind aus dem Journal von H. die folgenden Notizen herauszuziehen: „Er bestreitet, Coitusversuche mit dem Kinde gemacht zu haben, gab dagegen an, dass die Geschlechtstheile des Kindes zu klein gewesen wären.“ Die Handlung des Schneidens wird in übereinstimmender Weise erinnert, das heisst gerade das Moment, welches ein Simulant in erster Linie in angebliche Erinnerungslosigkeit hüllen würde. Ueber seinen inneren Zustand dabei erhält man am 11. XI. 1897 die verschiedensten Angaben: Einmal heisst es „da hab' ich Zorn gekriegt“ (als das Kind weiterschrie), dann wieder „da hab' ich Angst gehabt, dass die Leute kämen und thäten mich wegnehmen“. Journal aus H., pag. 3: „Ich hab' es nur gethan, weil das Kind geschrieen hat, ich hab' gedacht, es schreit weiter und die Leute sehen, wo ich hinausgehe.“

Im Hinblick auf die momentanen Wuthanfälle, die bei W. mehrfach speciell in dem experimentell erzeugten Dämmerzustand beobachtet worden sind, ist es wahrscheinlich, dass auch bei der tödtlichen Handlung das eigentliche Motiv eine momentan auftauchende Wuth (infolge des Schreiens und Sträubens) gewesen ist, dass also ein Lustmord in dem Sinne, als ob mit der Handlung eine hochgradige sexuelle Erregung verknüpft gewesen wäre, nicht vorliegt.

Bemerkenswerth ist nun die weitere Angabe, dass er hinterher Samenerguss gehabt habe. Auch hier finden sich Widersprüche: Am 11. XI.: Wo er gewesen sei, als die Samenergiessung kam? „Ich habe gestanden vor dem Kinde.“ Am 25. XI. 1897: Wo waren Sie denn, als der Samen abfloss? „Das weiss ich nicht.“ 24. XI. 1897: „Ich glaube, ich habe gestanden vor dem Mädchen.“ — Journal von H., Blatt 3: „Gleich wie ich den Schnitt gemacht hatte, hab' ich Samenerguss gehabt, ich habe dabei vor dem Kinde gestanden und auf seine Geschlechtstheile gesehen.“ W.'s Angaben wechseln auch über diesen Punkt unmittelbar nach der Handlung auffallend. Die Frage, ob er hinterher noch versucht habe, seinen Geschlechtstheil in die Genitalien des Mädchens zu bringen, wird mehrfach mit „nein“ beantwortet. Er sei dann gleich fortgelaufen.

Demnach ist Erinnerungslosigkeit für die Handlung selbst bei W. nicht vorhanden, wenn sich auch im einzelnen grosse Widersprüche finden. Wir stehen nun auf Grund einer grossen Menge von Erfahrungen und Versuchen bei notorisch Epileptischen auf dem wissenschaftlichen Standpunkt, dass eine völlige Amnesie zu den Kriterien einer epileptischen Geistesstörung nicht gehört, dass ferner besonders vom Anfang und vom Ende eines epileptischen Dämmerzustandes eine Reihe von Erinnerungen haften bleiben können. Im Hinblick hierauf ist das völlige Fehlen, beziehungsweise die Unklarheit der Erinnerungen für die ganze Periode seit der Desertion bis kurze Zeit vor der Handlung sehr bemerkenswerth, wenn auch die Handlung selbst erinnert wird. Dabei ist zu beachten, dass die Handlung selbst eine solche war, dass ihre Folgen lebhaften Eindruck auf ihn hervorrufen konnten, so dass gerade sie relativ am besten in der Erinnerung behalten wurde. W.'s weiteres Verhalten ist durch die bei ihm vorhandene Erinnerung an die Handlung selbst bedingt. Jedenfalls ist aber die für die Periode vor der Handlung bestehende Mangelhaftigkeit der Erinnerung neben seinem zeitweise ganz sonderbaren Benehmen eine weitere Bestätigung für die schon in dem Gutachten aus H. vertretene Anschauung, dass es sich bei W., welcher dauernd hart an der Grenze des § 51 steht, um einen transitorischen Zustand von Geistesstörung gehandelt hat, welche wir auf Grund der experimentell zu erhaltenden Erscheinungen mit Bestimmtheit als eine epileptische bezeichnen.

Um den Einwand, der wegen der bestehenden Erinnerung für die Handlung gemacht werden könnte, zu beseitigen, legen wir ein Gutachten über einen analogen Fall bei, der in der psychiatrischen Klinik in Giessen zur Beobachtung gestanden hat. Es handelte sich in diesem um einen jungen Mann, welcher ein homosexuelles Delict beging, an das er sich hinterher erinnerte. Es wurde erklärt, dass zur Zeit der Beobachtung in der Klinik keine Geisteskrankheit bestehe, andererseits wurde durch experimentelle Untersuchungen, die den bei W. vorgenommenen entsprechen, und aus dem Nachweis von Amnesie für eine kurz nach der Handlung liegende Zeit glaubhaft gemacht, dass der Betreffende in einem transitorischen Zustand von Geistesstörung, und zwar auf epileptischer Basis gehandelt habe.

Die Richtigkeit des Gutachtens, auf Grund dessen die Strafsache fallen gelassen worden war, erwies sich dadurch völlig, dass der Betreffende, nachdem er sich hinterher von neuem zur Behandlung seiner nervösen Symptome freiwillig in der Klinik hatte aufnehmen lassen, an einer schweren epileptischen Psychose mit Tobsucht und völliger Amnesie erkrankte und dann Monate lang öfter wiederholte Dämmerzustände bekam, in welchen deutlich homosexuelle Züge bei ihm hervortraten.[1])

Wir stellen nun zum Schluss diejenigen W. betreffenden Momente, welche schon in den früheren Gutachten hervorgehoben worden sind, mit den weiterhin ermittelten und beschriebenen Momenten zusammen:

1. Seit dem 16. Jahr anfallsweise auftretende Zustände, in denen er ohne ersichtliches Motiv fortläuft und eine Anzahl von strafbaren Handlungen begeht (cfr. auch Bericht von Dr. W. aus D. vom 3. III. 1897, Acten pag. 135).

2. Eine Menge von psychischen Abnormitäten mit motorischen Reizerscheinungen zur Zeit der irrenärztlichen Beobachtungen.

3. Steigerung dieser Symptome unter relativ geringen Alkoholdosen zu einem schweren Dämmerzustande mit Zuckungen und nachträglicher Amnesie, der sich deutlich als epileptischer kennzeichnet.

4. Völlige Uebereinstimmung der durch Zeugenaussagen und durch die Aussage des W. festgestellten psychologischen Züge während der Periode der Handlungen (motorische Unruhe, phantastische Lügen, rascher Wechsel von heiterer Exaltation und Wuth) mit den durch Alkoholgenuss experimentell hervorzurufenden Symptomen.

Auf Grund dieser Momente kommen wir zu folgenden Schlüssen:

I. W. leidet seit langer Zeit an larvirter Epilepsie mit transitorischen Geistesstörungen und ist dauernd in einem so stark ab-

[1]) Gemeint ist der pag. 102 beschriebene Fall.

normen Zustande, dass geringe Reize, speciell Alkoholdosen, ihn in schwere Geistesstörungen versetzen.

II. W. befand sich zur Zeit der Begehung der Handlungen in einem Zustande von krankhafter Störung der Geistesthätigkeit, durch welchen die freie Willensbestimmung ausgeschlossen war.

III. Da bei W.'s starken Abnormitäten geringe Reize genügen, um ihn in schwere Geistesstörung zu versetzen, in denen er hochgradig gemeingefährlich ist, und diese Dämmerzustände sehr wahrscheinlich auch rein aus inneren Ursachen jeden Augenblick wieder einsetzen können, da ferner anzunehmen ist, dass W. einem fortschreitenden epileptischen Schwachsinn verfallen wird, so ist W. praktisch als dauernd gemeingefährlicher Geisteskranker zu betrachten und zeitlebens in einer Irrenanstalt zu interniren."

Der Schwerpunkt dieses Gutachtens liegt in der experimentellen Bestätigung eines vorher wesentlich aus anamnestischen Ueberlegungen und klinischen Beobachtungen abgeleiteten Urtheils. Wenngleich das Vorhandensein von Geisteskrankheit schon von mehreren Gutachtern in übereinstimmender Weise angenommen worden war, ist es doch erst durch Anwendung dieser Methode gelungen, den Zustand auf einen bestimmten klinischen Begriff zu bringen und die Handlung aus den experimentell hervorgebrachten Störungen zu erklären.

Jedenfalls ist erwiesen, dass sich mit Hilfe der dreidimensionalen Analyse von Bewegungserscheinungen an den Händen psychopathologisch wichtige Thatsachen in Bezug auf larvirte Epilepsie und Alkoholintoleranz in messbarer Weise feststellen lassen.

Es ergibt sich die weitere Aufgabe, die Anomalieen der Haltung und Bewegung bei Erschöpfung, Schwachsinnsformen, kataleptischen Zuständen und so fort, besonders im Hinblick auf differentialdiagnostische Merkmale mit dieser Methode zu untersuchen.

b) Psychomotorische Bewegungen der Beine.

Es ist schon früher betont worden, dass für den Ausdruck innerer Zustände durchaus nicht blos das Gesicht in Betracht kommt, sondern dass Haltung und Bewegung des ganzen Körpers als äussere Darstellung derselben aufzufassen ist. Bei dem Versuch, an Stelle der complicirten Innervationsvorgänge im physiognomischen Gebiet einen leichter fassbaren Angriffspunkt für die Messung der psychomotorischen Vorgänge zu gewinnen, hatten wir in erster Linie die Bewegungen der Hand und der Finger zu zerlegen gesucht. Dabei war das Princip der dreidimensionalen Analyse in den Vordergrund gestellt werden.

Es galt nun, dieses Princip auf die Bewegungen des Fusses und Unterschenkels zu übertragen, wenn man eine Massmethode für die Haltungen und Bewegungen besonders bei kataleptischen und katatonischen Zuständen gewinnen wollte. Die unmittelbare Nachahmung der für die Analyse der Handbewegungen geeigneten Construction bei diesem veränderten Angriffspunkt erwies sich als unthunlich. Sehr erschwerend wirkte der Umstand, dass neben den allerfeinsten Bewegungen, besonders bei psychopathischen Personen, starke Lageveränderungen des Beines vorkommen, die einen hohen Grad von Stabilität bei einem solchen Apparat erfordern.

Nachdem ich schon seit einigen Jahren in Verfolgung des oben wiedergegebenen Gedankenganges diese Aufgabe ins Auge gefasst hatte, erhielt ich eine neue Anregung in der gleichen Richtung durch Herrn Dr. *Smith* in Schloss Marbach, der während der Untersuchung motorischer Störungen bei Alkoholisten mit den bisher beschriebenen Apparaten auf das gleiche Problem gekommen war. Schliesslich ist es mir mit Hilfe des Mechanikers der psychiatrischen Klinik in Giessen Herrn Hempel gelungen, einen Apparat zu construiren, welcher alle wesentlichen Erfordernisse erfüllt und den ich im folgenden beschreiben will.

Derselbe hat folgende Bestandtheile (cfr. Fig. 75):

A. Ein Stützgerüst, bestehend aus einem soliden Brett *B*, welches mit zwei Trägern ($T\ T_1$) fest an die Wand befestigt ist. An demselben ist nach unten das Uhrwerk *u* angebracht, welches die Trommel *tr* treibt. Hierzu gehört die Kurbel *k* zum Aufziehen der Uhr und der Knopf *a* zur Feststellung des Uhrwerkes und der Trommel.

B. Eine zusammenhängende Gruppe von mechanischen Vorrichtungen zur Uebertragung der Bewegungen des Beines und zur Darstellung derselben auf der rotirenden Trommel *tr*.

Es wird bewirkt:

I. Uebertragung der Bewegung nach oben und unten in folgender Weise: Das Bein, welches auf einer Stütze ruht, ist am Sprunggelenk durch die Manschette *m* mit der Lenkstange $L—L^1$ verbunden, welche das Brett *B* bei d_3 durchbohrt und in verticaler Stellung parallel zu der Längsaxe der Trommel *tr* steht. Bei *f* hat diese Lenkstange $L—L^1$ einen Schlitz, in welchem ein Hebel h^1, der seinen Drehpunkt in dem Kugelgelenk *d* hat, auf kleinen Rollen gleitet. Parallel zu $L—L^1$ steht eine kürzere Lenkstange *l*, welche ebenfalls das Brett *B* bei d_2 durchbohrt und unter diesem durch ein Kugelgelenk k^1 sich in das Stück λ fortsetzt, das bei d^1 mit dem Hebel h^1 in Verbindung steht. Das Stück $f—d$ ist also ein einarmiger Hebel mit den Angriffspunkten *f* und d^1. Hebung und Senkung von *L* wird durch den einarmigen Hebel $f\,d = h^1$ im Punkte d^1 in verkleinertem Masse auf die kleinere Lenkstange *l* und durch den Schreibhebel S^1 auf die Trommel übertragen. Die Lenkstange *l* bewegt sich vermöge des Kugelgelenkes k_1 in der Durchbohrung d^2 des Brettes *B* zwischen einer Führung f_1 und f_2 auf kleinen Rollen immer vertical, selbst wenn *m* und *L* bei der Hebung des Beines gleichzeitig nach der Seite oder nach vorn abweicht. Somit lassen sich Aufwärts- und Abwärtsbewegungen mit geringen Fehlern durch S^1 auf die Trommel übertragen. Es ist demnach vom Anfangsniveau gerechnet; $S^1 + =$ Hebung, $S^1 - =$ Senkung des Beines.

II. Uebertragung der Bewegung nach vorwärts und rückwärts. Die Lenkstange L^1 ist durch einen Winkelhebel *w* so mit dem Hebel h^2 verbunden, dass bei Vorwärtsbewegung von L^1, dessen Drehpunkt in d^3 liegt, h^2 mit dem Schreibhebel S^2 gehoben wird.

Fig. 75.

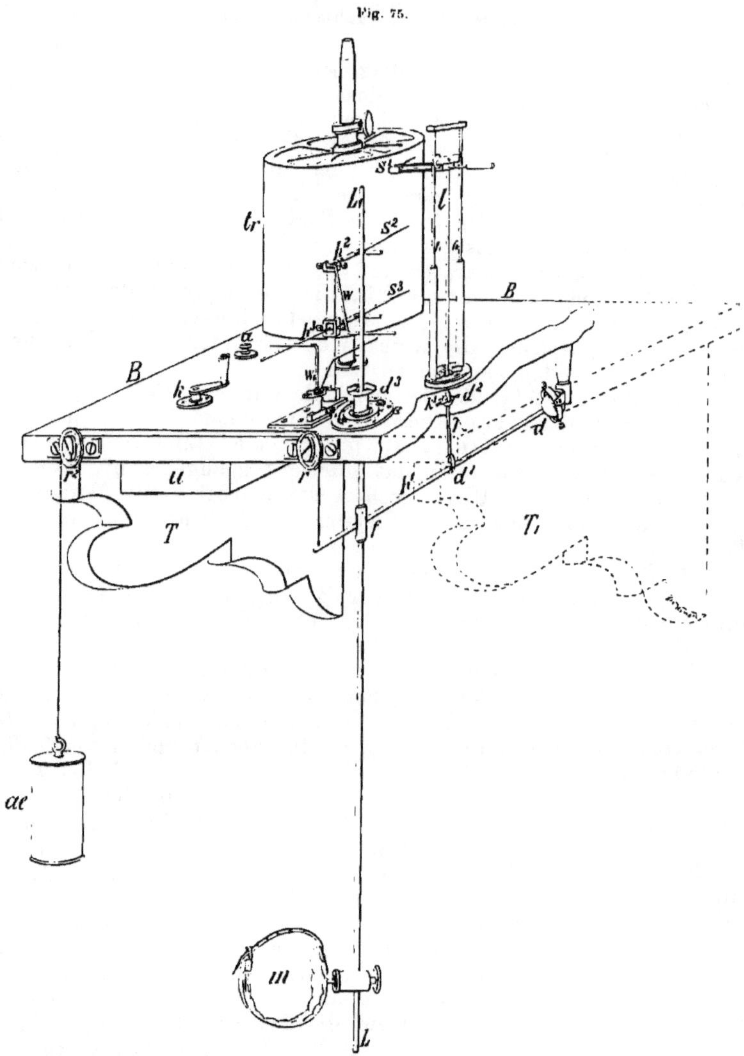

wegt. Es ist also: $S^2 +$ = Rückwärtsbewegung des Beines, $S^2 -$ = Vorwärtsbewegung des Beines.

III. Uebertragung der seitlichen Bewegungen: Die Lenkstange L^1 ist durch einen Winkelhebel w^1 so mit dem zweiarmigen

Hebel h^3-S^3 verbunden, dass bei Bewegungen von L^1 nach rechts eine Senkung von S^3 eintritt; umgekehrt bei Bewegungen von L^1 nach links eine Hebung von S^3. Die seitlichen Bewegungen von L^1 und L gehen vermöge des Drehpunktes bei d_3 in umgekehrtem Sinne vor sich. Es ist also: $S^3 + =$ Bewegung des Beines nach rechts, $S^3 - =$ Bewegung des Beines nach links.

Somit werden die Bewegungen in drei den verschiedenen Dimensionen entsprechende Componenten aufgelöst und gesondert durch die Schreibhebel S^1, S^2, S^3 übereinander auf der gleichen Trommel verzeichnet.

C. Ein Aequilibrirungsapparat.

Der Zweck desselben ist der gleiche, wie er schon bei den Motiven zu der Construction des Reflexmultiplicators (pag. 26) angegeben wurde. Es soll bei der Untersuchung der Reflexphänomene die Eigenschwere des Unterschenkels aufgehoben werden, um den Ablauf zu verlängern. Der Apparat besteht aus den Rollen r und r^2, welche an der vorderen Fläche des Brettes B angebracht sind, und dem Behälter für die äquilibrirenden Gewichte *ae*. Durch eine Schnur ist diese Last auf das Ende des Hebels $f—d = h^1$ übertragen, welcher durch L mit dem zu äquilibrirenden Unterschenkel in Verbindung steht. Bei Untersuchung von Haltungen und spontanen Bewegungen kann das äquilibrirende Gewicht entfernt werden. Durch das Aequilibriren ist der Apparat auch als Reflexmultiplicator zu gebrauchen und dient als Ersatz für diesen.

Die Hauptsache ist, dass durch die unter B beschriebene Art der Kraftübertragung die Beinbewegungen in ihre räumlichen Componenten zerlegt und diesen entsprechend gesondert dargestellt werden können.

Nach dem oben über die Verwendbarkeit des Apparates für die Analyse der Handbewegungen Gesagten ist ohne Weiteres verständlich, dass damit die Möglichkeit gegeben ist, ataktische Störungen, kataleptische Zustände, Ermüdungsphänomene etc. in messbarer Weise zur Darstellung zu bringen.

Als Beispiel gebe ich die dreidimensionale Darstellung eines normalen Kniephänomens (cfr. Fig. 76).

Es ist ersichtlich, dass man aus der Vergleichung der drei Curven, deren übereinander liegende Ausschläge isochrone Momente der Bewegung in den drei Dimensionen darstellen, für jeden beliebigen Punkt des Ablaufes die Stellung des Unterschenkels genau bestimmen kann. Das Gleiche, was hier nach der Auslösung des Kniereflexes geschehen ist, tritt auch bei spontanen oder passiven Bewegungen des Beines unter gleichen Versuchsbedingungen ein.

Als Beispiel für die weitgehende Verwendbarkeit des Apparates gebe ich noch in Fig. 77 die dreidimensionale Darstellung des Fussclonus.

Um dieses Phänomen zu untersuchen, bringt man die Manschette *m* (cfr. Fig. 75) nicht am Sprunggelenk, sondern am Fussrücken an und führt bei festgehaltenen Unterschenkel eine rasche Dorsalflexion des Fusses aus. Die Curve stammt von einer Patientin, bei der es sich um die oft sehr schwierige Differentialdiagnose zwischen Hysterie und multipler

clonus bei Hysterischen und bei gewissen organischen Rückenmarkskrankheiten feinere Unterschiede aufweist, die sich für die Differentialdiagnose verwerthen lassen.

An dieser Stelle soll das Beispiel nur zeigen, mit welcher Genauigkeit auch feinere Bewegungsstörungen an den unteren Extremitäten mit dieser Methode dargestellt werden können. Jedenfalls ist damit die Möglichkeit gegeben, eine Menge von klinischen Erscheinungen, bei deren Auffassung und Beschreibung es bisher lediglich auf die zufällige Fähigkeit des einzelnen Beobachters

nungen bestimmter Muskeln aus den Abnormitäten von Haltung und Bewegung unter bestimmten Umständen schon längst erkennen gelernt hat. — Als nächste Aufgabe bietet sich die Analyse der sogenannten kataleptischen Zustände, welche als Voruntersuchung das Studium der normalen Haltung und der Ermüdungsphänomene verlangt. Nur auf diesem breiten Boden experimenteller Erfahrung kann die Natur der motorischen Vorgänge, welche den optischen Erscheinungen im Gebiet der Geisteskrankheiten zugrunde liegen, allmählich erforscht werden.

III. THEIL.

Darstellung der akustischen Aeusserungen.

a) Beschreibung.

Ebenso wie man im Gebiet der optischen Erscheinungen früher in einseitiger Weise das Wort als Darstellungsmittel verwendet hat, ist dieses auch zur Mittheilung der lautlichen Acusserungen Geisteskranker wohl ausschliesslich benutzt worden. Da nun jedes Ausdrucksmittel nicht nur in der Kunst, sondern auch in der Wissenschaft bei der Nachbildung von Naturerscheinungen bestimmte ihm eigenthümliche Grenzen hat, so zeigt auch die verbale Methode der Darstellung lautlicher Acusserungen eine natürliche Beschränkung: Es können fast nur solche Lautäusserungen nachgebildet oder besser beschrieben werden, welche an sich etwas Verbales haben, das heisst in ihrer Zusammensetzung eine Aehnlichkeit mit dem uns bekannten Wortschatz aufweisen. Abgesehen von den Interjectionen, in welchen zum Theil elementare Stimmungsausdrücke vorliegen, ist es kaum möglich, für die vielen eigenartigen Lautäusserungen der Geisteskranken in dem geprägten Wortvorrath der Sprache die entsprechenden Darstellungsmittel zu finden. Man wird daher bei der verbalen Darstellung der akustischen Erscheinungen bei Geisteskranken stets Gefahr laufen, alle diejenigen Momente auszuschalten, für deren Nachahmung sich das Wort vermöge seiner besonderen Beschaffenheit als Zeichen für Vorstellungen und Begriffe nicht eignet.

Die Fehler, die wir für die verbale Darstellung optischer Erscheinungen namhaft gemacht haben (cfr. pag. 5), sind demnach in noch viel höherem Grade bei der verbalen Nachbildung akustischer Aeusserungen vorhanden.

Der subjectiven Fälschung von Seiten des Beobachters ist dabei Thür und Thor geöffnet. Die von den Kranken vorgebrachten Worte werden associativ umgebildet; die eigenartigen Wortbildungen, welche sich bei gewissen Zuständen finden, werden im Sinne bekannter Worte verändert und dadurch ihres originalen Charakters beraubt. eine Reihe von Lautäusserungen, für deren Darstellung die Sprache keine entsprechenden Wortbildungen hat, werden ausgeschaltet; der Rhythmus, die Accentuirung, die Eigenarten der Aussprache werden vernichtet: kurz eine Reihe von wesentlichen Merkmalen gehen bei dem Wege durch die Auffassung des Beobachters und durch das Gebiet der Sprache verloren.

Es ergibt sich hieraus die Nothwendigkeit, realistische Reproductionsmethoden in dem sprachlichen und lautlichen Gebiet einzuführen, wie sie in Bezug auf die optischen Erscheinungen schon längst angewendet worden sind. Deshalb muss die Anwendung des Phonographen in der Psychopathologie versucht werden.

b) Reproduction durch den Phonographen.

Die Schwierigkeiten, welche die phonographische Technik im allgemeinen noch hat, erscheinen gesteigert, wenn sie auf so schwer zu fassende Vorgänge angewandt wird, wie wir sie in den lautlichen Aeusserungen Geisteskranker vor uns haben. Hier ist ein kurzer Rückblick auf die mechanischen Verhältnisse bei der Bildung von menschlichen Lauten nothwendig. Bei dem Sprechen bewirken wir durch eine coordinirte Innervation von Lippen-, Zungen-, Gaumen-, Kehlkopf- und Athemmusculatur eine Reihe von Luftschwingungen, welche durch Uebertragung auf das Gehörorgan eines anderen Individuums in diesem als Consonanten, Vocale, Silben, Worte und so fort zum Bewusstsein kommen. Bei dem Phonographen werden diese mechanischen Wirkungen der Muskelinnervation zunächst auf eine Membran *(M I)* und von dieser durch Vermittlung eines mitschwingenden Stiftes auf einen rotirenden Wachscylinder *(W)* übertragen. Bei der Reproduction läuft über diesen Wachscylinder ein Stift, welcher eine Membran *(M II)* entsprechend den Eindrücken, über welche er gleitet, in Bewegung bringt. Dadurch wird die Luft in Schwingungen versetzt, welche den durch die Sprach- und Stimmwerkzeuge ursprünglich veranlassten entsprechen und nunmehr durch das Ohr und Gehirn des Beobachters wiederum als Laute, Silben, Worte und so fort zum Bewusstsein gebracht werden.

Die hauptsächlichen Fehlerquellen in Bezug auf Reproduction der Laute liegen nun:

I. In der Schwächung und Veränderung der Laute vor dem Herantreten an *M I* (Aufnahmemembran). Dieser Punkt ist besonders bei psychopathologischen Aufnahmen sehr zu beachten.

II. In Bezug auf die Beschaffenheit und Bewegung des Wachscylinders:

a) in der mangelhaften Art der Oberfläche;
b) in der fehlerhaften Umdrehungsgeschwindigkeit.

III. In den Mängeln der Reproduction, wobei *a)* die Membran *(M II)*, *b)* die Art der Schallverstärkung in Betracht kommt.

I. ist besonders für unsere Zwecke von grösster Wichtigkeit. Für gewöhnlich werden die zu registrirenden Worte in einen kleinen Trichter hineingesprochen und von diesem durch einen Schlauch auf die Aufnahmemembran übertragen. Dies ist bei psychiatrischen Aufnahmen sehr schwierig, weil gerade die Kranken, deren Sprachäusserungen am interessantesten sind, selten dem Beobachter den Gefallen thun, in den kleinen Trichter hineinzusprechen. Zudem macht die grosse Nähe des Apparates bei aufgeregten Kranken Schwierigkeiten. Es musste deshalb versucht werden:

1. die Uebertragung der Laute auf die Aufnahmemembran, zum Beispiel durch Vergrösserung des Schalltrichters, zu erleichtern;

2. den Apparat zum Beispiel durch Verlängerung der Schlauchleitung weiter von dem Kranken zu entfernen.

Meine Erfahrungen über diese beiden Punkte sind folgende: Durch Vergrösserung des Schalltrichters wird nur dann für psychiatrische Zwecke etwas erreicht, wenn der Kranke sich vor den Schalltrichter hinstellt, was nur in wenigen Fällen erreicht werden kann. Allerdings ist in geeigneten Fällen diese Methode besonders zur Aufnahme von Dialogen sehr gut geeignet, weil dann die beiden Personen nicht abwechselnd in den kleinen Trichter zu sprechen brauchen, was mehrfache Pausen mit Ausschaltung und Wiedereinschaltung des rotirenden Cylinders bedingt. Stehen oder sitzen beide Personen vor einem grossen Schalltrichter, so kann man, ohne vor jeder Rede und Gegenrede den rotirenden Cylinder aus- und einschalten zu müssen, die Aufnahme in einem Zuge machen. Es scheint mir jedoch nach meinen Versuchen sicher zu sein, dass durch den Schalltrichter die Klangfarbe der Stimme etwas geändert wird, so dass man manchmal den Sprechenden kaum erkennt. Dieser Umstand bedeutet gerade für psychiatrische Aufnahmen, bei denen es nicht nur auf den begrifflichen Inhalt ankommt, einen grossen Fehler. Vielleicht liegt hier allerdings nur ein sozusagen individueller Fehler der von mir bisher verwendeten grossen Blechcylinder vor. Vermuthlich würde derselbe bei Anwendung eines anderen Materials (zum Beispiel von dünnem Holz) vermieden werden. Anscheinend handelt es sich hier um ein Moment, das bei dem Bau musikalischer Instrumente überhaupt eine grosse Rolle spielt, nämlich darum, dass die Wände eines Resonanzbodens nur bestimmte Töne verstärken, andere unverändert lassen, so dass die Laute eine andere Klangfarbe bekommen. Besonders erscheinen bei Anwendung von Blechcylindern tiefe Stimmen auffallend verändert. Jedenfalls möchte ich aber diese Fehler, die sich bei Anwendung grosser Schalltrichter bemerklich machen, nicht auf die generelle Methode, sondern auf die mangelhafte Construction der Wände bei den bisher verwendeten Apparaten schieben.

Ferner sind diese grossen Trichter so wenig handlich, dass man bei aufgeregten Kranken, welche fortwährend nach verschiedenen Richtungen sprechen, damit kaum etwas anfangen kann. Ich habe mich daher vorläufig mit den kleinen Schalltrichtern, die zu den gewöhnlichen phonographischen Aufnahmen verwendet werden, beholfen und lege den Hauptwerth auf die manuelle Directive, welche diesem kleinen Apparat unter Anpassung an die Kopfbewegungen des Kranken ertheilt wird. Namentlich bei Bettlage gelingt es bei dieser Methode, auch von aufgeregten Kranken brauchbare Phonogramme zu bekommen.

Meine Versuche, durch Verlängerung des Schlauches zwischen Aufnahmetrichter und Apparat diesen in grössere Entfernung von dem untersuchten Kranken zu bekommen, waren bisher vergeblich. Schon bei Schlauchlänge von circa einem Meter trat bedeutende

Schwächung des Schalles ein. Vielleicht liegt auch hier der Grund in der Beschaffenheit des Schlauches. Am meisten Erfolg verspricht der Versuch, die Schwingungen durch den elektrischen Strom nach der Methode der Telephons übertragen zu lassen und auch die Regulirung des Apparates durch elektrische Leitung nach dem Princip des Morsetasters eventuell in Verbindung mit einem Rheostaten zu bewerkstelligen.

Für psychiatrische Zwecke besonders wichtig ist nun die Aufnahme ganzer Dialoge zwischen dem Arzt und dem Kranken. Es ist oben schon angegeben worden, dass die grossen Schalltrichter für solche Aufnahmen, vorausgesetzt, dass man es nicht mit widerstrebenden Kranken zu thun hat, geeignet sind. Man kann jedoch, wie ich mich durch Experimente überzeugt habe, auch durch zwei kleinere Trichter, deren Schläuche vermittels eines T-Rohres in einen zusammenlaufen, ohne abwechselndes Ein- und Ausschalten des Cylinders, ganze Dialoge auf die gleiche Aufnahmemembran und den gleichen Cylinder übertragen. Die so angestellten Experimente sind in durchaus befriedigender Weise gelungen. Die Reproduction kann unter Anwendung eines grossen Schalltrichters erfolgen, so dass jede Erinnerung an die getrennte Art der Zuleitung verschwindet und man bei dem Anhören völlig den Eindruck eines freien Dialoges gewinnt.

Hiermit haben wir die Schwierigkeiten der phonographischen Aufnahme besonders bei Geisteskranken zwar nicht beseitigt, aber wenigstens die Richtungen angedeutet, in welchen sich die weiteren Versuche bewegen müssen.

II. An zweiter Stelle hängt der Erfolg eines phonographischen Experimentes von der Beschaffenheit der Rollen ab, in welche sich der durch die Membran bewegte Stift eingräbt. Jede Unebenheit der Rolle bewirkt ein Nebengeräusch, welches die nachzubildenden Laute stört oder oft ganz verdeckt. Hier liegt die allerwichtigste Fehlerquelle. Die Rollen müssen daher mit der äussersten Sorgfalt behandelt werden, leiden aber auch bei dem vorsichtigsten Transport fast immer. Sie dürfen nie in der Queraxe angefasst werden. Zum Verpacken ist ganz weiche Watte zu verwenden. Auch bei diesen Vorsichtsmassregeln müssen die meisten vor dem Gebrauch noch einmal abgeschliffen werden. Leider ist auch das Schleifen oft ungenügend, um eine ideal glatte Fläche herzustellen. Ich habe daher eine Reihe von Versuchen anstellen lassen (durch Abschleifen mit Oel, Benzin, Aether etc.), um eine glatte Walzenfläche zu bekommen, leider ohne wesentliches Resultat. Zur Zeit werden die Walzen zuerst auf der Drehbank abgedreht, um die groben Unebenheiten zu entfernen, dann erst werden sie mit dem zu dem Apparat gehörigen Schleifapparat nachbehandelt. So gelingt es in der That bei grosser Sorgfalt eine genügend glatte Oberfläche zu erzielen. Damit ist eine wesentliche Voraussetzung der psychopathologischen Phonographie gegeben.

Der andere Fehler bei der Verwendung der Walzen liegt in der Schwierigkeit, eine gleichmässige Umdrehungsgeschwindigkeit zu erzielen. Nehmen wir an, eine Aufnahme sei mit einer bestimmten Umdrehungsgeschwindigkeit erfolgt, so bewirkt die Verminderung der Geschwindigkeit bei der Reproduction eine tiefere Tonlage und ein langsameres Tempo, eine Vermehrung der Geschwindigkeit, höhere Tonlage und ein rascheres Tempo. Dadurch wird der Charakter einer Stimme völlig geändert und man kann auf diese Weise künstliche Stimmcaricaturen hervorbringen. Deshalb ist gleiche Umdrehungsgeschwindigkeit Voraussetzung der wissenschaftlichen Phonographie. Leider ist diese technisch ein sehr schwieriges Problem, weil wir kaum eine so gleichmässig wirkende Kraftquelle haben.

Hier müssen wir nun etwas genauer auf die Construction der im Handel zu erlangenden Phonographen eingehen. Mir standen zur Verfügung:

A. Zwei kleine Phonographen mit Federbetrieb (bezogen von A. Koeltzow, Berlin).

B. Ein *Tainter*'sches Graphophon mit elektromotorischem Betrieb (ebenfalls von Koeltzow bezogen).

Bei den erstgenannten Apparaten wird die Rolle indirect bewegt durch eine Feder. Nach jeder Einschaltung dauert es eine Weile, bis die Rolle die bei dieser Federspannung mögliche Geschwindigkeit erreicht hat, das heisst nach jeder Einschaltung ist eine Periode wachsender Geschwindigkeit vorhanden, während welcher sich, eine gleichmässige Geschwindigkeit des Sprechens vorausgesetzt, die Laute in ganz verschiedenen Abständen auf die Peripherie des rotirenden Cylinders übertragen. Dass dies für eine adäquate Reproduction, welche nur bei einer adäquaten Progression der Geschwindigkeit möglich wäre, die denkbar ungünstigsten Verhältnisse sind, ist von vornherein klar. Dieser Fehler macht sich nun besonders bei psychiatrischen Aufnahmen, bei denen man oft Pausen einschalten und dann eine neue lautliche Aeusserung abwarten muss, in unerträglicher Weise bemerklich. Ich rathe deshalb dringend ab, zu wissenschaftlichen Zwecken einen Apparat zu kaufen, bei welchem die Zeit der steigenden Anlaufsgeschwindigkeit relativ gross ist. Hierzu gehören alle Apparate, bei welchen die Rollenbewegung untrennbar mit der Bewegung des Triebwerkes verknüpft ist. Es sind deshalb principiell nur solche Apparate zu gebrauchen, bei denen die Rolle in das dauernd in Gang gehaltene Triebwerk eingeschaltet werden kann, ohne dass der Gang des Werkes dabei geändert wird. Dies ist bei den erstgenannten Apparaten nicht der Fall. Dementsprechend waren die Resultate damit, abgesehen von den Aufnahmen bei geistig Gesunden, welche sich damit ziemlich bequem machen lassen, gering. Allerdings ist die Bewegung durch Federkraft und diese Art der Rolleneinschaltung nicht nothwendig mit einander verknüpft, sondern es wäre möglich, den Apparat so zu construiren, dass in das durch Federkraft bewegte Werk die Rolle nach Belieben eingeschaltet wird. Mit dieser Aenderung würde vielleicht auch dieser kleine Apparat für psychiatrische Aufnahmen brauchbar werden.

Der sub *B* genannte Apparat wird durch einen Elektromotor, der seine Kraft aus einer Batterie bezieht, bewegt, und die Rolle kann durch einen einfachen Hebelmechanismus in das laufende Triebwerk eingeschaltet werden. Das von dem Lieferanten mitgegebene

Element versagte in Bezug auf die Herstellung einer ganz gleichmässigen Geschwindigkeit; bei dem Anschluss an die Batterie des in der Klinik vorhandenen galvanischen Apparates wechselte die Geschwindigkeit ebenfalls anscheinend infolge von Stromschwankungen öfter, so dass für wissenschaftliche Zwecke bedenkliche Fehler entstanden. Erst nachdem ich den Elektromotor mit dem in der Klinik für Beleuchtungszwecke vorhandenen Stromkreis von 110 Volt Spannung unter Abschwächung durch vorgeschaltete Lampen in Verbindung gesetzt hatte, erhielt ich eine genügend gleichmässige Geschwindigkeit. Dabei kommt in Betracht, dass der elektrische Strom durch Einschaltung eines Rheostaten zwischen Centrale und Vorsatzlampe sich für den Elektromotor sehr fein abstufen lässt.

Durch diese Anordnung kann man für sehr feine phonographische Aufnahmen eine genügend gleichmässige Geschwindigkeit erzielen. Kommt hierzu noch die Möglichkeit, die Rolle nach Belieben in das laufende Triebwerk einzuschalten, so ist in der That ein für wissenschaftliche Zwecke brauchbarer Apparat vorhanden.

Unter Voraussetzung einer richtigen Regulirung der Stromstärke kann also der unter *B* genannte Apparat für psychopathologische Zwecke empfohlen werden.

III. Die Beschaffenheit des Reproductionsapparates, speciell der Membran desselben *(M II)* ist praktisch von grösster Wichtigkeit. Abgesehen von den Fehlern in der Rollenoberfläche, die als Nebengeräusche (Surren, Zischen, Pfeifen) störend in das Bewusstsein treten, bewirken minimale Fehler des Reproductionsapparates starke Störungen, vor allem Abschwächung und Undeutlichkeit der reproducirten Laute. Manchmal scheint die Membran des Reproductionsapparates in Eigenschwingungen, abgesehen von den Bewegungen, welche den Vertiefungen und Erhabenheiten der Rolle entsprechen, zu gerathen. Die mechanischen Ursachen dieser Fehler sind mir bisher nicht klar geworden, sie lassen sich meist durch bessere Befestigung des Stiftes, welcher an der Membran aufsitzt und über die Rolle gleitet, beseitigen, verschwinden auch manchmal von selbst, ohne dass man den Grund erkennt. Jedenfalls sind die Störungen in dieser Richtung die verhältnissmässig geringsten und kommen bei dem unter *B* genannten Apparat kaum in Betracht. Die Fehlerquellen der Blechcylinder kommen in der früher beschriebenen Weise auch bei der Reproduction in Betracht.

Das Wesentliche ist die sorgfältige S c h l e i f u n g der R o l l e n und die genaueste R e g u l i r u n g der U m d r e h u n g s g e s c h w i n d i g k e i t abgesehen von den aus der B e s c h a f f e n h e i t der p s y c h i a t r i s c h e n O b j e c t e sich ergebenden Schwierigkeiten.

Um die Verwerthbarkeit der Methode für psychopathologische Aufgaben zu beweisen, gebe ich als Beispiel den Inhalt einer unter den schwierigsten Bedingungen bei einem stark erregten Geisteskranken aufgenommenen Rolle.

Wir gehen inductiv von dem Endresultat der phonographischen Aufnahme aus und wollen sehen, wieweit bei genauer Analyse sich Elemente herausstellen, in denen sich die wesentlichen Punkte der später mitzutheilenden Krankengeschichte schon erkennen lassen.

Ueberträgt man den Inhalt der in der psychiatrischen Klinik in Giessen aufbewahrten Rolle zunächst in Worte, so erhält man folgenden Text:

„Die Welt, die Welt, die Welt, Feuer, Feuer, Feuer, Steilers Fritz, Steilers Fritz, Steilers Fritz, Fritz, Fritz, Fritz, Fritz, Fritz, Je (langgedehnt), Antichrist, denn er hat gesagt, Mein Sohn, Wilhelm zweiter, a—i—a (ein langgezogenes Seufzen), warum denn nicht, warum denn nicht, He? Steilers Fritz, Steilers Fritz, Steilers Fritz, Steilers Fritz, Steilers Fritz; ach oben, ach oben, ach oben; bei, bei, bei, bei, bei, bei, bei. Ach was seh' ich denn da, da brennt ja Feuer so schnell wie 'ne Eisenbahn; lieber, lieber, lieber, lieber, lieber, lieber, lieber. Was wird mir so schlecht, was wird mir so schlecht, ach, was wird mir so schlecht. Denn ich werde le-, le-, le-, le-, le-, lebendig begraben, weil ich gesagt habe, ich wäre graulich mitschuldig, darum hat er mich be, be . . . . ."

In dieser Wortreihe fallen folgende Symptome ins Auge:

1. Iterativerscheinungen, indem einzelne Worttheile, Worte oder Wortreihen dicht hintereinander oder durch andere Lautäusserungen getrennt, öfter wiederkehren, nämlich „die Welt": 4mal; „Feuer": 3mal; „Steilers Fritz": 3 + 6 = 9mal; ausserdem das Wort „Fritz": 6mal; das Wort „lieber": 7mal; „was wird mir so schlecht": 3mal; der Bestandtheil „le" des Wortes „lebendig" 6mal.

2. Völlige Zusammenhangslosigkeit, die am klarsten hervortritt, wenn man unter Auslassung der Iterativerscheinungen lediglich die Grundelemente zusammenstellt: „Welt, Feuer, Steilers Fritz, Antichrist, denn er hat gesagt, mein Sohn, Wilhelm zweiter, warum denn nicht, ja, Steilers Fritz, ach oben, bei, ach was seh' ich denn da, da brennt ja Feuer so schnell wie 'ne Eisenbahn, lieber; was wird mir so schlecht, denn ich werde lebendig begraben; weil ich gesagt habe, ich wäre graulich mitschuldig, darum hat er mich be-" (graben).

3. Der angstvolle Charakter einzelner Aeusserungen (Feuer, da brennt ja Feuer so schnell wie 'ne Eisenbahn, was wird mir so schlecht, ich werde lebendig begraben). Man kann besonders in den auf Feuer bezüglichen Worten mit Wahrscheinlichkeit optische Sinnestäuschungen schreckhafter Art erkennen.

Das aus der Analyse der Laut- und Wortreihe sich ergebende Symptomenbild kann man als ängstliche Verwirrtheit mit stark ausgeprägten Erscheinungen von Stereotypie und Andeutung von schreckhaften Sinnestäuschungen bezeichnen.

Wir haben nun aber hier im Grunde noch den gleichen Fehler gemacht, wie er allen verbalen Darstellungen lautlicher Aeusserungen anhaftet. Allerdings sind die Bedingungen der richtigen Reproduction schon bei dieser Art der Darstellung viel besser, da das Phonogramm oder ein einzelner Theil desselben sich rasch hintereinander beliebig oft wiederholen lässt, so dass mehrfache Wahrnehmung den momentanen Eindruck verbessern hilft. Aber gerade durch diese genauere Auffassung wird uns das Unvermögen, derartige Laute, wie sie hier vorkommen, mit Worten auszudrücken, erst recht zum Bewusstsein gebracht. Ferner treten bei vielfachem Hören des gleichen Phonogrammes die Eigenheiten des Rhythmus, der Accentuation, der Tonhöhe so scharf hervor, dass man das Unzureichende der verbalen Beschreibung immer klarer erkennt. Will man diese wichtigen Züge, die zuerst vor dem Wortinhalt zurücktreten, richtig darstellen, so muss man die Zeichensprache des musikalischen Ausdruckes zu Hilfe nehmen.

Als Beleg gebe ich den Inhalt des obigen Phonogramms zur Darstellung der rhythmischen und Klangverhältnisse in Notenschrift wieder.[1])

Schnell
Die Welt, die Welt, die Welt, die Welt, Feuer, Feuer, Feuer. Steilers Fritz, Steilers
Fritz, Steilers Fritz, Fritz, Fritz, Fritz. Fritz Fritz Fritz Je — — — —
Antichrist, denn er hat gesagt. Mein Sohn, Wilhelm zweiter a — i
schleifend
ruhiger
— a— Warum denn nicht, warum denn nicht. He?
$^1/_4$-Pause
Steilers Fritz, Steilers Fritz, Steilers Fritz Steilers Fritz, Steilers Fritz, Steilers Fritz
Ach oben, ach oben, ach oben bei bei — bei, bei bei, bei
Ach was seh ich denn da, da brennt ja Feuer, so schnell wie'ne Eisenbahn.
Langsam
Lieber, lieber, lieber, lieber, lieber, lieber, lieber Was wird mir so

[1]) Die musikalische Einkleidung der phonographisch festgelegten Wort-, beziehungsweise Lautreihe verdanke ich Herrn Dr. *Jirzik*, Volontär-Assistent der psychiatrischen Klinik in Giessen.

Langsam jeden Ton
schlecht, was wird mir so schlecht, ach, was wird mir so schlecht. Denn ich werde
markirend
le - le - le - le le - le ben dig begraben, weil ich gesagt habe, ich wäre graulich mitschuldig. Darum hat er mich be- be-

Aus der Darstellung in musikalischen Zeichen, wenn dieselbe auch keinen Anspruch auf völlige Genauigkeit macht, sind folgende Momente ersichtlich:

1. In Bezug auf die Tonhöhe: Oefteres Wiederkehren des gleichen Tones hintereinander, z. B. am Anfang 16mal der Ton a. Nachdem der Ton bei dem Wort „Fritz" im 3. Takt auf c gesprungen ist, kehrt das gleiche Wort in gleicher Tonhöhe 8mal wieder. An Stelle der Terz a—c auf die Worte „Steilers Fritz" im 3. und 4. Takt tritt später im 23. Takt die Terz e—g und wird weiter 5mal für die gleichen Worte beibehalten. Vom 27. Takt, bei welchem die Verbigeration mit dem Wort „bei" beginnt, herrscht der Ton h mit geringem Wechsel vor. Nach der Phrase: „Da brennt ja Feuer so schnell wie 'ne Eisenbahn" wird der gleiche Ton bei der 7fachen Wiederholung des Wortes „lieber" festgehalten. Dann folgt bei stereotyper Wiederkehr der Wortreihe: „was wird mir so schlecht" fast die gleiche Tonreihe g, h, h, g, c 3mal hintereinander, nur bei der Interjection „ach" mit leichter Variation. nämlich mit Weglassung des am Anfang stehenden g. Vom 38. Takt an herrscht der Ton a wieder vor, während in der Wortreihe Iterativerscheinungen (le, le, le, le, le, lebendig begraben) vorhanden sind. — Ganz eigenartig sind die langgezogenen Vocale in Takt 16—19, die mit Worten nicht auszudrücken sind. Bei der phonographischen Wiedergabe machen sie den Eindruck heftigster Angst.

2. In Bezug auf Rhythmik: Das ganze Phonogramm zeigt durchwegs einen rhythmischen Charakter, welcher die Wiedergabe in musikalischen Zeichen sehr erleichtert. Gleiche Phrasen (z. B. „die Welt, die Welt"; „Steilers Fritz, Steilers Fritz"; „bei, bei"; „lieber, lieber"; „was wird mir so schlecht, was wird mir so schlecht") zeigen in den einzelnen Wiederholungen den gleichen Rhythmus, auch dann, wenn z. B. im 23. Takt die Phrase „Steilers Fritz" in einer anderen Tonhöhe vorgebracht wird.

3. In Bezug auf Accentuation: Manchmal hat der Rhythmus eine deutliche Beziehung zu der natürlichen Accentuation, z. B. „die Welt", „Feuer", „warum denn nicht"; andererseits werden Theile einer Wortreihe. die bei dem natürlichen Sprechen modulirt und mit Rhythmik versehen werden, als ganz gleichwerthig behandelt; z. B. „denn ich 'wer 'de/le 'le/le 'le/le 'le 'ben 'dig begraben."

Jedenfalls weicht dieses Phonogramm in Bezug auf Tonhöhe und Rhythmik, theilweise auch in Bezug auf Accentuation vollständig von dem Charakter der normalen Sprache ab und vervollständigt das oben aus der Analyse der Wortreihe gewonnene Symptomenbild in ganz eigenartiger Weise.

Die am meisten in die Augen springenden Sonderbarkeiten sind Monotonie, Wiederkehr bestimmter Tonfolgen und bestimmter rhythmischer Gliederungen neben langgezogenen Jammerlauten, welche entsetzlichste Angst ausdrücken.

Vergleichen wir nun mit diesem aus der nachträglichen Untersuchung eines Phonogramms gefundenen Symptomencomplex die Krankengeschichte:

F. H. aus O., Geometer, geb. 1812. Aufnahme in die psychiatrische Klinik in Giessen am 27. IV. 1896, Tod am 1. V. 1896. Von hereditärer Belastung nichts zu ermitteln. Vor circa 18 Jahren, also in seinem 36. Lebensjahr, soll er anlässlich des Todes seiner Schwester tobsüchtig geworden sein. Die Erkrankung hat nur 5—6 Tage angehalten. Getrunken habe er weder damals noch jetzt, er sei überhaupt ein sehr solider Mann gewesen. Bei dem damaligen Anfall habe er gegen seine Umgebung geschlagen, getreten und geschimpft, auch habe er „gebellt" wie ein Hund, wobei seine Gesichtszüge eine starre Haltung hatten. Augen und Mund waren weit aufgerissen und verzerrt. Er habe grosse Angst gezeigt, habe sich an seine Umgebung angeklammert und diese thätlich attaquirt. Von Sinnestäuschungen ist nichts bekannt. Nach dem Anfall sei er ganz vernünftig gewesen, habe jedoch nichts von den Vorgängen während der Krankheit gewusst. Während des Anfalles habe er seine Umgebung gekannt (?). Einen zweiten, ähnlichen, etwas weniger intensiven Anfall hatte er zwei Jahre später, anlässlich des Todes seiner Mutter. Patient ist seit circa 13 Jahren verheiratet und besitzt einen 12jährigen, gesunden Sohn, der das Gymnasium besucht und ein intelligenter Schüler sein soll. Von epileptischen Symptomen ist weder bei dem Vater noch bei dem Sohn etwas bekannt. Vor vier Jahren anlässlich des Todes seines Schwiegervaters sei Patient gleichfalls geistig gestört gewesen, jedoch in weniger heftiger Weise. Einen Tobsuchtsanfall hatte er diesmal nicht. Demnach hat H. schon drei Anfälle von kurzdauernder Geisteskrankheit, anscheinend ausgelöst durch traurige Familienereignisse, gehabt. Die jetzige Erkrankung datirt seit circa 16. IV., also seit circa 11 Tagen vor dem Eintritt in die Klinik. Anlass sei ein Zwist wegen Feldmesserei gewesen. Patient sei anfangs niedergeschlagen gewesen, habe nichts gegessen, gar nicht geschlafen und nicht gesprochen. Einige Tage vor der Aufnahme sei er gesprächiger geworden und habe den Grund seiner Traurigkeit mitgetheilt, der sich auf sein Geschäft bezog. Seit gestern (26. IV.) begann er zu toben, biss und schlug um sich, wollte beständig aus dem Bett, äusserte starke Angstideen, er werde gefoltert u. s. f. Von Sinnestäuschungen wird nichts berichtet. Der in wenigen Tagen zum Tode führende Verlauf war folgender:

27. IV. Patient war nur mit Mühe zu entkleiden und ins Bett zu bringen, in welchem er 25 Minuten, wenn auch mit Unruhe, verblieb. Er stiess ohne Unterlass unarticulirte Laute aus. Nach dem Bad konnte ihm nur mit Mühe ein Hemd angezogen werden, worauf er ins Bett gebracht wurde. Dabei macht er eine ängstliche, flehentliche Miene und zieht sämmtliche Muskeln der Extremitäten und des Rumpfes zusammen. Im Bett sucht

er sich die Haare auszureissen, bohrt die Fingernägel in die Haut. Er nimmt absolut keine Nahrung zu sich und wird mit zunehmender Dunkelheit immer unruhiger. Nach zweistündigem Bad für 3/4 Stunden ruhiger. Plötzlich erwacht er wieder, wird sehr unruhig, so dass der Pfleger ihn kaum vor Selbstverletzung schützen kann. Er sucht seinen Kopf mit aller Kraft bald gegen die Wand, bald gegen die Bettlade zu stossen; richtet sich dann mit starrem Blicke auf, stösst *unarticulirte Laute* hervor. Wieder in das Bad gebracht, flagellirt sich Patient geradezu, reisst besonders am Penis und Scrotum, sucht öfter die Hände der Pfleger zu umklammern. Ins Bett zurückgebracht, bekommt er später von neuem *Tobsuchtsanfälle*. Früh hat er einige hellere Momente, in denen er über seine Person kurze, aber unbestimmte Angaben macht. Er nimmt etwas Kaffee, behält das Brot fast eine Viertelstunde im Munde und spuckt es dann aus. Derselbe Vorgang bei dem zweiten Frühstück. In der Zwischenzeit *eigenthümliche Bewegungen*, die an katatonische erinnern. In kurzen Intervallen spricht er unter mancherlei Geberden (Händeringen, Drehen der Hände) einzelne, zusammenhanglose Worte in mehrfacher Wiederholung, z. B. Papst, Papst . . . ., Friedrich, Friedrich . . . ., Kaiser, Kaiser . . . ., Ewigkeit u. s. f. Nach anamnestischen Angaben sind diese Worte möglicherweise damit in Verbindung zu bringen, dass er gestern das über seinem Bette hängende Bild des Papstes zerschlug und ein Kaiserbild hinhängte. Auf Fragen nach seiner Person antwortet er: „Ich bin die Ewigkeit, Ewigkeit . . . ., verbrannt, verbrannt . . . ., Sünder, Sünder . . . ., Willy, Willy (sein Sohn) . . . ." u. s. f. Patient wirft ängstliche Blicke im Zimmer umher, fürchtet getödtet oder verbrannt zu werden, meint, die ganze Welt *sei verloren*, Steilers Fritz trage die Schuld daran.

Diese Stelle der Krankengeschichte macht den Eindruck, als ob die abgerissenen lautlichen und sprachlichen Aeusserungen des H. durch den Referenten zu bestimmten Sätzen combinirt worden seien.

28. IV. Um 12 Uhr mittags bricht Patient in langdauernde, zärtlich klingende Rufe aus: „Lieber guter Willy, Willy"; dabei sucht er den am Bett sitzenden Arzt zu umfassen. Auf die Frage: „Wer bin ich?" sieht Patient den Arzt plötzlich starr an und sagt; „Dich kenne ich nicht." > Wer ist denn Willy? < „Willy, mein guter Willy, Willy . . . ." > Ist das Ihr Sohn? < „Ja." > Wie alt? < Zuerst keine Antwort, dann: „Da muss ich mich erst besinnen." > Geht Ihr Sohn ins Gymnasium?" < „Ja." > Wo? < Keine Antwort. Patient macht anscheinend die grössten Anstrengungen, kann aber keine Antwort geben. > In welche Classe? < Keine Antwort, dann: „ach, ich bin so verwirrt". Etwa zwei Minuten später gibt Patient auf dieselben Fragen richtige Antworten und ergeht sich in zärtlichen Ausdrücken über Willy, der das beste Zeugniss mitgebracht habe. > Wie viel ist 4 × 6? < — Zögernd: „24"; > 3 × 5? < „15"; > 7 × 8? < — „56." Dann sagt Patient: „Es brennt überall, es brennt in mir" und kann keine richtige Antwort mehr geben, jammert laut: „armer Willy, Willy . . ." Besonders auffallend ist die Art, in welcher er Hände, Arme, selbst die Brust des bei ihm sitzenden Arztes zu berühren und festzuhalten sucht.

Aus dem genauen Status, der an dem Nachmittag dieses Tages aufgenommen wurde, greife ich Folgendes heraus: Sehr häufige Wiederholung von abgerissenen *Worten und Lauten*: „Feuer, Meineid, graulich, Papst, Antichrist." Häufig werden halbe Worte mehrfach wiederholt und dann erst richtig beendet; zum Beispiel „be-, be-, be-graben“. Das Verhalten ist bald negativistisch, bald nimmt er auf Commando bestimmte Haltungen ein (kreuzt die Beine, streckt die Zunge heraus, schliesst die Augen), öfter klammert er sich mit den Händen an irgend welche Gegenstände fest. Oefter macht er stereotyp wiederkehrende Beiss- und Kratzbewegungen. Bei Untersuchung der Kniephänomene beginnt er die Beine rhythmisch zu schleudern. Pupillen bei mässiger Beleuchtung über mittelweit, linke eine Spur weiter als die rechte. Puls 84. Heftiger Stimmungswechsel. Manchmal macht er vergnügte Gesichter und benennt seine Umgebung als seine besten Freunde, dann ist er wieder ängstlich, schreit: „Meineid“ etc. Nachmittags phonographische Aufnahme. 29. IV. Vor Mitternacht sehr laut und unruhig. Er schrie oft: „Graulich, graulich“ . . ., „hoch, hoch“ . . ., „Kaiser, Kaiser“ . . ., „Willy, Willy“ . . . und so fort. — Nach einem Bad Schlaf von 2 bis $^1/_2$5 Uhr. Nach dem Erwachen zupft er bis gegen Mittag beständig an den Bettdecken, am Hemd und an seiner Haut. Seit seinem Erwachen ist Patient ganz still, schneidet aber häufig, besonders bei jeder Anrede, Grimassen. Dem Arzt fällt um $^1/_2$10 Uhr morgens die heisse Haut des Kranken auf. Temperaturmessung ergibt 38·4. Eine schon bei der Aufnahme auffällige circumscripte Röthung der Nase ist noch vorhanden und hat sich seitlich auf den Wangen bis zur Bartgrenze ausgebreitet. Verdacht auf Erysipel. — Gegen 11 Uhr wird Patient wieder sehr unruhig und heftig erregt. Negativistische Erscheinungen wechseln mit kataleptischen. Von $^3/_4$12 bis $^1/_2$2 Uhr etwas ruhiger in Bezug auf die Körperhaltung, dabei bringt er keinen Laut vor. Zunge wird auf Commando nicht herausgestreckt, der Arm wird nicht gehoben. Temperatur nach einem Bad 37·1°. Bis abends ziemlich ruhig, sprach kein Wort. Die Röthung des Gesichtes nimmt zu. Temperatur abends $^1/_2$9 Uhr 38·4°. Von da an in längeren Zwischenräumen ziemlich heftige, aber kurz andauernde Aufregungszustände, so besonders um 5 Uhr, zu welcher Zeit er seine Genitalien festfasste und mit aller Kraft daran zerrte. Nur mit Mühe konnten zwei Pfleger seine Hände lösen.

30. IV. Gegen 6 Uhr sprach Patient einige, fast unverständliche Worte und nahm am Morgen seinen Kaffee zu sich. Den ganzen Tag über war er ziemlich ruhig, sprach kein Wort. Oefter Verunreinigung mit Urin, wie schon in den ersten Tagen. Temperatur zwischen 39·9 und 38·4. Nahrungsaufnahme erschwert, mit Mühe kann man ihm etwas Milch beibringen. Puls mittelkräftig, Frequenz zwischen 105 und 120. Gegen Abend wieder unruhiger, besonders treten negativistische Erscheinungen in den Vordergrund. Nach 1 Uhr nachts sehr unruhig. Athmung etwas beschleunigt. Um 4 Uhr wird die Exspiration von Rasseln begleitet. Beginnendes Lungenödem?

1. V. Um 6 Uhr Temperatur 38·9; um 8 Uhr 38·3. Nach 8 Uhr profuser Schweissausbruch. Unruhe. $^3/_4$9 Uhr Collaps. Trotz Anwendung von Analepticis um 1 Uhr 25 Minuten Exitus letalis.

Die Epikrise vor der Section führte Folgendes aus. Aus der zur Zeit der Aufnahme schon vorhandenen intensiven, scharf abgegrenzten Röthung der Nase in Verbindung mit dem am 29. IV. früh constatirten Fieber von 38·4° konnte an diesem Tage bestimmt ein Erysipel angenommen werden. Nach Angabe der Verwandten hat H. bereits öfter Erysipel gehabt, jedoch nicht in zeitlicher Coïncidenz mit den periodischen Geisteskrankheiten. Es fragt sich in Bezug auf den Exitus letalis, der unter zunehmender

Verwirrtheit erfolgte, ob im Zusammenhang mit dem Erysipel eine letal verlaufende Complication (speciell Meningitis cerebrospinalis) eingetreten ist, oder ob sich der Tod aus der die Infectionskrankheit begleitenden Intoxication bei dem Zusammentreffen mit einer functionellen Geisteskrankheit (periodische Manie?) erklärt. Die Epikrise spricht sich mit grösserer Wahrscheinlichkeit für letztere Annahme aus. Die Section ergab:

Braune Atrophie der Herzmusculatur. Hochgradiges Oedem beider Lungenunterlappen. Starke Bronchitis. Oedem der weichen Hirnhäute. Leptomeningitis chronica fibrosa. Pachymeningitis interna ossificans. Hydrocephalus internus. Infectionsmilz.

Ich fasse den Fall also als eine periodisch auftretende functionelle Geisteskrankheit auf, welche in dem letzten Anfall durch Complication mit einem Erysipel zum Exitus letalis geführt hat. Ob dieselbe im strengen Sinne als periodische Manie bezeichnet werden kann, oder ob die Störungen im Hinblick auf die veranlassenden äusseren Ursachen als Anfälle auf nervöser Grundlage angesehen werden müssen, bleibt dahingestellt. Sehr wahrscheinlich ist es, dass der Symptomencomplex wesentlich durch die toxisch wirkende Infectionskrankheit mitbedingt ist, dass besonders die fortschreitende Verwirrtheit mit Angstzuständen auf diese zu beziehen ist. Jedenfalls zeichnet sich dieselbe vor den gewöhnlichen Krankheitsbildern durch eine Reihe von Eigenthümlichkeiten aus, die wesentlich mit Hilfe des oben analysirten Phonogramms festgehalten und einer nachträglichen Untersuchung zugänglich gemacht wurden. Dazu kommt, dass in diesem Fall, bei welchem wegen der bestehenden ausserordentlichen Erregung und wegen des raschen Verlaufes zum Tode eine klinische Demonstration nicht möglich gewesen war, das Phonogramm die Gelegenheit bot, bei der Reproduction in der klinischen Vorlesung den Hörern alle wesentlichen Symptome des Zustandes in sehr eindrucksvoller Weise vorzuführen.

Es ist schon aus diesem einen Beispiel ersichtlich, dass die Phonographie auch bei sehr erregten Geisteskranken möglich ist und ein wichtiges Hilfsmittel der klinischen Forschung und des Unterrichtes werden kann.

c) Analyse durch motorisch-graphische Methoden.

Bei der Phonographie werden die Schallwellen, welche von Geisteskranken verursacht werden, benützt, um auf einem Wachscylinder bleibende Spuren einzugraben; ähnlich wie die optischen Erscheinungen, welche die Geisteskranken darbieten, in Gestalt von Photographien, Stereoskop-Porträts oder kinematographischen Reihenbildern festgehalten werden. Ebenso wie wir im Gebiet des Sichtbaren untersucht haben, welche inneren Vorgänge die Haltungen und Bewegungen des Körpers verursachen, erhebt sich nun im Akustischen die gleiche Frage nach der motorischen Grundlage der lautlichen Aeusserungen.

Es ist bekannt, dass die verschiedenen Laute durch gewisse coordinirte Bewegungen von Lippen-, Zungen- oder Gaumenmusculatur in Verbindung mit einer bestimmten Innervation der Kehlkopf- und Athemmusculatur zustande kommen. Die Sprachphysiologie ist nun in folgerichtiger Weise dazu übergegangen, die Bewegungen der verschiedenen Muskelgruppen gesondert zu untersuchen und sie graphisch darzustellen, soweit es möglich ist. Vor allem hat *Rousselot* versucht, ein ganzes Instrumentarium für die feineren Untersuchungen phonetischer Vorgänge zu schaffen.[1]) Ebenso wie man die motorischen Vorgänge bei der Bildung bestimmter normaler Sprachlaute in Form von Curven aufzeichnen kann, ist es theoretisch auch denkbar, die Bewegungen, welche den seltsamen Lautbildungen bei bestimmten Fällen von Geisteskrankheiten zugrunde liegen, in s i c h t b a r e r und m e s s b a r e r Weise darzustellen.

Die unarticulirte, verwaschene Sprache mancher Idioten, die katatonischen Verbigerationen, die eigenthümlichen Jammerlaute der Melancholischen und so fort setzen besondere Arten von Bewegung der Sprach- und Stimm-Musculatur voraus, deren Erforschung die Psychopathologie über kurz oder lang in Angriff nehmen muss.

Im Hinblick auf dieses Problem, bei dem es sich oft um sehr complicirte Formen von phonetischer Bewegung handelt, erscheint der Weg, den die Sprachphysiologie zurückzulegen hat, noch weit. Bevor man dasselbe mit Aussicht auf Erfolg in Angriff nehmen kann, muss die graphisch-motorische Darstellung der individuellen Spracheigenthümlichkeiten, ferner der Dialecte, der Thierlaute und so fort gelungen sein. Zur Zeit erscheint es verfrüht, diese Untersuchungen in die Psychopathologie einzuführen. Das vorliegende Buch enthält daher an dieser Stelle eine Lücke, in welcher die Mangelhaftigkeit der vorhandenen Methoden zur Erscheinung kommt.

Jedenfalls muss es jedoch deutlich als eine Aufgabe der Psychopathologie bezeichnet werden, die Muskelbewegungen, welche den akustischen Aeusserungen der Geisteskranken zugrunde liegen, durch m o t o r i s c h - g r a p h i s c h e M e t h o d e n d a r z u s t e l l e n und f ü r d i f f e r e n t i a l d i a g n o s t i s c h e Z w e c k e v e r w e r t h b a r zu m a c h e n.

---

[1]) Cfr. 1. Phonetische Studien, herausgegeben von *Wilhelm Victor*, Marburg a. L. bei H. Elwert. Band IV, 3, pag. 364. Notiz über die „phonetischen Apparate“ von *Rousselot*, welche von der Firma C h a r l e s V e r d i n, 7 rue de Linné, Paris, bezogen werden können. 2. Zeitschrift für französische Sprache und Literatur. XIV, 2. Hälfte, pag. 36. Referat von *D. Behrens* über *Rousselot*, l'Abbé: Patois de Cellefrouin. Etude expérimentale des sons, in: Revue des patois Gallo-romans IV. Paris, H. Welter, 1891, pag. 65—208. 3. Original dieses Aufsatzes in: Revue des Patois Gallo-romans, recueil trimestriel par *Gilliéron* et *Rousselot*, IV, pag. 65. *Rousselot:* Les modifications phonétiques du langage étudiées dans le patois d'une famille de Cellefrouin (Charente).

IV. THEIL.

—

Untersuchung der psychischen Zustände und Vorgänge.

Vor der Darlegung der Methoden, die zu einer genaueren Feststellung des psychischen Befundes führen können, werfen wir nochmals einen Blick auf die übliche Art eine psychiatrische Krankengeschichte zu führen. Die zufälligen Beobachtungen bei den Visiten in Verbindung mit den Berichten des Personals werden eingetragen, dabei werden zusammenfassende Begriffe aus der jeweils herrschenden Terminologie angewendet, die nicht einmal allgemein giltig ist, sondern fast von jedem auf Grund der eigenen Erfahrungen mit etwas anderem Inhalt ausgestattet wird. So findet man in den Krankengeschichten eine Reihe stereotyper Phrasen: „Der Kranke zeigt ein hypochondrisch-melancholisches Wesen", er „äussert Grössenideen", er „hallucinirt", er „benimmt sich schwachsinnig"; — kurz die reine Beobachtung wird sofort durch eine Menge von Schlüssen, Betonungen, Auslassungen verunstaltet, so dass schliesslich etwas ganz anders schriftlich festgelegt wird, als in der Natur, das heisst in dem Kranken vorgegangen ist. Dabei werden meist nur gelegentliche Beobachtungen verwendet. Bei jeder Visite werden andere Fragen gestellt. Oft macht dann ein anderer Arzt bei dem gleichen Kranken Visite, fragt nach seiner Manier und trägt nun seine mit Urtheilen verflochtenen Beobachtungen in die Krankengeschichte ein. Der anfänglich gefasste diagnostische Begriff wird dabei oft zur Richtschnur der weiteren Beobachtung, indem alles, was zu der vorgefassten Meinung nicht passt, vernachlässigt wird. So entstehen dann die Krankengeschichten, in denen ein Kranker als „typischer Melancholiker" lebt, während eine genaue Untersuchung ihn physisch und psychisch als Paralytiker erwiesen hätte, so entstehen die Beschreibungen der „geheilten Paranoia", welche sich bei genauer Untersuchung als alkoholistisches Delirium oder epileptischer Dämmerzustand herausgestellt hätte, so entstehen die Berichte über Anfälle von Epilepsie, die sich später als Katatonie entwickeln.

Reste dieser Art der psychiatrischen Beobachtung haften uns wohl allen noch an. Es ist aber Zeit, diese subjectivistische Manier, Naturerscheinungen zu betrachten, durch genaue Methoden zu ersetzen, welche ein von dem zufälligen Subject des Beobachters unabhängiges Resultat ergeben können. Es müssen Maasseinheiten gefunden werden, mit welchen wir die mannigfaltigen Erscheinungen bei den Kranken in vergleichender Weise betrachten können.

Vor allem muss die Aeusserung der Kranken auf bestimmte immer wiederkehrende Reize studirt werden, die psychophysische Reaction auf ein bestimmtes gleichmässig wiederholtes Reizmoment.

Wir müssen also das allgemeine Erforderniss jeder wahrhaft physiologischen Forschung, die möglichste Gleichheit der Reize auf die Psychopathologie übertragen. Genau wie man bei der Untersuchung einer Reihe von Kniephänomenen nichts über die relative Stärke der Ausschläge aussagen kann, wenn nicht ein gleiches mechanisches Moment gewirkt hat, so können wir auch im Psychopathologischen über die verschiedenen Stadien einer Krankheit nichts Klares aussagen, wenn wir nicht die Reaction des Kranken auf bestimmte gleichbleibende Reize studiren.

In vielen alten Krankengeschichten wird dieser Maassstab darin gefunden, wie der Kranke sich zu der gleichbleibenden Anstaltsumgebung verhält, und in der That lassen sich aus seinem wechselnden Benehmen in Bezug hierauf manche Schlüsse machen. Wir müssen aber diesen bescheidenen Begriff eines „einheitlichen Reizes" wissenschaftlich weiter bilden, indem wir ausgewählte psychologische Reizmomente an den Kranken heranbringen, um seine vielleicht wechselnde und sich ändernde Reaction darauf zu studiren.

Der erste grössere Versuch, ein einheitliches Untersuchungsschema bei Störungen speciell der Intelligenz und Sprache zur Anwendung zu bringen, ist von *Rieger*[1]) gemacht worden. Leider ist dieses Schema so umfangreich und wenig handlich, dass schon eine einmalige völlige Aufnahme damit eine ausserordentliche Zeit erfordert. Oft hat sich der Zustand schon wieder geändert, bevor man dasselbe nur einmal vollständig angewendet hat. Eine häufige Untersuchung damit zum Zweck der Vergleichung ist kaum möglich. Ausserdem passen eine Reihe von Momenten dieses Gesammtschemas nicht für die einzelnen Fälle, so dass eine Menge Zeit vergeudet wird.

Wir dürfen deshalb aus dem *Rieger*'schen Schema nur die Idee des einheitlichen Reizes übernehmen, müssen aber im übrigen unter Anpassung an die Art der Zustände besondere Schemata entwerfen, um bestimmte Erscheinungen in vergleichbarer Weise herauszuheben. Die Art der Aufstellung dieser einzelnen Untersuchungsschemata beruht im Wesentlichen auf differentialdiagnostischen Gesichtspunkten. Man muss sich genau vor Augen halten, welche Möglichkeiten in Betracht kommen, wenn ein solches Schema richtig construirt werden soll, und zwar empfiehlt es sich, dabei von den einfachsten klinischen Erscheinungen auszugehen.

Jedenfalls muss für die Untersuchung des geistigen Inhaltes als erstes Princip im Auge behalten werden:

Gleichheit des Reizes.

Um die Vorgänge, die sich an diese gleichen Reize anschliessen, zu studiren, muss als zweites allgemeines Princip

der zeitliche Ablauf

in Betracht gezogen werden.

[1]) Cfr. *Rieger*, Beschreibung der Intelligenzstörungen infolge einer Hirnverletzung nebst einem Entwurf zu einer allgemein anwendbaren Methode der Intelligenzprüfung. Würzburg, Verlag der Stahel'schen Buchhandlung, 1888.

Für die Art, wie dem ersten Princip Genüge geleistet werden soll, müssen wir bei der Untersuchung jeder einzelnen Function die besonderen Motive zu entwickeln suchen, dagegen wollen wir die Methoden, um den zeitlichen Ablauf zu studiren, im Zusammenhang darstellen, um sie bei den Versuchen zur qualitativen Bestimmung der inneren Vorgänge als bekannt voraussetzen zu können.

Zeitlicher Ablauf von Vorstellungen.

Wir müssen an dieser Stelle die wissenschaftliche Psychopathologie mit den allgemeinen psychophysischen Bestrebungen in Verbindung setzen, welche bisher hauptsächlich von *Kraepelin* und seinen Schülern in unserem Gebiet vertreten worden sind, wollen jedoch nicht von einzelnen schon vorliegenden Arbeiten, sondern von einer ganz allgemeinen Betrachtung ausgehen.

Der wesentliche Zweck der Psychophysik ist der, die Art des Ablaufes psychischer Vorgänge und die dazu nothwendige Zeit festzustellen.

Um dies bei psychopathischen Zuständen auszuführen, wird in vielen Fällen überhaupt gar keine besondere instrumentelle Einrichtung nothwendig sein. Die Reactionszeiten, um die es sich in diesem Gebiet handelt, sind oft so gross, dass man schon mit der einfachen Secundenuhr die wichtigsten Feststellungen machen kann, zum Beispiel über allgemeine Verlangsamung der Reactionszeit bei den „Hemmungszuständen“, ferner über die grossen Schwankungen der Reactionszeit, wie sie zum Beispiel bei Katatonischen vorkommen.

Die Zeitmessung mit der gewöhnlichen Uhr hat eine Reihe von Fehlern, welche man durch genauere Zeitmessapparate verbessern kann.

Nämlich:

1. Der Moment des Reizes ist nicht genau bestimmt.

2. Der Moment der Reaction ist nicht genau bestimmt. Da der Untersuchende die Uhr controliren muss und erst auf die Reaction hin die Stellung des Zeigers mit dem Blick bestimmt, so addirt sich stets zu der Reactionszeit des Untersuchten die Reactionszeit, welche der Untersuchende braucht, um nach Perception der Reaction von Seiten des Untersuchten seine Aufmerksamkeit auf die Zeiger der Uhr zu heften.

3. Es können mit einiger Sicherheit nur ganze Secunden als Zeitmaass angegeben werden, während für viele geistige Vorgänge beim Normalen kleine Bruchtheile von Secunden in Betracht kommen.

Wenn diese Fehler auch bei vielen psychopathischen Zuständen verschwindend sind (bei psychischer „Hemmung“ kommen Reactionszeiten von 15—30 Secunden und mehr vor!), so ist andererseits auch bei vielen Geisteskrankheiten eine Messung bedeutend kürzerer Vorgänge möglich und wünschenswerth, so dass auch für dieses Gebiet genauere Methoden nothwendig geworden sind.

Der einfachen Secundenuhr am nächsten steht das Metronom, welches, nach dem Princip des Pendels construirt, erlaubt, auch Bruchtheile von Secunden als Maasseinheit zu wählen und die Zeiten aus der Summation der Schläge von bekannter zeitlicher Differenz zu berechnen. Dieses Instrument zeigt jedoch die oben unter 1 und 2 angegebenen Fehler noch unverändert, während der dritte Punkt bis zu gewissem Grade corrigirt ist.

Eine Verringerung der ersten beiden Fehler kann zum Theil erreicht werden durch eine besonders construirte Uhr, bei welcher im Moment des Reizes der Zeiger in Gang gesetzt und im Moment der Reaction festgestellt werden kann, so dass sich die Dauer des Vorganges ungefähr ablesen lässt. Auch ist dem dritten Moment dadurch Rechnung getragen, dass die Uhr Bruchtheile von Secunden ($^1/_5$) mit einem Zeiger angibt. Dieses Instrument kann für eine grosse Anzahl von Untersuchungen an Geisteskranken mit Vortheil verwendet werden, während es für Untersuchungen normalpsychologischer Vorgänge noch zu ungenau ist.

Eine weitere Verfeinerung, welche schon einige instrumentelle Einrichtungen voraussetzt, bietet das graphische Chronometer nach *Jacket*, bei welchem in Intervallen von $^1/_5$ Secunden ein Schreibhebel zuckt. Dieser schreibt auf einer rotirenden, berussten Trommel kleine Zeichen ein, aus deren Zahl man durch Multiplication mit dem betreffenden Bruchtheil einer Secunde ($^1/_5$) die Zeit feststellen kann. Dieses Instrument ist in allen den Fällen sehr brauchbar, in welchen der zu messende Vorgang, wie zum Beispiel der Ablauf eines Kniephänomens selbst, als Curve auf der Trommel geschrieben werden soll, wobei die zeitlichen Verhältnisse zugleich zur Anschauung gebracht werden können. Es gilt dies für alle Fälle, bei denen nicht nur die Zeit eines inneren Vorganges, sondern der Ablauf einer motorischen Reaction unter Berücksichtigung der Zeit dargestellt werden soll.

Eine entsprechende Verwendung findet die schwingende Stimmgabel, welche ihre einzelnen Excursionen auf einer rotirenden Trommel einschreibt, so dass sehr kleine Zeiten abgelesen werden können. Hier kann der Beginn der Bewegung durch den elektrischen Strom bewirkt werden.

Eine sehr genaue Zeitmessung gestattet das *Hipp*'sche „Chronoskop“ im eigentlichen Sinne, dessen Princip darin besteht, dass elektromagnetisch ein Zeiger in ein laufendes Uhrwerk eingeschaltet und bei Stromunterbrechung wieder ausgeschaltet wird. Aus der Differenz der Zahlen, auf denen der Zeiger vor der Einschaltung und nach der Ausschaltung steht, kann die Zeit des Vorganges berechnet werden. Die Eintheilung der Zeitscala gibt Tausendstel Secunden ($^1/_{1000} = \sigma$) an.

Die grössten Schwierigkeiten für diese Untersuchungen entstehen bei der kurzen Dauer der zu messenden Vorgänge durch die Fehler im Uhrwerk und durch Schwankungen des Stromes, welcher elektromagnetisch die Zeiger in das Uhrwerk einschaltet. Für psychopathologische Untersuchungen ist dieser Punkt nicht von so ausschlaggebender Wichtigkeit, weil die in Betracht kommenden Vorgänge meist viel längere Zeiten beanspruchen und eine Reihe von anderen Fehlerquellen vorhanden sind, welche es weniger wichtig erscheinen lassen, ob durch Fehler der Uhr und der Stromleitung gelegentlich eine Fehlerquelle von einigen Tausendstel Secunden entsteht. Jedenfalls muss in einem psychophysischen Laboratorium auch für psychopathologische Zwecke ein Aparat zur Controle des Chronoskops vorhanden sein. Trotz mancher Einwände, die dagegen erhoben werden, finde ich den *Hipp*'schen Fallapparat für psychopathologische Zwecke genügend. Bei diesem wird im Beginn des Falles einer Kugel ein Strom geöffnet und im Moment des Aufschlagens auf eine Unterlage wieder geschlossen, so dass die Differenz der Zeigerstellungen die Fallzeit angibt.

Da viele der folgenden Untersuchungen mit dieser Methode angestellt sind, so füge ich hier zum Beweis für die Verlässlichkeit der Zahlen eine Anzahl von Zeitcontroluntersuchungen mit dem *Hipp*'schen Fallapparat ein.

Der Apparat war so eingestellt, dass die Kugel eine Zeit von genau 300 σ brauchen sollte, um die Fallstrecke zurückzulegen. Nach der Formel $t = \sqrt{\frac{s \cdot 2}{g}}$, worin $g = 9{\cdot}8$ M. ist, muss, wenn $t = 0{\cdot}300$ ist, $s = 44{\cdot}1$ Cm, sein, das heisst bei einer Fallzeit von 300 σ ist die berechnete Fallhöhe = 44·1 Cm.

Es wurde zunächst untersucht, wie weit man sich diesen berechneten Verhältnissen von Fallhöhe und Fallzeit durch genaue Einstellung des Apparates annähern kann. Unter Verwendung eines der vier Stromkreise, welche von vier Stromquellen (grosse Elemente) ausgehend gesondert auf ein Schaltbrett geleitet worden sind, erhielt ich bei Fallhöhe von 44·1 Cm., mittlerer Rheostatenstellung und Stellung der Ankersteuerung am Chronoskop links auf 11°, rechts auf 10·5° folgende Zahlen:

Zeigerstellung	Zeit in σ	Zeigerstellung	Zeit in σ
3852			300
4151	299	0156	302
4453	302	0458	299
4754	301	0757	302
5056	302	1059	299
5356	300	1358	299
5657	301	1657	301
5957	300	1958	299
6257	300	2257	301
6557	300	2558	299
6856	299	2857	303
7158	302	3160	299
7457	299	3459	301
7755	298	3760	301
8058	303	4061	299
8357	299	4360	300
8657	300	4660	300
8957	300	4960	301
9255	298	5261	299
9557	302	5560	301
9856	299	5861	

Es stellt sich bei 40 Versuchen ein Durchschnitt von $\frac{12009}{40} = 300{\cdot}2$ heraus, das heisst ein durchschnittlicher Fehler von $+ \frac{2}{10.000}$ Secunden. Dadurch ist erwiesen, dass man bei sorgfältiger Einstellung der Apparate die wirkliche Zeit mit der berechneten Fallzeit fast zur Deckung bringen kann, dass also die Einwendungen gegen die Zeitcontrole mit dem *Hipp*'schen Fallapparat nur unter gewissen Umständen zutreffen.

Im Allgemeinen kann man nämlich annehmen, dass die Apparate nicht mit völliger Sorgfalt und Sachkenntnis behandelt werden. Es kam mir daher darauf an, die maximalen Fehler zu finden, die der Apparat bei mangelhafter Bedienung schlimmsten Falles an sich hat. Zu diesem Zweck wurden die verschiedenen Möglichkeiten, Fehler zu erzeugen, willkürlich realisirt, und zwar durch:

1. Ungenaue Einstellung der Fallhöhe;
2. Ausschaltung des Rheostaten;
3. Einschaltung eines anderen Stromes;
4. Wahl verschiedener Zeiten zwischen den einzelnen Versuchen;
5. intercurrentes Aufziehen der Uhr;
6. Lösung und neue Befestigung der Contacte;
7. ungenaue Stellung des Ankers am Chronoskop.

Ich erhielt nun folgende Untersuchungsreihen:

Nach leichter Verschiebung des Fallbrettes nach oben:

Stellung der Zeiger	Zeit in σ
5536	
	306
5842	
	305
6147	
	306
6453	
	306
6759	
	306
7063	
	304
7367	
	306
7673	

Von diesen 7 Untersuchungen zeigen 5 die absolut gleiche Zeit 306 σ. Entsprechend dem willkürlichen Fehler durch höhere Stellung des Fallbrettes sind alle Reactionszeiten circa 4 bis 6 σ länger als bei der Fallhöhe 44·1 Cm.

Eine andere Reihe lautet nach minimaler Senkung des Fallbrettes (Verminderung der Fallhöhe):

Stellung der Zeiger	Fallzeit
8741	
	296
9037	
	295
9332	
	294
9626	
	296
9922	
	294
0220	
	295
0515	
	296
0811	
	298
1109	
	293
1402	
	293
1695	
	295
1990	
	294
2284	
	298
2582	
	295
2877	

Stellung der Zeiger	Fallzeit
	294
3171	
	294
3465	
	295
3760	
	295
4055	
5617	
	296
5913	
	296
6209	
	293
6502	
	293
6795	
	296
7091	
	297
7388	
	296
7681	
	295
7979	
	295
8274	

Es ergibt sich bei 27 Versuchen ein Durchschnitt von $\frac{7967}{27} = 295^2/_{27}$. Die Zahlen schwanken zwischen 293 und 298.

Es ist also ein maximaler Fehler von $+ 2^{26}/_{27}$ und $- 2^{2}/_{27}$ in Bezug auf die Durchschnittszahl vorhanden. Der maximale Fehler in Bezug auf die angenommene Zeit von 300 σ beträgt — 7 σ.

Eine andere Versuchsreihe bei Ausschaltung des Rheostaten und mangelhafter Regulirung des Ankers am Chronoskop lautet:

Stellung der Zeiger	Fallzeit	Stellung der Zeiger	Fallzeit
7453			295
	297	9230	
7750			294
	296	9524	
8046			298
	296	9822	
8342			295
	297	10117	
8639			297
	296	10414	
8935			

Summa = 2961
Durchschnitt = $296^{1}/_{10}$

Eine weitere Reihe nach erneuter minimaler Aenderung der Ausgangsstellung der Kugel, Ausschaltung des Rheostaten und mangelhafter Regulirung des Ankers gibt folgendes Resultat:

Stellung der Zeiger	Fallzeit	Stellung der Zeiger	Fallzeit
1723			299
	300	4414	
2023			300
	297	4714	
2320			299
	300	5013	
2620			297
	299	5310	
2919			300
	298	5610	
3217			295
	298	5905	
3515			
	300		
3815			
	300		
4115			

Summa = 4182
Durchschnitt = $298^{10}/_{14}$

Hier heben sich die verschiedenen Fehler in Bezug auf die Zahl 300 σ gegenseitig zum Theil auf.

Fortsetzung nach Einschaltung eines anderen Stromes:

Stellung der Zeiger	Fallzeit	Stellung der Zeiger	Fallzeit
6628			299
	295	8413	
6923			297
	298	8710	
7221			295
	298	9005	
7519			295
	296	9300	
7815			
	299		
8114			

Summa = 2672
Durchschnitt = $296^{8}/_{9}$

Uhr aufgezogen:

Stellung der Zeiger	Fallzeit
9593	
	296
9889	

Contact befestigt:

Stellung der Zeiger	Fallzeit
655	
	299
0954	
	298
1252	
	296
1548	
	297
1845	
	298
2143	

Summa = 1784
Durchschnitt = $297^{2}/_{6}$

Einschaltung eines anderen Stromes:

Stellung der Zeiger	Fallzeit	Stellung der Zeiger	Fallzeit
9157			
	296		
9453			
	298		
9751			
	297		
10048			
	299		
10347			
	297		
10644			
	300		
10944			
			299
		11243	
			299
		11542	
			299
		11841	
			298
		12139	
			298
		12437	
		Summa =	3280
		Durchschnitt =	$298^2/_{11}$

Wiedereinschaltung des ersten Stromes:

Stellung der Zeiger	Fallzeit
9310	
	300
9610	
	300
9910	
	293
10203	
	296
10499	
Grössere Pause:	
11522	
	298
11820	
	300
12120	
	298
12418	
	299
12717	
Summe =	2384
Durchschnitt =	298

Es haben also selbst Einschaltung eines anderen Stromes, Aufziehen der Uhr, Lösung und Befestigung der Contacte u. s. f. keinen wesentlichen Fehler bewirkt.

Ich halte demnach die Verwendung des *Hipp*'schen Chronoskops unter Controle mit dem Fallapparat für eine genügende Garantie dafür, dass die im folgenden an passender Stelle ausgeführten genaueren Zeitmessungen keine wesentliche Fehlerquelle von Seiten der Apparate enthalten. Jedenfalls sind die Fehler, mit denen man bei psychopathischen Objecten von vornherein zu rechnen hat, erheblich grösser als diese im Apparat liegenden Schwankungen.

Stellen sich erheblichere Differenzen bei den Controlversuchen heraus, so ist mit Sicherheit anzunehmen, dass die Leitung mangelhaft ist, was durch genauere Befestigung der Contacte, sorgfältige Stellung des Ankers an dem Chronoskop, bessere Einstellung der Regulirungsfeder am Chronoskop beseitigt werden muss. Keinesfalls kann aus solchen Fehlresultaten auf eine Mangelhaftigkeit des Fallapparates geschlossen werden. Es ist dies ähnlich, als wenn jemand auf sein Pferd schilt, während er die Steigbügel verkehrt angeschnallt hat.

Sehr wichtig ist es, das Uhrwerk womöglich während der ganzen Versuchsreihe gleichmässig im Gang zu erhalten. Für psychopathologische Zwecke empfiehlt es sich deshalb, ein Chronoskop zu wählen, dessen Uhrwerk eine lange Gangzeit hat, um das häufige Aufziehen der Uhr, welches die Experimente unterbricht, zu vermeiden. Für die folgenden Untersuchungen ist ein von *Hipp* construirtes Chronoskop mit vier Minuten Laufzeit verwendet.

Es handelt sich nun im Princip darum, bei der weiteren Einrichtung zu ermöglichen, dass der Strom, welcher den Zeiger des Chronoskops in das laufende Uhrwerk elektromagnetisch hineinzieht, im Moment des Reizes geschlossen und im Moment der Reaction unterbrochen wird.

Das allgemeinste Schema des Vorganges ist folgendes:

Fig. 78.

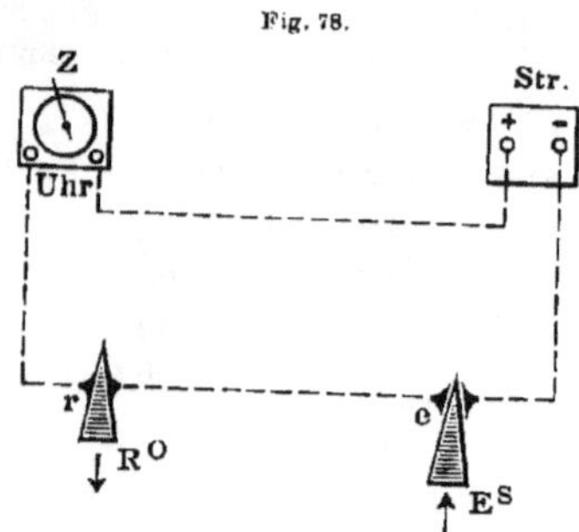

Das heisst: Im Beginn des Experimentes ist bei *c* der Stromkreis unterbrochen, während bei *r* Schluss, beziehungsweise keine zweite Unterbrechung vorhanden ist.

Im Moment des Reizes *E* wird bei *c* der Strom geschlossen, was durch den Keil △ mit dem nach oben gerichteten Pfeil ↑ angedeutet und mit dem Zeichen E^s (E = Eindruck, s = Schluss des Stromes) ausgedrückt ist.

Dadurch wird der Zeiger *z* elektromagnetisch in das im Gang befindliche Uhrwerk hineingezogen und läuft solange, bis durch die Reaction *R* bei *r* der Strom unterbrochen wird. Der Vorgang der Stromunterbrechung durch die Reaction wird durch den Keil △ mit dem nach unten gerichteten Pfeil ↓ und durch das Zeichen R^o (Reaction = R, o = Oeffnung des Stromes) angedeutet.

Die technische Aufgabe besteht also darin, im Moment der verschiedenen Reize (optische, akustische, tactile etc.) einen Stromschluss, im Moment der Reaction durch Sprache oder überhaupt Bewegungen bestimmter Körpertheile, z. B. des Zeigefingers, des Unterschenkels bei dem Kniephänomen u. s. f. eine Oeffnung des Stromes hervorzubringen.

Theoretisch ist für jeden Sinn ein besonderer Reizapparat zu verlangen, welcher es ermöglicht, im Moment des Reizes einen Strom zu schliessen. Auf dem Gebiet des Geruches, des Geschmackes, des Wärmesinns ist diese Forderung gar nicht oder schwer zu erfüllen, auch sind diese Reizarten psychopathologisch vorläufig weniger wichtig. Dagegen sind Reizapparate im Gebiet des Akustischen, Optischen und Tactilen leichter herzustellen und praktisch wichtiger.

Für psychopathologische Zwecke eignet sich als einfacher akustischer Reiz:

1. Das Geräusch eines Morsetasters beim Schliessen eines Stromes.
2. Das Geräusch einer fallenden Kugel an dem oben erwähnten Fallapparat beim Aufschlagen auf die Unterlage, wodurch ein Strom geschlossen wird. Hierbei kann durch Variation der Fallhöhe der Reiz geschwächt oder verstärkt werden.
3. Zu sprachlich-akustischen Reizen dient am besten der von *Roemer* construirte akustische Reizapparat.[1])

Bei diesem wird durch das Sprechen gegen eine Membran ein der Rückseite derselben anliegender Hebel fortbewegt und so ein Strom unterbrochen, welcher elektromagnetisch einen kleinen Anker gehalten hat. Indem dieser niedersinkt schliesst er den Hauptstrom, welcher den Zeiger des Chronoskops elektromagnetisch in den Gang der Uhr einbezieht. Es wird also indirect durch das Sprechen gegen die Membran Stromschluss bewirkt.

Natürlicherweise sind noch eine Reihe anderer akustischer Reizapparate denkbar, die viel einfacher construirt sein könnten, z. B. könnte ein Stift infolge der Schwingung der Membran einen Strom direct schliessen und dadurch Einbeziehung des Zeigers in das gehende Uhrwerk bedingen.

Zu optischen Reizen hat *Roemer* einen Apparat empfohlen [2]), bei dem ein Rahmen mit einer Karte, auf welcher Worte etc. verzeichnet sind, durch eine Feder herumgeschlagen wird und dadurch einen Strom schliesst. Der begleitende Schlag bedingt jedoch eine so starke akustische Nebenwirkung, dass dadurch die Absicht eines optischen Reizapparates geschädigt wird. Diesem Uebelstand hat *Alber* [3]) fast völlig durch einen optischen Reizapparat abgeholfen, welcher es ermöglicht, eine grosse Anzahl von Karten mit Worten etc. hintereinander mit jedesmaliger Schliessung des Stromes sichtbar zu machen. Dieser Apparat kann für psychopathologische Zwecke sehr empfohlen werden.

Ein tactiler Reizapparat liesse sich am besten nach dem Princip construiren, das ich bei Gelegenheit der Untersuchungen über das Kniephänomen angegeben habe. Die Aufgabe besteht darin, eine Last durch Fall aus bestimmter Höhe in genau messbarer Weise auf eine bestimmte Hautstelle einwirken zu lassen. Das als Theil des Kniephänomenapparates angegebene Instrument erlaubte es, einen Hammer mit variabler Länge und variablem Gewicht von einer beliebigen und auf einer Scala bestimmbaren Winkelstellung aus auf die Quadricepssehne herabfallen zu lassen, wobei es auf Messung reflectorischer Bewegungen ankam; das gleiche Princip lässt sich zur Construction eines tactilen Reizapparates verwenden. Da diese Untersuchungen jedoch vorläufig mehr nervenpathologischer Natur sind, gehe ich hier nicht darauf ein.

Für psychopathologische Zwecke genügt es im Wesentlichen, einen Apparat für akustische, speciell sprachliche und für optische Reize zu haben, wozu die oben genannten Instrumente brauchbar sind.

---

[1]) Cfr. Psychologische Arbeiten, I. Bd., 4. Heft. *Roemer*, Beitrag zur Bestimmung zusammengesetztar Reactionszeiten, pag. 578.

[2]) Cfr. *Roemer*, l. c. pag. 573—77.

[3]) Cfr. *Alber*, Ein Apparat zur Auslösung optischer Reize. Archiv f. Psychiatrie, XXX. Bd., 2. Heft.

Als Reactionsapparate, durch welche der Strom unterbrochen werden kann, so dass der bei dem Stromschluss elektromagnetisch angezogene Zeiger des Chronoskops wieder losgelassen wird, dienen

1. Für den Zeigefinger ein Morsetaster, durch welchen bei anderer Einschaltung der Drähte durch das Herunterdrücken des Tasters ein Strom geöffnet werden kann.
2. Für die Sprachwerkzeuge der genannte akustische Reizapparat von *Roemer*, insofern als durch Sprechen gegen die Membran ein Strom geöffnet wird.

Es sind jedoch auch für alle anderen Muskelgruppen Apparate denkbar, welche die verlangte Bedingung erfüllen, z. B. kann durch Bewegungen von Fuss, Schulter, Kopf etc. die Oeffnung eines Stromes bewirkt werden. Die vorhandenen Apparate umfassen also nur wenige Fälle aus der grossen Zahl von Möglichkeiten.

Schon mit diesen wenigen Apparaten lässt sich jedoch eine grosse Zahl verschiedener Experimente ausführen, von denen ich die wichtigsten Gruppen herausgreife:

A. Sensibler Reiz.

I. Akustischer Art.

a) Schall, z. B. bei dem Druck auf den Morsetaster oder bei dem Aufschlagen der Kugel am Fallapparat.

b) sprachlicher Reiz mit dem akustischen Reizapparat nach *Roemer*.

II. Optischer Art, ausgelöst mit dem *Roemer*'schen oder *Alber*'schen Reizapparat, welcher Blätter mit Farben, Worten oder Rechenaufgaben sichtbar macht.

B. Motorische Reaction.

I. Bewegung des Zeigefingers bei dem Druck auf den Morsetaster.

II. Sprachliche Bewegung mit dem Lippenschlüssel[1]) oder mit dem sprachlichen Reactionsapparat nach *Roemer*.

Hier sind nun eine grosse Anzahl von Variationen möglich.

Bei der Reaction *B.I* wird entweder sofort bei der Perception des Eindruckes reagirt (musculäre Reaction), oder es wird vorher ein Erkenntnissact vollzogen (sensorielle Reaction).[2]) Diesen Unterschied kann man allerdings bei psychopathologischen Untersuchungen kaum durchführen, da für eine solche Untersuchung psychologische Kritik bei dem Untersuchten vorausgesetzt wird.

Auch können Wahlacte vor der Reaction vollzogen werden, z. B. man lässt eine Reihe von farbigen Blättern erscheinen, stellt jedoch die Aufgabe, nur dann zu reagiren, wenn eine bestimmte Farbe kommt. Ferner kann man zwei Morsetaster, einen für die linke, einen für die rechte Hand einschalten und bei bestimmten

[1]) Nach *Cattell*, cfr. *Roemer*, l. c. pag. 568.

[2]) Cfr. *Külpe*, Grundriss d. Psychologie, 1893, pag. 421—437. — *Wundt*, Grundzüge der physiologischen Psychologie, 4. Aufl., 1893, pag. 305—390. — *Münsterberg*, Beiträge zur experimentellen Psychologie, Freiburg 1889, I. Heft, pag. 64—106, 161—173.

Eindrücken Bewegung der linken, bei anderen Bewegung der rechten Hand verlangen.

Ebenso lassen sich mittelst sprachlicher Reactionen die verschiedensten psychischen Vorgänge prüfen, z. B. kann man immer mit einem bestimmten Wort reagiren lassen oder mit dem Wort für den optischen Reiz oder mit einem beliebig associirten Wort.

Es handelt sich nun technisch darum, eine Einrichtung zu treffen, um die Ein- und Ausschaltung dieser Apparate möglichst einfach und ohne Zeitverlust vornehmen zu können. Als Grundsatz hat zu gelten, dass Stromquelle, Leitungen, Apparate und Uhr immer zum Gebrauch fertig sein müssen, während man durch eine möglichst einfache Vorrichtung die rasche Einschaltung des momentan Nothwendigen bewirken kann.

Es empfiehlt sich auch da, wo man einen centralen elektrischen Betrieb in einer Anstalt hat, die Stromquellen für die psychophysischen Apparate gesondert zu belassen, um von der elektrischen Centrale ganz unabhängig zu sein. Am besten ist es, mehrere Stromquellen (einzelne starke Elemente) mit gesonderten Leitungen zu

Fig. 79.

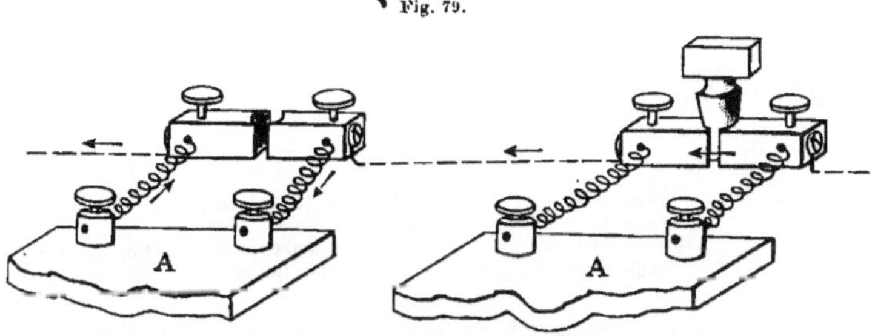

versehen und diese auf ein Schaltbrett am Experimentirtisch zu führen, von wo sie durch beliebige Stöpselung in die Drähte desselben geleitet werden können. Im psychophysischen Laboratorium der psychiatrischen Klinik in Giessen sind zum Beispiel, ähnlich wie in Heidelberg, vier Stromquellen (zwei stärkere und zwei schwächere) durch gesonderte Leitungen und Rückleitungen mit einem Schaltbrett verbunden, von welchem sie nach Bedarf abgeleitet werden.

An dem Experimentirtisch finden sich zwei Stromkreise in verschiedenfarbigen Drähten, welche von zwei Stöpselklemmen ausgehen, die mit dem Schaltbrett verbunden sind. Der eine Stromkreis zeigt an der oberen Seite des Tisches eine Anzahl von Stöpselklemmen. Diese können durch einen Stöpsel derart verbunden werden, dass der Stromkreis geschlossen wird (cfr. Fig. 79).

An diese Klemmen ist je ein Apparat (sprachlicher Reizapparat, optischer Reizapparat, Morsetaster, Uhr) derart angeschlossen, dass bei herausgezogenem Stöpsel der Strom durch den Apparat geht.

Das Schema ist folgendes (cfr. Fig. 80):

Bei 2, 6, 7, wo die Stöpsel herausgezogen sind, sind die betreffenden Apparate (optischer Reizapparat, Morsetaster, Chronoskop) in den Stromkreis einbezogen, während durch Stöpselung bei 3 bis 5 der akustische Reizapparat, der entsprechende Reactionsapparat und der Fallapparat ausgeschaltet sind. Das Schema stellt die Anordnung des Experimentes ad *A* II — *B* I dar. (Uebergang vom Optischen zum Motorischen, speciell zum Druck mit dem Zeigefinger.)

Um das Experiment *A* I — *B* I zu machen (akustischer, speciell sprachlicher Reiz, Reaction durch Bewegung des Zeigefingers), muss der Stöpsel bei 1, 3, 6 und 7 entfernt sein, während bei 2, 4, 5 gestöpselt ist.

So lassen sich mit der geringsten Mühe alle oben angedeuteten Verbindungen von Apparaten durch einfache Stöpselung ohne jede besondere Einschaltung von Stromleitungen herstellen.

Fig. 80.

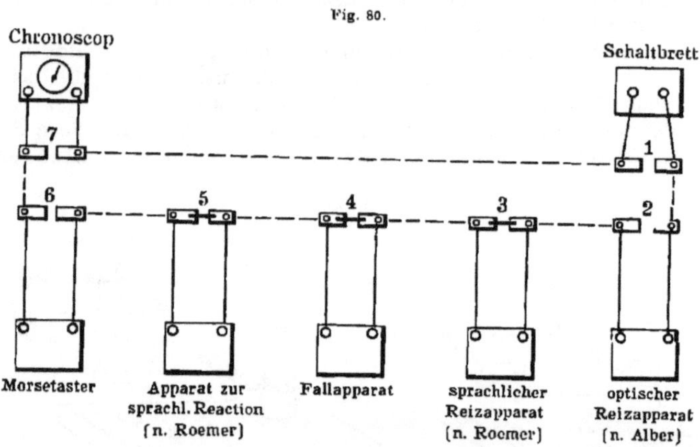

Die dadurch ermöglichten psychophysischen Experimente beziehen sich wesentlich auf die Verbindung von Sinnesreizen mit motorischen Reactionen, speciell auch sprachlicher Natur. Eine grosse Menge von Experimenten, welche den Psychologen interessiren, kommen psychopathologisch bei dem jetzigen Zustande unserer Wissenschaft noch nicht in Betracht. Andererseits sind die oben angedeuteten einfachen Untersuchungen bei einer grossen Anzahl von psychopathischen Personen (angeboren Schwachsinnigen, Epileptischen, Katatonischen u. s. f.) leicht ausführbar und bringen ein neues Licht in die verworrenen Begriffe des Schwachsinnes, der Hemmung, der Associationsstörungen etc., deren genauere Erforschung die Grundlage einer wissenschaftlichen Psychopathologie zu bilden hat.

Qualitative Bestimmung der inneren Vorgänge.

Nachdem wir Gleichheit der Reize und Beachtung der zeitlichen Verhältnisse als allgemeine Principien für die Untersuchung psychischer Reactionen aufgestellt haben, wenden wir uns zur qualitativen Bestimmung der inneren Vorgänge bei den Geisteskranken.

Das erste Programm im grösseren Stil für die Lösung dieser Aufgabe ist von *Kraepelin* in dem bekannten Aufsatz: „Der psychologische Versuch in der Psychiatrie“ aufgestellt worden. Da wir noch öfter Gelegenheit haben werden, auf einzelne Ausführungen dieser Schrift einzugehen, so unterlasse ich hier eine genaue Wiedergabe des Gesammtinhaltes. Das Wesentliche ist, dass *Kraepelin* von den Methoden und Problemen der Psychophysik ausgeht und zunächst untersucht, wie weit sich diese auf unser Gebiet übertragen lassen. Allerdings erweitert *Kraepelin* sehr bald die Aufgabe unter Anpassung an die besonderen Fragen der Psychopathologie.

Wir werden uns im Folgenden nun möglichst an die einfachen und greifbaren psychischen Erscheinungen bei den Geisteskranken halten, die schon in unserer gewöhnlichen klinischen Erfahrung eine Rolle spielen und wollen unter Bewahrung der genannten allgemeinen Principien Untersuchungsmethoden zu schaffen suchen, welche Aussicht bieten, genaue Einblicke in die Art und den Ablauf dieser Vorgänge zu bekommen.

Ich suche also auch hier, von der gewöhnlichen Erfahrung ausgehend, inductiv zu einer entsprechenden Methode zu gelangen und aus den damit erhaltenen Resultaten Sätze und Regeln abzuleiten, an denen die einzelne klinische Erscheinung gemessen werden kann. Es handelt sich methodologisch darum, Induction und Deduction richtig zu vereinigen.

Hierbei müssen wir Stellung zu den Schulbegriffen nehmen, welche uns die gegenwärtige Psychologie bietet. Für die methodische Aufgabe, um die es sich hier handelt, wäre nichts verderblicher, als sich streng an die üblichen psychologischen Eintheilungen zu halten und die wunderbare Fülle von Erscheinungen, die sich uns bei den Geisteskranken zeigen, in diese begrifflichen Schemata hineinzupressen. Es würde dies einen grossen methodischen Fehler bedeuten, da diese Begriffe (Empfindung, Verstand etc.) sämmtlich Endproducte der Abstraction aus Erfahrungen und Wahrnehmungen sind, das heisst abgeleitete Begriffe, welche auf irgend welche Arten von Erfahrung als Ausgangspunkt hinweisen. Eine Lehre von den Untersuchungsmethoden wird nothwendigerweise von den Erfahrungen selbst, nicht von den Abstractionen aus der Erfahrung auszugehen haben, da bei jeder Abstraction die Möglichkeit von Fehlern vorliegt.

Immerhin lässt sich nicht überall die Beziehung zu bestimmten psychologischen Begriffen vermeiden, wenn man die Methoden der Untersuchung und die dadurch erhaltenen Resultate mit der allgemeinen psychologischen Wissenschaft in Beziehung setzen will. Praktisch empfiehlt es sich, für unsere Aufgabe nur solche psychologische Begriffe zu verwenden, zu welchen sich schon bei der einfachsten klinischen Erfahrung bestimmte Beziehungen ergeben; im übrigen aber die Frage, ob diese Begriffe psychologisch richtig sind, ganz offen zu lassen und vielmehr die Resultate der methodischen Untersuchung bei Geisteskranken als Material zur kritischen Untersuchung derselben zu betrachten.

Hiernach wird es nicht zu Missverständnissen führen, wenn wir im folgenden gelegentlich Begriffe wie „Fähigkeit“, „Vermögen" etc. anwenden, um eine Gruppe psychischer Vorgänge herauszuheben; die methodische Analyse der Reactionen soll gerade dazu dienen, um diese Abstractionen auf ihre Richtigkeit zu prüfen. Wir müssen uns deshalb vor allem hüten, aus der Reaction auf einen bestimmten Reiz nur diejenigen Momente herauszuheben und, wie es zum Beispiel in Bezug auf Associationen geschehen ist, tabellarisch zusammenzustellen, welche einen Beweis für oder gegen die Wirksamkeit der angenommenen „Fähigkeit" oder zum Beispiel für das Vorhandensein bestimmter Kategorien von Associationen bilden. Damit wird eine Erfahrung von vornherein im Sinne einiger antecipirter Begriffe geändert.

Es ist vielmehr methodisch durchaus nothwendig, die gesammte Reaction aufzuzeichnen und in dieser diejenigen Momente zu bezeichnen, welche dem Beobachter als wesentlich vorkommen oder sich zahlenmässig als die häufigsten herausstellen lassen. Dabei ist gar nicht ausgeschlossen, dass dem gleichen Beobachter oder einem anderen später in der gleichen Versuchsreihe noch andere Dinge auffallen und das frühere Urtheil in wesentlichen Punkten geändert oder ergänzt werden muss.

Nur durch die vorurtheilslose Mittheilung der ganzen Reaction kann die vorzeitige Schematisirung auf Grund ungenügender Erkenntniss der wesentlichen Punkte vermieden werden.

Ich will deshalb im folgenden versuchen, Beiträge zur reinen Erfahrung zu liefern, welche nicht von vornherein in die Kästen psychologischer Begriffe und tabellarischer Gesammtübersichten hineingepresst sind, sondern jedem Forscher, der dieses Buch in die Hände bekommt, ein vergleichbares Material bieten, aus welchem er sich ohne Rücksicht auf die von mir selbst vorläufig bemerkten Erscheinungen ein eigenes Urtheil bilden kann.

Wahrnehmung und Auffassungsfähigkeit.

Wir gehen zunächst von der einfachen psychologischen Thatsache der Wahrnehmung aus, die bei Geisteskranken ebenso wie bei geistig Gesunden eine wichtige Rolle spielt. Es scheint dies umsomehr angebracht, als in dem psychologischen Begriff der Wahrnehmung im Gegensatz zu vielen anderen Bezeichnungen, zum Beispiel Empfindung, in denen bestimmte Componenten der Wahrnehmung herausgegriffen werden, nur ein Minimum von Abstraction vorliegt und eigentlich nur eine einfache Thatsache mit einem verbalen Kennzeichen versehen wird.

Bei der normalen Wahrnehmung wird auf einen äusseren Reiz hin ein Ding als wirklich empfunden und vorgestellt. Diejenigen Fälle, bei denen die Störungen der Wahrnehmung durch pathologische Veränderung der Aufnahmeorgane am Körper (zum Beispiel am Auge durch Linsentrübungen, Netzhautablösungen etc.) bedingt sind, müssen wir aus unserem Thema von vornherein ausschalten.

Die Aenderung der Wahrnehmung bei Aenderung des Reizes ist ein wichtiges Problem der Psychophysik. Leider ist es nur in sehr beschränktem Maasse möglich, dasselbe in die Psychopathologie zu übertragen, weil zu den Versuchen über Reizschwelle,

Vergleichung von Empfindungen etc. ein ziemlich hoher Grad von Aufmerksamkeit und Selbstbeobachtung gehört, der gerade bei Geisteskranken meist mangelt. Immerhin ist es möglich bei gewissen Arten von Störung, besonders bei bestimmten Schwachsinnszuständen, ferner im Stadium der Reconvalescenz und bei den Grenzfällen zwischen Nerven- und Geisteskrankheiten derartige Versuche vorzunehmen.[1])

Bei der Verfolgung des interessanten psychophysischen Problems, wie sich bei gemessener Aenderung des Reizes die inneren Zustände ändern, werden normalpsychologisch auf Grund der Selbstwahrnehmung Urtheile abgegeben, aus deren Uebereinstimmung oder Widerspruch mit den objectiven Aenderungen man bestimmte Schlüsse über das Verhältniss von physischen Reihen und psychischen Zuständen zu ziehen sucht. Will man diese Versuche auf psychiatrische Objecte übertragen, so wird man neben dem zweifelhaften Modus der Selbstbeobachtung versuchen müssen, objective Kriterien für die inneren Zustände zu gewinnen.

Dieser Art der Untersuchung am nächsten stehen diejenigen, welche wir in Bezug auf Ausdrucksbewegungen in Angriff genommen haben, da wir hier nach dem cerebralen Einfluss auf den Ablauf von Reflexen suchten, während gleichzeitig bei dem Anwachsen des Reizes, zum Beispiel bei der Prüfung des Pupillenreflexes eine Verstärkung der Lichtempfindung vorgeht. Ueber diese letztere können wir schon bei geistig Gesunden selten, bei geistig Kranken fast nie Auskunft erhalten oder höchstens Angaben, welche keinerlei Anspruch auf Verlässlichkeit machen können. Ein ganz neuer Zugang zu dem Problem der Wahrnehmung wäre uns geöffnet, wenn wir den cerebralen motorischen Einfluss, den wir bei der Untersuchung des Pupillenreflexes suchten, ohne bisher zu verwerthbaren Resultaten zu kommen, der sich aber durch unsere früheren Untersuchungen bei einer Reihe von anderen Vorgängen als vorhanden erwiesen hat, als Ausdruck der Empfindung, beziehungsweise des dieser entsprechenden Gehirnvorganges betrachten könnten.

Die oben citirten Untersuchungen über das Gedankenlesen, beziehungsweise über die motorischen Ausdrücke des Gehirnvorganges, welcher im Moment der Perception eines erwarteten Eindruckes vorhanden ist, machen es nun sehr wahrscheinlich, dass thatsächlich dieser äussere motorische Vorgang zu der inneren Empfindung eine so enge Beziehung hat, dass er möglicherweise als objectives Maass der letzteren benutzt werden kann. Will man also das Problem der Wahrnehmungsänderung bei der Aenderung der äusseren Reize in die Psychopathologie übertragen, so wird man gut thun, unter Verzicht auf die fehlerhafte Selbstbeobachtung die motorischen Begleiterscheinungen von Wahrnehmungen und Empfindungen in vergleichbarer und messbarer Weise darzustellen.

Um einen Ausgangspunkt für diese Untersuchungen zu gewinnen, habe ich die motorische Aeusserung einer Art von Wahrnehmungen zu untersuchen begonnen, welche bei bestimmten nervösen

[1]) Cfr. *Wundt*, Grundzüge der physiologischen Psychologie. 2. Aufl., 1880. pag. 321—355. — *Külpe*, Grundriss der Psychologie, 1893, pag. 47—81. — Ferner: *Fechner*, Elemente der Psychophysik. — *G. E. Müller*, Zur Grundlegung der Psychophysik, 1878.

Zuständen eine grosse Rolle spielen, nämlich die schreckhaften Bewegungen, die bei manchen Personen als Reaction auf plötzliche Schallreize auftreten.

Es handelt sich um das in unseren Krankengeschichten meist als Schreckhaftigkeit bezeichnete Symptom, bei welchem schon für die einfache klinische Erfahrung motorische Kriterien des inneren Zustandes einer abnorm lebhaften und mit Angst verknüpften Perception vorhanden sind.

Unter fünf daraufhin untersuchten Studenten wies einer, ein sehr begabter Mathematiker, der als Examenscandidat stark angestrengt war, dieses Symptom der Schreckhaftigkeit in ausserordentlich klarer Weise auf.

Das Experiment wurde in folgender Weise angeordnet:

Die drei Hebel des früher beschriebenen Apparates zur dreidimensionalen Analyse der Bewegungen an den Händen wurden genau übereinander an der berussten Trommel eingestellt. Unmittelbar darüber wurde der Hebel des pag. 157 erwähnten *Jacket*'schen Chronographen angebracht, um die zeitlichen Verhältnisse bis auf $^1/_5$ Secunden genau ablesen zu können; über diesem schliesslich ein elektromotorisch bewegter Signalhebel, der bei der Schliessung eines Stromes zuckte. Diese wurde durch die fallende Kugel an dem *Hipp*'schen Fallapparat bewirkt. Das bei dem Aufschlagen der Kugel bewirkte laute Geräusch war der Reiz, dessen motorische Reaction bei verschiedenen Individuen vermittelst des erwähnten Apparates zu fassen gesucht wurde. Während die Finger der rechten Hand mit der Aufgabe, sie still zu halten, auf der kleinen Platte des Apparates liegen, lässt man die Kugel mit beliebigen Zwischenpausen fallen.

Als Vergleich gebe ich in Fig. 81 das Resultat bei einem mit einem deutlichen Tremor behafteten Studenten, bei dem jedoch das motorische Phänomen der Schreckhaftigkeit fehlt; in Fig. 82 *a* und *b* das Resultat bei der ersterwähnten Versuchsperson, welche bei drei Versuchen jedesmal das schreckhafte Zusammenzucken in der deutlichsten Weise zeigt.

Es bedeutet die obere Linie *(a)* die Curve des Signalhebels, an welcher drei Reize (Geräusch der aufschlagenden Kugel) kenntlich sind, die zweite Linie die Curve des *Jacket*'schen Chronographen, der bei dem Experiment in Fig. 82 nicht in Gang gesetzt war. Dann folgen Linie *c*: Curve des Stosses, Linie *d*: Curve der seitlichen Schwankung, Linie *e*: Curve des Druckes. Unmittelbar nach dem Schallreiz zeigen sich in Fig. 82 *a* und *b* in allen drei Dimensionen starke, nach dem Modus der klonischen Krämpfe verlaufende Ausschläge, die sich von den sonstigen Zittererscheinungen als etwas Besonderes abheben. Das Phänomen ist so deutlich, dass eine genauere Beschreibung überflüssig erscheint. Entsprechend diesem objectiven Phänomen ist subjectiv ein Schreckgefühl vorhanden.

Hier stehen zweifellos motorischer Vorgang und psychischer Zustand in einer ganz engen Beziehung zu einander: es ist ein mit einiger Wahrscheinlichkeit messbarer Ausdruck der abnorm starken inneren Reaction vorhanden. Es kann allerdings eingewendet werden, dass es sich dabei nicht um Bewegungen handelt, die den Ausdruck des cerebralen Processes bei der Wahrnehmung bilden, sondern um Wirkungen eines Gefühlszustandes, der bei dem betreffenden Individuum zu der Wahrnehmung hinzutritt. Aber diese Auffassung ist ebenso nur eine Hypothese wie die Vorstellung, dass die motorische Reaction der Ausdruck eines Gehirnzustandes ist, der als lebhafte und mit Angst betonte Sinnesempfindung in das Bewusstsein tritt. Man kann sich vorstellen, dass die abnorme Erregung centraler Apparate, welche in der starken Reaction

Fig. 81.

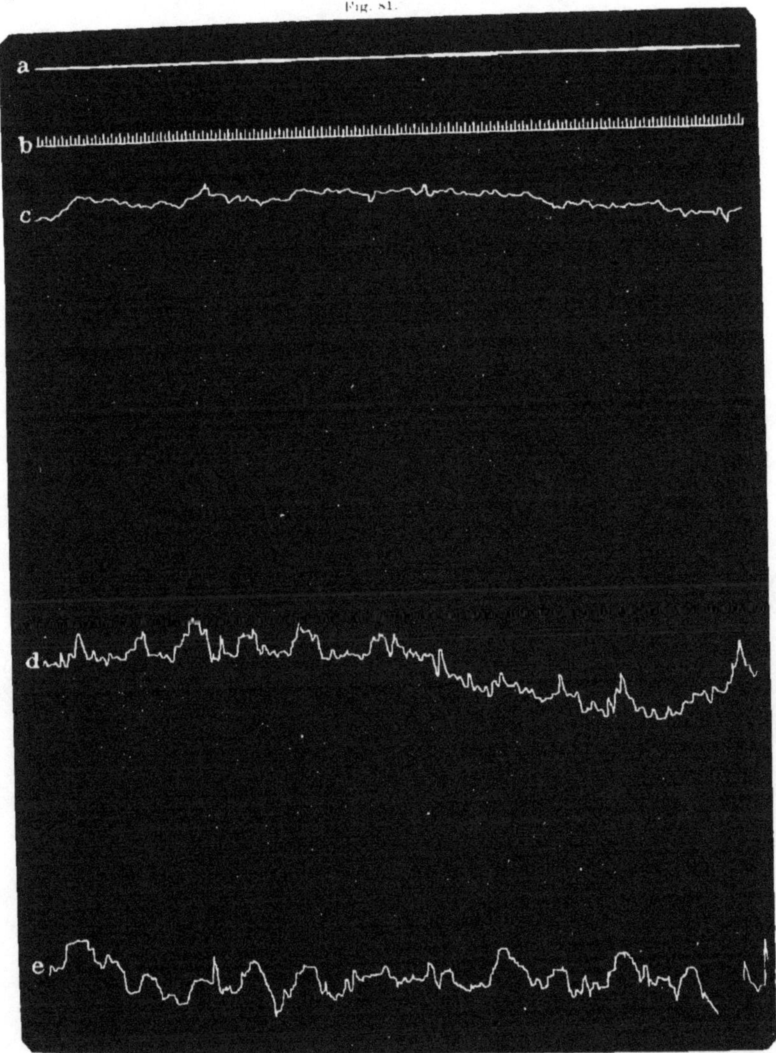

auf einen äusseren Reiz zum Vorschein kommt, das Wesentliche ist und die lebhafte Empfindung sowie das Angstgefühl (Schreck) das psychische Correlat dieses Erregungszustandes bildet.

Immerhin ist man durch eine Menge klinischer Erfahrungen gezwungen, die Lebhaftigkeit einer Sinnesempfindung und ihre Gefühlsbetonung, im speciellen Fall das Angstgefühl als gesonderte Momente auseinander zu halten. Die grosse Lebhaftigkeit der Empfindungen (zum Beispiel Hyperakusis) bei Maniakalischen, bei denen eine ent-

Fig. 82a.

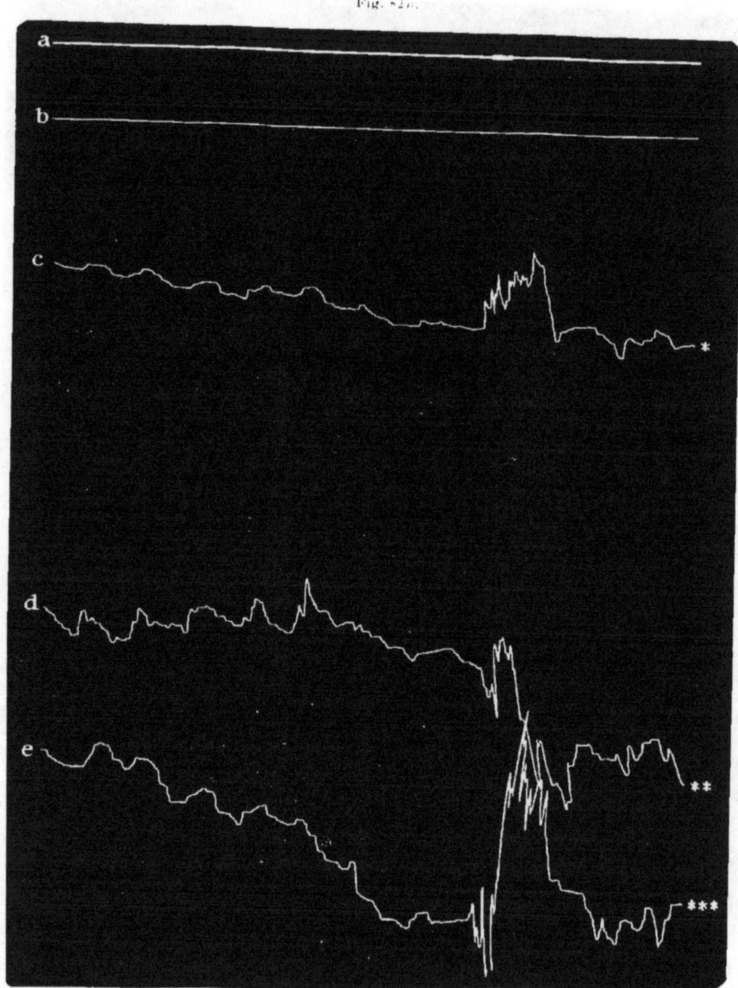

gegengesetzte Gefühlsbetonung vorhanden ist, beweist dies deutlich. Es muss also im Gegensatz zu der einfachen Reflextheorie, wonach in dem obigen Versuch die abnorm starke cerebrale Erregung bei der Kraftübertragung psychisch als lebhafte, mit einem Angstgefühl verder lebhaften Empfindung entsprechenden cerebralen Vorgängen, sein können, dass also für das wesentliche Problem: Messung von Empfindungs- und Wahrnehmungsacten mit motorischen Kriterien durch das mitgetheilte Experiment nichts gewonnen ist.

Am meisten bieten diejenigen Wahrnehmungen Aussicht, sich durch motorische Erscheinungen zu verrathen, mit welchen Bewegungsempfindungen verknüpft sind, die schon auf Grund unserer Selbstbeobachtung wahrgenommen werden können. Die einfache Beobachtung lehrt, dass bei der Wahrnehmung bewegter Gegenstände, besonders organischer Körper, vom Zuschauer oft deutlich wahrnehmbare Bewegungen ausgeführt werden, die sich häufig als unwillkürliche Nachahmung des Gesehenen darstellen.

Wenn wir einen in den Bahnhof einfahrenden Eisenbahnzug ansehen, machen wir gelegentlich eine Mitbewegung in der Fahrtrichtung. Ein physiognomischer Ausdruck zwingt uns, unser Gesicht in die gleichen Formen und Falten zu bringen. Im pathologischen Gebiet kennen wir die Suggestibilität für Bewegungen, besonders bei der Katatonie, ferner die Epidemien hysterischer Krämpfe, welche offenbar auf dem zwangsmässigen Imitiren krampfhafter Bewegungen beruhen.

Alle diese Beobachtungen laufen darauf hinaus, dass diejenigen Wahrnehmungen, mit denen Bewegungsempfindungen verknüpft sind, öfter zu objectiven Mitbewegungen des eigenen Körpers führen. Dieses Problem der psychomotorischen Mitbewegung kann man mit Hilfe des früher beschriebenen Apparates ohne Schwierigkeit in Angriff nehmen.

Das Experiment wird in der Weise angestellt, dass man einer Versuchsperson, welcher man die Aufgabe ertheilt, auf dem pag. 96 beschriebenen Apparat zur Untersuchung des Zitterns die Finger ganz ruhig zu halten, eine Reihe von Bewegungen, wie sie zum Beispiel bei der Zusammenstellung des Untersuchungsschemas betreffs Suggestibilität für Bewegungen verwendet wurden, vormacht.

Es zeigen sich bei manchen Personen, beziehungsweise bei bestimmten Menschen in manchen Fällen Mitbewegungen, welche als Ausdruck der die Wahrnehmung begleitenden Bewegungsempfindungen gelten können. Allerdings tritt hervor, dass diese Art der Reaction individuell verschieden ist, dass also die Bewegung nicht der Ausdruck des cerebralen Vorganges bei der Wahrnehmung, sondern im besten Fall derjenige eines accidentellen Momentes ist, welches bei manchen Personen zu der Wahrnehmung hinzutritt. Jedenfalls wird diese Methode sich für die Individualpsychologie nach der Richtung der Bewegungsempfindungen als eine brauchbare erweisen.

Es fehlen uns aber immer noch motorische Kriterien für den Wahrnehmungsact selbst. Ob es möglich sein wird, diese allmählich zu bekommen, bleibt dahingestellt. Jedenfalls müssen wir dies als eine Forderung aufstellen, falls man überhaupt versucht, an Stelle der Selbstwahrnehmung objective Kriterien der Gehirnvorgänge bei der Wahrnehmung zu erhalten.

Wir dürfen jedoch über diesem Studium der motorischen Ausdrücke die psychische Seite der Wahrnehmung und deren Störungen nicht vernachlässigen.

Da es sich bei den Wahrnehmungen nie um eine „einzelne Empfindung“ handelt, welche überhaupt nur in der Abstraction der Psychologie existirt, sondern um eine Reihe von sinnlichen Reizen, welche uns als einheitliche Wahrnehmung zum Bewusstsein kommen, so ergibt sich das Problem, wie aus einer Succession von Eindrücken eine simultane Wahrnehmung werden kann, beziehungsweise ob eine solche im strengen Sinne überhaupt vorhanden ist. Auf die verwickelten psychologischen Folgen, welche diese Ueberlegung hat, kann ich hier nicht eingehen. Auch spielt diese Art des Zustandekommens einer einfachen Wahrnehmung psychopathologisch anscheinend eine geringe Rolle. Wichtig für uns sind erst die Fälle, in denen eine Wahrnehmung schon für unsere einfache Selbstbeobachtung aus einer Reihe von Einzeleindrücken zusammengesetzt erscheint, die von uns zu einer simultanen Wahrnehmung verschmolzen werden.

Man kann das allgemeine Problem der Wahrnehmung zu dem engeren der Auffassungsfähigkeit einschränken, um dem klinischen Bedürfniss entgegenzukommen.

Eine methodische Messung der Auffassungsfähigkeit mit Rücksicht auf die psychopathologischen Aufgaben hat *Kraepelin* angeregt.[1]) Derselbe hat mit seinem Schüler *Ludwig Cron* ein Verfahren ausgebildet, welches Maassbestimmungen für die fortlaufende Auffassung von Gesichtsreizen liefert. Dabei wurde mit Schriftzeichen, nicht mit Sachbildern gearbeitet, „weil Schriftzeichen sich leichter in grösseren Reihen gleichartiger Reize herstellen lassen, und weil sich das Lesen derselben unmittelbar an eine häufig geübte Thätigkeit des gewöhnlichen Lebens anlehnt“.

Unter Anschluss an das Verfahren *Cattell's* (Philosophische Studien, II, pag. 635 ff.) liessen die Verfasser „Trommeln, die in Schneckenwindungen mit Schriftzeichen beklebt waren und sich mit gleichmässiger Geschwindigkeit unter Senkung auf dem Kymographion drehten, durch einen Spalt von veränderlicher Weite aus bestimmter Entfernung betrachten. Spaltweite und Drehungsgeschwindigkeit wurden so eingestellt, dass von den verschiedenen Beobachtern gerade nicht mehr Alles fehlerlos erkannt werden konnte. Die Versuchsperson sprach, während die einzelnen Reize vor ihrem Auge vorüberglitten, laut aus, was sie gelesen hatte; alle diese Lesungen wurden von einer andern Person stenographisch in eine Liste eingetragen, welche im Vordruck denselben Stoff enthielt wie die Reiztrommel“. Als Reize dienten: 1. einsilbige, 2. zweisilbige Wörter, 3. sinnlose Silben.

Mit dieser Methode wurden drei geistig Gesunde und drei Kranke der Irrenklinik in Heidelberg an je drei verschiedenen Tagen untersucht. Von den drei Kranken war der erste ein chronischer Alkoholist, der zweite ein an Dipsomanie auf epileptischer Grundlage leidender, der dritte ein Fall von chronischer Paranoia.

Die wesentliche Bedeutung der Arbeit besteht in der Klarstellung der Momente, welche die Auffassungsfähigkeit beeinflussen,

1) Cfr. *Ludwig Cron* und *Emil Kraepelin*, Ueber die Messung der Auffassungsfähigkeit. Psychologische Arbeiten, II. Band, 2. Heft.

wobei als erste Gruppe Uebung, Gewöhnung, Gedächtniss, als zweite Ermüdung, Anregung, Antrieb in Betracht gezogen werden, sodann in der Feststellung persönlicher Verschiedenheiten in der Auffassungsfähigkeit bei den verschiedenen Personen. Diese Untersuchungen bieten werthvolle Bausteine für eine wissenschaftliche Individualpsychologie, während die Ausbeute für die Aufgaben der Psychopathologie vorläufig noch gering ist.

Nur bei dem einen Kranken liessen sich unzweideutige Beziehungen zwischen dem Befund und der Art der Krankheit (Alkoholismus) herstellen, wenn man die früheren Studien *Kraepelin's* über die psychophysiologischen Wirkungen des Alkohols [1]) (Erschwerung der Auffassung und Erleichterung der Auslösung von Bewegungsantrieben) für die Vergleichung zugrunde legt.

Trotzdem ist es von grosser Bedeutung für die Psychopathologie, dass in diesem Versuch über die Auffassungsfähigkeit das allgemeine Problem der Wahrnehmung von der psychologischen Seite her in Angriff genommen worden ist.

Sinnestäuschungen.

Um die Sinnestäuschungen, welche in psychiatrischen Krankengeschichten und Gutachten ein häufiges Requisit der Beschreibung und Beurtheilung bilden, wirklich einer exacten Untersuchung zugänglich zu machen, empfiehlt es sich von der visionären Umdeutung bestimmter Sinneseindrücke auszugehen.

Für die gesammte Psychopathologie wäre es von grosser Bedeutung, ein Maass für diese Tendenz zur visionären Umdeutung von Sinneseindrücken zu bekommen. Zur Analyse der Symptome bei Delirium tremens, Verwirrtheit, gewissen Formen von Wahnbildung mit Sinnestäuschungen erscheint die Ausbildung derartiger Methoden unerlässlich.

Einen Ausgangspunkt hierzu könnte das Phänomen des Verlesens in den *Kraepelin*'schen Versuchen über die Messung der Auffassungsfähigkeit, bei dem manchmal subjective Zuthaten zu halb richtigen Wahrnehmungen vorzukommen scheinen (cfr. l. c. pag. 301), bieten. Es handelt sich jedoch hier nur um eine besondere Art optischer Eindrücke, die zudem in der dort beschriebenen Weise gerade bei denjenigen Krankheitsfällen, bei denen visionäre Umbildung von Wahrnehmungen wesentlich in Betracht kommt, nicht verwendbar ist.

Fasst man das Problem ins Auge, so ergibt sich für alle Sinnesqualitäten die Aufgabe zu bestimmen, wie weit:

I. zu dem Sinneseindruck subjective Zuthaten mit dem Charakter von Wahrnehmungen gemacht werden,

II. wie weit dabei Theile des ersten Sinneseindruckes ausgeschaltet werden.

Unter die gleiche Fragestellung würden theoretisch alle diejenigen Fälle von Sinnestäuschungen fallen, bei denen man einen

[1]) Cfr. *Kraepelin*, Ueber die Beeinflussung einfacher psychischer Vorgänge durch einige Arzneimittel, pag. 173.

subcorticalen Reiz sensibler Leitungsbahnen als Ursache annehmen muss. Als Beispiel hierfür nenne ich die optischen Sinnestäuschungen durch Druck eines Tumors auf die Tractus optici bei völliger Amaurose infolge von Stauungspapille, ferner die „elementaren“ Sinnestäuschungen bei Epileptischen (Klingen, Läuten, Erscheinungen von Feuer und so fort), die möglicherweise ebenfalls nichts als psychische Ergänzung und visionäre Umdeutung subcortical vor sich gehender Reizungen sind.

Praktisch sind diese Fälle jedoch einer experimentellen Prüfung völlig unzugänglich. Es handelt sich für uns lediglich um die Fälle, bei denen man den äusseren Reiz beliebig gestalten kann, um die Kranken zu Aeusserungen zu veranlassen, aus denen man einen Schluss auf die illusionäre Wirkung des Reizes machen kann.

Die besten Untersuchungsobjecte bieten gelegentlich Fälle von Delirium tremens, besonders im Uebergangsstadium zur Genesung, wenn die Erregung schon geringer, die Besonnenheit grösser geworden ist, während die Tendenz zur illusionären Wahrnehmung noch besteht, ferner hysterische Dämmerzustände und Delirien bei Infectionskrankheiten.

Im Princip empfiehlt es sich, den Reiz so zu wählen, dass bei Abzug einiger Eigenschaften schon für das normale Bewusstsein eine Mehrdeutigkeit des sinnlichen Eindruckes entstehen würde, weil hier von vornherein die Möglichkeit einer Verkennung grösser ist. Man muss also durch die Wahl des Reizes der Aufgabe entgegenkommen.

Im optischen Gebiet erfüllen diese Bedingung neben Bildern und Farben am besten Tapeten mit verworrener Linienführung, welche es leicht macht, verschiedene Figuren, Thiere, Köpfe etc. herauszulesen oder vielmehr durch Ergänzung darin zu erblicken. Thatsache ist, dass illusionäre Umdeutung von Tapetenmustern bei vielen Delirien häufig ist. Es würde sich darum handeln, von dieser Ueberlegung ausgehend, bestimmte combinirte Sinnesreize zu schaffen, deren illusionäre Deutung in möglichst vielen Fällen in vergleichender Weise festzustellen wäre.

Im Gebiet des Gehöres erscheint die Aufgabe vorläufig kaum lösbar; dagegen kann man in Bezug auf den Tastsinn durch Berührung der Haut mit bestimmten Gegenständen (Sammt, Holz, Metallstücke etc.) bei geschlossenen Augen einige einfache Feststellungen machen. Dabei kommen neben dem Tastsinn auch Kriterien der Temperaturempfindung etc. in Betracht. Allerdings ist nicht festzustellen, wieweit im einzelnen nur falsche Urtheile aus unvollständigen Wahrnehmungen gezogen oder wirkliche Trugwahrnehmungen unter Ergänzung, beziehungsweise partieller Ausschaltung der Sinneseindrücke gemacht werden.

Es ist mir bisher nicht gelungen, für diese Prüfungen eine bestimmte Methode festzulegen, wenn sich auch in einzelnen Fällen die illusionäre Umdeutung solcher Eindrücke deutlich erkennen liess.

Noch schwieriger erscheint die Untersuchung der eigentlichen Hallucinationen, das heisst Sinneswahrnehmungen ohne äusseren Reiz. Da es sich hier um cerebrale Störungen handelt, welche ohne äusseren Reiz zu scheinbaren Wahrnehmungen führen, so ist von vornherein eine experimentelle Methode nach dem Schema des Reflexvorganges (sensibler Reiz, centrale Erregung, motorische Aeusserung) unmöglich. Es könnte sich theoretisch nur darum handeln, experimentell die cerebralen Apparate durch Vermittlung von bestimmten Stoffen, welche dem Körper einverleibt werden, in denjenigen Reizzustand zu versetzen, aus welchem Sinnestäuschungen hervorgehen. Die absichtliche Durchführung solcher Experimente ist ausgeschlossen. Andererseits können die Intoxicationen mit den verschiedensten Giften, welche theils durch Volksgewohnheit (Alkohol, Opium), theils aus medicinischen Indicationen (Chloroform, Cocain), theils durch Zufall geschehen, als natürliche Experimente gelten und sind genauester Untersuchung im einzelnen Falle werth. Zweifellos kann die Prüfung dieser Erscheinungen, soweit sie durch Ausfragen der Kranken möglich ist, viel weiter ausgedehnt werden, als es bisher grösstentheils geschehen ist, sobald man nur die Grundeigenschaften der Wahrnehmung in den einzelnen Sinnesgebieten ins Auge fasst.

Es müssen folgende Momente berücksichtigt werden:

I. Im optischen Gebiet:

1. Form und Grösse der Erscheinung, Uebergänge von einer Form in die andere.
2. Helligkeit, Farbe und Durchsichtigkeit.
3. Festigkeit (als Accidens aus dem Gebiet des Tastsinns entlehnt).
4. Stellung im Raum.
5. Gleichzeitige Wahrnehmung von Gegenständen der Umgebung.
6. Ortsveränderung.
7. Beziehung auf das hallucinirende Individuum.

Sobald man in einzelnen Fällen oder Krankheitsgruppen nach diesen Kriterien untersucht, stellen sich die überraschendsten Unterschiede heraus, deren Bedeutung erst bei dem Vergleich eines grossen, nach den gleichen Gesichtspunkten behandelten Materials klar werden kann. Es ist sehr wahrscheinlich, dass bestimmte Züge bei gewissen Krankheitsformen stärker gezeichnet erscheinen; zum Beispiel ist der locomotorische Charakter bei den alkoholischen Sinnestäuschungen (ganz abgesehen von dem Antheil an Thiervisionen) differentialdiagnostisch wichtig, ebenso das Moment der „Zurückbeziehung" bei den Sinnestäuschungen der Paranoiker, die zum Beispiel von ihren eigenen Trugwahrnehmungen bedroht werden, während bei hallucinatorisch Verwirrten oft gar keine Beziehung der Trugwahrnehmungen auf das Subject vorhanden ist.

Ferner ist eine genaue Analyse nach obigen Gesichtspunkten geeignet, eine ganze Menge von Fällen, bei denen Sinnestäuschungen infolge des klinischen Eindruckes angenommen werden, überhaupt aus diesem Gebiet auszuscheiden. Nach meiner Erfahrung sind wirkliche Sinnestäuschungen bei Geisteskranken viel seltener als man nach dem Wortlaut der meisten Lehrbücher annehmen sollte. Vor allem muss man bei den physiognomischen Verzerrungen der Katatoniker, welche häufig aus Sinnestäuschungen abgeleitet werden, mit dieser Annahme sehr zurückhaltend sein. Ebenso muss man sich hüten, lebhafte Vorstellungen, wie sie zum Beispiel bei Hysterischen häufig sind, mit wirklichen Sinnestäuschungen zu verwechseln.

II. Im akustischen Gebiet:

1. Lautliche Zusammensetzung (Geräusch, Klang, Wort) und Aufeinanderfolge.
2. Tonhöhe.
3. Intensität.
4. Localisation („von oben", „aus der Wand" etc., speciell Beziehung auf Theile des Körpers als Sitz der Stimme, einseitige Gehörstäuschungen, „innere Stimmen", „Stimmen aus dem Magen" etc.).
5. Gleichzeitige Vorstellung von Personen, welche die Stimmen hervorbringen.
6. Beziehung auf das hallucinirende Subject.

Auch hier scheinen einzelne Kriterien bestimmten Krankheitsarten zuzugehören; zum Beispiel die elementaren Geräusche und Klänge etc. den epileptischen Zuständen, rascher Wechsel den Zuständen hallucinatorischer Verwirrtheit, Localisation in bestimmten Körpertheilen, sowie Zurückbeziehung des Inhaltes der Worte auf das Individuum (Verspottung etc.) der Paranoia.

III. Im olfactorischen Gebiet:

1. Qualität der hallucinatorischen Geruchsempfindung.
2. Gefühlsbetonung.
3. Localisation des Geruches („es riecht von einer Seite her").
4. Beziehung auf einen Gegenstand („das Essen riecht", „es riecht aus einem Schrank").

Es ist hier kaum möglich, im einzelnen Falle mit Bestimmtheit reine Hallucination anzunehmen, da viele Gegenstände der Umgebung von Kranken (Zimmerluft, Bett, Essen etc.) thatsächlich riechen und es sich gelegentlich nur um Geruchsillusionen, das heisst Trugwahrnehmungen auf Grund von wirklichen Eindrücken handeln kann.

Trotzdem empfiehlt es sich, von obigen Gesichtspunkten aus eine genauere Analyse der Geruchstäuschungen vorzunehmen.

IV. Im Gebiet des Geschmackes:

1. Qualität der Geschmacksempfindung.
2. Gefühlsbetonung.
3. Localisation („an der Zunge", „der Geschmack steigt vom Magen auf").

V. Im Gebiet des Tastsinns:

1. Zusammensetzung der Empfindung (reines Berührungsgefühl. Kribbeln, Ameisenlaufen, Ziehen etc.).
2. Gefühlsbetonung.
3. Localisation am Körper.
4. Beziehung auf bestimmte Gegenstände („es drückt ein Brett auf den Leib", „ein Ring liegt um den Hals").
5. Verursachung („es wird elektrisirt", „es kommen magnetische Ströme durch die Luft" etc.). Dieses Moment ist eng mit der Beziehung auf bestimmte Gegenstände verknüpft.

VI. Im Gebiet des Temperatursinns:

1. Qualität der Empfindung.
2. Gefühlsbetonung.
3. Verknüpfung mit anderen Sinnesqualitäten, speciell mit Tasteindrücken (Hitze mit Druck).
4. Localisation am Körper.
5. Verursachung.

VII. Im Gebiet der Schmerzempfindung.

1. Qualität (brennend, stechend etc.).
2. Localisation.
3. Beziehung auf Gegenstände und Verursachung („es wird mit Nadeln gestochen", „es wird gezwickt", „ein Pfeil steckt in der Haut" etc.).

Neben diesen besonderen Gesichtspunkten für die einzelnen Sinnesorgane kommen einige allgemeine in Betracht:

1. Aufeinanderfolge der Sinnestäuschungen, zum Beispiel massenhafte Sinnestäuschungen mit raschem Wechsel bei der hallucinatorischen Verwirrtheit, sporadische bei der chronischen Paranoia.
2. Homosensualität, das heisst Betroffensein nur eines Sinnes oder wenigstens vorwiegende Betheiligung eines Sinnes (zum Beispiel Vorwiegen der Worthallucinationen bei vielen Paranoia-Fällen).
3. Einfluss äusserer Momente auf das Verschwinden der Sinnestäuschung (zum Beispiel Unterbrechung der Sinnestäuschungen durch Anreden des Kranken etc.).

Der Versuch, die Sinnestäuschungen einer genaueren Analyse zu unterwerfen, beschränkt sich also vorläufig auf Feststellung der Punkte, welche sich für die Untersuchung aus einfachen sinnesphysiologischen Betrachtungen ergeben. Experimente im eigentlichen Sinne durch Anwendung bestimmter Reize und Studium der Reaction sind nur sehr selten möglich.

Am meisten eignen sich zur methodischen Untersuchung manche Fälle von Delirien, besonders Delirium tremens und von chronischer Paranoia. Bei ersteren kommen wesentlich optische Reize (Farben, Bilder, Tapetenmuster), bei letzteren akustische (Geräusche, Glockengeläute etc.) in Betracht. Auch hier muss in den wenigen geeigneten Fällen vor allem auf Gleichheit des Reizes, bezw. wiederholte Anwendung der gleichen Reihe von Reizen gesehen werden. Es ergibt sich als weitere Aufgabe für die methodische Psychopathologie, bestimmte Reihen von Reizen in den verschiedenen Sinnesgebieten für derartige Untersuchungen zusammenzustellen. Leider sind meine bisherigen Versuche in dieser Richtung ohne wesentlichen Erfolg geblieben. Ich kann daher vorläufig nur auf die principielle Wichtigkeit dieser Aufgabe hinweisen.

Orientirtheit.

Während die Störungen der Wahrnehmung bisher nur in sehr geringem Maasse einer methodischen Untersuchung bei einer Vielheit von Fällen zugänglich sind, finden wir in Bezug auf die elementaren geistigen Vorgänge, die mit dem Worte „Orientirtheit“ zusammengefasst werden, eine Reihe von Beziehungen zu den gewöhnlichen Formen des Verkehrs mit Geisteskranken, die bei jedem erfahrenen Irrenarzt unwillkürlich ein methodisches Moment bekommen und zu Untersuchungsmitteln werden. Durch wenige Fragen über die Personalien des Kranken erhalten wir eine Menge von physiognomischen, gesticulatorischen und sprachlichen Reactionen, die wir auf Grund früherer Erfahrungen mehr oder minder bewusst zu bestimmten Anschauungen über die Natur der Krankheit verarbeiten.

Es erwächst uns nun die Aufgabe, dieses methodische Moment, welches in der einfachsten Unterhaltung mit den Kranken liegt, unter consequenter Anwendung gleicher Reize im Sinne des oben aufgestellten allgemeinen Principes, deutlich herauszuheben und zu einer bewussten klinischen Methode auszugestalten.

Wir betrachten dabei die „Orientirtheit“ nicht als scharf zu definirende Fähigkeit, deren Vorhandensein oder Nichtvorhandensein im einzelnen Fall nachzuweisen wäre, sondern lediglich als Bezeichnung für eine Gruppe von geistigen Vorgängen, deren eigentliche Natur gerade durch die methodische Untersuchung erst klargestellt werden soll. Es genügt für uns als Ausgangspunkt, wenn wir dabei im Allgemeinen an diejenigen Vorstellungen denken, welche die eigene Person und deren räumliche und zeitliche Stellung betreffen.

Es handelt sich praktisch darum, eine Reihe von Fragen, die sich hierauf beziehen, in Form eines Untersuchungsschemas zusammenzustellen und mit diesem an eine grosse Zahl verschiedener Individuen und Krankheitszustände, ferner auch an die gleichen Individuen zu verschiedenen Zeiten im Ablauf ihrer Krankheit heranzugehen, um ein vergleichbares Material zur Beurtheilung dieser „Fähigkeit“ und ihrer Störungen zu erhalten.

Nach einer grossen Zahl von Fehlversuchen bei der Construction eines solchen Schemas ist es mir allmählich immer klarer geworden, dass hierbei in der Einfachheit und der Anlehnung an die gewöhnlichen Formen der klinischen Unterhaltung der wesentliche Punkt liegt. Gerade die geschickten Redewendungen, mit denen der Einzelne manchmal lang vermuthete Dinge aus einem Kranken herausholen kann, alle diese Kunstgriffe und Feinheiten, welche als Kennzeichen bedeutender Erfahrung gelten, eignen sich für die Aufstellung eines Untersuchungsschemas, dessen Sinn wesentlich in der Vergleichbarkeit der Resultate liegt, in keiner Weise. Der persönlichen Geschicklichkeit des Einzelnen fehlt eine hauptsächliche Eigenschaft für die wissenschaftliche Werthschätzung: die leichte Uebertragbarkeit und die Mittheilbarkeit der Resultate. Die instinctive Fähigkeit des Einzelnen kann gelegentlich grosse wissenschaftliche Fortschritte anbahnen: wirkliche Erkenntniss entsteht aber daraus nur dann, wenn einfache, allgemein anwendbare Methoden hinzutreten, um das, was der Einzelne in der Anschauung erfasst hat, in vergleichbarer und messbarer Weise der allgemeinen Beurtheilung vor Augen zu rücken.

Nur von diesem allgemeinen Gesichtspunkt aus kann ich es wagen, die nun folgende Zusammenstellung von Fragen als eine Methode schon jetzt zu bezeichnen, hoffe jedoch, dass die spätere Mittheilung der damit erhaltenen Resultate diese Bezeichnung völlig rechtfertigen wird.

Nach Ausschaltung einer Menge von Ueberflüssigem und Spitzfindigem habe ich von mehrfachen Constructionsversuchen die folgenden Fragen als für methodische Zwecke geeignet festgehalten:

Fragebogen betreffend Orientirtheit.

Name: Nr.
Datum:
Tageszeit:

1. Wie heissen Sie?
2. Was sind Sie?
3. Wie alt sind Sie?
4. Wo sind Sie zu Hause?
5. Welches Jahr haben wir jetzt?
6. Welchen Monat haben wir jetzt?
7. Welches Datum im Monat haben wir?
8. Welchen Wochentag haben wir heute?
9. Wie lange sind Sie hier?
10. In welcher Stadt sind Sie?
11. In was für einem Hause sind Sie?
12. Wer hat Sie hierher gebracht?
13. Wer sind die Leute Ihrer Umgebung?
14. Wo waren Sie vor acht Tagen?
15. Wo waren Sie vor einen Monat?
16. Wo waren Sie vorige Weihnachten?

Es erscheint nothwendig, die Motive für diese Auswahl zu entwickeln. Die Punkte, welche bei der Zusammenstellung des Schemas berücksichtigt werden mussten, sind folgende:

I. Die Orientirtheit über die einfachsten Personalien: Name, Stand, Alter, Heimat (cfr. Frage 1—4).
II. Die zeitliche Orientirung (cfr. Frage 5—8), betreffend Jahrgang, Monat, Monatsdatum, Wochentag. Dazu kommt die ebenfalls hierher gehörende Frage 9, betreffend die Länge des Anstaltsaufenthaltes, welche eine gewisse zeitliche Orientirtheit während der betreffenden Zeit voraussetzt.
III. Die specielle räumliche Orientirung über den Aufenthaltsort und die Umgebung (Frage 10 und 11, 13).
IV. Erinnerung an vergangene Ereignisse (Frage 12. 14. 15. 16).

Diesen Punkt in brauchbarer Weise in einem Schema zu behandeln, machte grosse Schwierigkeiten, weil man eben nicht an bestimmte Ereignisse anknüpfen konnte. Die Frage Nr. 12 bezieht sich auf einen Punkt, der für alle in die Anstalt Aufgenommenen gleichmässig gilt, nämlich die Begleitung bei der Aufnahme in die Anstalt. In Frage Nr. 14—16 sind Zeitpunkte gewählt, um dadurch gewisse Erinnerungen an frühere Situationen oder Ereignisse zu wecken. Allerdings ist hier rückwärts gerichtete zeitliche Orientirung Voraussetzung zur Beantwortung.

Mit diesen Fragen ist über die Grenzen der Orientirtheit im engeren Sinne schon hinausgegangen. Es ist jedoch damit ein Punkt berührt, der erfahrungsgemäss bei der Orientirtheit eine grosse Rolle spielt, nämlich die Möglichkeit, den momentanen Zustand durch Erinnerung an frühere in einen bestimmten Zusammenhang zu bringen. Dieses Einreihen von Bewusstseinszuständen in eine Reihe, welche durch Erinnerung wachgerufen wird, spielt zweifellos bei der Orientirtheit im Sinne eines festen Zusammenhanges der Bewusstseinsthatsachen einer Person eine grosse Rolle. Es wäre vielleicht möglich, bessere Reizmomente zu finden, um das Vorhandensein eines solchen Zusammenhanges zu prüfen, vorläufig begnügen wir uns mit den genannten Fragen.

Nun ergibt sich weiter aus einer Reihe von klinischen Thatsachen in Bezug auf die verschiedenen Gruppirungen, in denen das Symptom der Unorientirtheit auftreten kann, die Anregung, neben dieser auch diejenigen psychopathischen Symptome ins Auge zu fassen, welche öfter damit in Verbindung auftreten, nämlich:

1. Stimmungsanomalieen,
2. hypochondrische und paranoïsche Ideen,
3. Sinnestäuschungen.

Hierbei ist an die Thatsache zu erinnern, dass bei der Verwirrtheit oft ein sehr depressiver Affect vorhanden ist, und dass auch die Combination beider Symptome für die Diagnose der Verwirrtheit im engeren Sinne von Bedeutung ist, ferner dass bei der Verwirrtheit oft Sinnestäuschungen ohne eigentliche Verfolgungsideen vorhanden sind. Das Schema zielt nun darauf hin, das Zusammentreffen von zwei, drei oder vier Symptomen, beziehungsweise das Ausfallen eines oder mehrerer solcher festzustellen und diese Constellation von Symptomen differentialdiagnostisch zu verwerthen. Nimmt man zum Beispiel als Elementarsymptome an

I. Unorientirtheit,
II. depressiven Affect,
III. Verfolgungswahn,
IV. Sinnestäuschungen,

so ist aus den klinischen Thatsachen ersichtlich, dass je drei dieser Symptome zu sehr verschiedenen Combinationen mit ganz verschiedener diagnostischer Bedeutung zusammentreten können. Bezeichnet man das Vorhandensein eines Symptoms mit +, das Fehlen mit —, so ist + I, + II, — III, + IV der Ausdruck für eine Combination von Symptomen, welche sich mit dem prognostisch relativ günstigen Begriff der hallucinatorischen Verwirrtheit deckt.

Dagegen — I, + II, + III, + IV bedeutet klinisch meist den prognostisch sehr ungünstigen Zustand der Paranoia (Verfolgungswahn mit depressivem Affect und Sinnestäuschungen bei erhaltener Orientirtheit).

Die Combination — I, — II, + III, + IV, das heisst Verfolgungsideen mit Sinnestäuschungen ohne Störung der Orientirtheit und ohne Stimmungsanomalie findet sich ziemlich oft bei fortgeschrittenen Stadien der Paranoia, in denen ein richtiger Zusammenhang von Affect mit Wahnbildung nicht mehr vorhanden ist. Ferner ist die Combination + I, + II, — III, — IV denkbar und wirklich beobachtet, das heisst Unorientirtheit mit depressivem Affect, ohne Sinnestäuschungen und ohne Wahnbildung. Diese Art der reinen Verwirrtheit ist als häufiges Symptom schwerer Infectionskrankheiten bekannt und hat eine wesentlich andere Bedeutung als die Combination, bei welcher + IV (Sinnestäuschungen) hinzugetreten ist.

Jedenfalls ist die gleichzeitige Berücksichtigung dieser Fundamentalsymptome, die in den verschiedensten Combinationen vorkommen können, sehr wichtig, und es handelte sich darum, im Schema neben dem wesentlichen Punkt (Unorientirtheit) diese drei Momente ins Auge zu fassen. Nach einer Reihe von anderen Versuchen habe ich diesen Zweck schliesslich durch wenige, möglichst einfache, sofort verständliche Fragen zu erreichen gesucht, welche direct auf die Constatirung der genannten Punkte: Stimmungsanomalie (cfr. Frage 17), hypochondrisch-paranoïsche Ideen (Frage 18 bis 20) und Sinnestäuschungen (Frage 21 und 22) ausgehen. Die Fragen lauten:

17. Sind Sie traurig?
18. Sind Sie krank?
19. Werden Sie verfolgt?
20. Werden Sie verspottet?
21. Hören Sie schimpfende Stimmen?
22. Sehen Sie schreckhafte Gestalten?

Das Einfachste erwies sich hier als das Beste, während complicirtere Fragen kaum vergleichbare Resultate ergaben.

Somit sind in den Fragen 17—22 neben den sub I—IV erwähnten Prüfungen der Orientirtheit diejenigen Punkte berücksichtigt, welche differentialdiagnostisch für die Auffassung der im einzelnen Fall vorliegenden Unorientirtheit Interesse haben.

Es muss nun an einzelnen Fällen untersucht werden, welche Reactionserscheinungen bei Anwendung des Fragebogens auftreten und ob in der That die Antworten auf die einzelnen Fragen des Schemas bei Vergleichung mehrerer Fälle differentialdiagnostisch verwerthbar sind. Wir gehen dabei von der Analyse der Antworten aus und fügen die Krankengeschichten zum Vergleich an.

Zunächst gebe ich ein Beispiel, in welchem nur die auf die Orientirtheit (Frage 1—16) und die auf Stimmung und Krankheitsgefühl (Frage 17 und 18) bezüglichen Fragen von Wichtigkeit sind.

Es handelt sich um Bertha N., geborene V., Taglöhnerin aus Kirchhofen, zuletzt in Langen, geboren am 5. VI. 1862, aufgenommen in die Klinik am 8. III. 1897. Die erste Untersuchung mit dem Fragebogen ergab Folgendes:

Name: Bertha N. Nr. 1.
Datum: 31. III. 1897, Mittwoch.
Tageszeit: 5 Uhr nachmittags.

1. Wie heissen Sie? — Bertha N., geborene V., verwitwet.
2. Was sind Sie? — Fabrikarbeiterin.

3. Wie alt sind Sie? — 30 Jahre. — (An welchem Tage geboren? — „Weiss ich nicht. 1863.")
4. Wo sind Sie zu Hause? — In Weilburg (falsch).
5. Welches Jahr haben wir jetzt? — Weiss ich nicht.
6. Welchen Monat haben wir jetzt? — Das weiss ich auch nicht.
7. Welches Datum im Monat haben wir? — Das weiss ich auch nicht.
8. Welchen Wochentag haben wir heute? — Das weiss ich auch nicht.
9. Wie lange sind Sie hier? — Ich weiss nicht.
10. In welcher Stadt sind Sie? — Ich weiss nicht.
11. In was für einem Hause sind Sie? — Ich weiss nicht.
12. Wer hat Sie hierher gebracht? — Die Schwester (falsch).
13. Wer sind die Leute Ihrer Umgebung? — Kranke.
14. Wo waren Sie vor acht Tagen? — Da war ich auch hier.
15. Wo waren Sie vor einem Monat? — Weiss ich nicht.
16. Wo waren Sie vorige Weihnachten? — Da war ich auch da (meint hier im Hause).
17. Sind Sie traurig? (Ausgelassen.)
18. Sind Sie krank? — Ja, ich hab's in den Beinen, alles thut mir weh.

Resultat: Die Antworten ad 1, 2, 13, 14, 18 (cfr. die spätere Krankengeschichte) sind richtig. Die Kranke ist also über Namen, Stand, unmittelbare Umgebung und körperlichen Zustand orientirt, weiss, dass sie vor acht Tagen schon hier war. Die Antwort ad 3, 4, 5, 6, 7, 8, 9, 10, 11, 12, 15, 16 sind falsch oder drücken das Nichtwissen aus. Sie ist also unorientirt über Heimat, Alter, Jahrgang, Monat und Wochentag, Länge des Aufenthaltes in der Klinik, Ort des Aufenthaltes, Person des Begleiters bei der Aufnahme, Aufenthaltsort vor einem Monat und an den letzten Weihnachten.

In dieser Zusammenstellung tritt schon deutlich hervor, dass die Kranke eine völlige Orientirung über die äusseren Umstände, in denen sie lebt, und über die Vergangenheit nicht hat, sondern nur theilweise richtige Antworten in dieser Beziehung gibt.

Der Vergleich mit den folgenden Bögen (aufgenommen am 2. IV., 3. IV., 6. IV., 12. IV., 2. V., 3. V., 11. V.) ergibt nun folgendes Resultat:

Name: Bertha N. Nr. 2.
Datum: 2. IV. 1897, Freitag.
Tageszeit: $^1/_2$7 Uhr abends.

1. Wie heissen Sie? — Bertha N.
2. Was sind Sie? (Ausgelassen.)
3. Wie alt sind Sie? — 33 Jahre.
4. Wo sind Sie zu Hause? — Kirchhofen.
5. Welches Jahr haben wir jetzt? — Weiss ich nicht.
6. Welchen Monat haben wir jetzt? — Weiss ich nicht.
7. Welches Datum im Monat haben wir? — Weiss ich nicht.
8. Welchen Wochentag haben wir heute? — Weiss ich nicht.
9. Wie lange sind Sie hier? — Ach, ganz lange schon, ich weiss nicht.
10. In welcher Stadt sind Sie? — In Offenbach.
11. In was für einem Hause sind Sie? — Ich weiss nicht.
12. Wer hat Sie hierher gebracht? — Die Schwester.
13. Wer sind die Leute Ihrer Umgebung? — Kranke, ich bin auch krank.
14. Wo waren Sie vor acht Tagen? (Ausgelassen.)
15. Wo waren Sie vor einem Monat? (Ausgelassen.)

16. Wo waren Sie vorige Weihnachten? — Da war ich auch hier.
17. Sind Sie traurig? — Nein.
18. Sind Sie krank? — Ja.

Name: Bertha N. Nr. 3.
Datum: 3. IV. 1897, Sonnabend.
Tageszeit: 1/2 6 Uhr abends.

1. Wie heissen Sie? — Bertha N.
2. Was sind Sie? (Ausgelassen.)
3. Wie alt sind Sie? — 30 Jahre, 1865 geboren, an welchem Tage weiss ich nicht.
4. Wo sind Sie zu Hause? — In Kirchhofen.
5. Welches Jahr haben wir jetzt? — Ich weiss es nicht.
6. Welchen Monat haben wir jetzt? — Ich weiss es nicht.
7. Welches Datum im Monat haben wir? — Ich weiss es nicht.
8. Welchen Wochentag haben wir heute? — Das weiss ich auch nicht.
9. Wie lange sind Sie hier? — Ich weiss es nicht, nit lange.
10. In welcher Stadt sind Sie? — Ich bin hier in keiner Stadt.
11. In was für einem Hause sind Sie? — Das weiss ich nicht.
12. Wer hat Sie hierher gebracht? — Ich weiss es nicht, die Schwester hat mich hier herausgebracht.
13. Wer sind die Leute Ihrer Umgebung? — Das weiss ich nicht.
14. Wo waren Sie vor acht Tagen? — Das weiss ich nicht.
15. Wo waren Sie vor einem Monat? — Das weiss ich nicht.
16. Wo waren Sie vorige Weihnachten? — Da war ich auch hier.
17. Sind Sie traurig? (Ausgelassen.)
18. Sind Sie krank? — Nein, es fehlt mir nichts.

Name: Bertha N. Nr. 4.
Datum: 6. IV. 1897. Dienstag.
Tageszeit: 9 Uhr morgens.

1. Wie heissen Sie? — Bertha N.
2. Was sind Sie? — Fabrikarbeiterin.
3. Wie alt sind Sie? — 34 Jahre, geboren 1863. (Tag nicht gewusst, Monat ebenso.)
4. Wo sind Sie zu Hause? — In Frankfurt. — (Wo sind Sie geboren? — „Velde, Stadt bin ich nicht geboren Velde.“)
5. Welches Jahr haben wir jetzt? — Ich weiss es nicht.
6. Welchen Monat haben wir jetzt? — Ich weiss es nicht.
7. Welches Datum im Monat haben wir? — Ich weiss es nicht.
8. Welchen Wochentag haben wir heute? — Ich weiss es nicht.
9. Wie lange sind Sie hier? — Ich weiss es wieder nicht, bin erst ein Tag, nein, zwei Tage bin ich hier.
10. In welcher Stadt sind Sie? — Das weiss ich nicht, Herr Doctor.
11. In was für einem Hause sind Sie? — Nun, bei Ihnen; ein Krankenhaus?
12. Wer hat Sie hierher gebracht? — Die Schwester, Oberschwester. (Von wo, weiss sie nicht.)
13. Wer sind die Leute Ihrer Umgebung? — Das sind Kranke, ich bin auch noch krank.
14. Wo waren Sie vor acht Tagen? — Das weiss ich nicht.

15. Wo waren Sie vor einem Monat? — Das weiss ich wieder nicht, Herr Doctor.
16. Wo waren Sie vorige Weihnachten? — Da war ich dort, da war ich auch die Weihnachten. (Nach längerem Besinnen und auf wiederholtes Befragen: „Ach, in Offenbach“.)
17. Sind Sie traurig? (Ausgelassen.)
18. Sind Sie krank? — Ja, an die Beine.

Name: Bertha N. Nr. 5.
Datum: 12. IV. 1897, Montag.
Tageszeit: 5 Uhr nachmittags.

1. Wie heissen Sie? — Bertha N.
2. Was sind Sie? — Fabrikarbeiterin.
3. Wie alt sind Sie? — 34 Jahre.
4. Wo sind Sie zu Hause? — Hier. (Wo geboren? — „In Frankfurt.“)
5. Welches Jahr haben wir jetzt? — Das weiss ich nicht.
6. Welchen Monat haben wir jetzt? — Das weiss ich nicht.
7. Welches Datum im Monat haben wir? — Das weiss ich nicht.
8. Welchen Wochentag haben wir heute? — Das weiss ich nicht.
9. Wie lange sind Sie hier? — Ach, schon arg lange.
10. In welcher Stadt sind Sie? — Hier bin ich in keiner Stadt.
11. In was für einem Hause sind Sie? — Das weiss ich nicht. (Ungeduldig: „nein!“)
12. Wer hat Sie hierher gebracht? — Die Fräulein.
13. Wer sind die Leute Ihrer Umgebung? (Ausgelassen.)
14. Wo waren Sie vor acht Tagen? (Ausgelassen.)
15. Wo waren Sie vor einem Monat? (Ausgelassen.)
16. Wo waren Sie vorige Weihnachten? (Ausgelassen.)
17. Sind Sie traurig? (Ausgelassen.)
18. Sind Sie krank? — Nein, ich bin nicht krank.

Name: Bertha N. Nr. 6.
Datum: 2. V. 1897.
Tageszeit: $^1/_2$6 Uhr Nachmittags.

1. Wie heissen Sie? — Ich kann nit, nein.
2. Was sind Sie? — Ich weiss ja nicht.
3. Wie alt sind Sie? — Ja, ich kann nicht.
4. Wo sind Sie zu Hause? — Ich kann nit, ich kann nit.
5. Welches Jahr haben wir jetzt? — Ich weiss nit.
6. Welchen Monat haben wir jetzt? — Ich weiss nit.
7. Welches Datum im Monat haben wir? — Ich weiss nit, Schwester.
8. Welchen Wochentag haben wir heute? — (Keine Antwort.)
9. Wie lange sind Sie hier? — Ich weiss nicht, ich weiss nichts.
10. In welcher Stadt sind Sie? — Zwei, nein, zwei.
11. In was für einem Hause sind Sie? — Ich weiss ja nit. (Schreit laut: „Ich kann nicht, ich kann nicht.“)
12. Wer hat Sie hierher gebracht? (Ausgelassen.)
13. Wer sind die Leute Ihrer Umgebung? (Ausgelassen.)
14. Wo waren Sie vor acht Tagen? (Ausgelassen.)
15. Wo waren Sie vor einem Monat? (Ausgelassen.)
16. Wo waren Sie vorige Weihnachten? (Ausgelassen.)

17. Sind Sie traurig? (Ausgelassen.)
18. Sind Sie krank? (Ausgelassen.)

Das ausserordentlich schlechte Resultat dieser Untersuchung ist sehr bemerkenswerth, da N. einige Stunden vorher einen paralytischen Anfall gehabt hat (cfr. Krankengeschichte).

Name: Bertha N. Nr. 7.
Datum: 3. V. 1897, Montag.
Tageszeit: 5 Uhr nachmittags.

1. Wie heissen Sie? — Ich heisse Bertha, Bertha ... Bertha V., sonst nit.
2. Was sind Sie? — Die Bertha, Bertha N. (lacht breit).
3. Wie alt sind Sie? — Ja, ich weiss nicht, Herr Doctor.
4. Wo sind Sie zu Hause? — In Kirchhofen.
5. Welches Jahr haben wir jetzt? — Ich weiss nicht, Herr Doctor.
6. Welchen Monat haben wir jetzt? — Das weiss ich auch nicht, Herr Doctor.
7. Welches Datum im Monat haben wir? — Ja, Herr Doctor, ich weiss es nicht.
8. Welchen Wochentag haben wir heute? — Donnerstag, gelle Anne (zur Pflegerin gewandt).
9. Wie lange sind Sie hier? — Bertha, Bertha N., ach schon lange.
10. In welcher Stadt sind Sie? — Donnerstag. (Bei Wiederholung der Frage: „Das weiss ich nit.“)
11. In was für einem Hause sind Sie? — Das weiss ich nicht.
12. Wer hat Sie hierher gebracht? — Ai, Herr Doctor, hier.
13. Wer sind die Leute Ihrer Umgebung? — Ich weiss nit.
14. Wo waren Sie vor acht Tagen? — Ich weiss nit.
15. Wo waren Sie vor einem Monat? — Ich weiss nit, da war ich gar nicht hier.
16. Wo waren Sie vorige Weihnachten? — Da war ich in Weihnachten.
17. Sind Sie traurig? — Ja.
18. Sind Sie krank? — Ja, da war ich auch krank.

Im Hinblick auf den Anfall vom 2. V. sind besonders die Iterativerscheinungen in den Antworten ad 1, 2, 9, 16 sehr interessant.

Name: Bertha N. Nr. 8.
Datum: 11. V. 1897, Dienstag.
Tageszeit: 5 Uhr nachmittags.

1. Wie heissen Sie? — Bertha N.
2. Was sind Sie? — Dienstmädchen.
3. Wie alt sind Sie? — Ich? 35 bin ich alt.
4. Wo sind Sie zu Hause? — In Kirchhofen.
5. Welches Jahr haben wir jetzt? — Ja, ich weiss nit, Herr Doctor.
6. Welchen Monat haben wir jetzt? — Ja, ich weiss nit, Herr Doctor.
7. Welches Datum im Monat haben wir? — Ja, ich weiss nit, Herr Doctor.
8. Welchen Wochentag haben wir heute? — Das weiss ich auch nit.
9. Wie lange sind Sie hier? — Ach, schon lange, au, Jesus, Herr Doctor.
10. In welcher Stadt sind Sie? — Hier in Frankfurt.
11. In was für einem Hause sind Sie? — Ich weiss nicht, Herr Doctor.
12. Wer hat Sie hierher gebracht? — Die Oberschwester.
13. Wer sind die Leute Ihrer Umgebung? — Ich weiss wirklich nicht.
14. Wo waren Sie vor acht Tagen? — Da war ich daheim.
15. Wo waren Sie vor einem Monat? — Ja, ich weiss nicht, Herr Doctor.

16. Wo waren Sie vorige Weihnachten? — Das weiss ich wieder nicht, Herr Doctor.
17. Sind Sie traurig? — Ja.
18. Sind Sie krank? — Ja, mir fehlt's in die Beine.

Der Unterschied der einzelnen Aufnahmen wird am besten hervortreten, wenn wir die an den verschiedenen Tagen erhaltenen Antworten auf die gleichen Fragen unter Voranstellung letzterer wiedergeben. Man erhält dadurch folgende Zusammenstellung:

1. Wie heissen Sie?
   31. III. 1897. Bertha N., geborene V., verwitwet.
   2. IV. 1897. Bertha N.
   3. IV. 1897. Bertha N.
   6. IV. 1897. Bertha N.
   12. IV. 1897. Bertha N.
   2. V. 1897. Ich kann nit, nein.
   3. V. 1897. Ich heisse Bertha, Bertha ... Bertha Velde, sonst nit.
   11. V. 1897. Bertha N.
2. Was sind Sie?
   31. III. 1897. Fabrikarbeiterin.
   2. IV. 1897. (Ausgelassen.)
   3. IV. 1897. (Ausgelassen.)
   6. IV. 1897. Fabrikarbeiterin.
   12. IV. 1897. Fabrikarbeiterin.
   2. V. 1897. Ich weiss ja nicht.
   3. V. 1897. Die Bertha, Bertha N. (lacht breit).
   11. V. 1897. Dienstmädchen.
3. Wie alt sind Sie?
   31. III. 1897. 30 Jahre, an welchem Tage geboren weiss ich nicht. 1863.
   2. IV. 1897. 33 Jahre.
   3. IV. 1897. 30 Jahr, 1865 geboren, an welchem Tage weiss ich nicht.
   6. IV. 1897. 34 Jahre, geboren 1863. (Tag nicht gewusst, Monat ebenso.)
   12. IV. 1897. 34 Jahre.
   2. V. 1897. Ja, ich kann nicht.
   3. V. 1897. Ja, ich weiss nicht, Herr Doctor.
   11. V. 1897. Ich? 35 bin ich alt.
4. Wo sind Sie zu Hause?
   31. III. 1897. In Weilburg.
   2. IV. 1897. Kirchhofen.
   3. IV. 1897. In Kirchhofen.
   6. IV. 1897. In Frankfurt. (Wo sind Sie geboren? „Velde. Stadt bin ich nicht geboren Velde.")
   12. IV. 1897. Hier. (Wo geboren? „In Frankfurt.")
   2. V. 1897. Ich kann nit, ich kann nit.
   3. V. 1897. In Kirchhofen.
   11. V. 1897. In Kirchhofen.
5. Welches Jahr haben wir jetzt?
   31. III. 1897. Weiss ich nicht.
   2. IV. 1897. Weiss ich nicht.

3. IV. 1897. Ich weiss es nicht.
6. IV. 1897. Ich weiss es nicht.
12. IV. 1897. Das weiss ich nicht.
2. V. 1897. Ich weiss nit.
3. V. 1897. Ich weiss nicht, Herr Doctor.
11. V. 1897. Ja, ich weiss nit, Herr Doctor.

6. Welchen Monat haben wir jetzt?
31. III. 1897. Das weiss ich auch nicht.
2. IV. 1897. Weiss ich nicht.
3. IV. 1897. Ich weiss es nicht.
6. IV. 1897. Ich weiss es nicht.
12. IV. 1897. Das weiss ich nicht.
2. V. 1897. Ich weiss nit.
3. V. 1897. Das weiss ich auch nicht, Herr Doctor.
11. V. 1897. Ja ich weiss nit, Herr Doctor.

7. Welches Datum im Monat haben wir?
31. III. 1897. Das weiss ich auch nicht.
2. IV. 1897. Weiss ich nicht.
3. IV. 1897. Ich weiss es nicht.
6. IV. 1897. Ich weiss es nicht.
12. IV. 1897. Das weiss ich nicht.
2. V. 1897. Ich weiss nit, Schwester.
3. V. 1897. Ja, Herr Doctor, ich weiss es nicht.
11. V. 1897. Ja, ich weiss nit, Herr Doctor.

8. Welchen Wochentag haben wir heute?
31. III. 1897. Das weiss ich auch nicht.
2. IV. 1897. Weiss ich nicht.
3. IV. 1897. Das weiss ich auch nicht.
6. IV. 1897. Ich weiss es nicht.
12. IV. 1897. Das weiss ich nicht.
2. V. 1897. (Keine Antwort.)
3. V. 1897. Donnerstag, gelle, Anne (zur Pflegerin gewendet: die Angabe ist falsch).
11. V. 1897. Das weiss ich auch nit.

9. Wie lange sind Sie hier?
31. III. 1897. Ich weiss nicht.
2. IV. 1897. Ach, ganz lange schon, ich weiss nicht.
3. IV. 1897. Ich weiss es nicht, nit lange.
6. IV. 1897. Ich weiss es wieder nicht, ich bin erst ein Tag, nein, zwei Tage bin ich hier.
12. IV. 1897. Ach, schon arg lange.
2. V. 1897. Ich weiss nicht, ich weiss nicht.
3. V. 1897. Bertha, Bertha N., ach schon lange.
11. V. 1897. Ach schon lange, au Jesus, Herr Doctor.

10. In welcher Stadt sind Sie?
31. III. 1897. Ich weiss nicht.
2. IV. 1897. In Offenbach.
3. IV. 1897. Ich bin hier in keiner Stadt.
6. IV. 1897. Das weiss ich nicht, Herr Doctor.
12. IV. 1897. Hier bin ich in keiner Stadt.
2. V. 1897. Zwei, nein, zwei.

3. V. 1897. Donnerstag (bei Wiederholung der Frage: „Das weiss ich nit“).
11. V. 1897. Hier in Frankfurt.

11. In was für einem Hause sind Sie?
31. III. 1897. Ich weiss nicht.
2. IV. 1897. Ich weiss nicht.
3. IV. 1897. Das weiss ich nicht.
6. IV. 1897. Nun, bei Ihnen; ein Krankenhaus?
12. IV. 1897. Das weiss ich nicht. (Ungeduldig: „nein!“)
2. V. 1897. Ich weiss ja nit. (Schreit laut: „ich kann nicht, ich kann nicht.“)
3. V. 1897. Das weiss ich nicht.
11. V. 1897. Ich weiss nicht, Herr Doctor.

12. Wer hat Sie hierher gebracht?
31. III. 1897. Die Schwester.
2. IV. 1897. Die Schwester.
3. IV. 1897. Ich weiss es nicht, die Schwester hat mich hier herausgebracht.
6. IV. 1897. Die Schwester, Oberschwester. (Von wo? weiss sie nicht.)
12. IV. 1897. Die Fräulein.
2. V. 1897. (Ausgelassen.)
3. V. 1897. Ai, Herr Doctor, hier.
11. V. 1897. Die Oberschwester.

13. Wer sind die Leute Ihrer Umgebung?
31. III. 1897. Kranke.
2. IV. 1897. Kranke, ich bin auch krank.
3. IV. 1897. Das weiss ich nicht.
6. IV. 1897. Das sind Kranke, ich bin auch krank.
12. IV. 1897. (Ausgelassen.)
2. V. 1897. (Ausgelassen.)
3. V. 1897. Ich weiss nit.
11. V. 1897. Ich weiss wirklich nicht, das sind lauter Kranke da unten.

14. Wo waren Sie vor acht Tagen?
31. III. 1897. Da war ich auch hier.
2. IV. 1897. (Ausgelassen.)
3. IV. 1897. Das weiss ich nicht.
6. IV. 1897. Das weiss ich nicht.
12. IV. 1897. (Ausgelassen.)
2. V. 1897. (Ausgelassen.)
3. V. 1897. Ich weiss nit.
11. V. 1897. Da war ich daheim. (Wo war das? „In Kirchhofen.“)

15. Wo waren Sie vor einem Monat?
31. III. 1897. Weiss ich nicht.
2. IV. 1897. (Ausgelassen.)
3. IV. 1897. Das weiss ich nicht.
6. IV. 1897. Das weiss ich wieder nicht, Herr Doctor.
12. IV. 1897. (Ausgelassen.)
2. V. 1897. (Ausgelassen.)
3. V. 1897. Ich weiss nit, da war ich gar nicht hier.
11. V. 1897. Ja, ich weiss nicht, Herr Doctor.

16. Wo waren Sie vorige Weihnachten?

31. III. 1897. Da war ich auch da (meint: hier im Hause).
2. IV. 1897. Da war ich auch hier.
3. IV. 1897. Da war ich auch hier.
6. IV. 1897. Da war ich dort, da war ich auch die Weihnachten, (nach längerem Besinnen und auf wiederholtes Befragen: „Ach, in Offenbach.")
12. IV. 1897. (Ausgelassen.)
2. V. 1897. (Ausgelassen.)
3. V. 1897. Da war ich in Weihnachten.
11. V. 1897. Das weiss ich wieder nicht, Herr Doctor.

17. Sind Sie traurig?

31. III. 1897. (Ausgelassen.)
2. IV. 1897. Nein.
3. IV. 1897. (Ausgelassen.)
6. IV. 1897. (Ausgelassen.)
12. IV. 1897. (Ausgelassen.)
2. V. 1897. (Ausgelassen.)
3. V. 1897. Ja.
11. V. 1897. Ja.

18. Sind Sie krank?

31. III. 1897. Ja, ich hab's in den Beinen, alles thut mir weh.
2. IV. 1897. Ja.
3. IV. 1897. Nein, es fehlt mir nichts.
6. IV. 1897. Ja, an die Beine.
12. IV. 1897. Nein, ich bin nicht krank.
2. V. 1897. (Ausgelassen.)
3. V. 1897. Ja, da war ich auch krank.
11. V. 1897. Ja, mir fehlt's in die Beine.

In dieser Zusammenstellung treten folgende Punkte hervor:

Ad 1. Der Name wird fast immer richtig angegeben, nur am 2. V. 1897 lautet die Antwort: „Ich kann nit, nein." (Cfr. Krankengeschichte. Vorher paralytischer Anfall!)

Ad 2. Auf die Frage: Was sind Sie? — erfolgen meist richtige oder halbrichtige Antworten. Nur am 2. V. lautet die Antwort ähnlich wie ad 1: „Ich weiss ja nicht."

Ad 3. Die Angaben über das Alter sind fast immer falsch, nur am 11. V. richtig (geboren 1862).

Ad 4. Die Heimat (Kirchhofen) wird viermal richtig, viermal falsch oder gar nicht angegeben.

Ad 5—9. Der Jahrgang ist ihr völlig unbekannt, ebenso der Monat, Datum des Monats, Wochentag, Länge ihres Aufenthaltes in der Klinik.

Ad 10 und 11. Ueber den Aufenthaltsort ist sie völlig unorientirt.

Ad 12. Die Erinnerungstäuschung, dass sie von einer Krankenschwester in die Klinik gebracht wurde, ist fast regelmässig wachzurufen.

Ad 13. Die Umgebung bezeichnet sie mehrfach richtig als Kranke.

Ad 14—16. Die Erinnerung an ihren Aufenthalt vor acht Tagen, vor einem Monat, sowie zur letzten Weihnacht fehlt fast vollständig.

Ad 17. Auf die Frage, ob sie traurig sei, die nur dreimal gestellt wurde, antwortet sie einmal nein, zweimal ja.

Ad 18. Auf die Frage: Sind Sie krank? erhält man dreimal die Antwort: „Ja, in den Beinen."

In diesem Befund fallen folgende Momente in das Auge:

I. Die ausserordentlich starke Störung der zeitlichen Orientirung mit fast völliger Erinnerungslosigkeit in Bezug auf bestimmte frühere Zeitpunkte (cfr. 3, 5—9. 14—16).

II. Die Orientirtheit über Name und Stand (cfr. 1 und 2).

III. Die völlige Unorientirtheit über den Aufenthaltsort (cfr. 10 und 11).

IV. Der Wechsel in der Orientirtheit über den Heimatsort (cfr. 4).

V. Die fast regelmässige Erinnerungstäuschung in Bezug auf die Person der Begleiterin (cfr. 12).

VI. Die auffallend richtige Auffassung der umgebenden Personen als Kranke, welche durch die Bettlage derselben veranlasst und gerechtfertigt wird.

VII. Das Hervortreten körperlicher Beschwerden (cfr. 18).

Jedenfalls zeigt sich in den Punkten I—VI, dass der Zustand. der klinisch unter den allgemeinen Begriff der Unorientirtheit gebracht werden würde, sich bei genauerer Untersuchung aus einer Anzahl von ganz verschiedenen Theilerscheinungen zusammensetzt, welche durch ihre Qualität, sowie in Bezug auf die relative Häufigkeit und den periodischen Wechsel sich als gesonderte Elemente kennzeichnen. Das klinische Bild ist das Endresultat einer ganzen Anzahl von feineren Functionsstörungen, welche in ihrer Besonderheit erforscht werden müssen, wenn wir zu einer wissenschaftlichen Symptomenlehre, im speciellen Fall zur genaueren Analyse der als Orientirtheit, Verwirrtheit etc. bezeichneten Zustände gelangen wollen.

Der Vergleich der vorliegenden Untersuchungsresultate mit den bei anderen Krankheitsgruppen zu erhaltenden wird zeigen, dass in den oben unter I—VI genannten Momenten Züge vorhanden sind. welche den vorliegenden Fall von anderen Formen der Verwirrtheit scharf unterscheiden.

Ich gebe nun zunächst die Krankengeschichte des vorliegenden Falles:

Bertha N. aus K., Taglöhnerin, geb. am 5. VI. 1862, aufgenommen in die psychiatrische Klinik zu Giessen am 8. März 1897.

Sie wurde im October 1896 bewusstlos im Walde bei D. gefunden und in das Krankenhaus in L. gebracht. Ueber ihr Vorleben ist nur bekannt, dass sie verwittwet ist und nach dem Tode des Mannes vagabundirt hat. Sie soll Prostituirte in F. und mehrfach in Arbeitshäusern internirt gewesen sein. Ueber die Entwickelung der Krankheit ist nichts bekannt. Der Bericht aus dem Krankenhause in L. besagt nur Folgendes: „Meist gedrückte Gemüthsstimmung, zuweilen aufgeregt ohne äussere Veranlassung. Schreit sehr viel, meist nachts. Fühlt sich mit Messern gestochen und geschlagen. Sehr unrein, schmiert mit Koth. Gedächtniss sehr mangelhaft. Beschäftigt sich gar nicht. Bewegung fast vollständig unmöglich. Klagt über sehr heftige Schmerzen in den Beinen. Kann nicht gehen. Beweglichkeit der Zunge etwas schwerfällig." Dazu kommt noch die Angabe, dass Steifigkeit im rechten Arm bestanden habe.

Bei der Aufnahme bot sich folgender Befund: N. liegt mit stark geröthetem Gesicht in Rückenlage und hält die Beine im Hüft- und Kniegelenk stark gebeugt. Während der Besichtigung bricht sie in heftiges Weinen aus und sagt: „Ich habe Rheumatismus in den Beinen.“ Auf die Frage, wie lange sie schon daran leide, sagt sie: „Ach schon lange, im Winter habe ich ihn schon gehabt.“

Der Aufforderung, den rechten Arm zu heben, kommt sie in der Weise nach, dass sie mit der rechten Hand den Daumen der linken fest umfasst und den Arm mit Hilfe des linken allmählich bis zur Schulterhöhe hebt. Active Bewegungen führt sie mit dem rechten Arm trotz wiederholter Aufforderung nicht aus. Den linken Arm kann sie im Ellenbogengelenk beugen und strecken.

Mit den unteren Extremitäten vermag die Kranke nur geringe Excursionen auszuführen und sagt dabei: „Ich kann ja nicht.“

Bei dem Versuch, sie auf die Füsse zu stellen, bricht sie kraftlos zusammen.

Bei allen Versuchen passiver Bewegung starke Abwehr. Bei Druck auf die Nervenstämme heftige Schmerzäusserungen. Allerdings schreit die Kranke auch bei jeder stärkeren Berührung anderer Gebiete laut auf und fängt zu weinen an. Patellarreflexe wegen des ungeberdigen Verhaltens und starker willkürlicher Spannung nicht zu erzielen. Pupillen bei Tagesbeleuchtung mittelweit, rund, von gleicher Grösse, reagiren auf Licht deutlich. Psychisch ist eine hochgradige Störung in der Auffassung und Verarbeitung von Eindrücken vorhanden, sowie fast völlige Unorientirtheit, dabei starke Störung des Rechenvermögens.

Aus einer klinischen Besprechung des Falles vom 9. III. hebe ich Folgendes hervor: „Es liegen, abgesehen von der allgemeinen Unfähigkeit, die Glieder zu gebrauchen, und von der vorwiegenden Schwäche im rechten Arm, keine motorischen Symptome vor, welche für die Annahme einer herdartigen Erkrankung im Gehirn oder Rückenmark verwerthet werden könnten. Wäre die Krankheit acut vor kurzem ausgebrochen, so läge die Annahme eines schweren epileptischen Zustandes am nächsten. Da jedoch der Zustand schon längere Zeit ohne wesentliche Schwankungen besteht, so spricht der Befund unter Ausschluss functioneller Geistesstörung für eine hochgradige Dementia paralytica, obgleich tabische Symptome, abgesehen von den mehrfach geäusserten Schmerzen in den Beinen, völlig fehlen. Höchstens könnte der Pupillenbefund bei genauerer Untersuchung verdächtig erscheinen. Bei Verdunkelung erweitert sich die rechte Pupille relativ weniger als die linke. Die Reaction der rechten Pupille ist wie die der linken nicht aufgehoben, erscheint jedoch relativ weniger lebhaft und ausgiebig als die der linken. Aber selbst wenn man dies Symptom für zweifelhaft erklärt, so muss aus der Combination dieser Art von Muskelzuständen mit Berücksichtigung der Anamnese unter Ausschluss von Epilepsie die Diagnose auf Dementia paralytica mit Wahrscheinlichkeit gestellt werden.“

Aus dem Verlauf hebe ich Folgendes hervor:

10. III. Schreit, wenn man sich ihr nähert. Zeigt ein sehr ängstliches Verhalten, bricht in lautes Weinen aus, sobald man ihr die Hand reicht. Da sie den Löffel nicht selbstständig zum Munde führen kann, muss sie gefüttert werden, dabei zeigt sie gesteigerte Esslust und verschlingt gierig alle ihr gereichten Speisen. Die sprachlichen Aeusserungen sind sehr dürftig. Meist erfolgt auf Fragen ein missmuthiges Schütteln des Kopfes oder ein wahllos gebrauchtes „ja“, in der Regel eine Fluth von Thränen mit unarticulirtem Schreien oder ein barsches „ich weiss nicht“. Rechenvermögen sehr gering.

11. III. Verrichtet in der Regel ihre Nothdurft nicht auf dem Closet, sondern verunreinigt ins Bett zurückgelegt das letztere.

12. III. Gefragt, warum sie so schreie, sagt sie: „Ich habe Schmerzen am ganzen Körper." Klagt besonders über Schmerzen an den unteren Extremitäten. Zuweilen sei es ihr, als würde sie fortwährend mit Nadeln gestochen oder mit Messern bearbeitet.

22. III. Erzählt auf Befragen, dass sie mit 18 Jahren geheiratet und zwei Kinder geboren habe, die jedoch gleich nach der Geburt gestorben seien. Ihr Mann sei schon lange todt. Sie selbst sei jetzt 30 Jahre alt (falsch), habe bisher in einer Fabrik gearbeitet und 2 Mark 50 Pfennig verdient. Im Spital habe sie es nicht gut gehabt. Von L. sei sie hierher gekommen, ein Schutzmann habe sie begleitet. — Es ist nicht möglich, eine zusammenhängende Wiedergabe ihrer Erlebnisse zu erlangen. Nur lose reiht sie zeitlich auseinanderliegende Ereignisse, wie sie ihr gerade einfallen, aneinander. Namentlich ist sie zeitlich vollständig desorientirt. Ihre Erinnerung an Jüngstvergangenes ist eine sehr lückenhafte.

24. III. Auffällige Schwankungen im Benehmen. Wechsel im Rigiditätszustand der Arm- und Beinmusculatur.

26. III. Geht heute auf eine Pflegerin gestützt bis zum Closet und wieder zurück. Vermag jedoch den Gehversuch am Nachmittag nicht zu wiederholen, bricht im Stehen zusammen. Meint dann verwundert: „Ich hatte doch vorhin so ein dickes Bein und weiss gar nicht, wo es hingekommen ist, ich hatte es doch der Katharina gezeigt, und nun habe ich es nicht mehr; damit konnte ich ganz gut gehen."

28. III. Genauere Prüfung des Lesens bringt eine Reihe eigenartiger Störungen zutage, z. B. liest sie für Darmstadt: „Fensterfeld", für a, b, c, d, e, f, g liest sie: „Friedrich Gebhardt", für: Vater unser, der du bist im Himmel: „Christian", sagt dann: „das andere weiss ich nicht". Es handelt sich um eine Art Paralexie, wahrscheinlich bedingt durch starke Störung in dem Erkennen vom Buchstaben in Verbindung mit einer ungeregelten associativen Weiterbildung der wenigen erkannten Elemente. Auch zeigen sich in der Benennung von Gegenständen grosse Mängel. Am 2. IV. sagt sie nach dem Vorzeigen von

Streichholzschachtel: Streichholzschachtel.
Federhalter: Bleistift.
Bleistift: auch ein Bleistift.
Ring: ein goldener Ring.
Heft: weiss ich nicht.
Lineal: weiss ich nicht.
Linienblatt: weiss ich nicht.
Löschblatt: das ist zum Abputzen.
Tintenfass: ach, das ist so ein Ding. (Was ist da drin? „ich weiss nicht".)
Cigarre: Cigarre.
Schuhe: lacht, klebt an dem Wort „Cigarre", sagt dann nach einer Weile: „das sind Ihnen Ihre Schuhe".
Löffel: weiss ich nicht.

Es zeigen sich also hier partielle Defecte, ebenso wie wir bei der oben gegebenen Analyse ihrer Unorientirtheit auf isolirte Ausfallserscheinungen getroffen sind. Dadurch tritt ein psychopathisches Symptom, das auf Grund der obigen Untersuchung sich als eine Zusammensetzung von elementaren Störungen erwiesen hat, in noch engere Beziehung zu bestimmten „Herdsymptomen“, wenn diese auch nicht als Folge einer groben anatomisch nachweisbaren Herdkrankheit erscheinen, sondern als Ausdruck feinerer Schädigungen der Nervenelemente, wie sie z. B. in den paralytischen Anfällen unter Ausschluss von Blutungen etc. angenommen werden müssen. Jedenfalls wird der aus der obigen Analyse abgeleitete Schluss, dass die vorliegende Form von Unorientirtheit sich auf eine Anzahl von „Herdsymptomen“ oder, allgemeiner ausgedrückt, von elementaren Functionsstörungen zurückführen lässt, bei denen isolirte Gedächtnissstörungen eine grosse Rolle spielen, durch diesen Befund noch wahrscheinlicher gemacht.

Ich habe Grund anzunehmen, dass hier ein wichtiges differentialdiagnostisches Kriterium für die Unterscheidung der Verwirrtheitszustände, speciell der paralytischen von den nicht paralytischen, methodisch greifbar geworden ist.

Aus dem weiteren Verlauf hebe ich nur noch diejenigen Momente hervor, welche zur völligen Sicherung der klinischen Diagnose dienen sollen.

2. V., $^1/_2$8 Uhr morgens: Benommenheit, extreme Blässe des Gesichtes, conjugirte Deviation nach links, linke Pupille weiter als die rechte. Bei Anstrengung des Willens kann die Kranke die Augen nach der anderen Seite zurückführen, wobei sich die abnorme Weite der linken Pupille wieder ausgleicht. Die oberen Extremitäten bis zur Hälfte des Unterarmes, die unteren bis zur Hälfte des Unterschenkels ziemlich stark cyanotisch, kühl. Radialpuls weder rechts noch links zu fühlen. Pupillenreaction beiderseits prompt. Nach dem Anfall, der einem paralytischen völlig gleicht, stärkere Störungen der Wortfindung bei Vorzeigen von Gegenständen.

Schlüssel: „das, das, ist das, das ist. das, damit“.

Ring: „Ring.“

Finger: „Finger.“

Bleistift: Findet das Wort nicht, murmelt: „sieben, achten“.

Streichholzschachtel: Sieht sie an, fängt an zu weinen.

Auf die Frage: Was macht man damit? sagt sie: „zwei, eins, zwei, waff, Sau“.

Als ihr ein angezündetes Streichholz vor Augen gehalten wird, wehrt sie ab und lallt: „aff, aff, waff, wau, so“.

An diesem Tage ist der Orientirungsbogen aufgenommen, welcher in der oben zusammengestellten Reihe von Untersuchungen das geringste Resultat bietet.

4. V. Linke Pupille (bei normaler Einstellung der Augäpfel) constant weiter als die rechte. Es ist also während der klinischen Beobachtung eine Veränderung des Pupillenbefundes eingetreten, was zu der Annahme eines paralytischen Processes sehr gut passt.

Von ophthalmologischer Seite wird folgender Zustand festgestellt: Linksseitige Mydriasis bei vorhandener Reaction (nicht normale Verengerung). Linker Opticus in der temporalen Hälfte etwas heller als der rechte.

8. V. Klagt neuerdings über stärkere Schmerzen in den Beinen (tabische Neuralgieen?).

14. V. Beim Nachsprechen von schwierigeren Worten häufig Silbenstolpern und Consonantenversetzungen, z. B.:

Dampfschiffahrt. Schleppschiffahrt: Dammschliffahrt.

Artilleriebrigade: Artrillerie.

Polytropon: Poliribombom.

19. IX., nachmittags um 2¾ Uhr häufiges Verziehen des Gesichtes, krampfhaftes Anziehen der oberen und unteren Extremitäten an den Körper. Conjugirte Deviation der Augen nach links. Extreme Blässe des Gesichtes, rascher, kleiner Puls. Dieser Zustand hielt bis 4 Uhr an. Allmählich lösen sich zuerst die Arme, dann die unteren Extremitäten.

20. IX. Hat sich von dem Anfall wieder erholt.

6. X. Hatte in den letzten Wochen zwei leichte Ohnmachtsanfälle ohne Convulsionen von sehr kurzer Dauer, unmittelbar nach den Anfällen ausgeprägtere Paraphasie.

N. wurde am 7. XII. 1897 in die Irrenanstalt zu H. transferirt, wo sie gestorben ist.

Auf Grund der klinischen Symptome und des Verlaufes kann es nicht mehr zweifelhaft sein, dass es sich um einen paralytischen Process gehandelt hat. Im Hinblick auf einige andere Fälle[1]) könnte man vermuthen, dass bei N. einer der Fälle mit vorwiegender Betheiligung des cerebralen Gefässsystems vorliegt, bei welchem sich die herdartigen Symptome aus graduell verschiedenen und functionell wechselnden Störungen der Blutcirculation und Ernährung in verschiedenen Gehirnprovinzen erklären. Sehen wir von dieser speciell klinischen Fragestellung hier ab, so bleibt als methodisch wichtiges Moment folgendes:

Es ist im vorliegenden Fall durch Vermittlung einer einfachen psychologischen Methode (Wiederholung der gleichen Fragen) gelungen, ein complicirtes psychopathologisches Symptom (Unorientirtheit) in eine Reihe von elementaren Störungen (Ausfallserscheinungen, Gedächtnissstörungen mit periodischen Schwankungen, Erinnerungstäuschungen) aufzulösen und mit den herdartigen Erscheinungen im Gebiet der Sprache und des Schriftverständnisses in engste Beziehung zu setzen.

Zugleich sind für den vorliegenden Fall von Verwirrtheit eine Anzahl von Besonderheiten aufgedeckt worden, welche ihn von anderen Formen der Verwirrtheit, z. B. bei Katatonie und im späten Stadium der Paranoia, deutlich unterscheiden und differentialdiagnostisch verwerthbar sind.

Jedenfalls zeigt sich schon hier, dass diese Methode (Prüfung der Reaction auf die gleichen einfachen Fragen) Resultate ergibt, welche durch ihre Vergleichbarkeit einen sehr genauen Einblick in den geistigen Zustand ermöglichen

---

Häufig lassen sich schon aus einer einzigen Aufnahme durch genaue Analyse der Antworten eine Anzahl von wichtigen Schlüssen ableiten.

Als Beispiel gebe ich folgenden Untersuchungsbogen:

[1]) Cfr. Archiv für Psychiatrie, 1893. *Sommer:* Die Dyslexie als functionelle Störung.

Name: Frau C. Nr. 1.
Datum: 15. Mai 1897.
Tageszeit: 4 Uhr nachmittags.

1. Wie heissen Sie? — Gretha C. (richtig)
2. Was sind Sie? — Gretha C.
3. Wie alt sind Sie? — C.
4. Wo sind Sie zu Hause? — Hier.
5. Welches Jahr haben wir jetzt? — Gretha C. (Lacht blödsinnig.)
6. Welchen Monat haben wir jetzt? — (Keine Antwort.)
7. Welches Datum im Monat haben wir? — (Keine Antwort.)
8. Welchen Wochentag haben wir heute? — (Keine Antwort.)
9. Wie lange sind Sie hier? — Hier . . . hier.
10. In welcher Stadt sind Sie? — Ja!
11. In was für einem Haus sind Sie? — Haus.
12. Wer hat Sie hierher gebracht? (Keine Antwort.)
13. Wer sind die Leute Ihrer Umgebung? — Alte Sau.
14. Wo waren Sie vor acht Tagen? — (Keine Antwort.)
15. Wo waren Sie vor einem Monat? — (Keine Antwort.)
16. Wo waren Sie vorige Weihnachten? — (Keine Antwort.)
17. Sind Sie traurig? — Nein.
18. Sind Sie krank? — Nein.
19. Werden Sie verfolgt? — Nein.
20. Werden Sie verspottet? — Nein.
21. Hören Sie schimpfende Stimmen? — Nein.
22. Sehen Sie schreckhafte Gestalten? — (Keine Antwort.)

Patientin lacht beständig, bleibt ohne jedes Verständniss, stammelt zuweilen unverständliche Worte.

Resultat:

Die erste Antwort ist richtig.

Die zweite Antwort ist sinnlos und ist eine directe Wiederholung der ersten. (Was sind Sie? Gretha C.)

Die dritte Antwort ist sinnlos und ist eine partielle Wiederholung der zweiten, beziehungsweise ersten Antwort. (Wie alt sind Sie? C.)

Die vierte Antwort ist falsch (Wo sind Sie zu Hause? Hier) und bedeutet psychologisch die Einschränkung auf die unmittelbare Gegenwart.

Die fünfte Antwort ist eine Wiederholung von Nr. 1 und 2. In den Antworten ad 1, 2, 3, 5 sind sprachliche Iterativerscheinungen unverkennbar.

Ebenso tauchen in den Antworten ad 9 (Wie lange sind Sie hier? Hier, hier) und ad 11 (In welchem Hause sind Sie hier? Haus) Bestandtheile der Frage auf.

Auf Frage 13 erfolgt in eigenthümlicher Weise ein Schimpfwort (Wer sind die Leute Ihrer Umgebung? Alte Sau). Im übrigen wird entweder gar nicht oder mit ja und nein geantwortet (zum Beispiel ad 10. In welcher Stadt sind Sie? Ja). Im Hinblick auf die Iterativerscheinungen bei 2, 3, 5, 9, 11 ist es unwahrscheinlich, dass die Antwort „nein" bei 17—21 wirklich als negative im logischen Sinne aufzufassen ist. Wahrscheinlich handelt es sich um ein automatisch festgehaltenes nein (Iterativerscheinung), welches zuerst bei Frage Nr. 17 aufgetaucht ist. Hier ist es möglicherweise als richtige Antwort aufzufassen, da sie thatsächlich beständig lacht und keine Spur von Depression zeigt.

Das Gesammtresultat ist folgendes: Auf 22 Fragen erfolgen 14 Antworten. Davon sind nur zwei, Nr. 1 und Nr. 17, als richtige Antworten im eigentlichen Sinne aufzufassen, 12 sind entweder sinnlos (4, 10, 13), oder zeigen Iterativerscheinungen (Nr. 2, 3, 5, 9, 11, 18—21). Letztere sind besonders im Hinblick auf das im vorigen Fall bald nach einem paralytischen Anfall erhaltene Resultat bemerkenswerth.

Die vorliegende Art von schwerer Unorientirtheit zeichnet sich also aus durch

1. sprachliche Iterativerscheinungen,
2. Mangel an traurigem Affect, beziehungsweise Euphorie,
3. plötzliches Auftauchen eines Schimpfwortes (ad 13).

Dieser Befund, besonders Nr. 1, macht es sehr wahrscheinlich, dass es sich nicht um eine gewöhnliche Verwirrtheit oder Unorientirtheit handelt, sondern um eine der Krankheiten, bei denen automatische Wiederholungen mit Vorliebe vorkommen, das heisst bei Ausschluss von Katatonie um schwere Paralyse oder Epilepsie. Vergleichen wir mit dieser Analyse des Zustandes die Krankengeschichte, so ergibt sich Folgendes:

Margarethe C. aus M., geboren 19. XI. 1846, aufgenommen in die psychiatrische Klinik in Giessen am 4. XI. 1896. Erblich belastet. Ein Bruder war „Sonderling“ und „geistesschwach“. Ein anderer Bruder starb in einer amerikanischen Irrenanstalt. Ein Neffe ist Trinker. C. hat einen sehr ausschweifenden Lebenswandel hinter sich. Als Mädchen gewöhnte sie sich das Rauchen an. In den Pubertätsjahren mehrfache Ohnmachten. Im 18. Jahre nach Amerika, im Jahre 1867 nach Californien. Seit 25 Jahren von ihrem Mann getrennt. Eine Schwangerschaft in der Ehe durch Abort unterbrochen. In den letzten Jahren in Südcalifornien als Wirthin. Sie soll mehr und mehr dem Alkoholismus verfallen sein. Durch Mangel an Aufmerksamkeit im Geschäft verlor sie ihr Vermögen von 10.000 Dollars. Ihre Verhältnisse gingen immer mehr zurück. Im Juli 1896 nach Deutschland zu den Verwandten. Sie erschien der Schwester verändert, war apathisch, beschäftigte sich nicht, war manchmal ganz kindisch, spielte mit einem mitgebrachten Papagei. Dabei sehr vergesslich, kann über ihre Lebensschicksale keine Auskunft geben, weiss nicht, wie alt sie bei ihrer Auswanderung war, wann sie zurückkam. Dabei hypochondrische Klagen über mangelnden Stuhlgang, obgleich derselbe in Ordnung war. Befund bei der Aufnahme: Pupillen sind bei Tageslicht auffallend eng, stecknadelkopfgross, beiderseits gleich weit. Die Erweiterung im Dunkeln ist sehr gering. Sehr träge Reaction, Kniephänomene beiderseits verstärkt. Schwerfällige Sprache. Starke Schreibstörung, sie ist nicht imstande, ihren Namen zu schreiben. Psychisch treten starke Gedächtnissstörungen, Unorientirtheit, völlige Gleichgiltigkeit gegen die Umgebung in den Vordergrund.

Die Diagnose musste schon bei der Aufnahme mit Sicherheit auf progressive Paralyse gestellt werden. Dieselbe wurde durch den Verlauf, der zu hochgradigem psychischen und körperlichen Verfall führte, bestätigt.

Wichtig ist, dass auch hier neben der Verwirrtheit eine Reihe von Zügen hervortreten, welche an die Symptome bei Herdkrankheiten des Gehirnes erinnern.

9. II. Als man ihr eine gefüllte Streichholzschachtel reicht, führt sie dieselbe lachend zum Munde, bläst darauf, als sei es ein Instrument. Sie

vermag die Schachtel nicht zu öffnen und bricht dieselbe unter Anwendung beträchtlicher Gewalt auf, nimmt dann ein Hölzchen heraus und führt es zum Munde, weiss sonst nichts damit anzufangen. Auf die Frage, was das sei, sagt sie: „Vogel! Grethe!" Auf Vorzeigen der Schachtel wird diese als „Rock" bezeichnet. Ein ihr gereichtes Stearinlicht sucht sie zum Munde zu führen, nennt es „Lampe". Einen Federhalter kann sie nicht benennen, sagt: „wo man schreibt". Eine Anzahl Schlüssel benennt sie richtig, steckt sie aber in den Mund.

Sie sagt auf Vorhalten von

Cigarette: „Vogel, wo man essen kann",

Nagel: „Wo man mit schreiben kann".

Rechnen kann sie gar nicht mehr, wiederholt oft das letzte Wort der Frage.

25. IV. Sie benennt vorgezeigte Bilder öfter falsch, zum Beispiel Baum: Vogel, Soldat: Katze, Pferd: Vogel. Andere Bilder werden richtig bezeichnet, zum Beispiel Haus, Katze, Kind. Oft sind Iterativerscheinungen vorhanden. Oefter heftige Erregungen mit zotigen Schimpfreden (Sau etc.).

20. VII. Prüfung mit dem (pag. 87) beschriebenen Pupillenmessapparat ergibt Folgendes:

Linkes Auge		Rechtes Auge	
Rheostatenstellung	Pupillenweite	Rheostatenstellung	Pupillenweite
1	$1^1/_3$	1	$1^3/_4$
9	$1^1/_3$	9	$1^3/_4$

Beide Pupillen sind also abnorm eng. Die Weite der Pupille ist rechts und links fast gleich. Die rechte ist ein Minimum weiter als die linke ($1^3/_4$—$1^1/_3$ Mm.), beide sind völlig starr, wenn man von einer minimalen Erweiterung bei mittlerer Beleuchtungsstärke (Rh. 5) absieht (cfr. pag. 92).

Dass es sich bei dieser Kranken, welche am 18. I. 1898 nach der Landesirrenanstalt in H. transferirt wurde, um progressive Paralyse gehandelt hat, ist zweifellos.

Ebenso wie in dem ersten Fall treten hier bei genauerer Untersuchung in ihrem Zustande eigenthümliche Züge hervor, welche denselben von anderen Arten von Verwirrtheit unterscheiden, während gleichzeitig die Sprachprüfung eine Anzahl von „herdartigen" Symptomen, speciell isolirten Gedächtnissstörungen, aufweist.

Jedenfalls bietet auch in diesem Falle die Methode der gleichen Fragen genauere Einblicke in die feinere Composition einer klinischen Erscheinung, die man sonst mit dem Sammelnamen Verwirrtheit bezeichnen würde.

Differentialdiagnostisch sehr interessant ist im Hinblick auf die oben gegebenen Analysen der folgende Fall, bei dem wir nach kurzer Mittheilung der Personalien wiederum von den mit den Fragebögen erhaltenen Resultaten ausgehen.

Elisabeth R. aus F., Landwirthswitwe, geboren 15. II. 1825, aufgenommen in die psychiatrische Klinik in Giessen am 8. II. 1897.

Name: Elisabeth R. Nr. 1.
Datum: 28. III. 1897. Sonntag.
Tageszeit: $^1/_2$12 Uhr vormittags.

1. Wie heissen Sie? — Elisabeth R.'s Wittwe.
2. Was sind Sie? (Ausgelassen.)
3. Wie alt sind Sie? — 74 Jahre.
4. Wo sind Sie zu Hause? — Friedberg.
5. Welches Jahr haben wir jetzt? — 1898.
6. Welchen Monat haben wir jetzt? — Ach, das kann ich Ihnen wirklich nicht sagen, wenn ich Ihnen sehe, bin ich ganz entzückt über die Freundlichkeit, da vergehen mir die Gedanken. Sie dürfen's mir sicherlich glauben.
7. Welches Datum im Monat haben wir? (Ausgelassen.)
8. Welchen Wochentag haben wir heute? — Haben wir heut' Montag oder Dienstag?
9. Wie lange sind Sie hier? — Ich werde Tage 14 da sein.
10. In welcher Stadt sind Sie? — Giessen, das weiss ich.
11. In was für einem Hause sind Sie? — Im Spital.
12. Wer hat Sie hierher gebracht? — Ja, das weiss ich aber wirklich nicht mehr, wer hat mich denn hergebracht? Kann denn der Mensch so werden, ach, ihr lieben Leute, das ist ja eine traurige Geschichte.
13. Wer sind die Leute Ihrer Umgebung? — Das kann ich Ihnen wirklich nicht sagen, ich befass mich mit keinem.
14. Wo waren Sie vor acht Tagen? (Ausgelassen.)
15. Wo waren Sie vor einem Monat? (Ausgelassen.)
16. Wo waren Sie vorige Weihnachten? Da war ich zu Hause in Friedberg, in meiner Wohnung, wo ich da wohne.
17. Sind Sie traurig? (Ausgelassen.)
18. Sind Sie krank? (Ausgelassen.)

Analyse: Aus den Antworten sind folgende Züge herauszuheben:

I. Orientirtheit über Name und Heimat (cfr. 1, 4). Auch das Alter und der Jahrgang ist fast richtig angegeben.
II. Unorientirtheit über Monat, Datum, Wochentag (cfr. 6, 7, 8).
III. Erinnerungsstörungen. (Cfr. 9: Wie lange sind Sie hier? „Ich werde 14 Tage da sein.“ In Wirklichkeit seit 8. Februar. Ferner Antwort ad 12: „Wer hat mich denn hergebracht?“)
IV. Orientirtheit über Aufenthaltsort und Art des Hauses, in dem sie sich befindet (cfr. 10, 11, Giessen, im Spital), während sie die Leute ihrer Umgebung nicht als Kranke benennt, was zu der Antwort „im Spital“ im Widerspruch steht.
V. Zusatz einer wortreichen Phrase zu der Antwort ad 6: „Wenn ich Ihnen sehe, bin ich ganz entzückt über die Freundlichkeit, da vergehen einem die Gedanken. Sie dürfen mir's sicherlich glauben.“
VI. Der Ausdruck eines Krankheitsbewusstseins in der Antwort ad 12: „Kann denn der Mensch so werden, ach, ihr lieben Leute, das ist ja eine traurige Geschichte.“

Die pathologischen Momente in II. und III. treten im Gegensatz zu I. und IV. um so greller hervor und scheinen das Krankheitsbild zu beherrschen.

Name: Elisabeth R. Nr. 2.
Datum: 2. IV. 1897, Freitag.
Tageszeit: 7½ Uhr abends.

1. Wie heissen Sie? — Elisabeth R.'s Wittwe.
2. Was sind Sie? — (Ausgelassen.)
3. Wie alt sind Sie? — 75 Jahre.
4. Wo sind Sie zu Hause? — Friedberg in der Wetterau.
5. Welches Jahr haben wir jetzt? — Ach, das kann ich Ihnen eben nit sagen, 1887, he?
6. Welchen Monat haben wir jetzt? — März, he?
7. Welches Datum im Monat haben wir? — Das kann ich Ihnen wirklich auch nicht sagen.
8. Welchen Wochentag haben wir heute? — Dienstag oder Montag, he?
9. Wie lange sind Sie hier? — 14 Tage werde ich hier sein.
10. In welcher Stadt sind Sie? — In Giessen.
11. In was für einem Hause sind Sie? — Spital.
12. Wer hat Sie hierher gebracht? — Ich bin allein hierher gekommen. Herr Doctor war doch nicht mit mir da.
13. Wer sind die Leute Ihrer Umgebung? — Lauter kranke Leute.
14. Wo waren Sie vor acht Tagen? — Ach, da war ich ja noch zu Hause.
15. Wo waren Sie vor einem Monat? — Da war ich in meiner Wohnung.
16. Wo waren Sie vorige Weihnachten? — Da war ich in meiner Wohnung.
17. Sind Sie traurig? (Ausgelassen.)
18. Sind Sie krank? — Nein, nur bisschen Asthma und das Bein.

Analyse: In diesem Bogen sind folgende Momente ersichtlich, welche eigenartige Beziehungen zu der am 28. III. gemachten Aufnahme haben:

I. Orientirtheit über Name und Heimat. An Stelle von 74 wird 75 als Alter angegeben. Als Jahrgang an Stelle von 1898 nunmehr 1887 im fragenden Ton. Es ist in dieser Beziehung eine geringere Leistung vorhanden.

II. Wie früher Unorientirtheit über Monat, Datum, Wochentag. In der Antwort ad 8 findet sich der gleiche Fehler wie am 28. III.: „Dienstag oder Montag" in etwas anderer Wortfolge (früher: „Montag oder Dienstag").

III. Erinnerungsstörungen wie früher. Trotzdem die Untersuchung 5 Tage nach der ersten liegt, taucht bei der Zeitschätzung der gleiche Fehler auf wie am 28. III.: „14 Tage werde ich hier sein", in etwas anderer Wortfolge als früher („ich werde Tage 14 da sein"). Die Stereotypie der Antwort mit Aenderung der Wortstellung erinnert sehr an das oben unter II. erwähnte Phänomen. An Stelle der früheren Erinnerungslosigkeit ad 12 (wer hat mich denn hergebracht?) ist eine Erinnerungsfälschung getreten: „Ich bin allein hierher gekommen." In der Antwort ad 14 ist ebenfalls eine Erinnerungstäuschung enthalten. (Vor acht Tagen? da war ich ja noch zu Hause.)

IV. Orientirtheit über Aufenthaltsort und Umgebung. Entsprechend der Antwort „im Spital" erkennt sie in der Umgebung „lauter kranke Leute".

Die früher unter V. und VI. hervorgehobenen Eigenheiten fehlen diesmal. Sie erscheinen als wechselnde Symptome, während Unorientirtheit speciell über zeitliche Verhältnisse und Erinnerungsstörungen im Wesentlichen geblieben sind.

Name: Elisabeth R. Nr. 3.
Datum: 3. IV. 1897, Sonnabend.
Tageszeit: 1/2 7 Uhr nachmittags.

1. Wie heissen Sie? — Elisabeth R.'s Wittwe.
2. Was sind Sie? (Ausgelassen.)
3. Wie alt sind Sie? — 75 Jahre.
4. Wo sind Sie zu Hause? — In Friedberg.
5. Welches Jahr haben wir jetzt? — Ach, das kann ich Ihnen aber nicht, Sie dürfen mich fragen, was Sie wollen, das weiss ich all nicht.
6. Welchen Monat haben wir jetzt? — September, nit wahr?
7. Welches Datum im Monat haben wir? — Das ich Ihnen auch nicht sagen, wie kann der Mensch so worden.
8. Welchen Wochentag haben wir heute? — Heute haben wir Montag, nit wahr?
9. Wie lange sind Sie hier? — Vierzehn Tage, nit wahr?
10. In welcher Stadt sind Sie? — In Giessen.
11. In was für einem Hause sind Sie? — Im Spital.
12. Wer hat Sie hierher gebracht? — Das weiss ich aber wirklich nicht mehr, wie kann der Mensch so gedankenlos werden, so war ich mein Lebtag noch nicht.
13. Wer sind die Leute Ihrer Umgebung? — Weiss nicht wie sie heissen.
14. Wo waren Sie vor acht Tagen? — Ich bin entzückt, wenn ich sehe, ich bin doch sonst nicht so dumm und vergesslich, seit mein Onkel todt ist, Doctor Steinhäuser, bin ich ganz unglücklich.
15. Wo waren Sie vor einem Monat? — (Ausgelassen.)
16. Wo waren Sie vorige Weihnachten? — Da war ich in Friedberg.
17. Sind Sie traurig? — (Ausgelassen.)
18. Sind Sie krank? Eben bin ich nicht gesund, von Herzen sag ich, bin ich aber gesund.

Aus den Antworten hebe ich im Hinblick auf die früher aufgenommenen Bögen Folgendes hervor.

I. Orientirtheit in Bezug auf Name und Heimat. Als Alter wird 75 wie am 2. IV. angegeben.

II. Unorientirtheit über Jahrgang, Monat, Datum, Wochentag. In der Antwort ad 8 „Montag" taucht ein Theil der früheren Antworten (28. III. „Montag oder Dienstag", 2. IV. „Dienstag oder Montag") wieder auf. Man kann diese Erscheinung so deuten, dass von der früheren Wortreihe ein Theil verloren gegangen ist.

III. Erinnerungsstörungen. In der Antwort ad 9: Wie lange sind Sie hier? taucht der constante Fehler: „vierzehn Tage" (cfr. Bögen vom 28. III. und 2. IV.) auf, trotzdem schon einige Monate seit der Aufnahme verflossen sind.

IV. Auftreten von längeren Phrasen in der Antwort wie im Bogen 1, z. B. ad 14 „Ich bin entzückt, wenn ich sehe etc." ad 18: „Von Herzen sag ich, bin ich aber gesund."

V. Mehrfach Aeusserungen von Krankheitsbewusstsein ad 7: „Wie kann der Mensch so werden", ad 12: „Wie kann der Mensch so gedankenlos werden, so war ich mein Lebtag noch nicht", ad 14: „Ich bin doch sonst nicht so dumm und vergesslich."

Dieser Befund stimmt in den Punkten I—III mit den beiden Bögen vom 28. III. und 2. IV. überein, in IV und V treten zwei Züge, welche am 28. III. vorhanden waren, am 2. IV. jedoch fehlten, schärfer hervor.

Ein ähnliches Resultat giebt eine weitere Aufnahme:

Name: Elisabeth R. Nr. 4.
Datum: 12. IV. 1897, Montag.
Tageszeit: 3 Uhr nachmittags.

1. Wie heissen Sie? — Elisabeth R.'s Wittwe.
2. Was sind Sie? — (Ausgelassen.)
3. Wie alt sind Sie? — 75 Jahre.
4. Wo sind Sie zu Hause? — Friedberg in der Wetterau.
5. Welches Jahr haben wir jetzt? — 1879 oder 1878.
6. Welchen Monat haben wir jetzt? — October, November, he?
7. Welches Datum im Monat haben wir? — Das kann ich Ihnen auch nicht sagen.
8. Welchen Wochentag haben wir heute? — Ist heute nit Montag?
9. Wie lange sind Sie hier? — Sind es nicht 14 Tage, he?
10. In welcher Stadt sind Sie? — Giessen.
11. In was für einem Hause sind Sie? — Klinik.
12. Wer hat Sie hierher gebracht? — Wer hat mich denn hergebracht, ich weiss selber nicht, war's nicht ein Polizeidiener, oder war es aus dem Krankenhaus einer.
13. Wer sind die Leute ihrer Umgebung? — Kranke.
14. Wo waren Sie vor acht Tagen? — War ich da schon hier?
15. Wo waren Sie vor einem Monat? — Ach, da war ich zu Haus, in meiner Wohnung.
16. Wo waren Sie vorige Weihnachten? — Zu Hause.
17. Sind Sie traurig? — (Ausgelassen.)
18. Sind Sie krank? — (Ausgelassen.)

Dieser Befund deckt sich im Wesentlichen mit den aus den Analysen von Nr. 1—3 erhaltenen Resultaten. Vergleicht man das Resultat mit dem oben bei den beiden fortgeschrittenen Fällen von progressiver Paralyse, besonders bei dem ersten Fall erhaltenen, so stellt sich einerseits eine grosse Aehnlichkeit, andererseits ein grosser Unterschied in Bezug auf bestimmte Gruppen von Symptomen heraus.

Das Gemeinsame bilden folgende Erscheinungen:

1. Partielle Orientirtheit über die Personalien.
2. Völlige Unorientirtheit über zeitliche Verhältnisse.
3. Gedächtnissstörungen.

Als Besonderheiten des letzten Falles heben wir hervor:

1. Die grosse Geläufigkeit der spontanen Sprache.
2. Die Stereotypie in Bezug auf sehr complicirte Phrasen.
3. Das Krankheitsbewusstsein in Bezug auf psychische Leistungen, besonders Gedächtniss.

Der Befund hat also gewisse Aehnlichkeiten mit dem bei den Paralytischen erhaltenen, hebt sich aber durch die letztgenannten Momente scharf von jenem ab, indem die Kranke darin eine überraschend hohe psychische Leistungsfähigkeit an den Tag legt. Als das Wesentliche erscheinen auf Grund der Untersuchungsbögen Gedächtnissstörungen.

Vergleichen wir mit diesem Resultat die Krankengeschichte, welche von Dr. *Rohde* in dem Aufsatz „Ueber polyneuritische Psychosen“ (cfr. Zeitschrift für praktische Aerzte, 1898, Nr. 2) ausführlich behandelt worden ist. Es genügt hier, folgende Stellen der *Rohde*'schen Arbeit wiederzugeben:

„Wie aus dem Vorstehenden ersichtlich, finden wir hier alle diejenigen Symptome vereint, die uns von vornherein in voller Reinheit die Diagnose einer polyneuritischen Affection auf somatischem Gebiete sichern. Sehr bemerkenswerth ist in diesem Falle die Vagus-Erkrankung, die sich vorzugsweise durch jene periodisch auftretenden Anfälle von Asthma bronchiale [1]) kundgibt, deren besondere Bedeutung für die Polyneuritis bereits von anderer Seite eingehend gewürdigt worden ist.[2])

Um ein Bild von dem psychischen Verhalten der Kranken zu entwerfen, greife ich folgende besonders charakteristischen Momente aus Unterredungen mit ihr heraus:

Gibt auf Befragen ihre Personalien soweit richtig an, als sie sagt, sie heisse Elisabetha, Ambrosius R.'s Wittwe, ihr Vater sei Sattler gewesen und hätte einen Laden mit Spielwaaren in Friedberg gehabt. Dort sei sie auch geboren. Ihren Geburtstag vermag sie nicht anzugeben: „Ja, das weiss ich nicht.“ Behauptet 75 Jahre alt zu sein. Ihr Mann sei Landwirth gewesen.

Schon bei der Frage nach ihrem Geburtsort ist sie sehr verwundert, dass man nicht weiss, dass sie „hier“ geboren ist, noch erstaunter ist sie über die Frage nach ihrem jetzigen Aufenthaltsort. Sie selbst meint immer noch im Friedberger Spital zu sein, vermag sich auch nicht zu besinnen, dass sie etwa vor 3/4 Stunden noch per Bahn gefahren und wie sie überhaupt hierher gekommen ist; auch ist sie nicht imstande, irgendwelche Angaben über den Spitalaufenthalt in Friedberg zu machen. Dabei fragt sie den untersuchenden Arzt, wer er sei und fügt mit grosser Zungenfertigkeit im lauten Jammerton hinzu: „Sie dürfen's mir sicherlich glauben, ich bin durcheinander, ich hätte gar nicht hierher gebraucht, ich bleibe auch nicht lange hier, wenn ich noch krank wär, allmächtiger Gott, treuer Gott, ist das nicht wahr? Hab ich Recht, hab ich Unrecht, gelt? Mir fehlt nur ein bisschen Schmerzen im Knie. Nach ein paar Nauheimer Bädern ist alles gut.

[1]) Vergl. *W. v. Leube*, „Specielle Diagnose der inneren Krankheiten“, Bd. I, pag. 106 ff., Leipzig 1895, 4. Aufl.

[2]) *Oppenheim*, „Lehrbuch der Nervenkrankheiten“, Berlin 1894. — *Redlich*, „Ueber die polyneuritischen Psychosen“, Wiener klinische Wochenschrift, 1895, 25—27. — *Tiling*, „Alkohol-Paralysen und infectiöse Neuritis multiplex“. Halle 1897, Verlag von Marhold.

Gott soll mich in Ewigkeit bewahren, nicht wahr? He! Hab ich nicht recht? Ich gebe hundert Mark Miete; was schnappen in der Judengasse welche herum, noch zehnmal ärger wie ich. Heilige Dreifaltigkeit, heiliger lieber Gott, es leit in uns .... es leit **in** uns .... es leit **in** uns .... es leit **in** uns ....“ Auf weiteres Befragen sagt sie, sie sei nur 7 Monate verheiratet gewesen: „Heilige Dreifaltigkeit, was ist das schon lange her!“ Schmeichelt dem Arzt, versucht seine Hand zu küssen, streichelt ihn. Wie lange ihr Mann bereits todt sei, vermag sie nicht anzugeben, weil sie „ein bisschen durcheinander sei“. In eigenartigen Höflichkeitsformen betheuert sie dem Arzt: „Sein Sie nicht böse, dass ich so bin, aber mir geht meine Hausmiete im Kopf herum und die vielen guten Kunden, die ich habe, der Bürgermeister von F., Dr. S. und so viele Gemeinderäthe, die Beisitzer sind alles Geschwisterkinder zu mir. Wenn ich nicht die guten Leute hätte (erfasst die Hand des Untersuchenden), so gewiss ich Ihre fünf Finger halte, ich hätte mich schon längst umgebracht. Das liegt in uns, mit einem Wort, das haben drei Geschwister schon gethan. Wenn ich fort will, will ich auch fort, nein, nein, nein! Ich bleib nicht hier, nein! Ich habe schon einen Strick um den Hals gehabt, ich hänge mich auf; habe ich Recht, habe ich Unrecht? He!“ Wird agitirter, fängt an zu weinen: „Das kann ich nicht übers Herz bringen, aber wegen das bisschen Bein, nein, nein, nein!! Andere trinken Schnaps noch ärger wie ich; ach, was habe ich Euch ausgelacht, ach du grosser Gott, du frommer Gott, du treuer Gott, hängen muss ich mich, hängen kann ich mich.“ Gibt zu, täglich regelmässig zwei Glas Bier getrunken und ab und zu nur abends ihren Hustentropfen etwas Rum zugesetzt zu haben. Fragt fortwährend: „Wann sollt ich fort? Wann wollt ich fort? Geben Sie doch Antwort, gelt ich wollt fort? He!“ Glaubt in Friedberg nur 12 Tage im Spital gewesen zu sein: „Sie müssen die Schwester fragen, die weiss es besser wie ich, ich hab's im Kopf, es kommt nur nicht heraus.“

Wird im Verlauf der Erzählung immer unruhiger; greift nach allen möglichen ihr erreichbaren Gegenständen, so der Uhr des Untersuchenden, nach dem Percussionshammer, nach Bleistift und Feder und steckt sie ein. Nach wenigen Minuten weigert sie sich hartnäckig „ihr“ Besitzthum herauszugeben, geräth in starke Erregung, beginnt zu schimpfen. Dazwischen streut sie völlig zusammenhanglose Fragen ein, zum Beispiel: „Was hatte ich Ihnen gesagt vom Hecht?“ (Was für ein Hecht?) „Hecht im Creditverein, ich meine, ich hätte Ihnen was gesagt.“ Trotz dieser anscheinenden Verwirrtheit achtet sie genau auf jede Kleinigkeit: als der Arzt sich bückt, um ein Blatt Papier aufzuheben und mit dem Aermel an den Federhalter streift, schreit sie ihn laut an: „He! geben Sie Acht!“

Auf dem Wachsaal mustert sie die Umgebung, winkt geheimnissvoll der Pflegerin, sagt in Bezug auf eine aufgeregte Kranke: „Hier sollt ich bleiben? bei dieser Person, nein, nein, nein, das thue ich nicht, da hänge ich mich auf, eins, zwei, drei, da ist's gescheh'n, da bin ich die vierte, die sich von meinen Angehörigen aufhängt. Wie heisst man meine Krankheit? Ich wäre irre im Kopf, so nennt man's wohl? Also wie soll das mit mir gehen? Wissen Sie's nicht? Was hat der gesagt? Wo sein ich hier? Was krieg ich nun für's Bein? Gar nichts? Sollen sie mich nur morgen fortlassen, sonst gibt's noch was, was noch nie da war. Ich hab mir schon alles überlegt. Umbringen thue ich mich. Denken Sie sich nur, 100 Mark Miet muss ich geben und mich dabei rechtschaffen ernähren und der Stadt nicht zur Last fallen. Glauben Sie nicht, dass mich das ganz durcheinander bringt? Hab ich Recht, hab ich Unrecht? Wie war das mit dem Fortgehen?“

Je mehr die Kranke derart in Redefluss geräth, umso mehr steigert sich die Erregung; auf der Höhe derselben schimpft sie in obscöner Weise, schreit und tobt bei den geringfügigsten Anlässen, verkennt ihre Umgebung und verwechselt die einzelnen Personen. So redet sie den Arzt als Schreiber Hieronymus an und bezeichnet die Pflegerinnen als alte Bekannte.

Fragen wir uns auf Grund der geschilderten mannigfaltigen Erscheinungen, worin denn das eigentlich Charakteristische der psychischen Störung im vorliegenden Falle liegt, so können wir vorläufig schon folgende greifbaren Momente aus dem Gesammtbilde herauslesen:

1. Die häufige automatische Wiederholung der gleichen Phrasen in einem jedesmal wiederkehrenden eigenartigen Tonfall („so gewiss ich Ihre fünf Finger halte; eins, zwei, drei, ich hänge mich auf; habe ich Recht, habe ich Unrecht; ich will mich redlich und rechtschaffen ernähren und nicht der Stadt zur Last fallen; das schwöre ich bei Gott dem Allmächtigen; Sie dürfen mir's sicherlich glauben, mir geht nichts wie mein Logis im Kopf herum" etc.);
2. der ausserordentliche Rededrang;
3. die sonderbaren Frageformen, die sie an sich hat;
4. die Unorientirtheit;
5. das häufige Reden von Selbstmord ohne jeden entsprechenden Affect;
6. öfter auftretende Personenverkennung;
7. das sinnlose Einpacken aller ihr erreichbaren Gegenstände;
8. die völlige Zusammenhanglosigkeit ihrer spontanen sprachlichen Aeusserungen mit den an sie gerichteten Fragen und Bemerkungen;
9. endlich die gewissermaassen alle diese Nebenzüge übertönende, den Boden für sie ebnende generelle Gedächtnissschwäche *(Freund)*.

Zweifellos fällt dieser letzteren der Hauptantheil am Gesammtkrankheitsbilde zu und so blassen denn auch beim Eintritt und unter dem Einfluss grösserer Ruhe, beim Abklingen der Erregung im weiteren Verlauf die übrigen Erscheinungen immer mehr ab, dauernd bestehen bleibt aber jene eigenartige, enorm starke Gedächtnissstörung. Es erscheint daher wichtig, gerade diese einer genauen Würdigung zu unterziehen.

In klinischer Hinsicht charakterisirt sie sich folgendermaassen:

1. schwinden namentlich die Erinnerungen an das kürzlich Dagewesene, das soeben erst Geschehene, während die entlegenen Begebenheiten ganz gut im Gedächtnisse bleiben;
2. beginnt Patientin nach vorhergegangener hochgradiger Erregung ihre geistigen Fähigkeiten wiederzugewinnen, aber das Gedächtniss bleibt hochgradig gestört;
3. stellt die Kranke beständig ein und dieselben Fragen und erzählt ein und dieselben Dinge; sie spricht dabei mit voller Ueberlegung;
4. ist sie nicht im mindesten der Wiederholung ihrer stereotypen Redensarten sich bewusst;
5. bedarf es zuweilen besonderer Bedingungen, um ihr einzelne Begebenheiten ins Bewusstsein zu bringen, um ihr das Sichbesinnen auf bestimmte Dinge zu ermöglichen. So hat sie sich beispielsweise die Namen der beiden Abtheilungsärzte verhältnissmässig rasch gemerkt, vermag sie jedoch nicht richtig anzuwenden, indem sie in der Regel aufs Gerathewohl bald den einen, bald den anderen nennt; wird ihr dagegen der Anfangsbuchstabe vorgesagt, so trifft sie stets den richtigen. Den Namen des Directors vermag sie bis heute nicht zu behalten, verfällt

aber sofort auf denselben, sobald man sie an eine der vier Jahreszeiten erinnert; es erfolgt dann immer die gleiche Antwort: „Herr Professor Sommer.“ Die Frage, wie pflegte Ihr Onkel zu sagen, genügt, um die stereotype Antwort zu provociren, mein Onkel Dr. St. tröstete mich immer mit den schönen Worten: „Ich bin selbst Doctor und kann mir nicht helfen, wie soll ich Dir helfen.“

6. Die Amnesie hat keinen stationären Charakter, sie kann einmal stärker, ein anderesmal geringer sein. Namentlich in allerletzter Zeit konnten in dieser Richtung auffällige Besserungen constatirt werden.“

Es ist ohne Weiteres ersichtlich, dass die oben aus der Analyse der Fragebögen abgeleiteten Schlüsse mit dieser Zusammenfassung der Symptome vollständig zusammenstimmen. Letztere beruht sogar im Wesentlichen auf der vergleichenden Analyse der Antworten auf die gleichen Fragen. Dazu kommt, dass es vermöge der Anwendung der gleichen Reize möglich wird, die hier beobachtete Verwirrtheit bei einer polyneuritischen Psychose mit anderen Arten dieses vieldeutigen Zustandes in Beziehung zu setzen und die differentialdiagnostischen Momente klar herauszustellen.

Wir heben nun eine andere Gruppe von Krankheitszuständen hervor, bei denen öfter das Vorhandensein von Unorientirtheit oder Verwirrtheit behauptet wird, während die genauere klinische Analyse diese Auffassung als sehr zweifelhaft erscheinen lässt. Ich habe hierbei vor allem die scheinbaren Zustände von Unorientirtheit bei Katatonie im Auge.

Beispiel: Heinrich B., aus B., Landwirth, geb. 29. Mai 1845, aufgenommen in die psychiatrische Klinik in Giessen am 17. III. 1898.

Wir gehen wieder von der Analyse der Untersuchungsbögen aus:

Name: Heinrich B. Nr. 1.
Datum: 2. IV. 1898, Sonnabend.
Tageszeit: 4 Uhr nachmittags.

1. Wie heissen Sie? — Heinrich B. (richtig).
2. Was sind Sie? — Landwirth.
3. Wie alt sind Sie? — $53\frac{1}{2}$ Jahre.
4. Wo sind Sie zu Hause? — Bethlehem bei Darmstadt.
5. Welches Jahr haben wir jetzt? — Im 19. Jahrhundert.
6. Welchen Monat haben wir jetzt? — Das weiss ich nicht.
7. Welches Datum im Monat haben wir? — Das weiss ich nicht.
8. Welchen Wochentag haben wir heute? — Dienstag.
9. Wie lange sind Sie hier? — So $1\frac{1}{2}$ Jahr.
10. In welcher Stadt sind Sie? — In Berlin.
11. In was für einem Hause sind Sie? — (Ausgelassen.)
12. Wer hat Sie hierher gebracht? — Mit Ihne Ihre Pferde.
13. Wer sind die Leute Ihrer Umgebung? — Sie habe ich noch nicht gesehen, oder doch damals.
14. Wo waren Sie vor acht Tagen? Da war es gerade so.
15. Wo waren Sie vor einem Monat? — Zwischen Schloss und Riegel. Da war der Berg und das Thal.
16. Wo waren Sie vorige Weihnachten? Da habe ich geweint aus Liebe.

17. Sind Sie traurig? — Das gerade nicht, aber man hat mich toll gemacht.
18. Sind Sie krank? — Ich fühle mich nicht krank, wir haben ja eben getanzt.
19. Werden Sie verfolgt? — Das Betthüten ist meine grösste Verfolgung, ich möchte arbeiten.
20. Werden Sie verspottet? — Da im Nebenzimmer eben, sonst werde ich gerade nicht verspottet.
21. Hören Sie schimpfende Stimmen? — Wenn ich den Urin abgebe, heisst es: „Bleib' in Bett liegen", und das ist doch nicht recht.
22. Sehen Sie schreckhafte Gestalten? — Nachts, wenn das Licht angezündet wird, das kommt von oben herunter. Dann habe ich oft Zucken im Körper.

In diesem Bogen fällt besonders der Gegensatz zwischen den drei ersten richtigen Antworten und den völlig verkehrten Reactionen auf die folgenden Fragen auf. (Verbindung von Orientirtheit und Unorientirtheit?)

Name: Heinrich B. Nr. 2.[1])
Datum: 4. VI. 1898.
Tageszeit: $11^1/_4$ Uhr vormittags.

1. Wie heissen Sie? — Zwinkert mit den Augen, lächelt und sagt dann leise: „Das kann ich nicht sagen." — Legt die Hand auf die Brust, sagt dann: „Wollen Sie es wissen, Herr Bürgermeister? Ich habe Bürgermeistersachen an." Schliesslich: „Von morgens bis abends Philipp."
2. Was sind Sie? — „Landwirth von zu Haus".
3. Wie alt sind Sie? — „54 Jahre." Wann sind Sie geboren? Zuerst: „Im 19. Jahrhundert", dann „1845".
4. Wo sind Sie zu Hause? — „Aus Bingen." Dann: „Aus Bingen selbst nicht, aber wir haben unsere Waaren daher bezogen." Wie gross ist Bingen? Antwort: „Von Herrn Grooss, Heinrich heisst er."
5. Welches Jahr haben wir? — „Das muss ich erst überlegen. Sonst müsst' ich sagen, der Herr Baron v. Rothschild, der hat das ganze Geld — verloren."
6. Welcher Monat ist zur Zeit? — „Monat? Wie kann ich jetzt sagen, was wir für einen Monat haben." Schliesslich sagt er „Mai".
7. Wievielter Tag im Monat? — „Im December schlachten wir."
8. Wie lange sind Sie hier? — „Das ganze Ding haben Sie ja da." Dann: „Ueber ein Jahr."
9. Welcher Wochentag ist? — Keine Antwort.
10. In welcher Stadt sind Sie? — „Giessen."
11. Wer bin ich (Arzt)? — „Der Kaiser Wilhelm, der höchste Mann."
12. Wer hat Sie gebracht? — „Ich selbst; der Jude, der kleine."

[1]) In den folgenden Bögen zeigen die Fragen eine Anzahl kleiner Aenderungen, welche methodologisch als Fehler bezeichnet werden müssen. Da es auf vollständige Vergleichbarkeit ankommt, sind solche subjectivistische Variationen der Fragestellung vollständig zu vermeiden. Es kommt thatsächlich, besonders in den Fällen, bei denen associative Störungen vorliegen, auf jedes Wort in der Fassung der Frage an. Bei der Art des vorliegenden Falles scheint allerdings der dadurch bedingte Fehler nicht gross zu sein. An Stelle der früheren Frage 11 ist mit Rücksicht auf das in Betracht kommende Symptom der Personenverkennung eine neue Frage (Wer bin ich?) eingefügt.

13. Wer sind die Leute Ihrer Umgebung? — „Lauter Kellner, so muss ich sagen.“
14. Wo waren Sie vor acht Tagen? (Ausgelassen.)
15. Wo waren Sie vor einem Monat? — „In der Wirthschaft.“
16. Wo letzte Weihnacht? — „Das haben Sie doch alles zu Protokoll genommen; so schnell kann ich keine Antwort geben.“
17. Sind Sie traurig? — „Da müsst ich mich rein waschen. Jetzt werden Sie traurig, wissen Sie.“
18. Sind Sie krank? — „Das Auge ist gut an mir.“
19. Werden Sie verfolgt? — „Sie thun mich ja verfolgen.“ Er meint den Arzt.
20. Werden Sie verspottet? — „Ja“ (lächelnd)

Abgesehen von diesen Antworten treten bei der Aufnahme eine Menge von auffallenden Haltungen und Bewegungen besonders im physiognomischen Gebiet hervor. Blinzeln mit den Augen, Zukneifen eines Auges, wodurch das Gesicht einen listigen Ausdruck erhält, ferner Spitzen des Mundes und schlürfendes Einziehen von Luft. Hin und wieder bekommt das Gesicht einen erstaunten oder pathetischen Ausdruck, wobei dann gleichzeitig pathetische Gesten gemacht werden. Hin und wieder springt der Patient plötzlich aus dem Bett auf, lässt sich aber durch eine leise Handbewegung dazu bewegen, sich wieder niederzulegen.

Inhaltlich treten in den Reactionen folgende Züge hervor:

1. Stereotype Wiederkehr bestimmter Phrasen („sonst müsst' ich sagen“, „so muss ich sagen“), grösstentheils an ganz unpassenden Stellen.
2. Der rasche Wechsel von ganz verkehrten und völlig richtigen Antworten (cfr. die Antworten zu 1. 4, 7, 8, 11, 12, 13, 16, 17, 18 auf der einen, die Antworten zu 2, 3, 10 auf der anderen Seite). Die sinnlosen Antworten überwiegen.
3. Die Manierirtheit einzelner Antworten, welche eine Menge von Denkvorgängen voraussetzen, cfr. z. B. die Antwort zu der Ergänzungsfrage ad 3: Wann sind Sie geboren? „Im 19. Jahrhundert“; — die auf Frage 16: Wo waren Sie letzte Weihnachten? „Das haben Sie doch alles zu Protokoll genommen etc.“, ad 7: Wievielter Tag im Monat? „Im December schlachten wir“, ad 13: Wer sind die Leute Ihrer Umgebung? „Lauter Kellner, so muss ich sagen.“
4. Scheinbare Wahnideen, z. B. ad 11: Wer bin ich? „Der Kaiser Wilhelm, der höchste Mann“, ad 19: Werden Sie verfolgt? „Sie thun mich ja verfolgen.“
5. Ein grosser Reichthum des verwendeten Wort- und Vorstellungsmateriales, wovon man sich durch Zusammenstellung der einzelnen Elemente der Antworten überzeugen kann.
6. Das intercurrente Ausbleiben einer Antwort (cfr. Frage 9), welches zu dem Auftreten von grösstentheils verkehrten Antworten in 19 anderen Fällen im Widerspruch steht und den Eindruck einer momentanen Hemmung macht.

Dieser ganze Befund passt nicht zu der Annahme von angeborenem Schwachsinn, auch nicht zur Dementia paralytica und zur Paranoia, hat vielmehr ganz deutliche Beziehungen zu den Symptomen der Katatonie.

Zum Vergleich gebe ich im Folgenden ohne Commentar die Untersuchungsresultate vom 6., 8., 9., 10., 13., 14. und 16 Juni, welche eine ausserordentliche Fülle von katatonischen Zügen aufweisen und deutlich zeigen, dass eine Verwirrtheit oder Unorientirtheit in Wirklichkeit gar nicht vorhanden ist, sondern nur durch willkürliches „Danebensprechen" (Paralogie) vorgetäuscht wird.

Name: Heinrich B. Nr. 3.
Datum: 6. VI. 1898.
Tageszeit: 11 Uhr vormittags.

1. Wie heissen Sie? — Flüstert geheimnissvoll, antwortet aber nicht.
2. Was sind Sie? — Zuerst keine Antwort, dann: „Wir müssen gerade dort Heufahren wollen."
3. Wie alt sind Sie? — „Gerade so alt wie Sie. — Das wäre doch eine Beleidigung." (Zärtlich.)
4. Wo sind Sie zu Hause? — Will nicht antworten, thut aber so, als überlegte er. Dann: „Aus der Rheingegend." Genauer? „Das wissen Sie doch auch."
5. Welches Jahr haben wir? — Keine Antwort.
6. Welcher Monat ist zur Zeit? — Keine Antwort.
7. Wievielter Tag im Monat? — Keine Antwort.
8. Wie lange sind Sie hier? — „Es war doch nicht schön." Dann: „Schon über 1 Jahr. Wir wollen zusammen zu Mittag speisen."
9. Welcher Wochentag ist? (Ausgelassen.)
10. In welcher Stadt sind Sie? — „Das wäre doch falsch, ich müsste sagen. Das wäre doch kein Anstand, müsst' ich sprechen."
11. Wer bin ich (Arzt)? — „Der deutsche Kaiser." Dann auf nochmalige Frage: „Der Herr Pfaller von Bingen, so müsst ich sprechen."
12. Wer hat Sie gebracht? (Ausgelassen.)
13. Wer sind die Leute Ihrer Umgebung? — Auf den Wärter zeigend: „Das ist Ihr Sohn," auf einen Patienten zeigend: „Das ist ein Jude".
14. Wo waren Sie vor acht Tagen? (Ausgelassen.)

Name: Heinrich B. Nr. 4.
Datum: 8. VI. 1898.
Tageszeit: 5 Uhr nachmittags.

1. Wie heissen Sie? — Wie ich heisse? (Er sieht sinnend auf einen Punkt.) Oui monsieur, so muss ich sprechen. Männer sind keine Weiber. Freiheit, die ich meine.
2. Was sind Sie? — Wasser. Darmstädter. Natürlich ein Mensch. Ei, Landwirth war ich, das werden Sie doch wissen.
3. Wie alt sind Sie? — Wissen Sie doch, 54 Jahre. Was macht Ihre Familie, so müssen wir mal sprechen.
4. Wo sind Sie zu Hause: — „Hier auf dem Stuhl des Herrn sitz ich, so muss ich sagen." Dann: „Ei, aus Ihrem Heimatsort. Aus dem Schwarzwald, grünen Wald. Aus Zotzenheim bei Bingen a. Rh., da muss ich Ihnen doch sagen."
5. Welches Jahr haben wir? — Gewiss, weiss ich, Sonnabend. Was fragen Sie nach dem Jahr. (Flüsternd.)
6. Welcher Monat ist zur Zeit? — Pfingsten, Mai. Das Korn hat doch schon Aehren. Juni.

7. Wievielter Tag im Monat? — Morgen wirds Pfingsten sein. Sonnabend, oder ist heut Sonntag, das darf ich ja gar nicht sagen. Ich bin doch heut nicht auf die Welt gekommen. Das passt auf den Juni, der Durst.
8. Wie lange sind Sie hier? — Schon über ein Jahr.
9. Welcher Wochentag ist? (Ausgelassen.)
10. In welcher Stadt sind Sie? — Ich ein Schweinhund, Herr Bürgermeister, so muss ich sprechen. Mein lieber Heinrich? (Zärtlich zum Arzt.) — Eine reine Stadt; ein Müllerstadt; Berlin, es blinkt doch alles wie Edelstein (auf den Instrumentenschrank zeigend).
11. Wer bin ich (Arzt)? — Der Untersuchungsrichter. Wir die besten Freunde zusammen. Ich weiss gar nicht, wie Sie mir vorkommen. Der geliebte Heinrich und wir die Kinder Gottes.
12. Wer hat Sie gebracht? — Die Geistlichkeit. Ich habe befohlen, das brauche ich doch nicht zu sagen. Fenster habe ich eingeschmissen mit der Chaise. Da bin ich gepurzelt.
13. Wer sind die Leute Ihrer Umgebung? — Kranke.
14. Wo waren Sie vor acht Tagen? — Wo der Papa war, zu Haus war ich.
15. Wo waren Sie vor einem Monat? — In Ihrem Haus.
16. Wo letzte Weihnacht? — Schon in Ihrem Haus, ich bin doch Patient gewesen.
17. Sind Sie traurig? — Nein.
18. Sind Sie krank? — Nein, nicht krank.
19. Werden Sie verfolgt? (Ausgelassen.)
20. Werden Sie verspottet? (Ausgelassen.)
21. Hören Sie Stimmen? (Ausgelassen.)
22. Sehen Sie Gestalten? (Ausgelassen.)

Name: Heinrich B. Nr. 5.
Datum: 9. VI. 1898.
Tageszeit: $11^1/_4$ Uhr vormittags.

1. Wie heissen Sie? — „Ich? Heinrich.“ Wie heissen Sie weiter? „B.“ (richtig). Antwortet erst, nachdem er mehreremale gefragt ist und alles Mögliche durcheinander geredet hat.
2. Was sind Sie? — Ich? Landwirth war ich.
3. Wie alt sind Sie? — „Kind, wissen Sie nicht? Wir waren doch beisammen. Nach dem Gewicht müssen Sie fragen.“ Wie alt sind Sie? „Wie alt? 54 Jahre.“
4. Wo sind Sie zu Hause? — „Von Bingen am Rhein.“ Doch nicht aus Bingen selbst? „Schönes, nettes Städtchen am Rhein. Da muss ich Sie auch mal fragen, wo ist der schwerste Mann? Nicht wahr, er war eben da; ich muss sagen, ich stamme aus Zotzenheim, wo das Z ist.“
5. Welches Jahr haben wir? — „Vater Rhein muss ich sprechen. Ich muss doch Ihnen alles auslegen, gestern ist mein Mädchen in die Schule gegangen.“ Dann: „19. Jahrhundert. Wenn's genau wissen wollen, so muss ich sagen: Grüner Klee.“ Erzählt dann vom Rebenstichler. „Wenn Kirchweih ist, so müsst ich schweigen.“ — Auf eine nochmalige Frage sagt er: „Vertraute werden wir nachher nicht mehr, wenn Sie . . . 1800 und . . ., das kann ich gar nicht, ich müsste doch sagen Schweineblut.“

6. Welcher Monat ist zur Zeit? — Mai.
7. Wievielter Tag im Monat? (Ausgelassen.)
8. Wie lange sind Sie hier? — Die Levkoje ist doch der schönste Strauch. Ueber ein Jahr.
9. Welcher Wochentag ist? — Dienstag. Ist doch nicht wahr! (Die letzten Worte leise flüsternd.)
10. In welcher Stadt sind Sie? — „In der Wasserleitung (er hört das Wassor aus der Wasserleitung tropfen); ich muss jetzt sagen, in Bingen.“ (Untersuchender: Das ist falsch! Darauf sagt er:) „Schmalzstadt, Butterstadt, die grüne Stadt.“
11. Wer bin ich (Arzt)? — Herr Greef.
12. Wer hat Sie gebracht? — Der Mann, der eben weggegangen ist (ein Pfleger).
13. Wer sind die Leute Ihrer Umgebung? — Lauter Wärter.
14. Wo waren Sie vor acht Tagen? — Auch hier.
15. Wo waren Sie vor einem Monat? — Da war ich droben.
16. Wo letzte Weihnacht? — Da war ich zu Haus.
17. Sind Sie traurig? — Ja, haben Sie schon zu Morgen gespeist, so muss ich mal fragen? (Pfiffig lächelnd.)
18. Sind Sie krank? — Nein.
19. Werden Sie verfolgt? — Nein (schüttelt den Kopf).
20. Werden Sie verspottet? — Nein (schüttelt den Kopf).
21. Hören Sie Stimmen? — Nein (schüttelt den Kopf).
22. Sehen Sie Gestalten? — Nein (schüttelt den Kopf).

Name: Heinrich B. Nr. 6.
Datum: 10. VI. 1898.
Tageszeit: 5 Uhr nachmittags.

1. Wie heissen Sie? — Schweinehändler müsst ich sagen. Wie ich heisse? Herr von B. muss ich sagen.
2. Was sind Sie? — Ich bin ein gerechter Mann. Was ich bin? Vaterlandsverräther (lächelnd). Ei, in Bingen der Greef, das war ein Lump. Landwirth.
3. Wie alt sind Sie? — 59 Jahre.
4. Wo sind Sie zu Hause? — Wo der gute Wein gewachsen ist; aus Vosehäuschen (?), von Zotzenheim.
5. Welches Jahr haben wir? — „1859, 1858. Wissen Sie, da hab' ich verloren das viele Geld an dem neuen Wein, der noch nicht ausgegohren.“ Was für ein Jahr haben wir? „Ein nasses eben.“
6. Welcher Monat ist zur Zeit? — Mai.
7. Wievielter Tag im Monat? (Ausgelassen.)
8. Wie lange sind Sie hier? — Wie lange? Da wird's mir aber bange, Herr Bürgermeister. Ich weiss nicht, Sie können mich nicht verstehen, ich muss mich umdrehen und sprechen: Wo ist Feuer? (Er raucht eine Cigarre.) Wie lange? Habe Verlange.
9. Welcher Wochentag ist? — Dienstag musst ich sagen, Mittwoch ist wohl nicht wahr, es muss Ihnen doch bekannt sein.
10. In welcher Stadt sind Sie? — In Mainz, das muss der Mann sagen.
11. Wer bin ich (Arzt)? — Kein Vertrauter. Wer Sie sind? Jetzt ist mir so, jetzt müsst ich Sie wieder beschimpfen. Der Kaiser Wilhelm.
12. Wer hat Sie gebracht? — Der Reichskanzler.

13. Wer sind die Leute Ihrer Umgebung? — Lauter Gute.
14. Wo waren Sie vor acht Tagen? — Vor acht Tagen? Da war der Dicke da, da war ich mit der Chaise.
15. Wo waren Sie vor einem Monat? — Kann ich Ihnen mal einen Kuss ertheilen? (Wird zärtlich.) Sie haben meine goldene Nadel an (zeigt auf die Cravattennadel des Untersuchenden). — Im Grünen.
16. Wo letzte Weihnacht? — Hören Sie denn nicht? Das ist auch kein Kleid für Kirchweih. Jetzt müsst ich wieder sagen Pfaff, das darf man doch wieder nicht. Vor einem Monat war ich im April.
17. Sind Sie traurig? — Das ist Spott.
18. Sind Sie krank? — Nein.

Name: Heinrich B. Nr. 7.
Datum: 13. VI. 1898.
Tageszeit: $10^1/_2$ Uhr vormittags.

1. Wie heissen Sie? — „Ich? Müsst ich sagen, Herr Pfaller.“ Dann: „Reichskanzler. Wie ich heisse? Ich heisse Schneider. Wie ich heisse? Mittagsspeise müsst ich sagen.“
2. Was sind Sie? — Landwirth.
3. Wie alt sind Sie? — 60, 70. Ich hole mir ein Paar Cigarren, der Cigarrenhändler ist in Bingen. (Stürzt schnell ans Waschbecken und wäscht sich die Hände.) Wie alt ich bin? 1840.
4. Wo sind Sie zu Hause? — Aus Zotzenheim, in Ihrer Apotheke.
5. Welches Jahr haben wir? — Muss ich mich besinnen. Haben Sie schon zu Morgen gespeist? 54. — Sommer, es ist ja Ernte. (Will sich plötzlich den Rock ausziehen.)
6. Welcher Monat ist zur Zeit? — Juni.
7. Wievielter Tag im Monat? (Ausgelassen.)
8. Wie lange sind Sie hier? — $^1/_2$ Stunde; das wäre eine Dummheit, $^1/_4$ Stunde.
9. Welcher Wochentag ist? — Freitag. Gestern müsst ich sagen, war August. Da darf niemand so fragen. Heute ist Freitag, gestern Donnerstag. — (Er wird aufgefordert seine Hosen zuzuknöpfen, darauf sagt er:) „Mit so einer Hose fährt man auch keinen Mist.“
10. In welcher Stadt sind Sie? — In Bingen, das wäre nix; in Berlin.
11. Wer bin ich (Arzt)? — Der deutsche Kaiser; Notar.
12. Wer hat Sie gebracht? — Das Käsbrod, müsst ich sagen. Ihr eigener Sohn.
13. Wer sind die Leute Ihrer Umgebung? — Da habe ich nicht daran gedacht. Ach, was ich doch für ein dummer Kerl bin.
14. Wo waren Sie vor acht Tagen? — „Vor acht Tagen, müsst ich sagen, in Sprendlingen, in der Apotheke, in der Untersuchungshaft.“ Wo liegt Sprendlingen? „In der Mitte.“
15. Wo waren Sie vor einem Monat? — Mit dem Hut in der Hand, wenn man in die Apotheke kommt, nimmt man doch den Hut ab.
16. Wo letzte Weihnacht? — Im April, müsst ich sagen, das wäre aber eine Dummheit.
17. Sind Sie traurig? — Das macht mir keine Freude, allemal, wenn man krank ist.
18. Sind Sie krank? — „Nun, müsst man sagen, geisteskrank.“ Wer hat Ihnen das gesagt? „Sie.“ Ich doch nicht? „Ich höre nicht genau, müsst ich sagen; gewiss.“

Name: Heinrich B. Nr. 8.
Datum: 14. VI. 1898.
Tageszeit: $6^1/_4$ Uhr nachmittags.

1. Wie heissen Sie? — Wie ich heisse? Esau, müsst ich sagen, und Wasser musst ich lassen.
2. Was sind Sie? — Kein Vertrauter, müsst ich sagen, zu Ihnen.
3. Wie alt sind Sie? — Wie alt ich bin? Vetter und netter. So alt wie mein Bart, müsst ich sagen.
4. Wo sind Sie zu Hause? — An der Nahe bin ich zu Haus.
5. Welches Jahr haben wir? — Sonnabend. 45.
6. Welcher Monat ist zur Zeit? — Mai.
7. Wievielter Tag im Monat? (Ausgelassen.)
8. Wie lange sind Sie hier? — An den Bart müsst ich greifen, aber balbiere musst ich doch. $^1/_2$ Stunde.
9. Welcher Wochentag ist? — Samstag abends.
10. In welcher Stadt sind Sie? — „Apotheke. Mainz nur.“ Das ist doch Unsinn (sagt der Untersuchende). „Das mein ich auch.“
11. Wer bin ich (Arzt)? — Herr Bürgermeister, müsst ich sagen.
12. Wer hat Sie gebracht? — Das Abendessen.
13. Wer sind die Leute Ihrer Umgebung? — Judeleute, müsst ich sagen.
14. Wo waren Sie vor acht Tagen? — Drüben, müsst ich sagen.
15. Wo waren Sie vor einem Monat? — (Als ihn der Untersuchende „B.“ anredet, sagt er: „Sie müssen sagen: Herr von B.“) Im Juni.
16. Wo letzte Weihnacht? — Da war ich zu Haus.
17. Sind Sie traurig? — Ja, warum.
18. Sind Sie krank? — Ich hab ja Zittern.

Name: Heinrich B. Nr. 9.
Datum: 16. VI. 1898.
Tageszeit: Nachmittag.

1. Wie heissen Sie? — Das thät ich nicht sagen, lieb' Schwesterchen, müsst ich sagen. Wilhelm.
2. Was sind Sie? — Ich war Landwirth, um alles in der Welt.
3. Wie alt sind Sie? — Direct aus Berlin. Oui monsieur, muss ich doch sagen. Ich sollte Ihnen die Hand geben, ich soll verreisen.
4. Wo sind Sie zu Hause? — „Eben an Ihrem Tisch. In Gefangenschaft müsst ich sagen. Bingen ist eine schöne Stadt und Berlin ist Ihr Heimatsort.“ — Woher sind Sie? „Kreuznach.“
5. Welches Jahr haben wir? — Das müssen Sie doch so gut wissen wie ich, 57. Der Juni.
6. Welcher Monat ist zur Zeit? — Nun müsst ich thun, Mai.
7. Wievielter Tag im Monat? (Ausgelassen.)
8. Wie lange sind Sie hier? — Schon über ein Jahr.
9. Welcher Wochentag ist? — Montag ja, müsst ich sagen, Mittwoch (thatsächlich Donnerstag).
10. In welcher Stadt sind Sie? — In Wallertheim; Kabickelheim. Herr Weichsel, muss ich sagen, Ihnen gehört die Deichsel.
11. Wer bin ich (Arzt)? — Ein tüchtiger Mann, der Vater des Hauses. — Der Herr Pfaller von Bingen.
12. Wer hat Sie gebracht? — Ich bin freiwillig, es war mein Bienchen.

13. Wer sind die Leute Ihrer Umgebung? Zusatz: Was ist dieser (ein Pfleger)? — „Der hat einen bisschen breiten Mund. Der? Allmächtiger Gott.“
14. Wo waren Sie vor acht Tagen? — Nun, müsst ich sagen, beim Kaiser von Russland.
15. Wo waren Sie vor einem Monat? — Im Mai, und eben im Juni.
16. Wo letzte Weihnacht? — Beim Christkindchen, müsst ich sagen.
17. Sind Sie traurig? — Du darfst jetzt nicht traurig sein, Du musst jetzt thun, wie wenn Du Schneid hättest.
18. Sind Sie krank? — Ich bin gesund.

Auf alle diese Aufnahmen passt die aus dem ersten Bogen abgeleitete Charakteristik vollständig. Besonders interessant ist die ganz regellose Vertheilung der richtigen Antworten, von denen fast jeder Bogen einige an ganz verschiedener Stelle enthält. Hier liegt ein wichtiges Kriterium gegenüber der Gruppirung der Antworten bei den oben mitgetheilten Fällen von progressiver Paralyse mit herdartigen Symptomen, in denen wir zum Beispiel die zeitliche Orientirung dauernd als mangelhaft gefunden haben gegenüber der Orientirtheit in Bezug auf den Namen. Im vorliegenden Fall handelt es sich nicht um eine Combination von Ausfallserscheinungen, die unter dem klinischen Sammelnamen der Verwirrtheit zum Vorschein kommt, sondern um ein willkürliches Danebensprechen, welches gerade in Bezug auf die elementarsten Bestandtheile des Selbstbewusstseins (Name, Heimat etc.) Unorientirtheit vortäuscht. Ich gebe nun die Krankengeschichte des Falles:

B., Landwirth aus Z., geboren 29. V. 1845.

B. ist insofern belastet, als sein Vater, der mit 67 Jahren starb, in der letzten Zeit seines Lebens melancholisch war. Im Jahre 1872 oder 1873 war er schon einmal geisteskrank. Der Zustand setzte allmählich ein. B. war deshalb dreiviertel Jahre in einer Irrenanstalt. Der jetzige Zustand brach angeblich am 16. I. 1898 infolge des Todes seines Bruders aus. Zuerst hochgradige Erregung mit Schimpfen, Schreien und „Verwirrtheit“. Daneben habe er „Grössenideen“ gehabt. Als man ihn per Wagen nach W. in die psychiatrische Klinik bringen wollte, fesselte man ihn, weil er bei dem ersten diesbezüglichen Versuch herausgesprungen war, den Kutscherbock bestiegen, dann den Kutscher herabgeworfen hatte und in schnellstem Galopp, die Pferde misshandelnd, nach Hause gefahren war. Der Krankengeschichte von W., wo er vom 16. I.—16. III. verpflegt wurde, entnehme ich Folgendes:

„Anfangs maniakalischer Zustand. Starke Ideenflucht und Personenverkennung. Mitte Februar wird er äusserlich etwas ruhiger, ist aber noch so andauernd verwirrt, dass er in Wochen keinen zusammenhängenden Satz spricht. In den letzten Wochen seines Aufenthaltes in der Klinik wurde er nicht mehr unruhig, und auf die maniakalische Phase der ersten Wochen ist ununterbrochen eine solche ruhiger Amentia gefolgt, in der das Symptom der Personenverwechselung, das aber jetzt immer nur bei eingehendem Befragen zum Vorschein kam, das auffallendste war. Spontan sprach er jetzt fast nichts mehr, ohne jedoch im übrigen etwas auffallend Stuporöses zu zeigen. Die Personenverwechselung ist nicht ein isolirtes Symptom bei sonstiger relativer Klarheit, sondern nur eine Theilerscheinung einer völligen Verwirrtheit, die sich bei eingehendem Ausfragen geradeso auch in Bezug auf räumliche und zeitliche Verhältnisse zeigt." Die Diagnose der psychiatrischen Klinik in W. lautete zuerst Manie, dann Amentia.

Die obige Analyse der Untersuchungsbögen hat nun ein von dieser Auffassung abweichendes Resultat ergeben, welches sich wahrscheinlich nicht blos aus der zeitlichen Differenz erklärt. Die anscheinende Verwirrtheit erweist sich durch das intercurrente Auftreten von richtigen Antworten an ganz verschiedenen Stellen als eine nur scheinbare. Ebenso verhält es sich mit dem Symptom der Personenverkennung. Der ganze Zustand stellt sich aus den Untersuchungsbögen der hiesigen Klinik als ausgeprägte Katatonie dar, als deren erster Anfall wahrscheinlich die vor 25 Jahren aufgetretene Geistesstörung aufgefasst werden muss. Die Angabe, dass er in der Zwischenzeit vollständig gesund gewesen ist, beweist erfahrungsmässig nichts gegen eine solche Auffassung.

Ich gebe nun einen Auszug aus der Krankengeschichte der hiesigen Klinik, obgleich dieselbe nicht imstande ist, zu den schon aus den Bögen herausgestellten Momenten etwas hinzuzufügen, im Gegentheil mehrfach Auffassungen ausspricht, welche durch die Analyse der Untersuchungsbögen widerlegt werden können.

13. III. Ist ruhig, lenksam, aber verwirrt, will öfters aus dem Bett, hält den Arzt für den Kaiser, die hiesige Stadt für Berlin, weiss von den verflossenen Monaten nichts. Ob er in W. gewesen sei? „Ja, vor langen Zeiten." Kennt seinen Geburtstag nicht, das Datum und das Jahr nicht.

Es tritt in diesen Aufzeichnungen die gleiche Auffassung hervor, welche schon in der Krankengeschichte von W. vertreten war, nämlich dass B. verwirrt ist, während die genauere Untersuchung auf Grund der Schemata dies sehr unwahrscheinlich macht. Hier tritt der früher erwähnte Fehler, der vielen Krankengeschichten anhaftet, dass nämlich auf Grund von wenigen Beobachtungen Urtheile gefällt werden, die dann in Form von bestimmten klinischen Stichworten alle weiteren Aufzeichnungen beherrschen, schon deutlich hervor.

18. III. Beschwert sich über das Essen, es sei unappetitlich, dass alles so auf einem Teller sei, das wäre kein Essen für hohe Leute, für einen Kaiser. Ist unruhiger, will immer aus dem Bett, stellt sich darin auf, legt die Hände zusammen und sagt: „Lasst mich wieder auf die Erde, ich bin hoch in der Luft." Sucht in den Trinkbecher zu uriniren.

19. III. Spricht viel vor sich hin, er sei nur ein Mann, wiederholt das Wort Vater oft, schlägt die Hände zusammen und sagt: „Ach, mein Gott." Ist durch Anreden und Fragen nicht zu fixiren, schweift oft ab, verkennt den Arzt, hält ihn für den Kaiser, er selbst sei Fuhrmann von Profession, habe keine Kleider, das blosse Hemd auf dem Leibe. „Ich weiss nicht ob ich meinen Sohn todt gefahren habe, wenn ich mich besinne, aus meiner Familie kann doch nicht alles entspringen. Ich würde gern die geringste Arbeit thun oder spazieren gehen, das kann ich mir aber nicht auslegen, dass die Alten so schnell essen müssen." Nimmt wenig Nahrung zu sich, sagt: „Ist das ein Essen für einen Kaiser?" Des Nachts steht er verschiedenemale auf, nimmt seine wollenen Decken unter den Arm und sagt: „Jetzt wollen wir gehen."

Vergleicht man diese Aufzeichnungen mit dem Resultat der methodischen Untersuchung, so wird es sehr wahrscheinlich, dass erstere eine Art Combinationsphotographie darstellen, indem eine ganze Menge sprachlicher Reactionen zu einem Gesammtbilde vereinigt sind. Dadurch bekommen einige Symptome, zum Beispiel die scheinbaren Grössenideen, eine viel stärkere Betonung, als ihnen im Rahmen der systematischen Aufzeichnungen zuertheilt werden kann. Aus letzteren geht hervor, dass die Grössenideen nichts sind, als momentan auftauchende und wechselnde Paralogieen, die sich von den ähnlichen Erscheinungen bei Paranoïschen und Paralytischen völlig unterscheiden.

23. III. Geht heute öfters aus dem Bett mit eigenthümlich „abgehackten“ Bewegungen. Grimassirt lebhaft, runzelt die Stirn, drückt die Augen zu. Greift nach allen ihm erreichbaren Gegenständen. Spricht in einzelnen Silben und Worten. Sagt zu einem Pfleger: „Ich will hinaus und die Schafe hüten, draussen in der Natur, das ist so schön. Ich möchte gern schlachten und Wurst machen oder lieber Steine tragen, dann hätte ich Stuhlgang.“

24. III. Spricht alles Mögliche durcheinander, redet von Moltke, Bismarck, Kaiser Wilhelm, behauptet, er sei Kaiser, der Pfleger sei sein Neffe, seine Frau, umfasst denselben, will ihn küssen, fragt ihn, warum er seinen Ehering abgezogen habe.

26. III. Steht fortwährend auf und läuft im Wachsaal umher, dabei allerhand sonderbare Haltungen und Stellungen einnehmend und Grimassen schneidend. Grimassirt auch während der Nahrungsaufnahme sehr lebhaft.

29. III. Stellt sich fortwährend im Bett auf, verlässt dasselbe, schreit, gesticulirt, grimassirt. Lässt man ihn allein gehen, so tastet und tappt er fortwährend vor sich hin murmelnd vorwärts, bis er gegen irgend ein Hinderniss geräth. Nimmt beim Abendessen seine Serviette und taucht sie in die Suppe, legt sich dann die so angefeuchtete auf das Gesicht.

Am 3. VI. wurde der Zustand diagnostisch in folgender Weise zusammengefasst:

„Im Hinblick auf die Anamnese erhebt sich hauptsächlich die Frage, ob ein Fall von periodischer, bezw. circulärer Geisteskrankheit oder von Verwirrtheit vorliegt, was die Prognose des jetzigen Anfalls relativ günstig erscheinen lassen würde. Es frägt sich, ob aus den beobachteten Symptomen sich Argumente für oder gegen diese Annahme ergeben. Es kann nun auf Grund der hier beobachteten Erscheinungen mit Sicherheit behauptet werden, dass ein „maniakalischer“ Zustand oder eine Verwirrtheit nicht vorliegt. Trotz der vorhandenen Erregungszustände unterscheidet sich der Zustand von diesen Krankheitsgruppen durch folgende Momente:

1. Die Erregungen treten eruptiv nach zeitweilig vollkommen ruhiger und starrer Haltung auf, sind meistens hoch complicirte, auf bestimmte Zwecke gerichtete Handlungen, während die rasch wechselnde elementare motorische Erregung der maniakalischen Zustände fehlt.
2. Oefter zeigen sich gleichzeitig mit seinen explosiven Handlungen Hemmungserscheinungen in anderen Gebieten, zum Beispiel wenn er gleichzeitig mit heftigen Gesichtsverziehungen ganz leise wie mit einer geheimnissvollen Zurückhaltung spricht.

3. Seine physiognomischen plötzlichen Verziehungen zeigen eine auffallende Stereotypie, gleichzeitig mit einer an Caricaturen erinnernden Ueberinnervation, zum Beispiel hat er eine ganz sonderbare, freundlich verliebte Art, einen der Untersuchenden von der Seite anzusehen. Cfr. die klinischen Berichte über sein verliebtes Wesen.
4. Auch in seinen sprachlichen Aeusserungen zeigen sich öfter Stereotypicen, zum Beispiel: so muss ich sagen.
5. Es fehlt die rasche associative Weiterbildung der in einer Frage oder der dazu gehörigen Antwort gegebenen Vorstellungselemente.
6. Die in den Fragebögen hervortretende Verbindung von Orientirtheit mit scheinbarer Unorientirtheit, die sich viel besser als Paralogie (bewusstes Danebensprechen) auffassen lässt, zum Beispiel: Wo sind Sie her? Aus Bethlehem bei Darmstadt. Oder: Wo sind Sie hier? In Berlin.[1])

Es wäre sehr wichtig, den Gegenbeweis gegen Manie noch durch weitere Analyse der Frage- speciell der Associationsbögen[2]) zu bestätigen. Alle die hier gegen Manie und Verwirrtheit geltend gemachten Momente passen nun symptomatisch durchaus zur Katatonie, wodurch die Prognose eine völlig infauste Wendung bekommen würde. Ferner passen die früher besonders in W. beobachteten Symptomenbilder ebenfalls sehr gut zu der Diagnose Katatonie. Auffällig wäre nur, dass diese bei B. erst im 28. Jahre ausgebrochen und bei dem ersten Anfall zur völligen Genesung geführt haben soll. Allerdings lässt sich der Umstand, dass er in der Zwischenzeit geheiratet und in seinem Beruf gearbeitet hat, nicht als sicherer Beweis für seine völlige Normalität vor Ausbruch des jetzigen Anfalles anführen. Es empfiehlt sich nachzuforschen, ob er nicht in der Zwischenzeit doch eine Anzahl katatonischer Eigenthümlichkeiten, Zwangsbewegungen, temporär auftauchende Wahnideen etc. gehabt hat, die erfahrungsgemäss von den Verwandten leicht übersehen werden. Somit ist die Diagnose Katatonie mit Wahrscheinlichkeit zu stellen; selbst wenn zeitweilig Remissionen auftreten, wird sich im Wesentlichen wahrscheinlich ein fortschreitender Krankheitsprocess zeigen."

Diese klinische Auffassung hat sich durch alle weiteren Beobachtungen als richtig erwiesen.

Es ist nun ersichtlich, dass die oben gegebene Analyse der Untersuchungsbögen die feineren Kriterien der sprachlichen Aeusserungen bei diesem Zustande viel klarer herausstellt, als es durch die Krankengeschichte trotz der darauf verwendeten Sorgfalt geschehen ist. Gerade hier zeigt sich, dass wir bei der verbalen Darstellung sprachlicher Aeusserungen unwillkürlich geneigt sind, den

[1]) Die ungenaue Fassung der Fragen (cfr. pag. 208, Bogen Nr. 1, Frage 4 und 10) ist bei einem klinischen Dictat zwar erklärlich, enthält jedoch vom Standpunkt der analytischen Methode einen Fehler. Psychologisch ist es z. B. für die Auffassung der Antwort „in Berlin" wichtig, dass in der betreffenden Frage (cfr. l. c.) der Begriff „Stadt" vorkommt, mit welchem die Vorstellung „Berlin" associativ verknüpft ist. Bei der Beurtheilung der Antworten kommt es auf jedes Wort der Frage, ja sogar auf die Stellung der Worte an.

[2]) Cfr. das spätere Capitel betreffend Associationen.

eigentlichen Thatbestand zu ändern, zum Theil durch Ausschaltung, zum Theil durch zu starke Betonung einzelner Elemente, und dass nur eine systematische und methodische Art der Untersuchung imstande ist, diese aus dem Subject des Beobachters entspringenden Fehler zu vermeiden.

In dem beschriebenen Fall handelte es sich um die symptomatische Abgrenzung von Manie, Verwirrtheit und Katatonie, die von grösster Bedeutung für die Prognose ist, jedoch praktisch oft viele Schwierigkeiten bietet.

Wir wollen nun die Brauchbarkeit der vorliegenden Methode zur Lösung dieser Aufgabe an zwei weiteren Fällen erläutern, deren Beurtheilung wesentlich durch das genaue Studium solcher vergleichender Aufnahmen ermöglicht wurde.

Beispiel. Wilhelm B. aus B., Apothekengehilfe, geboren 7. III. 1871. Aufgenommen in die psychiatrische Klinik in G. am 2. VI. 1897.

Ich gebe zunächst eine Zusammenstellung der am 7. VI., 26. VI., 12. VII., 17. VII., 29. VII., 6. VIII., 16. VIII. und 26. VIII. aufgenommenen Bögen, welche im Hinblick auf die oben im Falle B. aus Z. gegebenen Analysen für sich selbst sprechen.

Name: Wilhelm B. Nr. 1.
Datum: 7. VI. 1897.
Tageszeit: (nicht notirt).

1. Wie heissen Sie? (Keine Antwort.)
2. Was sind Sie? — Ich bin Apotheker.
3. Wie alt sind Sie? — Ich bin 26 Jahre alt.
4. Wo sind Sie zu Hause? — B. (richtig).
5. Welches Jahr haben wir jetzt? — 1897.
6. Welchen Monat haben wir jetzt? — Wir haben jetzt Mai oder ist Hochsommer, ich weiss wirklich nicht.
7. Welches Datum im Monat haben wir? — Ich weiss nicht.
8. Welchen Wochentag haben wir heute? (Ausgelassen.)
9. Wie lange sind Sie hier? — I wo denn, ach, ich mach eine Vergnügungsreise.
10. In welcher Stadt sind Sie? — Wir sind hier in Giessen, Festung Wilhelmshöhe.
11. In was für einem Hause sind Sie? — Hier ach in der Kaserne.
12. Wer hat Sie hierher gebracht? — Fräulein Weiss (falsch).
13. Wer sind die Leute Ihrer Umgebung? — Das sind meine Leute, lauter Soldaten.
14. Wo waren Sie vor acht Tagen? — Vor acht Tagen, da war ich auch im Regiment.
15. Wo waren Sie vor einem Monat? — In Allendorf an der Werra (richtig).
16. Wo waren Sie vorige Weihnachten? — Da war ich zu Haus.
17. Sind Sie traurig? — Ja wohl, maulengolisch (!)
18. Sind Sie krank? — Ich, nein, bin kerngesund.
19. Werden Sie verfolgt? — Nein, nicht, ich fürchte mich nicht.
20. Werden Sie verspottet? — Verspottet? Jawohl, Juden verspotten die Zigeunerbande.

21. Hören Sie schimpfende Stimmen? — Radau höre ich, jawohl, Krach.
22. Sehen Sie schreckhafte Gestalten? — Nein.

Name: Wilhelm B. Nr. 2.
Datum: 26. VI. 1897.
Tageszeit: $3^3/_4$ Uhr nachmittags.

1. Wie heissen Sie? — Wilhelm B. (richtig).
2. Was sind Sie? — Apothekergehilfe.
3. Wie alt sind Sie? — 26 Jahre.
4. Wo sind Sie zu Hause? — B. (richtig).
5. Welches Jahr haben wir jetzt? — 1897.
6. Welchen Monat haben wir jetzt? — Das weiss ich nicht. Mai, was?
7. Welches Datum im Monat haben wir? — Weiss ich nicht.
8. Welchen Wochentag haben wir heute? (Ausgelassen.)
9. Wie lange sind Sie hier? — Weiss ich nicht.
10. In welcher Stadt sind Sie? — In der Kaserne.
11. In was für einem Hause sind Sie? — In Versailles.
12. Wer hat Sie hierher gebracht? — Ich bin mit der Bahn gekommen.
13. Wer sind die Leute Ihrer Umgebung? — Das sind Soldaten.
14. Wo waren Sie vor acht Tagen? — Das weiss ich nicht.
15. Wo waren Sie vor einem Monat? — Auch nicht.
16. Wo waren Sie vorige Weihnachten? — Zu Haus jedenfalls.
17. Sind Sie traurig? — Nein.
18. Sind Sie krank? — Nein, gesund.
19. Werden Sie verfolgt? — Nein.
20. Werden Sie verspottet? — Nein.
21. Hören Sie schimpfende Stimmen? — Ach nein, ja ich hab's gehört. Ich hör so graben, krachen.
22. Sehen Sie schreckhafte Gestalten? — Nein, gar nichts, ich fühl mich recht munter, mollig.

Name: Wilhelm B. Nr. 3.
Datum: 12. VII. 1897.
Tageszeit: $10^1/_2$ Uhr vormittags.

1. Wie heissen Sie? — Wilhelm B. (richtig).
2. Was sind Sie? — Ich bin Don Cesaro; Baptisten haben mich hypnotisirt.
3. Wie alt sind Sie? — 26 Jahre.
4. Wo sind Sie zu Hause? — In B. (richtig) am Semenbach. Ich bin Reservist.
5. Welches Jahr haben wir jetzt? — So ungefähr, so viel ich weiss 1897.
6. Welchen Monat haben wir jetzt? — Juli oder was, ich bin irr.
7. Welches Datum im Monat haben wir? — Heute haben wir so ungefähr den 7. Juli, Himmelfahrttag.
8. Welchen Wochentag haben wir heute? — Heute haben wir, mein Name ist Doctor Schäfer, ich weiss nicht mehr, 7. März.
9. Wie lange sind Sie hier? — Ich bin noch gar nicht lang hier.
10. In welcher Stadt sind Sie? — Hier bin ich in der Giesser Kaserne.
11. In was für einem Hause sind Sie? — Hier sind wir im, na wie will ich sagen, im Ministerium.
12. Wer hat Sie hierher gebracht? — Mein treuer Loehning (richtig). Ich glaub' ich hab' e Platzpatron verschluckt.

13. Wer sind die Leute Ihrer Umgebung? — Lauter Deutsche, Soldaten oder höhere Officiere.
14. Wo waren Sie vor acht Tagen? — Da war ich mal zu Haus.
15. Wo waren Sie vor einem Monat? — Ach, da war ich, glaub ich, da hab' ich e kleine Erholungsreise gemacht.
16. Wo waren Sie vorige Weihnachten? — Da war ich zu Haus, beim Christkindchen.
17. Sind Sie traurig? — Nein, sehr fidel.
18. Sind Sie krank? — Nein, gesund, kerngesund.
19. Werden Sie verfolgt? — Nein, im Gegentheil, von wem denn.
20. Werden Sie verspottet? — Nein, im Gegentheil.
21. Hören Sie schimpfende Stimmen? — Nein, Sirenengesang, Scylla und Charybdis.
22. Sehen Sie schreckhafte Gestalten? — Nein.

Name: Wilhelm B. Nr. 4.
Datum: 17. VII. 1897.
Tageszeit: 11 1/2 Uhr vormittags.

1. Wie heissen Sie? — Willy Saalfeld, Bierjung.
2. Was sind Sie? — Elektrotechniker.
3. Wie alt sind Sie? — 80 Jahre.
4. Wo sind Sie zu Hause? — In Paris. Pasteur ist mein Vater.
5. Welches Jahr haben wir jetzt? — 1870, Revanche.
6. Welchen Monat haben wir jetzt? — August, die Hitzferien beginnen.
7. Welches Datum im Monat haben wir? — Ich weiss nicht.
8. Welchen Wochentag haben wir heute? — Aschermittwoch.
9. Wie lange sind Sie hier? — Seit 80 Jahren.
10. In welcher Stadt sind Sie? — In Paris.
11. In was für einem Hause sind Sie? (Ausgelassen.)
12. Wer hat Sie hierher gebracht? — Pasteur, Boulanger.
13. Wer sind die Leute Ihrer Umgebung? — Das sind Bierbinkel, deutsche Michel, Kuhmichel.
14. Wo waren Sie vor acht Tagen? (Ausgelassen.)
15. Wo waren Sie vor einem Monat? (Ausgelassen.)
16. Wo waren Sie vorige Weihnachten? (Ausgelassen.)
17. Sind Sie traurig? — Oui monsieur.
18. Sind Sie krank? — Oui.
19. Werden Sie verfolgt? — Nein, gar nicht.
20. Werden Sie verspottet? — Nein, gar nicht.
21. Hören Sie schimpfende Stimmen? — Nein, gar nicht.
22. Sehen Sie schreckhafte Gestalten? — Nein, gar nicht.

Name: Wilhelm B. Nr. 5.
Datum: 29. VII. 1897.
Tageszeit: 11 1/2 Uhr vormittags.

1. Wie heissen Sie? — Carnot, Präsident der Republik.
2. Was sind Sie? — Gar nix.
3. Wie alt sind Sie? — 100 Jahre.
4. Wo sind Sie zu Hause? — Aus dem Teutoburger Wald.
5. Welches Jahr haben wir jetzt? — 1850.
6. Welchen Monat haben wir jetzt? — 12. Juni.

7. Welches Datum im Monat haben wir? — Nr. 1.
8. Welchen Wochentag haben wir heute? — 1. April.
9. Wie lange sind Sie hier? — 1 Tag.
10. In welcher Stadt sind Sie? — In der freien Stadt Hamburg.
11. In was für einem Hause sind Sie? (Ausgelassen.)
12. Wer hat Sie hierher gebracht? — Der Lump Kaiser.
13. Wer sind die Leute Ihrer Umgebung? — Das sind lauter Saubauern.
14. Wo waren Sie vor acht Tagen? — In Paris, Du bist a Sauhund.
15. Wo waren Sie vor einem Monat? — Da war ich in Paris, in London.
16. Wo waren Sie vorige Weihnachten? — Beim Hemming. (?)
17. Sind Sie traurig? — Oui Madame.
18. Sind Sie krank? — Krank, krank, krank.
19. Werden Sie verfolgt? — Verfolgungswahn.
20. Werden Sie verspottet? — Nein.
21. Hören Sie schimpfende Stimmen? — Nein.
22. Sehen Sie schreckhafte Gestalten? — Nein, es gibt keine Parole mehr, Ende.

Name: Wilhelm B. Nr. 6.
Datum: 6. VIII. 1897.
Tageszeit: $4^1/_2$ Uhr nachmittags.

1. Wie heissen Sie? — Friedrich Wilhelm B. (richtig).
2. Was sind Sie? — Apothekergehilfe.
3. Wie alt sind Sie? — 26 Jahre.
4. Wo sind Sie zu Hause? — B. (richtig).
5. Welches Jahr haben wir jetzt? — 1897.
6. Welchen Monat haben wir jetzt? — Was kosten die Aepfel jetzt? August, Ernteferien.
7. Welches Datum im Monat haben wir? — Das weiss ich so genau nicht.
8. Welchen Wochentag haben wir heute? — Weiss ich nicht.
9. Wie lange sind Sie hier? — Ungefähr 4 Wochen.
10. In welcher Stadt sind Sie? — In Giessen.
11. In was für einem Hause sind Sie? — In der Irrenanstalt.
12. Wer hat Sie hierher gebracht? — Niemand, vielleicht der Löhning.
13. Wer sind die Leute Ihrer Umgebung? — Kranke.
14. Wo waren Sie vor acht Tagen? — Zu Hause.
15. Wo waren Sie vor einem Monat? — Zu Hause.
16. Wo waren Sie vorige Weihnachten? — Zu Hause.
17. Sind Sie traurig? — Nein, sehr freudig.
18. Sind Sie krank? — Nein, gesund.
19. Werden Sie verfolgt? — Nein.
20. Werden Sie verspottet? — Auch net.
21. Hören Sie schimpfende Stimmen? — Gar nicht.
22. Sehen Sie schreckhafte Gestalten? — Auch net.

Name: Wilhelm B. Nr. 7.
Datum: 16. VIII. 1897.
Tageszeit: 11 Uhr vormittags.

1. Wie heissen Sie? — Keine Antwort.
2. Was sind Sie? — Ich bin Corpsstudent comme il faut.
3. Wie alt sind Sie? — 100 Jahre.
4. Wo sind Sie zu Hause? — In des Bismarck's Teutoburger Waldeiche.

5. Welches Jahr haben wir jetzt? — 1872.
6. Welchen Monat haben wir jetzt? — 1. Mai.
7. Welches Datum im Monat haben wir? (Ausgelassen.)
8. Welchen Wochentag haben wir heute? — Dienstag.
9. Wie lange sind Sie hier? — 1 Tag.
10. In welcher Stadt sind Sie? — Auf der Murchia Fuchs-Taufe in Erfurt.
11. In was für einem Hause sind Sie? — In einer Metzgerei, das ist hier eine Synagoge.
12. Wer hat Sie hierher gebracht? (Ausgelassen.)
13. Wer sind die Leute Ihrer Umgebung? — Das sind lauter verrückte Kerl.
14. Wo waren Sie vor acht Tagen? (Ausgelassen.)
15. Wo waren Sie vor einem Monat? — Beim Herzchen.
16. Wo waren Sie vorige Weihnachten? — Beim Herzchen.
17. Sind Sie traurig? — Furchtbar lustig.
18. Sind Sie krank? — Ah très bien.
19. Werden Sie verfolgt?
20. Werden Sie verspottet?
21. Hören Sie schimpfende Stimmen?
22. Sehen Sie schreckhafte Gestalten?

} Ist nicht zu fixiren, enorme Ideenflucht.

In allen diesen Bögen, welche in der Zeit vom Juni bis August aufgenommen wurden, zeigen sich im Wesentlichen die gleichen Züge wie oben in dem Fall B. aus Z., den wir als Katatonie auffassen mussten. Während wir dort aus der Zusammenstellung gesehen haben, dass der Zustand von scheinbarer „Verwirrtheit" sich allmählich verschlimmert hat (derselbe ist zur Zeit noch ziemlich unverändert), lässt sich nun in dem vorliegenden Fall B. aus einem am Ende August aufgenommenen Bogen erkennen, dass eine bedeutende Besserung eingetreten ist, wie sie schon in dem Bogen Nr. 6 vom 6. VIII. als vorübergehende Erscheinung ersichtlich war.

Derselbe lautet:

Name: Wilhelm B. Nr. 8.
Datum: 26. VIII. 1897.
Tageszeit: 11 Uhr vormittags.

1. Wie heissen Sie? — Johann Friedrich Wilhelm B. (richtig). Ich hab 40 Pfund gewoge, wie ich auf die Welt kam.
2. Was sind Sie? — Was ich bin? Pharmaceut.
3. Wie alt sind Sie? — 26 Jahre.
4. Wo sind Sie zu Hause? — In B. (richtig).
5. Welches Jahr haben wir jetzt? — 1897.
6. Welchen Monat haben wir jetzt? — August.
7. Welches Datum im Monat haben wir? — 26. oder 27.
8. Welchen Wochentag haben wir heute? (Ausgelassen.)
9. Wie lange sind Sie hier? — Ich rechne seit Juni.
10. In welcher Stadt sind Sie? — Giessen.
11. In welchem Hause sind Sie? (Ausgelassen.)
12. Wer hat Sie hierher gebracht? — Franz Löhning (richtig).
13. Wer sind die Leute Ihrer Umgebung? — Kenne ich nicht, Kranke.
14. Wo waren Sie vor acht Tagen? — Hier.
15. Wo waren Sie vor einem Monat? — Hier.

16. Wo waren Sie vorige Weihnachten? — Da war ich in Darmstadt im Examen. 1895 zu Hause.
17. Sind Sie traurig? — Ach na, so mittelmässig, ernst.
18. Sind Sie krank? — Ach e bissche bleichsüchtig, blutarm. Was soll mir fehle? Ein schönes Mädchen.
19. Werden Sie verfolgt? — Von wem denn?
20. Werden Sie verspottet? — Nein.
21. Hören Sie schimpfende Stimmen? — Nein.
22. Sehen Sie schreckhafte Gestalten? — Nein.

Die meisten Antworten sind richtig. Nur in den Zusätzen (cfr. 1, 18) macht sich noch ein eigenthümlich manisches Moment geltend, welches ihn aber kaum noch als deutlich pathologisch erscheinen lassen würde. In der That konnte B. am 30. VIII. dem Vater, welcher ihn für völlig genesen erklärte, mit nach Haus gegeben werden.

Ich gebe nun die Krankengeschichte: Wilhelm B. aus B., Apothekengehilfe in A., geboren 7. III. 1871. Aufgenommen in die psychiatrische Klinik in Giessen am 2. VI. 1897. Heredität nicht zu ermitteln. Am 25. V. 1897 kam ein Telegramm aus A., wo er in Stellung war, mit der Mittheilung, er komme nach Hause, um sich da zu erholen. Der Vater fuhr ihm entgegen und traf ihn sehr erregt. Er glaubte, es sei Krieg. Er sprach „verwirrt". „Was wollen denn die Leute, glauben die, ich sei verrückt." Er führte lateinische Citate an, wollte keinen Kaffee trinken, das sei ihm verboten, führte eine grosse Flasche Bromkali mit, aus der er öfter trank, sprach dazwischen wieder „ganz vernünftig". Zu Hause wurde er am nächsten Tage sehr depressiv. Er sprach wenig, regte sich über jedes Geräusch in seiner Umgebung auf, wollte allein sein, niemanden sehen. Die Wahnidee, es sei Krieg, hat er bis heute, das heisst bis zur Aufnahme in die Klinik, festgehalten und noch auf der Fahrt hierher geäussert.

2. VI. Bei der Aufnahme tief deprimirt. Antwortet auf die an ihn gerichteten Fragen mit leiser ausdrucksloser Stimme, jedoch völlig richtig. Die Antworten erfolgen erst nach einigen Secunden. Zittern der herausgestreckten Zunge, Zittern der Finger. Temperatur 37·2, nachmittags 37·8 (!), Puls andauernd 120. Mittelst der *Trommer*'schen und *Nylander*'schen Probe Feststellung einer reducirenden Substanz im Urin (Zucker?). Fühlt sich krank.

3. VI. Geht fortwährend aus dem Bett und legt sich auf den Boden. Nach einem warmen Bad ruhiger. Verweigert, abgesehen von geringen Quantitäten Milch, jede Nahrung. Spricht nur, wenn man ihn fragt, antwortet leise und langsam. Sagt mehrmals: „Ich bin krank."

Am 4. VI. wurde die Diagnose in folgender Weise erörtert: „Es frägt sich, ob eine beginnende Melancholie vorliegt oder ob genauere Untersuchung der Diagnose eine andere Richtung gibt. Der Kranke zeigte nun bei Prüfung des Erinnerungsvermögens für die letzten Monate erhebliche Lücken, wusste nicht, wie lange er wieder zu Hause gewesen war. Dabei fiel die auffallend blasse Gesichtsfarbe auf, ferner die dauernd erhöhte Pulszahl, die mässige Temperaturerhöhung (37·8), ein leichter Meteorismus, der Tremor der Finger, ferner ein anamnestisch berichteter Schweissausbruch. Der psychische Zustand hat sich weniger in melancholischer Weise als im Sinne eines apathisch verwirrten Wesens entwickelt. Bei dieser Sachlage muss an eine symptomatische Psychose bei einer körperlichen Krankheit infectiöser oder toxischer Natur gedacht werden. Hierbei kommt der berichtete starke Brommissbrauch in Betracht."

Auch der weitere Verlauf in den ersten Tagen verstärkte diesen Verdacht:

3. VI. Temperatur nachts 2 Uhr 37·8, früh 5 Uhr 37·9, Puls 105. Patient fühlt sich krank. Weshalb sind Sie hier? „Ich bin krank, es zuckt alles in mir." In welcher Stadt sind Sie? „Metz, ich weiss nicht", dann: „Giessen." In welchem Hause sind Sie? „Gotteshaus." Haben Sie Furcht? „Ja, es ist Einbildung." Warum? „Ich kann's eigentlich gar nicht sagen, es ist so." Haben Sie Gestalten gesehen? „Ja, nein, es ist alles, in mir zuckt es so." Wo? „Im ganzen Körper." Sind Sie müde? „Sehr." Weshalb gehen Sie immer aus dem Bett? „Ich bin vollständig nervös."

4. VI. Temperatur bis 37·9, Puls zwischen 100 und 116.

5. VI. Temperatur früh 8 Uhr 38·0, 11 Uhr 38·2, 2 Uhr 37·8, 5 Uhr 38·3, 8 Uhr 38·0, 11 Uhr 38·2, 5 Uhr früh 37. Puls zwischen 90 und 106.

6. VI. Normale Temperatur, Puls zwischen 103 und 115.

Mit dem Verschwinden der körperlichen Symptome setzt nun circa am 8. VI. eine stärkere Erregung ein. Er springt fortwährend aus dem Bett, drängt gegen Thüren und Fenster, gibt jedoch nicht die geringste lautliche Acusserung von sich und lässt sich ohne Widerstand zurückbringen. Dazwischen treten starre Haltungen auf:

9. VI. Er gibt absolut keine lautliche Acusserung von sich, liegt meist still im Bett, die Augen geöffnet, den Kopf etwas von den Kissen erhoben. Tritt man zu ihm heran, z. B. um seinen Puls zu fühlen, so geht er mit dem Kopf noch weiter nach vorn, wobei ein eigenthümliches Schwanken oder Zittern desselben eintritt. Die Bewegungen sind unbehilflich, träge, gehemmt. B. bietet in jeder Beziehung das Bild des Stupors.

Nach dieser kurzen Periode von starrer Haltung am 12. VI. ohne jeden äusseren Grund heftiger Erregungszustand. Der Kranke zerreisst zwei Hemden, wirft sein Bettzeug heraus, schlägt mit der Faust gegen die Fenster, ruft: „Ich muss hinaus." Ist später wieder ruhiger und starr, liegt still im Bett und gibt auf Anreden keinerlei Antwort, bewegt nur den Kopf in eigenthümlich zitternder Weise. Die ihm entgegengestreckte Hand erfasst er zögernd und unsicher, zeigt dabei einen eigenthümlich fragenden Gesichtsausdruck.

13. VI. In unveränderter Lage zu Bett. Manchmal plötzliches unmotivirtes Lachen abwechselnd mit Weinen. Achtet anscheinend auf die Vorgänge in seiner Umgebung, blickt stets wie neugierig zur Thüre hin, wenn er ein Geräusch auf dem Corridor hört. Die Nahrungsaufnahme erfolgt so, dass er einen Becher Milch sehr lange in der Hand hält und ihn ganz allmählich austrinkt.

15. VI. Sitzt meist halb in die Kissen gelehnt im Bett, bewegt die Lippen in leisen Selbstgesprächen, begleitet dieselben mit unsicheren langsamen Handbewegungen. Beim Anreden nimmt seine Physiognomie stets einen erstaunten fragenden Ausdruck an, er öffnet die Augen weit, sieht hin und her, begleitet dies mit entsprechenden Bewegungen der Arme und Hände, dabei die Handflächen nach aussen kehrend. Seinen Becher hält er oft stundenlang in der Hand, trinkt in grossen Pausen mit kleinen langsamen Zügen.

16. VI. Vormittags häufiges, theilweise lautes Lachen, das sich jedoch, wenn ein Arzt in das Zimmer tritt, in ein rein physiognomisches verwandelt.

Auf Anreden erfolgt ein unbehilfliches Schütteln oder Nicken des Kopfes. Nachmittags plötzliche starke Erregung, reisst sein Hemd entzwei, zerschlägt eine Tischplatte. Während er für gewöhnlich völlig stumm ist, hebt er einen Becher Milch in die Höhe und sagt mit deutlicher Stimme: Wohl bekomms! Hinterher ist der Arzt nicht imstande, ihn zu einer lautlichen Aeusserung zu bringen.

21. VI. Lacht ab und zu vor sich hin. Bewegt, wenn man an sein Bett tritt, den Becher mit Milch wie zum Anstossen, ruft plötzlich ganz laut: „Hurrah, ich bin auch ein Deutscher!" Nachts ruhig.

Nach diesen sprachlichen Prodromalerscheinungen setzt am 22. VI. eine heftige Erregung in diesem Gebiet ein. Er wird plötzlich unruhig, bewegt sich lebhaft im Bett hin und her, gesticulirt, schreit mit lauter Stimme: „Hurrah!" und „Feuer!" „Ich bin ein Deutscher, wer ich bin, weiss ich selber nicht." Er antwortet in kurzem militärisch knappem Ton, sieht gegen die Zimmerdecke, redet vom Militär und vom Kaiser. Seinen Becher, den er ständig in der Hand hält, stösst er häufig gegen die Wand, ruft dabei mit lauter Stimme: „Prosit."

Es beginnt nun die Periode von sprachlicher Erregung mit intercurrentem Mutacismus, welche durch die oben analysirten Untersuchungsbögen klarer dargestellt ist, als es die Krankengeschichte selbst vermag. Durch die mitgetheilten Daten wird das Urtheil, welches man aus den Bögen ableiten kann, dass es sich wahrscheinlich nicht um Verwirrtheit oder Manie, sondern um Katatonie handelt, völlig bestätigt.

Eine genaue Analyse der eigenartigen Wort- und Vorstellungsreihen, welche er gelegentlich producirt und die momentan einen maniakalischen Eindruck machen könnten, wird später gegeben werden (cfr. Capitel Associationen).

Jedenfalls könnte in diesem Fall aus der blossen Analyse der Untersuchungsbögen ohne Kenntniss des sonstigen Befundes die Diagnose auf Katatonie abgeleitet werden.

Aehnliche diagnostische Schwierigkeiten in Bezug auf die Unterscheidung der Erregungszustände bei Manie, Katatonie und Verwirrtheit erheben sich in dem folgenden Fall, bei dem wir von der Krankengeschichte ausgehen:

Victoria V. aus B., geb. 12. VI. 1875, Försterstochter, Correspondentin in O., aufgenommen in die Klinik am 26. IX. 1897. Grossmutter väterlicherseits, gestorben im 62. Jahr, war vom 40. Lebensjahr an nervenleidend, hatte Kopfschmerzen, Contracturen der Glieder, war unfähig zu gehen (schwere Hysterie oder organische Krankheit?). Grossvater mütterlicherseits geisteskrank, zuletzt völlig schwachsinnig, aphasisch. Grossmutter mütterlicherseits sehr reizbar. Mutter leicht erregbar, hat „Unterleibskrämpfe", zeigt öfter plötzlichen Stimmungswechsel.

Patientin hat fünf gesunde Geschwister. Als Kind sehr fleissig und gewissenhaft, war sehr häuslich und immer sehr religiös. Mit 16 Jahren menstruirt. Seitdem oft „Unterleibskrämpfe", zur Zeit der Menstruation regelmässig Schmerzen. Seit circa 2 Jahren Klagen über häufige Müdigkeit. Nach Erkältungen leichte „Uterinkrämpfe". Im Geschäft in O. sehr anstellig, seit längerer Zeit Klagen über Schwäche im rechten

Arm und Schreibkrämpfe bei anhaltender Thätigkeit. Vor circa 14 Tagen Bekanntschaft mit einem jungen Manne, der sie heiraten wollte. Sie ging öfter in Ausstattungsgeschäfte und wollte Brauteinkäufe machen, was bei der wirklichen Situation als normalpsychologisch erscheinen konnte. Vor circa 8 Tagen blieb sie ohne ersichtlichen Grund vom Geschäft weg. Sie war ängstlich, fürchtete sich nachts allein zu schlafen und flüchtete in das katholische Schwesternhaus in O.

Bei der Aufnahme, zu welcher sie der telegraphisch herbeigerufene Vater begleitet, zeigt sie lebhaft geröthetes Gesicht, gesticulirt viel, verbeugt sich oft und declamirt unaufhörlich Sätze religiösen Inhaltes. Den eintretenden Arzt begrüsst sie mit vertraulichem Händedruck und sagt mit verzücktem Gesicht: „Dich kenne ich.“ Bezeichnet ihn auf näheres Befragen als „Herr Klein“, in pathetischer Weise weiter declamirend: „Du bist Lucifer und ich bin Michaela, Victoria heisse ich, Victoria der Sieg, hebe Dich weg von mir, Satan.“

Im Bade declamirt sie unaufhörlich weiter. Nachmittag redet sie den Arzt an: „Guten Tag, Papa.“ Bei der weiteren Unterredung verlässt sie öfter das Bett, kniet nieder, betet dazwischen, setzt sich dann wiederum halb bekleidet in burschikosester Weise auf den Rand des Tisches, an dem der Arzt schreibt, grimassirt, lacht, fletscht die Zähne, nennt den Arzt einen Verführer, der einen Vertrag gemacht habe mit den dunklen Mächten und ihr den Freundschaftsring des Lucifer mit dem blauen Stein zu rauben im Begriff stehe. Im Laufe der Unterhaltung wird Patientin immer lauter und von stärkerer motorischer Unruhe erfasst. Sie verlässt fortwährend ihr Bett, geht zu den anderen Kranken, wirft ihr Bettzeug heraus, schimpft über Tod und Hölle, ruft Gott zum Zeugen an, als dessen auserwähltes Werkzeug sie handele.

Im Einzelzimmer bei offener Thür isolirt. Sehr laut, schreit, spuckt viel. Bekommt Trional in Milch, sträubt sich zuerst gegen die Aufnahme, glaubt, es sei Gift.

27. IX. Auch am Tage in beständiger motorischer Unruhe, nimmt eigenthümliche Posen an, indem sie mit verklärtem Blick zur Decke starrt. Spricht fortwährend in declamirendem Tone. Richtet sich im Bett auf, macht schwebende Bewegungen mit den Armen, lässt sich langsam niedersinken und fällt in's Kopfkissen zurück. Hockt dann wieder zusammengekauert auf dem Boden, das Gesicht gänzlich in die Haare eingehüllt. Verzieht öfters das Gesicht fratzenhaft, reisst den Mund weit auf und zeigt die Zunge. Spuckt fortwährend in die Stube, schüttelt sich, macht Abwehrbewegungen und Geberden, als sei sie von Widerwillen erfüllt, ruft dabei: „Weiche von mir, Satan, im Namen des Vaters, des Sohnes und des heiligen Geistes, verlasse dieses Zimmer.“ Bleibt nicht im Bett, läuft auf den Corridor und sagt: „Ich bleibe nicht mehr hier, lasst mich fort, ich weiss gar nicht, was mit mir geschehen ist, wo bin ich denn hier? Ich glaube in einem schlechten Hause, in einem Hause des Lasters oder in einer Mördergrube, gelt? Ihr haltet mich für wahnsinnig, ich bin aber ganz klar im Kopf und was ich spreche ist Wahrheit.“

Früh von 8—10 Uhr ruhiger, meinte, sie wisse wohl, dass sie hier gemordet werden sollte, man sollte es nur ruhig sagen, damit sie sich vorbereiten könne, denn sie fürchte den Tod nicht. Dazwischen weint sie und äussert: „Ach wenn ich doch schon todt wäre.“ Schlief früh von 10 bis 11 Uhr; darnach wieder unruhiger: Der Antichrist sei immer gegen sie gewesen, er hätte ihr aber nichts anhaben können. Es sei ihr schon vorher im Traume gesagt worden, dass er gegen sie sei, seitdem hätte sie den guten Geist angerufen und der hätte ihr hilfreich im Kampfe zur Seite gestanden.

Mittags in sehr übermüthiger Stimmung, lacht viel, wechselt fortwährend ihre Stellung im Bett, legt sich einmal quer, dann wieder mit dem Kopf an das Fussende, lässt sich ohne Widerstreben in die richtige Lage bringen, streckt die Arme in die Höhe, strampelt mit den Beinen, klatscht in die Hände, sagt zu den Pflegerinnen: „Kommt her, jetzt kenne ich Euch, Ihr seid Mama und Papa, gestern habe ich Euch noch nicht gekannt, so kann sich's über Nacht ändern.“ Am Nachmittag sehr veränderlich, bald heiter, dann zeitweise verstimmt. Meint: „Ich sehe jetzt immer klarer, ich war in O. unter die Schweine gerathen, aber hier finde ich meine Erlösung.“

28. IX. Gegen Morgen hochgradige Erregung, schreit laut: „Mutter hilf, ich verbrenne, errette mich aus den Flammen, die ganze Stadt brennt, Verführer weiche von mir, fort mit Dir in die Hölle, die Rache Gottes soll Dich treffen, der böse Geist soll in Dich fahren.“ Beisst die Kiefer aufeinander, verzieht das Gesicht, fletscht die Zähne, verdreht die Augen, starrt auf einen Fleck und schreit von neuem: „Ich will nicht, ich zeige Euch meine Macht, ich tödte Euch.“ Tritt gegen das Fussbrett, spuckt beständig in die Stube.

1. X. Als die Kranke im Bette in das Untersuchungszimmer gefahren wird, steht sie aufrecht in demselben und starrt mit einem eigenthümlich verklärten Blick nach der Decke. Ebenso nimmt sie im weiteren Laufe der Untersuchung öfters sehr eigenthümliche Stellungen an, kniet z. B. am unteren Bettrande und hält sich am Fussbrett fest, dabei starr auf den Schreibtisch blickend und hin und wieder abgerissene Worte murmelnd. Schliesslich legt sie sich auf den Rücken, den Nacken auf das Kopfende des Bettes gestützt, mit den Händen nach rückwärts unter der Stange, welche die obere Kante des Bettes bildet, sich festklammernd; dabei starrt sie stumm nach oben, manchmal runzelt sie die Stirne, dann murmelt sie einige Worte, lächelt, stützt manchmal den Kopf mit den Händen, dann starrt sie wieder mit aufgestütztem Kinn nach rechts zum Bette heraus, schliesst die Augen, die Stirne runzelnd, richtet sich wieder auf, kurz zeigt eine grosse Menge von Veränderungen der Physiognomie und Haltung, ohne dass sich ein bestimmter durchgehender Affect oder eine zusammenhängende Reihe von inneren Zuständen dadurch auszudrücken schiene.

Auf Befehl streckt sie die rechte Hand aus, wobei sich ein ganz leichter Tremor zeigt; ebenso links. Linkes Kniephänomen vorhanden mit einer grossen Menge psychomotorischer Nachschwingungen. Nach mehreren Versuchen erfolgt eine Abwehrbewegung (Zurückziehen).

Beim Versuch, Fussclonus auszulösen, hält sie den Fuss steif in Spitzfussstellung; ebenso links wie rechts. Bei Auslösung des Fussclonus treten Zitterbewegungen auf, deren Auffassung als Fussclonus jedoch zweifelhaft ist. Die Zunge wird ausgestreckt. Den Untersuchenden blickt sie auf Commando nicht an, sondern rotirt die Augen nach oben, als die Lider gehoben werden. Pupillenbewegung in Bezug auf Lichtreaction wegen wechselnder Innervation der Recti interni nicht zu prüfen.

Es handelte sich im Hinblick auf die bisherigen Beobachtungen um eine tobsüchtige Erregung, die sich durch folgende Momente von dem gewöhnlichen Bilde der sogenannten Manie abhebt:

1. Die scheinbare Verwirrtheit.
2. Die Personenverkennung.
3. Sonderbare Haltungen und Bewegungen.
4. Vorübergehend auftauchende Wahnideen.
5. Rascher Wechsel der Grundstimmung.
6. Religiöse Färbung ihrer Ideen.

Aus der Anamnese sind besonders die nervösen Symptome hervorzuheben. Jedenfalls hätte man bei diesem Befunde sehr zweifelhaft sein können, ob ein einfacher Anfall von Manie mit guter Prognose vorlag, und hätte neben dieser Annahme noch Katatonie, Verwirrtheit und Hysterie schwerster Art in Betracht ziehen müssen.

Aus den klinischen Symptomen konnte man eine sichere Differential-Diagnose kaum stellen, man hätte höchstens die Katatonie als das Wahrscheinlichere annehmen müssen.

Hier hat nun die genaue Analyse der Fragebögen sehr dazu beigetragen, bestimmte Symptome als wesentlich aus dem bunten Krankheitsbild herauszuheben und dadurch der Diagnose einen besseren Halt zu geben, als der blosse klinische Augenschein ihn geboten hatte.

Wir wenden uns nun zu dieser methodischen Untersuchung.

Name: Victoria V. Nr. 1.
Datum: 26. IX. 1897, Sonntag.
Tageszeit: 5 Uhr nachmittags.

1. Wie heissen Sie? — Victoria V. (richtig). Victoria Sieg! Vogel wohl der Drache, wo wir verfolgt werden, die Lotosblume.
2. Was sind Sie? — Correspondentin, das Werk Gottes, das Werkzeug seiner Macht, der Geist Gottes in mir.
3. Wie alt sind Sie? — 22 Jahre; am 12. Juni 1875 in dem grossen Kriegsjahr!
4. Wo sind Sie zu Hause? — In B. sind meine Eltern, mein Vater ist Oberförster, alles zur Verherrlichung Gottes, es kann alles noch unwahr werden, bis ich getauft bin, weil ich eine schwache, schwache Jungfrau bin, und ein Weib mit all seinen Schwächen, aber alles nur als Werkzeug Gottes.
5. Welches Jahr haben wir jetzt? — 1897.
6. Welchen Monat haben wir jetzt? — Monat? Ich glaube December, ich weiss ja zuletzt nur noch vom September, da war ich zuletzt Ende des Monats noch im Geschäft, nur seit letzten Donnerstag weiss ich nichts mehr.
7. Welches Datum im Monat haben wir? — Wahrscheinlich nach Gottes Wille den 25. December und der 23. war mein Namenstag, Victoria, der Sieg!
8. Welchen Wochentag haben wir heute? — Papa, warte ein bischen, ich kann das noch nicht sagen, Sonntag, meine ich, oder Freitag.
9. Wie lange sind Sie hier? — Noch nicht lange, erst heut Mittag kam ich mit meinem Papa, er war aber nicht mein Papa, er hatte die Gestalt von meinem Papa, ich habe ihn anders gesehen, der Tod führt seine Hand, der Tod soll sie führen.

10. In welcher Stadt sind Sie? – Jetzt bin ich wahrscheinlich in Bethlehem und dies Bethlehem wird wahrscheinlich die schöne Stadt Frankfurt sein.
11. In was für einem Hause sind Sie? (Ausgelassen.)
12. Wer hat Sie hierher gebracht? (Ausgelassen.)
13. Wer sind die Leute Ihrer Umgebung? — Ja, lass mich besinnen, Vater, es ist eine Heilige.
14. Wo waren Sie vor acht Tagen? — Da war ich im Garten in Offenbach bei den Schwestern, im Geschäft bei Dick und Kirschton, nein, das war Donnerstag, Sonntag, wo war ich denn da? Da war ich bei Euch, ich bin auferstanden, ich bin mit Euch mit dem Zug nach Emmaus gegangen, Ihr seid Menschen, ich auch.
15. Wo waren Sie vor einem Monat? (Ausgelassen.)
16. Wo waren Sie vorige Weihnachten? — Da bin ich allein gesessen, ich hab' unter dem Tod gelebt, ich hab' mit erlebt, wie sie um ihren Sohn geweint haben.
17. Sind Sie traurig? — Ich bin gar nicht traurig.
18. Sind Sie krank? — Noch das letzte Wunder muss an mir geschehen, vor der Welt glaub ich ja, aber vor meinen Kindern bin ich jetzt das Christkind.
19. Werden Sie verfolgt? — Ich werd' verfolgt vom deutschen Kaiser, weil mein Geist ausgefahren ist in den deutschen Kaiser.
20. Werden Sie verspottet? — Ich muss alles durchmachen bis zum Kreuz, ich bin durch die Qualen des Kreuzes gerüstet gegen die Welt.
21. Hören Sie schimpfende Stimmen? — Ja, in der Vorhölle habe ich sie gehört.
22. Sehen Sie schreckhafte Gestalten? — Oh ja! Ich weiss, dass der böse Geist mich nicht foltern lässt.

Zusätze:

23. Wer bin ich? — Du bist der grösste Verführer — rer — rer, der zwei Gottheiten im Himmel hat fallen sehen, Michaela und Lucifer.
24. Wo sind Sie hier? — In der Vorhölle.

In diesem Fragebogen treten folgende Züge hervor:

I. Der Umstand, dass oft eine richtige Antwort erfolgt, welche dann in einer mehr oder weniger klar erkennbaren Weise associativ weitergebildet wird.

Nimmt man die Anfangstheile aus den Antworten heraus, so erhält man zum Beispiel (cfr. Frage 1, 2, 3, 4) folgende richtige Angaben über die Personalien: Victoria V., Correspondentin, 22 Jahre, aus B.

Diese richtigen Antworten bilden jedoch immer nur den Anfang einer Reihe von Worten und Vorstellungen, deren associative Herleitung sich zum Theil erkennen lässt. Bezeichnet man in der Antwort ad 1 die Grundelemente: Victoria und V. (Name) mit 1 und 2, so kann man fast sämmtliche wesentlichen Begriffe der ganzen Reihe als Weiterbildung dieser beiden Grundelemente darstellen, was durch Zusatz von Buchstaben zu den beiden Zahlen ausgedrückt werden soll: Victoria (1), V. (2) : Victoria (1), Sieg (1 *a*), Vogel (2 *a*), Drache (2 *b*), verfolgt (2 *c*). Das letzte Wort Lotosblume hat vielleicht einen losen Zusammenhang mit dem phantastischen Vorstellungskreis, welcher durch die Vorstellungen Vogel, Drache, verfolgt, angedeutet wird.

Die Flickworte zwischen den Hauptelementen sind entweder grammatikalische Zuthaten: „der“ Drache, „die“ Lotosblume, theils erscheinen sie als Alliterationen. In der Reihe „Vogel wohl der Drache, wo wir verfolgt werden“ beginnen sechs Worte von acht mit dem Laut v oder w.

In der Antwort ad 2 ist der Zusammenhang der angefügten Reihe mit dem richtigen Anfangsglied: „Correspondentin“ schwerer zu erkennen. Zwischen den Worten „das Werk Gottes“ und „Correspondentin“ ist eine Lücke, wenn man nicht annimmt, dass ein Stimmungselement dazwischen liegt (gehobenes Selbstgefühl), welches die Association beeinflusst. Die nun folgende Reihe ist aus den damit gegebenen Elementen leicht abzuleiten:

Werk (1), Gottes (2): Werkzeug (1 *a*), seiner Macht (2 *a*), Geist Gottes (2 *b*), indem 2 *a* und 2 *b* (Macht und Geist) im gewissen Sinne Ausführungen der Vorstellung „Gott“ sind. In dem Wort am Schluss: „Geist Gottes in mir“ kehrt sie zu dem subjectiven Zustand zurück, welcher als Stimmungselement die Association „Werk Gottes“ nach „Correspondentin“ bewirkt zu haben scheint.

In der Antwort ad 3 ist auch der zweite Theil „am 12. Juni 1875“ als Angabe des Geburtstages nach Mittheilung des Alters verständlich. Der Zusatz in dem „grossen Kriegsjahr“ erklärt sich wahrscheinlich als Weiterbildung des letzten Wortes von „fünfundsiebenzig“, wobei ihr die Erinnerung an den grossen Krieg naheliegt.

In der Antwort ad 4 haben die ersten beiden Sätze einen naheliegenden Zusammenhang:

„In B. sind meine Eltern, mein Vater ist Oberförster“, dann setzen jedoch pathologische Associationen ein („alles zur Verherrlichung Gottes“ etc.), deren Zusammenhang mit dem unmittelbar Vorhergehenden nicht ersichtlich ist, die vielmehr auf den religiösen Ideenkreis der Antwort ad 2 zurückzugreifen scheinen. Dann folgen eine Reihe von Worten, welche inhaltlich nur ganz lose oder gar nicht mit dem Vorhergehenden zusammenhängen, höchstens zum Theil als Vorstellungen aus dem Gebiet des Kirchlichen und des Gebetes gedeutet werden können. („Es kann alles noch unwahr werden, bis ich getauft bin, weil ich eine schwache, schwache Jungfrau bin und ein Weib mit allen seinen Schwächen“ etc.) Dass in diesem kurzen Passus die Worte „schwach“ und „Jungfrau“ als die Momente, welche die Associationen bestimmen, wirken, ist bei der Nebeneinanderstellung ersichtlich: schwach, schwach, Schwächen; Jungfrau, Weib. Sehr auffallend ist wieder die Häufung des Lautes w in: unwahr, werden, weil, schwache, schwache, Weib, Werkzeug. Ob hier die Alliteration wie in der Antwort ad 1 mitwirkt, oder ob Zufälligkeiten vorliegen, bleibt dahingestellt. Zum Schluss kehrt die Reihe mit den Worten „Werkzeug Gottes“ zu dem Leitmotiv der Associationen in der Antwort ad 2 zurück.

In der Antwort ad 9 erfolgen zuerst ganz richtige Sätze: „noch nicht lange, erst heute Mittag kam ich mit meinem Papa“, was dem Sachverhalt entspricht. Nun aber werden eine Reihe von ganz unsinnigen Sätzen angeschlossen: „Es war aber nicht mein Papa, er hatte die Gestalt von meinem Papa, ich habe ihn anders gesehen, der Tod führt seine Hand, der Tod soll sie führen.“

Diese eigenthümlichen Redewendungen mit dem Schlagwort „Hallucination“ abzuthun, als ob hier die Erinnerung an eine Sinnestäuschung auftauchte, wäre sehr verfehlt. Der Umstand, dass sie zuerst ganz richtig sagt: „ich kam mit meinem Papa“ und dann erst Stück für Stück diese sonderbaren Dinge zufügt, spricht mehr dafür, dass es sich um eine mystisch phantastische Weiterbildung der einen Vorstellung handelt, ähnlich wie in der Antwort ad 1 sich an das Wort V. anknüpft: Vogel, Drache, verfolgen, Lotosblume.

In der Antwort ad 14 enthält der Satz „da war ich im Garten in O. bei den Schwestern“ Thatsachen; daran wird nun associativ in einer normalpsychologisch verständlichen Weise eine Aussage über die Zeit angeknüpft, entsprechend dem Charakter der Frage (wo waren Sie vor acht Tagen?): „Nein, das war Donnerstag, Sonntag, wo war ich denn da?“ Und nun erst gleitet sie mit ihren Associationen ganz in das Pathologische: „Da war ich bei Euch, ich bin mit Euch mit dem Zug nach Emmaus gegangen, Ihr seid Menschen, ich auch.“ Die Leitmotive scheinen „auferstanden“ und „Emmaus“ zu sein, was in den religiösen Ideenkreis früherer Antworten passt, ebenso wie der Satz: „Ihr seid Menschen“, der in dem angedeuteten religiösen Ideenkreise als Gegensatz zu Gott oder Christus verständlich erscheint. Im übrigen scheinen die Begriffe „ich“ und „Euch“ aus dem Satz „da war ich bei Euch“ auf die Gestaltung der Reihe Einfluss zu haben: „ich bin . . . ich bin mit Euch, ihr . . . . ich auch.“

In allen diesen Fällen ist der gleiche Grundzug vorhanden: Auf eine Frage erfolgt eine meist vollständig richtige Antwort, welche dann in mehr oder weniger verständlicher und analysirbarer Weise associativ weitergebildet wird.

II. Aehnlich erfolgen manchmal halbrichtige Antworten, welche associative Beziehung zu der vorher gestellten Frage haben und dann in ähnlicher Weise, wie es eben hervorgehoben wurde, fortgeführt werden:

In der Antwort ad 16 sagt sie auf die Frage: Wo waren Sie vorige Weihnachten? in halbrichtiger Weise: „Da bin ich allein gesessen“ und bildet diese Antwort in folgender Weise weiter: „Ich hab' unter dem Tod gelebt, ich hab miterlebt, wie sie um ihren Sohn geweint haben.“ Der Zusammenhang dieser Reihe scheint durch lockere Beziehungen auf das Wort Tod gegeben: „Tod, gelebt, miterlebt, geweint“, die anderen Worte erscheinen grösstentheils als grammatikalisches Beiwerk. Eine „Wahnidee“ kann aus einem solchen Durcheinander von Begriffen unmöglich herausgelesen werden. Es liegt eine ganz ähnliche Form von lockerer associativer Verbindung vor, wie sie oben hervortrat.

III. Manchmal wird eine richtige oder halbrichtige Antwort von Phrasen eingeleitet, die eine associative Beziehung zum Vorhergehenden erkennen lassen; zum Beispiel auf die Frage, in welcher Stadt sie sei, sagt sie: „Jetzt bin ich wahrscheinlich in Bethlehem und dies Bethlehem wird wahrscheinlich die schöne Stadt Frankfurt sein.“ Der erste Theil der Antwort knüpft anscheinend an die früheren religiösen Vorstellungen an (in der späteren Antwort ad 14 kommt Emmaus vor). Die Vorstellung Bethlehem wird dann kurzer Hand mit der Ortsbezeichnung Frankfurt grammatikalisch verbunden („und dies Bethlehem wird wahrscheinlich“ etc.). Die wesentliche Angabe der Antwort (Frankfurt) ist zwar sachlich falsch, aber in ihrer Entstehung verständlich, da V. von O. über Frankfurt hierher gelangt war. In der Antwort ad 7 erscheint als einleitende Phrase: „wahrscheinlich nach Gottes Wille“, was eine Beziehung auf die religiösen Inhalte der Antwort ad 2 und 4 hat. Dann kommt die halbrichtige Antwort: „den 25. December“, dann die lose Association: „und der 23. war mein Namenstag, Victoria, Sieg.“ Hier ist der Kern der Antwort in eine Hülle von lockeren Associationen sozusagen eingewickelt.

IV. Manchmal treten in der Antwort Phrasen auf, die gar keinen erkennbaren Zusammenhang haben, zum Beispiel in der Antwort ad 8 auf die Frage: Welchen Wochentag haben wir heute: „Papa, wart ein bisschen, ich kann dir das noch nicht sagen, Sonntag mein ich oder Freitag“ (Sonntag ist richtig).

Aehnlich heisst es in der Antwort ad 13 auf die Frage, wer die Leute in der Umgebung seien: „Ja, lass mich besinnen, Vater, es ist eine Heilige“, wobei die letztere, ganz ungeeignete Vorstellung zweifellos Beziehung zu den religiösen und christlichen Vorstellungen der früheren Antworten (Werk Gottes, Geist Gottes, Verherrlichung Gottes, Bethlehem, Emmaus etc.) hat.

V. Diese letztere Erscheinung bildet den Uebergang zu der Gruppe von Antworten, welche nur lockere Beziehungen zur Frage oder zu früheren Vorstellungen erkennen lassen, ohne inhaltlich Antworten zu sein: In der Antwort ad 18, auf die Frage: „Sind Sie krank?“ sagte sie: „Noch ein letztes Wunder muss an mir geschehen, vor der Welt glaube ich ja, aber vor meinen Kindern bin ich jetzt das Christkind.“ Es ist nicht angängig, hieraus das Symptom der „Wahnbildung“ zu machen, es handelt sich offenbar um Aneinanderreihung von associativ lose verknüpften Vorstellungen grösstentheils aus dem religiösen Ideenkreise.

In der Antwort ad 19 wird in phantastischer Weise Folgendes aneinandergereiht: „Ich werde verfolgt vom deutschen Kaiser, weil mein Geist ausgefahren ist in den deutschen Kaiser.“ Der zweite Theil dieser Reihe setzt den ersten, welcher an die Wahnideen von Paranoïschen erinnert, in das richtige Licht: Die Aufeinanderfolge von Begriffen ist so wenig zusammenhängend, dass von paranoïschen Ideen nicht die Rede sein kann. Ebenso verhält es sich mit der Antwort ad 20 auf die Frage: Werden Sie verspottet? „Ich muss alles durchmachen bis zum Kreuz, ich bin durch die Qualen des Kreuzes gerüstet gegen die Welt.“ Diese Antwort unterscheidet sich von der Wahnbildung und der Art des Ausdruckes bei Paranoïschen völlig. Es handelt sich um Associationen auf den Begriff „verspottet“.

Genau des Gleiche tritt in den Antworten ad 21 und 22 hervor: Hören Sie schimpfende Stimmen? „Ja, in der Vorhölle habe ich sie gehört.“ Sehen Sie schreckhafte Gestalten? „O ja, ich weiss, dass der böse Geist mich nicht foltern lässt.“ Hier werden auf die wesentlichen Worte der Frage verwandte Begriffe des religiösen Vorstellungskreises associirt und mit einigen religiösen Zuthaten vorgebracht.

Auch in den Antworten zu den hinzugesetzten Fragen (23 und 24) tritt das Gleiche hervor:

Auf die Frage: Wer bin ich? sagt sie: „Du — bist — der grösste Verführer, rer, rer —, der zwei Gottheiten im Himmel hat fallen sehen, Michaela und Lucifer."

Durch diese Beobachtungen bekommt die scheinbar auf Ortsverwechslung deutende Antwort ad 24 auf die Frage: Wo sind Sie hier? „In der Vorhölle" durchaus den Charakter einer Association aus religiösem Gebiet und verliert dadurch das auf Wahnbildung verdächtige Moment, was für die Diagnose und Prognose wichtig ist.

VI. Selten treten sprachliche Iterativerscheinungen auf: das Wort „wahrscheinlich" kommt in den Antworten ad 7 einmal, ad 10 zweimal vor. Hierher gehört vermuthlich auch die Alliteration mit w in der Antwort ad 1.

Fasst man alle diese Momente aus der Analyse der einzelnen Antworten nun wieder zusammen, so ist ersichtlich, dass es sich wesentlich um Störungen der Association handelt, indem entweder an eine richtige Antwort entfernte Associationen angeschlossen werden oder von Anfang an herrschend an Stelle der richtigen Antwort auftreten.

Jedoch ist aus dem richtigen Kern der Antworten ad 1, 2, 3, 4, 5, 6, 7, 8, 9, 14 und 16 zu ersehen, dass die Kranke nicht blos über ihre Personalien und die zeitlichen Verhältnisse orientirt ist, sondern auch eine Reihe von genauen Erinnerungen an frühere Ereignisse hat. Scheinbare Unorientirtheit tritt nur hervor in den Antworten ad 6 (Monat?): „Ich glaube December, ich weiss ja zuletzt nur noch vom September, da war ich zuletzt Ende des Monats noch im Geschäft, nur seit letzten Donnerstag weiss ich nichts mehr." Der Grund zu dieser isolirten Unorientirtheit liegt möglicherweise auch nur in der Association eines zur Frage nicht passenden Monatsnamens (December), während sie sich sehr gut erinnert, dass sie bis Ende des Monats September im Geschäft war, und sagt, dass sie seit letzten Donnerstag (Tag kurz vor der Aufnahme) nichts mehr weiss.

Ganz isolirt steht die Unorientirtheit ad 10 (Frankfurt), diese ist jedoch durch die Eile der Abreise nach Giessen und den Mangel an Aeusserungen über dieses Reiseziel erklärlich.

Somit spricht der Fragebogen bei genauer Analyse gegen Unorientirtheit, während die Kranke bei oberflächlicher Unterhaltung durchaus einen verwirrten Eindruck macht. Ebensowenig lassen sich bei dieser Analyse Wahnideen und Personenverkennung glaubhaft machen, während diese nach dem groben klinischen Bilde ganz im Vordergrund zu stehen schienen.

Die Analyse des Fragebogens bietet also hier ein vortreffliches Correctiv gegen mehrere falsche Auffassungen, welchen man bei der oberflächlichen Untersuchung sonst stark ausgesetzt war.

Aus dem Studium des Fragebogens geht hervor, dass eine Störung der Association das wesentliche Moment des Zustandes ausmacht.

Aus dem Verlauf der Krankheit hebe ich folgende Züge hervor:

30. XI. Zeitweise noch sehr unruhig, springt über Tisch und Betten, singt, nimmt theatralische Posen ein, steht viel vor dem Spiegel, verzerrt das Gesicht. Isst auf vieles Zureden in eigenartig gezierter Weise, nimmt manchmal anderen Kranken das Essen weg, um es unbemerkt rasch zu verschlingen, versteckt sich bei solchen Gelegenheiten mit Vorliebe hinter den Vorhang oder hüllt das Brot und den Teller in die Bettdecken ein.

1. XII. Besinnt sich auf die Einzelheiten und Begebnisse aus den ersten Tagen ihres Hierseins ganz genau.

10. XII. In letzter Woche etwas beruhigter, spricht sehr geziert, schnarrt mit der Stimme. Zuweilen sehr ängstlich, glaubt, unter ihrem Bett sei Feuer, meint, sie müsse verbrennen.

15. XII. Schläft nachts besser. Versuchsweise in Kleidern. Sie zieht dieselben bald aus, beginnt zu tänzeln und zu singen, kniet nieder, weint und betet laut, ist ängstlich; steht stundenlang an der Thür und sagt: „Ich hatte doch früher ein Kind, das ist doch ganz verschwunden, und dann sehe ich öfters weisse und schwarze Katzen über die Mauer springen.“

20. XII. Beginnt sich zu beschäftigen, liest manchmal.

25. XII. Das Körpergewicht beginnt sich allmählich, aber stetig zu heben. Hält Mitkranke und Pflegerinnen für Heilige, küsst ihre Hände und Füsse, wirft sich öfters zu Boden und betet sie an. Redet den Arzt gelegentlich auch als „Kaiser Augustus“ an, gesteht jedoch dann zu, dass sie weiss, wie der Arzt heisst.

30. XII. Bedeutend ruhiger. Unterhält sich mit andern Kranken. Macht Handarbeiten. Nur gelegentlich noch „Personenverkennung“.

5. I. Vermag sich an Einzelheiten ihres Aufenthaltes genau zu erinnern.

15. I. Schlaf gut, Patientin hat sich sehr erholt. Ihr Benehmen ist ein sichtlich freieres, der Blick ist nicht mehr so starr. Ihr Wesen ist ein durchweg natürliches. Sie verhält sich ganz geordnet, beschäftigt sich regelmässig.

21. I. Nach Haus entlassen, nachdem 3 Wochen lang nichts Pathologisches mehr bemerklich war.

Am 26. April 1897 nannte der Vater das Befinden der Tochter ein sehr gutes. Auch die weiteren Nachrichten lauten entsprechend.

Der Fall hat also bisher einen überraschend günstigen Verlauf genommen. Es scheint, dass hier die methodische Untersuchung der Fragebögen ein prognostisch günstiges Symptom als wesentlich herausgestellt hat, welches in den Notizen der Krankengeschichte nicht klar genug zum Ausdruck gekommen war.

Zunächst ist erwiesen, dass die scheinbare Verwirrtheit mit Personenverkennung wahrscheinlich nur durch lebhafte Associationen, speciell im religiösen Ideenkreise, in dem V. erzogen worden ist, vorgetäuscht wurde, dass ferner auch die prognostisch bedenklichen Wahnideen mehr als associative Reihen auf Grund momentaner Stimmungen aufgefasst werden können. Bedenken könnten in der Krankengeschichte nur noch die Anomalieen der Haltung und Bewegung erwecken, welche auf Katatonie verdächtig waren, aber auch in dieser Beziehung sind die Feststellungen über den associativen Charakter ihrer Reden wichtig, weil es sich möglicherweise um eine Verbindung manischen Bewegungsdranges mit bestimmten Ausdrucksbewegungen auf Grund der associirten Vorstellungen, besonders des religiösen Gebietes, bei ihr gehandelt hat.

Jedenfalls hat die Analyse der Untersuchungsbögen gewisse Züge des Krankheitsbildes klargestellt, welche in der Krankengeschichte nicht scharf zum Ausdruck gekommen sind, während sie in diesem Falle anscheinend eine wichtige prognostische Bedeutung gehabt haben.

Nachdem wir in diesem Falle gesehen haben, wie leicht ein Zustand von Ideenflucht mit Verwirrtheit verwechselt werden kann, kehren wir nochmals zu dem Symptom der Paralogie zurück, welches, besonders bei Katatonie auftretend, sehr leicht Verwirrtheit vortäuschen kann. Wir verstehen unter Paralogie (λόγος = Wort, Begriff, παρά = daneben) ein willkürliches bewusstes „Danebenreden", häufig mit dem Nebencharakter des Manierirten, Geschraubten und Phantastischen.

Margarethe K. aus A., Dienstmagd, geb. 17. April 1881, aufgenommen in die psychiatrische Klinik in Giessen am 15. April 1897. Diagnose: Ausgeprägte Katatonie.

Name: Margarethe K. Nr. 1.
Datum: 17. VI. 1897 (Donnerstag).
Tageszeit: 4 Uhr nachmittag.

1. Wie heissen Sie? — Anna Maria Elisabetha Emmelina Theresa Gretchen K. (letzteres Wort ist richtig).
2. Was sind Sie? — Kindermädchen.
3. Wie alt sind Sie? — 18 Jahre.
4. Wo sind Sie zu Hause? — In der Klinik.
5. Welches Jahr haben wir jetzt? — 1897.
6. Welchen Monat haben wir jetzt? — Juli.
7. Welches Datum im Monat haben wir? — Weiss nicht.
8. Welchen Wochentag haben wir heute? — Donnerstag (richtig).
9. Wie lange sind Sie hier? — Schon lange, 1 Jahr glaub ich.
10. In welcher Stadt sind Sie? — In Laubach.
11. In was für einem Hause sind Sie? — In der Klinik.
12. Wer hat Sie hierher gebracht? — Mein Bruder.
13. Wer sind die Leute Ihrer Umgebung? — Die Grossmutter ist krank.
14. Wo waren Sie vor acht Tagen? — Auch in dem Zimmer.
15. Wo waren Sie vor einem Monat? — Auch hier.
16. Wo waren Sie vorige Weihnachten? — In Wieseck.
17. Sind Sie traurig? — Nein!
18. Sind Sie krank? — Nein!
19. Werden Sie verfolgt? — Nein!
20. Werden Sie verspottet? — Nein!
21. Hören Sie schimpfende Stimmen? — Nein!
22. Sehen Sie schreckhafte Gestalten? — Nein!

(17.–22.: Patientin lacht sehr viel über die Fragen.)

Zusätze:

23. Wer bin ich denn? — Sie sind der Grossherzog.
24. Wer ist denn vor einigen Tagen hier gewesen? — Meine Mutter, (richtig) vorgestern (vor 5 Tagen).

25. War sonst niemand zu Besuch? — Nein! (Die Schwester war mehrmals im Laufe der beiden Monate da.)
26. Ist der Bruder nie hier gewesen? — Der ist ja überhaupt hier!
27. Haben Sie ihn gesehen? — (Geheimnissvoll nickend:) Ja!
28. Möchten Sie immer hier bleiben? — Ja!

Resultat: Auffallend sind zunächst die Antworten ad 1, 3, 4, 9, 10, 13. Auf die Frage: Wie heissen Sie? erfolgt die Antwort: Anna Maria Elisabetha Emmelina Theresa Gretchen K. Es handelt sich um eine schwülstige Ergänzung des richtigen Namens mit zum Theil seltenen (Emmelina, Theresa), schön klingenden Namen. Die Antwort hat etwas Manierirtes, sie enthält willkürliche und gekünstelte Zuthaten zu der einfachen Wahrheit. Dass es sich hier nicht um Unorientirtheit handelt, sondern um ein Plus von Leistung bei völliger Besonnenheit über die zu gebende Antwort, ist deutlich zu erkennen. Dabei ist ersichtlich, dass diese eigenthümliche Antwort ad 1, welche eine Verdrehung oder vielmehr eine gesuchte Ausschmückung der richtigen Antwort enthält, einen der Paralogie nahe verwandten Zug aufweist. In beiden Fällen geht als Reaction auf die Frage neben der richtig gedachten Antwort noch ein bewusster Vorgang einher, der entweder als Zuthat zur Antwort oder als Ersatz für die innerlich vorhandene richtige Antwort geäussert wird.

Die Antworten ad 2, 5 und 8 (Stand, Jahrgang und Wochentag) sind richtig. Dagegen ist die Antwort auf die 4. Frage: Wo sind Sie zu Hause? „In der Klinik“ falsch, ebenso wie die ad 3 „18 Jahre“ (in Wirklichkeit 16) und ad 6 „Juli“. Es frägt sich nun, ob hier eine Unorientirtheit im gewöhnlichen Sinne vorliegt. Die richtigen Antworten ad 1, 2, 5, 8, ferner ad 11, 15 machen es sehr unwahrscheinlich, dass die Kranke ihre Heimat und ihr Alter nicht wissen soll. Es ist viel wahrscheinlicher, dass sie darüber orientirt ist, jedoch mit Bewusstsein etwas anderes sagt.

In der falschen Antwort ad 9: Wie lange sind Sie hier? „Schon lange, ein Jahr glaube ich“ ist scheinbar eine Erinnerungstäuschung oder falsche Zeitschätzung vorhanden, da die Kranke thatsächlich erst seit 15. IV. in der Klinik war. Immerhin muss im Hinblick auf die seltsamen Antworten ad 1 und 4 im Auge behalten werden, dass es sich vielleicht ebenfalls um eine willkürliche Aenderung handelt.

Ebenso vorsichtig muss der scheinbare Mangel an räumlicher Orientirung aufgefasst werden, der in der Antwort ad 10 liegt: In welcher Stadt sind Sie? „In Laubach.“ Hier ist nämlich besonders auffallend, dass sie gerade Laubach nennt, ohne dass irgendwelche Momente ersichtlich sind, welche sie zu dieser Auffassung ihrer Umgebung bringen könnten. Sie war vor Eintritt in die Klinik in W. und ist möglicherweise früher einmal in Laubach gewesen. Bei eigentlich Verwirrten pflegt die Verwechslung des Aufenthaltsortes mit allgemeiner Unorientirtheit verbunden zu sein, was hier nicht der Fall ist. Hier taucht das Wort Laubach (Name einer oberhessischen Stadt) ganz ohne erkennbaren Zusammenhang im Gegensatz zu der Orientirtheit in Bezug auf andere Fragen auf.

Die Antwort ad 12: Wer hat Sie hierher gebracht? „Mein Bruder“ ist falsch, da eine Schwester sie begleitet hat. Auffallend ist die bestimmte Art der verkehrten Antwort, welche von dem Verhalten Verwirrter ganz abweicht. Nimmt man die Antwort ernst, so läge eine grobe Erinnerungstäuschung vor, die ebenso wie die Antwort ad 9 (Wie lange sind Sie hier? „Schon lange, ein Jahr glaube ich") zu der Orientirtheit über zeitliche Verhältnisse (cfr. Antworten 5, 8), die gutes Gedächtniss voraussetzt, im Gegensatz stehen würde.

Auf die Frage 13: Wer sind die Leute Ihrer Umgebung? sagt K.: „Die Grossmutter ist krank." Diese Worte werden zweifellos als Reaction auf die Frage geäussert, zeigen jedoch mit dieser gar keine innere Beziehung, wenn man nicht in dem Begriff „krank" das Bindeglied erkennen will. Jedenfalls ist die Antwort als Ganzes völlig unangebracht und macht den Eindruck eines plötzlichen Gedankensprunges, bei dem die Verbindung durch den Begriff „krank", der ein Theil der richtigen Antwort wäre, nur hypothetisch angenommen werden kann.

Auf die 16. Frage: Wo waren Sie vorige Weihnachten? erfolgt die Antwort: „In Wieseck", welche im Gegensatz zu der scheinbaren Unorientirtheit in Bezug auf den jetzigen Aufenthaltsort wieder ganz richtig ist und gutes Gedächtniss voraussetzt.

Nun folgt auf die Fragen Nr. 17—22 die stereotype Antwort „nein" mit vielem Lachen.

Diese Aufnahme zeigt demnach eine überraschende Verbindung von Orientirtheit (Antwort ad 1, 2, 5, 8, 11, 15 und 16) mit scheinbarer Unorientirtheit (Antwort ad 3, 4, 9, 10, 12, 13) und Erinnerungstäuschungen, wobei es sich in Wahrheit offenbar um willkürliche Zuthaten, Verdrehungen und Abschweifungen handelt. Die falschen Antworten sind nicht Ausdruck von Unorientirtheit, sondern erscheinen als Paralogie.

Nun wurden noch einige Fragen hinzugefügt, die sich besonders auf die bei Nr. 1, 9, 12 beobachteten Erscheinungen bezogen. Es erhob sich nämlich im Hinblick hierauf die Frage, ob sie auch bei der Bezeichnung anderer Personen so manierirte Benennungen wählen würde wie in Bezug auf sich, ferner ob sie auch andere frühere Ereignisse mit scheinbarer Erinnerungstäuschung verdrehen würde. Die Antworten ergaben ein ganz übereinstimmendes Resultat. Auf die Frage: Wer bin ich denn? sagt sie: „Sie sind der Grossherzog." Sie zeigt also scheinbare Personenverkennung, während es bei genauerer Beobachtung sehr unwahrscheinlich wird, dass sie von solchen Wahnideen beherrscht ist, da sie den Arzt sonst richtig bezeichnet. Die Antwort: „Sie sind der Grossherzog" erinnert vielmehr an die Antwort auf Frage 1: Wie heissen Sie? „Anna Maria Elisabetha Emmelina Theresa Gretchen K.", das heisst: es handelt sich anscheinend um eine blosse Spielerei mit einer hochtönenden Bezeichnung, nicht um eine „Wahnidee".

In den drei weiteren Antworten findet sich wieder ein seltsames Gemisch von richtigen Erinnerungen mit Angaben, welche scheinbare Gedächtnisslücken darstellen. In der Antwort ad 24 ist die Angabe: „Meine Mutter" richtig, die zeitliche Angabe: „Vorgestern" falsch. Während sie sich an die Mutter erinnert, deutet das „nein" in der

Antwort ad 25 scheinbar an, dass sie eine Erinnerungslücke hat, während sie bei den Besuchen ziemlich besonnen gewesen war. Die Antwort ad 26 erweckt zuerst den Anschein, als ob sie eine Wahnidee über Anwesenheit des Bruders hätte. Man denkt dabei zunächst daran, dass sie unter der Herrschaft von Sinnestäuschungen stehen könne. Auch das ist aber bei der sonstigen Erscheinung der Krankheit unwahrscheinlich. Diese Antwort erinnert vielmehr an die ganz aus der Luft gegriffenen Antworten ad 10 und 12, erscheint demnach mehr als ein momentaner Einfall ohne hallucinatorische Grundlage.

Der ganze Untersuchungsbogen kann als eine Musterkarte katatonischer Sprachreactionen bezeichnet werden, durch welche alle möglichen psychopathischen Symptome (Unorientirtheit, Erinnerungslücken. Wahnideen, Sinnestäuschungen) vorgetäuscht werden.

Sehr interessant in dieser Beziehung ist der am 10. VII., also circa $3^1/_2$ Wochen später aufgenommene zweite Orientirungsbogen.

Name: K. Nr. 2.
Datum: 10. VII. 97, Samstag.
Tageszeit: 4 Uhr nachmittags.

1. Wie heissen Sie? — Ach ich weiss nicht, ganz viele Namen, Magdalena, Anna, Emilie und Therese K.
2. Was sind Sie? (Ausgelassen.)
3. Wie alt sind Sie? — 18 Jahre.
4. Wo sind Sie zu Hause? — Ich weiss nicht.
5. Welches Jahr haben wir jetzt? — 1897.
6. Welchen Monat haben wir jetzt? — Juni, den 4. oder 3.
7. Welches Datum im Monat haben wir? (Ausgelassen.)
8. Welchen Wochentag haben wir heute? — Das weiss ich nicht, Samstag.
9. Wie lange sind Sie hier? — Ich weiss nicht, ganz lang.
10. In welcher Stadt sind Sie? — In Giessen, oder ich weiss selbst nicht, wo ich jetzt bin.
11. In was für einem Hause sind Sie? (Ausgelassen.)
12. Wer hat Sie hierher gebracht? — Ludwig, mein Bruder.
13. Wer sind die Leute Ihrer Umgebung? — (Nennt richtig die Namen der einzelnen Kranken, glaubt jedoch nicht, dass sie krank seien.)
14. bis 22. (Ausgelassen.)

Zusatz:

23. Wer bin ich? — Herr Doctor (verkennt die Pflegerin, nennt sie Fräulein Weiss von Allendorf).

Resultat: In der Antwort ad 1 behauptet sie zuerst: „ich weiss nicht“, was bei dem sonstigen Zustand der Kranken ganz unglaubhaft ist. Dann kommen wieder wie im I. Orientirungsbogen eine Menge Namen: „Magdalena, Anna, Emilie und Therese K.“, nur nicht der richtige, nämlich „Grethchen“.

Antwort 3 ist falsch, genau wie im Bogen I, Antwort 5 richtig. In der Antwort ad 4 heisst es wie in der Antwort ad 1: „Ich weiss nicht“, während im Bogen I die sonderbare Antwort: „In der Klinik“ erfolgte.

Die Antworten 6 und 9 machen den Eindruck mangelhafter zeitlicher Orientirung, während der Name des Wochentages richtig angegeben ist. In der Antwort ad 10 sagt sie richtig: „In Giessen“, schwächt aber dann diese richtige Antwort ab: „Ich weiss selbst nicht, wo ich jetzt bin.“

In der Antwort ad 12: Wer hat Sie hierher gebracht? „Ludwig, mein Bruder“ macht sie den gleichen Fehler wie in dem ersten Bogen.

Auf die Frage: „Wer bin ich?“ erfolgt jetzt die richtige Antwort: „Herr Doctor“, im Bogen I hiess es: „Sie sind der Grossherzog.“ Dementsprechend bezeichnet sie jetzt eine Pflegerin als Fräulein Weiss aus Allendorf.

Der II. Bogen weicht also in den einzelnen Antworten erheblich von dem I. ab, aber die wesentlichen Symptome sind dieselben: scheinbarer Mangel zeitlicher Orientirung, scheinbare Erinnerungstäuschungen, scheinbare Wahnideen, dabei wieder überraschende Orientirtheit über andere Punkte, die eine Verwirrte nicht wissen würde.

Die genaue Untersuchung dieses Falles, bei dem aus einer grossen Menge typischer Symptome die Diagnose eines katatonischen Schwachsinns sichergestellt werden konnte, macht es demnach sehr wahrscheinlich, dass in den eigenthümlichen sprachlichen Reactionen nicht Verwirrtheit, sondern Paralogie im obigen Sinne vorliegt.

Dieser Punkt scheint mir für sehr viele psychiatrische Krankengeschichten, in denen mit den Begriffen „Verwirrtheit“, „Personenverkennung“, „Wahnideen“ und „Sinnestäuschungen“ operirt wird, von grosser Wichtigkeit zu sein. Nur durch eine vergleichende Abwägung der einzelnen Antworten und kritische Zusammenstellung der Resultate kann im einzelnen Fall der Nachweis einer wirklichen Verwirrtheit im Gegensatz zur katatonischen Paralogie erbracht werden.

Bei den bisher entwickelten Krankheitsfällen hat es sich wesentlich um verschiedene Formen der Verwirrtheit und um die schwierige Differentialdiagnose mit maniakalischen oder katatonischen Zuständen gehandelt.

Wir gehen nun weiter dazu über, die Verknüpfung von Verwirrtheit mit Anomalieen der Stimmung, Wahnideen und Sinnestäuschungen, auf welche die Construction des Frageschemas hinzielte, an einer Reihe von Beispielen zu erläutern oder vielmehr die Brauchbarkeit der Methode zur Erkenntniss der Verknüpfung dieser Symptome in bestimmten Krankheitsbildern zu erweisen.

Zunächst gebe ich eine Anzahl von Fällen, bei denen Stimmungsanomalieen in verschiedenen Combinationen mit anderen Symptomen auftreten:

Beispiel: Frau Margaretha E., geb. H., aus W., Landmannsfrau; geb. 24. XI. 1858. Aufgenommen in die Klinik am 21. IV. 1897.

Die Untersuchung mit dem Frageschema ergibt Folgendes:

Name: E. Nr. 1.
Datum: 22. IV. 97, Donnerstag.
Tageszeit: 11 Uhr vormittags.

1. Wie heissen Sie? — Marg. E., geb. H. (Richtig.)
2. Was sind Sie? — Landwirthin.
3. Wie alt sind Sie? — 38 Jahre, 24. XI. 1858.
4. Wo sind Sie zu Hause? — Wohnbach.
5. Welches Jahr haben wir jetzt? — 1897.
6. Welchen Monat haben wir jetzt? — April.
7. Welches Datum im Monat haben wir? — 22.
8. Welchen Wochentag haben wir heute? — Donnerstag.
9. Wie lange sind Sie hier? — Den zweiten Tag.
10. In welcher Stadt sind Sie? — Giessen.
11. In was für einem Hause sind Sie? — Krankenhaus.
12. Wer hat Sie hierher gebracht? — Mein Mann und Vater.
13. Wer sind die Leute Ihrer Umgebung? — Das sind auch Irre.
14. Wo waren Sie vor acht Tagen? (Ausgelassen.)
15. Wo waren Sie vor einem Monat? — Zu Hause.
16. Wo waren Sie vorige Weihnachten? — Zu Hause.
17. Sind Sie traurig? — Ich kann nicht mehr freundlich sein.
18. Sind Sie krank? — Ich bin nit krank.
19. Werden Sie verfolgt? (Ausgelassen.)
20. Werden Sie verspottet? — Wer wird denn nicht spotten, wenn eine Frau so was macht, da spottet jeder Mann.
21. Hören Sie schimpfende Stimmen? (Ausgelassen.)
22. Sehen Sie schreckhafte Gestalten? (Ausgelassen.)

Dieser Bogen gibt folgendes Resultat:

I. Völlige Orientirtheit. Sämmtliche Fragen ad 1—16 sind richtig beantwortet.

II. Züge von Gemüthsverstimmung. (Ad 17: Sind Sie krank? „Ich kann nicht mehr freundlich sein.“ — Ad 20: Werden Sie verspottet? „Wer wird denn nicht spotten, wenn eine Frau so was macht, da spottet jeder Mann.“)

III. Bewusstsein psychischer Krankheit bei Abwesenheit hypochondrischer Ideen in der körperlichen Sphäre. (Ad 13: Wer sind die Leute Ihrer Umgebung? „Das sind auch Irre.“— Ad 18: Sind Sie krank? „Ich bin nit krank.“)

Dieser Symptomencomplex entspricht dem, was man Melancholia simplex zu nennen pflegt.

Die Krankengeschichte ist folgende:

Frau E., geb. 1858, aufgenommen am 21. IV. 1897. Erblich belastet. Grossmutter, gestorben im 54. Jahr, hatte in den letzten Jahren ihres Lebens ein „Gehirnleiden, war geistesgestört, verwirrt und verstimmt“. Die Mutter hatte „Rückenmarksentzündung“. Ausserdem Belastung in Bezug auf Tuberculose. Patientin hat mit 19 Jahren geheiratet, lebte in glücklicher Ehe. In 20jähriger Ehe 5 Geburten. Psychisch erkrankt war sie früher nie. Das letzte Kind kam nach 12jähriger Pause. Angeblich hat dieser Umstand die Frau trübe gestimmt (?). Die ersten Zeichen der Gemüthsdepression traten etwa vier Wochen nach der letzten Niederkunft auf, welche am 10. VII. 1896, also in ihrem 38. Lebensjahr, erfolgte. Die Kranke benahm sich im

Allgemeinen ruhig, brütete still vor sich hin, verliess zuweilen ihr Haus in der Absicht, nicht wiederzukehren. Ihre sämmtlichen Angehörigen hielt sie für Irre (?) und versicherte, sie wolle gern ihr Leid tragen, wenn nur der liebe Gott ihre Angehörigen wieder gesund werden liesse. Zeitweise klagte sie über Kopfschmerzen, ass wenig und behauptete, keinen Magen zu haben; ein anderesmal verweigerte sie die Nahrung in der Annahme, sie habe nichts mehr zu essen, sie sei ganz und gar verarmt. Aus demselben Grunde klagte sie, dass sie kein Kleid mehr anzuziehen hätte, wiederholt behauptete sie, dass sie nichts mehr kochen könne, weil sie nichts zu kochen habe. Auch klagte sie, das schöne Wetter sei da, sie könne es aber nicht geniessen. Noch bis zuletzt beschäftigte sie sich mit Haushaltungsarbeiten, that aber alles mit Unlust und war wenig ausdauernd. Des Nachts wachte sie viel, war aber ruhig. Sie äusserte öfters Lebensüberdruss, Selbstmordversuche beging sie nicht. In allerletzter Zeit drohte sie wiederholt ins Wasser zu gehen, namentlich dann, wenn von ihren Angehörigen die Verbringung in eine Anstalt erwogen wurde.

In dieser Anamnese werden offenbar die verschiedenen Phasen der Krankheit nicht scharf auseinandergehalten.

Es handelt sich um einen Anfall von Melancholie, welcher im Anschluss an die Entbindung im Jahre 1896 aufgetreten ist.

Aus den klinischen Notizen hebe ich Folgendes hervor:

22. IV. Liegt ruhig im Bett, spricht spontan gar nicht. Macht einen schlaffen, müden Eindruck. Ihre Stimmung ist eine leicht deprimirte. Auf Fragen antwortet sie gezwungen, nachlässig. Weint. Sagt: „Ich bin nicht krank, ich habe mich selbst krank gemacht, ich sein (im Dialect = bin) irr im Gedächtniss.“ „Ich habe mich geschämt, dass ich in andere Umstände kam, ich habe erwachsene Kinder, ich hätte es nicht thun sollen. Ich habe damit meinen Kindern und meinem Mann ein grosses Leid gethan.“ „Wenn ich mich betragen hätte wie bei meinen andern Kindern, so wäre das nicht vorgekommen.“ „Ich habe eine schwere Sünde begangen, da ich das Kind nicht aufrecht getragen habe, ich habe es verborgen gehalten, ich habe mich zu fest geschnürt, ich wollte das Kind nicht haben, das war eine Sünde, dadurch bin ich durcheinander gekommen im Kopf. Es kann mir jetzt kein Doctor mehr helfen. Mein Körper ist ganz caput, ich habe keine Luft mehr. Schicken Sie mich wieder nach Haus, hier wird es doch nicht gut, was soll ich im Bett sitzen, zu Hause kommt alles um, die Kinder und alles sein (= sind) verirrt.“ „Wenn man so caput ist, weiss man nicht, was man thut.“ Sie glaubt, nicht wieder arbeiten zu können, bittet den lieben Gott, er möge sie recht bald zu sich nehmen. Ihr Mann sei auch irre. Sie klagt: „Wenn die nur geblieben wären, aber auch die können nichts mehr arbeiten.“ „Die Kraft ist ihnen allen genommen von unserem Herrgott oben. Ich bin genug bestraft, ich bin verarmt, ich habe kein Geld mehr, wo keine Arbeit ist, ist kein Einkommen.“ Dabei ist sie völlig orientirt und rechnet leidlich.

Körperliche Störungen, speciell tabische Symptome, fehlen bis auf leichten Tremor der Finger und geringe Abweichung der Zunge nach links völlig.

Frau E. wurde am 11. VI. 1897 wegen Pleuritis in die medicinische Klinik verlegt.

Bei obigem Befund, der während des Aufenthaltes in der Klinik sich nicht wesentlich geändert hat, kann an der Diagnose einer einfachen Melancholie kein Zweifel sein.

Entsprechend der gestellten Prognose ist Frau E. nach Heilung der Pleuritis auch psychisch genesen, was die diagnostische Auffassung noch mehr bestätigt.

Jedenfalls lassen sich schon in dem mitgetheilten Untersuchungsbogen die wesentlichen Züge des Krankheitsbildes deutlich erkennen und bei der leichten Vergleichbarkeit der Bögen zu anderen Fällen ohne Schwierigkeit in differentialdiagnostische Beziehung bringen.

Ein ähnlicher Fall ist folgender:

Maria L. aus N., Sattlerswittwe, geboren 25. December 1864. Aufgenommen: I. 27. VIII. 1897, entlassen 17. X. 1897; II. 5. V. 1898, entlassen 12. VI. 1898.

Name: Maria L. Nr. 1
Datum: 27. VIII. 1897, Freitag.
Tageszeit: 4 Uhr nachmittags.

1. Wie heissen Sie? — (Zögernd:) Maria L. (richtig).
2. Was sind Sie? — Ich sein Mutter von vier Kinderchen und ich bring es nicht fertig, ich bring es nicht fertig, was ist all zu machen auf dieser Welt.
3. Wie alt sind Sie? — Die Weihnachten werde ich dreiunddreissig. Was soll's mit mir noch geben auf dieser Welt.
4. Wo sind Sie zu Hause? — Nieder-Bessingen.
5. Welches Jahr haben wir jetzt? — 1897.
6. Welchen Monat haben wir jetzt? — (Zögernd:) August.
7. Welches Datum im Monat haben wir? — Das weiss ich nicht.
8. Welchen Wochentag haben wir heute? — Freitag.
9. Wie lange sind Sie hier? — Seit heute.
10. In welcher Stadt sind Sie? — (Wirft sich ins Kopfkissen zurück.) Ich bring es nicht mehr fertig. Giessen.
11. In welchem Hause sind Sie? — Was für ein Haus? Ein Krankenhaus, ach wär ich doch nicht auf der Welt.
12. Wer hat Sie hierher gebracht? — (Ganz leise:) Mein Vater, mein Vater.
13. Wer sind die Leute Ihrer Umgebung? — Die sind alle nicht so recht, auch ich sein nichts nutz, ich sein nichts nutz, ich bring es nicht fertig auf dere Welt.
14. Wo waren Sie vor acht Tagen?
15. Wo waren Sie vor einem Monat?
16. Wo waren Sie vorige Weihnachten?

} Zu Hause. (Bittet, man möge nicht so viel fragen, schliesst die Augen.)

17. Sind Sie traurig? — (Mit matter Stimme:) Ja.
18. Sind Sie krank? — Ja, gemüthskrank.
19. Werden Sie verfolgt? — Ach ja, die zeigen alle mit dem Finger auf mich, ach ja, ich sei schwarz, ich sei schwarz; ach, ach, ach, ich bin ganz durcheinander, ganz durcheinander, ich kann's nicht, ich kann's nicht, ich kann's nicht, gelle, was soll's noch einmal geben, was soll's noch einmal geben.
20. Werden Sie verspottet? — Ach, ich glaube es, ich glaube es.
21. Hören Sie schimpfende Stimmen? — Manchmal saust es in den Ohren, jetzt sterbe ich, jetzt sterbe ich.
22. Sehen Sie schreckhafte Gestalten? — Nein.

Zusatz:

23. Haben Sie Angst? — Ja, mein Herz klopft mir so stark, ich glaube, jetzt sterbe ich.

Resultat: 1. Die Kranke ist vollständig orientirt (cfr. Antworten ad 1 bis 16).

2. Es ist deutlich in den Antworten ängstlicher Affect vorhanden. Cfr. Antwort ad 3: „Was soll es mit mir noch geben auf dieser Welt?“; ad 13: „Auch ich sein nichts mehr nutz“; ad 17: Sind Sie traurig? „Ja“; ad 18: Sind Sie krank? „Ja, gemüthskrank.“ Hierher gehören auch die mehrfachen Ausdrücke der Hilflosigkeit, zum Beispiel in der Antwort ad 2: „Ich bring es nicht mehr fertig“; ad 10: „Ich bring es nicht mehr fertig.“

3. Wiederholung der gleichen Reden, das heisst Andeutungen von Stereotypie. Cfr. Antwort ad 1: „Ich bring es nicht fertig“ zweimal, ferner wiederkehrend in den Antworten ad 10 und 13; sodann in der Antwort ad 19: „Ich kann nicht“ dreimal, „was soll's noch einmal geben“ zweimal.

4. Der grosse Wortreichthum in vielen Antworten, und zwar durchwegs im Sinne des herrschenden ängstlichen Affectes, zum Beispiel in der Antwort ad 19: Werden Sie verfolgt? eine Reihe von 46 Worten!

5. Eine Anzahl melancholischer Wahnideen, cfr. Antwort ad 19: „Die zeigen alle mit Fingern auf mich“; ad 21: „Jetzt sterbe ich“, „ich sei schwarz.“

Die Analyse ergibt das Bild einer Melancholie mit Wahnideen bei völliger Orientirtheit. Auffallend sind nur die Erscheinungen von Stereotypie und Wortreichthum.

Dementsprechend zeigt die Krankengeschichte Folgendes:

Maria L. aus N., geboren 25. XII. 1864, ist hereditär stark belastet. Grossmutter mütterlicherseits in den letzten Lebensjahren senil dement, gestorben im 75. Lebensjahr. Der älteste Bruder der Mutter, 80 Jahre alt, leidet an Altersschwachsinn, ist kindisch. Eine ältere Schwester der Mutter, deren Mann sich entleibte, war geisteskrank, hielt sich für verloren, hatte es mit dem Teufel zu thun, machte den Versuch in das Wasser zu gehen. Ein Sohn ihrer Schwester machte im 18. Lebensjahre eine transitorische Psychose (Manie?) durch. Sämmtliche sieben Geschwister der Mutter etwas absonderlich, von hitzigem Temperament, bei fast allen ist zeitweilig Lebensüberdruss vorhanden.

Als Kind zeigte sie sich begabt, fasste rasch auf. Heirat im 23. Lebensjahr. Am 7. IX. 1896 starb ihr Mann an einem Herzschlag. Anfangs Februar fanden die Verwandten sie wesentlich verändert. Sie zeigte keine Lust zur Arbeit, wurde nachlässiger, war scheu und einsilbig. Allmählich verschlimmerte sich der Zustand, seit Anfang Juni befindet sie sich in gleichmässig depressiver Stimmung. Sie lief rathlos umher, rang die Arme und jammerte in monotoner Weise: „Ich bring's nicht fertig, ich bring nichts fertig, ich will sterben, ich habe keinen Heiland, ich kann meine Kinder nicht verpflegen, ich bin eine Sünderin, komme in die Hölle.“

Zeichen organischer Nervenkrankheit fehlen.

Die Krankengeschichte bietet in keiner Weise Züge, die sich nicht aus dem oben analysirten Untersuchungsbogen ableiten liessen.

Ueber den weiteren Ablauf greife ich folgende Notizen heraus:

20. IX. In den letzten Tagen im Allgemeinen beruhigter. Klagt nicht mehr so viel, schläft nachts besser, jedoch immer noch rathlos. Oefters

ängstliche Träume. Auch sind noch melancholische Wahnideen vorhanden. Glaubt, ihr Vater sei gestorben. Meint, wenn sie heim käme, würde sie vom Hofe gejagt werden, weil sie nichts nutz sei.

25. IX. Schläft nachts anhaltend besser. Zeitweilig heiter und zuversichtlicher.

28. IX. Beginnt sich zu beschäftigen.

2. X. Nachtschlaf gut. Isst mit Appetit; äussert öfter Heimweh. Sorgt sich fortwährend um ihre Kinder (normalpsychologische Umbildung der melancholischen Vorstellungen).

15. X. In den letzten Tagen sehr arbeitsam, viel zuversichtlicher, im Allgemeinen ruhiger, nicht mehr so muthlos, immerhin bei genauerer Prüfung noch sehr zerfahren, rathlos und unentschlossen.

17. X. Sehr gebessert entlassen.

Zu Hause in sehr schwankender Gemüthslage. War sehr willenlos und entschlussunfähig. Im Februar 1898 weitere Verschlimmerung, ass noch weniger, schlief schlecht. Hatte keine Ruhe im Hause, lief beständig fort, irrte planlos umher. Am 5. V. 1898 Wiederaufnahme in die Klinik. Im Wesentlichen der gleiche Zustand wie früher.

7. V. Beginnt schon heute besser zu essen. Schläft am Tage viel. Darauf plötzlicher Stimmungsumschlag, ist heiter, erkundigt sich sehr eingehend nach den einzelnen Kranken aus früherer Zeit. Ist gesprächig und zugänglich.

10. V. Weint häufig, beklagt sich, dass sie nichts fertig brächte, dass sie nicht muthig sei.

10. V. Aengstliche Verzagtheit, Niedergeschlagenheit und Missmuth wechseln mit unvermittelter Heiterkeit beständig ab. Im Vordergrunde steht die völlige Zerfahrenheit und Unentschlossenheit der Kranken.

12. VII. Vom Vater gebessert nach Haus geholt.

Später erfolgte zu Hause Exitus letalis durch Suicid.

Es ergibt sich, dass der ganze Krankheitsverlauf ein sehr ungünstiger gewesen ist. Der erste Anstaltsaufenthalt hat nicht zu völliger Heilung geführt. Im Wesentlichen handelt es sich seit dem ersten Ausbruch der Krankheit um einen mit grösseren Schwankungen verlaufenden Process. Auffallend in dieser Beziehung sind am Schluss des zweiten klinischen Aufenthaltes die Beobachtungen über den raschen Wechsel des Befindens, welcher sie an einem Tage fast normal, am anderen schwer melancholisch erscheinen lässt. Leider sind diese Unterschiede nicht durch vergleichende Untersuchung mit der obigen Reihe von Reizen in übersichtlicher Weise herausgestellt worden.

Es wäre sehr wichtig, den symptomatischen Charakter dieser verschleppten Melancholieen, welche jedem erfahrenen Psychiater bekannt sind, genauer zu untersuchen, als es bisher geschehen ist. um womöglich prognostische Kriterien zu gewinnen, die uns bisher fehlen. Im speciellen Fall fragt es sich, ob die beiden Züge, welche wir aus der Analyse des Untersuchungsbogens als Besonderheiten dieses Falles von Melancholie herausgestellt haben, nämlich Stereotypie und auffallender Wortreichthum. eine Bedeutung haben, welche über den Werth eines individuellen Zuges hinausgeht, und im Hinblick auf die Verknüpfung der Symptome prognostisch wichtig sind.

Aehnliche Betrachtungen legt der folgende Fall nahe:

Louise W. aus W., Sattlersfrau, geb. 25. Juli 1853, aufgenommen in die psychiatrische Klinik in Giessen am 22. August 1897.

Name: Louise W. aus W. Nr. 1.
Datum: 26. VIII. 1897.
Tageszeit: 3 Uhr nachmittags.

1. Wie heissen Sie? — (Leise:) Louise.
2. Was sind Sie? — (Sehr leise:) Frau, Sattlersfrau!
3. Wie alt sind Sie? — 45 Jahre alt. 20. Juli.
4. Wo sind Sie zu Hause? — In W. (richtig).
5. Welches Jahr haben wir jetzt? — 1896 (!).
6. Welchen Monat haben wir jetzt? — August?
7. Welches Datum im Monat haben wir? — Ich weiss nicht, (laut:) ich weiss wirklich gar nicht, Herr Doctor, was mit mir ist.
8. Welchen Wochentag haben wir heute? (Ausgelassen.)
9. Wie lange sind Sie hier? — Ich weiss gar nicht.
10. In welcher Stadt sind Sie? — Gestern meint ich, es sei Braunfels. Man sagt es sei Giessen. Ist das so?
11. In was für einem Hause sind Sie? (Ausgelassen.)
12. Wer hat Sie hierher gebracht? — Schwager und Schwester haben mich gebracht.
13. Wer sind die Leute Ihrer Umgebung? — Die kenne ich nicht.
14. Wo waren Sie vor acht Tagen? } Herr Doctor, ich . . . .
15. Wo waren Sie vor einem Monat? } (Pat. ist ganz rathlos).
16. Wo waren Sie vorige Weihnachten? — Da war ich zu Hause.
17. Sind Sie traurig? — Ich weiss wirklich nicht, was mit mir ist vorgegangen. Ich weiss gar nicht, wie ich bin, was mit mir ist; wie ich nur in den Zustand gekommen bin.
18. Sind Sie krank? (Ausgelassen.)
19. Werden Sie verfolgt? (Ausgelassen.)
20. Werden Sie verspottet? (Ausgelassen.)
21. Hören Sie schimpfende Stimmen? — Das kann vielleicht sein, dass ich etwas gehört habe vor einigen Tagen.
22. Sehen Sie schreckhafte Gestalten? (Ausgelassen.)

Alle Antworten erfolgen sehr zögernd, abgerissen. Die Kranke macht den Eindruck grosser Rathlosigkeit, kann sich kaum besinnen, spricht meist sehr leise und schwer verständlich.

Hierin treten folgende Momente hervor:

1. Fast völlige Orientirtheit. Jedoch ist die Angabe ad 5: „1896" an Stelle von 1897 auffallend; ferner die Antworten ad 7 und 9: „Ich weiss nicht, ich weiss gar nicht." Die Antwort ad 10: In welcher Stadt sind Sie? „Gestern meint ich, es sei Braunfels. Man sagt es sei Giessen. Ist das so?" ist wohl so aufzufassen, dass man sie über das Ziel der Reise im Unklaren gelassen hatte und sie sich nun anfängt zu orientiren. Auch die Antwort ad 1 („Louise" anstatt „Louise W.") kann nicht als Unorientirtheit bezeichnet werden.

2. Starke Aengstlichkeit und Krankheitsgefühl. (Cfr. Antworten ad 7, 17: „Ich weiss nicht, was mit mir ist vorgegangen.

Ich weiss gar nicht, wie ich bin, was mit mir ist, wie ich nur in den Zustand gekommen bin.")

3. Die Züge von Rathlosigkeit und Hemmung. Leider sind die genaueren Zeiten der sprachlichen Reactionen nicht angegeben. Vielleicht hängt mit dieser Rathlosigkeit das Auftreten richtiger Reactionen in Frageform zusammen (ad 6: „August?"; ad 10: „Man sagt es sei Giessen. Ist das so?"). Auch die leise Art des Sprechens kann als Hemmung gedeutet werden. Zweimal bricht sie mitten im Satz ganz ab, cfr. Antwort ad 14 und 15: „Herr Doctor, ich . . . ."

Es ist in diesen Symptomen der melancholische Grundcharakter deutlich zu erkennen, jedoch hat derselbe hier im Gegensatz zu den ersten Fällen die unter 3 angegebenen Nebenzüge, welche psychophysiologisch wahrscheinlich als Wirkungen des Affectes aufzufassen sind und dadurch einen Gradmesser für die Stärke desselben darstellen.

Die Krankengeschichte ist folgende:

Louise W. aus W., Sattlerswitwe, geb. 25. Juli 1853. Aufgenommen in die psychiatrische Klinik am 22. August 1897.

Hereditäre Belastung nicht zu ermitteln. Verheiratete sich Mitte der Zwanzigerjahre, lebte in leidlichen Vermögensverhältnissen. Sie hat 5mal geboren. 4 Kinder leben. Sie hat im Leben mancherlei Sorgen gehabt. Der Ehemann starb vor 4 Jahren an Lungenschwindsucht, so dass die Sorge für die Kinder ihr allein zufiel. Von den Kindern ist eines sehr kränklich. Seit Anfang August 1897 Zeichen von Geistesstörung. Sie wurde still und nachdenklich; ging immer mit trüber und gleichgiltiger Miene umher; kümmerte sich um nichts mehr, vernachlässigte die Kinder. Bot das Bild einer melancholischen Verstimmung mit gelegentlich hervorbrechendem Angstaffect. Sie klagte oft leise vor sich hin: „Ach Gott, wo bin ich nur hingekommen. Wie soll es mir noch ergehen! Alles geht drunter und drüber." Sie bat die Schwester, sie möge ihr verzeihen, brachte leise Selbstanklagen vor, suchte sich an ihre Schwester anzuklammern, fürchtete sich sehr. Körperlich ging sie sehr zurück, verweigerte bisweilen die Nahrungsaufnahme. Schien auf Suicid zu sinnen, zeigte ein beständiges Bestreben, sich hinauszubegeben, planlos umherzuwandern, so dass die Schwester sie auch nachts bewachen musste.

Drei Tage vor der Aufnahme zeigte sich, was bisher nie beobachtet war, ein eigenthümlicher Krampfanfall (Ohnmacht). Patientin war angeblich bewusstlos, zuckte mit den Armen, knirschte mit den Zähnen, erholte sich dann wieder, konnte aber eine Zeit lang nicht reden, machte nur mechanische Mundbewegungen.

Es ist im Uebrigen in der Anamnese kein einziges Zeichen von Epilepsie zu finden. Zur Erklärung des Anfalles kommt neben Epilepsie noch Hysterie in Betracht. Auch könnte es sich um einen schweren Angstanfall mit auffallenden Ausdrucksbewegungen gehandelt haben, welche der Schwester als Krampf imponirt haben.

Aus der Krankengeschichte greife ich folgende Notizen heraus:

22. VIII. Patientin sitzt am Abend nach der Aufnahme wortlos im Bett, starrt theilnahmlos auf ihre Umgebung, reagirt auf Anreden gar nicht,

führt auch Befehle, die Hand zu reichen, die Zunge zu zeigen u. s. f. nicht aus. Als Versuche gemacht werden, ihr Nahrung zu geben, weigert sie sich, stöhnt, wehrt mit den Händen ab, indem sie ihr Gesicht ängstlich verzieht. Sie macht manchmal den Eindruck einer gespannt Lauschenden, steckt den Kopf etwas vor, als ob sie genauer horchen wollte. So verharrt sie bis gegen $2^1/_2$ Uhr morgens, legt sich dann langsam nieder und schläft einige Stunden.

23. VIII. Kann zu gar keiner Aeusserung veranlasst werden. Einige Manipulationen, Waschen, Haarordnen etc. lässt sie mit sich vornehmen, sitzt dann aufrecht im Bette und schaut stundenlang theilnahmslos in den Saal. Dem sie untersuchenden Kreisarzt gibt sie gar keine Antwort, starrt ihn schweigend mit steinernem Gesichtsausdruck an. Nur zwei- oder dreimal macht sie einen Versuch, ihm zu antworten, öffnet halb die Lippen, spricht indessen nichts. Einmal nimmt sie einen Anlauf, der Aufforderung zur Antwort nachzukommen, indem sie die Lippen öffnet und die Zunge etwas vordrängt. Das sind die einzigen ersichtlichen Willensbethätigungen im Verlauf einer Viertelstunde.

Vergleichen wir diese Beschreibung mit dem Resultat der Analyse des Untersuchungsbogens, so zeigt sich, dass durch diese die Differentia specifica des melancholischen Zustandes schon ins Klare gestellt worden ist. Die Krankengeschichte ist zwar imstande, den Zustand von Hemmung und Spannung noch im Einzelnen auszuführen und das Bild bunter zu gestalten, bringt jedoch für die diagnostische Auffassung nichts wesentlich Neues. Andererseits ist der Fragebogen durch die leichte Vergleichbarkeit mit den Aufnahmen in anderen Fällen sehr geeignet, das wesentliche Moment herauszuheben.

In der That haben alle übrigen Beobachtungen in der Klinik nicht vermocht, den mitgetheilten Bestand von Symptomen zu ergänzen.

Körperliche Erscheinungen, welche die Diagnose einer einfachen Melancholie mit Hemmungserscheinungen hätten widerlegen können, fehlten wie in den vorhergehenden beiden Fällen.

Im Lauf von einigen Monaten stellte sich allmähliche Besserung ein, welche aus folgenden Notizen ersichtlich ist.

18. XI. Ist noch sehr still. Aengstliche Affecte, Momente weinerlicher Erregung haben sich nicht mehr eingestellt. Patientin schläft ruhig. Wenn der Arzt zu ihr tritt, drückt sie ihm mit freundlichem Gesichtsausdruck die Hand. Sagt, sie fühle sich ganz wohl, werde nun bald heimgehen können, vielleicht erst probeweise, es werde schon gehen, sie sehne sich nach Hause.

20. XI. Patientin wird probeweise entlassen. Das Gewicht ist mit ganz geringen Schwankungen seit der Aufnahme von 45·5 auf 53·5 Kilo, also um 16 Pfund gestiegen. Sie ist heiterer Stimmung; allerdings noch sehr wortkarg, man muss jedes Wort geradezu aus ihr herauspressen. Sie lächelt, hat aber gelegentlich noch Thränen in den Augen. In Anbetracht der stetig ansteigenden Gewichtscurve dürfte indessen immerhin der Schluss berechtigt sein, dass sie sich in voller Reconvalescenz befindet, die in den gewohnten Verhältnissen wahrscheinlich ein beschleunigtes Tempo annehmen wird.

Kurz vor der Entlassung wird folgender Untersuchungsbogen aufgenommen:

Name: Louise W. Nr. 2.
Datum: 20. XI. 1897.
Tageszeit: 11 Uhr vormittags. (Im Augenblick der Entlassung.)

1. Wie heissen Sie? — Fritz W.'s Wittwe, Louise, geb. Sch.
2. Was sind Sie? — Mein Mann war Sattler.
3. Wie alt sind Sie? — 20. Juli 1857. (! ?)
4. Wo sind Sie zu Hause? — W. (richtig).
5. Welches Jahr haben wir jetzt? — 1897 (etwas unsicher).
6. Welchen Monat haben wir jetzt? — November.
7. Welches Datum im Monat haben wir? — 19. (20.)
8. Welchen Wochentag haben wir heute? — Samstag.
9. Wie lange sind Sie hier? — Jetzt im vierten Monat.
10. In welcher Stadt sind Sie? — In Giessen.
11. In was für einem Hause sind Sie? (Ausgelassen.)
12. Wer hat Sie hierher gebracht? — Mein Schwager und meine Schwester von Wiesbaden.
13. Wer sind die Leute Ihrer Umgebung? — Bücking, Dienchen, Frau Schädel (richtige Namen).
14. Wo waren Sie vor acht Tagen? — Hier.
15. Wo waren Sie vor einem Monat? — Hier.
16. Wo waren Sie vorige Weihnachten? — Zu Hause.
17. Sind Sie traurig? — Nein!
18. Sind Sie krank? — Ach nein!
19. Werden Sie verfolgt?
20. Werden Sie verspottet?
21. Hören Sie schimpfende Stimmen?
22. Sehen Sie schreckhafte Gestalten?

(19.–22.: Wird negirt.)[1]

Resultat: Die Frau zeigt sich im Augenblick der Entlassung völlig orientirt. Der Fehler ad 7, als Datum des Monats „19" für „20", ist ohne pathologische Bedeutung. Zeichen von Gemüthsverstimmung und Hemmung sind nicht mehr vorhanden.

Der Unterschied der Zustände am 26. VIII. und 20. XI. 1897 tritt bei der Zusammenstellung der beiden Fragebögen sehr klar hervor. Allerdings ist das zeitliche Moment zu berücksichtigen, dass der zweite Bogen unter dem erregenden Einfluss der Entlassung aufgenommen worden ist, wodurch die sprachliche Hemmung, beziehungsweise Zurückhaltung, welche in den letzten Bemerkungen der Krankengeschichte noch ersichtlich war, vielleicht momentan überwunden worden ist. Lägen von den der Entlassung vorangehenden Tagen ebenfalls Untersuchungsbögen vor, so liesse sich dieses Moment vielleicht deutlicher herausstellen.

Jedenfalls schien die auch von den Angehörigen gewünschte Entlassung unter diesen Umständen angebracht zu sein.

Leider ist die Frau, nachdem sie einige Wochen mit leidlicher Stimmung und Arbeitsfähigkeit zu Hause gewesen war, in einem Rückfall durch Suicid zugrunde gegangen.

---

[1]) Diese Umsetzung einer sprachlichen Reaction in einen referirenden Satz („wird negirt") ist methodologisch ein Fehler. Es kommt darauf an, die Wirkung der Frage mit der gleichen Objectivität wiederzugeben, wie wir z. B. den Kniesehnenreflex unter Messung des Reizes in messbarer und vergleichbarer Weise graphisch darstellen.

Dieser traurige Ausgang macht es zur Pflicht, in solchen Fällen die feineren Schwankungen des Zustandes und die in der Reconvalescenz noch bemerklichen leichteren Symptome, z. B. im vorliegenden Fall die am Schluss noch gebliebene Wortkargheit, welche das normalpsychologische Analogon der pathologischen Hemmung bildet, genauer zu erforschen und auf ihre prognostische Bedeutung zu prüfen, was sich gerade durch vergleichende Analysen von Untersuchungsbögen in exacter Weise wird ermöglichen lassen.

Ueberhaupt bedarf das psychopathologische Thema der motorischen Hemmung, besonders was die Beziehung dieses Symptoms zu depressivem Affect betrifft, einer genauen Revision. Man ist nämlich, nachdem die *Kahlbaum*'sche Lehre von der Katatonie[1]) sich immer weiter ausgebreitet hat und anfängt, in ein dogmatisches Stadium zu treten, geneigt, alle Hemmungszustände an sich als katatonisch aufzufassen und ihnen im Allgemeinen eine schlechtere Prognose beizumessen als die älteren Psychiater ihnen beigelegt haben. Klarheit in dieses noch unbekannte Gebiet kann nur durch ein sorgfältiges vergleichendes Studium der Symptome und Symptomverbindungen gebracht werden.

Als Beitrag zu diesem Capitel und als Beweis, dass Hemmungszustände, wie sie in dem Fall W. leicht angedeutet waren, auch bei starker Ausprägung keine prognostisch ungünstige Bedeutung im Sinne einer Katatonie zu haben brauchen, gebe ich folgenden Fall:

Johannes M. aus D., Landmann, geb. 29. VI. 1866. Aufgenommen am 4. IX. 1897.

Wir gehen von der Analyse der Untersuchungsbögen aus.

Name: Johannes M. Nr. 1.
Datum: 6. IX. 1897.
Tageszeit: 11 Uhr vormittags.

1. Wie heissen Sie? — Johannes M. (richtig).
2. Was sind Sie? — Ackermann.
3. Wie alt sind Sie? — 30 Jahre.
4. Wo sind Sie zu Hause? — D. (richtig).
5. Welches Jahr haben wir jetzt? — 1897.
6. Welchen Monat haben wir jetzt? — September.
7. Welches Datum im Monat haben wir? — 31. December.
8. Welchen Wochentag haben wir heute? (Ausgelassen.)
9. Wie lange sind Sie hier? — 5 Tage (aufgenommen am 4. IX.).
10. In welcher Stadt sind Sie? — Giessen.
11. In was für einem Hause sind Sie? (Ausgelassen.)

[1]) Die wesentlichen Züge dieses Krankheitsbildes sind schon von *Guislain* hervorgehoben worden. Cfr. *Josef Guislain's* klinische Vorträge über Geisteskrankheiten. Deutsch von *H. Laehr*. Berlin 1854, pag. 48. II. Extase, Phrenoplexie: Aufhebung der intellectuellen Handlungen mit allgemeiner Muskelstarre. Pag. 73: Ueber die Extase als Geistesstörung: „Sie gehört einerseits der Melancholie, andererseits der Manie und gleichzeitig dem acuten Blödsinn an.“ „Ich bezeichne daher hier mit diesem Namen etwas ganz anderes, einen gewissermaassen kataleptischen Zustand.“ „Wenn die Krankheit sich in ihrem ganzen Umfang zeigt, so gibt sie dem Kranken das Ansehen einer Statue.“ *Guislain* bezeichnet die Krankheit als sehr selten. (Cfr. l. c. pag. 73.)

12. Wer hat Sie hierher gebracht? — Mein Onkel (richtig).
13. Wer sind die Leute Ihrer Umgebung? — Nein, ich kenne sie nicht.
14. Wo waren Sie vor acht Tagen? (Ausgelassen.)
15. Wo waren Sie vor einem Monat? (Ausgelassen.)
16. Wo waren Sie vorige Weihnachten? (Ausgelassen.)
17. Sind sie traurig? — Ja. (Frage: Weshalb denn? Der Kranke verharrt in regungsloser Haltung, nur die Lippen hie und da bewegend, ist unfähig zu antworten. Desgleichen bei Frage 18—22.)

Alle obigen Antworten erfolgen nach langer Pause leise, einsilbig, tonlos, mit zitternder Stimme.

Resultat: 1. Die Antworten ad 1, 2, 4, 5, 6, 10, 12 sind richtig. Der Kranke ist also im Wesentlichen orientiert. Auffallend sind die Angaben ad 3: Wie alt sind Sie? „30", in Wirklichkeit „31", ferner ad 7: Welches Datum im Monat haben wir? „31. December", in Wirklichkeit „6. September". Die Angabe ist umso merkwürdiger, als kurz vorher der Monat richtig als September bezeichnet wird. Dagegen kann die Ueberschätzung der Aufenthaltszeit in der Antwort ad 9: „5 Tage" anstelle von 2 Tagen zwischen der Aufnahme in die Klinik am 4. September und der Untersuchung am 6. September — kaum als Zeichen pathologischer Unorientirtheit gelten. Immerhin sind diese leichten Fehler bemerkenswerth.

2. Die Reactionszeit für die einzelnen Antworten ist auffallend lang. — Leider ist sie nicht genauer mit der Secundenuhr gemessen worden.

3. Von Frage 18 an zeigt sich völlige sprachliche Reactionslosigkeit.

Die unter 2. und 3. angegebenen Symptome ergänzen sich zu dem Bilde der Hemmung.

Name: Johannes M. Nr. 2.
Datum: 7. IX. 1897.
Tageszeit: 11 Uhr 20 Min. vormittags.

1. Wie heissen Sie? — M. Johannes (richtig).
2. Was sind Sie? — Ackermann.
3. Wie alt sind Sie? — 31 Jahre.
4. Wo sind Sie zu Hause? — (Nach 3 Minuten noch keine Antwort. Patient verharrt regungslos. Der Lidschlag erfolgt sehr oft.)
5. und so fort bis 22. — Von Frage 5 an ist keine Antwort mehr zu erhalten.

Resultat: 1. Auf die ersten drei Fragen erfolgen völlig richtige Antworten.

2. Von der 4. Frage an zeigt sich völlige sprachliche Hemmung bei regungsloser Haltung.

Name: Johannes M. Nr. 3.
Datum: 10. IX. 1897.
Tageszeit: 10½ Uhr vormittags.

1. Wie heissen Sie? — (Keine Antwort.)
2. Was sind Sie? — (Keine Antwort.)
3. Wie alt sind Sie? — (Keine Antwort.)
4. Wo sind Sie zu Hause? — (Keine Antwort.)

5. Welches Jahr haben wir jetzt? — 1897.
6. und so fort bis 22. — (Sonst keine Antwort. Bleibt in ängstlich erstarrter Haltung ohne sprachliche Reaction.)

Resultat: Von allen Fragen wird nur Nr. 5: Welches Jahr haben wir jetzt? richtig mit „1897“ beantwortet. Im Uebrigen ist absolute sprachliche Hemmung und allgemeine Reactionslosigkeit vorhanden.

Vergleicht man die Aufnahmen vom 6., 7., 10., so zeigt sich, dass der Hemmungszustand immer stärker wird. Die Untersuchungsbögen bieten hierfür einen zahlenmässigen Ausdruck, insofern als von 17 Fragen am 6. September 12, von 22 Fragen am 7. September 3, am 10. September nur 1 Frage beantwortet werden.

Der nächste Bogen zeigt folgendes Resultat:

Name: Johannes M. Nr. 4.
Datum: 11. IX. 1897.
Tageszeit: 11 Uhr 20 Min. vormittags.

1. Wie heissen Sie?
2. Was sind Sie?
3. Wie alt sind Sie?
4. und so fort bis 22.

} Giebt auf keine Frage Antwort, liegt ruhig da, regt sich nicht, blickt manchmal bei den Fragen den Sprecher flüchtig an, ist zu keiner sprachlichen Reaction zu bringen.

Entsprechend der vom 6. September an absteigenden Progression in der Zahl der Antworten (6. September 12, 7. September 3, 10. September 1) ist nunmehr am 11. September die Curve der Antworten auf 0 gesunken.

In den Monaten September bis November hat sich alsdann ein allmähliches Nachlassen der das ganze Krankheitsbild beherrschenden Hemmung und Spannung vollzogen, während die Zeichen der einfachen Gemüthsdepression noch blieben.

In diesen Zustand gibt folgender Untersuchungsbogen einen guten Einblick.

Name: Johannes M. Nr. 5.
Datum: 18. XI. 1897.
Tageszeit: 9 Uhr 10 Min. vormittags.

1. Wie heissen Sie? — M. (richtig).
2. Was sind Sie: — Ackermann auf dem Land.
3. Wie alt sind Sie? — 29.
4. Wo sind Sie zu Hause? — D., Kreis Wetzlar (richtig).
5. Welches Jahr haben wir jetzt? — 1897 (in etwas erstauntem Tone).
6. Welchen Monat haben wir jetzt? — Müssen im November sein.
7. Welches Datum im Monat haben wir? — Kann ich nicht sagen.
8. Welchen Wochentag haben wir heute? — Freitag (es ist Donnerstag).
9. Wie lange sind Sie hier? — Im September bin ich zu Hause weggefahren worden.
10. In welcher Stadt sind Sie? — Stadt Giessen muss es wohl sein.
11. In was für einem Hause sind Sie? (Ausgelassen.)
12. Wer hat Sie hierher gebracht? — Zwei Verwandte und mein Schwager.
13. Wer sind die Leute Ihrer Umgebung? — Ich kenne sie nicht. Der Doctor.
14. Wo waren Sie vor acht Tagen? — Ich bin weiter noch nicht gekommen, wie hier drunten und dann oben.

15. Wo waren Sie vor einem Monat? — Im September bin ich hergekommen.
16. Wo waren Sie vorige Weihnachten? — War ich noch zu Haus.
17. Sind Sie traurig? — Ja.
18. Sind Sie krank? — Ich war früher einmal krank, hab' was am Bein gehabt.
19. Werden Sie verfolgt? — Die zwei haben gesagt, ich werd' fortkommen und nicht wiederkommen.
20. Werden Sie verspottet? — Nein, verspottet nicht.
21. Hören Sie schimpfende Stimmen? — Nein.
22. Sehen Sie schreckhafte Gestalten? — Ja, zu Haus, da war ich ganz durcheinander. Es war immer so ein Geklopf an meiner Thür und die haben mich festgehalten, dass ich nicht kuken sollt.

Das Resultat an diesem Tage ist folgendes:

1. M. ist fast völlig orientirt. Nur kann er das Datum im Monat nicht sagen und verwechselt den Wochentag, was jedoch kaum mehr als pathologisches Symptom erscheint. Auffällig ist jedoch die ungenaue Angabe über das Alter (geb. 1866).
2. Alle Fragen werden beantwortet.
3. Die Wortfülle bei den Antworten ist viel grösser als früher.
4. Es tritt einfache Gemüthsverstimmung zu Tage.
5. Retrospectiv sind Zeichen von Sinnestäuschung ersichtlich. (Cfr. Antwort ad 21: „Geklopf an der Thür.")

Vergleicht man das Resultat mit den früheren Analysen, so wird es sehr wahrscheinlich, dass es sich um das Reconvalescenzstadium einer mit Gemüthsverstimmung und Hemmungserscheinungen einhergehenden Psychose handelt, mit welcher wahrscheinlich Sinnestäuschungen verbunden waren.

Sehr interessant ist es, die Zahl der Antworten bei den einzelnen Untersuchungen zu vergleichen. Nachdem die Antworten am 11. IX. auf 0 gesunken waren, ist ihre Zahl jetzt am 18. XI. gleich derjenigen der Fragen.

Man kann also durch Zusammenstellung der Untersuchungsbögen den Ablauf des Zustandes zahlenmässig in folgender Curve ausdrücken. (Cfr. Fig. 83.)

Vergleichen wir jetzt mit dieser Analyse der Untersuchungsbögen die Krankengeschichte:

J. M. aus D., geboren am 29. VI. 1866, aufgenommen am 4. IX. 1897. M. ist hereditär belastet. Ein Grossonkel mütterlicherseits war schwachsinnig. In der Schule lernte er nicht leicht, hatte besonders mit der Sprache Mühe und stotterte häufig, wenn er in Erregung kam, so dass er sich oft längere Zeit fassen musste. Ab und zu zeigte er sich sehr eigensinnig, besonders wenn er seinen Willen nicht durchsetzen konnte. Er trat nach Entlassung aus der Schule in die väterliche Wirtschaft ein. Er soll immer „eigen" gewesen sein; wollte öfters heiraten, konnte sich aber, wenn es darauf ankam, nie recht entschliessen. Vor circa zwei Jahren schon fiel es dem Schwager auf, dass er, wenn er allein war, gern mit sich selbst sprach, vor sich hinschimpfte, dies aber in Gegenwart anderer Personen stets unterliess. Eclatant wurde die Geistesstörung erst, als Patient anfing, sich im Frühjahr 1897 ohne Grund zu Bett zu legen und nichts zu essen. Er soll damals, als seine Mutter einmal aus der Kirche kam, geglaubt haben, der Pfarrer habe über ihn gesprochen; die Kinder auf der Strasse sagten es ja. Er erholte sich damals rasch wieder und machte völlig den Eindruck eines Gesunden. Im Sommer fing er wieder an, sich grundlos zu Bett zu legen, nichts zu essen und nichts zu sprechen. Im Juni legte er sich nach einer geschäftlichen Fahrt mit einem Wagen zu Hause ins Bett und weinte heftig. Auf Befragen gab er an, seine Begleiter hätten über ihn etwas gesagt. Ende August war er eines Sonnabends ausgegangen kam abends nach Hause, blieb bis Sonntag mittags im Bett liegen, zog sich dann an

Fig. 83.

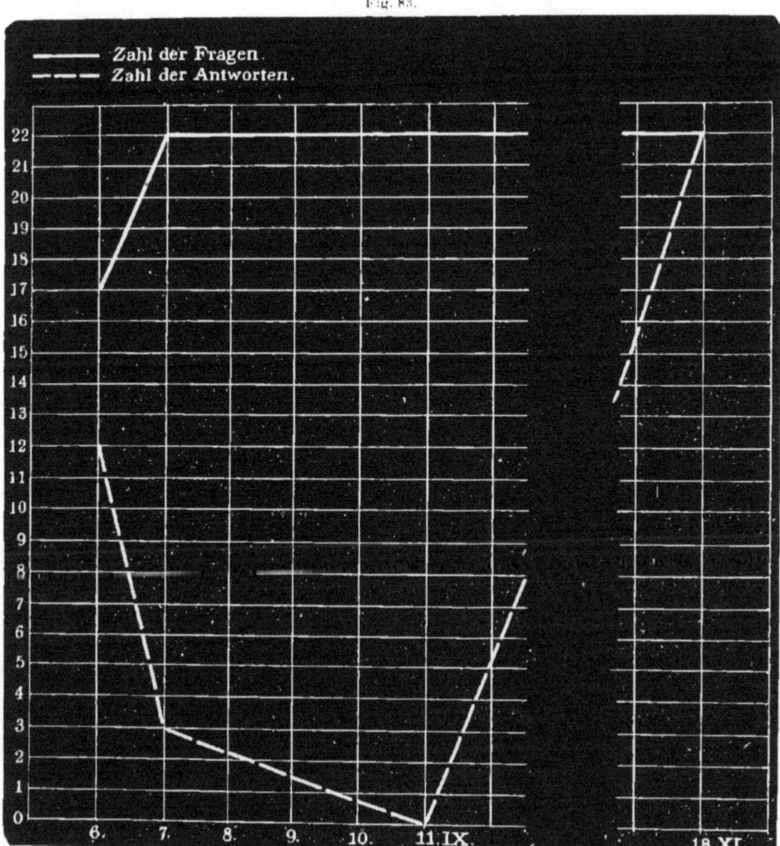

und blieb zu Hause mit einer Cigarre sitzen. Dann legte er sich abends ins Bett und blieb die ganze Woche bis gestern (3. IX.) darin. Um 11 Uhr früh stand er plötzlich auf und rief zum Fenster hinaus nach Gendarmen. Der Schwager ging zu ihm und fand ihn in folgendem Zustande: Er sprach ganz wirr durcheinander, er sei verloren, es brenne, „sie kommen schon" u. s. f. Nachts zum 4. IX. immer unruhiger und erregter, schrie: „Sie schiessen mich todt", sagte: „ei, ei ei", klatschte in die Hände, schüttelte den Kopf. Früh wurde er ruhiger und liess sich unter einem Vorwande in die Klinik bringen.

Diese Angaben der Begleiter werden durch folgende Mittheilungen des Arztes ergänzt: Er sei immer sehr zurückhaltend gewesen, seine Bekannten trieben vielfach Spott mit ihm. Aus Gesellschaft kehrte er öfter missmuthig zurück, legte sich dann Tage lang ins Bett und dachte angeblich über die Beleidigungen, welche ihm zugefügt waren, nach. Schon seit einer Reihe von Jahren soll er Anfälle von Irresein bekommen haben, sie dauerten meist nur zwei bis drei Tage. Während dieser Tage war der Kranke angeblich sehr aufgeregt und redete wirr durcheinander. In einer Anstalt ist er bisher nicht gewesen. Der Ausbruch des gegenwärtigen Zustandes erfolgte in der Nacht vom 2. zum 3. IX. Als Gelegenheitsursache wird ein kürzlich in D. ausgebrochenes Feuer angesehen, wodurch Patient erschreckt worden sei.

Diese beiden Anamnesen widersprechen sich zum Theil völlig, was wir in ausserordentlich vielen Fällen erleben. Es wird hier wieder ersichtlich, wie mangelhaft ein aus der Anamnese abgeleitetes psychiatrisches Urtheil grösstentheils ist. Die Angaben, welche wir in unsere Krankengeschichten einschreiben, sind grösstentheils subjectiv gefärbte Spiegelbilder der Wirklichkeit und geben auch bei der Synthese mit den Aussagen anderer Referenten häufig verzerrte Bilder. Umsomehr muss die Psychopathologie bedacht sein, wissenschaftliche Diagnosen aus einer methodischen Untersuchung des Zustandes abzuleiten, was in den Nachbargebieten der Psychiatrie (Nervenpathologie, innere Medicin, Ophthalmologie etc.) schon längst geübt wird.

Im vorliegenden Fall ist es nicht gelungen, die Widersprüche über die Art des Ausbruches ganz aufzuklären, es kann nur als erwiesen gelten, dass M. schon früher starke Abnormitäten gezeigt hat, die zeitweise stärker hervorgetreten sind. Ob wirkliche Anfälle von Irresein vorgekommen sind, bleibt dahingestellt.

Der Zustand vor der Aufnahme wird folgendermassen beschrieben:

Er ist in sehr aufgeregter Stimmung. Bewegt sich viel, verdreht die Augen, schreit manchmal laut auf, ist nur mit Mühe im Zimmer zu halten. Er ruft laut: „Lasst mich hinaus, ich kann nicht hinaus, zu spät, zu spät." „Da kommt einer mit Säbel und Gewehr, der schiesst mir den Bart weg, er zerschneidet mir die Haut, sie machen mir einen Ring durch die Nase." Er sieht einen schwarzen Mann auf sich zukommen, von dem er glaubt, dass er ihn verfolge und ihm etwas zu Leide thun wolle. Er zeigt heftige Furcht und Angst, ist dabei sehr misstrauisch und gefährlich. Einen Tag vor der Aufnahme ergriff er einen dicken Prügel, schlug damit auf vorüberkommendes Vieh los und bedrohte dann den Kirchenältesten. Das Gedächtniss für jüngste Zeit scheint völlig verloren (?), dagegen erinnert er sich genau an frühere Vorgänge. Er nimmt nur gezwungen Nahrung.

Die Krankengeschichte der Klinik besagt Folgendes:

Macht bei der Aufnahme einen ängstlichen, verwirrten (! ?) Eindruck, blickt scheu und misstrauisch um sich, gibt auf Fragen kurze, unzureichende Antworten.

5. IX. Sitzt meist halb aufrecht, beinahe auf der Kante seines Bettes, blickt scheu und ängstlich um sich, antwortet erst auf mehrfaches Anreden und Anrufen kurz. Keine tabischen Symptome. Feinschlägiger Tremor der gespreizten Finger, starkes, fibrilläres Wogen der Zunge.

6. IX. Der Kranke liegt fast regungslos im Bett, den Kopf aufrecht haltend. Nur die Augen machen öfters seitliche Bewegungen. Die Lippen werden ab und zu wie flüsternd bewegt. Der Gesichtsausdruck hat etwas Starres, Maskenhaftes. Befehle, die Extremitäten in bestimmte Haltungen zu bringen, werden sehr langsam befolgt. Dem Versuch, passive Bewegungen mit seinen Gliedern auszuführen, setzt er Widerstand entgegen, die Musculatur, besonders der unteren Extremitäten, zeigt sich hierbei stark gespannt. Steigerung der Kniephänomene, Fusselonus. Spontan spricht der Kranke nichts. Fragen beantwortet er entweder gar nicht oder nur nach längerer Pause mit leiser, tonloser Stimme, mehrmals ansetzend.

In dieser Beschreibung sind schon alle wesentlichen Züge des Krankheitsbildes enthalten: Es liegt ein ausgeprägter Zustand von ängstlicher Hemmung und Spannung vor, wie wir ihn aus der Analyse der Fragebögen abgeleitet haben.

Auch in Bezug auf das Moment der melancholischen Wahnbildung und der Sinnestäuschungen, welche in den Fragebögen retrospectiv erkennbar waren, bietet die Krankengeschichte wenig Neues.

8. IX. Sass tagsüber meist in gleicher Haltung, dicht an die Seitenkante des Bettes gerückt, in halb aufrechter Stellung da, ohne einen Laut von sich zu geben. Begann nachmittags, als er in das Untersuchungszimmer gefahren wurde, plötzlich krampfhaft zu weinen. Mehrmals trat absatzweise ein solcher Affectausbruch ein. Nach dem Grund gefragt, antwortete er zunächst gar nicht. Auf die Frage: „Hat jemand jetzt eben etwas zu Ihnen gesagt?" sagt er: „ja". Auf die Frage: „Was denn?" „dass ich aus der evangelischen Kirche muss"; fügt dann nach kurzer Pause hinzu: „Jetzt kann ich meine Schulden nicht mehr bezahlen." Im Uebrigen konnte man greifbare Beweise für Sinnestäuschungen nicht erhalten.

Nur in einem Punkte bietet neben der Gemüthsdepression, dem Spannungszustand und den Andeutungen von Sinnestäuschung die Krankengeschichte eine wichtige Ergänzung des Befundes.

10. IX. Nachmittags traf ihn der Arzt laut schnarchend, den Kopf nach hinten über gebeugt, den Mund offen, die Bulbi nach oben gerollt, die Lider halb geöffnet. Die Pupillen sehr eng, starr. Auf Anruf reagirte er zunächst gar nicht, beim Kneifen in die Beine wachte er auf, schaute erschrocken und scheu um sich, setzte sich aufrecht, sprach jedoch gar nichts.

Dieser Zustand bietet deutlich den Anschein eines Anfalles, der bei Ausschluss organischer Hirnkrankheit und einfacher hysterischer Zustände Verdacht auf Epilepsie erweckt.

In einer klinischen Besprechung am 14. IX. wurde Folgendes ausgeführt:

„Aus der Anamnese sind zunächst folgende Züge herauszuheben:

1. Das Vorhandensein von angeblichen Krampferscheinungen und Störungen der Sprache in der Kindheit.
2. Die vorübergehenden, wenige Tage dauernden Erregungszustände.
3. Der ausserordentlich langsame, mit Remissionen einhergehende Beginn der jetzigen Krankheit.
4. Die Andeutungen von Wahnideen und Sinnestäuschungen.

Von den bisherigen klinischen Beobachtungen sind neben den ängstlichen Erregungen hauptsächlich zu betonen die Erscheinungen von sprachlicher Hemmung und Muskelstarre, ferner das wechselnde Resultat in Bezug auf sein Rechenvermögen und in Bezug auf Orientirungsfragen, schliesslich der beschriebene anfallsartige Zustand, bei dem jedoch eine völlige Ausschaltung des Bewusstseins anscheinend nicht vorlag. Im Hinblick auf diese Sachlage muss vor allem gefragt werden, ob eine transitorische Psychose auf epileptischer Basis vorliegt. Andererseits kommen von functionellen Psychosen diejenigen in Betracht, bei denen die Symptome von Hemmung und Spannung eine Hauptrolle spielen.

Es wird sich differentialdiagnostisch darum handeln, ob ein symptomatischer Zustand motorischer Hemmung vorliegt, wie er manchmal im Ablauf von melancholischen und acuten hallucinatorischen Zuständen speciell epileptischer Natur auftritt, oder ob der gegenwärtige Zustand mit einer Reihe von anamnestischen Zügen zu der mit infauster Prognose einhergehenden Diagnose Katatonie zusammenzufassen ist.

Jedenfalls ist bei der weiteren Beobachtung des Kranken auf eine genaue Analyse der Bewegungserscheinungen das Hauptgewicht zu legen."

Es bot sich zur Zeit dieser Besprechung folgendes Bild:

„Der Kranke liegt während der ganzen bisherigen Untersuchung (ca. eine halbe Stunde) fast bewegungslos im Bett. Der Kopf ist dauernd aufgerichtet, Hals- und Nackenmusculatur stark gespannt, nur die Augen machen bei feststehendem Kopf unregelmässige Bewegungen, bei welchen er manchmal den Untersuchenden fixirt. Oefter bemerkt man an dem starrgehaltenen Kopf Zitterbewegungen, die in Bezug auf Intensität starke Schwankungen zeigen. Beim Aufheben der rechten Hand zeigt sich ein starker Widerstand. Beim Loslassen wird der Arm zuerst rasch gesenkt, dann langsam ungefähr in die gleiche Lage zurückgeführt, dabei macht M. mehrere sehr tiefe Inspirationsbewegungen.

Aehnlich ist der Befund am linken Arm. Der Drehung des Kopfes nach links und rechts, ebenso der Bewegung nach vorwärts und rückwärts wird ein starker Widerstand entgegengesetzt, dabei zeigen sich öfter krampfartige Bewegungen am Mund, besonders Hebung der Unterlippe.

Dem Versuch, die Bettdecke zurückzuschlagen, wird kein Widerstand entgegengesetzt, dagegen trifft der Versuch, das linke Knie aufzurichten, auf activen Widerstand. Bei der Hebung des rechten Knies zeigt sich dieser in gleicher Weise, jedoch wird das Bein nur ganz allmählich wieder in die Anfangslage zurückgeführt. Hebt man den linken Oberschenkel, so bleibt unter starker Spannung des Quadriceps der Unterschenkel ziemlich gestreckt stehen; nach einer Weile treten stärkere Zitterbewegungen auf.

Löst man in dieser Lage das Kniephänomen aus, so sieht man eine sehr starke reflectorische Innervation des Quadriceps, während das Kniephänomen im Sinne einer Bewegung des Unterschenkels kaum zum Vorschein kommt. Ganz entsprechend rechts."

Leider bietet diese Beschreibung ebenso wie alle weiteren Feststellungen der Krankengeschichte über die Zustände von Hemmung und Spannung kein Kriterium, aus welchem man die Differentialdiagnose zwischen einer transitorischen Psychose auf epileptischer Basis und einer Katatonie herleiten könnte. Thatsache ist, dass die Krankheit in diesem Fall ausserordentlich günstig verlaufen ist, da M. am 29. XII. 1897 anscheinend völlig geheilt entlassen werden konnte.

Jedenfalls sind in diesem Fall die Untersuchungsbögen sehr geeignet gewesen, um den Ablauf der Krankheit in Bezug auf ein wesentliches Symptom zahlenmässig ins Klare zu stellen. Man könnte sogar vermuthen, dass gerade durch die Vergleichung der Bögen das prognostisch wichtige Moment, welches vergeblich durch die Untersuchung der Spannungszustände zu ermitteln gesucht wurde, herausgestellt worden ist.

Es zeigt sich nämlich bei der Zusammenstellung der Resultate in der obigen Curve eine auffallende Gesetzmässigkeit, ein graduelles Anschwellen der Krankheit in der progressiven Verminderung der sprachlichen Reactionen, so dass man an gewisse Typen von Fiebercurven (z. B. bei Typhus abdominalis, Tuberculose, Eiterresorption etc.) erinnert wird. Möglicherweise liegt in dieser Verlaufsart, die mit dem gesetzmässigen Ablauf gewisser körperlicher Krankheiten (Pneumonie etc.) eine grosse Aehnlichkeit hat, das prognostisch günstige Moment, das den Zustand von dem regellosen Wechsel katatonischer Spannungszustände unterscheidet.

Aehnlich ist der folgende Fall, in welchem sich die Aenderungen des Krankheitsbildes nur in viel kürzerer Zeit vollzogen haben.

Frau E. Sch. aus W., Landwirtswittwe, geb. 20. Mai 1844. Aufgenommen am 10. Juni 1897.

Name: Frau Sch. Nr. 1.
Datum: 11. VI. 1897.
Tageszeit: 11 Uhr vormittags.

1. Wie heissen Sie?
2. Was sind Sie?
3. Wie alt sind Sie?
4. Wo sind Sie zu Hause?
5. Welches Jahr haben wir jetzt?
6. Welchen Monat haben wir jetzt?
7. und so fort bis 22.

Patientin bleibt auf alle Fragen stumm. Sie sitzt aufrecht im Bett, kümmert sich um den Untersuchenden nicht, sieht mit halb ärgerlicher, halb ängstlicher Miene unruhig um sich und hält fortwährend die linke Hand an der unteren Hälfte des Gesichtes, indem sie mit den Fingern im Munde und an der Nase herumfährt.

Nur auf die Frage 17 und 19 (Sind Sie traurig? und: Werden Sie verfolgt?) nickt sie leicht.

Beim Versuche, sie körperlich zu untersuchen, widerstrebt sie in zäher Weise, ohne eigentlich heftig zu werden, und sagt mehrmals: „Gehen Sie fort!"

Resultat: Es ist völlige Reactionslosigkeit in der sprachlichen Sphäre vorhanden mit ausgeprägten Spannungserscheinungen. Nur auf die Fragen ad 17 und 19: Sind Sie traurig? und: Werden Sie verfolgt? tritt eine physiognomische Reaction im bejahenden Sinne ein.

Name: Frau Sch. Nr. 2.
Datum: 17. VI. 1897.
Tageszeit: 9 Uhr vormittags.

1. Wie heissen Sie? — Dorothea Sch. (richtig).
2. Was sind Sie? — Ich habe niemandem etwas genommen.
3. Wie alt sind Sie? — 52, nein 54 Jahre (53; Geburtsjahr und Monat richtig genannt.)
4. Wo sind Sie zu Hause? — In Wieseck.
5. Welches Jahr haben wir jetzt? — 1897.
6. Welchen Monat haben wir jetzt? — Juli.
7. Welches Datum im Monat haben wir? — Weiss nicht.
8. Welchen Wochentag haben wir heute? — Weiss nicht.
9. Wie lange sind Sie hier? — Etliche Tage.
10. In welcher Stadt sind Sie? — In Heppenheim.
11. In was für einem Hause sind Sie? — In Heppenheim.
12. Wer hat Sie hierher gebracht? — Meine Kinder, — sind auch noch hier.
13. Wer sind die Leute Ihrer Umgebung? — Die sind auch in Heppenheim.
14. Wo waren Sie vor acht Tagen? — Hier.
15. Wo waren Sie vor einem Monat? — Zu Hause, da hab' ich gefüttert und alles geschafft.
17. Sind Sie traurig? — Ja.
18. Sind Sie krank? — Ich war gesund.
19. Werden Sie verfolgt? — Nein.
20. Werden Sie verspottet? — Nein.
21. Hören Sie schimpfende Stimmen? — Das hab' ich immer gehört, ich hab' doch niemanden umgebracht! Ich hab' nichts gestohlen!
22. Sehen Sie schreckhafte Gestalten? — Nein.

Resultat: 1. Da die Antworten ad 1, 4, 5, 14 und 15 richtig sind, so kann an diesem Tage partielle Orientirtheit behauptet werden. Auch das Alter (ad 3) ist fast richtig angegeben.

2. In anderen Punkten ist sie noch unorientirt, cfr. ad 10: In welcher Stadt sind Sie? „In Heppenheim." Monat, Datum und Wochentag weiss sie nicht.

3. Es tritt depressiver Affect zu Tage, cfr. 17: Sind Sie traurig? „Ja."

4. Es tritt ad 2 eine nicht entsprechende Antwort auf, welche die Meinung zur Voraussetzung hat, dass sie angeschuldigt wird; cfr. ad 2: Was sind Sie? „Ich habe niemandem etwas genommen." Aehnlich klingt der Zusatz zur Antwort 21: „Ich hab' doch niemanden umgebracht. Ich hab' nichts gestohlen."

5. Die falsche Meinung, in der Irrenanstalt in H. zu sein, wird in den Antworten ad 10—13 dauernd festgehalten. Die Antwort ad 12: „Meine Kinder sind auch noch hier" ist wahrscheinlich als melancholische Wahnidee zu deuten.

6. Aus der Antwort ad 21: Hören Sie schimpfende Stimmen? „Das hab' ich immer gehört, ich hab' doch niemanden umgebracht" wird das Bestehen von akustischen Sinnestäuschungen wahrscheinlich.

Der am 11. VI. beobachtete Zustand völliger sprachlicher Hemmung ist also verschwunden, während sich Symptome von Depression, melancholischen Wahnideen, Sinnestäuschungen mit partieller Orientirtheit zeigen. Eine völlige Aenderung des Zustandes lässt der folgende Untersuchungsbogen erkennen:

Name: Frau Sch. Nr. 3.
Datum: 25. VI. 1897.
Tageszeit: $12\frac{1}{2}$ Uhr mittags.

1. Wie heissen Sie? — Das wissen Sie ja! Dorothea Sch. (richtig.)
2. Was sind Sie? — Ei, wir hatten den Kirchendienst.
3. Wie alt sind Sie? — 53 Jahre.
4. Wo sind Sie zu Hause? — In Wieseck. Das wissen Sie doch.
5. Welches Jahr haben wir jetzt? — 1897.
6. Welchen Monat haben wir jetzt? — Juni.
7. Welches Datum im Monat haben wir? — Ich glaube der 24. (25).
8. Welchen Wochentag haben wir heute? — Freitag (richtig).
9. Wie lange sind Sie hier? — Ich glaube 14 Tage.
10. In welcher Stadt sind Sie? — Das weiss ich nicht, wie ich hierher kam.
11. In was für einem Hause sind Sie? — Es ist eine Anstalt.
12. Wer hat Sie hierher gebracht? — Ei, meine Töchter wohl? Ich weiss nicht.
13. Wer sind die Leute Ihrer Umgebung? — Die sind wie ich krank.
14. Wo waren Sie vor acht Tagen? — Ei hier!
15. Wo waren Sie vor einem Monat? — Da war ich noch zu Hause.
16. Wo waren Sie vorige Weihnachten? — Auch zu Hause.
17. Sind Sie traurig? — Wenn ich zu Hause wäre, wär ich nicht traurig.
18. Sind Sie krank? — So müd bin ich.
19. Werden Sie verfolgt? — Als einmal mein ich es noch. (Sie lächelt über früher geäusserte Verfolgungsideen, fragt oft auf Vorhalten derselben: „Hab' ich das gesagt? Das weiss ich aber gar nicht.“)
20. Werden Sie verspottet? — Ach nein.
21. Hören Sie schimpfende Stimmen? } Gar nicht, Herr Doctor.
22. Sehen Sie schreckhafte Gestalten? }

Resultat: 1. Frau Sch. zeigt sich fast völlig orientirt.

2. Es ergeben sich Spuren von Amnesie, cfr. Frage 10: In welcher Stadt sind Sie? „Das weiss ich nicht, wie ich hierher kam“; ad 12: Wer hat Sie hierher gebracht? „Ei, meine Töchter wohl, ich weiss nicht.“

3. Es ist ein Gefühl körperlicher Müdigkeit vorhanden (cfr. Antwort ad 18).

4. In der Antwort ad 19: Werden Sie verfolgt? „Als einmal mein ich es noch“ zeigt sich Krankheitseinsicht, während das gelegentliche Auftauchen solcher Ideen zugegeben wird.

Der ganze Befund macht im Hinblick auf die früher aufgenommenen Untersuchungsbögen den Eindruck eines Reconvalescenzzustandes nach einer ängstlichen Verwirrtheit mit Hemmungserscheinungen, Sinnestäuschungen und melancholischen Wahnideen. Vergleichen wir damit die Krankengeschichte:

E. Sch. aus W., geb. 20. V. 1844, Landwirthswittwe, aufgenommen am 10. VI. 1897. Hereditäre Belastung nicht nachzuweisen. Die Familie lebte in bescheidenem Wohlstande. Frau Sch. hat zwei gesunde Töchter.

Sie verfiel angeblich zuerst 1892 in Geistesstörung. Nach der Krankengeschichte aus H., wo die Kranke damals war, hat sie jedoch schon 1886 im Anschluss an die Krankheit eines Kindes eine kurzdauernde Psychose durchgemacht. Dieser Vorfall ist im Bewusstsein der Angehörigen ganz verloren gegangen. Der Anfall im Jahre 1892 stand in ursächlichem Zusammenhang mit dem Tode ihres Mannes, der einem Herzleiden rasch erlag. Schon am Tage nach dem Begräbniss war sie ganz „irre", sprach alles durcheinander, schrie und jammerte laut, sie solle umgebracht werden, der Himmel falle auf sie ein, sie könne nicht mehr leben. Sie beklagte ihre Kinder, lief jammernd im Hause umher, rannte sogar einmal im Hemde auf die Strasse, so dass das ganze Dorf zusammenlief. Drei Männer brachten sie damals in die Irrenanstalt nach H., wo sie sich auffallend schnell beruhigte.

Schon nach acht Wochen entliess man sie dort, doch hätte sie angeblich schon früher heimkehren können, man wollte aber einem Rückfall vorbeugen. Sie kam ganz gesund nach W. zurück.

Abermals anlässlich eines Todesfalles zeigten sich dann anfangs 1896 wiederum Erregungszustände der gleichen Art wie 1892. Patientin war „durcheinander", nachdem sie die Todesnachricht eines Schwagers bekommen hatte. Sie schimpfte (?) im Hause, schrie, hatte circa 14 Tage lang Nachtwache nöthig. Sie kam bald wieder zu Verstand, blieb jedoch launisch und reizbar, schimpfte öfter gegen die Töchter nach Angabe dieser. Ihrer Beschäftigung konnte sie wieder nachgehen.

Am 3. VI. 1897 neuer Anfall von Geistesstörung, also der vierte. Ihre älteste Tochter hatte an diesem Tage geheiratet, aus welchem Anlass sie seit einigen Tagen viele Anstrengungen hatte. Am Abend des 3. VI. begann sie laut zu werden, rief nach der Tochter, lief im Hause umher, behauptete, eine Sünde begangen zu haben. Sie sei sehr unglücklich, es würden Polizisten kommen und sie abholen. Mehrfach schrie sie laut: „Es brennt! es brennt! der Himmel fällt ein!" Nachts stieg sie aus dem Bett, zog sich mehrmals an und entkleidete sich wieder, jammerte laut, wiederholte manche Sätze und Worte „wohl tausendmal".

Der Zustand erheischte grosse Aufsicht. Indessen meinte man, dass wie im Vorjahre eine Ueberführung in eine Anstalt nicht nöthig sein werde. Auch die Kranke sprach sich „in klaren Momenten" dagegen aus.

In den letzten Tagen begann die häusliche Pflege unmöglich zu werden. Sie zeigte Vergiftungsideen, nahm tagelang nichts zu sich. Auf dem Wege zur Klinik sehr unruhig, wollte aus dem Wagen springen. Bei der Aufnahme sehr ängstlich, will beständig zur Thür hinaus, stöhnt leise.

11. VI. Den grössten Theil der Nacht sehr unruhig. Drängte oft aus dem Bett heraus, dessen Decken und Leintücher sie abwarf. Stöhnte beständig, raufte sich die Haare und versuchte zuweilen den Contactstöpsel der elektrischen Lampe herauszuziehen, indem sie sagte: „Machen Sie doch die Leuchte aus, die braucht nicht zu brennen, der Himmel fällt ja herab, in W. ist er erst recht herabgefallen!" Verunreinigte sich mit Urin.

Im Laufe des Tages sehr ablehnend. Sitzt meist aufrecht im Bett, sieht mit ganz starrem, stupid ausdruckslosem Gesichtsausdruck ihre Umgebung an, steckt sich fortwährend mehrere Finger der linken Hand weit in den Mund hinein oder drückt sich an der Nase und am Kinn, stöhnt oft und sagt zuweilen: „Ach du lieber Gott", bleibt aber auf alle Fragen stumm, indem sie Abwehrbewegungen macht und den Fragenden bei Seite schiebt. Sie widerstrebt allem, was an sie herantritt, in eigenthümlich zäher Weise, ohne eigentlich heftig zu werden, sagt auch zuweilen: „Gehen Sie fort! Lassen Sie mich gehen.“ Sie verweigert jegliche Nahrung.

Symptome organischer Nervenkrankheit fehlen. Nur besteht links leichte Ptosis wahrscheinlich als angeborene Abnormität. Das Kniephänomen erscheint wegen Spannung der Antagonisten gering.

Abends sehr aufgeregt, schrie jammernd und stöhnend, murmelte unverständliche Laute, verliess oft ihr Bett, warf Tische und Stühle um, rannte zur Thür, an die sie heftig pochte; zog die Nachtjacke einmal aus, drehte sie sich um den Hals und fragte die Pflegerin, weshalb sie eigentlich hergekommen sei, sie wolle ja die Uhr gerne wieder dahin bringen, woher sie sie geholt habe. Ganz schlaflos.

12. VI. Am Morgen wurde sie im Wachsaal sehr unsocial, indem sie alles, was nicht feststand, umzuwerfen suchte, die Betten auspackte und die Kranken belästigte, oft nach der Thür drängte und gegen die Pflegerinnen losschlug. Alles das that sie, ohne ein Wort zu sprechen, indem sie nur ab und zu ächzend stöhnte und sich die Haare raufte, mit einem eigenthümlich stumpfen Gesichtsausdruck. Abends begann sie wieder an den Betten zu nesteln, suchte bei einer Kranken an deren Leib herum und blieb schliesslich, als man sie gewähren liess, eine Zeit lang über die Beine der betreffenden Kranken gebeugt liegen. Nahrungsaufnahme sehr gering.

13. VI. Sie sitzt den ganzen Tag im Garten, dumpf vor sich hinbrütend auf einem Stuhl, seufzt sehr oft und sagte einmal: „Ach du liebes Gottchen, es ist ja alles verloren.“

14. VI. Ein Versuch, eine Unterhaltung anzufangen, misslingt vollkommen. Sie blickt mit mattem, stierem Blick um sich, fragt einmal: „Bin ich denn in H.?“ (das heisst in der Irrenanstalt, in der sie im Jahre 1892 war). Bringt noch einige abgerissene Reden vor: „Es kommt ja alles ins Wasser! — Es geht alles caput! — Die Menschen kriegen ja alles.“

15. VI. Macht einen sehr müden Eindruck. Musste aus dem Garten in den Wachsaal getragen werden. Nachdem man ihr mit der Aufforderung zu uriniren längere Zeit ein Becken untergelegt hatte, nässte sie sich nach dessen Fortnehmen sofort ein. Isst Mittags spontan mit gutem Appetit. Gegen Abend wieder erregt, ging stöhnend durch den Saal; wanderte nachts ruhelos.

17. VI. Stumm ablehnendes Verhalten, zeitweiliges Hinausdrängen mit dem Rufe: „Haltet ihn fest.“ Morgens, als man einige Worte über ihren Zustand in ihrer Nähe spricht, sagt sie plötzlich: „Nein, ich hab' nicht gestohlen.“ Auf die Frage, wie Sie hierauf komme, sagte sie: „Sie haben es doch eben gesagt.“

Gefragt, wie sie gestern auf den Gedanken des Verbranntwerdens gekommen sei, sagte sie: „Die Franzosen haben doch gestern da unten alle verbrannt.“ > Wen denn? < „Alle meine Leute.“ > Haben Sie es deutlich gesehen? < „Nein, ich habe aber die Stimmen gehört und es auch gerochen.“ — „Auch der eine, der an der Post angestellt ist, war dabei.“ > Sie haben gesagt, alles würde caput gemacht? < „Jawohl hier unten (auf den Boden zeigend) wird alles caput gemacht, Menschen und Sachen.“ > Wer thut denn das? < „Ich weiss nicht. Sie selbst.“ > Sie sagt dann spontan: „Ich habe doch keinen Menschen todt gemacht!? —

Wie ich das letztemal auf den Bahnhof kam, habe ich nichts genommen! — Ich habe nichts gestohlen! — Was habe ich denn gethan?"

19. VI. Verhielt sich in den letzten Tagen socialer. Verlangt oft nach Essen und Trinken und zeigt grossen Appetit.

22. VI. Sie glaubt immer noch, sie sei in H., wie bei dem früheren Anfall von Geistesstörung. Zuweilen tauchen noch Wahnideen auf, z. B. sagte sie gestern nachts wieder, sie wolle nicht verbrannt werden, sie wolle alles zurückgeben, wenn man sie nach Hause liesse. Gewichtszunahme um 2·2 Kgrm. in einer Woche.

23. VI. Besuch einer Tochter. Patientin begrüsst dieselbe in freudiger Erregung, erkundigt sich nach den häuslichen Verhältnissen, fragt ob sie wirklich in Giessen sei.

25. VI. Macht einen besonnenen Eindruck. Nur ist sie nicht ganz sicher, dass sie wirklich in Giessen ist, denn sie erinnert sich der Verbringung in die Anstalt nicht genau und sagt: „Ich kenne hier niemanden, wie soll ich wissen, wo ich bin." Hat für die erste Zeit ihres Hierseins Erinnerungslücken. Weiss auch angeblich nichts von den von ihr producirten Wahnideen und fragt verwundert, wenn man davon spricht: „Hab' ich das gesagt?"

Ueber ihre persönlichen Verhältnisse, sowie über zeitliche Beziehungen gut orientirt. Ueber Verfolgungsideen befragt, meint sie lächelnd: „Als einmal mein' ich es noch, doch glaub' ich nicht mehr daran." Sie gibt zu, krank gewesen zu sein, hält sich aber jetzt für gesund.

28. VI. Patientin ist dauernd orientirt und frei von krankhaften Vorstellungen. Nach Hause entlassen. Ein Bericht der einen Tochter vom 31. VI. 1898, das heisst nach einem Jahre eingeholt, besagt Folgendes:

„Sie lebt ruhig im eigenen Haushalt, besorgt ihre Angelegenheiten, füttert das Vieh, versieht den Kirchendienst, läutet die Stunden ab. Schlaf und Nahrungsaufnahme gut, sieht blühend aus." Der Tochter fallen nur einige nervöse Symptome auf: „Manchmal steigt ihr das Blut in den Kopf, dann wird sie wieder ganz blass, klagt über Kopfschmerzen, hat ein Gefühl von Schwere in den Beinen." Jedenfalls ist sie geistig als gesund und zurechnungsfähig zu bezeichnen.

Es hat sich also um einen erneuten Anfall von ängstlicher Verwirrtheit mit Sinnestäuschungen und Wahnideen, gefolgt von Amnesie, gehandelt, der ebenso wie die früheren anscheinend durch äussere Verhältnisse ausgelöst war. Bei den früheren Erkrankungen waren es Todesfälle, bei dem letzten ein mit Ueberanstrengung verbundenes freudiges Ereigniss, welches die Krankheit auslöste.

Ob diese deutlich ersichtliche Causa externa mit den nachträglich berichteten nervösen Symptomen berechtigt, die Krankheitsattaquen als Dämmerzustände auf hysterischer Basis aufzufassen, bleibt dahingestellt.

Jedenfalls ist ersichtlich, dass die aus der Analyse weniger Untersuchungsbögen abgeleiteten Schlüsse in überraschendster Weise mit den Ausführungen der Krankengeschichte zusammenstimmen. Nur bieten die Bögen bei der Nebeneinanderstellung den Vortheil, dass man mit wenigen Blicken den Ablauf des Processes in seinen wesentlichen Symptomen erfassen kann.

In den zuletzt entwickelten Fällen waren Hemmungserscheinungen vorhanden, welche klinisch sehr leicht den Eindruk der Unorientirtheit erwecken konnten. Ich halte es für zweifellos, dass diese beiden völlig von einander verschiedenen Symptome sehr oft verwechselt werden und will versuchen, ihren Unterschied durch Vergleichung einiger Untersuchungsbögen herauszustellen. Sehr erschwert wird die Unterscheidung praktisch dadurch, dass beide häufig mit ängstlichem Affect einhergehen, dass sie ferner verbunden oder vermischt mit anderen Symptomen auftreten können.

Frau Elise A. aus O., Landmannsfrau, geb. 9. I. 1841. Aufgenommen am 12. VII. 1897. Wir gehen von der Analyse der Untersuchungsbögen aus:

Name: Elise A. Nr. 1.
Datum: 13. VII. 1897. (Dienstag.)
Tageszeit: $10^1/_2$ vormittags.

1. Wie heissen Sie? — Elise A. (richtig), geb. Schmidt.
2. Was sind Sie? — Früher Schreiner, Ackerbauer.
3. Wie alt sind Sie? — 56 Jahre.
4. Wo sind Sie zu Hause? — O. (richtig).
5. Welches Jahr haben wir jetzt? — (Lacht vor sich hin.) 1897.
6. Welchen Monat haben wir jetzt? — (Langes Besinnen:) Im Juli.
7. Welches Datum im Monat haben wir? — (Langes Besinnen, leise:) Das weiss ich nicht.
8. Welchen Wochentag haben wir heute? — Haben wir Mittwoch oder Donnerstag?
9. Wie lange sind Sie hier? — Vorgestern? (Gestern!)
10. In welcher Stadt sind Sie? — (Langes Besinnen:) Giessen.
11. In was für einem Hause sind Sie? — (Langes Besinnen:) Krankenhaus.
12. Wer hat Sie hierher gebracht? — Meine Schwester, Schwager, Mann.
13. Wer sind die Leute Ihrer Umgebung? — (Langes Besinnen. Schweigt.)
14. Wo waren Sie vor acht Tagen? — (Langes Besinnen:) Zu Hause.
15. Wo waren Sie vor einen Monat? — (Langes Besinnen:) Auch daheim.
16. Wo waren Sie vorige Weihnachten? — (Frage fünfmal wiederholt, schweigt.)
17. Sind Sie traurig? — (Lächelt, kratzt sich im Gesicht, gibt keine Antwort.)
18. Sind Sie krank? — (Dreht sich hin und her.) Ich kann ja arbeiten.
19. Werden Sie verfolgt? — (Lächelt.)
20. Werden Sie verspottet? — (Schüttelt den Kopf.)
21. Hören Sie schimpfende Stimmen? — (Gibt keine Antwort.)
22. Sehen Sie schreckhafte Gestalten? — (Gibt keine Antwort.)

Zusätze:

23. Warum geben Sie keine Antworten? — (Schweigt hartnäckig.)
24. Wofür halten Sie mich? — (Gar keine Antwort, trotz stetigen Zuredens.)
25. Warum gingen Sie in das Wasser am Montag? — Lassen Sie mich wieder bei die Leut'. (Trotz eindringlichen Zuredens antwortet sie gar nicht, beginnt am Tisch zu kratzen, reibt sich die Finger, will hinaus.)

Resultat: 1. Es besteht fast völlige Orientirtheit (cfr. Antworten ad 1, 2, 3, 4, 5, 6, 11, 12, 14). Die Mangelhaftigkeit der Antworten ad 7 und 8 (Datum im Monat und Wochentag) kann nicht als pathologische Unorientirtheit aufgefasst werden.

2. Es besteht Verlangsamung der sprachlichen Reaction.

3. Mehrfach, besonders am Schluss der Reihe von Fragen ist sie sprachlich ganz reactionslos.

4. Es besteht kein ängstlicher Affect, cfr. Frage 17: Sind Sie traurig? Sie lächelt.

5. Es treten eigenthümliche Bewegungserscheinungen auf. (Kratzt sich im Gesicht, dreht sich hin und her, beginnt am Tisch zu kratzen, reibt sich die Finger.)

Durch diese einzige Aufnahme sind Melancholie, Verwirrtheit, Paranoia mit grosser Wahrscheinlichkeit auszuschliessen. Der deutlich erkennbare Hemmungszustand tritt hier nicht als Begleiterscheinung melancholischen Affectes auf, sondern muss eine andere Bedeutung haben. Der ganze Befund ist verdächtig auf „Spannungsirresein" im Sinne der Katatonie.

Name: Elise A. aus O. Nr. 2.
Datum: 6. VIII. 1897.
Tageszeit: 11 Uhr vormittags.

1. Wie heissen Sie? — „Bei die Leut'!"
2. Was sind Sie? — „Die Leut'" (ganz leise).
3. Wie alt sind Sie? — (Antwortet gar nicht. Viermal wiederholt. Keine Antwort.)
4. bis 22. (Gibt gar keine Antworten, steht vor dem Arzte, reibt sich die Hände, stöhnt, sagt ab und zu: „Bei die Leut'", ist im Uebrigen zu keiner Reaction auf eine der vorgelegten Fragen zu bringen.)

Man könnte glauben, dass diese Untersuchung resultatlos gewesen sei. In Wirklichkeit lassen sich daraus eine Anzahl diagnostisch wichtiger Momente herleiten.

Das Resultat ist folgendes:

1. Es wird keine Frage richtig beantwortet, so dass man klinisch mit dem Wort „Unorientirtheit" leicht bei der Hand sein könnte.

2. Die Worte: „bei die Leut'" oder „die Leut'" kehren stereotyp wieder. Sie scheinen dabei, abgesehen von den Fällen 1 und 2, nicht Reactionen auf die gestellten Fragen zu sein, sondern selbständig auftretende sprachliche Iterativerscheinungen.

3. Es fehlt jede associative Weiterbildung der Elemente der Frage in der Antwort.

4. Es fehlt die heftige motorische Erregung, wie sie manchmal bei schwer Verwirrten vorhanden ist. (Die Kranke steht vor dem Arzt, reibt sich die Hände etc.)

Dieser Befund macht es auch ohne Kenntniss des früheren Untersuchungsbogens sehr wahrscheinlich, dass nicht ein Fall von Verwirrtheit, sondern ein Zustand von sprachlicher Hemmung mit Stereotypie-Erscheinungen vorliegt, wie er besonders bei katatonischem Schwachsinn häufig ist.

Vergleichen wir damit den acht Tage früher aufgenommenen Bogen, so ergänzen sich beide sehr gut im gleichen Sinne: Verwirrtheit, Melancholie, Paranoia sind auszuschliessen.

Der zweite Bogen zeigt Verstärkung der sprachlichen Hemmung mit Stereotypie-Erscheinungen; das Krankheitsbild hat sich somit noch deutlicher nach der Richtung katatonischer Bewegungsanomalieen ausgebildet.

Es lassen sich also aus den wenigen Untersuchungsbögen eine Anzahl von diagnostischen Schlüssen ableiten.

Die Krankengeschichte ergibt Folgendes:

Frau Elise A. aus O., Landmannsfrau, geb. 9. I. 1841. Aufgenommen am 12. VI. 1897.

Hereditäre Belastung nicht zu ermitteln. Mit 26 Jahren verheirathet, lebte in friedlicher Ehe und guten Verhältnissen; hatte ein Kind. Vor 4 bis 5 Jahren trat die Menopause ein.

Vor 2 Jahren begann sie psychisch ein auffallendes Verhalten zu zeigen, äusserte unbegründete Nahrungssorgen, äusserte, sie werde, wenn der Mann sterben sollte, nichts mehr zu leben haben u. s. f. Wollte sich Arbeit suchen, um nicht Noth leiden zu müssen. Einmal wollte sie in einen Teich springen. Frau A. kam am 14. VI. 1896 in die psychiatrische Poliklinik in Giessen. Sie klagte damals über ihren Leib, es komme vom Blute her. Die Wirthschaft gehe zurück. Der Zustand besserte sich nach einiger Zeit, so dass sie ihr Hauswesen wieder versehen konnte.

Seit Ostern 1897 begann sie wieder zu klagen. Meinte, der Pfarrer rede über sie in der Kirche, beschwerte sich einmal sogar bei ihm persönlich. Auch meinte sie mehrfach, es stehe etwas über sie in der Zeitung, sie komme nach B. in das Zellengefängniss, die Polizei sei hinter ihr her.

Während im Sommer 1896 der Zustand als subacute Melancholie mit guter Prognose erschienen war, sind im Jahre 1897 allmählich paranoiähnliche Züge bei vorhandener Gemüthsdepression aufgetreten.

Einige Tage vor der Aufnahme sprang sie in G. in das Wasser und wurde bewusstlos herausgezogen.

Bei der Aufnahme wird der Zustand beobachtet, welcher schon aus der Analyse der Fragebögen ersichtlich geworden ist. In Beantwortung der ihr vorgelegten Fragen ist sie ausserordentlich langsam, jede muss man ein halbes Dutzend mal wiederholen, bevor sie Acht gibt. Sie zeigt eine eigenthümliche Unruhe, spielt an der Tischdecke, kratzt am Holze, reibt sich im Gesicht, starrt dann wieder bewegungslos aus dem Fenster. Im Allgemeinen ist sie orientirt, producirt nichts, was auf Sinnestäuschungen bezogen werden könnte, äussert keine Wahnideen. Während der Unterhaltung sagt sie mehrfach: „Ich möcht hinaus zu den anderen Leuten."

Keine Symptome organischer Nervenkrankheit.

Die über Monate bis 15. XI. 1897 sich erstreckende klinische Beobachtung hat im Wesentlichen immer dasselbe Bild ergeben. Manchmal waren weinerliche Erregungen da, welche die Kranke hätten als melancholisch erscheinen lassen. Im Vordergrunde steht die Stereotypie ihrer Aeusserungen, die inhaltlich oft mit einander in Widerspruch stehen. Z. B. verlangt sie am 19. VII. beständig in halb flehendem, halb befehlendem Tone ihre Schuhe und Kleider: „Ach, lasst mich fort zu meinen Verwandten"; im völligen Gegensatz dazu bittet sie dann wieder mit stereotyper Redewendung, man solle sie im Saal lassen. Häufig hört man die Redewendung: „Ach lassen Sie mich doch noch hier bei die Leut" (cfr. den Fragebogen).

24. VIII. Bei einem Besuch der Angehörigen stellte sie sich weinend an die Wand, redete mit jenen gar nichts. Als die Verwandten gehen, ist sie über Erwarten ruhig, drängt anfangs zur Thüre: „Ich will meinen Mann noch einmal sehen", bringt wenige Minuten später in stereotyper Weise vor: „Ach lassen Sie mich doch hier, bei die Leut."

Die weitere Beobachtung hat immer klarer erwiesen, dass die Diagnose auf Melancholie falsch gewesen ist, dass der Fall vielmehr als eine Form von Schwachsinn mit Anomalieen der psychomotorischen Bewegungen und mit Erscheinungen von Stereotypie aufzufassen ist.

Dieser Schluss lässt sich in viel kürzerer Zeit aus der genauen Analyse der Untersuchungsbögen ableiten als aus der umfangreichen Krankengeschichte, welche häufig unter dem verwirrenden Eindruck der vorübergehenden ängstlichen Erregungen der Kranken steht.

Im Zusammenhang erscheint auch der Anfall von subacuter Melancholie, der bei der poliklinischen Beobachtung im Sommer 1896 angenommen worden war, vielmehr als der Beginn eines fortschreitenden Krankheitsprocesses, der nach einer mehr paranoiaähnlichen Periode im Frühjahr 1897 zu dem jetzigen Zustand von Schwachsinn geführt hat.

Die Kranke wurde am 15. XI. 1897 ungeheilt nach Hause entlassen. Von dort erhielt ich am 29. VI. 1898 die Nachricht, „dass sie sich nicht verschlimmert hat und ihr Befinden noch so ist wie am 15. XI. 1897." Dadurch wird die Annahme eines dauernden Schwachsinns unter Ausschluss periodischer Melancholie noch mehr bestätigt.

Nachdem wir der Verbindung von Unorientirtheit und Spannungserscheinungen mit depressivem Affect nachgegangen sind, gebe ich nun eine Anzahl von Fällen, in denen die auf Sinnestäuschungen und Wahnideen bezüglichen Fragen oder vielmehr die Reactionen darauf eine entscheidende Rolle spielen und Momente herausstellen, die mit den genannten Symptomen sich zu bestimmten Krankheitsbildern zusammenschliessen.

Elisabethe P. aus G., Maurerswittwe, geb. 18. X. 1829. Aufgenommen am 26. VI. 1897.

Wir gehen von der Analyse der Untersuchungsbögen aus:

Name: Frau P. Nr. 1.
Datum: 28. VI. 1897.
Tageszeit: 11 Uhr vormittags.

1. Wie heissen Sie? — Ach, P. (richtig) heiss ich . . Elisabethe.
2. Was sind Sie? — Ach, ich weiss nicht, Du lieber Gott!
3. Wie alt sind Sie? — Das weiss ich auch nicht, ich weiss gar nichts mehr. Wenn man keinen Verstand mehr hat, weiss man nichts mehr. Ich hab keinen Verstand mehr, grad so wenig wie Sie!
4. Wo sind Sie zu Hause? — Ich bin von hier.
5. Welches Jahr haben wir jetzt? — Ich weiss es nicht.
6. Welchen Monat haben wir jetzt? — Ich weiss ja nicht . . . im Juli oder Juni.

7. Welches Datum im Monat haben wir? — Das weiss ich auch nicht.
8. Welchen Wochentag haben wir heute? — Das weiss ich auch nicht.
9. Wie lange sind Sie hier? — 2—3 Tage glaube ich.
10. In welcher Stadt sind Sie? — Ich bin doch von hier, Giessen.
11. In was für einem Hause sind Sie? — Ein Irrenhaus. — Ach mein Kind!
12. Wer hat Sie hierher gebracht? — Meine Tochter, ach wie schrecklich.
13. Wer sind die Leute Ihrer Umgebung? — Ich kenne sie doch nicht, die sind doch irr.
14. Wo waren Sie vor acht Tagen? — Da war ich noch daheim.
15. Wo waren Sie vor einem Monat? — Da war ich auch daheim.
16. Wo waren Sie vorige Weihnachten? — Da war ich auch daheim.
17. Sind Sie traurig? — Ja! Sehr! Ueber mein Unglück! (Weil sie in einem Irrenhause ist, wo sie nie wieder hinauskommt. Sie würde hier unsterblich und müsste ewig hier bleiben.) [1])
18. Sind Sie krank? — Fragen Sie doch nicht! Sie wissen ja, dass ich krank bin. Sehr krank!
19. Werden Sie verfolgt? — Ja, sehr! Von Ihnen, von den Menschen, die hier sind. Jetzt komme ich in einen unterirdischen Keller und nie wieder ans Licht.
20. Werden Sie verspottet? — Ach! Ja freilich!
21. Hören Sie schimpfende Stimmen? — Ja, wir haben schon alles durchgemacht.
22. Sehen Sie schreckhafte Gestalten? — Ja, wo man hinguckt, fürchtet man sich; man hat doch Fleisch und Blut und wird so zugerichtet.

In dem vorliegenden Bogen ist Folgendes zu erkennen:

1. Das häufige Auftreten von ängstlichen Ausrufen, welche den Antworten vorangestellt oder angehängt werden, ad 1 „ach“, ad 2 „du lieber Gott“, ad 11 „ach mein Kind“, ad 12 „ach wie schrecklich!“

2. Richtige Antworten ad 1, 4, 6, 10, 11, 12, 13, 15.

3. Das häufige Auftreten der Rede: „Ich weiss nicht“, auch bei einfachen Fragen (cfr. 2, 3), einmal (cfr. 6) kurz bevor die fast richtige Antwort („Im Juni oder Juli“) erfolgt. Diese Redewendung bildet einen grossen Gegensatz zu der völligen Orientirtheit und Fähigkeit der Erinnerung, welche in den unter 2 erwähnten Antworten hervortritt.

4. Bejahung der auf Gemüthsdepression, Sinnestäuschungen und Verfolgungsideen bezüglichen Fragen ad 17, 18, 19, 20, 21, 22.

Nach dem Fragebogen handelt es sich um einen deutlichen Zustand von ängstlichem Affect mit Wahnideen und Sinnestäuschungen.

Der Ablauf der Krankheit ist leicht ersichtlich aus dem am 8. VII., also circa 10 Tage später aufgenommenen Fragebogen:

Name: Elisabeth P. Nr. 2.
Datum: 8. VII. 1897.
Tageszeit: $10^1/_2$ Uhr vormittags.

1. Wie heissen Sie? — Elisabeth P. (richtig).
2. Was sind Sie? — Maurermeisterswittwe.

---

[1]) Diese Umwandlung der Antworten in die Form eines Berichtes ist methodologisch als Fehler zu bezeichnen.

3. Wie alt sind Sie? — 58 Jahre alt, 1829 geboren.
4. Wo sind Sie zu Hause? — In Giessen.
5. Welches Jahr haben wir jetzt? — 1897.
6. Welchen Monat haben wir jetzt? — Juli.
7. Welches Datum im Monat haben wir? — Das weiss ich nicht.
8. Welchen Wochentag haben wir heute? — Das weiss ich auch nicht. Wenn ich in der Stadt wäre, so wüsste ich es.
9. Wie lange sind Sie hier? — Acht Tage vielleicht. (12!)
10. In welcher Stadt sind Sie? — Giessen.
11. In was für einem Hause sind Sie? — Leider im Irrenhause.
12. Wer hat Sie hierher gebracht? — Wir sind mit der Chaise gekommen, meine Tochter und meine Enkelin (richtig).
13. Wer sind die Leute Ihrer Umgebung? — Die kenne ich nicht, die sind krank.
14. Wo waren Sie vor acht Tagen? — Da war ich noch zu Hause.
15. Wo waren Sie vor einem Monat? — Da war ich auch zu Hause.
16. Wo waren Sie vorige Weihnachten? — Da war ich auch zu Hause.
17. Sind Sie traurig? — Ja! Sehr traurig, weil das so ein grosses Unglück ist.
18. Sind Sie krank? — Ja!
19. Werden Sie verfolgt? — Bis jetzt noch nicht! Das kann noch kommen.
20. Werden Sie verspottet? — Nein, da weiss ich nichts davon.
21. Hören Sie schimpfende Stimmen? — Es wird mir etwas zugerufen, was, das kann ich nicht sagen.
22. Sehen Sie schreckhafte Gestalten? — Das sieht man nicht! Das ist unterirdisch, was hier vorgeht!

Zusätze:

23. Wollen Sie wieder heim? — Ich komme mein Lebtag nicht mehr nach Hause.
24. Was geht denn hier unterirdisch vor? — Sehr schlimme Sachen, meine ich! Darf man denn die Menschen umbringen? Die werden hier zersägt und dann gekocht. Das wissen Sie so gut wie ich auch! (Seufzt.)

Dieser Fragebogen zeigt folgende wesentliche Momente:

1. Die Aeusserungen von ängstlichem Affect sind seltener geworden, jedoch tritt in den Antworten ad 11, 17 noch traurige Grundstimmung hervor.

2. Die Redensart: „Ich weiss nicht“ ist bis auf die Antworten 7 und 8, bei denen es sich um wirkliche Unwissenheit handeln kann, ganz verschwunden.

3. Die Kranke ist jetzt über die Fragen ad 1—16 orientirt mit Ausnahme der auf Zeit und zeitliche Erinnerung bezüglichen Fragen 7—9.

4. Die Antworten auf die Fragen 17—22 sind etwas anders als früher. Jetzt heisst es ad 19: Werden Sie verfolgt? „Bis jetzt noch nicht,“ früher hiess es: „Ja, sehr, von Ihnen und den Menschen.“ Frage 20 (Werden Sie verspottet?) wird jetzt verneint, früher hiess es: „Ach! ja freilich.“ Gehörstäuschungen sind noch vorhanden (cfr. 21), jedoch scheinen die inneren Wahrnehmungen unklarer als früher. Frage 22 wurde früher bejaht, jetzt heisst es: „Das sieht man nicht! Das ist unterirdisch.“ Das paranoïsche Moment tritt also weniger hervor.

Im Allgemeinen ist der Affect geringer, Wahnideen und Sinnestäuschungen sind noch vorhanden, jedoch ist eine Besserung aus den Antworten zu entnehmen.

Vergleichen wir mit diesen aus den Bögen abgeleiteten Sätzen die Krankengeschichte, so zeigt sich, dass in diesen zwei Fragebögen eigentlich alle wesentlichen Punkte schon ersichtlich sind, und zwar in einer viel deutlicheren Weise als es die zusammenfassenden Urtheile jener im Einzelnen aufweisen.

Ich greife aus derselben folgende Notizen heraus:

Elise P. aus G., Maurerswittwe, geb. 18. X. 1829, aufgenommen am 26. V. 1897. Erbliche Belastung nicht nachzuweisen. Verheiratung im 22. Lebensjahr. Sie hat acht Kinder gehabt, von denen fünf noch leben. Die eine Tochter, welche diese Angaben macht, erinnert sich, dass die Frau schon zu Lebzeiten des Mannes, der vor 20 Jahren starb, sehr reizbar gewesen sein soll. Bei Gelegenheit bekam sie Krämpfe, fiel nieder, soll auch bewusstlos gewesen sein. Die Tochter bezeichnet das als „Magenkrämpfe". Der Ehemann war in seinen letzten Lebensjahren in einer Irrenanstalt. Seit 1894, also seit ihrem 65. Lebensjahr zeigten sich die ersten Zeichen von geistiger Störung. Sie war depressiv gestimmt, äusserte eine Anzahl melancholischer Wahnideen, sie sei an allem Familienunglück schuld, habe die ganze Stadt ins Elend gebracht, die Welt werde ihretwegen untergehen, alle Eisenbahnen müssten entgleisen, ihre Tochter und deren Kind müssten verhungern, die ganze Familie werde eingemauert werden. Sie war dabei sehr unruhig, schlief schlecht, wanderte immer stöhnend und die Hände ringend umher. Sie brachte auf dem Speicher ihrer Wohnung einen Strick an, um sich das Leben zu nehmen, wurde jedoch daran verhindert.

Nach einigen Monaten besserte sich der Zustand von selbst, Patientin redete wieder ganz klar, wunderte sich, dass man so dumme Gedanken haben könne. Indessen wiederholten sich diese Perioden mehrfach. Zur Zeit ist es das fünfte Mal, dass sie erkrankt. Während des vierten Anfalles war sie poliklinisch behandelt worden; die Aufnahme in die stationäre Klinik war vergeblich angerathen worden. Sie hatte damals (circa Ende October 1896) Versündigungsideen, glaubte ihre siebenjährige Enkelin sei krank, weil dieselbe von ihr schlecht genährt worden sei. Es würde am besten sein, wenn man alles daheim mit Petroleum übergiessen und anzünden möchte. Von diesem Anfall erholte sie sich bis Weihnachten vollständig, bekam jedoch Ostern eine neue Attaque gleicher Art.

Bei der Aufnahme fällt körperlich nur ein Tremor der gespreizten Finger, namentlich in seitlicher Richtung auf. Der Verlauf war folgender:

27. VI. Patientin blieb gestern ruhig im Bett liegen, nahm keine Nahrung zu sich, stöhnte und seufzte ab und zu, schlief jedoch in der Nacht. Sie isst heute mit geringem Appetit, macht einen tief deprimirten Eindruck und seufzt fortwährend: „Ach! Ach! Du lieber guter Gott!" Ihre Aeusserungen tragen constant einen melancholischen Charakter an sich. „Ach du lieber guter Gott, ach, was für ein Unglück habe ich angestellt! Was für ein Unglück, wenn man in einem Irrenhause ist. Man kann nichts arbeiten und schaffen, man kann sein Brod nicht verdienen! Früher, da konnte ich noch waschen für andere Leute und Geld verdienen. Es ist mehr wie Unglück, aus dem Unglück kommt man gar nicht mehr heraus. Ich selbst trage die Schuld, ich habe Böses gethan! Mehr wie Böses gethan! Ich habe mich ums Leben gebracht und meine Kinder um das Leben gebracht und alle

um das Leben gebracht. Wir sind lebendig todt! Eine grosse, grosse Sünde habe ich auf mich genommen! Jetzt muss ich dafür büssen. Ganz Giessen ist verloren! Sie sind auch in dem Unglück. Ich hätte mir das Leben nehmen müssen als ich 18 Jahre alt war! Jetzt kann ich mir das Leben nicht mehr nehmen, weil es zu spät ist. Jetzt muss ich ewig leiden. Nie und nimmer werde ich sterben; wer hier ist, muss ewig in seiner Qual bleiben."

28. VI. In der Nacht wenig Schlaf. Patientin stöhnte viel und äusserte, man werde ihr etwas Unrechtes eingeben, die Knie zerschmettern und sie in einen dunklen Keller werfen, wo sie ewig schmachten müsse.

Dementsprechend lauten die Berichte weiter.

Alle diese Beschreibungen sind jedoch nicht imstande, dem aus der Analyse der Fragebögen gewonnenen Bilde in irgend einem Punkte etwas Neues in Bezug auf die Verbindung von Symptomen zuzufügen. Das Krankheitsbild wird durch diese Schilderungen zwar reicher, aber nicht deutlicher, ferner lässt sich der Ablauf der Krankheit viel klarer durch den Vergleich der Untersuchungsbögen herausstellen, als durch die Lectüre der ausgedehnten Krankengeschichte, welche naturgemäss neben den auf Darstellung der Symptome gerichteten Ausführungen auch eine Menge von Einzelheiten mittheilen muss, die lediglich vom Standpunkt des Anstaltsbetriebes von Interesse sind, ohne die Beziehung der psychopathischen Zustände und Symptome zu einander irgendwie zu klären.

Die allein aus den Untersuchungsbögen abzuleitende Auffassung, welche sich auch durch die Vorgänge vor der Aufnahme in die Klinik und die mitgetheilten Beobachtungen als sehr wahrscheinlich erwiesen hat, wird durch den Verlauf vollends bestätigt.

20. VII. Patientin bewegt sich, geht im Garten, macht öfter einen ganz klaren Eindruck, spricht aber doch noch bisweilen die Wahnidee aus, es müsse etwas im Keller sein. Die von hier Entlassenen kämen nicht nach Hause, sondern in den Keller, würden dort geschlachtet. — Es zeigt sich demnach mit allmählichem Ablassen des Affectes ein Uebergangsstadium von Wahnbildung, das an Paranoia erinnert. Dabei sind noch lebhafte Schwankungen des depressiven Affectes vorhanden.

21. VII. Heute wieder mehr verstimmt, stöhnt oft und spricht, sie sei so unglücklich, komme nie mehr in die Heimat. Sie wisse genau, was man mit ihr plane.

23. VII. Patientin macht auf den ersten Blick den Eindruck, dass sie sich in der Reconvalescenz befindet. Sie lächelt manchmal, äussert sich sehr zufrieden über ihren Aufenthalt. Es sei schön im Garten, sie freue sich unter guten Menschen zu sein.

24. VII. Auch heute noch manchmal deprimirte Stimmung. Beim Besuch der Tochter und Enkelin heiter und ruhig, fragt wie es daheim gehe, mustert die Kleidung des Kindes. Sagt: „Ich habe doch immer gemeint, die beiden wären auch hier untergebracht."

31. VII. Am heutigen Nachmittag beim Besuch der Tochter und Enkelin noch leise Zweifel, ob denn jene wirklich nicht hier in der Klinik gewesen seien. Sonst völlig klar und verständig.

2. VIII. Auf die Frage: Was ist unter dem Fussboden? sagt sie lächelnd: „Der Keller." Und was ist in dem Keller? „Die Heizung" (richtig).

4. VIII. Leichter Rückfall. Ist zurückhaltender, sieht sich oftmals ängstlich um, meint, es werde nun bald an sie die Reihe kommen. Wenn man ihr nur vorher den Kopf abmachen wolle, damit sie nichts von den Martern spüren könnte.

12. VIII. Fortschreitende Besserung, wünscht Beschäftigung, die Stimmung ist andauernd gleichmässig heiter.

20. VIII. Andauernd klar und geordnet, bei völliger Krankheitseinsicht.

22. VIII. Nach mehrfachen Versuchen, sie stunden- oder tageweise nach Hause zu beurlauben, die ohne Störung abliefen, geheilt entlassen. Die Kranke ist bisher ohne Rückfall geblieben.

Jedenfalls hat sich das aus der Analyse weniger Untersuchungsbögen abgeleitete Urtheil auf Grund der Krankengeschichte und des Verlaufes als richtig erwiesen. Zugleich zeigt sich, dass die wenigen auf Stimmungsanomalieen und Wahnideen gerichteten Fragen thatsächlich eine Anzahl von verwerthbaren Reactionen ergeben haben, die besonders durch ihre Vergleichbarkeit mit den Antworten bei anderen Arten von Störung einen grossen klinischen Vortheil bieten.

Wir entwickeln nun einen Fall, in welchem Wahnideen und Sinnestäuschungen eine ganz andere Stellung in dem Symptomencomplex einnehmen, als wir es eben gesehen haben.

Frau Margarethe H. aus St., Taglöhnersgattin, geboren 25. III. 1864. Aufgenommen am 9. VII. 1897.

Name: Margaretha H. Nr. 1.
Datum: 9. VII. 1897 (Freitag).
Tageszeit: $^1/_2$11 Uhr vormittags.

1. Wie heissen Sie? — Margaretha H. (unterbricht sich, macht ein sehr ernstes Gesicht, wird bedenklich, horcht auf, sagt:) Nein, Waldmann (behauptet, es wäre ihr zugerufen worden).
2. Was sind Sie? (Ausgelassen.)
3. Wie alt sind Sie? — 34 Jahre.
4. Wo sind Sie zu Hause? — In Steinfurth (richtig).
5. Welches Jahr haben wir jetzt? — 1877, ach ich sei irr, 1897.
6. Welchen Monat haben wir jetzt? — Müsste Juni sein.
7. Welches Datum im Monat haben wir? — Das weiss ich nicht.
8. Welchen Wochentag haben wir heute? — Es muss Mittwoch sein.
9. Wie lange sind Sie hier? — Vielleicht zwei Stunden.
10. In welcher Stadt sind Sie? — Giessen.
11. Was ist das für ein Haus? — Ein Spital.
12. Wer hat Sie hierher gebracht? — Mein Mann und Philipp Arnoldi.
13. Wer sind die Leute Ihrer Umgebung? — Kranke.
14. Wo waren Sie vor acht Tagen? — Als zu Haus.
15. Wo waren Sie vor einem Monat? — Auch zu Haus immer.
16. Wo waren Sie vorige Weihnachten? — Auch zu Haus immer.
17. Sind Sie traurig? — Ach Gott, ich sein grad nicht traurig. — (Haben Sie Angst? — „Nein.“)
18. Sind Sie krank? — Nein, es fehlt mir weiter nichts, es ist wegen der Beichterei.
19. Werden Sie verfolgt? — Ja, dass ich es glauben muss.

20. Werden Sie verspottet? — Ja.
21. Hören Sie schimpfende Stimmen? — Ja, zu mancher Zeit.
22. Sehen Sie schreckhafte Gestalten? — Ja, manchmal die Leut, hier auf der Erde.

Resultat: 1. Es besteht fast völlige Orientirtheit (cfr. Antworten ad 1, 3, 4, 5, 10, 11, 12, 13, 14, 15, 16).

2. Es ist kein ausgeprägter ängstlicher Affect vorhanden. cfr. Antwort ad 17: Sind Sie traurig? „Ach Gott, ich sein (bin) gerad' nicht traurig."

3. Die Fragen betreffend Verfolgung und Sinnes-, speciell Gehörstäuschungen werden bejaht. Einmal tritt eine Reaction auf eine akustische Sinnestäuschung hinter der richtigen Beantwortung einer Frage auf, cfr. Frage 1: Wie heissen Sie? „Margarethe H." (unterbricht sich, macht ein sehr ernstes Gesicht, wird bedenklich, horcht auf, sagt:) „Nein, Waldmann" (behauptet, es sei ihr zugerufen worden).

Der pathologische Schwerpunkt liegt bei diesem Befund in den unter Nr. 3 hervorgehobenen Wahnideen und Sinnestäuschungen. Auf Grund dieser Analyse ist mit Wahrscheinlichkeit anzunehmen, dass diese Symptome nicht wie in den früheren Fällen aus Stimmungsanomalieen entspringen, sondern eine selbstständige Bedeutung haben, dass es sich also nicht um einen melancholischen, sondern um einen paranoïschen Zustand handelt.

Vergleichen wir damit eine andere Aufnahme:

Name: Frau H. Nr. 2.
Datum: 16. VII. 1897 (Freitag).
Tageszeit: 5 Uhr nachmittags.

1. Wie heissen Sie? — Nach längerem Besinnen, wobei sie das linke Ohr stark vorbeugt und aufhorcht: „Grethe H." (richtig), seufzt, flüstert einige unverständliche Worte, beachtet genau, was der Untersuchende schreibt.
2. Was sind Sie? (Ausgelassen.)
3. Wie alt sind Sie? — 33 Jahre alt.
4. Wo sind Sie zu Hause? — Steinfurth in der Wetterau bei Bad Nauheim.
5. Welches Jahr haben wir jetzt? — (Besinnt sich:) 1897, he?
6. Welchen Monat haben wir jetzt? — Wir werden im Juli sein.
7. Welches Datum im Monat haben wir? — Das wüsste ich auch nicht, ich sei schon acht Tage hier, auf den Kalender guck ich nicht.
8. Welchen Wochentag haben wir heute? — (Seufzt.) Das weiss ich auch nicht.
9. Wie lange sind Sie hier? — Fünf Tage.
10. In welcher Stadt sind Sie? — Ich meine in Homburg.
11. Was ist das für ein Haus? — Spital.
12. Wer hat Sie hierher gebracht? — Mein Mann und Philipp Arnoldi.
13. Wer sind die Leute Ihrer Umgebung? — Sind auch krank, was ihnen fehlt, weiss ich nicht.
14. Wo waren Sie vor acht Tagen? — War ich noch zu Haus.
15. Wo waren Sie vor einem Monat? — War ich noch zu Haus.
16. Wo waren Sie vorige Weihnachten? — War ich noch zu Haus.
17. Sind Sie traurig? — Manchmal ist wie ein Fluch her vom Herzen.
18. Sind Sie krank? — Nein, es ist wegen Essensspeis, es muss an die Därm liegen.

19. Werden Sie verfolgt? — Ja, ich mein der Münzenberger Doctor Waldmann thäte mir zurufen.
20. Werden Sie verspottet? — Nein, aber die Leute sprechen Alles durcheinander.
21. Hören Sie schimpfende Stimmen? — (Ausgelassen.)
22. Sehen Sie schreckhafte Gestalten? — Manchmal kommt es mir so vor.

Resultat: 1. Die Orientirtheit ist wie früher fast völlig erhalten. Nur ist auffallend, dass sie jetzt die Stadt des Aufenthaltes falsch angibt. (Cfr. Antwort ad 10: „Ich meine in Homburg.") Es ist also eine partielle Verfälschung in Bezug auf ein für die Orientirung wichtiges Moment eingetreten.

2. Trauriger Affect ist auch jetzt nicht festzustellen.

3. Die Fragen betreffend Verfolgung und Sinnestäuschungen werden auch diesmal bejaht, cfr. Frage 19: Werden Sie verfolgt? „Ja, ich mein der Münzenberger Doctor Waldmann thäte mir zurufen." Dadurch kommt der am 9. Juli notirte Ausruf: „Nein, Waldmann" noch mehr in den Anschein einer Reaction auf eine Gehörstäuschung. Ebenso ist ihr Benehmen auf die erste Frage: Wie heissen Sie? (nach längerem Besinnen, wobei sie das linke Ohr stark vorbeugt und aufhorcht) „Grethe H." (seufzt, flüstert einige unverständliche Worte etc.) — höchstwahrscheinlich Folge der Ablenkung durch Gehörstäuschungen.

Jedenfalls deckt sich der Befund mit dem am 9. VII. erhaltenen vollständig. Im Zusammenhang ist die Verfälschung der Orientirung in Bezug auf den Aufenthaltsort vermuthlich als Folge hallucinatorischer Vorgänge, nicht als partielle Unorientirtheit im Sinne der herdartigen Erscheinungen, wie wir sie in dem ersten der analysirten Fälle (cfr. pag. 184) gefunden haben, aufzufassen.

In dem Untersuchungsbogen vom 16. VII. ist nun noch ein Moment enthalten, welches aus dem Gebiet, dessen Untersuchung durch die gestellten Fragen angestrebt wird, zunächst herausfällt, das jedoch Beachtung verdient, nämlich:

4. Das Auftreten einiger sonderbarer unverständlicher Sätze, cfr. Frage 17: Sind Sie traurig? „Manchmal ist wie ein Fluch her vom Herzen." Frage 18: Sind Sie krank? „Nein, es ist wegen Essensspeis, es muss an die Därm liegen."

Es muss mindestens die Möglichkeit zugelassen werden, dass es sich hier um den Beginn der eigenartigen sprachlichen Verfallserscheinungen handelt, welche im Ablauf paranoïscher Processe öfter auftreten.

Vergleichen wir damit einen am 15. VIII. aufgenommenen Bogen:

Name: Frau H. Nr. 3.[1])
Datum: 15. VIII. 1897 (Sonntag).
Tageszeit: 11 Uhr vormittags.

1. Wie heissen Sie? — Margarethe H. Was schreiben Sie denn da über mich? Ist das fürs Gericht?

[1]) Bei der Fragestellung sind Frage 6 und 7, sowie 14 bis 16 zusammengefasst worden. Auch hier liegt methodologisch ein Fehler vor, da die Vergleichbarkeit der Antworten auf die einzelnen Fragen fest im Auge behalten werden muss.

2. Was sind Sie? — Eine Frau bin ich.
3. Wie alt sind Sie? — 33 Jahre bin ich alt.
4. Wo sind Sie zu Hause? — In der Wetterau. Da ist es schön!
5. Welches Jahr haben wir jetzt? — 1897 ist halb herum. Im Juli bin ich hergekommen. Wann komm' ich fort?
6. Welchen Monat haben wir jetzt?
7. Welches Datum im Monat haben wir? } Es kann um die Mitte sein. August mein ich ist's.
8. Welchen Wochentag haben wir heute? — Heut' ist ja Sonntag. Die Glocken läuten.
9. Wie lange sind Sie hier? — Ein paar Wochen sind's schon.
10. In welcher Stadt sind Sie? — Bin ich nicht in Homburg oder Friedberg?
11. In was für einem Hause sind Sie? (Ausgelassen.)
12. Wer hat Sie hierher gebracht? — Mein Mann.
13. Wer sind die Leute Ihrer Umgebung? — Was denen fehlt, weiss ich nicht. Die eine Frau will nichts essen.
14. Wo waren Sie vor acht Tagen?
15. Wo waren Sie vor einem Monat?
16. Wo waren Sie vorige Weihnachten? } Zu Hause, da sind meine Kinder. Eins ist todt, das starb an Diphtheritis.
17. Sind Sie traurig? — Manchmal, wenn mir so Schlimmes zugerufen wird.
18. Sind Sie krank? — Ich denk', ich hätt' als ein Loch im Darm.
19. Werden Sie verfolgt? — Verfolgt nicht.
20. Werden Sie verspottet? — Aber die mir so etwas Garstiges rufen, die sind mir nicht gut zu.
21. Hören Sie schimpfende Stimmen? — Geschimpft bin ich nicht.
22. Sehen Sie schreckhafte Gestalten? — Es redet als manchmal grob und dann ist mir furchtsam.

Resultat: 1. Die Kranke ist fast völlig orientirt.

2. In Bezug auf den Aufenthaltsort ist sie unorientirt, cfr. Antwort ad 10: In welcher Stadt sind Sie? „Bin ich nicht in Homburg oder Friedberg?" In der Art der Antwort ist zugleich eine gewisse Gleichgiltigkeit ersichtlich.

3. Es sind wie früher Zeichen von Sinnestäuschungen und Wahnideen vorhanden. Bemerkenswerth ist das Auftreten einer hypochondrischen Wahnidee, cfr. Antwort ad 18: Sind Sie krank? „Ich denk, ich hätt' als ein Loch im Darm."

4. Es sind Zeichen einer associativen Weitschweifigkeit ersichtlich, wie sie in späteren Stadien der Paranoia vorkommt, z. B. in der Antwort ad 15: Wo waren Sie vor einem Monat? „Zu Hause, da sind meine Kinder. Eins ist todt, das starb an Diphtheritis."

Letzteres Moment hat wahrscheinlich bei der Analyse solcher Fälle eine viel grössere prognostische Bedeutung, als man ihm in den Lehrbüchern bisher beimisst: Es verräth ebenso wie der Zerfall der sprachlichen Zusammenhänge, der in den Antworten des vorigen Bogens leicht angedeutet ist, bei Paranoïschen fast immer den Uebergang in Schwachsinn, insofern als die consequente Beziehung aller Vorstellungen auf die eigentlichen Wahnideen, wie sie im Beginn der Paranoia oft vorliegt, in diesem Symptom der associativen Aneinanderreihung aufgehoben erscheint. Als weiteres Symptom der fortschreitenden Zersetzung fassen wir die erst allmählich eingetretene partielle Unorientirtheit in Bezug auf den Aufenthaltsort auf.

Vergleichen wir damit einen 10 Monate später aufgenommenen Bogen.

Name: Margarethe H. Nr. 4.
Datum: 30. VI. 1898.
Tageszeit: 3 Uhr nachmittags.

1. Wie heissen Sie? — Margarethe H. (richtig).
2. Was sind Sie? — Ich bin eine gewöhnliche Frau von zu Haus.
3. Wie alt sind Sie? — 36 Jahr am 25. März gewesen.
4. Wo sind Sie zu Hause? — Alleweil bin ich hier, bin von Steinfurth an der Wetterau.
5. Welches Jahr haben wir jetzt? — 1898.
6. Welchen Monat haben wir jetzt? — Ich mein es müsst im Juli sein.
7. Welches Datum im Monat haben wir? — Ich weiss nicht, vielleicht der 24.
8. Welchen Wochentag haben wir heute? — Dienstag vielleicht, oder Mittwoch.
9. Wie lange sind Sie hier? — Es wird jetzt im August ein Jahr, es war wie die Leute Frucht geschnittten haben.
10. In welcher Stadt sind Sie? — In Kronberg und unten darunter liegt Giessen an der Lahn und Münzenberg.
11. In was für einem Hause sind Sie? — Hier ist eine Klinik, da ist das ewige Leben unten darunter.
12. Wer hat Sie hierher gebracht? — Franz Nikolaus H. und Philipp Arnoldi.
13. Wer sind die Leute Ihrer Umgebung? — Das sind von unserer Sorte keine, die sind vom ewigen Leben da unten aus Giessen an der Lahn.
14. Wo waren Sie vor acht Tagen? — Da war ich auch schon hier, vor vierzehn Tagen hab' ich schon da unten getanzt.
15. Wo waren Sie vor einem Monat? — War ich als schon hier, da hab' ich nachts gesehen, da war ich bald da, bald dort.
16. Wo waren Sie vorige Weihnachten? — Da war ich hier und hab' eine Schürze bescheert kriegt und Haselnüsse und Steinnüsse und Honigkuchen.
17. Sind Sie traurig? — Nein, als mal, manchmal kommt mir das Weinen, da kommt die Bangigkeit an mich wegen meinen Kindern.
18. Sind Sie krank? — Nein, ich spür nichts, nur zieht es mir durch die Eingeweide, vom Kopf bis herunter ins Geheime. (!)
19. Werden Sie verfolgt? — Immer, mit Halsabschneiden und Kopfabschneiden.
20. Werden Sie verspottet? — Ja, manchmal und auch geuzt und geschimpft.
21. Hören Sie schimpfende Stimmen? — Ja, während ziehen sie mir an der Zunge da unten die Juden.
22. Sehen Sie schreckhafte Gestalten? — Ja, vorbin Ochsen, da sind die Leute drunter hergelaufen; dann hab' ich gestern Abend ein Ding gesehen wie eine Kuh und wie's heraus war, da war's mein Kind Jean.

Resultat: Neben den früher unter 1–3 hervorgehobenen Momenten (fast völlige Orientirtheit, Wahnideen und Sinnestäuschungen ohne starken ängstlichen Affect) ist das verworrene Confabuliren späterer Stadien von Paranoia in diesem Bogen unverkennbar. Im Zusammenhang mit den früheren Untersuchungsbögen ist der Schluss zu machen, dass es sich um einen relativ rasch zum Schwachsinn führenden paranoïschen Process handelt.

Vergleichen wir mit der somit inductiv gewonnenen Auffassung die Krankengeschichte:

Margarethe H. aus St., Taglöhnersgattin, geb. 25. III. 1864. Aufgenommen in die psychiatrische Klinik in G. am 9. VII. 1897.

Patientin ist erblich stark belastet, von den nächsten Blutsverwandten sind zwei in Anstalten, beziehungsweise darin gestorben. Die Mutter war psychisch stark abnorm. Schon 1886 versuchte sie durch allerhand Hetzereien anscheinend auf paranoïscher Basis bei ihrer Tochter gegen den Schwiegersohn Misstrauen zu erwecken, machte dieselbe eifersüchtig. Frau H. hat sieben Kinder geboren, von denen vier leben.

Beginn der Störung im Spätherbst 1896. Sie hatte am 24. XI. ihr jüngstes Kind geboren, erholte sich nicht recht, trotzdem Schwangerschaft und Geburt sie keineswegs besonders angegriffen hatten. Zuerst machten sich Beeinträchtigungsideen bei ihr bemerklich; die Leute redeten über sie, bemerkten etwas an ihr. Einmal lief sie ganz unvermittelt in das Haus eines Pfarrers, gab, als man sie nach dem Grunde fragte, zur Antwort: die Leute wüssten es ja doch. Dabei konnte sie ihrem Hauswesen noch vorstehen.

Von Weihnachten an begann sie den Ehemann mit Eifersüchteleien zu quälen, behauptete, er wolle sich eine andere Frau nehmen, habe schon eine Braut. Sie brachte seinen schwarzen Anzug aus dem Hause, damit er sich nicht trauen lassen könne, erbrach daheim in seiner Abwesenheit Kisten und Kasten, um darin nach Beweisen seiner Untreue zu suchen. Die Kaufbriefe ihres Hauses schleppte sie zur Bürgermeisterei mit der Angabe, das seien Ehepacten, welche aus ihrem Hause fortmüssten. Sie begann dann das Hauswesen ganz zu vernachlässigen, sorgte nur für sich, fürchtete, vergiftet zu werden. Medicamente, die ihr verordnet waren, warf sie fort, suchte einmal weggestellte Tropfen wieder hervor und schüttete sich dieselben in die Ohren. (Abwehr gegen Gehörshallucinationen?)

Seit Monaten ist sie scheu, steigt manchmal aus dem Fenster ins Freie und ist auch oftmals Nächte lang abwesend. Sie verkriecht sich dann in den Keller ihres Hauses oder auch bei anderen Leuten. Bei solchen Streifereien ging sie halbangekleidet umher, kam manchmal durchnässt und frostschauernd wieder nach Hause. Bei den Nachbarn klopfte sie oft nachts ans Fenster. Als der Ehemann versuchte, ihre nächtlichen Ausflüge durch Verrammeln von Fenstern und Thüren zu verhindern, wurde sie sehr erregt, zertrümmerte Scheiben und Haushaltungsgegenstände, schrie ihrem Manne entgegen, das seien die Scherben, die sie ihm zu seiner neuen Hochzeit werfe. Dabei redete sie viel mit sich, sagte öfter, sie werde gerufen und müsse schnell wieder fort. Sie ass ziemlich viel, behauptete indessen, sie müsse ein Loch im Darm haben: „Das Essen fällt hinab, ich weiss gar nicht wohin.“

Schon nach dieser Anamnese war die Diagnose auf Paranoia wahrscheinlich. Bei den klinischen Beobachtungen treten nun bald Sinnestäuschungen besonders acustischer Art in den Vordergrund. Die Leute gäben es ihr fortwährend zu verstehen: fortwährend würde ihr zugerufen, dies geschähe von allen Seiten, bald von oben, bald aus dem Keller, es wäre ihr so, als müsste sie hinkommen. Meist käme alles von oben herunter, die Stimme Gottes, ein Schutzengel. Es seien das Offenbarungen vom lieben Gott, „denn was von oben kommt, ist wahr“, das könne man fest glauben. Der liebe Gott rufe sie, die Gemeinderäthe sprächen von der

Höhe zu ihr, ihr Geheimniss sei laut geoffenbart. Alle sprächen ihr aus dem Munde heraus, sie müsste es denken und die anderen sprächen es heraus. Jeder wisse genau, was in ihr vorginge. „Alles wird wild durcheinander geschwätzt, man kann nicht wissen, ist's ernst oder nicht." Sie verräth zeitweise grössere Unruhe, richtet sich oft im Bett auf, hört Zurufe, sie möge hinkommen, verlangt nach ihren Kleidern, sie werde zu Hause erwartet, streckt öfters die Arme in die Höhe, macht zuweilen mit den Armen eigenthümliche pantomimische Abwehrbewegungen.

10. VII. Hört öfters ihren Mann rufen, behauptet, aus dem Keller würden ihr Antworten ertheilt. Die Verfolgungsideen beziehen sich wesentlich auf ihren Mann.

11. VII. Sie behauptet: „Es wird mir zugerufen, ich soll auf die Oberstube kommen, ich soll höher steigen, ich kann nicht mehr hier liegen, die Leute sind ganz wild und gehen auf mich los." „Heut Morgen hat's nach Tropfen an meinem Bett gerochen, ich glaube es ist von oben herunter gekommen vom lieben Gott."

In den sprachlichen Aeusserungen der Kranken, sowie in den Schilderungen ihrer inneren Vorgänge ist eine auffällige Lockerung der Gedankenzusammenhänge unverkennbar.

13. VII. Sie hört ihre Mutter sprechen, sowie auch einen Onkel, der in Amerika lebt. Soeben sei ihr gesagt worden, ihr Wohnhaus wäre abgebrannt, ihren Kindern wären die Köpfe abgehackt worden, das Haus des ihr gegenüberwohnenden Schmiedes stände in Brand, der Arzt in St. habe sich erhängt. Sie springt zur Thür, rüttelt an derselben und ruft: „Herr W. ich komme." Erzählt, sie habe einmal einen Ring gefunden, letzteren hätte ihr Mann seiner Mutter geschickt, dort wäre der Ring eingeschmolzen worden zu drei Nägeln ihres Sarges.

17. VII. Unbekümmert um irgend welche Zwischenfragen berichtet sie in vorwiegend heiterer Stimmung und mit auffallendem Gleichmuth von Stimmen, die fortwährend auf sie eindrängen. Vor 14 Tagen sei sie mit dem Doctor aus M. mit Namen W. im Geheimen getraut worden. W. sei ein Bruderssohn von ihrem Onkel H. in Amerika, ihr Mann sei mit ihren drei Kindern nach Amerika gegangen. Ein Mann stecke im Keller im Fass und rede zu ihr, sie solle noch eine halbe Stunde im Zimmer bleiben und nicht in den Garten gehen; — dann höre sie wiederum, ihr Bett solle nachts verschoben werden. Alle Viertelstunden kommt ein anderer Mann und macht die Mittheilung, „sie soll 25 Pfennig kriegen von den Herren, die da kommen und sprechen". Im Keller sässe der Doctor aus M. mit zwei Kindern. „Es ist mir so vorgekommen in die Augen, meine beiden Kinder seien im Keller." Das eine habe ein blauwollenes Jäckchen angehabt und rothe Strümpfe. Die Kinder hätten ihr den Rücken zugewandt, ihr Lisettchen habe auf einem Stühlchen gesessen.

Hier tritt schon deutlich das confabulirende Wesen hervor, welches im Ablauf der mit Verfolgungsideen beginnenden Paranoia wohl ausnahmslos den Uebergang in Schwachsinn andeutet und daher praktisch ein wichtiges Symptom bildet. Es zeigt sich also, dass die Krankengeschichte die aus der Analyse der Fragebögen gezogenen Schlüsse völlig bestätigt, dass besonders die Annahme eines fortschreitenden psychischen Zersetzungsprocesses weiterhin erwiesen wird.

Die vorliegende Methode stellt nun bei Vergleichung der Resultate in verschiedenen Fällen, in denen Wahnideen eine Rolle spielen, ganz klar heraus, dass es in der mit dem Namen Paranoia bezeichneten Krankheitsgruppe eine überraschende Menge von Verlaufsarten und Symptomverbindungen gibt. Oder vielmehr wenn man von dem klinischen Begriff der Paranoia ganz absieht: Man findet eine ganze Anzahl von Krankheitszuständen mit Wahnideen und Sinnestäuschungen, die von der angenommenen Verlaufsart der Paranoia völlig abweichen und vermuthlich aus dieser Gruppe ebenso ausgelöst werden müssen, wie man aus dem Sammelbegriff der Paralyse eine Anzahl ganz verschiedener Krankheiten ausgegliedert hat. Voraussetzung zu einer solchen Neugruppirung ist eine wissenschaftliche Symptomenlehre, welche Maasse für die einzelnen Symptome und Kriterien für die Bedeutung bestimmter Symptomconstellationen schafft. Diese kann nur gewonnen werden, wenn man methodisch eine grosse Anzahl von sogenannten Paranoia-Fällen nach dem Princip des gleichen Reizes untersucht und die Differenzen der Fälle, sowie die natürliche Gruppirung der Symptome festzustellen sucht.

Werfen wir noch einen kurzen Rückblick auf den zurückgelegten Weg. Unser Ausgangspunkt war das Princip des gleichen Reizes. Um dieses in der einfachsten Weise zu verwirklichen, haben wir eine Reihe von Fragen aus der gewöhnlichen klinischen Unterhaltung zu einem Schema zusammengestellt. Dieses wurde unter Weglassung alles Ueberflüssigen lediglich daraufhin zugeschnitten, vier Hauptgruppen von Symptomen, nämlich 1. Orientirtheit, 2. Stimmungsanomalieen, 3. Wahnideen, 4. Sinnestäuschungen scharf herauszuheben und die Verknüpfung dieser Symptome im einzelnen Fall zu ermitteln.

Die gewählten Fragen waren so einfach und zum Theil so unmittelbar auf die Feststellung dieser Momente hin gerichtet, dass man im Hinblick auf die raffinirte Art, in welcher der einzelne Praktiker oft zu Werke geht, um einen psychopathischen Zug klarzustellen, hätte geneigt sein können, diese ganze Methode für plump und aussichtslos zu halten.

Nichtsdestoweniger sind bei der Prüfung einer grösseren Reihe von Fällen mit dieser Reihe einfacher Fragen nicht blos die Grundzüge einer Anzahl von Krankheitszuständen in sehr deutlicher Weise herausgestellt worden, sondern es haben sich mehrfach durch die leichte Vergleichbarkeit der Resultate wichtige differentialdiagnostische Gesichtspunkte ergeben. Ferner hat sich die Methode als brauchbar erwiesen, um die Art des Ablaufes von Geisteskrankheiten in übersichtlicher Weise darzustellen. Schliesslich ist es gelungen, einige Einblicke in die Verknüpfung der oben erwähnten fundamentalen Symptome zu erhalten, so dass an dieser Stelle die Behandlung der Untersuchungsmethoden unmittelbar in eine psychopathologische Symptomenlehre überleitet.

Jedenfalls ist erwiesen, dass das Princip des gleichen Reizes auch in der einfachsten Form geeignet ist, brauchbare

Materialien für den Bau der wissenschaftlichen Psychopathologie herbeizuschaffen.

Gedächtniss.

Schon bei dem Entwurf des Frageschemas zur Prüfung der Orientirtheit haben wir eine Anzahl von Fragen verwendet, die sich im Grunde auf das Gedächtniss für bestimmte Attribute der Persönlichkeit, für zeitliche Verhältnisse und bestimmte Ereignisse des persönlichen Lebens beziehen. Wir mussten dabei die Auffassung des Gedächtnisses als eines einheitlichen Vermögens ganz fallen lassen und dafür das Gedächtniss für bestimmte einzelne Arten von Eindrücken und Vorstellungen untersuchen.[1])

Thatsächlich ist die fortschreitende Erfahrung über die Gehirnfunctionen, speciell über die Ausfallserscheinungen bei herdartigen Gehirnkrankheiten immer mehr dazu gelangt, eine Reihe von partiellen Gedächtnissfähigkeiten anzunehmen, die in einer individuell sehr verschiedenen Zusammensetzung das ausmachen, was die unitarisirende Sprache als „Gedächtniss“ bezeichnet.

Entsprechend dieser Ueberlegung muss man bei der Untersuchung des Gedächtnisses von vornherein auf die Annahme einer einheitlichen „Fähigkeit“ verzichten und versuchen, die für klinische Zwecke wichtigen Partialgedächtnisse herauszugreifen.

Es läge nun nahe, von den einzelnen Sinnesgebieten auszugehen und zu prüfen, wie lange bestimmte optische, akustische, tactile und andere Reize der einzelnen Sinnessphären im Gedächtniss haften oder vielmehr erinnert werden können.

Damit würde man jedoch die Mehrzahl der klinischen Fälle von vornherein von einer methodischen Untersuchung ausschliessen, da die oben angedeutete Form derselben nur selten brauchbar ist.

Ausserdem spricht auch ein psychologischer Grund gegen diese Methode. In den Wahrnehmungen, aus denen sich unsere Vorstellungen ableiten, sind Elemente aus verschiedenen Sinnesgebieten zu Einheiten verknüpft, die für unser Bewusstsein die eigentliche Wirklichkeit ausmachen, wenn auch die analytische Psychologie sie in bestimmte Componenten zerlegt. Die „Empfindungen“ sind psychologisch Abstractionen aus den elementaren Thatsachen der Wahrnehmung.

Es ist deshalb vom Standpunkt einer inductiven Psychopathologie zunächst richtiger, bestimmte Wahrnehmungen zum Ausgangspunkt einer Gedächtnissprüfung zu wählen, als die durch psychologische Abstraction gefundenen Sinnesqualitäten als Gegenstände der Gedächtnissprüfung zu behandeln. Selbstverständlich kann man die elementaren Feststellungen über die Fähigkeit, bestimmte Wahrnehmungen in Erinnerung zu behalten, in geeigneten

[1]) Cfr. *Oswald Külpe*, Grundriss der Psychologie, Leipzig 1893, pag. 174—190, 199—215. *W. Wundt*, Grundzüge der physiologischen Psychologie, 2. Aufl., 1880, II, pag. 318—327. *Sigmund Exner*, Entwurf zu einer physiologischen Erklärung der psychischen Erscheinungen, 1894, pag. 235—243, 305—315. *H. Hoeffding*, Psychologie, II. deutsche Ausgabe, übersetzt von *Bendixen*, 1893, V. B., 6 und 7, pag. 191—206. *J. Rehmke*, Lehrbuch der allgemeinen Psychologie, 1894, pag. 496—546. *H. Schwarz*, Die Umwälzung der Wahrnehmungshypothesen durch die mechanische Methode, Leipzig 1895.

Fällen durch methodische Prüfung nach sinnesphysiologischen Kategorieen ergänzen.

Jedenfalls empfiehlt es sich für unsere klinischen Zwecke, von den bestimmten Wahrnehmungen auszugehen, welche ein normalpsychologischer Mensch unter den gleichen Bedingungen hätte machen müssen. Dabei geht man am einfachsten chronologisch zu Werke, indem man prüft, ob der Kranke die einzelnen Ereignisse bei der Aufnahme behalten hat. Im Hinblick auf die Vergleichbarkeit ist es wünschenswerth, nur diejenigen Momente herauszuheben, welche für alle in die Anstalt aufgenommenen Kranken und womöglich auch für die in andere Anstalten aufgenommenen als ungefähr gleichmässig angenommen werden können. Dies ist dadurch erschwert, dass der Aufnahmemodus in verschiedenen Anstalten etwas verschieden gehandhabt wird.

Jedenfalls kann aber jede einzelne Anstalt sich leicht ein vergleichbares Material schaffen, wenn unter Anpassung an den Dienstgang eine bestimmte Reihe auf das Erinnerungsvermögen bezüglicher Fragen vorgelegt werden. In der psychiatrischen Klinik in Giessen wird zu diesem Zweck geprüft, ob der Kranke sich an die Art des Einganges, an die ihn begleitenden und in der Klinik empfangenden Personen, an die Beschaffenheit des Aufnahmeraumes, ferner an das Bade- und Untersuchungszimmer, sowie an die erste Umgebung und an die Einrichtung des Wachsaales erinnert.

Dabei bieten eine Anzahl von besonderen Vorkehrungen in den letztgenannten Räumen, welche einem Besonnenen sofort auffallen (zum Beispiel im Wachsaal die elektrischen Glühlampen in Ecklaternen, Abtheilung des Raumes durch Vorhänge bestimmter Farbe u. s. f.). öfter eine günstige Gelegenheit zur Gedächtnissprüfung. Aehnlich verhält es sich mit der Art der Einrichtung der Einzelzimmer, die gelegentlich einen Prüfstein für das Erinnerungsvermögen gewisser Kranken (nach Alkoholdelirien, epileptischen Dämmerzuständen etc.) bietet.

Ferner wird man die Fähigkeit, sich an bestimmte Menschen aus der Umgebung, an die Namen der Pfleger u. s. f. zu erinnern, prüfen. Bestimmte Ereignisse für die Gedächtnissprüfung herauszugreifen ist bei der Monotonie des Anstaltslebens oft schwierig.

Von dieser Reihe von Momenten für die einfachste Gedächtnissprüfung bei Geisteskranken ist ein Punkt: die Erinnerung an die bei der Aufnahme begleitende Person in das obige Schema für die Untersuchung des Orientirungsvermögens schon aufgenommen worden und hat im Zusammenhang mit den anderen Fragen als Reiz auf viele Kranke angewendet eine Menge von diagnostisch verwerthbaren Differenzen in den Antworten herausgestellt.

Sodann kann man rückwärts die Ereignisse bei der Verbringung in die Anstalt und weiter zurück bis zu dem Ausbruch der Krankheit zu ermitteln suchen oder vielmehr das Erinnerungsvermögen für diese Dinge prüfen.

Ferner ist das Gedächtniss für die Zeitdauer des Aufenthaltes am besten im Zusammenhang mit Fragen über zeitliche Orientirung (im genannten Untersuchungsschema) festzustellen. Hierbei kommt die schon erwähnte Frage in Betracht, ob der Kranke die fortlaufende Kette von Ereignissen während seines Anstaltsaufenthaltes ungefähr in Erinnerung behalten hat und imstande ist, diese Reihe von Vorgängen zeitlich abzuschätzen, ferner ob er diese Zeitdauer auf die gewöhnliche Zeiteintheilung (Name des Monats und Wochentages) richtig beziehen kann.

Genauere Untersuchungen über den Zeitsinn [1]), wie sie von der Psychophysiologie zur Zeit in Angriff genommen werden, sind vorläufig nur in sehr seltenen Fällen (bei Epileptischen, Paranoïschen etc.) möglich. Für die klinische Psychiatrie erscheinen die oben angedeuteten einfachen Feststellungen, wenn sie nur methodisch mit den gleichen Reizen an einer grossen Menge von Fällen ausgeführt werden, fruchtbarer zu sein als die psychophysischen Feinheiten.

Erst wenn diese einfachen Gedächtnissfähigkeiten, Wahrnehmungen zu behalten und die Reihe von Wahrnehmungen zeitlich zu schätzen, sowie auf die gewöhnliche Zeiteintheilung zu beziehen, geprüft sind, kann man sich im einzelnen Fall dazu wenden, die verschiedene Fähigkeit der Erinnerung für verschiedene Gruppen von Wahrnehmungen herauszustellen. Dabei kommen vor Allem optische und akustische in Betracht.

Schon in der oben erwähnten Reihe von Wahrnehmungen, welche nach der Aufnahme in die Anstalt zustande kommen, sind einige optisch sehr hervorstechende (im obenerwähnten Beispiel elektrische Lichter in den Ecken, Farbe eines Vorhanges), die sich zur vergleichenden Untersuchung mehrerer Fälle eignen. Dabei zeichnen sich manche Kranke dadurch aus, dass sie diese vorwiegend optischen Wahrnehmungen besser behalten als akustische.

Hier liegt ein methodisch wichtiges Moment vor: Man kann sehr leicht zur Untersuchung von Verwirrtheits- und Dämmerzuständen eine Anzahl von gesonderten optischen und akustischen Reizen schaffen, um die Frage der Amnesie für diese Eindrücke hinterher prüfen zu können.

Am besten eignen sich als optische Reize bunte Blätter, Wollbündel oder Tücher, ferner verschiedenfarbige Lichter, Wechsel von Licht und Dunkelheit, sodann Bilder in bestimmter Auswahl. Ferner kann die Selbstbetrachtung des Kranken in einem vorgehaltenen Spiegel zur nachträglichen Gedächtnissprüfung benutzt werden. Bei einem Epileptischen mit periodischen Dämmerzuständen habe ich hierbei verschiedene Kopfbedeckungen in Anwendung gebracht, um die Erinnerung für die Wahrnehmung des auffallenden Gegenstandes, die zweifellos vorhanden war, zu prüfen.

Zu akustischen Reizen für spätere Amnesieprüfung kann man das Geräusch der aufschlagenden Kugel am *Hipp*'schen Fallapparat oder starke Geräusche (Händeklatschen, Schall einer Trompete oder Trommel) oder ungewöhnliche sprachliche Reize benutzen.

Es zeigt sich in beiden Gebieten, dass gewisse Reize leichter behalten werden als andere; z. B. konnte sich der oben erwähnte

---

[1]) Cfr. Zeitschrift für Psychologie und Physiologie der Sinnesorgane, Bd. XVII. *Fr. Schumann:* I. Ein Contactapparat zur Auslösung elektrischer Signale in variirbaren Intervallen, pag. 253—271. II. Zur Psychologie der Zeitanschauung, pag. 106 -148. — *E. Neumann* in *Wundt's* philosophischen Studien, Bd. XII: Beiträge zur Psychologie des Zeitbewusstseins, pag. 127—254.

Epileptische nach einem Dämmerzustande an das laut, ohne directe Wendung gegen ihn ausgesprochene Wort „Esel“ erinnern, während er im Uebrigen scheinbar ganz amnestisch war.

Auch hier fördert eine genaue Untersuchung einzelner Fälle die merkwürdigsten Differenzen zu Tage, deren genauere Feststellung wünschenswerth ist.

Andere Arten von Sinnesreizen (tactile, olfactorische u. s. f.) sind im Allgemeinen wegen der schwierigen Vergleichung weniger zu dieser Vorbereitung einer späteren Prüfung auf Amnesie geeignet, verdienen jedoch in manchen Fällen angewendet zu werden.

Voraussetzung zu diesen Experimenten ist das Vorhandensein eines klinischen Untersuchungszimmers, in welchem eine methodische Prüfung ohne Belästigung anderer Kranker und ohne Störung durch diese vorgenommen werden kann.

Nur selten kann man die feineren psychophysischen Methoden, welche zur Prüfung des Gedächtnisses ausgearbeitet worden sind, auf klinische Fälle anwenden, verhältnissmässig am besten bei ruhigen Hysterischen, Epileptischen und Paranoïschen, welche noch genügend Besonnenheit und Aufmerksamkeit zeigen.

Immerhin wird es eine weitere Aufgabe der Psychopathologie sein, diese Methoden[1]), auf welche wir hier nur kurz hinweisen können, allmählich für unsere Zwecke nutzbar zu machen, wie es bereits durch *Kraepelin*[2]) geschehen ist.

Schulkenntnisse.

Neben der Fähigkeit der Erinnerung für die frischen Eindrücke bei dem Eintritt in die Anstalt und während des Aufenthaltes darin kommt in Betracht, wie weit die Kranken sich an längstvergangene Ereignisse erinnern. Leider bewegt sich diese Prüfung bei jedem einzelnen Fall so im Individuellen, dass die Beschaffung eines vergleichbaren Materials kaum möglich erscheint.

Am meisten bietet noch eine Prüfung der Schulkenntnisse, welche Erinnerungsreste aus früherer Zeit darstellen, Aussicht auf vergleichbare Resultate. Allerdings ist es bei genauerem Zusehen sehr schwierig, ein Schema zusammenzustellen, auf dessen einzelne Fragen bei allen geistig Gesunden eine richtige Antwort erwartet werden könnte, da die Unterschiede der Schulbildung ganz ausserordentlich grosse sind.

Zudem gibt es eine Menge geistig gesunder Analphabeten, die sogar bei manchen Völkern einen beträchtlichen Procentsatz ausmachen.

Immerhin ist es nothwendig, wenigstens in den Grenzen eines Volksbewusstseins eine Reihe von solchen Fragen herauszusuchen, deren Beantwortung von geistig Gesunden mit einiger Sicherheit erwartet werden kann.

Mit Rücksicht auf eine Reihe klinischer Erfahrungen empfiehlt es sich, dabei zunächst eine Gruppe von gedächtnissmässigen Reihen zu bilden. Ferner können einige nationale und religiöse

[1]) Cfr. *H. Ebbinghaus*, Ueber das Gedächtniss. 1885.

[2]) Cfr. *Kraepelin*, Ueber die Beeinflussung einfacher psychischer Vorgänge durch einige Arzneimittel, pag. 68—91.

Kenntnisse als ziemlich allgemein verbreitet angenommen werden. Dazu kommen einige geographische und geschichtliche Fragen.

Aus diesen Motiven habe ich folgendes Schema für die Untersuchung der Schulkenntnisse für Angehörige des deutschen Sprachgebietes zusammengestellt:

Schema zur Prüfung der Schulkenntnisse.

Name: Nr.
Datum:
Tageszeit:

1. Alphabet.
2. Zahlenreihe.
3. Monatsnamen.
4. Wochentage.
5. Deutschland, Deutschland über alles.
6. Vater unser.
7. Zehn Gebote.
8. Wie heissen die grössten Flüsse in Deutschland?
9. Wie heisst die Hauptstadt von:
   a) Deutschland?
   b) Preussen?
   c) Sachsen?
   d) Bayern?
   e) Württemberg?
   f) Hessen?
10. Wer führte 1870 Krieg?
11. Wer führte 1866 Krieg?
12. Wie heisst der Grossherzog von Hessen?
13. Wie heisst der jetzige Kaiser von Deutschland?
14. Wann starb Kaiser Wilhelm der Erste?

Der Schwerpunkt dieses Schemas liegt nicht in der Vollständigkeit der Prüfung, sondern in der leichten Vergleichbarkeit der Antworten.

Aus dem grossen Material, welches mir vorliegt, will ich ohne ausführliche Mittheilung der Krankengeschichten und ohne genauere Analyse eine Reihe von Untersuchungsbögen unter Anknüpfung an kurze klinische Leitsätze zusammenstellen.

1. Bei nicht paralytischen Zuständen von Schwachsinn sind die Schulkenntnisse oft sehr gut erhalten. Das Erhaltensein der Schulkenntnisse bildet daher keinen Beweis für geistige Normalität.

Beispiel: J. Str. aus Sp., geb. 31. V. 1874, aufgenommen am 25. I. 1897. Erkrankte als Stud. phil. im 4. Semester mit hypochondrischen Ideen, die zu dauerndem Schwachsinn überleiteten.

Symptome: Verworrene Wahnideen, er sei der König der Juden. Mangel an Systematisirung seiner Ideen. Gelegentlich Erregungszustände. Unfähigkeit zu selbstständiger Lebensführung.

Diagnose: Dementia paranoïdes.

Name: St. Nr. 1.
Datum: 5. IV. 1897.
Tageszeit: 11 Uhr 50 Min. vormittags.

1. Alphabet.	Wird fliessend und sehr rasch genannt.
2. Zahlenreihe.	
3. Monatsnamen.	
4. Wochentage.	
5. Deutschland, Deutschland über alles.	
6. Vater unser.	
7. Zehn Gebote.	

8. Wie heissen die grössten Flüsse in Deutschland? Rhein, Weser, Elbe, Oder, Donau.
9. Wie heisst die Hauptstadt von:
   a) Deutschland? — Berlin.
   b) Preussen? — Berlin.
   c) Sachsen? — Dresden.
   d) Bayern? — München.
   e) Württemberg? — Stuttgart.
   f) Hessen? — Darmstadt.
10. Wer führte 1870 Krieg? — Wilhelm der Erste gegen Frankreich.
11. Wer führte 1866 Krieg? König Wilhelm gegen Oesterreich.
12. Wie heisst der Grossherzog von Hessen? — Ernst Ludwig.
13. Wie heisst der jetzige Kaiser von Deutschland? — Wilhelm der Zweite.
14. Wann starb Kaiser Wilhelm der Erste? — 9. März 1888.

2. Bei paralytischen Erkrankungen zeigen sich häufig frühzeitig Defecte der Schulkenntnisse, speciell in den gedächtnissmässigen Reihen.

Beispiel: Margarethe H. aus M., Tünchersgattin, geb. 1. VI. 1852, aufgenommen am 15. V. 1896.

Symptome: Euphorie, Gleichgiltigkeit, Gedächtnissstörungen. Doppelseitige Pupillenstarre. Kniephänomene vorhanden.

Diagnose: Progressive Paralyse.

Name: H. Nr. 1.
Datum: 30. IV. 1897.
Tageszeit: 11¼ Uhr vormittags.

1. Alphabet. — I. „a, b, c, d, e“ — stockt: „auswendig kann ich es nicht“. II. „a, b, c, d, e, f, e, d.“ III. Kommt nicht über f hinaus, „in der Schul' habe ich es gekonnt“. IV. „a, b, c, d, e, f, e, d, e, d.“
2. Zahlenreihe. — Zählt richtig bis 50, kommt von da ab in andere Reihen, z. B. 68, 69 und dann wieder 42, 43 etc., vergisst sehr bald, was sie kurz vorher gesagt hat. So sagt sie in der Achtzigerreihe: „60 meine ich hätte ich gesagt.“
3. Monatsnamen. — Stockt bei August, sagt: „Dann kömmt Mai, Schluss ist December, November haben Sie schon geschrieben? Da ist das Jahr aus.“
4. Wochentage. — Nach einigem Stolpern richtig.
5. Deutschland, Deutschland über alles. — Nicht gekannt.
6. Vater unser. — Unter Auslassung der letzten Bitte richtig aufgesagt.
7. Zehn Gebote. — Nicht gewusst.
8. Wie heissen die grössten Flüsse in Deutschland? — (Sinnt lange nach:) „Oder.“
9. Wie heisst die Hauptstadt von:
   a) Deutschland? — „Darmstadt.“
   b) Preussen?
   c) Sachsen?
   d) Bayern?
   e) Württemberg?
   f) Hessen?
   (b–f:) Nicht gewusst.
10. Wer führte 1870 Krieg? — „Die Preussen, wir hatten Einquartierung daheim, es war ein Corporal; gegen die Franzosen.“

11. Wer führte 1866 Krieg? „War auch Krieg, haben wir auch Einquartierung gehabt, das war Elsass und Lothringen.“
12. Wie heisst der Grossherzog von Hessen? — „Das weiss ich nicht.“
13. Wie heisst der jetzige Kaiser von Deutschland? — „Wilhelm, Friedrich ist gestorben an Halskrankheit.“
14. Wann starb Kaiser Wilhelm der Erste? — Nicht gewusst.

3. Bei katatonischem Schwachsinn beruhen die Mängel der Schulkenntnisse oft nicht auf Unwissenheit, sondern sind als Paralogie (bewusstes Danebenreden) aufzufassen.

Frau E. B. aus F., geb. 16. XI. 1871, aufgenommen am 28. IX. 1896. Diagnose: Ausgeprägte Katatonie.

Name: B. Nr. 1.
Datum: 20. V. 1897.
Tageszeit: 10 Uhr vormittags.

1. Alphabet.
2. Zahlenreihe.
3. Monatsnamen.
4. Wochentage.

} Gewusst.

5. Deutschland, Deutschland über alles. — Nicht gekannt.
6. Vater unser. — Unter fortwährendem Lachen richtig aufgesagt.
7. Zehn Gebote. — Gut gekannt.
8. Wie heissen die grössten Flüsse in Deutschland? - Rhein, Donau, Main, Oder, Isar, Inn; haben Sie keinen Atlas? (Lacht.)
9. Wie heisst die Hauptstadt von:
   a) Deutschland: — Berlin.
   b) Preussen? — Berlin.
   c) Sachsen? — Bukarest vielleicht. (Lacht.)
   d) Bayern? — München.
   e) Württemberg? — Bulgarien, ei auf dem Atlas findet man sich zurecht, für 20 Pfennig kriegt man schon einen Atlas zu kaufen.
   f) Hessen? — Darmstadt.
10. Wer führte 1870 Krieg? — Die alten Deutschen.
11. Wer führte 1866 Krieg? — Karl der Grosse.
12. Wie heisst der Grossherzog von Hessen? — Ludwig der Dreizehnte.
13. Wie heisst der jetzige Kaiser von Deutschland? — Kaiser Friedrich. Bei uns war für den Kaiser Friedrich geläutet worden. Es hat schon viel von ihm geheissen, er sei gestorben, als ich noch in Pension war.
14. Wann starb Kaiser Wilhelm der Erste? — 1868.

4. Bei melancholischen Zuständen wird Unkenntniss öfter durch die Behauptung des Unvermögens vorgetäuscht.

Frau E. P. aus G., geb. 18. X. 1829, aufgenommen am 26. VI. 1897. Diagnose: Periodische Melancholie im Senium. (Krankengeschichte cfr. pag. 268.)

Name: Elisabeth P. Nr. 1.
Datum: 8. VII. 1897.
Tageszeit: 11 Uhr vormittags.

1. Alphabet. — Ich kann's nicht. (Sagt es dann fliessend her.)
2. Zahlenreihe. — 1 -10, dann 10, 20, 30—100, 11, 21, 31 . . . 91, 103 (!), 200 ?.

3. Monatsnamen. — (Fliessend aufgesagt.)
4. Wochentage. — (Fliessend aufgesagt.)
5. Deutschland, Deutschland über alles. — Das kenne ich nicht mehr. Die Kinder haben es als gesungen, wenn man im Wald spazieren ging.
6. Vater unser. — Vor ein paar Tagen war ich noch in der Kirche. (Sie faltet dann die Hände und betet fliessend.)
7. Zehn Gebote. — (Zehn Gebote mühsam zusammengebracht.)
8. Wie heissen die grössten Flüsse in Deutschland? — Da habe ich keine gelernt. Wenn man alt ist, da weiss man das nicht mehr. Ich bin doch schon über 60.
9. Wie heisst die Hauptstadt von:
   a) Deutschland? — Geographie habe ich nicht gelernt. Der Kaiser wohnt ja wohl in Berlin. Der Grossherzog meine ich ist in Darmstadt.
   b) Preussen?
   c) Sachsen?
   d) Bayern?
   e) Württemberg?
   f) Hessen?
   (b–f:) Das weiss ich nicht.
10. Wer führte 1870 *Krieg*? — Ach wer hat nur das grosse Unglück in die Welt gebracht! Ach du Vater im Himmel! Weil's Hungersnoth ist, werden die Leute ums Leben gebracht. Eben haben wir Krieg. Hier werden ja doch die Leute umgebracht! In dem Kriege sind die Leute 1870 todtgeschossen, da habe ich auch gepflegt, hier in der Baracke, hier macht man auch Menschen todt.
11. Wer führte 1866 Krieg? (Ausgelassen.)
12. Wie heisst der Grossherzog von Hessen? — Ludwig.
13. Wie heisst der jetzige Kaiser von Deutschland? — Wilhelm der Dritte.(!)
14. Wann starb Kaiser Wilhelm der Erste? (Ausgelassen.)

5. Bei maniakalischen Zuständen wird öfter Mangel der Schulkenntnisse durch associatives Abschweifen vorgetäuscht. Volkslieder, die in der Schule gelernt wurden, werden manchmal gesanglich reproducirt.

Beispiel: H. R. aus G., Tischler, geb. 6. III. 1874. Aufgenommen 4. III. 1897.

Diagnose: Manie.

Schulkenntnisse:

R. weiss über alle Fragen des Schemas Bescheid. Nr. 5 (Deutschland, Deutschland über alles) singt er mit Ausdruck vor.

6. Es kommen bei manchen Geisteskrankheiten, besonders paralytischen und epileptischen Krankheiten, periodische Schwankungen in den Schulkenntnissen vor.

Beispiel: B. N. aus L., Taglöhnerin, geb. 5. VI. 1862. Aufgenommen am 8. III. 1897.

Diagnose: Progressive Paralyse.

(Krankengeschichte cfr. pag. 184.)

Name: N. Nr. 1.

Datum: 31. III. 1897.

Tageszeit: $5^1/_2$ Uhr nachmittags.

1. Alphabet. — Kommt nicht übers c hinaus, wiederholt fortwährend „a, b, c, a, b, c" u. s. w.

2. Zahlenreihe. — Zählt richtig bis 90, wiederholt dann mehrmals: „Nach 90 kommt 20.“
3. Monatsnamen. — „Januar, Februar und dann 43, ach nein, ich bin ja irr, ich weiss nit.“
4. Wochentage. — Besinnt sich lange, kommt bis „Donnerstag“, sagt: „ich weiss nicht, Achtwochentag“.
5. Deutschland, Deutschland über alles. — Nicht gekannt.
6. Vater unser. — Stockt bei der drittletzten Bitte, kann nicht weiter.
7. Zehn Gebote. — Nicht gewusst.
8. Wie heissen die grössten Flüsse in Deutschland? — Kann keinen einzigen aufzählen.
9. Wie heisst die Hauptstadt von:
   a) Deutschland?
   b) Preussen?
   c) Sachsen?
   d) Bayern?
   e) Württemberg?
   f) Hessen?
   } Nicht gewusst. „Ich bin hier in Frankfurt, bin auch in Frankfurt geboren.“
10. Wer führte 1870 Krieg?
11. Wer führte 1866 Krieg?
    } „Weiss nicht.“
12. Wie heisst der Grossherzog von Hessen? — „Weiss nicht.“
13. Wie heisst der jetzige Kaiser von Deutschland?
14. Wann starb Kaiser Wilhelm der Erste?
    } „Weiss ich auch nicht.“

Name: N. Nr. 2.
Datum: 3. IV. 1897.
Tageszeit: 6 Uhr nachmittags.

1. Alphabet. — „a, b, c, d, e, f, g, h, i, k . . s“ . . Wie heisst es denn weiter? „Das weiss ich nicht.“
2. Zahlenreihe. — Zählt richtig bis 100.
3. Monatsnamen. — „Januar, Februar, März, April, Mai, Juni, sonst weiss ich nichts.“
4. Wochentage. — „Montag, Dienstag, Mittwoch, Donnerstag, Freitag, weiss nit.“
5. Deutschland, Deutschland über alles. — Nicht gekannt.
6. Vater unser. — Letzte Bitte nicht gewusst.
7. Zehn Gebote. — Nicht gekannt.
8. bis 14. — Nicht gewusst.

Name: N. Nr. 3.
Datum: 6. IV. 1897.
Tageszeit: $9\frac{1}{2}$ Uhr vormittags.

1. Alphabet. — „a, b, c, d, e, f, g, h, i, k, l, m, n, o, u, ixilon, z.“
2. Zahlenreihe. — Zählt richtig bis 100.
3. Monatsnamen. — „Januar, Februar, März, April, Mai, Juni, Juli, das sind 6 Monate. Ich weiss nicht, wie's andere heisst.“ Beginnt von neuem: „Juni, Juli, y, z, wie heisst das unterste, das unterste. Juni, April, Mai, Juni.“
4. Wochentage. — „Montag, Dienstag, Mittwoch, Donnerstag, Freitag, Samstag . . . .“ (Sonntag, nicht gewusst).
5. bis 14. (Nicht gewusst.)

Name: N. Nr. 4.
Datum: 11. V. 1897.
Tageszeit: 6 Uhr nachmittags.

1. Alphabet. — „a, b, c, d, e, f, g, h, i, k, l, m, y, z.“
2. Zahlenreihe. — Vermag dieselbe nur der Reihe nach aufzusagen, Reihen wie 20, 30, 40 etc. bringt sie nicht zustande.
3. Monatsnamen. — Bis zum September richtig, weiter nicht gewusst. „Es sind doch sechs Monate.“
4. Wochentage. — „Montag, Dienstag, Mittwoch, Donnerstag, Freitag.“
5. Deutschland, Deutschland über alles. — Nicht gewusst.
6. Vater unser. — Lässt die beiden letzten Bitten aus.
7. bis 14. — Ich weiss nicht, Herr Doctor.

7. Bei angeborenem Schwachsinn ist manchmal ein grosser Unterschied zwischen der Fähigkeit, automatische Reihen zu merken, und der sonstigen Fassungsfähigkeit vorhanden.

Beispiel: Friederike S. aus P., geb. 24. V. 1875, aufgenommen am 14. X. 1896.

Diagnose: Angeborener Schwachsinn mit morphologischen Abnormitäten. (Hat Idiotenunterricht genossen.)

Name: S. Nr. 1.
Datum: 30. IV. 1897.
Tageszeit: $6^1/_2$ Uhr nachmittags.

1. Alphabet. — Sehr gut gekannt.
2. Zahlenreihe. — Richtig hergesagt.
3. Monatsnamen. — Richtig hergesagt.
4. Wochentage. — Richtig hergesagt.
5. Deutschland, Deutschland über alles. — Sehr gut aufgesagt.
6. Vaterunser. — Sehr gut aufgesagt.
7. Zehn Gebote. — Sehr gut aufgesagt.
8. Wie heissen die grössten Flüsse in Deutschland? — Rhein, Weser, Elbe, Oder, Weichsel, Memel.
9. Wie heisst die Hauptstadt von:
   a) Deutschland? — Berlin.
   b) Preussen? — Dänemark.
   c) Sachsen? — Das weiss ich nicht.
   d) Bayern? — Württemberg.
   e) Württemberg? — Sachsen-Weimar.
   f) Hessen? — Berlin.
10. Wer führte 1870 Krieg? — Franzosen.
11. Wer führte 1866 Krieg? — Napoleon.
12. Wie heisst der Grossherzog von Hessen? — Kaiser.
13. Wie heisst der jetzige Kaiser von Deutschland? — Ludwig.
14. Wann starb Kaiser Wilhelm der Erste? — Nicht gewusst.

8. Psychische Erkrankungen verschiedenster Art zeigen sich bei der Prüfung der Schulkenntnisse oft nicht durch Unwissenheit, sondern durch Anknüpfung lose zusammenhängender Reden an die Fragen oder durch Reactionen, die mit pathologischen Ideen zusammenhängen.

Beispiel: Mathilde B. aus A., Kaufmannstochter, geb. am 13. VII. 1861, aufgenommen am 26. VI. 1897.

Diagnose: Hysteroepilepsie mit periodischen Erregungen manischer Art? Manie?

Name: Math. B.
Datum: 26. VI. 1897.
Tageszeit: 6 Uhr abends.

1. Alphabet. — A, b, c, die Katze lief im Schnee. Und als sie wieder 'raus kam, da hat sie weisse Stiefel an!
2. Zahlenreihe. — (Bekannt.)
3. Monatsnamen. — (Bekannt.)
4. Wochentage. — (Bekannt.)
5. Deutschland, Deutschland über alles. — (Sagt den ersten Vers, dann das ganze Lied her, in burschikosem Tone, beide Arme auf den Tisch aufstützend.)
6. Vaterunser. — (Das Vaterunser sagt sie her, fährt dann mit einer Serie von Sprüchen und Katechismusstellen fort, redet von Pontius und Pilatus.)
7. Zehn Gebote. — Wart' einmal! Die kann ich nicht ganz mehr.
8. Wie heissen die grössten Flüsse in Deutschland? — Der allergrösste Fluss ist die Schwalm bei Alsfeld! Da ist es schön! Das kennen Sie natürlich nicht. Der kleinste Fluss ist der Rhein. Den Liderbach kenne ich auch noch und hier fliesst die Lahn! Der Mississippi ist in Amerika.
9. Wie heisst die Hauptstadt von:
   a) Deutschland? — Berlin.
   b) Preussen? — Alsfeld (scherzend).
   c) Sachsen? — Potsdam, das braucht man nicht alle zu glauben.
   d) Bayern? — Das weiss ich nicht! In Alsfeld gehen wir ins Heu!
   e) Württemberg? — Das scheert mich nichts!
   f) Hessen? — Darmstadt.
10. Wer führte 1870 Krieg? — Wilhelm der Erste gegen Napoleon den Dritten. Von Napoleon dem Ersten habe ich einen Ring.
11. Wer führte 1866 Krieg? — Preussen, die Oesterreicher, Prinz Anton von Hohenzollern.
12. Wie heisst der Grossherzog von Hessen? — Ernst Ludwig.
13. Wie heisst der jetzige Kaiser von Deutschland? — Wilhelm der Zweite oder Erste.
14. Wann starb Kaiser Wilhelm der Erste? — Das weiss ich nicht.

Beispiel: Anna R. aus A., Näherin, geb. 20. VI. 1861. Aufgenommen am 3. VIII. 1896. Im ersten Lebensjahr Krämpfe. Lernte mässig. Angeblich im 18. Lebensjahr „Typhus", der von einer geistigen Störung begleitet war. Seit jener Zeit soll sie dauernd schwachsinnig sein, war unfähig zu eigener Lebensführung.

Diagnose: Schwachsinn mit Aufregungszuständen, die an Hysterie erinnern. Entstehung durch Typhus abdominalis?

Name: R. Nr. 1.
Datum: 30. IV. 1897.
Tageszeit: $^1/_2$6 Uhr nachmittags.

1. Alphabet. „Das kann ich nit so sagen, als kleines Kind habe ich es nicht lernen können, da hatt' ich ein so schwaches Gedächtniss,

aber abgezeichnet habe ich es aus einem kleinen Nähbüchlein. Seitdem ich bei den Kranken bin, habe ich ein so schwaches Gedächtniss, ich kann wirklich nicht, ich bin sehr geschwächt da drin." „a, b, c, d, e, f, g, i, k, l, m, n, o, p." Lacht schwachsinnig, sagt geziert: „Es will gar nicht 'raus das Sprechen; g, das zweitemal kann ich es gar nicht mehr sagen. So wär ich ja grad nicht so dumm, aber das Sprechen ist so gar nicht so leicht, ich weiss es ja ganz genau, ich kann's aber doch nicht sagen. Das Sprechen ist mir nicht angenehm, ich weiss gar nicht, was ich da für Empfindungen hab'. Das hat mich am meisten wahnsinnig gemacht, das von meinen Schulgefährtinnen, welche dabei waren, die so gut lernten, wie Gelehrte, und ich immer so zurückblieb."

2. Zahlenreihe. — Erst nach langer Weigerung zählt sie richtig bis hundert.
3. Monatsnamen. — Richtig aufgezählt.
4. Wochentage. — Richtig aufgezählt.
5. Deutschland, Deutschland über alles. — Erste Strophe gekannt.
6. Vaterunser. — Richtig aufgesagt.
7. Zehn Gebote. — Gewusst.
8. Wie heissen die grössten Flüsse in Deutschland? — Neckar, Rhein, Lahn, Mosel, sonst weiss ich keine Flüsse mehr, den Main habe ich vergessen.
9. Wie heisst die Hauptstadt von:
   a) Deutschland? — Berlin.
   b) Preussen? — Berlin.
   c) Sachsen? — Es fällt mir nicht ein, ich hab' mich oft darnach erkundigt, aus fremden Königreichen mache ich mir nicht so viel, grad vom Königreich Oesterreich, das weiss ich, das ist Wien.
   d) Bayern? — Ist das Augsburg? Wir hatten einen Lehrer von Bayern, der war aus Augsburg.
   e) Württemberg? — Das weiss ich auch nicht.
   f) Hessen? — Darmstadt, Hessen ist ja nur Grossherzogthum. Was mich so angeht, wo ich hingehör, das weiss ich, aber was mir fremd ist, kümmere ich mich nicht.
10. Wer führte 1870 Krieg? — Der alte verstorbene Kaiser, das ist schon der dritte Kaiser, den wir haben.
11. Wer führte 1866 Krieg? — Ja, das kann ich nicht sagen, ob das auch schon das Deutsche Reich war wie jetzt.
12. Wie heisst der Grossherzog von Hessen? — Ich weiss nicht.
13. Wie heisst der jetzige Kaiser von Deutschland? — Ich weiss die Namen, ich vergesse sie aber wieder, ich mach mir doch so viel aus den Namen nicht. Wegen mir könnt' ich heissen, wie ich wollte, wenn ich nur mehr Verstand hätte.
14. Wann starb Kaiser Wilhelm der Erste? (Ausgelassen.)

Diese Aufnahme zeigt bei der Kranken eine so grosse Menge von eigenthümlichen Zügen, dass die eigentliche Prüfung auf Schulkenntnisse ganz in den Hintergrund tritt.

Gerade dadurch wird der grosse Werth der leichten Vergleichbarkeit dieser einfachen Fragebögen in das richtige Licht gerückt. Es stellt sich sofort heraus, dass die vorliegende Art des Schwachsinns von sämmtlichen bisher erwähnten Formen völlig abweicht. Die Fragen wirken hier nur als Reize, auf welche hin sich bestimmte Grundeigenthümlichkeiten des Zustandes geistiger Schwäche in Form von vergleichbaren Reactionen deutlich darstellen.

Rechenvermögen.

Die systematische Prüfung der Rechenfähigkeit ist von *Kraepelin* in die Psychopathologie eingeführt worden, nachdem Ansätze dazu schon lange in den kurzen Rechenprüfungen, die in psychiatrischen Krankengeschichten und Gutachten gelegentlich angewendet wurden, vorgelegen hatten.

Der wesentliche methodische Fortschritt geschah dadurch, dass *Kraepelin* in der Arbeit „Ueber die Beeinflussung einfacher psychischer Vorgänge durch einige Arzneimittel" (Jena 1892) bei den Versuchen nach fortlaufender Methode neben dem Auswendiglernen und Lesen auch das Addieren in Betracht zog (cfr. l. c. pag. 68—91, 125—143, 233—239). In programmatischer Form kommt derselbe in dem Aufsatz: „Der psychologische Versuch in der Psychiatrie"[1]) (pag. 15) auf diesen Gedanken zurück, wobei er sich auf die Schrift vom *Ebbinghaus* „Ueber das Gedächtniss"[2]) bezieht.

Es ist ersichtlich, dass *Kraepelin* im Wesentlichen von der experimentellen Psychophysiologie ausgeht und eine Uebertragung von Methoden in das Gebiet der Psychopathologie vornimmt.

Im Hinblick auf die Beschaffenheit unserer Untersuchungsobjecte empfiehlt es sich nun, die Methode der Rechenprüfung möglichst zu vereinfachen und den Hauptwerth auf die Vergleichbarkeit der Resultate zu legen, die nur durch Anwendung der gleichen Reize erzielt werden kann.

Wenn man ein Schema zur Prüfung des „Rechenvermögens" ausgestalten will, muss man vor allem die Thatsache ins Auge fassen, dass dieses „Rechenvermögen" eine psychologische Fiction der Sprache ist, bei welcher in ontologischer Weise als einheitlicher psychischer Grund der verschiedenen Rechenleistungen, welche wir erfahrungsmäßig kennen, ein bestimmtes „Vermögen" angenommen wird.

Wir müssen uns sehr hüten, diese Auffassung ohne Weiteres als richtig zu betrachten, müssen sie vielmehr im Sinne einer „Arbeitshypothese", d. h. als Frage auffassen, deren Lösung bei der Gestaltung des Schemas im Auge behalten werden muss.

I. Es ergab sich daraus als erste Anforderung für dieses, dass die verschiedenen Species nebeneinander berücksichtigt werden müssen, da die Behandlung nur einer Art des Rechnens als Maassstab für das Rechenvermögen eine petitio principii bedeutet, während gerade aus der Anwendung des Schemas herausspringen soll, ob es ein solches einheitliches Vermögen überhaupt gibt.

II. Innerhalb jedes Theilgebietes musste nun vor allem das Moment der verschiedenen Schwierigkeit einzelner Aufgaben in das Auge gefasst werden. Es lag nahe, hierbei eine Stufenfolge von leichteren zu schwereren zu bilden (cfr. das Schema).

---

[1]) Psychologische Arbeiten, I. Band, Einleitung.
[2]) Leipzig 1885.

III. Dabei empfahl es sich, die oberen Grenzen der Anforderungen nicht zu hoch zu rücken, weil es ja nicht galt die enormen individuellen Schwankungen in den Rechenleistungen im Gebiet des Normalpsychologischen zur Anschauung zu bringen, sondern darauf ankam, von dem Niveau des Normalen ausgehend nach unten in das Gebiet des Pathologischen zu gelangen.

IV. Ferner war es nothwendig die Aufgaben in einer solchen Aufeinanderfolge zu stellen, dass nicht eine Lösung zugleich als Anhaltspunkt für die folgende dienen konnte. Z. B. sind Reihen wie $1 \times 3 = 3$, $2 \times 3 = 6$, $3 \times 3 = 9$ etc. bei der Zusammenstellung zu verwerfen, weil hier eine auswendiggelernte Reihe vorliegen kann, bei der nur scheinbar gerechnet wird.

Dieser Fehler ist in der Multiplicationsreihe dadurch vermieden worden, dass von der Aufgabe 1×3 ausgehend die ersten und zweiten Zahlen immer um 1 fortschreiten, also

$$1 \times 3,\ 2 \times 4,\ 3 \times 5,\ 4 \times 6,\ 5 \times 7$$

Nur ist am Schluss die Multiplication 10×12 vermieden, weil schon 8×10 vorkommt, weil ferner die Multiplicationen mit 10 zu den leichtesten gehören und infolgedessen das Princip der fortschreitenden Schwierigkeit durchbrochen werden würde. Es wurde dafür die schwierigere Aufgabe 12×13 eingefügt.

Bei den Additionen wurde in ähnlicher Weise, von der Aufgabe $2 + 2$ ausgehend, bis zur 4. Aufgabe die erste Zahl um 1, die zweite um 2 vermehrt.

$$2 + 2,\ 3 + 4,\ 4 + 6,\ 5 + 8,$$

sodann die erste Zahl um 3, die zweite um 6, also

$$5 + 8,\ 8 + 14,\ 11 + 20,\ 14 + 26,\ 17 + 32,\ 20 + 38,\ 23 + 44$$

Diese Zusammenstellung erleichtert für den, der das Princip kennt, die Controle über die Richtigkeit der Lösungen bedeutend, da die Lösungen bei den ersten 4 Aufgaben um $3\ (= 1 + 2)$, bei den nächsten um $9\ (= 3 + 6)$ fortschreiten (4, 7, 10, 13; 22, 31, 40, 49, 58, 67). Dass diese Gesetzmässigkeit sofort erkannt und als Hilfsmittel der Lösung benutzt wird, ist nach vielfachen Versuchen damit nicht zu fürchten.

Bei den Subtractionen wurde von der einfachen Aufgabe $3 - 1$ ausgegangen und bei den ersten 4 Aufgaben die erste Zahl um 5, die zweite um 2 vermehrt:

$$3 - 1,\ 8 - 3,\ 13 - 5,\ 18 - 7$$

Bei den folgenden 6 Aufgaben vermehren sich die ersten Zahlen um 4, 2, 5, 5, 2, die zweiten Zahlen um 2, 2, 4, 2, 9, d. h. in ganz unregelmässiger Reihenfolge. Der Grund dazu lag in dem Umstand, dass bei einem regelmässigen Anwachsen der ersten Zahl um 5, der zweiten um 2, die Differenz jedesmal um den leicht erkennbaren Werth 3 gestiegen wäre, was zum Anhaltspunkt für die Lösung werden konnte. Bei den zweiten Zahlen, d. h. den zu Subtrahierenden, ist das Princip der fortschreitenden Steigerung im Allgemeinen bewahrt, nur ist zuletzt ein etwas grösserer Sprung gemacht, 17, 19, 28, weil die eigentlich folgende Zahl 21 leichter zu subtrahieren ist als die vorhergehende 19. Es kommt nämlich hier nicht nur auf die Höhe der Subtrahenden an, sondern auf die Höhe der letzten Zahl, indem z. B. 48 — 19 = 29, vermöge der Schlusszahl schwerer zu subtrahieren ist als 53 — 21 = 32.

Jedenfalls ist gerade bei der Subtractionsreihe das Princip der wachsenden Schwierigkeit nicht leicht durchzuführen, weil neben der Höhe der Zahlen andere Momente mitwirken.

Ebenso schwer ist dies bei der Divisionsreihe, bei welcher die Aufgabe der wachsenden Schwierigkeit nur annähernd erreicht ist.

Aus diesen Ueberlegungen hat sich das folgende Rechenschema gestaltet, welches allen weiteren Untersuchungen zugrunde gelegt ist.

Zum Schluss sind einige Gleichungen angehängt, deren Lösung im einzelnen Fall beweist, dass der Betreffende eine relativ hohe Schulbildung erhalten hat, was für die Frage der Krankhaftigkeit eines Geisteszustandes nur indirect in Betracht kommt.

Rechenschema.

Name: | Nr.
Datum: | Kopfrechnen.
Tageszeit: | Schriftliches Rechnen.

Aufgabe	Antwort	Zeit	Bemerkungen	Aufgabe	Antwort	Zeit	Bemerkungen
1× 3=				3— 1=			
2× 4=				8— 3=			
3× 5=				13— 5=			
4× 6=				18— 7=			
5× 7=				32— 9=			
6× 8=				36—11=			
7× 9=				38—17=			
8×10=				48—19=			
9×11=				50—28=			
12×13=				43—17=			
2+ 2=				6 : 2=			
3+ 4=				8 : 4=			
4+ 6=				15 : 3=			
5+ 8=				12 : 2=			
8+14=				18 : 2=			
11+20=				28 : 7=			
14+26=				81 : 3=			
17+32=				126 : 6=			
20+38=				192 : 4=			
23+44=				369 : 9=			

(x — 3 = 14) x = ?
(x + 5 = 16) x = ?
(x + 7 = 63) x = ?
(x : 9 = 5) x = ?

Neben den Lösungen der gestellten Aufgaben kamen wesentlich in Betracht:

1. Die Zeit, welche verwendet wird.
2. Die Nebenerscheinungen speciell im physiognomischen und sprachlichen Gebiet, welche oft einer Antwort erst das charakteristische Gepräge geben.

Und zwar konnte ad 1 die Zeit in dreifacher Weise bestimmt werden

a) in Bezug auf jede einzelne Aufgabe, bei genauen Messungen mit Berücksichtigung der Zwischenpausen,
b) in Bezug auf die einzelnen Species,
c) in Bezug auf die gesammte Leistung.

Die Zeit konnte also entweder in mehr summarischer oder in mehr specialisirender Weise festgestellt werden, je nach der Lage des einzelnen Falles.

Die gleichen Aufgaben, die in diesem Schema vereinigt zur Untersuchung der klinischen Fälle dienten, wurden, gesondert auf einzelne Blätter geschrieben, auch zur Prüfung von Normalen, Nervösen und Reconvalescenten unter genauer Zeitmessung im psychophysischen Laboratorium verwendet, so dass sich ein leicht vergleichbares Material ergab.

Ad 2 war besonders folgender Gesichtspunkt im Auge zu behalten: Im Sinne des hypothetischen „Rechenvermögens" richtet man bei solchen Untersuchungen zuerst seine Aufmerksamkeit blos auf die eigentliche Rechenleistung und ist geneigt, da, wo eine solche fehlt, das Fehlen einer Reaction überhaupt anzunehmen. In Wirklichkeit gehen auf das Stellen einer Rechenaufgabe hin noch andere psychophysische Reactionen vor sich, die aber nicht als Lösung der Rechenaufgabe, sondern z. B. als Veränderung der Stellung des Körpers, als anderweitiger Sprachact, als physiognomischer Ausdruck eines Affectes u. s. f. zum Vorschein kommen. Es empfiehlt sich deshalb bei der Untersuchung nicht allein das „Rechenvermögen" im engeren Sinne in's Auge zu fassen, sondern im Allgemeinen die Reaction des betreffenden Individuums gegen solche Reize (gesprochene oder geschriebene Rechenaufgaben) zu studiren und im Auge zu behalten, dass es keine negativen Resultate gibt. Das Nichtreagiren auf einen solchen Reiz ist ebenso ein positives Symptom wie eine richtige Antwort.

Diesen Ueberlegungen ist bei der Construction des Schemas durch die Rubriken „Zeit" und „Bemerkungen" Rechnung getragen.

Wir wollen nun dieses Schema auf einzelne Fälle anwenden und seine Brauchbarkeit erproben.

Aus dem mir vorliegenden umfangreichen Material greife ich zunächst zwei Fälle heraus, durch welche der grosse Vortheil der leichten Vergleichbarkeit der Untersuchungsresultate bei dem gleichen pathologischen Individuum deutlich ersichtlich wird.

Beispiel: Louise St. aus B., geb. 8. X. 1871, aufgenommen am 23. II. 1897. Einen Tag vor der Aufnahme Krämpfe. War hinterher ganz verwirrt, kannte ihre Umgebung nicht, wollte die Kleider zerreissen, schrie laut und hatte

Angst. In der Klinik mehrfache Krampfanfälle mit Bewusstlosigkeit und nachheriger Amnesie, im Anschluss daran öfter Dämmerzustände.

Diagnose: Genuine Epilepsie mit transitorischen Geistesstörungen.

Name: St. Nr. 1.
Datum: 24. II. 1897. Kopfrechnen.
Tageszeit: $6^1/_2$ Uhr nachmittags.

1 × 3 =	3. Ausserhalb eines epileptischen Anfalles bei klarem Bewusstsein untersucht.	3 — 1 =	2.
2 × 4 =	8.	8 — 3 =	5 (3 Sec.).
3 × 5 =	15 (10 Sec.).	13 — 5 =	8 (11 Sec.).
4 × 6 =	24 (18 Sec.).	18 — 7 =	15 (lacht).
5 × 7 =	Nach einer halben Minute keine Antwort.	32 — 9 =	„Weiss ich nicht."
		36 — 11	
6 × 8 =	„Das weiss ich nicht."	38 — 13	
7 × 9 =	„Weiss ich auch nicht."	43 — 17	
8 × 10		48 — 19	
9 × 11		50 — 28	
12 × 13			
2 + 2 =	4.	6 : 2 =	8. Divisionsexempel vermag sie anscheinend nicht zu lösen. 6 : 2 = 8, wobei sie offenbar addirt. 8 : 4 = 4, wobei sie subtrahirt.
3 + 4 =	7.	8 : 4 =	4.
4 + 6 =	10.	15 : 3	
5 + 8 =	13.	12 : 2	
8 + 14 =	22.	18 : 2	
11 + 20 =	31 (5 Sec.).	29 : 7	
14 + 26 =	„Das weiss ich nicht."	81 : 3	
17 + 32		126 : 6	
20 + 38		192 : 4	
23 + 44		369 : 9	

Resultat: Von den Multiplicationen sind die ersten vier richtig gelöst, dann versagen die Antworten. Von den Additionen sind die ersten sechs richtig gelöst, von den Subtractionen die ersten drei, dann folgt ein Fehler 18 — 7 = 15, dann versagt die Fähigkeit völlig. Von den Divisionsexempeln löst sie keins. Die erste Antwort (6 : 2 = 8) bedeutet Addition (6 + 2 = 8) an Stelle von Division (6 : 2), die zweite bedeutet wahrscheinlich Subtraction (8 — 4 = 4) anstatt Division (8 : 4).

Name: St. Nr. 2.
Datum: 25. II. 1897. Kopfrechnen.
Tageszeit: 11 Uhr vormittags.

1 × 3 =	2 (4 Sec.). $13^1/_2$ Stunden nach einem epileptischen Anfall.	3 — 1 =	Bleibt stumm während aller folgenden Aufgaben.
2 × 4 =	7 (5 Sec.).	8 — 3	
3 × 5 =	6 (7 Sec.).	13 — 5	
4 × 6 =	10 (7 Sec.; 4 + 6 = 10!).	18 — 7	
5 × 7 =	Keine Antwort in einer halben Minute.	32 — 9	
6 × 8		36 — 11	
7 × 9		38 — 13	
8 × 10		43 — 17	
9 × 11		48 — 19	
12 × 13		50 — 28	

2 + 2 =	5 (3 Sec.).	6 : 2 =	Keine Antwort.
3 + 4 =	„Das weiss ich nicht."	8 : 4	
4 + 6 =	8 (5 Sec.).	15 : 3	
5 + 8 =	„Weiss nicht" (fängt an zu weinen).	12 : 2	
		18 : 2	
8 + 14 =	Keine weitere Antwort.	29 : 7	
11 + 20		81 : 3	
14 + 26		126 : 6	
17 + 32		192 : 4	
20 + 38		369 : 9	
23 + 44			

Resultat: Von den Multiplicationen sind die ersten vier falsch, die weiteren gar nicht gelöst. Dieses Ergebniss ist viel schlechter als am 24. II., das heisst einen Tag vorher.

Von den Additionen sind zwei falsch, die übrigen gar nicht gelöst.

Auf die Aufgaben betreffend Subtraction und Division erfolgt gar keine Antwort. Abgesehen von dem gleich negativen Ergebniss in Bezug auf Division ist das Gesammtresultat viel schlechter als am 24. II. Dazwischen liegt ein schwerer epileptischer Anfall, dessen Folgen jedoch äusserlich nicht ohne Weiteres zu erkennen waren.

Die Rechenprüfung erweist augenscheinlich eine Herabsetzung der Fähigkeit offenbar infolge des Anfalles. Dabei ist bemerkenswerth, dass die falschen Lösungen am 25. II. $3 \times 5 = 6$ in 7 Sec. und $4 \times 6 = 10$ in 7 Sec. rascher erfolgen als die richtigen Lösungen am 24. II. $3 \times 5 = 15$ in 10 Sec. und $4 \times 6 = 24$ in 18 Sec.

Ich füge nun einen Bogen ein, der sich auf schriftliches Rechnen bezieht.

Name: St. — Nr. 3.
Datum: 1. III. 1897. — Schriftliches Rechnen: 8 Minuten.
Tageszeit: $11^1/_2$ Uhr vormittags.

1 × 3 =	3.	8. Schrieb erst 6, verbesserte nach Vollendung der Reihe auf die Frage, ob das richtig sei, in 8, erkannte im Uebrigen das Resultat als richtig an.	3 — 1 =	2.	
2 × 4 =	6.		8 — 3 =	7.	
3 × 5 =	9.		13 — 5 =	10.	
4 × 5 =	12.		18 — 7 =	10.	
5 × 7 =	15.		32 — 9 =		„Das hab' ich in der Schule auch nicht gekonnt."
6 × 8 =	18.		36 — 11		
7 × 9 =	21.		38 — 13		
8 × 10 =	24.		43 — 17		
9 × 11 =	27.		48 — 19		
12 × 13 =	30.		50 — 28		
2 + 2 =	2.	Verwechselt mehrfach Multiplication und Addition, neigt mehr zu ersterer Rechnungsart.	6 : 2 =	4.	Patientin sagt während des Rechnens ganz richtig nach: „6 getheilt durch 2", subtrahirt aber doch.
3 + 4 =	12.		8 : 4 =	4.	
4 + 6 =	24.		15 : 3 =	12.	
5 + 8 =	13.		12 : 2 =	10.	
8 + 14			18 : 2 =	16.	
11 + 20 =	31.				
14 + 26 =		Sagt hier: „Das hab' ich in der Schule auch nicht gekonnt."	29 : 7 =		„Das hab' ich in der Schule auch nicht gekonnt."
17 + 32			81 : 3		
20 + 38			126 : 6		
23 + 44			192 : 4		
			369 : 9		

Resultat: Bei dem schriftlichen Rechnen an diesem Tage werden

ad *a)* die Multiplicationsaufgaben sämmtlich falsch gerechnet. Irgend ein durchgehender Irrthum, z. B. Verwechselung von Multiplication mit Addition u. dergl., ist nicht zu erkennen.

ad *b)* von den Additionen sind die ersten drei falsch gelöst, und zwar wird bei Nr. 1 das Wort „zwei" aus der Frage (2 + 2) automatisch wiederholt, bei Nr. 2 und 3 wird multiplicirt anstatt addirt. Richtig gelöst ist 5 + 8 = 13 und 11 + 20 = 31. Alle anderen Aufgaben sind ausgelassen. Sie sagt „das habe ich in der Schule auch nicht gekonnt", was thatsächlich nicht richtig ist, wie aus dem Bogen Nr. 4 hervorgeht.

ad *c)* Die erste Subtractionsaufgabe 3 — 1 = 2 ist richtig gelöst, die drei nächsten falsch. Dann fehlt jede weitere Lösung und sie wiederholt die Phrase: „Das habe ich in der Schule auch nicht gelernt." Auch hier beweist der nächste Bogen (Nr. 4), wenigstens was die ersten vier Aufgaben betrifft, das Gegentheil.

ad *d)* Bei den ersten fünf Divisionsaufgaben wird durchweg Subtraction an Stelle der Division ausgeführt, die weiteren Aufgaben bleiben ohne Lösung. Wieder kommt die Phrase: „Das habe ich in der Schule auch nicht gekonnt." Das Resultat ist, abgesehen von dem schon früher hervortretenden völligen Defect in Bezug auf das Dividiren, durchgehends schlechter als im Bogen Nr. 1 (24. II.), der im Kopf gerechnet war.

Name: St. Nr. 4.
Datum: 13. III. 1897. Kopfrechnen.
Tageszeit: $10^1/_2$ Uhr nachmittags.

1 × 3 =	3.	3 — 1 =	2.
2 × 4 =	8.	8 — 3 =	5.
3 × 5 =	15.	13 — 5 =	8.
4 × 6 =	24.	18 — 7 =	11 (40 Sec.)
5 × 7 =	„Das habe ich immer nicht gekonnt."	32 — 9 =	Sonst keine Antwort.
		36 — 11	
6 × 8 =	Nicht gewusst.	38 — 13	
7 × 9 =		43 — 17	
8 × 10 =	80!	48 — 19	
9 × 11 =	Nicht gewusst.	50 — 28	
12 × 13 =			
2 + 2 =	4.	6 : 2 =	4. Sonst keine Antwort.
3 + 4 =	7.	8 : 4	
4 + 6 =	10.	15 : 3	
5 + 8 =	13.	12 : 2	
8 + 14 =	22.	18 : 2	
11 + 20 =	31.	29 : 7	
14 + 26 =	40 (40 Sec.).	81 : 3	
17 + 32 =	49 (25 Sec.).	126 : 6	
20 + 38 =	58.	192 : 4	
23 + 44		369 : 9	

Resultat: Ad *a)* Die ersten vier Multiplications-Aufgaben werden richtig gelöst. Auf 5 × 7 sagt sie: „Das habe ich immer nicht gekonnt.“ Auf den Bögen Nr. 1—4 fehlt übereinstimmend diese Lösung. Bemerkenswerth ist, dass die Lösung $8 \times 10 = 80$ richtig vollzogen ist, während sie auf den Bögen Nr. 1—3 fehlt. Dies bedeutet einen kleinen Zuwachs.

Ad *b)* Sämmtliche Additionen ausser der letzten werden richtig ausgeführt, während auf Bogen Nr. 1 nur die Lösungen bis $11 + 20 = 31$ richtig ausgeführt waren. Auf Bogen Nr. 2 fehlten alle Additionslösungen, auf Bogen Nr. 3 waren von fünf nur zwei richtig ($5 + 8 = 13$ und $11 + 20 = 31$). Es zeigt sich also in Bezug auf das Additionsvermögen ein beträchtlicher Zuwachs. Die Bemerkung der Kranken (cfr. Bogen Nr. 3): „Das habe ich in der Schule auch nicht gekonnt“ ist durch das vorliegende Resultat widerlegt und kennzeichnet sich als eine Selbsttäuschung.

Ad *c)* Die ersten vier Subtractions-Aufgaben werden richtig gelöst, gegen drei auf dem 1., keine auf dem 2., eine auf dem 3. Bogen. Auch hier zeigt sich ein kleiner Zuwachs wie bei dem Multipliciren und — in sehr starkem Maasse — bei dem Addiren.

Ad *d)* Von den Divisions-Aufgaben wird eine, und zwar falsch gerechnet (wahrscheinlich durch Subtraction an Stelle von Division in der Lösung $6 : 2 = 4$), sämmtliche andere gar nicht, was mit dem Resultat von Bogen Nr. 1—3 übereinstimmt. Es zeigt sich also, dass, abgesehen von dem Dividiren, welches auf allen Bögen (Nr. 1—4) gleichmässig schlecht ist, die Prüfung am 13. III. ein besonders bei dem Addiren auffallend viel besseres Resultat bietet.

Name: St. — Nr. 5.
Datum: 19. III. 1897. — Kopfrechnen.
Tageszeit: 6 Uhr nachmittags. — Im epileptischen Dämmerzustande.

1 × 3 =	4 (Vorher: „Ich weiss es nicht, ich kann nicht rechnen.“	3 — 1 =	Keine Antwort. Ihr vorgelegte Geldstücke addirt sie rasch und richtig: 20 + 5 + 10 ₰ = 35 ₰; 1 Mk + 5 + 5 + 10 ₰ + 2 ₰ = 1 Mk 22 ₰ etc.
		8 — 3	
		13 — 5	
2 × 4 =	8 (½ Min.).	18 — 7	
3 × 5 =	16 (20 Sec.).	32 — 9	
4 × 6 =	Keine Antwort ... Nach einiger Zeit: „Ich kann rechnen, brauchen mich nicht rechnen zu lernen.“	36 — 11	
5 × 7		38 — 13	
6 × 8		43 — 17	
7 × 9		48 — 19	
8 × 10		50 — 28	
9 × 11			
12 × 13			
2 + 2 =	4 (¾ Min.).	6 : 2 =	Keine Antwort.
3 + 4 =	7 (½ Min.).	8 : 4	
4 + 6 =	8.	15 : 3	
5 + 8 =	9. Springt plötzlich auf, drängt aus dem Zimmer: „Hier gefällt es mir nicht.“	12 : 2	
8 + 14		18 : 2	
11 + 20		29 : 7	
14 + 26		81 : 3	
17 + 32		126 : 6	
20 + 38		192 : 4	
23 + 44		369 : 9	

Resultat: Ad *a)* Von den Multiplicationen werden nur die ersten drei beantwortet, dabei sind zwei Lösungen falsch: $1 \times 3 = 4$ und $3 \times 5 = 16$, nur eine richtig: $2 \times 4 = 8$, wozu sie 30 Sec. (!) braucht. Zu der falschen Lösung $3 \times 5 = 16$ braucht sie 20 Sec. Bemerkenswerth sind die Begleitreden „ich weiss nicht, ich kann nicht rechnen" bei einer Aufgabe, die sie sonst regelmässig löst (1×3), ferner: „Ich kann rechnen, brauchen mich nicht rechnen zu lernen", wodurch sie offenbar ihre Unfähigkeit zu verbergen sucht. Dieses Resultat ist viel schlechter als auf den Bögen Nr. 1 und 4, das heisst am 24. II. und 13. III., ungefähr gleichwerthig mit den schlechten Resultaten auf Bogen Nr. 2 und 3.

Ad *b)* Von den Additionen sind die ersten beiden ($2 + 2 = 4$, $3 + 4 = 7$) in den sehr langen Zeiten von 45 und 30 Sec. richtig gelöst, die nächsten beiden sind falsch beantwortet ($4 + 6 = 8$, $5 + 8 = 9$). Dann hören die Antworten überhaupt auf. Bei der Frage: $8 + 14 = ?$ springt sie auf, drängt zum Zimmer hinaus und ruft: „Hier gefällt es mir nicht." Alle anderen Aufgaben bleiben unbeantwortet. Es ist aus den ersten vier Antworten ersichtlich, dass das Additionsvermögen in diesem Zustand, welcher völlig die Kriterien des epileptischen Dämmerzustandes an sich trägt, gegen die Resultate auf Bogen Nr. 1 und 4 bedeutend zurückbleibt, dagegen eine Kleinigkeit besser ist als auf Bogen Nr. 2 ($13^1/_2$ Stunden nach einem epileptischen Anfall). Es ist dieses Vermögen im Dämmerzustand bei dieser Kranken weniger geschädigt als ein andermal eine Anzahl von Stunden nach dem Anfalle. Bemerkenswerth ist, dass bei dem Vorlegen von Geldstücken in diesem Zustande das Rechnen viel besser geht, was aus den Schlussnotizen des Bogens ersichtlich ist. Das Objective scheint hier zu einer directen Förderung des Rechenvermögens zu werden.

Name: St. — Nr. 6.
Datum: 1. V. 1897. — Kopfrechnen.
Tageszeit: $6^1/_4$ Uhr abends. — Aus anfallsfreier Zeit.

1× 3=	3.	3— 1=	2.
2× 4=	8.	8— 3=	5.
3× 5=	15.	13— 5=	8.
4× 6=	24.	18— 7=	11.
5× 7=	28. „Ich glaube nit, darauf kommt's nicht an."	32— 9=	Nicht gerechnet. „Ich bin so ein Dummkopf in der Schule gewesen, da können Sie den Lehrer fragen. Selbst das Lesen habe ich erst nachher ordentlich gelernt. In der Schule habe ich immer zu unterst gesessen."
		36—11=	
6× 8=	„Das werde ich schwerlich kriegen."	38—17=	
7× 9=	Nicht gekonnt.	48—19=	
8×10=		50—28=	
9×11=		43—17=	
12×13=			

2+ 2=	4. (Rechnet sehr langsam!)	6 : 2=	Ich kann's nicht, ich weiss nicht was das ist „getheilt", das habe ich in der Schule nicht gelernt.
3+ 4=	7.	8 : 4	
4+ 6=	10.	15 : 3	
5+ 8=	13.	12 : 2	
8+14=	22.	18 : 2	
11+20=	31.	28 : 7	
14+26=	40.	81 : 3	
17+32=	49.	126 : 6	
20+38=	Nicht gerechnet.	192 : 4	
23+44=		369 : 9	

Resultat: Ad *a)* Bei dem Multipliciren werden die ersten vier Aufgaben richtig gelöst, genau wie auf dem Bogen Nr. 1 und 4. Die fünfte Lösung ($5 \times 7 = 28$) ist falsch, auf die weiteren Fragen erfolgt keine Lösung.

Ad *b)* Die ersten 8 Additionen (!) sind richtig gelöst, nur die letzten zwei bleiben ungelöst. Die Leistung nähert sich der auf Bogen Nr. 4, ist etwas grösser als auf Bogen Nr. 1, bedeutend grösser als auf Bogen Nr. 2 und 3.

Ad *c)* Die ersten vier Subtractionen werden genau wie auf Bogen Nr. 4 gelöst. Die Leistung ist um eine Lösung ($18 - 7 = 11$) besser als auf Bogen Nr. 1, viel besser als auf Bogen Nr. 2 und 3.

Ad *d)* Die Divisionsaufgaben werden, wie auf allen übrigen Bögen, auch hier durchwegs nicht gelöst.

Zusammenfassung: Bei der Vergleichung der vorliegenden zu ganz verschiedenen Zeiten aufgenommenen Rechenbögen zeigt sich folgendes Gesammtresultat:

Die Bögen Nr. 1, 4 und 6, welche sämmtlich aus anfallsfreier Zeit stammen, zeigen mit geringen Abweichungen die gleichen Resultate.

Nr. 1, dessen Aufnahme kurz vor einen epileptischen Anfall trifft, ist relativ der schlechteste. Zu Divisionen ist St. in allen Fällen unfähig. In den drei übrigen Species zeigen die Rechenfähigkeiten eine isochrone geringe Schwankung. Wenn man die in Betracht kommenden Bögen mit Nr. 1 (24. II.), 4 (13. III.), 6 (1. V.) bezeichnet, so ist die Fähigkeit

des Multiplicirens bei	$1 < 4,\ 4 > 6$
	$1 = 6,$
des Addirens bei	$1 < 4,\ 4 > 6$
	$1 < 6,$
des Subtrahirens bei	$1 < 4,\ 4 = 6$
	$1 < 6.$

Abgesehen von den wenigen Gleichheitszeichen zeigt sich also ein ganz gesetzmässiges Verhältniss zwischen 1, 4, 6 in den drei genannten Species. Der Höhepunkt der Leistung liegt bei 4 (13. III).

Den grössten Zuwachs zeigt das Additionsvermögen. Alle drei Bögen zusammengenommen ergeben, da sie sehr geringe Differenzen zeigen, das gewöhnliche Niveau der Kranken.

Dieses liegt weit unter dem Normalen. In Bezug auf das Dividiren ist der Mangel vollständig. Das Addiren ist relativ besser erhalten als das Multipliciren, was zur Abgrenzung gegen bestimmte Fälle von Idiotie wichtig ist.

Das gewöhnliche Vermögen in den drei Species zeigt schon in der anfallsfreien Zeit leichte Schwankungen.

Im Gegensatz zu dem Stande bei den Prüfungen 1, 4, 6 zeigen Bogen 2, 3, 5 starke Ausfallserscheinungen. Davon schalten wir hier Bogen 3, auf welchem schriftlich gerechnet wurde, aus. Von den beiden in Betracht kommenden Bögen ist Nr. 2 $13^1/_2$ Stunden nach einem epileptischen Anfall aufgenommen, Nr. 5 in einem epileptischen Dämmerzustande.

Beide Prüfungen bedeuten eine völlige, beziehungsweise auf Bogen Nr. 5 fast völlige Aufhebung des „Rechenvermögens“. Es ist bemerkenswerth, dass die Störung 13½ Stunden nach einem Anfall noch stärker war als während eines Dämmerzustandes, woraus wohl hervorgeht, dass der erstere trotz der äusseren Beruhigung bei der Prüfung im Bogen Nr. 2 noch eine starke Nachwirkung hatte, dass also die Rechenprüfung die Annahme der schon eingetretenen Beendigung des epileptischen Zustandes corrigirte.

Das ganze Verhältniss lässt sich durch folgende Curve illustriren:

Fig. 84.

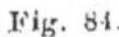

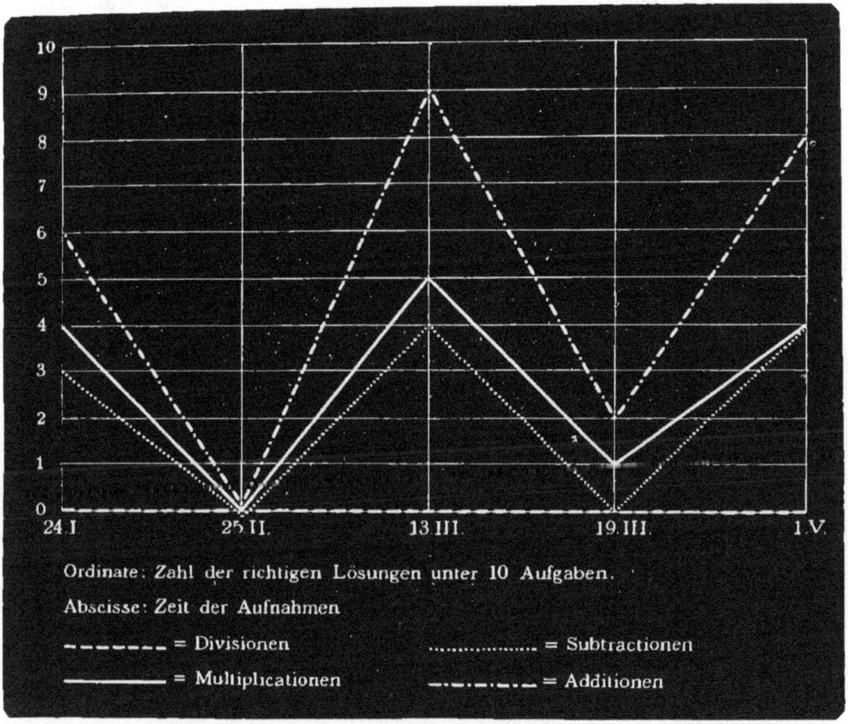

Das „Rechenvermögen" zeigt demnach bei diesem Falle von Epilepsie periodische Störungen, verbunden mit dauernden Ausfallserscheinungen (in der Division).

Ferner sind in der Curve der Addition, Multiplication und Subtraction Unterschiede vorhanden, welche constant wiederkehren. Das einheitliche „Rechenvermögen" löst sich also in eine Anzahl gesonderter Fähigkeiten auf.

Im Fall St. haben wir bei einer notorisch Epileptischen (cfr. Fig. 84) periodische Schwankungen der einzelnen Rechenfunctionen gefunden. Wir wollen nun einen Fall analysiren, in welchem dieses Phänomen mit dem Symptom der abnormen Nachwirkung (Stereotypie) sich verknüpft zeigt, während klinisch die Differentialdiagnose zwischen einem schweren epileptischen oder paralytischen Zustande in Betracht kommt.

Es handelt sich um den pag. 184 beschriebenen Fall B. N. aus K.

Wir gehen von der Analyse der Rechenbögen aus. Die ersten vier zwischen dem 24. II. 1897 und dem 14. III. 1897 aufgenommenen habe ich schon früher [1]) analysirt und habe die betreffende Ausführung mit dem Satze geschlossen: „Nous voyons donc chez cette malade se produire des oscillations périodiques dans les connaissances en calcul, combinées à des phénomènes d'automatisme, combinaison importante pour le diagnostic differentiel de l'épilepsie."

Ich werde nun zunächst die weiteren bei dieser Kranken aufgenommenen Rechenbögen kurz analysiren und dann die differentialdiagnostische Bedeutung der Erscheinungen besprechen.

Name: N. Nr. 5.
Datum: 18. III. 1897. Kopfrechnen.
Tageszeit: 10 Uhr vormittags.

1× 3=	1× 3= 3.	3− 1=	3−1=1. Bleibt dabei.
2× 4=	2× 4= 8.	8− 3=	8−3=3.
3× 5=	3× 5=15.	13− 5=	13−5=5.
4× 6=	4× 6=24.	18− 7=	18—7? Nach 6 Sec.: „Ist 7."
5× 7=	5× 7=35.		
6× 8=	6× 8=48.	32− 9=	32—9? Denkt nach. „Ich weiss nicht."
7× 9=	7× 9=19. Bleibt dabei.	36—11	
8×10=	8×10? „Das weiss ich nicht", dann: = 80.	38—13	
		43—17	
9×11=	9×11? „Das weiss ich nicht."	48—19	
12×13=		50—28	
2+ 2=	2+2=4.	6 : 2=	6 : 2=1.
3+ 4=	3+4=5. Dann nach 5 Secunden: 3+4=4.	8 : 4=	8 : 4=4.
		15 : 3=	15 : 3=3.
4+ 6=	4+6=6. Bleibt dabei.	12 : 2=	12 : 2=2.
5+ 8=	5+8=8. Dann: 18.	18 : 2=	18 : 2? „Das weiss ich nicht."
8+14	Legt weiterhin kein Verständniss für diese Fragen an den Tag.	28 : 7	„Das weiss ich nicht."
11+20		81 : 3	
14+26		126 : 6	
17+32		192 : 4	
20+38		369 : 9	
23+44			

Erkennt 1 ℳ, 50 ₰, 10 ₰. Sagt richtig: „Das macht 1·60." Gibt auch richtig an, wieviel sie auf 1 ℳ zurückbekommt, wenn sie 20 ₰ bezahlen muss, ebenso wieviel sie in diesem Fall auf 50 ₰ zurück erhält, doch erfolgen die Angaben sehr unsicher, 1 ℳ — 40 ₰ weiss sie schon nicht mehr.

Resultat. *a)* Multiplicationen: Die ersten 6 Aufgaben sind richtig gelöst, nachdem jedesmal vorher die Frage reproducirt

[1]) Cfr. Bulletin de la Société de Médecine mentale de Belgique 1897, Sur les Méthodes d'investigation psychophysique applicables aux aliénés.

ist. Dann kommt ein Fehler $7 \times 9 = 19$, bei dem ein Theil der Antwort (9) identisch ist mit dem letzten Theil der Frage (7×9). Die achte Aufgabe wird nachträglich gelöst, bei der neunten versagt die Kranke.

b) Additionen: Die erste Aufgabe ist richtig gelöst, die nächsten drei falsch, davon sind zweimal die Antworten identisch mit dem letzten Theil der Frage $4 + 6 = 6$, $5 + 8 = 8$.

c) Subtractionen: Im Ganzen sind vier Aufgaben gerechnet, alle Antworten sind Wiederholungen des letzten Theils der Frage $3 - 1 = 1$, $8 - 3 = 3$, $13 - 5 = 5$, $18 - 7 = 7$. Die fünfte Frage wird wiederholt, bleibt aber ohne Antwort.

d) Divisionen: Es erfolgen nur auf die ersten vier Aufgaben Antworten. Alle sind falsch. Dabei ist die erste unverständlich in ihrer Entstehung ($6 : 2 = 1$), die nächsten sind Wiederholungen des letzten Theiles der Frage ($8 : 4 = 4$, $15 : 3 = 3$, $12 : 2 = 2$). Bei Nr. 5 wird die Frage als solche wiederholt.

Gesammtresultat: Im Ganzen 20 Antworten. Von 12 falschen Lösungen sind 9 automatische Wiederholungen vorhergegangener Zahlen. Von 8 richtigen Lösungen sind 7 Multiplicationen, eine Addition.

Name: N. — Nr. 6.
Datum: 31. III. 1897. — Kopfrechnen.
Tageszeit: $5^3/_4$ Uhr nachmittags.

1 × 3 =	3.	3 — 1 =	3 weniger 1 ist 1.
2 × 4 =	8.	8 — 3 =	Das weiss ich nicht.
3 × 5 =	15.	12 — 5 =	
4 × 6 =	24.	18 — 7	
5 × 7 =	35.	32 — 9	
6 × 8 =	ist 8.	36 — 11	
7 × 9 =	7 × 9 ist 9.	38 — 13	
8 × 10 =	18.	43 — 17	
9 × 11 =	Das weiss ich nicht.	48 — 19	
12 × 13 =	Das weiss ich wieder nicht.	50 — 28	
2 + 2 =	2 und 2 ist 2.	6 : 2 =	Das weiss ich nicht.
3 + 4 =	3 und 4 ist 5. (Cfr. 18. III.: 3 + 4 = 5.)	8 : 4	
4 + 6 =	4 und 6 ist 16.	15 : 3	
5 + 8 =	5 und 8 ist 18.	12 : 2	
8 + 14		18 : 2	
11 + 20		29 : 7	
14 + 26		81 : 8	
17 + 32		126 : 6	
20 + 38		192 : 4	
23 + 44		369 : 9	

Resultat: Multiplicationen: Die ersten fünf sind richtig, dann folgen drei falsche Antworten mit Iterativerscheinungen ($6 \times 8 = 8$, $7 \times 9 = 9$, $8 \times 10 = 18$), dann versagt die Function.

Additionen: Die ersten vier Aufgaben sind gerechnet, jedoch falsch. Dabei lassen sich in der Lösung ad 1, 3, 4 deutlich Wiederholungen vorhergehender Elemente erkennen ($2+2=2$, $4+6=16$. $5+8=18$). Die zweite Antwort $3+4=5$ ist eine Wiederholung des am 18. III., also circa 14 Tage vorher gemachten Fehlers.

Subtractionen: Es wird nur eine Aufgabe beantwortet, und zwar falsch. Wieder zeigt sich der Fehler als Iterativerscheinung ($3-1=1$), dann kommt immer die Antwort „das weiss ich nicht".

Ebenso bei den Divisionsaufgaben. Das Resultat bei den Additionen und Multiplicationen ist um je eine Lösung schlechter als am 18. III.

Gesammtresultat: Im Ganzen sind 13 Antworten gegeben, davon sind 6 richtig, 7 falsch.

Name: N. Nr. 7.
Datum: 3. IV. 1897. Kopfrechnen.
Tageszeit: 6 Uhr nachmittags.

1 × 3 =	3.	3 — 1 =	Weiss ich nicht.
2 × 4 =	Ist 4.	8 — 3	(Nicht gewusst.)
3 × 5 =	Ist 15, nein, ich bin irr.	13 — 5	
4 × 6 =	24.	18 — 7	
5 × 7 =	35.	32 — 9	
6 × 8 =	80.	36 — 11	
7 × 9 =	Ist 9.	38 — 13	
8 × 10 =	Ist 10.	43 — 17	
9 × 11 =	Ist 11.	48 — 19	
12 × 13 =	Ist 13.	50 — 28	
2 + 2 =	Ist 2.	6 : 2	
3 + 4 =	Ist 8.	8 : 4	
4 + 6 =	Weiss ich nicht.	15 : 3	
5 + 8 =	Weiss ich nicht.	12 : 2	
8 + 14		18 : 2	
11 + 20		29 : 7	
14 + 26		81 : 3	
17 + 32		126 : 6	
20 + 38		192 : 4	
23 + 44		369 : 9	

Resultat: Multiplicationen: Von 10 Antworten sind vier richtig (Nr. 1, 3, 4, 5), 6 sind falsch und zeigen sämmtlich Iterativerscheinungen ($2\times4=4$, $6\times8=80$, $7\times9=9$, $8\times10=10$. $9\times11=11$, $12\times13=13$). Interessant ist das Auftreten dieser Erscheinung bei der zweiten Aufgabe, während die dritte und vierte wieder richtig gelöst werden.

Additionen: Zwei Aufgaben werden beantwortet, beide falsch. Dann folgt die stereotype Antwort: „Weiss ich nicht."

Das Resultat ist im Ganzen viel schlechter als am 18. und 31. III. Von 12 Antworten sind vier richtig, acht falsch, davon zeigen 6 Wiederholung von Theilen der Frage.

Name: N. Nr. 8.
Datum: 4. IV. 1897. Kopfrechnen.
Tageszeit: ½12 Uhr vormittags.

1 × 3 =	3.	3 — 1 =	ist 1.
2 × 4 =	8.	8 — 3 =	ist 3.
3 × 5 =	15.	13 — 5 =	Nicht gewusst.
4 × 6 =	24.	18 — 7	
5 × 7 =	35.	32 — 9	
6 × 8 =	ist 80.	36 — 11	
7 × 9 =	ist 99.	38 — 13	
8 × 10 =	80. (Iterativerscheinung?)	43 — 17	
9 × 11 =	ist 11.	48 — 19	
12 × 13 =	ist 13.	50 — 28	
2 + 2 =	ist 2.	6 : 2 =	Nicht gewusst.
3 + 4 =	ist 8, nein 3 und 4 ist 3	8 : 4	
4 + 6 =	ist 6. (cfr. 3. IV.).	15 : 3	
5 + 8 =	ist 8.	12 : 2	
8 + 14		18 : 2	
11 + 20		29 : 7	
14 + 26		81 : 3	
17 + 32		126 : 6	
20 + 38		192 : 4	
23 + 44		369 : 9	

Resultat: Multiplicationen: Fünf richtige Lösungen, dann vier Fehler, in denen Theile der Frage wiederholt werden, abgesehen von dem zwar richtigen, aber auch als blosse Composition vorheriger Elemente verständlichen 8 × 10 = 80.

Additionen: Vier falsche Lösungen, sämmtlich als Nachwirkung zu erklären (2 + 2 = 2, 3 + 4 = 3, 4 + 6 = 6, 5 + 8 = 8). In der Antwort 3 + 4 = 8 wird derselbe Fehler gemacht wie am Tage vorher. Derselbe wird dann zu corrigiren gesucht, wobei wiederum die Nachwirkung hervortritt (3 + 4 = 3).

Subtractionen: Zwei falsche Lösungen, beide Wiederholung des letzten Theils der Frage.

Gesammtresultat: Von 16 Lösungen sind fünf richtig (sämmtlich Multiplicationen), 10, beziehungsweise 11 sind falsch und dabei sämmtlich als Iterativerscheinungen erkennbar.

Name: N. Nr. 9.
Datum: 6. IV. 1897. Kopfrechnen.
Tageszeit: 9½ Uhr vormittags.

1 × 3 =	ist 3.	3 — 1 =	1.
2 × 4 =	ist 8.	8 — 3 =	3.
3 × 5 =	ist 15.	13 — 5 =	Weiss ich nicht.
4 × 6 =	ist 24.	18 — 7	
5 × 7 =	ist 35.	82 — 9	
6 × 8 =	ist 80 (cfr. 3. und 4. IV.).	36 — 11	
7 × 9 =	ist 9; 7 × 9 ist 17; 7 × 9 ist	38 — 13	
8 × 10 =	ist 18. 7.	43 — 17	
9 × 11 =	ist 9.	48 — 19	
12 × 13 =	ist 17.	50 — 28	

2 + 2 =	ist 2.	6 : 2 =
3 + 4 =	ist 9.	8 : 4
4 + 6 =	ist 24. Richtige Lösung oder Iterativerscheinung? 4 + 6 = 24 nach der Lösung: 2 + 2 = 2.	15 : 3
5 + 8 =	ist 8.	12 : 2
8 + 14 =	„Das weiss ich nicht.“	18 : 2
11 + 20		29 : 7
14 + 26		81 : 3
17 + 32		126 : 6
20 + 38		192 : 4
23 + 44		369 : 9

Resultat: Multiplicationen: Die ersten fünf Lösungen sind richtig. Dann folgen fünf falsche Lösungen, von denen vier deutlich, die fünfte wahrscheinlich das Symptom der Nachwirkung vorhergehender Elemente zeigen. $6 \times 8 = 80$, $7 \times 9 = 9$, $7 \times 9 = 17$, $7 \times 9 = 7$, $8 \times 10 = 18$, $9 \times 11 = 9$, $12 \times 13 = 17$, welche Zahl in dem Satz $7 \times 9 = 17$ vorher da war. Bemerkenswerth ist, dass die falsche Lösung $6 \times 8 = 80$ schon am 3. und 4. IV. aufgetreten war.

Subtractionen: Zwei Lösungen, beide falsch, dabei als Iterativerscheinung zu erkennen.

Gesammtresultat: Von 16 Lösungen sind 6 richtig: fünf Multiplicationen, eine Addition $(4 + 6 = 24)$, die sich jedoch vielleicht als zufällig richtig auffassen lässt, da mit Bezug auf $2 + 2 = 2$ und $4 + 6$ die Zahl 24 eine Composition vorhergehender Elemente darstellt. Von 10 Fehlern sind 9—10 Automatismen.

Name: N. Nr. 10.
Datum: 2. V. 1897. Kopfrechnen.
Tageszeit: $^3/_4$6 Uhr nachmittags.

1 × 3 =	Nein, zwei.	3 — 1 =	(Keine Antworten.)
2 × 4 =	Zweifeln.	8 — 3	
3 × 5 =	Ja dreifeln.	13 — 5	
4 × 6 =	(Zieht die Stirn hoch:) „Eins, zwei, drei.“	18 — 7	
		32 — 9	
5 × 7 =	„Ja, nein, ich weiss ja nicht“ (schreit und weint laut).	36 — 11	
6 × 8		38 — 13	
7 × 9		43 — 17	
8 × 10		48 — 19	
9 × 11		50 — 28	
12 × 13			
2 + 2 =	Vier, fünf, sieben, dr . . . . dr.	6 : 2	
		8 : 4	
3 + 4 =	Zwei andere.	15 : 3	
4 + 6 =	Muss dann selbst.	12 : 2	
5 + 8 =	Zweifel.	18 : 2	
8 + 14		28 : 7	
11 + 20		81 : 3	
14 + 26		126 : 6	
17 + 32		192 : 4	
20 + 38		369 : 9	
23 + 44			

Resultat: Multiplicationen: Es erfolgt überhaupt nur nach der ersten Rechenaufgabe eine Antwort, die sich als Zahlbegriff andeutet. (1 × 3 = ? „Nein, zwei.“) Nun folgen ad 2 und 3 Antworten, die sich als reine Nachwirkungen von Klängen kennzeichnen ohne jeden Zahlbegriff. 2 × 4 = ? „zweifeln“, 3 × 5 = ? „dreifeln“. Hier wirkt der zweite Theil des associativ aus „zwei“ abgeleiteten Wortes „zweifeln“ nach. Es ist eine völlige Aufhebung der Zahlbegriffe ersichtlich.

Additionen: Abgesehen von der Zahlenreihe vier, fünf, sieben, welche als Antwort auf 2 + 2 = ? erscheint, ist hier das Bewusstsein eines Rechenexempels bei der Kranken völlig verloren gegangen. Die Antworten sind ganz unverständlich in ihrer Entstehung: „zwei andere“, „muss dann selbst“. Sehr merkwürdig ist, dass das Wort zweifel in der vierten Antwort nach relativ langer Zwischenpause wiederkehrt: Die Nachwirkung des Klanges ist hier eine ausserordentlich lange.

Name: N.		Nr. 11.	
Datum: 3. V. 1897.		Kopfrechnen.	
Tageszeit: 5½ Uhr nachmittags.		Schriftliches Rechnen.	
1× 3=	3, 3 Bub.	3— 1=	(Keine Antwort.)
2× 4=	Vier, vier, zwei, vier,	8— 3	
	vier, dwei.	13— 5	
3× 5=	3× 5, das ist fünf.	18— 7	
4× 6=	4× 6 ist 6.	32— 9	
5× 7=	5× 7 ist 7.	36—11	
6× 8=	6× 8 ist 8.	38—13	
7× 9=	7× 9 ist 9.	43—17	
8×10=	8×10ist10.	48—19	
9×11=	9×11 ist 9.	50—28	
12×13			
2+ 2=	Ja ich weiss nicht, Herr	6 : 2=	(Keine Antwort.)
	Doctor, zwei, zwei.	8 : 4	
3+ 4=	3 und 3 ist 4.	15 : 3	
4+ 6=	4 und 6 ist 6.	12 : 2	
5+ 8=	5 und 8, das weiss ich	18 : 2	
	nicht, Herr Doctor.	28 : 7	
8+14=	(Weint, gibt keine Ant-	81 : 3	
11+20	wort, sagt:) „Lassen Sie	126 : 6	
14+26	mich in Ruh!“	192 : 4	
17+32		369 : 9	
20+38			
23+44			

Resultat: Multiplicationen: Bei der ersten (richtigen) Lösung 1 × 3 = 3 ist es zweifelhaft, ob nicht einfache Nachwirkung vorliegt. Bei sämmtlichen folgenden Aufgaben ist diese deutlich zu erkennen (3 × 5 = 5, 4 × 6 = 6, 5 × 7 = 7, 6 × 8 = 8, 7 × 9 = 9, 8 × 10 = 10, 9 × 11 = 9). Sehr merkwürdig ist die intermittirende Nachwirkung von Elementen der Frage 2 × 4 = ? in der Antwort „4, 4, 2, 4, 4, dwei“. Letzteres Wort scheint eine Composition von Sprachelementen aus drei und zwei zu sein. Hier geht eine völlige Zerlegung und neue Verbindung der rein als Klangelemente wirkenden Zahlworte vor, ähnlich wie wir im Bogen

Nr. 10 das Zahlwort zwei sich allmählich rein als Klangelement associativ in „zweifeln" umbilden sehen, wovon dann wieder der letzte Theil feln mit dem Wortkörper drei sich zu dem sinnlosen Worte dreifeln zusammenschliesst. Es sind das gewissermaassen Zersetzungsprocesse der rein als Klang wirkenden Zahlworte, aus denen sinnlose Neubildungen entstehen. Voraussetzung zu dieser Krystallisation von Silben und Buchstabenelementen, welche sich als Bruchstücke von Zahlworten darstellen, scheint eine völlige Aufhebung aller Zahlbegriffe zu sein.[1])

Die Additionen ergaben ein ganz ähnliches Resultat. Die drei falschen Antworten zeigen übereinstimmend Iterativerscheinungen. (2 + 2 = 2, 2, 3 + 4 = ? 3 und 3 ist 4, 4 + 6 = 6.)

Gesammtresultat: Von 12 Lösungen (davon 9 Multiplicationen) ist eine (wahrscheinlich zufällig) richtig (1 × 3 = 3), alle anderen 11 sind falsch und zeigen Iterativerscheinungen.

Name: N. Nr. 12.
Datum: 11. V. 1897. Kopfrechnen.
Tageszeit: 6 Uhr nachmittags.

1 × 3 =	3. Iterativerscheinung.	3 — 1 =	(Keine Antwort.)
2 × 4 =	2 × 4 ist 4.	8 — 3	
3 × 5 =	3 × 5 ist 5.	13 — 5	
4 × 6 =	4 × 6 ist 6.	18 — 7	
5 × 7 =	5 × 7 ist 35.	32 — 9	
6 × 8 =	6 × 8 ist 8.	36 — 11	
7 × 9 =	7 × 9 ist 9.	38 — 13	
8 × 10 =	8 × 10 ist 10.	43 — 17	
9 × 11 =	9 × 11 ist 11.	48 — 19	
12 × 13 =	12 × 13 ist 13.	50 — 28	
2 + 2 =	2 + 2 ist 2.	6 : 2	
3 + 4 =	ist 4.	8 : 4	
4 + 6 =	ist 6.	15 : 3	
5 + 8 =	ist 8.	12 : 2	
8 + 14 =	ist 18.	18 : 2	
11 + 20 =	ist 20.	28 : 7	
14 + 26 =	ist 26.	81 : 3	
17 + 32 =	ist 37.	126 : 6	
20 + 38 =	ist 38.	192 : 4	
23 + 44		369 : 9	

[1]) Das theoretisch Interessante hierbei liegt darin, dass der Zahlbegriff als etwas erscheint, was als ein Plus zu dem Zahlwort hinzutreten muss, um eine Zahl im eigentlichen Sinne zu geben, dass derselbe andererseits so weit vernichtet werden kann, dass das Zahlwort nur noch als ein verbaler Körper ohne seelischen Inhalt erscheint. Die Consequenz dieser Auffassung geht darauf hinaus, dass es gelegentlich auch durch cerebrale Störungen zu einer Vernichtung des Wortkörpers, beziehungsweise der diesen inneren Vorgang bedingenden Function kommen kann, während das andere Element, der eigentliche Zahlbegriff, erhalten bleibt. Die obige Beobachtung wirft ein Licht auf das Problem des wortlosen Denkens und der wortlosen Begriffe, insofern als es sich hier um „begriffslose Zahlworte" handelt.

Es ist klar, dass sich diese beiden Vorgänge unter den gemeinsamen Begriff der Dissolution zusammengesetzter Bildungen bringen lassen. Wenn man auf Grund obiger Beobachtungen die Gleichung aufstellt: Zahl = Zahlbegriff + Zahlwort, so ist die Annahme, dass es reine Zahlbegriffe ohne Zahlworte geben kann, unvermeidlich.

Resultat: Multiplicationen: Die richtige Lösung 1 × 3 = 3 ist wahrscheinlich zufällig durch Nachwirkung der 3 richtig. Von den 9 folgenden Lösungen sind 8 falsch und weisen sämmtlich Iterativerscheinungen auf. 2 × 4 = 4, 3 × 5 = 5, 4 × 6 = 6, 6 × 8 = 8, 7 × 9 = 9, 8 × 10 = 10, 9 × 11 = 11, 12 × 13 = 13. Ganz überraschend ist die plötzlich auftauchende richtige Lösung 5 × 7 = 35. Bei dem völligen Mangel an Zahlbegriffen, der bei dem Zustand vorlag, ist diese Erscheinung nur so zu erklären, dass es sich um reine Wortassociation handelt, welche bei den Multiplicationen die grösste Rolle spielt. Immerhin ist das intercurrente Auftreten einer solchen im Gegensatze zu dem rein automatischen Nachsprechen bei den anderen Lösungen als Zeichen einer momentanen höheren Leistungsfähigkeit bemerkenswerth.

Bei den Additionen sind 9 Fragen beantwortet. Alle sind falsch und zeigen Wiederholung vorhergehender Elemente. Abgesehen von der Wiederholung bestimmter Theile der Frage 3 + 4 = 4, 4 + 6 = 6, 5 + 8 = 8, 11 + 20 = 20, 14 + 26 = 26, 20 + 38 = 38 sind folgende Antworten als Compositionen von Theilen aus mehreren Zusammenhängen bemerkenswerth (8 + 14 = 18, 17 + 32 = 37). In beiden Fällen ist es der erste und letzte Theil der Frage, die nachwirken, was bei der schriftlichen Darstellung derselben deutlicher wird. Was ist acht und vierzehn? = achtzehn. Was ist siebenzehn und zweiunddreissig? = siebenunddreissig.

Vielleicht wirkt zu diesem Resultat ein intermittirendes Verhalten der Aufmerksamkeit bei der Perception der Frage mit. Jedenfalls scheint mir die eigenartige Stellung der verwendeten Elemente am Anfang und Schluss der Frage bemerkenswerth und weiterer Untersuchung werth.

Gesammtresultat: Von 19 Lösungen sind zwei richtig, davon eine wahrscheinlich zufällig (1 × 3 = 3). Alle falschen Lösungen (17) zeigen Iterativerscheinungen.

Es ist nun von Interesse, die Gesammtresultate, speciell was die Gesammtsumme der richtigen Lösungen, der Fehler und der Iterativerscheinungen betrifft, in Form einer Curve zusammenzustellen (cfr. Fig. 85).

Auf dieser Curve sind folgende Momente ersichtlich:

I. Die mit geringen Schwankungen progressiv sinkende Zahl der richtigen Lösungen (8, 6, 6, 5, 6, 0, 0, 1).

II. Das mit geringen Schwankungen progressive Anwachsen der Fehler im Verhältniss zur Gesammtzahl der Antworten (Annäherung der Curve der Fehler an die der Antworten, $^{12}/_{20}$, $^{7}/_{13}$, $^{10}/_{16}$, $^{11}/_{16}$, $^{10}/_{16}$, $^{6}/_{6}$, $^{11}/_{12}$, $^{18}/_{19}$).

III. Das progressive Anwachsen der Iterativerscheinungen im Verhältniss zur Zahl der Fehler ($^{10}/_{12}$, $^{7}/_{7}$, $^{9}/_{10}$, $^{11}/_{11}$, $^{10}/_{10}$, $^{6}/_{6}$, $^{11}/_{11}$, $^{18}/_{18}$).

IV. Die Hebung der absoluten Zahl der Antworten am Ende der Curve bei völliger Aufhebung der Rechenfunction und Steigerung der Iterativerscheinungen.

Letzteres Verhalten erscheint theoretisch sehr interessant. Es kommt dabei ein von der Rechenleistung und der Zahl der Iterativerscheinungen unabhängiges Moment zu Tage, welches man als

„Sprachantrieb" bezeichnen kann. Dieses Wort soll die Thatsache bezeichnen, dass bei einer Anrede überhaupt eine Antwort erfolgt. Dieses motorische Moment scheint nicht eine dauernd vorhandene ungefähr gleiche Grösse zu sein, sondern ein von der wirklichen Leistung und dem Wortinhalt der Antwort unabhängiges Moment, welches physiologisch am einfachsten als wechselnde Erregbarkeit des cerebralen Sprachapparates zu deuten wäre. Jedenfalls möchte ich auf den seltsamen Verlauf der Curve der absoluten Zahlen bei den Antworten hinweisen und als allgemeines Problem die Frage aufwerfen, ob sich auch aus anderen Beobachtungen das Vorhandensein einer solchen elementaren Function des „Sprachantriebes" glaubhaft machen lässt. Viele Erscheinungen bei Maniakalischen, Katatonischen und Epileptischen liessen sich damit in Verbindung bringen.

Fig. 85.

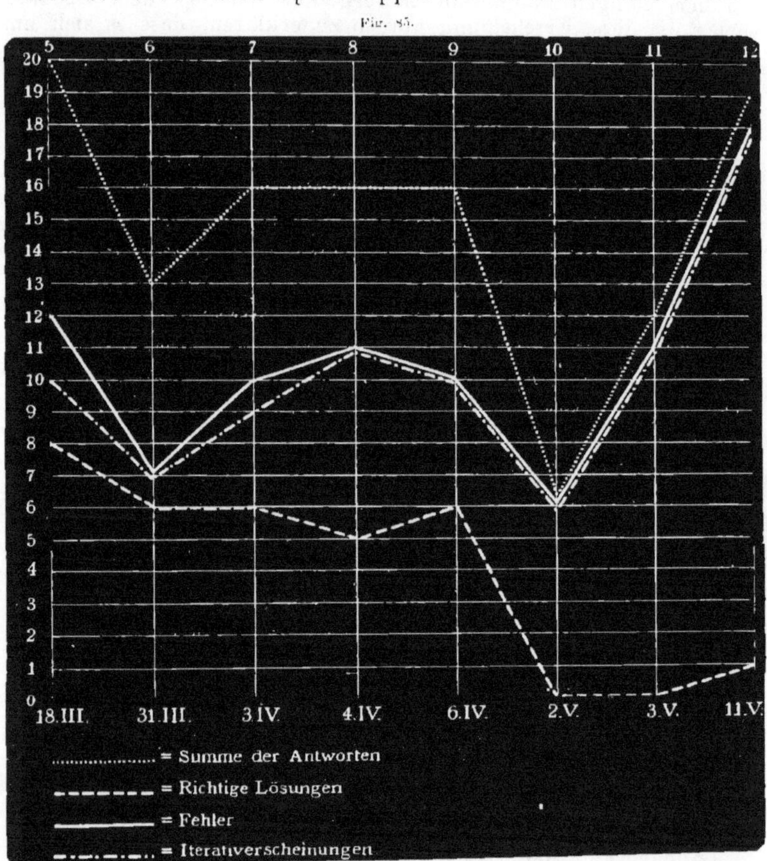

Jedenfalls ist aus der Zusammenstellung der Curven ersichtlich, dass die wirkliche Leistung (Rechenfähigkeit) vollständig gleich

Null wird, während die Zahl der sprachlichen Aeusserungen und gleichzeitig die Zahl der Iterativerscheinungen steigt. Der starke Abfall der Leistungen (cfr. Stellung der Curve am 2. V.) liegt zeitlich nach einem Anfall von Bewusstlosigkeit und Krämpfen, dessen Nachwirkung noch am 11. V. deutlich hervortritt.

In diagnostischer Beziehung muss betont werden, dass nach den anfänglichen periodischen Schwankungen, die an anderer Stelle [1]) auf Grund der Untersuchungsbögen Nr. 1—4 hervorgehoben worden sind. und die ebenso wie die früher (pag. 196) beschriebenen Anfälle von Bewusstlosigkeit mit Krämpfen den Verdacht auf Epilepsie hätten erwecken können, aus den vorliegenden Functionscurven ein fortschreitender Verfall der Rechenfähigkeit und lange dauernde Nachwirkung des Anfalles vom 2. V. hervorgeht, was zu der gemachten Annahme eines paralytischen Processes stimmt.

Durch dieses Beispiel ist wiederum erwiesen, dass man infolge der leichten Vergleichbarkeit der Untersuchungsresultate durch die beschriebene Methode eine Menge von neuen Einblicken in den Ablauf von Krankheitsprocessen und das gegenseitige Verhältniss bestimmter Symptome erhält, woraus sich differentialdiagnostische Beziehungen zwischen den einzelnen Krankheitsgruppen zu ergeben scheinen.

Das Schema ist nun weiterhin auf eine Reihe ganz verschiedener Zustände angewendet worden, wodurch sich immer deutlicher bestimmte Gesichtspunkte für die Differentialdiagnose gewisser Geisteskrankheiten herausgestellt haben.

Ich greife aus dem mir vorliegenden umfangreichen Material nur einige Fälle mit kurzer Andeutung der Krankheitsformen heraus.

Beispiel: Louise B. aus N., geb. 23. I. 1872. Aufgenommen am 22. XII. 1896.

Krankengeschichte cfr. pag. 15.

Diagnose: Ausgeprägte Katatonie.

Wir gehen ohne Voreingenommenheit durch diese klinische Auffassung lediglich von den wirklichen Untersuchungsresultaten aus.

Name: B. Nr. 1.
Datum: 19. I. 1897. Kopfrechnen.
Tageszeit: $5^1/_4$ Uhr nachmittags.

1 × 3 =	3 (6·3 Sec.). Stösst accentuirt aus: „Das ist drei."	3 — 1 8 — 3 13 — 5	
2 × 4 =	8 (3·1 Sec.).	18 — 7	
3 × 5 =	7 (23·4 Sec.).	32 — 9	
4 × 6 =	22 (8·3 Sec.).	36 — 11	
5 × 7 =	Spannt die Corrugatoren, bleibt stumm.	38 — 13 43 — 17	
6 × 8 = 7 × 9 = 8 × 10 = 9 × 11 = 12 × 13 =	Auch bei längerem Abwarten keine Antwort.	49 — 19 50 — 28	

[1]) Cfr. Sur les méthodes etc. Bulletin de Société de médecine mentale de Belgique 1897.

2 + 2 =	Schweigt constant, ist weder durch gütigen, noch energischen Zuspruch zu irgend einer weiteren Antwort zu bewegen. Der Aufforderung, die weiteren Aufgaben schriftlich zu lösen, widersetzt sich Patientin sehr heftig. Rutscht auf dem Stuhl umher, macht einen Ansatz sich vom Stuhl zu erheben, setzt sich wieder. Wirft den ihr gereichten Bleistift zu Boden.	6 : 2	Sitzt in leicht gezwungener, starrer Haltung, den Blick unverwandt auf den Schoss gerichtet, spielt an den Fingerbeeren. Spitzt öfters den Mund rüsselförmig. Dazwischen lächelt sie blöde. Im Allgemeinen sehr verdrossen. Wird sie unvorbereitet und unvermittelt, z. B. bei Gelegenheit des ärztlichen Besuches auf der Abtheilung, nach einer der einfachsten Aufgaben gefragt, so löst sie sie rasch und richtig, verfällt aber bei der zweiten oder dritten Frage sofort wieder jener störrischen Zurückhaltung. Auffallend ist der Mangel an jeglicher Ausdauer.
3 + 4		8 : 4	
4 + 6		15 : 3	
5 + 8		12 : 2	
8 + 14		18 : 2	
11 + 20		29 : 7	
14 + 26		81 : 3	
17 + 32		126 : 6	
20 + 38		192 : 4	
23 + 44		369 : 9	

Resultat: Auf die erste Multiplicationsaufgabe erfolgt eine richtige Antwort (1×3=3). Jedoch ist die sehr lange Reactionszeit 6·3 Secunden schon sehr verdächtig darauf, dass keine einfache Unfähigkeit im Sinne eines dauernden Defectes vorliegt. Dabei ist die eigenthümliche Sprachweise bei der Antwort bemerkenswerth. Sie stösst accentuirt hervor: „Das ist drei.“ Die zweite Aufgabe ist ebenfalls richtig und in auffallend langer Zeit gelöst: 2×4=8 in 3·1 Secunden.

Leichte Multiplicationen werden auch bei angeboren Schwachsinnigen, wenn sie etwas Unterricht erhalten konnten, meist ganz prompt gelöst. Hier fällt bei der richtigen Lösung der leichten Aufgaben die lange Reactionszeit auf und erweckt die Vermuthung, dass es sich nicht um eine dauernde Unfähigkeit, sondern um eine vorübergehende „Hemmung“ handelt.

Der Fehler bei der dritten Lösung 3×5=7 ist sehr auffallend. Bei dem gewöhnlichen Verrechnen wird die richtige Zahl nicht genau getroffen oder es werden die Species verwechselt. Die Lösung 7 an Stelle von 15 lässt sich aus keiner von diesen Annahmen erklären. Dazu kommt die enorm lange Reactionszeit von 23·4 Secunden. Diese Lösung erinnert sehr an die im Fall K. (cfr. pag. 237) hervorgehobene Paralogie der Katatonischen, wobei bewusst eine falsche Antwort gegeben wird.

Von der 5. Aufgabe an zeigt sich völliges Schweigen. Dabei tritt an der Stirn eine anhaltende Corrugatorenspannung auf, während die Kranke starken Negativismus aufweist.

Als Gesammtresultat zeigt sich Folgendes:

1. Es sind von den Multiplicationsaufgaben nur die ersten vier beantwortet, davon die ersten beiden richtig, die letzten falsch.
2. Bei den falschen Lösungen weicht die ad 3 von der gewöhnlichen Art der Fehler völlig ab.
3. Alle Reactionszeiten erscheinen sehr lang. Zu der verkehrtesten Lösung braucht sie die längste Zeit. (3×5=7 in 23·4 Secunden.)
4. Von den Aufgaben in Bezug auf Addition, Subtraction, Division ist gar keine beantwortet.
5. Als Nebensymptome werden von der 5. Aufgabe an beobachtet: physiognomische Sonderbarkeiten, völlige Stummheit, Negativismus.

Die diagnostische Abgrenzung dieses Befundes muss besonders nach zwei Seiten geschehen:

I. Nach der Richtung des angeborenen Schwachsinns;
II. nach der Richtung der transitorischen Functionsstörungen (Dämmerzustände etc.).

Die differentialdiagnostischen Momente in Bezug auf I. liegen in den oben unter 2, 3, 4, 5 genannten Momenten.

Angeboren Schwachsinnige, welche überhaupt Multipliciren gelernt haben, bringen ihre Lösungen, die nichts sind als Wortassociationen, mit grosser Geschwindigkeit vor. Treten Fehler auf, so sind es meist Verwechslungen mit anderen Theilen von Multiplicationsreihen, zum Beispiel $7 \times 8 = 63$, wobei in der Wortreihe ein Glied übersprungen wird. Hier dagegen ist der Fehler $3 \times 5 = 7$ als Sprung in einer Multiplicationsreihe nicht zu erklären.

Ferner können angeboren Schwachsinnige, welche etwas Multipliciren gelernt haben, meist auch einige Additionen, während hier von der fünften Multiplicationsaufgabe an völliges Schweigen herrscht. Dazu kommen die motorischen Nebensymptome und der Negativismus. Somit ist auf Grund der Prüfung wahrscheinlich, dass es sich nicht um einen angeborenen Schwachsinn handelt, sondern um eine Geisteskrankheit mit Hemmung, eigenartigen Bewegungserscheinungen und Negativismus.

Schwieriger ist die Abgrenzung nach der zweiten Richtung der transitorischen Functionsstörung, wie wir sie im Fall St. (cfr. pag. 303, Epilepsie mit Dämmerzuständen) kennen gelernt haben.

Dabei fällt jedoch ins Auge, dass hier eine übereinstimmende Schwächung der Leistungsfähigkeit in den verschiedenen Species (derart, dass von allen Reihen nur die Anfangsglieder mit richtigen Lösungen versehen würden) nicht vorliegt, sondern dass vielmehr nach der fünften Multiplicationsaufgabe die Leistung völlig aufhört.

Immerhin wäre es bei einem epileptischen Dämmerzustande denkbar, dass vorübergehend nur Reste der einfachsten Function (Multiplication) noch in Kraft geblieben wären. Auch wäre die Verlangsamung der Zeiten in diesem Zustand erklärlich. Es lässt sich also aus diesem einen Bogen in der That eine bestimmte Abgrenzung nach der Richtung eines epileptischen Dämmerzustandes nicht herstellen.

Fasst man jedoch die Nebensymptome ins Auge, so wird sofort klar, dass der active Negativismus (Erfassen und Wegwerfen des Bleistiftes), ferner die physiognomischen Züge, sowie das ganze Benehmen der Kranken (Herumrutschen auf dem Stuhl etc.) zur Annahme eines schweren epileptischen oder paralytischen Zustandes von Verwirrtheit nicht passen.

Somit bietet das Gesammtbild auch nach dieser Seite einen Punkt, der sich zur Grenzbestimmung eignet, und es wird immer wahrscheinlicher, dass es sich weder um angeborenen Schwachsinn, noch um einen Zustand transitorischer Unfähigkeit, sondern vielmehr um einen mit physiognomischen Sonderbarkeiten und Negativismus einhergehenden Zustand von Hemmung handelt.

Ist diese Auffassung richtig, so liess sich erwarten, dass die Kranke im weiteren Ablauf gelegentlich einerseits viel bessere Leistungen, andererseits noch weitere Symptome von Hemmung zeigen würde. Ferner waren im Hinblick auf die Erfahrungen bei anderen Katatonischen Iterativerscheinungen vorauszusehen.

Name: B. Nr. 2.
Datum: 20. I. 1897. Kopfrechnen, dann schriftliches Rechnen.
Tageszeit: $^1/_2$10 Uhr vormittags.

1 × 3 =	3.		3 — 1 =	Verhalten wie gestern.
2 × 4 =	4 (2·4 Sec.).		8 — 3	
3 × 5 =	5 (15·2 Sec.).		13 — 5	
4 × 6 =	24 (37·1 Sec.).		18 — 7	
5 × 7 =	60 ($1^1/_2$ Min.).		32 — 9	
6 × 8 =	Von hier ab, keine Antwort zu erhalten. Bleibt vollkommen stumm.		36 — 11	
7 × 9			38 — 13	
8 × 10			43 — 17	
9 × 11			49 — 19	
12 × 13			50 — 28	
2 + 2 =	2 + 2.	Aufgefordert, die nachfolgenden Aufgaben schriftlich zu lösen, hält sie $11^1/_2$ Minuten lang den Bleistift in der Hand, blickt starr auf das Papier, dann schreibt sie das Nebenstehende. Weiter zu schreiben ist sie nicht zu bewegen.	6 : 2	
3 + 4 =	3 + 4.		8 : 4	
4 + 6 =	4 + 6.		15 : 3	
5 + 8	+		12 : 2	
8 + 14	+		18 : 2	
11 + 20	+		28 : 7	
14 + 26	+		81 : 3	
17 + 32	+		126 : 6	
20 + 38	+		192 : 4	
23 + 44	+		369 : 9	

Resultat: Die an diesem Tage vorgenommene Untersuchung ergibt Folgendes:

Es werden nur die ersten fünf Multiplicationsaufgaben beantwortet. Dann schweigt die Kranke völlig. Von diesen fünf Antworten sind nur die erste ($1 \times 3 = 3$) und die vierte ($4 \times 6 = 24$) richtig beantwortet. Die relativ leichtere Aufgabe 2×4 wird diesmal falsch beantwortet im Gegensatz zu Bogen Nr. 1. Die Antwort (4) ist Wiederholung des letzten Theils der Frage (2×4). Ebenso ist die falsche Antwort ad 3 (5) Wiederholung des letzten Theils der Frage ($3 \times 5 = ?$). Die Entstehung des Fehlers ($5 \times 7 = 60$) bleibt unklar, wenn man nicht die darin enthaltene 6 als Nachklang eines Theils der vorhergehenden Frage (4×6) auffassen will.

In den drei falschen Lösungen lassen sich zweimal mit Bestimmtheit, einmal mit Wahrscheinlichkeit Iterativerscheinungen erkennen, das heisst Nachwirkung vorher von dem Untersuchenden ausgesprochener Zahlworte.

Die falsche Antwort bei relativ leichter Aufgabe ($2 \times 4 = 4$ und $3 \times 5 = 5$) im Gegensatz zu der richtigen Lösung bei der schwereren ($4 \times 6 = 24$) deutet an, dass es sich nicht um eine einfache Aufhebung der Function des Multiplicirens handelt, da diese Störung bei schwereren Aufgaben deutlicher hervortreten müsste. Ferner sind die enorm langen Zeiten bei Aufgabe 3—5 bemerkenswerth (15 Sec. bis $1^1/_2$ Min.). Von der 6. Aufgabe an bleibt die Kranke stumm. Als sie nun aufgefordert wird, schriftlich weiter zu rechnen, häufen sich die Iterativerscheinungen.

Bei den Additionen 1—3 sind die Antworten völlige Wiederholung der Fragen, dann wird ein Theil der schriftlichen Frage, nämlich das Pluszeichen, als Antwort hingeschrieben, ähnlich wie bei den Multiplicationsaufgaben 2 und 3 (2 × 4, 3 × 5) ein Theil der Frage in der Antwort wiederkehrte.

Der ganze Bogen stimmt mit dem am vorhergehenden Tage aufgenommenen im Wesentlichen, auch was die Nebensymptome betrifft, überein, während Iterativerscheinungen stärker hervortreten. Es wird damit die Gruppe der katatonischen Rechenreactionen um ein Moment ergänzt.

Im Hinblick auf die Wahrscheinlichkeitsdiagnose, dass es sich bei den vorliegenden Resultaten nicht um dauernde oder transitorische Unfähigkeit, sondern um Erscheinungen von Hemmung, Paralogie und Negativismus bei einer Katatonischen handelt, ist nun der am 19. II., also circa einen Monat später aufgenommene Fragebogen Nr. 3 von grossem Interesse.

Name: B. — Nr. 3.
Datum: 19. II. 1897. — Kopfrechnen, combinirt mit schriftlichem Rechnen.
Tageszeit: 5 Uhr nachmittags.

1 × 3 =	3. (Freier Gesichtsausdruck.)	3 — 1 =	2.	
2 × 4 =	8.	8 — 3 =	5.	
3 × 5 =	15.	13 — 5 =	8.	
4 × 6 =	24.	18 — 7 =	11.	
5 × 7 =	35.	32 — 9 =	32.	Aufgefordert, die nebenstehenden Aufgaben auf dem Papier auszurechnen, da sie sie im Kopf nicht zu lösen vermag, schreibt sie einfach die Anfangszahlen hin.
6 × 8 =	48 (15·4 Sec.).	36 — 11 =	36.	
7 × 9 =	72 (25·0 Sec.).	38 — 13 =	38.	
8 × 10 =	10 × 3 = 30 (lacht, antwortet nicht weiter).	43 — 17 =	43.	
9 × 11 =	99 (20·0 Sec.).	48 — 19 =	48.	
12 × 13 =	Reisst dem Arzt ziemlich brüsk den Bleistift aus der Hand, versucht zunächst auf der schwarzen Tischplatte zu schreiben, als das nicht geht, benützt sie ihren Handrücken, sagt endlich „gib mir Dein Papier" und rechnet auf dem Papier richtig 156.	50 — 28 =	50.	

2 + 2 =		6 : 2	Verharrt unthätig.
3 + 4 =	7.	8 : 4	
4 + 6 =	10.	15 : 3	
5 + 8 =	11 ist 12.	12 : 2	
8 + 14 =	23.	18 : 2	
11 + 20 =	31.	29 : 7	
14 + 26 =	40.	81 : 3	
17 + 32 =	49.	126 : 6	
20 + 38 =	58.	192 : 4	
23 + 44 =	67.	369 : 9	

(Zu 40.—67.:) Amüsirt sich, lacht manierirt. Von hier ab schriftlich gerechnet, im Kopf nicht zu lösen vermocht. Zum schriftlichen Rechnen wurde ihr ein anderes Blatt Papier gereicht und wurden auf diesem Bogen nur die Resultate vermerkt.

Resultat: Von den 10 Multiplicationen sind 8 richtig gelöst. Der Fehler 7 × 9 = 72 erscheint als einfache Flüchtigkeit. Auf die Frage 8 × 10 antwortet sie abschweifend 10 × 3 = 30, reagirt dann nicht mehr. Die Fähigkeit des Multiplicirens erweist sich also im Wesentlichen als normal.

Die Zeiten sind zuerst sehr kurz (deshalb vernachlässigt), werden von der 6. Aufgabe an sehr lang (15—20 Sec.).

Von den Additionen wurde die erste Aufgabe aus Versehen nicht gestellt. Die 2.—10. ist mit Ausnahme von 4 und 5 richtig gelöst, und zwar 5—10 schriftlich. Die Gesammtleistung bewegt sich in normalpsychologischer Breite.

Von den Subtractionen sind die ersten fünf richtig gelöst. Bei dem schriftlichen Weiterrechnen treten deutliche Iterativerscheinungen auf, indem die erste Zahl der Frage als Antwort niedergeschrieben wird, ähnlich wie auf Bogen Nr. 2 öfter ein Theil der Frage verwendet wurde. Somit zeigt die Kranke im Gegensatz zu Bogen Nr. 1 und 2 Fähigkeiten zu Multipliciren, Addiren, Subtrahiren, reagirt auf die Divisionsaufgaben gar nicht und bietet deutliche Iterativerscheinungen.

Dieser Fall lehrt, dass bei Katatonie Mängel des Rechenvermögens durch Hemmung, Negativismus und Paralogie vorgetäuscht werden können, dass jedoch eine genauere Untersuchung besonders mit Hinblick auf die Zeitdauer der einzelnen Lösungen die diagnostische Unterscheidung ermöglicht.

Als weiteren Beweis führe ich folgenden Fall an:

Margarethe K. aus A., geb. 17. IV. 1881. Aufgenommen am 15. IV. 1897.
Krankengeschichte cfr. pag. 237.
Diagnose: Ausgeprägte Katatonie.
Die Rechenprüfung ergibt Folgendes:

Name: K. Nr. 1.
Datum: 17. IV. 1897. Kopfrechnen.
Tageszeit: 4 Uhr nachmittags.

1 × 3 =	3.	Promptgerechnet, doch musste man sie anfangs wiederholt fragen, da sie fortwährend ideenflüchtig sprach und grimassirte. Schliesslich klebte sie an der Zahl 63.	3 — 1	Nicht zu fesseln.
2 × 4 =	8.		8 — 3	
3 × 5 =	15.		13 — 5	
4 × 6 =	24.		18 — 7	
5 × 7 =	35.		32 — 9	
6 × 8 =	48.		36 — 11	
7 × 9 =	63.		38 — 13	
8 × 10 =	63.		43 — 17	
9 × 11 =	63.		48 — 19	
12 × 13			50 — 28	
2 + 2 =	4.		6 : 2	
3 + 4 =	7, wo sind die Franzosen geblieben?		8 : 4	
4 + 6	1, 2. 3, 4, 5, 6, 7, wo sind die Franzosen geblieben. Recitirt fortwährend vorstehenden Spruch und ist stundenlang auf nichts anderes mehr zu bringen. Auf alle Fragen erfolgt die stereotype Redensart, bald leise, bald lauter mit Nachdruck.		15 : 3	
5 + 8			12 : 2	
8 + 14			18 : 2	
11 + 20			28 : 7	
14 + 26			81 : 3	
17 + 32			126 : 6	
20 + 38			192 : 4	
23 + 44			369 : 9	

Resultat: Ad *a)* Die ersten 7 Multiplicationen werden richtig und rasch gerechnet. Dann bleibt sie auf der letzten richtigen Lösung ($7 \times 9 = 63$) hängen ($8 \times 10 = 63$, $9 \times 11 = 63$). Im Gegensatz zu der prompten Lösung der ersten sieben Aufgaben erweckt diese Erscheinung durchaus nicht den Eindruck einer eigentlichen Unfähigkeit, sondern einer automatischen Wiederholung.

Ad *b)* Die ersten beiden Additionsaufgaben werden richtig gelöst, es wird jedoch nach der zweiten ($3 + 4 = 7$) auf das Wort „sieben" ein Reim nach der Art des bekannten Kinderspiels gebildet. Diese gereimte Reihe wird dann rückwärts ergänzt: „1, 2, 3, 4, 5, 6, 7, wo sind die Franzosen geblieben"; und nun hängt sie an diesen zwei Reihen für lange Zeit fest, so dass jede weitere Prüfung unmöglich wird. Auch auf andere Fragen erfolgt immer die gleiche stereotype Redensart, mit eigenartiger Veränderung des Tonfalls und der Accentuirung.

Es zeigt sich also die gleiche Erscheinung wie in der stereotypen Wiederholung des Wortes 63 bei den Multiplicationsaufgaben. Hier liegt nun ganz deutlich eine der stereotypen manierirten Bewegungsreihen vor, welche die Katatonie auszeichnen. Es handelt sich offenbar nicht um Unfähigkeit, sondern um Bewegungsstereotypieen, welche durch die Rechenthätigkeit ausgelöst werden und in Form von Zwangshandlungen das ganze Bild beherrschen.

Name: H. — Nr. 2.
Datum: 22. IV. 1897. — Kopfrechnen.
Tageszeit: 10 Uhr vormittags:

1 × 3	In 3 Minuten keine Antwort, trotz wiederholter eindringlicher Frage. Patientin macht unruhige, oft abweisende Gesten, hält sich die Hand vor den Mund, schneidet fortwährend Grimassen, nickt auf die Frage, ob sie es weiss, holt auch zuweilen tief Luft, als ob sie etwas laut sagen wolle, bringt aber keine Antwort heraus. NB. hat 1/4 Stunde vorher laut vorgelesen.	3 — 1	Reactionslos.
2 × 4		8 — 3	
3 × 5		13 — 5	
4 × 6		18 — 7	
5 × 7		32 — 9	
6 × 8		36 — 11	
7 × 9		38 — 17	
8 × 10		43 — 17	
9 × 11		48 — 19	
12 × 13		50 — 28	
2 + 2	Reactionslos.	6 : 2	Reactionslos.
3 + 4		8 : 4	
4 + 6		15 : 3	
5 + 8		12 : 2	
8 + 14		18 : 2	
11 + 20		28 : 7	
14 + 26		81 : 3	
17 + 32		126 : 6	
20 + 38		192 : 4	
23 + 44		369 : 9	

Resultat: Sie bringt auf keine Frage eine Antwort heraus. Die in den Bemerkungen aufgeführten gesticulatorischen und physiognomischen Erscheinungen machen einen durchaus katatonischen

Eindruck. Das völlige Schweigen auf alle Fragen erscheint als Negativismus, nicht als Unfähigkeit.

Name: K. Nr. 3.
Datum: 26. 4. 1897. Kopfrechnen.
Tageszeit: 5 Uhr nachmittags.

1× 3=	3. Lacht über die Leichtigkeit der Fragen?	3— 1=	2. Lacht.
2× 4=	8.	8— 3=	5.
3× 5=	15.	13— 5=	7, nein 8.
4× 6=	4×6=24.	18— 7=	11.
5× 7=	35. Alles prompt gerechnet.	32— 9=	25, gleich darauf: 23.
6× 8=	48.	36—11=	25.
7× 9=	63.	38—17=	21 (3 Sec).
8×10=	80.	48—19=	29 (35 Sec.).
9×11=	99.	50—28=	Wurde unruhig, rückte ängstlich von der Heizung ab, sprach: „Dahinter wird geschossen."
12×13=	152 (3 Sec.). Nach 30 Sec.: 156.	43—17	
2+ 2=	4. Lacht meist.	6 : 2=	3.
3+ 4=	7.	8 : 4=	2.
4+ 6=	10.	15 : 3=	5.
5+ 8=	5+ 8=13.	12 : 2=	6.
8+14=	8+14=22.	18 : 2=	9.
11+20=	11+20=31.	28 : 7=	4.
14+26=	40 (2 Sec.).	81 : 3=	27 (10 Sec.).
17+32=	49 (3 Sec.).	126 : 6=	21 (5 Sec.).
20+38=	58.	192 : 4=	In 2 Minuten nicht gelöst, da Patientin durch ängstliche Affecte abgelenkt wurde. Sie schreckte zuweilen plötzlich zusammen, lauschte eine Weile ängstlich, wurde dann wieder ruhig.
23+44=	67 (2 Sec.).	369 : 9	

Resultat: Ad *a)* Alle Multiplicationsaufgaben werden richtig in auffallend kurzer Zeit beantwortet. Die einzige fehlerhafte Antwort 12×13=152, zu welcher sie nur 3 Secunden braucht, wird nach 30 Secunden spontan verbessert.

Ad *b)* Sämmtliche Additionsaufgaben sind richtig gelöst. Die Zeiten sind wieder sehr kurz. Dreimal wiederholt sie die Frage vor der Antwort. 5+18=13, 8+14=22, 11+20=31. Es kehrt also das vorher gehörte Wortelement in der Antwort wieder, was an die Stereotypieen im ersten Bogen erinnert.

Ad *c)* Mit Ausnahme der letzten beiden Subtractionsaufgaben sind alle richtig und sehr rasch gelöst. Nur die letzte 48—19=29 zeigt die auffallend lange Reactionszeit von 35 Secunden (!). Kurz hinterher wird die Kranke unruhig und äussert die sonderbare Wahnidee (cfr. Bemerkungen) „hinter dem Ofen wird geschossen".

Die Veränderung des Zustandes scheint sich in der langen Reactionszeit schon eine Weile vorher anzukündigen, da dieselbe im Gegensatz zu der kurzen Reactionszeit von drei Secunden bei der nicht viel leichteren Aufgabe 38—17=21 auffallend lang erscheint.

Ad *d)* Alle Divisionsaufgaben sind richtig gelöst mit Ausnahme der letzten beiden, auf welche keine Reaction erfolgt.

Ohne weitere Analyse gebe ich zum Vergleich noch folgenden Untersuchungsbogen:

Name: K.
Datum: 17. VI. 1897.
Tageszeit: $4^1/_2$ Uhr nachmittags.

Nr. 4.
Kopfrechnen.

1× 3=	Patientin lacht und meint: „Das gibt man kleinen Kindern auf!“	3— 1=	2. Lacht beständig.
2× 4=		8— 3=	5.
3× 5=		13— 5=	8.
4× 6=		18— 7=	11.
5× 7=		32— 9=	Lacht lange und sagt: „Sie geben Aufgaben auf, die so leicht sind.“
6× 8=		36—11	
7× 9=	63.		
8×10=	80.	38—17=	21 (3 Sec.).
9×11=	99 (3 Sec.).	48—19=	In 2 Min. nicht gelöst.
12×13=	136 (28 Sec.).	50—28=	22 (5 Sec.).
		43—17=	Nicht gelöst.
2+ 2=	Lacht wieder.	6 : 2=	3. Patientin lacht und grimassirt viel, sieht oft plötzlich gespannt nach der Thür, horcht auf alles, was draussen vorgeht und vermag augenscheinlich ihre Aufmerksamkeit nicht zu concentriren, wodurch ungleichmässige Leistungen entstehen.
3+ 4=		8 : 4=	2.
4+ 6=		15 : 3=	5.
5+ 8=	13.	12 : 2=	6.
8+14=	22.	18 : 2=	9.
11+20=	31.	28 : 7=	4.
14+26=	41 (4 Sec.), bleibt dabei,	81 : 3=	26 (3 Sec.).
17+32=	56 (5 Sec.). [dann: 49.	126 : 6=	21 (5 Sec.).
20+38=	58 (4 Sec.).	192 : 4=	63 ($1^1/_2$ Min.).
23+44=	67 (10 Sec.).	369 : 9=	81 (20 Sec.).

Durch diese Untersuchungen wird weiterhin erwiesen, dass bei Katatonischen Mangel des Rechenvermögens durch Stereotypie, Hemmung, Negativismus und Paralogie vorgetäuscht werden kann, dass man jedoch bei genauer Analyse und Vergleichung der Reactionen auf die gleichen Reize, speciell mit Hilfe von Rechenprüfungen imstande ist, wirkliche Unfähigkeit von einer scheinbaren zu unterscheiden und diagnostische Schlüsse aus den einzelnen Erscheinungen abzuleiten.

Als weiteren Beleg gebe ich folgenden Fall:

Magdalene Sch. aus D., geboren 23. IX. 1878, aufgenommen am 21. IX. 1896.

Diagnose: Katatonie?

Wir wenden uns ohne Weiteres zu der Prüfung der Untersuchungsbögen:

Name: Sch.
Datum: 6. IV. 1897.
Tageszeit: 11 Uhr vormittags.

Nr. 5.
Kopfrechnen, dann schriftliches Rechnen.

1× 3=	3 (4 Sec.)	Im Kopf gerechnet.	3— 1=	3—1= 2	Schriftlich in 3 Minuten.
2× 4=	8 (5 Sec.)		8— 3=	8—3=12	
3× 5=	15 (5 Sec.)		13— 5=	13—5=	
4× 6=	125	Im Kopf nicht mehr gerechnet.	18— 7		
5× 7=	123		32— 9		
6× 8=	6× 8	Sich selbst überlassen in 8 Minuten geschrieben.	36—11		
7× 9=	7× 9		38—17		
8×10=	8×10		43—17		
9×11=	9×11		48—19		
12×13=	12×13		50 28		

2 + 2 =	2 + 2 = 4	Zeit 10 Minuten. Die Frage wurde ohne Zögern abgeschrieben. Nach dem Gleichheitszeichen überlegte Patientin mit rathloser Miene, das Gesicht bald zum Lachen, bald zum Weinen verziehend unter beschleunigter Athmung einige Augenblicke, und schrieb dann zögernd das Resultat hin.	6 : 2 =	6 : 2 = 2	Schriftlich in 5 Minuten.
3 + 4 =	3 + 4 = 18		8 : 4 =	8 : 4 = 14	
4 + 6 =	4 + 6 = 26		15 : 3 =	15 : 3 = 15	
5 + 8 =	5 + 8 = 18		12 : 2		
8 + 14 =	8 + 14 = 14		18 : 2		
11 + 20 =	11 + 20 = 24		29 : 7		
14 + 26 =	14 + 26 = 14		81 : 3		
17 + 32			126 : 6		
20 + 38			192 : 4		
23 + 44			369 : 9		

Resultat: Multiplicationen: Aufgabe 1—3 ist richtig gerechnet. Auf die Aufgaben 4 und 5 erfolgen schriftlich ganz unverständliche Fehler (3×4=125, 5×7+123). Dass ein Verrechnen im gewöhnlichen Sinne vorliegt, ist sehr unwahrscheinlich, weil der Fehler zu gross ist. Bemerkenswerth für die Erklärung ist der Umstand, dass die Antworten 125 und 123 Zahlenelemente enthalten, die vorher schon vorhanden waren (1×3, 2×4, 3×5). Die Antworten Nr. 6—10 sind directe Wiederholungen der gestellten Fragen.

Additionen: Bei den Antworten wird zuerst die Aufgabe abgeschrieben. Die Lösungen sind mit Ausnahme der ersten (2+2=4) alle falsch. Die Antwort 3+4=18 ist ganz unverständlich. In den Antworten 3—7 tauchen in der Antwort die Zahlenelemente der Frage wieder auf: 8+14=14, 14+26=14. Einigemal wird nur ein Element der Frage in der Antwort verwendet: 4+6=26, 5+8=18, 11+20=24. Greift man die nun noch bleibenden Zahlenelemente der Antwort heraus, 4+6=26, 5+8=18, 11+20=24, so zeigt sich, dass entsprechende Zahlen in kurz vorherstehenden Fragen und Antworten vorhanden sind, 4+6=26, vorher 2+2, 5+8=18, vorher 18, 11+20=24, vorher 14. Es ist demnach wahrscheinlich, dass für die Erklärung der Fehler in ihrer speciellen Art das gleiche Moment in Betracht kommt, welches sich in der Reproduction der Fragen bei den Multiplicationen bei Nr. 5—10, sowie bei den Additionen unter 1—7 geltend macht: Abnorme Nachwirkung vorher zur Perception gekommener Zahlenelemente.

Zu der Additionsleistung wird die enorme Zeit von 10 Minuten gebraucht.

Subtractionen: Es werden nur die ersten drei Fragen beantwortet; in den Antworten kehren zunächst die Fragen wieder. Die erste Antwort ist richtig 3—1=2. Die zweite ist falsch und erscheint als eine Zusammenstellung kurz vorher dagewesener Zahlen (8—3=12, vorher 3—1=2). Die dritte Antwort ist lediglich Wiederholung der Frage, dann hört die Kranke auf. Sie braucht zu dieser geringen Leistung drei Minuten!

Divisionen: Es werden nur drei Fragen beantwortet. Alle sind falsch und erscheinen im Wesentlichen als Wiederspiegelung vorher schon vorhandener Elemente: 6 : 2=2, 8 : 4=14, wobei nur die Entstehung der 1 unklar bleibt, 15 : 3=15. Zur Lösung braucht die Kranke die enorme Zeit von fünf Minuten.

Zusammenfassung: Das Wesentliche ist Folgendes:

1. Es werden nur sehr wenige am Anfang der Reihe von Multiplicationen, Additionen und Subtractionen stehende Aufgaben gelöst, bei den Multiplicationen drei, bei den Additionen und Subtractionen je eine.
2. Die Rechenthätigkeit dauert verschieden lange, bei den Subtractionen und Divisionen am kürzesten (Abbrechen bei der dritten Frage), bei den Additionen länger (bis zur siebenten Frage), bei den Multiplicationen am längsten (bis zum Schluss).
3. Alle Reactionszeiten sind enorm lang.
4. In den Fehlern zeigt sich in gesetzmässiger Weise ein bestimmtes Phänomen: Nachwirkung von Elementen vorher percipirter Zahlworte.

Dieses Resultat weicht von dem bei einer angeboren Schwachsinnigen, welche nicht rechnen kann und deshalb versagt, völlig ab. Auf einfache Unfähigkeit könnte nur die eigenthümliche Stellung der richtigen Resultate deuten, welche durchwegs am Anfang der Reihe stehen, das heisst sich auf die leichtesten Aufgaben beziehen. Dazu kommen jedoch die aus angeborenem Schwachsinn nicht abzuleitenden Symptome unter 3 und 4: Zeitliche Hemmung und Nachwirkung früherer Elemente.

Es lässt sich also aus der Analyse dieses Rechenbogens mit grosser Wahrscheinlichkeit der Schluss ziehen, dass es sich nicht um einen Zustand angeborenen Schwachsinns handelt, sondern dass eine Psychose vorliegt, welche mit Hemmung und Nachwirkung vorher gegebener Vorstellungselemente einhergeht. Letztere zeigt ferner, dass die einfache Hemmung, wie sie sich bei gutartigen Spannungszuständen findet, nicht vorliegt, sondern mit einem weiteren psychopathischen Moment verbunden ist.

Wir greifen aus der Reihe von Untersuchungen bei dieser Kranken einen später aufgenommenen Bogen heraus und wollen sehen, ob die oben analytisch gewonnenen Kriterien sich weiterhin als giltig erweisen.

Name: Sch. Nr. 6.
Datum: 13. V. 1897. Kopfrechnen, combinirt mit
Tageszeit: $5^3/_4$ Uhr nachmittags. schriftlichem Rechnen.

1× 3=	3. Antwortet mit leiser,	3— 1=	3—1= 2	Schriftlich gerechnet.
2× 4=	8. aber vernehmlicher	8— 3=	8—3=16	
3× 5=	15. Stimme ohne Besinnen.	13— 5=	13—5=15	
		18— 7=	18—7=16	
4× 6=	Bleibt stumm, lacht.	32— 9=	32—9=19	
5× 7		36—11		
6× 8		38—17		
7× 9		43—17		
8×10		48—19		
9×11		50—28		
12×13				

Aufgabe	Antwort		Aufgabe	Antwort
2 + 2 =	2 + 2 = 4	Schriftlich gerechnet.	6 : 2 =	Keine Antwort.
3 + 4 =	3 + 4 = 8		8 : 4	
4 + 6 =	4 + 6 = 16		15 : 3	
5 + 8 =	5 + 8 = 17		12 : 2	
8 + 14			18 : 2	
11 + 20			28 : 7	
14 + 26			81 : 3	
17 + 32			126 : 6	
20 + 38			192 : 4	
23 + 44			369 : 9	

Resultat: Multiplicationen: Die ersten drei Aufgaben im Kopf richtig gerechnet, dann völlige Stummheit.

Additionen: Nur die erste Lösung ist richtig. In den falschen Antworten $3 + 4 = 8$ und $4 + 6 = 16$ tauchen vorher vorhandene Zahlenelemente wieder auf: $3 + 4 = 8$, vorher $2 \times 4 = 8$, $4 + 6 = 16$; die letzte Antwort $5 + 8 = 17$ ist in ihrer Entstehung ganz unbegreiflich. Im Ganzen erfolgen nur auf die vier ersten Fragen Antworten.

Subtractionen: Die erste Aufgabe 3 — 1 ist richtig gelöst. Auf die vier folgenden werden falsche Antworten gegeben, welche Nachwirkung vorher vorhandener Zahlenelemente zeigen ($8 - 3 = 16$, vorher $4 + 6 = 16$, $13 - 5 = 15$, $18 - 7 = 16$, vorher $4 + 6 = 16$, $32 - 9 = 19$, vorher 16).

Divisionen: Es erfolgt überhaupt keine Antwort.

Zusammenfassung und Vergleichung:

1. Es werden nur die am Anfang der Reihen (ausser der Divisionsreihe) stehenden Aufgaben gelöst. Diese sind identisch mit den am 6. IV., also fünf Wochen vorher gelösten Aufgaben.
2. In den falschen Antworten bei den Additionen und Subtractionen zeigt sich der gleiche Grundzug wie am 6. IV.: Nachwirkung vorher vorhandener Elemente.
3. Es erfolgt nach wenigen Antworten am Anfang der Reihen überhaupt keine Reaction mehr.

Die Proben vom 6. IV. und 13. V. stimmen also überein: 1. in Bezug auf die geringe Zahl der lediglich am Anfang der Reihen vorhandenen richtigen Lösungen (mit Ausschluss der Divisionen),

2. durch die Qualität der Fehler (Nachwirkung vorher vorhandener Elemente),

3. durch die Nebenerscheinungen im physiognomischen Gebiet (cfr. Bemerkungen).

Sie unterscheiden sich dagegen durch den Grad der Hemmung.

Im Wesentlichen zeigen sich die gleichen Erscheinungen wie in den oben analysirten Fällen, welche mit dem eben Behandelten unter die klinische Diagnose Katatonie fallen, so dass die diagnostische Verwendbarkeit dieser Methode und der durch sie in messbarer Weise herausgestellten Symptome ersichtlich wird.

—

Aus einigen der erhaltenen Rechenresultate scheint beim Vergleich der zeitlichen Verhältnisse mit den Bemerkungen über das Benehmen der Kranken bei dem Aussprechen der Lösung hervorzugehen, dass die Ablenkung durch innere Vorgänge bei manchen Zuständen von Geistesstörung eine grosse Rolle spielt.

Die Rechenprüfung liefert in manchen Fällen ein Kriterium für dieses sehr wichtige und bisher fast gar nicht erforschte Moment.

Ich greife folgendes Beispiel heraus:

Antonie N. aus B., geb. 6. VII. 1861, aufgenommen am 27. V. 1897. Diagnose: Paranoia (Stadium des Verfolgungswahns).

Die Rechenprüfung ergibt Folgendes:

Name: N. — Nr. 1.
Datum: 28. V. 1897. — Kopfrechnen.
Tageszeit: $11^1/_2$ Uhr vormittags.

1× 3=	3. Sehr prompt gerechnet.	3− 1=	2 (5 Sec.).	
2× 4=	8.	8− 3=	5 (6 Sec.).	
3× 5=	15.	13− 5=	8 (5 Sec.).	
4× 6=	24.	18− 7=	11 (12 Sec. !).	
5× 7=	35.	32− 9=	23 (20 Sec. !).	
6× 8=	48.	36−11=	25 (5 Sec.).	
7× 9=	63.	38−17=	21 (15 Sec.).	
8×10=	80.	48−19=	31, dann 29 (10 Sec.).	
9×11=	99 (10 Sec.).	50−28=	22 (20 Sec.).	
12×13=	156 (15 Sec.).	43−17=	26 (30 Sec.).	
2+ 2=	7.	6 : 2=	4, dann 3.	Einigemale begann sie ohne äussere Veranlassung von ihren Wahnideen zu erzählen, indem sie sich plötzlich um das Rechnen nicht mehr kümmerte.
3+ 4=	4.	8 : 4=	2 (5 Sec.).	
4+ 6=	10.	15 : 3=	5 (4 Sec.).	
5+ 8=	13 (5 Sec.).	12 : 2=	4, dann 6.	
8+14=	22 (20 Sec.!).	18 : 2=	9.	
11+20=	31 (5 Sec.).	28 : 7=	4 (5 Sec.).	
14+26=	40 (5 Sec.).	81 : 3=	27 (15 Sec.).	
17+32=	49 (5 Sec.).	126 : 6=	21 (20 Sec.).	
20+38=	58 (5 Sec.).	192 : 4=	48 (25 Sec.).	
23+44=	67.	369 : 9=	41 (10 Sec.).	

Resultat: Die ganze Rechnung enthält nur 3, zudem sofort corrigirte Fehler (48 — 19 = 31, 29, 6 : 2 = 4, 3, 12 : 2 = 4, 6).

Die Reactionszeiten sind bei den Multiplicationen so kurz, dass genaue Messung unterlassen wird. Bei den Additionen ist die Zeit von der vierten Aufgabe an gleich fünf Secunden. Nur kommt bei 8 + 14 = 22 plötzlich die lange Reactionszeit von 20 Sec. vor, während die folgenden schwereren Aufgaben wieder in fünf Secunden gelöst werden. Diese Erscheinung findet ihre Erklärung in der Bemerkung, dass sie plötzlich von ihren Wahnideen erzählt und sich nicht mehr um das Rechnen kümmert. Die intercurrente Verlängerung der Reactionszeit ist wahrscheinlich Folge der Ablenkung durch innere Vorgänge.

Auch bei den ersten 6 Subtractionsaufgaben schwankt die Zeit unabhängig von der Schwierigkeit der Aufgabe von dem am häufigsten vorkommenden Werth von 5 Secunden bis zu 20 Secunden (32 — 9 = 23 in 20 Secunden, 36 — 11 = 25 in 5 Secunden).

Die höheren Werthe am Schluss erklären sich wohl durch die grössere Schwierigkeit der Aufgaben. Es tritt also bei einer sehr guten Rechenleistung wahrscheinlich im Zusammenhang mit intercurrent sich äussernden inneren Vorgängen eine Verlängerung der Reactionszeiten auf. Im Uebrigen ist nichts Abnormes festzustellen.

Hier bekommt das Moment der Ablenkung durch innere Vorgänge einen zwar ungenauen, aber wenigstens deutlich ersichtlichen zeitlichen Ausdruck.

Bei der weiteren Prüfung einer grossen Menge von Krankheitsfällen haben sich fernerhin für mehrere Krankheitsgruppen typisch wiederkehrende Erscheinungen ergeben, welche differentialdiagnostische Bedeutung haben, besonders was die Unterscheidung verschiedener Schwachsinnsformen betrifft. Diese Untersuchungen führen jedoch so weit in das Gebiet der speciellen Symptomenlehre hinein, dass wir von ihrer Mittheilung Abstand nehmen müssen, da es sich hier nur darum handelt, die Brauchbarkeit der Methode für die Aufgaben der Psychopathologie zu erweisen.

Jedenfalls zeigen schon die mitgetheilten Fälle, dass man durch systematische Rechenprüfungen mit der gewählten Reihe von Aufgaben nicht blos einen genaueren Einblick in die Theilfunctionen des sogenannten „Rechenvermögens" erhält, sondern auch die Symptome der periodischen Schwankung, des fortschreitenden intellectuellen Zerfalles, der Hemmung, der Stereotypie, der inneren Ablenkung u. s. f. auf einen messbaren und zahlenmässigen Ausdruck bringen kann.

Associationen.

Bei der Untersuchung der Orientirtheit und der Schulkenntnisse sind wir mehrfach der Erscheinung begegnet, dass die Frage oder die Antwort den Ausgangspunkt für eine Reihe von Worten und Vorstellungen bildete, welche ihrerseits eine Anzahl von charakteristischen Eigenthümlichkeiten aufwies.

Diese Wahrnehmung bildet den Uebergang zu dem Studium des Ablaufes der Vorstellungen, welches eine wichtige Aufgabe der wissenschaftlichen Psychopathologie darstellt.

Will man diese methodisch in Angriff nehmen, so muss man vor Allem jede Theorie über die principielle Bedeutung der Association[1]) im psychischen Leben völlig bei Seite lassen, da eine vorgefasste Meinung leicht imstande ist, die Auffassung der Wirklichkeit zu erschweren und zu fälschen.

---

[1]) Cfr. *Külpe*, Grundriss der Psychologie, 1893, pag. 191—215. — *Wundt*, Grundzüge der physiologischen Psychologie, 4. Aufl., 1893, pag. 437—487. — *Ziehen*, Leitfaden der physiologischen Psychologie, 3. Aufl., 1896, pag. 149—175. — *H. Münsterberg*, Beiträge zur experimentellen Psychologie, Freiburg 1889, pag. 87—94, 123 141.

Ich fasse also die Aufgabe hier in dem Sinne, dass ganz allgemein der **Ablauf der Vorstellungen** in verschiedenen Krankheitsfällen und Krankheitsgruppen erforscht werden soll, wobei der Werth auf die Feststellung **differentialdiagnostischer Kriterien** gelegt werden soll.

Wie weit die erhaltenen Resultate mit bestimmten Theorien über die Bedeutung der Association zusammenstimmen, mag die Psychologie entscheiden, uns liegt es hier nur ob, die Wege zu zeigen, auf welchen man dieses Forschungsgebiet betreten kann.

Wir unterlassen daher auch, zur Einleitung dieses Capitels eine Uebersicht der verschiedenen psychologischen Lehren über Association zu geben und wenden uns gleich zu den methodischen Versuchen, die gemacht worden sind, um speciell die **Associationen der Geisteskranken** genauer zu analysiren.

Wiederum müssen wir hier in erster Linie auf *Kraepelin* hinweisen, der in dem Aufsatz: „Der psychologische Versuch in der Psychiatrie“ [1]) das erste grössere Programm für die Analyse der psychopathischen Zustände entwickelt und darin das Studium der Associationen im Zusammenhang mit der Erforschung anderer Functionen als Ziel bezeichnet hat.

Wir müssen die systematische Stellung von *Kraepelin's* Absichten hier kurz andeuten.

Kraepelin zieht nun in dem genannten Aufsatz in erster Linie die **psychischen Zeitmessungen** in Betracht, wobei er die Mehrzahl der bisher veröffentlichten Versuche als werthlos bezeichnet, weil die Technik der Beobachter zu Bedenken Anlass gebe. Andererseits erklärt er diese Versuche bei einer Reihe von Geisteskranken für ausführbar.

Kraepelin bespricht weiter (pag. 9) die Momente, welche die **Verzögerung oder Beschleunigung einer Reaction** bewirken können, besonders die pathologischen Ursachen der „**Fehlreactionen**“. Pag. 11: „Häufung der Fehlreactionen deutet auf vorzeitige und somit erleichterte Auslösung der Willensbewegungen hin, deren Ursache entweder in einer Abnahme der psychischen Hemmungen oder in einer gesteigerten Erregbarkeit auf psychomotorischem Gebiete gelegen sein kann.“

Sodann zieht *Kraepelin* die qualitativen Störungen des **Auffassungsvorganges** (l. c. pag. 11) in Betracht:

„Wir wissen, dass schon die einfache Ermüdung uns das richtige Verständniss etwas verwickelter Reize erschwert, und dass bei Kranken diese Erscheinung stark ausgebildet sein kann. Die ersten Andeutungen werden sich darin kundgeben, dass bei den Wortreactionen die Reizworte häufiger falsch oder gar nicht verstanden werden, dass also illusionäre Wahrnehmungsfälschungen auftreten.“

An dieser Stelle setzt *Kraepelin* mit den Untersuchungen über die **Auffassungsfähigkeit** ein, welche pag. 168 behandelt sind.

Kraepelin wendet sich nun zur Messung der **Associationszeiten** (l. c. pag. 12). „Von den bisherigen Ergebnissen solcher Versuche will ich nur die eine Thatsache erwähnen, dass sich bei der sogenannten Ideenflucht durchaus nicht wirklich jene allgemein angenommene Beschleunigung der Association findet .... Es handelt sich hier ganz einfach um eine falsche

[1]) Cfr. Psychologische Arbeiten.

Deutung der Beobachtungen, umsomehr, als sich oft sogar umgekehrt eine Verlangsamung des Gedankenganges bei Ideenflüchtigen durch die Messung nachweisen lässt."

Abgesehen von dieser speciellen klinischen Behauptung ist damit das Studium der Associationen als Theil eines umfangreichen Arbeitsprogrammes gefordert.

Hier setzen die Untersuchungen von *Aschaffenburg* ein (cfr. I. Bd. der psychologischen Arbeiten, pag. 209), der von der Aufgabe ausging, die Aenderungen der Leistungsfähigkeit unter dem Einfluss der Erschöpfung zu studiren. Die Methoden, welche *Aschaffenburg* anwandte, um die Aenderung der Associationen zu studiren, waren folgende (l. c. pag. 213):

1. Bei der ersten wurde der Versuchsperson ein Wort zugerufen, auf welches hin sie mit möglichster Geschwindigkeit hinschrieb, was ihr einfiel; „jedes willkürliche Auswählen war untersagt".

2. Es wurde auf das Reizwort nur das erste auftauchende Reactionswort von der Versuchsperson ausgesprochen oder hingeschrieben.

3. Bei der dritten Methode wurde die zweite mit Zeitmessung verbunden.

Aschaffenburg verwendete dabei den modificirten *Cattel*'schen Lippenschlüssel, unter Anlehnung an die von *Kraepelin* (Ueber die Beeinflussung einfacher psychischer Vorgänge durch einige Arzneimittel) gewählte Methode. Im Beginn seiner Versuche hatte *Aschaffenburg* das Experiment etwas anders gestaltet, indem der Experimentirende möglichst gleichzeitig mit dem Tone eines einsilbigen Reizwortes durch einen Morsetaster den Strom geschlossen hatte, der bei dem Aussprechen des Reactionswortes mit dem Lippenschlüssel wieder geöffnet wurde. Bei dieser früheren Anordnung waren die Zeiten etwas kürzer. Die bei der späteren Anordnung mit den beiden Lippenschlüsseln erhaltenen Werthe sind alle etwas zu gross (pag. 215), weil der Strom schon bei Beginn des Aussprechens geschlossen wird. Bei einsilbigen Worten zeigte sich dieser Fehler kleiner als bei zweisilbigen. *Aschaffenburg* benützte daher zuerst ausschliesslich einsilbige Reizworte, besonders da mehrsilbige den Nachtheil boten, dass „schon die erste Silbe die associative Thätigkeit anregte".

Trotzdem hat *Aschaffenburg* später mehr mit zweisilbigen Worten experimentirt, wobei als Reizworte ausschliesslich Substantiva genommen wurden. Hier taucht bei *Aschaffenburg* zum erstenmal der Gedanke der Einheitlichkeit des Wortmaterials auf, den ich im Folgenden principiell durchgeführt habe. Allerdings sind die 4000 nach *Aschaffenburg* brauchbaren zweisilbigen Worte und auch die 600 passenden einsilbigen Hauptworte viel zu zahlreich, um wirkliche Einheitlichkeit des Reizes mit Vergleichbarkeit der Resultate zu ermöglichen. Zudem zieht *Aschaffenburg* der „Wiederholungsmethode" den steten Wechsel der Reizworte vor. Als Grund dazu gibt *Aschaffenburg* an (pag. 219): „Bei der Wiederholungsmethode fixiren sich die Associationen sehr schnell und fest, so dass Abweichungen von der Norm, wie sie etwa durch Gifte oder Erschöpfung hervorgerufen werden, weniger deutlich hervortreten, weil die Fixirung der Associationen stärker ist als die Neigung zu bestimmten, experimentell erzeugten Abweichungen.“ Dies mag für die speciellen Untersuchungen *Aschaffenburg's* über Erschöpfung bei Normalen stimmen, für eine Menge psychopathologischer Fälle dagegen stimmt es nicht, so dass das Moment der leichten Vergleichbarkeit ausschlaggebend für die Wahl dieser Methode werden muss.

Aschaffenburg berechnete aus seinen Versuchsreihen immer das wahrscheinliche Mittel, das heisst in jeder zusammenbearbeiteten Gruppe wurden die Zahlen nach der Grösse geordnet und davon die mittelste Zahl dieser Gruppe als Durchschnittszahl angesehen. Die Zahlen des wahrscheinlichen Mittels sind kleiner als das arithmetische Mittel, was sich in *Aschaffenburg's* Tabellen regelmässig findet.

Bei der Eintheilung der Associationen schliesst sich *Aschaffenburg* an die Ausführungen *Wundt's* an, indem er die 4 Associationsformen: Verbindung nach Aehnlichkeit, Contrast, nach räumlicher und zeitlicher Folge annimmt. Dabei wird der Contrast als besondere Form der Aehnlichkeit aufgefasst, da die contrastirenden Vorstellungen etwas Gemeinsames haben. Bei der dritten und vierten Associationsform wird ebenfalls etwas Gemeinsames in der äusseren gewohnheitsmässigen Verbindung (zeitliches oder räumliches Nebeneinander) gefunden. Die so entstehenden Hauptformen werden unter Hinweis auf *Wundt* und *Ziehen* als innere und äussere Association bezeichnet (l. c. pag. 221).

Unter Beziehung auf die Arbeiten von *Trautschold*[1]), *Kraepelin*[2]), *Wahle*[3]), *Münsterberg*[4]), *Scripture*[5]), *Smith*[6]) kommt *Aschaffenburg* zu folgender Eintheilung:

A. Reizworte dem Sinne nach richtig aufgefasst.

a) Innere Associationen.

1. Associationen nach Coordination und Subordination.
2. Associationen nach prädicativer Beziehung.
3. Causalabhängige Associationen.

b) Aeussere Associationen.

1. Associationen nach räumlicher und zeitlicher Coexistenz.
2. Identitäten.
3. Sprachliche Reminiscenzen.

B. Reizworte dem Sinne nach nicht aufgefasst.

c) Reizworte nur durch den Klang wirkend.

1. Wortergänzungen.
2. Klang- und Reimassociationen:
   α) sinnvolle, β) ohne Sinn.

---

[1]) *Trautschold*, Experimentelle Untersuchungen über Association der Vorstellungen. *Wundt's* Philosophische Studien, Bd. I, 1883, pag. 216.

[2]) *Kraepelin*, Ueber den Einfluss der Uebung auf die Dauer von Associationen. St. Petersburger med. Wochenschrift, 1889, Nr. 1.

[3]) *R. Wahle*, Bemerkungen zur Beschreibung und Eintheilung der Ideenassociationen. Vierteljahrsschrift für wissensch. Philosophie, IX, 1885, pag. 404.

[4]) *Münsterberg*, Studien zur Associationslehre. Beiträge zur experimentellen Psychologie, 1892, Heft 4, pag. 32.

[5]) *E. W. Scripture*, Ueber den associativen Verlauf der Vorstellungen. *Wundt's* Philosophische Studien, VII, pag. 50.

[6]) *W. Smith*, Zur Frage der mittelbaren Association. Dissertation, Leipzig 1894.

d) Reizworte nur reactionsauslösend wirkend.

1. Wiederholung des Reizwortes.
2. Wiederholung früherer Reactionen ohne Sinn.
3. Associationen auf vorher vorgekommene Worte.
4. Reactionen ohne erkennbaren Zusammenhang.

Sodann hebt *Aschaffenburg* die mittelbaren Associationen besonders hervor.

Von dieser Eintheilung der Associationen sind die meisten Gruppen ohne Weiteres verständlich, nur bedarf der Begriff der mittelbaren Association bei *Aschaffenburg* einer kurzen Erläuterung. Es drängten sich *Aschaffenburg* eine „nicht geringe Menge von Beobachtungen auf, in denen Reizwort und Reaction in ihrer Beziehung zu einander erst dann verständlich wurden, wenn ein Verbindungsglied zu Hilfe genommen wurde" (pag. 245). „Bei der weitaus grösseren Zahl stellt das Verbindungsglied eine Klangassociation auf das Reizwort dar, während die Beziehungen der ausgesprochenen Reaction zu einem Mittelglied allen Arten der besprochenen Associationen angehören."

Als Beispiele führt *Aschaffenburg* unter anderem an: Pest- (Pech-) Vogel, Schatten- (Schaden-) Spott, Allmacht- (Alma-) Mater. Es kann das Reactionswort auch eine Klangassociation auf das ausgefallene Wort sein, welches seinerseits zu dem Reizwort in verschiedenem Verhältniss stehen kann, wofür *Aschaffenburg* als Beispiele anführt: Leibarzt- (Professor-) Prophet, Punsch- (Essenz-) Essig.

Ferner kann das ausgefallene Mittelglied zu dem Reiz- und Reactionswort in begrifflichem Verhältniss stehen (pag. 246) zum Beispiel Himmel- (Hölle-) Teufel, wobei oft ganz überraschende und zunächst unverständliche Reactionen zustande kommen.

Zu den mittelbaren Associationen rechnet *Aschaffenburg* (pag. 250) auch die paraphasischen, bei denen es sich um ein unfreiwilliges Verwechseln zweier Bezeichnungen handelt. Zum Beispiel Balg-Pfind (statt Kind). Man sieht daraus, wie heterogene Vorgänge unter dem Begriff der mittelbaren Association, welchen *Aschaffenburg* bei seinen Versuchen zur zahlenmässigen Berechnung zugrunde gelegt hat, zusammengefasst werden.

Mit Anwendung der obigen Methoden und Eintheilungsgruppen hat *Aschaffenburg* zunächst an zwölf Personen 44 Normalversuche mit circa 4000 Associationsreactionen gemacht. Sämmtliche Versuchspersonen waren Mediciner, der grösste Theil davon Psychiater oder der Psychiatrie nahestehende Personen. Von allen kann man annehmen, dass sie die Bedeutung der angestellten Versuche kannten und deren Verlauf selbst mit Interesse verfolgten.

Man wird diese Momente bei der Frage, ob *Aschaffenburg's* Resultate als Ausdruck des durchschnittlich Normalen aufgefasst werden können, nicht vergessen dürfen.

Aschaffenburg bespricht dann die Resultate bei den oben angegebenen drei Untersuchungsarten gesondert, indem er die Resultate tabellarisch nach seinem Eintheilungsschema zusammenfasst. Aus seinen Folgerungen (pag. 294) hebe ich folgende hervor:

1. (Cfr. 4 und 9.) Die äusseren Associationen überwiegen an Zahl meist gegenüber den inneren; sie zeigen im Durchschnitt etwas

kürzere Dauer als die anderen. (300—1200 bei einsilbigen, 1100—1400 bei zweisilbigen Reizworten.)

2. (5 und 9.) Die Methode des fortlaufenden Niederschreibens gibt Anhaltspunkte für die individuell verschiedene Neigung zur Associirung nach Coexistenz.

3. (7.) Das Vorkommen nicht sinnentsprechender Associationen in grösserer Anzahl lässt auf ungünstige Versuchsbedingungen schliessen (*Aschaffenburg* meint anscheinend innere Bedingungen). In den Fällen, in denen diese grössere Zahl aus Klangassociationen zusammengesetzt war, bestand fast immer ein Zustand von Ueberarbeitung. Eine Häufung von Reactionen, bei denen das Reizwort nur reactionsauslösend gewirkt hatte, fand sich bei einer Person als dauernde Eigenthümlichkeit, bei einer anderen während eines durch unangenehme Affecte gesteigerten neurasthenischen Zustandes. Mehr als fünf nicht sinngemässe Reactionen, mehr als vier Klangassociationen auf 100 kamen beim normalen Individuum nur selten vor. Die grössere oder geringere Häufigkeit dieser Associationsform gibt wichtigen Aufschluss über den psychischen Gesammtzustand.

4. (10.) „Die Neigung verschiedener Individuen, in dieser oder jener grammatischen Sprachform zu associiren, ist eine stehende Eigenthümlichkeit von einzelnen Personen." Die grössere Gruppe reagirte fast ausschliesslich mit Hauptworten (85—92% und wenig Verben, die kleinere mit 59—68% Hauptworten und 22—31% Zeitworten. „Die psychologische Bedeutung dieser Eigenart ist unbekannt."

5. „Unter 100 Associationen hatten von fünf Personen alle fünf 2, vier 4, drei 16 und zwei 39 Antworten gemeinsam. Aehnliches zeigte sich bei einer Gruppe von 4 Personen." Bei diesem Resultat spielt offenbar die verhältnissmässig homogene Beschaffenheit der untersuchten Personen mit.

„Die mehr oder weniger ausgedehnte Betheiligung des Einzelnen an den gemeinsamen Associationen (bei 4 Personen 18—28, bei fünf 22—47 Procent) gibt einen Anhaltspunkt für die Beurtheilung der geringeren oder grösseren Eigenart seiner Gedankenverbindungen."

Nachdem *Aschaffenburg* durch diese Arbeit einen normalpsychologischen Maassstab gewonnen hat, wendet er sich in seiner zweiten Arbeit (Experimentelle Studien über Associationen, II. Theil. Die Associationen in der Erschöpfung, Psychologische Arbeiten, II. Theil, 1. Heft) zur Untersuchung psychopathischer Zustände. (pag. 2). „Auf zwei Wegen können wir dazu gelangen: durch Gifte, die wir von aussen dem Körper zuführen, oder durch plötzliche Veränderung unserer Lebensgewohnheiten."

Unter Beziehung auf die vorhandenen Vorarbeiten untersucht *Aschaffenburg* nun den Einfluss der Ermüdung und der Erschöpfung auf den Associationsvorgang.

Zu diesem Zweck liess er einige seiner Versuchspersonen durch Nächte alle drei Stunden eine Reihe von Associationen machen. „Die Zwischenzeiten waren mit andersartigen Experimenten ausgefüllt. Die Reizworte wiederholten sich nicht." *Aschaffenburg* gruppirt die Reactionsworte entsprechend der früheren Eintheilung nach folgenden Gruppen: I. innere Associationen, II. äussere Associationen, III. nichtsinngemässe Associationen, IV. mittelbare Associationen, und findet aus der Vergleichung der Zahlen (pag. 81):

1. (1.) „Unter dem Einflusse der Erschöpfung, die eine durcharbeitete, durchwachte und ohne Nahrung verbrachte Nacht hervorruft, werden die engen begrifflichen Beziehungen zwischen Reizwort und Reaction nach und nach gelockert und durch solche Associationsformen ersetzt, die der langgewohnten Uebung ihre Entstehung verdanken; besonders überwiegen dabei die sprachlichen Beziehungen. Mit der Zunahme der Erschöpfung wirkt die zugerufene Vorstellung immer weniger durch ihren Inhalt; an dessen Stelle bestimmen der Klang und die Tonfarbe die Reaction.

2. (3.) Die Zahl der mehrfach vorkommenden Antworten, die als Ausdruck einer mehr oder weniger grossen Einförmigkeit der Vorstellungen angesehen werden kann, wird durch die Nachtversuche nicht vergrössert.

3. (4.) Solche Reactionen, die mit dem Reizworte weder dem Inhalte noch dem Klange nach zusammenhängen, kamen nur selten vor und wurden während der Versuchsnächte nicht zahlreicher.

4. (5.) Wahrscheinlich hat diese Zusammenhangslosigkeit der Associationen ebenso wie das zwangsmässige Wiederkehren derselben Vorstellungen nichts mit der normalen, acuten Erschöpfung zu thun, sondern gehört zu den Erscheinungen des constitutionellen Zustandes der angeborenen Neurasthenie.

5. (6.) Auf die durchschnittliche Dauer der Associationsreactionen übten die Versuchsnächte entweder gar keinen oder nur einen geringen Einfluss im Sinne einer Verlängerung der Zeiten und einer grösseren Streuung der Werthe.

Neben dieser einwandfreien Umschreibung seiner Versuchstabellen macht *Aschaffenburg* eine Anzahl von Folgerungen und Wahrscheinlichkeitsschlüssen, welche einer sorgfältigen Nachprüfung unterworfen werden müssen. Es handelt sich dabei wesentlich um eine Deutung seiner Resultate nach der Richtung einer Prävalenz von Bewegungsvorstellungen. Ich greife aus *Aschaffenburg's* Schlusssätzen in dieser Hinsicht folgende heraus:

1. (7.) Die Association nach sprachlicher Reminiscenz, noch mehr die Wortergänzungen und am meisten die Reactionen nach Klangähnlichkeit sind fast ausschliesslich mechanische, rein motorische Vorgänge; es lässt sich daraus schliessen, dass mit der fortschreitenden Erschöpfung die Bewegungsvorstellung an die Stelle des begrifflichen Zusammenhanges tritt.

2. (8.) Aus dem Verhalten der Wahlreactionen und einfachen Reactionen geht hervor, dass durch die Erschöpfung eine erleichterte Auslösung von Bewegungsantrieben hervorgerufen wird.

3. (9.) Das Auftreten der Reime und klangähnlichen Worte ist eine Theilerscheinung der allgemeinen Erleichterung der motorischen Reactionen.

4. (11.) Wahrscheinlich hängt diese Erscheinung mehr mit der körperlichen als mit der geistigen Ermüdung zusammen.

Ferner geht *Aschaffenburg* dazu über, seine experimentellen Resultate mit der Erscheinungsweise mancher Fälle von Geisteskrankheit in Beziehung zu setzen.

(12.) „Bei den Erschöpfungspsychosen kehrt in den Reden der Kranken besonders die Neigung zu Klangassociationen bei gleichzeitiger erleichterter Auslösung von Bewegungen wieder. Es entspricht also wahrscheinlich die Störung der Vorstellungsbildung durch die in den Versuchen erzeugte Erschöpfung der bei den Erschöpfungspsychosen auftretenden Ideenflucht."

Ob der hier zugrunde liegende Schluss von der Gleichheit gewisser Symptome auf die Gleichheit der Ursachen (Erschöpfung) richtig ist, ist einer eingehenden weiteren Prüfung werth. Die Fälle, in denen gleiche Symptome verschiedene Ursachen haben, sind im Gebiet der Pathologie so häufig, dass immerhin die grösste Vorsicht bei der Auslegung solcher symptomatischer Uebereinstimmungen erforderlich ist. Jedenfalls werden aber die Untersuchungen *Aschaffenburg's* eine grosse Bedeutung für die Klärung der Begriffe, welche zur Auflösung der mit den Namen Manie, Erschöpfungspsychose, Verwirrtheit u. s. f. bezeichneten Symptomenbilder nothwendig sind, behalten.

Die wichtigste neuere Arbeit über Ideenassociation von psychiatrischer Seite ist die von *Ziehen* über die Ideenassociation des Kindes (Sammlung von Abhandlungen aus dem Gebiet der pädagogischen Psychologie und Physiologie, Bd. I, Heft 6).[1])

Ziehen's Untersuchungen bezogen sich auf folgende Punkte (pag. 6):

I. Feststellung des Vorstellungsschatzes des einzelnen Kindes.

II. Feststellung des Vorstellungsablaufes bei gegebener Anfangsvorstellung.

III. Feststellung der Geschwindigkeit des Vorstellungsablaufes.

IV. Feststellung des Vorstellungsablaufes und seiner Geschwindigkeit unter besonderen Bedingungen (Ermüdung u. s. f.).

In der genannten Abhandlung bezieht sich *Ziehen* vorzugsweise auf das an zweiter Stelle genannte Problem, welches sich mit dem Zweck der im Folgenden vorzutragenden Untersuchungen fast deckt.

Ueber die Feststellung des Vorstellungsschatzes der einzelnen Kinder (I) macht *Ziehen* unter Hinweis auf eine spätere Abhandlung nur einige vorläufige Mittheilungen über den Befund an einfachen Farben-, Raum-, Zahlen- und Zeitvorstellungen. Die Farbenvorstellungen prüfte *Ziehen* in der Weise, dass dem Kinde Pigmentfarben vorgelegt wurden. Allen Kindern wurden dieselben Farben vorgelegt.

Hier ist bei *Ziehen* der gleiche Gesichtspunkt schon vorhanden, von welchem alle folgenden Untersuchungen beherrscht sind, nachdem ich in der psychiatrischen Klinik in Giessen schon seit zwei Jahren alle Associationsuntersuchungen nach diesem Princip habe vornehmen lassen.[2])

---

[1]) Diese Arbeit ist mir erst nach Abschluss meines Manuscriptes zu diesem Capitel bekannt geworden. Ich halte es jedoch für nothwendig, einen Bericht über die methodologisch wichtigen Punkte derselben hier einzufügen.

[2]) Cfr. Archiv für Psychiatrie, 1898: *Alber*, Ein Apparat zur Auslösung optischer Reize, pag. 641.

Ziehen stellte damit fest, dass von den 45 normalen Kindern, die er untersuchte, falsch oder gar nicht nur die Farben grau, grün und braun bezeichnet wurden, während er bei schwachsinnigen, beziehungsweise geistig zurückgebliebenen Kindern einen grösseren Defect der Farbenvorstellungen als sehr häufiges Symptom fand (pag. 8).

„Die Raumvorstellungen der zu den Associationsversuchen verwendeten Kinder wurden nach den verschiedensten Methoden geprüft.“ Diese sind nicht im Einzelnen erwähnt. Ueber das Resultat sagt *Ziehen:* „Im Ganzen war ich über die Schärfe der räumlichen Vorstellungen auf das Höchste erstaunt. Der Raumsinn ist bei dem Kinde viel früher entwickelt als der Farbensinn.“

Die Zahlen- und Zeitvorstellungen prüfte *Ziehen* durch Vorlegen gleicher Gegenstände (optisches Zählen) oder durch successives Berühren der einzelnen Objecte (tactiles Zählen). Ferner liess er aus einer grösseren Zahl von Objecten eine bestimmte kleinere abzählen und dann zusammengeben. „Erst wenn das Kind diese Probe richtig besteht, darf man annehmen, dass das Kind nicht nur die successive Vorstellung des Zählens, sondern auch die Simultanvorstellung der Zahl hat.“

Die Zeitvorstellungen hat *Ziehen* insofern untersucht, als er das „Vorhandensein der Zeiteintheilungsvorstellungen und ihre Beziehungen“ prüfte.

„Hierbei ergab sich, dass — aus begreiflichen Gründen — die Zahlenbeziehung zwischen Stunde und Minuten fast allen Kindern zugänglich ist.“ „Die Stundenzahl des Tages wird sehr oft falsch angegeben.“

Dabei fand *Ziehen* einen bedeutenden Unterschied der Resultate in den verschiedenen Classen, so dass also die Feststellung individueller Unterschiede in dieser Beziehung kaum möglich erscheint. *Ziehen's* Versuche in dieser Richtung (Feststellung des Vorstellungsschatzes) sind bisher nur Vorarbeiten für die auf das II. Problem bezüglichen Versuche und können in Bezug auf Umfang und Methode bedeutend erweitert werden. Die principielle Idee der „psychischen Inventaraufnahmen“ ist jedoch von *Ziehen* deutlich ausgesprochen, wodurch die folgenden Untersuchungen eine nahe Beziehung zu den *Ziehen*'schen bekommen.

Zur Feststellung des Vorstellungsablaufes bei gegebener Anfangsvorstellung wurde die Anfangsvorstellung (pag. 10) „entweder direct durch eine Objectvorstellung oder indirect durch eine Wortempfindung geweckt“. „Im ersten Fall lasse ich das Kind ein Object sehen, hören oder fühlen etc., im zweiten Fall rufe ich dem Kinde das Wort zu.“ Mit Vorliebe hat *Ziehen* letztere Methode verwendet.

Hier ist eine Ergänzung der Methode leicht möglich, indem man geschriebene oder gedruckte Worte erscheinen lässt, das heisst an Stelle einer akustisch-sprachlichen Reactionsart eine optisch-sprachliche wählt, wobei jedoch an Stelle der schwerfälligen Objecte ihre Bezeichnungen auf leicht bewegliche Karten gesetzt werden (cfr. *Alber*, l. c.).

Als Vorbereitung zu dem Versuch forderte *Ziehen* das Kind einfach auf, das Wort zu sagen, was ihm zuerst einfalle. „Fast allen

Kindern liess sich diese Aufgabe ohne Schwierigkeiten begreiflich machen", was sich mit meinen Erfahrungen an idiotischen Kindern deckt. „Die Auswahl der Reizworte war zunächst völlig willkürlich. Im Ganzen habe ich allgemeine concrete Vorstellungen in dem von mir definirten psychologischen Sinn (Leitfaden der phys. Psychologie, 4. Aufl., 1898, pag. 166) bevorzugt, doch wurden in jede Versuchsreihe auch einige Beziehungsvorstellungen (z. B. Aehnlichkeit), Successionsvorstellungen (z. B. Gewitter), specielle concrete Vorstellungen etc., aufgenommen." Für chronoskopische Untersuchung beschränkte sich *Ziehen* auf einsilbige Worte, von denen er 1144 zu einem Lexikon zusammengestellt hat.

„Im Interesse des Vergleichs wurden den meisten Kindern dieselben Reizworte zugerufen. Auch wurde in der Regel bei verschiedenen Kindern die gleiche Reihenfolge der Reizworte eingehalten, da die vorausgegangenen Reizworte für die Reaction auf das augenblickliche Reizwort nicht gleichgiltig sind."

Hier kehrt bei *Ziehen* das gleiche Thema wieder, wie bei der Untersuchung der Farbenassociationen, worin eine neue Beziehung zu den im Folgenden beschriebenen, vor dem Erscheinen der *Ziehen*'schen Arbeit angestellten Versuchen liegt.

Ebenso hat *Ziehen* wie ich nicht blos den Hauptbegriff der Antwort, sondern auch die Copula etc. mit möglichster Genauigkeit protokollirt, was für diese Untersuchungen wichtig ist.

Um die Fehlerquelle der Ermüdung zu beseitigen, dehnte *Ziehen* seine Versuche an dem einzelnen Kinde nie über 20 Minuten, meist nur auf 10—15 Minuten aus.

Vor der Beantwortung der Hauptfrage (pag. 15), ob „die Ideenassociation des Kindes im Vergleich mit derjenigen des Erwachsenen ein Ueberwiegen oder Zurücktreten einzelner Associationsformen zeigt", erörtert *Ziehen* die Formen der Ideenassociation und unterscheidet diese in zwei Hauptformen:

a) Springende Association (Rose — roth),

b) Urtheilsassociationen (die Rose ist roth).

Ziehen bezeichnet die erste Art mit dem Zeichen $V_1 — V_2$, die zweite mit dem Zeichen $V_1 — V_2$ und gibt als unterscheidende Merkmale die folgenden an (pag. 15):

a) Die Urtheilsassociation ist stetig; V_1 ist noch nicht verschwunden, wenn V_2 auftritt.

b) Die Urtheilsassociation beruht auf einer engeren Gleichzeitigkeitsverknüpfung.

c) Die beiden Vorstellungen einer Urtheilsassociation stimmen in ihren räumlich-zeitlichen Individualcoefficienten überein.

Pag. 16. „Die springende Vorstellungsfolge: Rose — roth lässt offen, ob die räumlich-zeitlichen Individualcoefficienten von Rose und roth sich decken. Anders bei der Urtheilsassociation (die Rose ist roth). Hiermit verbindet sich stets die Vorstellung, dass die Individualcoefficienten der ersten Vorstellung „Rose" und der zweiten Vorstellung „roth" sich decken. Die Rose steht nicht etwa an einem Ort und zu einer Zeit und das Rothe an einem anderen Ort und zu anderer Zeit, sondern beide an demselben Ort und zur selben Zeit." *Ziehen* erblickt hierin „ein psychologisches Hauptmerkmal der Urtheilsassociation, welches bislang zu wenig beachtet worden ist".

Ich bemerke schon hier, dass die vorzutragenden Untersuchungen einer derartigen Auslegung des Phänomens, bei welchem das Reactionswort mit dem Reizwort durch das Bindewort verknüpft erscheint, durchaus zuwiderlaufen. Es handelt sich bei *Ziehen* anscheinend um eine Art logischer Einfühlung, indem er die logischen Beziehungen, welche die Copula für den menschlichen Verstand hat, in den Wortkörper „ist" auch dann hineinprojicirt, wenn ein solcher logischer Inhalt gar nicht angenommen werden kann. Es ist dies ähnlich wie auf einem anderen Gebiet, nämlich dem der physiognomischen Bewegungen, wenn z. B. in katatonische Grimassen von dem Zuschauer ein in Wirklichkeit gar nicht vorhandenes Gefühl hineingelegt wird. Thatsächlich tritt das für die logische Betrachtung bedeutungsvolle Wort „ist", „sind" etc. oft lediglich als Flickwort auf.

Der Werth, den *Ziehen* auf diesen Punkt legt, ist nur verständlich, wenn man in Betracht zieht, dass er wesentlich Kinder untersucht hat, bei denen durch die verschiedenen Classen ein scheinbarer Parallelismus zwischen dem Auftreten dieser grammatikalischen Flickworte und der Urtheilsbildung vorhanden zu sein scheint. Bei der Vergleichung meiner Untersuchungen an jugendlichen und erwachsenen Geisteskranken halte ich es für unthunlich, auf dieser schwankenden Basis eine Eintheilung der Associationen vorzunehmen.

Eine weitere Eintheilung der Associationen erklärt *Ziehen* für sehr schwierig, „wie zahlreiche Eintheilungsversuche (*Trautscholld, Kraepelin, Aschaffenburg* u. a.) beweisen". *Ziehen* warnt dabei mit Recht vor den logischen Eintheilungen, „weil die Logik bei ihren Sätzen von dem Inhalt ganz abstrahirt, der letztere aber für die Psychologie das Wichtigste ist". Leider zeigt *Ziehen's* eigene Eintheilung im Grunde den gleichen Zug: sie beruht auf der übermässigen logischen Werthschätzung von Worten, welche bei manchen Individuen einen logischen Inhalt haben, bei andern, speciell in psychopathischen Zuständen, nichts als bedeutungsloses Beiwerk sind. Immerhin wird *Ziehen's* Eintheilung sich wahrscheinlich für sein specielles Thema: „Untersuchung der Ideenassociation des Kindes" als brauchbar erweisen.

Ziehen's weitere Eintheilung ist eigentlich mehr eine Art Zeichensprache für den im Experiment gegebenen Vorgang. Das Zeichen E^s_a bedeutet, dass die Empfindung (E) sprachlicher (s) Natur ist und akustischer (a) Qualität ist, das heisst, dass der Reiz eine sprachliche Gehörsempfindung (gesprochenes Reizwort) ist. „Diese wird wieder erkannt, das heisst die Gehörsvorstellung V^s_a tritt auf. Die an diese geknüpfte Objectvorstellung bezeichnet *Ziehen* als V_1, die daran associirte als V_2. „Thatsächlich wird dieser Verlauf nicht stets inne gehalten, weil die Versuchsperson zuweilen V_2 nicht an V_1, sondern direct an V^s_a anknüpft." Als Beispiel bringt *Ziehen* die Association: Schlacht, Macht, wobei die Association auf das Klangbild Schlacht erfolgt. *Ziehen* bezeichnet diese Associationen als verbale Associationen, wobei er bemerkt, dass *Trautschold's* Wortassociation nur einen Theil seiner verbalen Associationen darstellt.

Die Bezeichnung von Klangassociationen als Wortassociationen ist im Hinblick auf die folgenden Untersuchungen bedenklich, weil oft nicht das ganze Wort, sondern einzelne Lautbestandtheile die Association bestimmen, so dass man dafür einen neuen Begriff „Lautassociation“ erfinden müsste, wenn man das Wort Klangassociation fallen lässt. Zudem ist der Ausdruck Wortassociation bei *Ziehen* zweideutig, was aus folgenden Bemerkungen (l. c. pag. 17) hervorgeht: Die verbalen Associationen treten zuweilen auch in der Form von Urtheilsassociationen auf. So erhielt ich z. B. auf das Reizwort „Bett“ die Antwort: „wird mit tt geschrieben“.

Hier liegt doch zweifellos die Vorstellung eines Schriftbildes zwischen dem sprachlichen Reiz „Bett“ und der auf die Schreibweise bezüglichen Reaction, allerdings angeregt durch die Gehörsvorstellung „Bett“. *Ziehen* fasst demnach unter dem Ausdruck Wortassociation akustisch-akustische (Schlacht — Macht) und akustisch-optische Reactionen (Bett: Schriftbild Bett) in einer Weise zusammen, welche im einzelnen Fall Missverständnisse erregen kann. *Ziehen's* Verfahren wird nur dadurch verständlich, dass er das Wort in Gegensatz zur bezeichneten Vorstellung setzt und alle Associationen, die an das Wort als solches anknüpfen, als verbale benennt.

Ich habe im Folgenden alle akustisch-akustischen Reactionen, selbst wenn nur einige Laute des Reizwortes wirksam waren (z. B. Schlacht — Lachen), als Klangassociationen bezeichnet.

Die „verbalen“ Associationen, welche in dem Folgenden eine bedeutende Rolle spielen, weiter einzutheilen, hat *Ziehen* für seinen Zweck unnöthig gefunden. Dagegen hat er die Objectassociationen, die er den verbalen Associationen gegenüberstellt, weiter eingetheilt, und zwar nach dem Gesichtspunkt, ob sie

I. Individualvorstellungen, und zwar:
a) räumlich und zeitlich bestimmte,
b) räumlich und zeitlich unbestimmte Individualvorstellungen, oder
II. Allgemeinvorstellungen sind, welche *Ziehen* aus der ersten Gruppe ableitet.

Diese beiden Arten werden nun von *Ziehen* in wechselseitiges Causalverhältniss bei der Association gebracht, wodurch folgende Möglichkeiten gegeben sind:

1. Eine Individualvorstellung weckt eine Individualvorstellung (reine Individualassociation).
2. Eine Individualvorstellung weckt eine Allgemeinvorstellung (Individual-Allgemein-Association).
3. Eine Allgemeinvorstellung weckt eine Individualvorstellung (Allgemein-Individual-Association).
4. Eine Allgemeinvorstellung weckt eine Allgemeinvorstellung (reine Allgemein-Association).

Durch Bezeichnung der Individualvorstellung mit dem Index i und der Allgemeinvorstellung mit dem Index $\backsim$ erhält er bei der gleichzeitigen Anwendung der Haupteintheilung in springende (—) und Urtheilsassociationen (—) folgende Reactionsarten:

$$\begin{array}{rcl} i\,V_1 - i\,V_2 & \text{und} & i\,V_1 -- V_2 \\ i\,V_1 - \backsim V_2 & & i\,V_1 -- i\,V_2 \\ \backsim V_1 - i\,V_2 & & \backsim V_1 -- \backsim V_2 \\ \backsim V_1 - \backsim V_2 & & \backsim V_1 --^{*)} \backsim V_2 \end{array}$$

*) Im Text steht anscheinend fälschlich dafür --.

Ziehen theilt nun die Individualvorstellungen weiter ein, je nachdem sie einfach oder zusammengesetzt sind. Pag. 19: „Einfach nenne ich sie, wenn sie aus einer einzigen Empfindungsqualität hervorgegangen sind, zusammengesetzt, wenn an ihrer Entstehung mehrere Empfindungsqualitäten betheiligt sind."

Ziehen bezeichnet die Vorstellung der Erinnerungsbilder

des	Gehörssinnes	als V_a
„	Gesichtssinnes	„ V_o
„	Berührungssinnes	„ V_t
„	Wärmesinnes	„ V_w
„	Kältesinnes	„ V_k
„	Geruchssinnes	„ V_r
„	Geschmackssinnes	„ V_g
„	Lage- und Bewegungssinnes	„ V_m
der	positiven Gefühlstöne	„ V_+
„	negativen Gefühlstöne	„ V_-,

und deutet die zusammengesetzten Vorstellungen nach dem Schema $V_{(a,\, o,\, t\, \ldots)}$ an.

Für die Association auf Individualvorstellungen macht *Ziehen* demnach folgende Reactionsarten namhaft:

1. Eine einfache Individualvorstellung weckt eine einfache Individualvorstellung;

a) Homosensorielle Vorstellungsverknüpfung (grün — gelb).
b) Heterosensorielle Vorstellungsverknüpfung (weiss — süss).

2. Eine einfache Individualvorstellung weckt eine zusammengesetzte Individualvorstellung (totalisirende Vorstellungsverknüpfung), und zwar:

a) eine zusammengesetzte Individualvorstellung, deren Partialvorstellung sie selbst ist (grün — Wiese),
b) eine zusammengesetzte Individualvorstellung, deren Partialvorstellung sie selbst nicht ist (grün — Zucker).

3. Eine zusammengesetzte Individualvorstellung weckt eine einfache Individualvorstellung (partialisirende Vorstellungsverknüpfung (Wiese — grün, Zucker — schwarz).

4. Eine zusammengesetzte Individualvorstellung weckt eine andere zusammengesetzte Individualvorstellung (Blume — Wiese, Wiese — Blume; Wiese — Stadt).

Ferner erwähnt *Ziehen* Successionsvorstellungen, Beziehungsvorstellungen, sowie Phantasievorstellungen.

Bei *Ziehen's* Eintheilung wird anscheinend die Annahme gemacht, dass das Reactionswort jedesmal durch das vorhergehende Reizwort bestimmt sei. Dies ist in den folgenden Untersuchungen nachweislich sehr häufig nicht der Fall, so dass die Annahme dieser Zeichensprache nur Verwirrung stiften würde, weil das zeitlich der Frage folgende Wort inhaltlich zu jener in Beziehung gebracht wird.

Ferner leidet diese Ausdrucksweise daran, dass an Stelle der wirklichen Reaction ein Urtheil über die psychologische Zusammensetzung des Reactionswortes in Gestalt eines Zeichens eingesetzt wird. Sehr häufig habe ich erst Monate lang nach der Fixirung einer Reaction den wesentlichen Inhalt derselben und ihre Beziehung zum Beispiel zu weit vorher liegenden Reactionsworten begriffen, so dass die Bezeichnung mit Bezug auf das unmittelbar vorhergehende Reizwort nur die Verhüllung des Thatbestandes bedingt hätte.

Eintheilungen sollen Abstractionen aus der Vergleichung der wirklich beobachteten Erscheinungen sein, nicht schematische Fächer, in welche die Erscheinungen hineingeschoben werden.

Ich halte deshalb in diesem schwierigen Gebiet nur solche Versuche für einwandfrei, bei welchen vollkommen realistisch die gesammte Reaction aufgenommen und ohne Ersatz durch eine willkürliche Zeichensprache wiedergegeben wird. Auch habe ich es unterlassen, sämmtliche Reactionen genau zu zerlegen, sondern habe nur versucht, vielfach auftretende Erscheinungen klar herauszustellen.

Aus *Ziehen's* Resultaten hebe ich folgende hervor (pag. 25): „Im Verlauf einer Versuchsreihe tritt eine Urtheilsassociation gewöhnlich nicht isolirt auf, sondern, wenn einmal eine Urtheilsassociation aufgetreten ist, so folgen meist noch mehrere, zuweilen bis 10 nach. Diese Erscheinung möchte ich als Perseveration der Associationsform bezeichnen. Sie ist auch in der Ideenassociation des Erwachsenen nachweisbar. Stärker tritt sie bei manchen physiologischen Erschöpfungszuständen hervor. Sehr ausgeprägt finde ich sie ferner bei den sogenannten Erschöpfungspsychosen, das heisst denjenigen Geisteskrankheiten, welche sich auf dem Boden einer schweren Erschöpfung (zum Beispiel durch Blutverlust, nach schweren fieberhaften Krankheiten, nach körperlicher oder geistiger Ueberarbeitung) entwickeln, sowie bei fast allen Formen des angeborenen Schwachsinns."

„Verbalassociationen" fand *Ziehen* bei den untersuchten Kindern sehr selten. Dabei war (pag. 28) „die associative Wortergänzung, welche *Trautschold's* Association successiver Schalleindrücke de facto entspricht, am häufigsten. (Bett — federn, Post — Karte, Freiheit — skriege, Herz — förmig.)"

Reimassociationen (Schlange—Zange) fand *Ziehen* ebenfalls selten.

In Bezug auf das associative Verhältniss von Individual- und Allgemeinvorstellungen fand *Ziehen*, dass die oben genannte vierte Form ($\sim V_1 - \sim V_2$) sehr erheblich überwiegt, „das heisst das Reizwort weckt eine Allgemeinvorstellung und an letztere wird wiederum eine Allgemeinvorstellung associirt: Es gibt Erwachsene, bei welchen über 90% aller Associationen der vierten Form angehören. Als Durchschnitt möchte ich nach meinen Erfahrungen einen Procentsatz von 80% ansehen." — „Das Häufigkeitsverhältniss der ersten, zweiten und dritten Form unterliegt übrigens so grossen individuellen Schwankungen, dass eine allgemeine Regel kaum aufzustellen ist." *Ziehen* behauptet nun (pag. 32): „Im Allgemeinen herrscht bei dem Kind zunächst die erste Form der Ideenassociation $iV_1 - iV_2$ (beziehungsweise auch $iV_1 - iV_2$) absolut vor und wird allmählich mit zunehmendem Alter durch die vierte Form verdrängt." „Die meisten jüngeren Kinder knüpfen fast an jedes

Reizwort eine Individualvorstellung, und in sehr vielen Fällen sind beide Individualvorstellungen auch räumlich bestimmt."

Abgesehen von diesen speciellen Feststellungen liegt der Schwerpunkt der *Ziehen*'schen Arbeit in dem methodischen Versuch, für die Art der Reactionen eine logische Zeichensprache einzuführen.

Jedenfalls muss in Bezug auf diese Methode zugestanden werden, dass (pag. 43) „ihre Vortheile gegenüber den seither üblichen Massenversuchen, bei welchen die kritische Prüfung des psychologischen Thatbestandes bei der einzelnen Association vernachlässigt wird, ... in die Augen springen".

In dieser Beziehung haben die folgenden Untersuchungen die gleiche Richtung, wie ja auch *Kraepelin* und *Aschaffenburg* trotz des Versuches tabellarischer Zusammenfassung die qualitative Analyse der einzelnen Antwort im Auge behalten.

Allerdings gehe ich methodologisch insofern weiter, als ich die Wiedergabe der gesammten Reaction in möglichst realistischer Weise verlange, um das vielleicht falsche Urtheil des Untersuchenden über die Art des associativen Zusammenhanges scharf von der objectiven Darstellung der Reaction zu trennen.

In dieser Beziehung scheint mir sowohl die logische Zeichensprache wie die tabellarische Zusammenstellung nach bestimmten Kategorieen eine Gefahr zu bieten.

Ich will mich daher im Folgenden darauf beschränken, die Reactionen möglichst genau zu verzeichnen und diejenigen Punkte hervorzuheben, welche qualitativ oder quantitativ zunächst ins Auge fallen, wobei nicht ausgeschlossen ist, dass aus dem gleichen Material mit fortschreitender Erfahrung noch andere, vielleicht auch abweichende Schlüsse abgeleitet werden.

Wir benützen also die oben erwähnten Eintheilungen der Associationen nicht als Fächer zur Unterbringung der einzelnen Reactionen, sondern nur als Beziehungspunkte bei der Hervorhebung des Wesentlichen.

Abgesehen von dieser Forderung in Bezug auf die Darstellung der Resultate handelt es sich methodologisch nun darum, das allgemeine Princip physiologischer Forschung:

Messung von Reiz und Wirkung

bei dem Studium der Associationen durchzuführen.

In den bisherigen Untersuchungen über Associationen ist abgesehen von einigen Anfängen gerade das Moment vernachlässigt worden, welches für alle methodischen Untersuchungen wesentlich ist, nämlich das Princip des gleichen Reizes. Die spontanen Aeusserungen der Kranken, beziehungsweise ihre Festlegung durch Nachschrift, besonders Stenographie, können zwar zum Theil Einblicke in einen Krankheitszustand gewähren, es ist aber kaum möglich, dadurch ein Grundphänomen zahlenmässig herauszustellen, weil die Eindrücke, die zum Beispiel die Wort- oder Vorstellungsreihe eines Maniakalischen bestimmen, uncontrolirbar sind und die Reihe selbst durch die qualitative Beschaffenheit der wechselnden Reize wesentlich bedingt ist.

Es musste also in erster Linie Einheitlichkeit des Reizes oder der Reihe von Reizen, mit denen man arbeitet, im Auge behalten werden, um bestimmte Anhaltspunkte für die Vergleichung der Resultate zu bekommen.

Nun erhob sich aber sofort die schwierige Frage, welche bestimmten Reizworte man aus der unendlichen Fülle des Sprachschatzes herausheben sollte.

Die Momente, welche, abgesehen von dem allgemeinen Princip des gleichen Reizes, bei der Zusammenstellung der Reizworte zu beachten waren, schienen mir folgende zu sein:

1. Es durften nicht zu viel Worte gewählt werden, um bei zusammenhängenden Versuchen den Einfluss von Ermüdung, Ablenkung und periodischer Schwankung möglichst ausschalten zu können.

2. Die gewählten Worte mussten die verschiedenen Vorstellungsgruppen nach Möglichkeit berücksichtigen, um die Reaction auf verschiedene Kategorieen von Reizworten feststellen und vergleichen zu können.

Diese beiden Anforderungen widersprechen sich insofern, als es kaum möglich erscheint, den grossen Umfang des menschlichen Vorstellungskreises durch eine kleine Zahl von Worten einzuschränken. In der That musste ein wesentlich weiteres Schema entworfen werden, als es zum Beispiel zur Prüfung der Orientirtheit, der Schulkenntnisse, des Rechenvermögens etc. nothwendig war, wenn auch nur annähernd die verschiedenen Vorstellungsgebiete durch einige Reize getroffen werden sollten.

Nach einer Menge von Vorversuchen über Associationen entstanden schliesslich drei Bögen mit je einer zusammenhängenden Gruppe von Reizworten.

Der erste Bogen enthält Eigenschaftsworte aus den verschiedenen Sinnesgebieten. Dabei stellte sich jedoch bald die Nothwendigkeit heraus, die Wahrnehmungen in den verschiedenen Sinnesgebieten in ihre psychologischen Elementarbestandtheile zu zerlegen.

Die Lichtempfindungen und Farben sind Abstractionen von hellen oder farbigen Gegenständen, welche ihrerseits ausgedehnt und gestaltet sind. Wollte man Reizworte aus dem optischen Gebiet nehmen, so mussten alsbald Bezeichnungen aus dem Gebiet der Ausdehnung und Form angeschlossen werden. Ferner mussten auch die auf Bewegung und Ortsveränderung bezüglichen Adjectiv-Begriffe gleich hier angefügt werden, weil das Kriterium der Ruhe oder Bewegung bei jeder Gegenstandsvorstellung ein sehr wichtiges ist.

So entstanden die ersten 3 Kategorieen von Reizworten, nämlich:

I. Licht und Farben:

1. hell, 2. dunkel, 3. weiss, 4. schwarz, 5. roth, 6. gelb, 7. grün, 8. blau.

II. Ausdehnung und Form:

1. breit, 2. hoch, 3. tief, 4. dick, 5. dünn, 6. rund, 7. eckig, 8. spitz.

III. Bewegung:

1. ruhig, 2. langsam, 3. schnell.

Nach der gewöhnlichen Eintheilung der Sinne hätte nun das Gehör folgen müssen. Sobald man aber die verschiedenen sinnlichen Qualitäten aus der Beschaffenheit unserer Wahrnehmungen ableitet, von denen wir zuerst die wesentlich auf optischem Wege erlangten herausgegriffen haben, so mussten zunächst noch zwei Gruppen von Eigenschaftsworten folgen, welche sich auf Objectvorstellungen beziehen, wenn sie auch nach ihrer subjectiven Seite zu dem Sammelbegriff des „Gemeingefühls" gehören; nämlich IV. die durch den Tastsinn, V. durch den Temperatursinn vermittelten Eigenschaftsbegriffe. So entstand Gruppe:

IV. Tastsinn:

1. rauh, 2. glatt, 3. fest, 4. hart, 5. weich, und Gruppe.

V. Temperatursinn:

1. kalt, 2. lau, 3. warm, 4. heiss.

Damit wären die auf bestimmte Gegenstände als Eigenschaften beziehbaren Sinnesqualitäten fast erschöpft.

Gruppen VI bis VIII beziehen sich auf Gehör, Geruch, Geschmack mit folgenden Reizworten:

VI. Gehör:

1. leise, 2. laut, 3. kreischend, 4. gellend.

VII. Geruch:

1. duftig, 2. stinkend, 3. moderig.

VIII. Geschmack:

1. süss, 2. sauer, 3. bitter, 4. salzig.

In der Gruppe IX werden eine kleine Anzahl von Qualitäten aus dem Gebiet des Gemeingefühls herausgehoben, welche viel weniger Beziehungen zu Objectvorstellungen haben als Tast- und Temperatursinn und andererseits mit den Gefühlszuständen Beziehungen aufweisen.

IX. Gemeingefühl:

1. schmerzhaft, 2. kitzlich, 3. hungrig, 4. durstig, 5. ekelerregend.

Schliesslich wurden unter X. einige elementare Gefühlsurtheile in Form von Eigenschaftsworten gefasst.

X. Elementare Gefühlsurtheile:

1. schön, 2. hässlich.

Der erste Bogen umfasst somit im Wesentlichen Eigenschaftsbegriffe aus den elementaren Sinnesgebieten mit Uebergang zu dem Gebiet der Gefühlszustände.

Der zweite Theil des Schemas bezieht sich auf Objectvorstellungen und ist in folgender Weise gegliedert:

XI. Theile des menschlichen Körpers:

1. Kopf, 2. Hand, 3. Fuss, 4. Gehirn, 5. Lunge, 6. Magen.

VII. Gegenstände der unmittelbaren Umgebung im Zimmer:

1. Tisch, 2. Stuhl, 3. Spiegel, 4. Lampe, 5. Sopha, 6. Bett.

XIII. Gegenstände der weiteren Umgebung in Haus und Stadt:

1. Treppe, 2. Zimmer, 3. Haus, 4. Palast, 5. Stadt, 6. Strasse.

XIV. Gegenstände aus dem Gebiet von Erde und Welt:

1. Berg, 2. Fluss, 3. Thal, 4. Meer, 5. Sturm, 6. Sonne.

XV. Pflanzliche Objecte:

1. Wurzel, 2. Blatt, 3. Stengel, 4. Blume, 5. Knospe, 6. Blüte.

XVI. Lebendige Wesen:

1. Spinne, 2. Schmetterling, 3. Adler, 4. Schaf, 5. Löwe, 6. Mensch. Die Auswahl ist nicht durch zoologische Kriterien, sondern durch die praktische Erfahrung mit solchen Associationsversuchen bei Geisteskranken bedingt.

XVII. Besondere Gruppen der Classe Mensch, speciell mit Hinblick auf die Bestandtheile der Familie:

1. Mann, 2. Frau, 3. Mädchen, 4. Knabe, 5. Kinder, 6. Enkel.

XVIII. Besondere Gruppen der Classe Mensch, speciell mit Bezug auf die Gesellschaftsschichten. Auch hier ist keine systematische Eintheilung beabsichtigt, sondern Zusammenstellung von Worten, welche sich praktisch brauchbar erwiesen haben:

1. Bauer, 2. Bürger, 3. Soldat, 4. Pfarrer, 5. Arzt, 6. König.

Der dritte Bogen enthält im Allgemeinen Bezeichnungen für Dinge, mit denen Affectzustände verknüpft sind, beziehungsweise Ausdrücke für solche, ferner Begriffe, die sich auf den Willen, Verstand und Bewusstseinszustände beziehen, ferner als Anhang eine Reihe von Begriffen, welche das sociale Zusammenleben betreffen. Es handelt sich also wesentlich um Worte, die im Gegensatz zu den Objectvorstellungen des zweiten Bogens sich auf psychische Zustände und Angelegenheiten des höher entwickelten Menschen beziehen.

XIX. Traurige Vorstellungen:

1. Krankheit, 2. Unglück, 3. Verbrechen, 4. Noth, 5. Verfolgung, 6. Elend.

XX. Freudige Vorstellungen:

1. Glück, 2. Belohnung, 3. Wohlthat, 4. Gesundheit, 5. Friede, 6. Freude.

XXI. Gefühlsausdrücke:

1. Ach, 2. Oh, 3. Pfui, 4. Ha, 5. Halloh, 6. Au.

XXII. Bezeichnungen für Stimmungen und Gemüthszustände:

1. Zorn, 2. Liebe, 3. Hass, 4. Licht[1]), 5. Furcht, 6. Schrecken.

XXIII. Begriffe aus dem Gebiet des Willens:

1. Trieb, 2. Wille, 3. Befehl. 4. Wunsch, 5. Thätigkeit, 6. Entschluss.

XXIV. Begriffe aus dem Gebiet des Verstandes:

1. Verstand, 2. Einsicht, 3. Klugheit, 4. Absicht, 5. Erkenntniss, 6. Dummheit.

XXV. Bezeichnungen für Bewusstseinszustände:

1. Bewusstsein, 2. Schlaf, 3. Traum, 4. Erinnerung, 5. Gedächtniss, 6. Denken.

XXVI. Sociale Beziehungen der Menschen:

1. Gesetz, 2. Ordnung, 3. Sitte, 4. Recht, 5. Gericht, 6. Staat.

---

[1]) Dieses Wort ist hier beibehalten worden, da es bei den meisten Normalen eine freudige Stimmung erweckt.

So entstand folgendes Schema:

Reizworte für Associationsversuche I.

Name: Nr.
Datum:
Tageszeit:

I.
1. hell.
2. dunkel.
3. weiss.
4. schwarz.
5. roth.
6. gelb.
7. grün.
8. blau.

II.
1. breit.
2. hoch.
3. tief.
4. dick.
5. dünn.
6. rund.
7. eckig.
8. spitz.

III.
1. ruhig.
2. langsam.
3. schnell.

IV.
1. rauh.
2. glatt.
3. fest.
4. hart.
5. weich.

V.
1. kalt.
2. lau.
3. warm.
4. heiss.

VI.
1. leise.
2. laut.
3. kreischend.
4. gellend.

VII.
1. duftig.
2. stinkend.
3. moderig.

VIII.
1. süss.
2. sauer.
3. bitter.
4. salzig.

IX.
1. schmerzhaft.
2. kitzlich.
3. hungrig.
4. durstig.
5. ekelerregend.

X.
1. schön.
2. hässlich.

Reizworte für Associationsversuche II.

XI.
1. Kopf.
2. Hand.
3. Fuss.
4. Gehirn.
5. Lunge.
6. Magen.

XII.
1. Tisch.
2. Stuhl.
3. Spiegel.
4. Lampe.
5. Sopha.
6. Bett.

XIII.
1. Treppe.
2. Zimmer.
3. Haus.
4. Palast.
5. Stadt.
6. Strasse.

XIV.
1. Berg.
2. Fluss.
3. Thal.
4. Meer.
5. Sterne.
6. Sonne.

XV.
1. Wurzel.
2. Blatt.
3. Stengel.
4. Blume.
5. Knospe.
6. Blüthe.

XVI.
1. Spinne.
2. Schmetterling.
3. Adler.
4. Schaf.
5. Löwe.
6. Mensch.

XVII.
1. Mann.
2. Frau.
3. Mädchen.
4. Knabe.
5. Kinder.
6. Enkel.

XVIII.
1. Bauer.
2. Bürger.
3. Soldat.
4. Pfarrer.
5. Arzt.
6. König.

Reizworte für Associationsversuche III.

XIX.
1. Krankheit.
2. Unglück.
3. Verbrechen.
4. Noth.
5. Verfolgung.
6. Elend.

XX.
1. Glück.
2. Belohnung.
3. Wohlthat.
4. Gesundheit.
5. Friede.
6. Freude.

XXI.
1. Ach!
2. Oh!
3. Pfui!
4. Ha!
5. Halloh!
6. Au!

XXII.
1. Zorn.
2. Liebe.
3. Hass.
4. Licht.
5. Furcht.
6. Schrecken.

XXIII.
1. Trieb.
2. Wille.
3. Befehl.
4. Wunsch.
5. Thätigkeit.
6. Entschluss.

XXIV.
1. Verstand.
2. Einsicht.
3. Klugheit.
4. Absicht.
5. Erkenntniss.
6. Dummheit.

XXV.
1. Bewusstsein.
2. Schlaf.
3. Traum.
4. Erinnerung.
5. Gedächtniss.
6. Denken.

XXVI.
1. Gesetz.
2. Ordnung.
3. Sitte.
4. Recht.
5. Gericht.
6. Staat.

Diese Reizworte wurden nun nicht blos in Gestalt von Untersuchungsbögen zur Untersuchung von Geisteskranken verwendet, sondern auch für das Studium der Associationen geistig Gesunder mit genauer Zeitmessung im psychophysischen Laboratorium brauchbar gemacht.

Dies geschah derart, dass die einzelnen Worte mit deutlicher Bezeichnung der Gruppe auf kleine Karten geschrieben, beziehungsweise gedruckt wurden, welche mit dem pag. 163 erwähnten Apparat zur Auslösung optischer Reize (von Dr. *Alber*) der Reihenfolge nach sichtbar gemacht werden konnten.

Die genauere Anordnung des Experimentes ist pag. 164 beschrieben.

Neben den geistig Gesunden konnten auch Nervenkranke aus der Poliklinik und ruhige Geisteskranke, speciell Reconvalescenten im psychophysischen Laboratorium der Klinik unter genauer Zeitmessung mit den gleichen Reizen untersucht werden, welche unter Verzicht auf die genaue Anordnung des psychophysischen Experimentes in den Krankenabtheilungen angewendet wurden.[1])

Dadurch ist ein fester Zusammenhang zwischen psychophysischer Untersuchung und klinischer Beobachtung, der sonst sehr leicht verloren geht, hergestellt. Psychophysisches Experiment und klinische Beobachtung ergänzen sich gegenseitig.

Wir wollen nun untersuchen, wie weit man durch die Reactionen auf diese Reizworte einen Einblick in den Ablauf und den Bestand von Vorstellungen eines Menschen erhält und werden zeigen, dass man daraus Schlüsse auf das Vorhandensein

[1]) Dem psychophysischen Laboratorium entspricht in den Krankenabtheilungen je ein klinisches Untersuchungszimmer, welches ich in Giessen für solche Zwecke mit möglichster Sorgfalt eingerichtet habe.

abnormer Zustände, ja sogar auf das Bestehen bestimmter Krankheitsformen machen kann.

Es musste nun zunächst im Gebiet des Normalpsychologischen Qualität und Zeit der Reaction auf die einzelnen Reizworte bestimmt werden, um einen Maassstab zu gewinnen.

Dabei stellte sich heraus, dass in den vier ersten Columnen, welche Adjective von Gegenstandsvorstellungen enthalten, bei verschiedenen Personen einer Bildungssphäre qualitativ, quantitativ und zeitlich eine überraschende Uebereinstimmung existirt. Fast immer sind die Reactionen homosensoriell und schwanken in der Zeit meist zwischen 600 und 900 σ. Nur sehr vereinzelt sinken die Zeiten auf 400 oder steigen bis 1000.

Als Beweis gebe ich eine Uebersicht über die Reactionen bei drei verschiedenen Personen (erwachsenen Leuten mit akademischer Bildung).

	Reaction von G.	R.-Z.	Reaction von K.	R.-Z.	Reaction von A.	R.-Z.
I. Licht und Farben:						
hell	dunkel	644	dunkel	633	dunkel	909
dunkel	hell	585	hell	830	hell	688
weiss	schwarz	615	schwarz	579	schwarz	782
schwarz	weiss	—	weiss	854	Erde (!)	622
roth	blau	1070	grün	677	gelb	691
gelb	roth	704	roth	944	dünn (!)	593
grün	gelb	711	schwarz	890	gelb	651
blau	grün	700	grün	1158	Himmel (!)	777
II. Ausdehnung und Form:						
breit	schmal	968	dünn	1084	hoch	854
hoch	tief	621	tief	750	tief	610
tief	hoch	658	hoch	847	hoch	635
dick	dünn	577	dünn	660	dünn	681
dünn	dick	609	dick	362	dick	926
rund	glatt (!)	1242 (!)	schmal	1237 (!)	eckig	783
eckig	rund	779	rund	434	rund	730
spitz	hart	739	breit	938	dünn	—
III. Bewegung.						
ruhig	laut	1178	lebhaft	1057	lau (!)	959
langsam	schnell	734	schnell	754	schnell	759
schnell	langsam	649	ruhig	370	Eilpferd (!)	818
IV. Tastsinn.						
rauh	watt (!)	831	öh glatt	815	dumpf	830
glatt	rauh	796	rauh	395	weich	763
fest	hart	744	langsam (!)	2400 (!)	weich	918
hart	weich	660	fest	591	dünn	689
weich	hart	714	dick	806	dünn	582

In den weiteren Columnen dieses Bogens zeigen sich bei den drei Personen grössere Abweichungen untereinander und gegen die Reactionen der Columnen I—IV.

Als Beweis gebe ich folgende Vergleichung:

V. Temperatur.

	Reaction von G.	R.-Z.	Reaction von A.	R.-Z.
1. kalt	warm	631	warm	331
2. lau	warm	690	warm	484
3. warm	—		—	
4. heiss	warm	902	kalt	623
VI. Gehör.				
1. leise	laut	614	hell	906
2. laut	leise	702	leise	993
3. kreischend	laut	812	gellend	915
4. gellend	—		kreischend	862
VII. Geruch.				
1. duftig	stinkend	1104	hell	716
2. stinkend	gut	936	duftig	942
3. moderig	dumpf	1173	dumpf	834
VIII. Geschmack.				
1. süss	sauer	828	bitter	905
2. sauer	süss	1164	—	
3. bitter	süss	627	sauer	1079
4. salzig	bitter	1084	raus (!)	663 (!)
IX. Schmerz- und Gemeingefühl.				
1. schmerzhaft	—		Wunde	960
2. kitzlich	Sitz (!)	1528 (!)	bunt (!)	932
3. hungrig	knurrig	1166	durstig	917
4. durstig	hungrig	833	glatt (!)	580 (!)
5. ekelerregend	—		gr? (unverständl.)	677
X. Aesthetische Gefühle.				
1. schön	bitter	854	hässlich	660
2. hässlich	schön	1034	schwarz	890

Immerhin sind auch hier die Unterschiede nicht beträchtlich. Meist handelt es sich um homosensorielle Vorstellungen, einigemal um andere Eigenschaftsworte mit loserem Zusammenhang; bei G.: stinkend: gut; hungrig: knurrig (der Magen knurrt vor Hunger), schön: bitter; bei A.: leise: hell, duftig: hell, durstig: glatt.

Einigemal treten unmittelbare oder mittelbare Klangassociationen auf, bei G.: kitzlich: Sitz; bei A.: VIII_4 salzig: raus (!), wahrscheinlich Anklang an „sauer", IX_2 kitzlich: bunt, wahrscheinlich Klangassociation zu „Wunde" in IX_1.

Einigemal kehren die gleichen Worte wieder (Stereotypie), bei G. bei Wort „warm" dreimal, allerdings auf entsprechende Reizworte, bei A. „hell" an unpassender Stelle zweimal (leise: hell; duftig: hell).

Procentuarisch spielen jedoch Klangassociation und Stereotypie gar keine Rolle.

In zeitlicher Beziehung ist eine gemeinsame Differenz gegenüber den ersten Columnen vorhanden: die Resultate sind unregelmässiger, als in diesen; nur einzelne Gruppen sind auffallend gleichmässig, zum Beispiel bei A.: Gehör: 906, 993, 915, 862, während diese Zahlen sämmtlich höher sind als die correspondirenden bei

G.: 614, 702, 812. Die Durchschnittszahl dieser Columne ist bei G.: 926, bei A. 753, wodurch die Differenz in der Gehörssphäre noch deutlicher erscheint.

Allerdings ist die Zahl der Versuche viel zu gering, um etwas Bestimmtes über eine Differenz in dieser Sinnessphäre zu behaupten. Die Zahlen stimmen jedoch unter sich (cfr. Reactionen von A.) so gut überein, dass ein Zufall unwahrscheinlich ist. Jedenfalls ist es wichtig, der individuell verschiedenen Anlage in den einzelnen Sinnessphären nachzugehen. Für unsere Zwecke genügt vorläufig die ungefähre Feststellung des qualitativ und zeitlich Normalen.

Die Wiedergabe der vergleichenden Untersuchung von Normalen, betreffend die Reactionen auf die im Bogen II und III zusammengestellten Reizworte unterlasse ich an dieser Stelle, da sie zum Verständniss der wenigen pathologischen Fälle, die ich im Folgenden aus einer Sammlung von Aufnahmen herausgreife, nicht unbedingt nothwendig ist.

Zum Vergleich gebe ich nun einige Beispiele deutlich pathologischer Fälle.

Beispiel: Friederike S. aus W., geboren 24. V. 1875. Aufgenommen am 14. X. 1896.

Diagnose: Angeborener Schwachsinn mit morphologischen Abnormitäten (cfr. pag. 290). Hat Idiotenunterricht genossen.

Wir wenden uns zu der Analyse der Associationsbögen, welche folgenden Befund ergeben:

Name: S. Nr. I, 1.
Datum: 19. VII. 1897.
Tageszeit: 6 Uhr nachmittags.

I.
1. hell: dunkel.
2. dunkel: hell.
3. weiss: schwarz.
4. schwarz: weiss.
5. roth: grün.
6. gelb: hell.
7. grün: roth.
8. blau: braun.

II.
1. breit: schmal.
2. hoch: niedrig.
3. tief: hoch.
4. dick: schmal.
5. dünn: dick.
6. rund: breit.
7. eckig: viereckig.
8. spitz: lang.

III.
1. ruhig: schlafen.
2. langsam: schnell.
3. schnell: langsam.

IV.
1. rauh: kühl.
2. glatt: weich.
3. fest: hart.
4. hart: weich.
5. weich: hart.

V.
1. kalt: warm.
2. lau: warm.
3. warm: kühl.
4. heiss: warm.

VI.
1. leise: schnell.
2. laut: ruhig.
3. kreischend: ruhig.
4. gellend: das weiss ich nicht.

VII.
1. duftig: schwül.
2. stinkend: } das weiss ich nicht.
3. moderig: }

VIII.
1. süss: sauer.

2. sauer: süss.
3. bitter: sauer.
4. salzig: bitter.

IX.

1. schmerzhaft: das thut weh.
2. kitzlich: —

3. hungrig: durstig.
4. durstig: hungrig.
5. ekelerregend: —

X.

1. schön: garstig.
2. hässlich: schön.

In dieser Aufnahme treten folgende Eigenthümlichkeiten hervor:

1. Es finden sich ausserordentlich häufig einfache Gegentheilsassociationen:

I_1 hell: dunkel, I_2 dunkel: hell, I_3 weiss: schwarz, I_4 schwarz: weiss, I_5 roth: grün (Complementärfarbe!), I_7 grün: roth.

II_1 breit: schmal, II_2 hoch: niedrig, II_3 tief: hoch, II_4 dick: schmal (!), II_5 dünn: dick.

III_2 langsam: schnell, III_3 schnell: langsam.

IV_4 hart: weich, IV_5 weich: hart.

V_1 kalt: warm, V_3 warm: kühl.

VI_2 laut: ruhig.

VIII_1 süss: sauer, VIII_2 sauer: süss.

IX_3 hungrig: durstig, IX_4 durstig: hungrig.

X_1 schön: garstig, X_2 hässlich: schön.

Also bei 46 Reactionen 24mal.

Dieser Befund kann jedoch nicht als Ausdruck einer ausserordentlichen Aermlichkeit des Vorstellungsschatzes bei der Kranken gedeutet werden, da die oben erwähnten geistig Normalen ebenfalls sehr häufig diese Associationsart zeigen. Man kann vielmehr behaupten, dass diese idiotische Kranke in dieser niederen Sinnessphäre partiell normal ist, was für die specielle Art des vorliegenden Schwachsinns bemerkenswerth ist.

2. Die übrigen Reactionen sind meist Aehnlichkeitsassociationen und zeichnen sich grösstentheils dadurch aus, dass sie ausserordentlich naheliegen.

I_6 gelb: hell.

II_6 rund: breit, II_7 eckig: viereckig, II_8 spitz: lang.

IV_1 rauh: kühl, IV_2 glatt: weich, IV_3 fest: hart.

V_2 lau: warm, V_4 heiss: warm.

VIII_3 bitter: sauer, VIII_4 salzig: bitter.

Auch Associationen III_1 ruhig: schlafen, IX_1 schmerzhaft: „das thut weh" zeigen den Charakter des Naheliegenden.

Unverständlich sind nur I_8 blau: braun, VII_1 duftig: schwül.

3. Mehrfach weiss die Kranke überhaupt kein Wort. VI_1 gellend: das weiss ich nicht, $VII_{2\text{ und }3}$ stinkend und moderig: das weiss ich nicht.

Hier stellt sich deutlich eine Aermlichkeit und Beschränktheit des Vorstellungsschatzes heraus.

Jedenfalls zeigt dieser erste Untersuchungsbogen im Verhältniss zu dem vorliegenden Grad von Schwachsinn, welcher die Kranke dauernd anstaltsbedürftig macht, auffallend wenig Abnormitäten.[1])

[1]) Eine genauere Analyse dieses Falles und verwandter anderer Schwachsinnsformen wird auf Grund vielfacher Untersuchungen von einem meiner Schüler gegeben werden.

Wir gehen nun zur Analyse des zweiten Bogens über:

Name: S. Nr. II, 1.
Datum: 19. VII. 1897.
Tageszeit: 6 Uhr nachmittags.

XI.
1. Kopf: rund.
2. Hand: breit.
3. Fuss: lang.
4. Gehirn: kurz.
5. Lunge: Leber.
6. Magen: Leib.

XII.
1. Tisch: lang.
2. Stuhl: gross.
3. Spiegel: schön.
4. Lampe: brennend.
5. Sopha: } schlafen.
6. Bett: }

XIII.
1. Treppe: putzen.
2. Zimmer: reinigen.
3. Haus: bauen.
4. Palast: schön.
5. Stadt: gross.
6. Strasse: lang.

XIV.
1. Berg: hoch.
2. Fluss: tief.
3. Thal: schön.
4. Meer: breit und lang.
5. Sterne: glänzend.
6. Sonne: hell.

XV.
1. Wurzel: Pflanze.
2. Blatt: wo an der Wurzel wächst.
3. Stengel: wo die Kirsch drau wachsen.
4. Blume: wohlriechend.
5. Knospe: wo aus den Bäumen heraussprіessen.
6. Blüte: wo die Kirschen reif werden.

XVI.
1. Spinne: Gewebe, Spinnnetz.
2. Schmetterling: wo den ganzen Tag herumschmettert.
3. Adler: Raubvogel.
4. Schaf: wo man auf die Weide treibt.
5. Löwe: brüllt.
6. Mensch: wo den ganzen Tag arbeitet.

XVII.
1. Mann: Schuhmacher.
2. Frau: Köchin.
3. Mädchen: Dienstmädchen.
4. Knabe: Hirtenknabe.
5. Kinder: spielen, Schulkinder.
6. Enkel: —

XVIII.
1. Bauer: Feldarbeit.
2. Bürger: wo sein Haus verkauft.
3. Soldat: Krieg, Verwundete.
4. Pfarrer: Kirche, Predigt.
5. Arzt: wo die Kranken pflegt.
6. König: wo in seinem Lande Herr ist.

Es treten folgende wesentliche Punkte hervor:

1. Die grosse Menge von Eigenschaftsassociationen; es werden zu den Objecten einfache, adjectivische Bestimmungen associirt, welche mehr oder weniger gut passen:

XI_1 Kopf: rund, XI_2 Hand: breit, XI_3 Fuss: lang, XI_4 Gehirn: kurz.

XII_1 Tisch: lang, XII_2 Stuhl: gross, XII_3 Spiegel: schön, XII_4 Lampe: brennend.

XIII_4 Palast: schön, XIII_5 Stadt: gross, XIII_6 Strasse: lang.

XIV_1 Berg: hoch, XIV_2 Fluss: tief, XIV_3 Thal: schön, XIV_4 Meer: breit und lang, XIV_5 Sterne: glänzend, XIV_6 Sonne: hell.

XV_4 Blume: wohlriechend.

Oefter kehren die gleichen Eigenschaftsworte wieder: zum Beispiel „lang" viermal, „schön" dreimal unter obigen 18 Reactionen, was zu der aus dem ersten Bogen ersichtlichen Armuth des Wortschatzes passt.

Diese Reactionsart bezieht sich wesentlich auf die Columnen XI—XIV, in welchen es sich um einfache Objecte handelt.

Es sind hier ausser den Eigenschaftsassociationen nur zweimal eng zusammenhängende Objectvorstellungen associirt, nämlich

XI_5 Lunge: Leber, XI_6 Magen: Leib.

Ferner treten einigemale Thätigkeitsworte, speciell bei den Gegenständen der unmittelbaren Umgebung auf:

XIII_1 Treppe: putzen, XIII_2 Zimmer: reinigen.

XIII_3 Haus: bauen.

Hierher gehört wohl auch:

$XII_{5 \text{ und } 6}$ Sopha, Bett: schlafen.

2. Die umständliche Umschreibung einer Anzahl ganz einfacher und naheliegender Gegenstandsassociationen in den Columnen XV, XVI und XVIII. Zum Beispiel:

XV_2 Blatt: wo an der Wurzel wächst.

XV_3 Stengel: wo die Kirsch dran wachsen.

XV_5 Knospe: wo aus den Bäumen heraussprießen.

XV_6 Blüte: wo die Kirschen reif werden.

XVI_2 Schmetterling: wo den ganzen Tag herumschmettert (?).

XVI_6 Mensch: wo den ganzen Tag arbeitet.

XVIII_2 Bürger: wo sein Haus verkauft.

XVIII_5 Arzt: wo die Kranken pflegt.

XVIII_6 König: wo in seinem Lande Herr ist.

Die dazwischen liegende Columne XVII ist völlig frei von dieser eigenthümlichen Erscheinung. Hier werden durchwegs Specialvorstellungen zu dem allgemeinen Begriff gebildet.

XVII_1 Mann: Schuhmacher, XVII_2 Frau: Köchin.

XVII_3 Mädchen: Dienstmädchen, XVII_4 Knabe: Hirtenknabe,

XVII_5 Kinder: spielen, Schulkinder. Die Association auf XVII_6 Enkel fehlt.

Wir gehen nun zu dem dritten Bogen über:

Name: S. Nr. III, 1.

Datum: 19. VII. 1897.

Tageszeit: 6¼ Uhr nachmittags.

XIX.

1. Krankheit: bettlägerig, Rheumatismus.
2. Unglück: wo sich ein Mensch todt sticht.
3. Verbrechen: wo einsteigt und das Geld nimmt.
4. Noth: wo man kein Brot im Hause hat.
5. Verfolgung: böse Menschen.
6. Elend: und schwach.

XX.

1. Glück: Frohsinn.
2. Belohnung: in guter Stelle wird man gut belohnt.
3. Wohlthat: wo man keine Schmerzen hat.
4. Gesundheit: wo man glücklich ist.
5. Friede: da weiss ich kein Wort.
6. Freude: da weiss ich kein Wort.

XXI.

1. Ach: ach, was bin ich so müde, ach, was bin ich so matt.
2. Oh: froh.
3. Pfui: pfui Teufel!
4. Ha: } (keine Reaction.)
5. Halloh: } (keine Reaction.)
6. Au: weh.

XXII.

1. Zorn: bös.

2. Liebe: wo eins brav ist.
3. Hass: Neid.
4. Licht: da weiss ich kein Wort.
5. Furcht: furchtsam.
6. Schrecken: schrecklich.

XXIII.

1. Trieb: (keine Reaction.)
2. Wille: Wille Gottes.
3. Befehl: folgsam.
4. Wunsch: Erfüllung.
5. Thätigkeit: } da weiss ich nichts.
6. Entschluss: }

XXIV.

1. Verstand: blödsinnig, wo sein Verstand nicht hat.
2. Einsicht: (keine Reaction.)
3. Klugheit: wo man nicht dumm ist.
4. Absicht: (keine Reaction.)
5. Erkenntniss: Bekenntniss.
6. Dummheit: gescheidt.

XXV.

1. Bewusstsein: wo man sich nicht dumm anstellt.
2. Schlaf: munter.
3. Traum: der was bedeutet.
4. Erinnerung: wo man sich an etwas erinnert.
5. Gedächtniss: gescheidt.
6. Denken: wo man seine Gedanken zusammennehmen muss.

XXVI.

1. Gesetz: wo man kein Gebot übertritt.
2. Ordnung: sauber.
3. Sitte: Sittlichkeit.
4. Recht: Gerechtigkeit.
5. Gericht: wo man verklagt wird.
6. Staat: wo man sich putzen kann.

Der dritte Bogen zeigt folgende Eigenthümlichkeiten:

1. Die associirten Vorstellungen liegen durchwegs sehr nahe, was mit dem Befund der ersten Bögen stimmt, z. B.:

XIX_1 Krankheit: bettlägerig, Rheumatismus.
XIX_4 Noth: wo man kein Brot im Haus hat.
XIX_5 Verfolgung: böse Menschen.
XIX_6 Elend: und schwach.

2. Es fehlen Associationen in zehn Fällen:

XX_5 Friede: da weiss ich kein Wort.
XX_6 Freude: da weiss ich kein Wort.
XXI_4 Ha: (ohne Reaction.)
XXI_5 Halloh: (ohne Reaction.)
XXII_4 Licht: da weiss ich kein Wort.
XXIII_1 Trieb: (ohne Reaction.)
$XXIII_{5 \text{ und } 6}$ Thätigkeit, Entschluss: da weiss ich nichts.
$XXIV_{2 \text{ und } 4}$ Einsicht, Absicht: (ohne Reaction.)

Also bei 48 Versuchen ist zehnmal keine Association auszulösen.

Vergleicht man Bogen I und III in dieser Beziehung, so ergibt sich, dass das Fehlen der Reaction in der mehr begrifflichen Sphäre des dritten Bogens viel öfter beobachtet wird als in den elementaren Sinnesgebieten, wo es nur dreimal bei seltenen Worten (gellend, stinkend, moderig) bemerkt wurde.

Es zeigt sich also hier eine bemerkenswerthe Differenz zu Ungunsten der höheren Begriffe, sowie der selteneren Affectäusserungen (Ha! Halloh!).

3. In der Reihe XXVI tritt eine eigenthümliche Reaction auf, welche beweist, dass die Zusammengehörigkeit der Gruppe nicht erkannt wird. Nachdem sie auf 1—5 Gesetz, Ordnung, Sitte, Recht, Gericht mit verwandten Vorstellungen reagirt hat, reagirt sie auf

XXVI_6 Staat: wo man sich putzen kann!

versteht also nach all den vorhergegangenen Begriffen unter „Staat“ im Sinne eines dialektischen Wortes Putz.

Die drei Bögen zeigen im Wesentlichen eine grosse Aermlichkeit und Dürftigkeit ihres Vorstellungskreises, zum Theil mit völligem Mangel an Associationen, besonders in der begrifflichen Sphäre, und ermöglichen es, das pathologische Element dieses Zustandes viel klarer herauszustellen, als es bei der blossen Beobachtung ihrer spontanen Aeusserungen möglich wäre.

Dabei treten eine Reihe von feineren Eigenthümlichkeiten, die Umständlichkeit ihrer Reden, ihre Vertrautheit mit gewissen Thätigkeiten und Handgriffen in der beschränkten Sphäre der engeren Umgebung, ferner an ganz unpassender Stelle ihre Freude am Putz in charakteristischen Zügen hervor, was zu den ausführlichen Mittheilungen der Krankengeschichte völlig stimmt.

Als weitere Beispiele für die Anwendbarkeit der Methode greife ich zwei Fälle heraus, deren Aehnlichkeit und Verschiedenheit aus der Analyse der Untersuchungsbögen sich sehr klar herausstellt.

Adam S. aus R., geb. 1. VII. 1881, aufgenommen in die psychiatrische Klinik in Giessen am 2. IV. 1896. Zum ersten Male wurden bei ihm Krämpfe im 3. Lebensjahre beobachtet, angeblich nur einmal. Dann trat eine Pause bis zum 5. Jahre ein. Von dieser Zeit an 2 Jahre lang petit mal. Leichte Zuckungen im Gesicht und am Körper. Umgefallen sei er dabei nicht. In der Schule habe er mittlere Beanlagung gezeigt. Vom 12. Jahr an Krampfanfälle mit Bewusstlosigkeit, ungefähr 2 bis 3 Mal in der Woche. In letzter Zeit vor der Aufnahme (am 2. IV. 1896) gehäufte Anfälle. In der Klinik unter periodischer Brombehandlung Einschränkung der Zahl der Anfälle ohne dauernden Erfolg.

Es handelt sich unter Ausschluss aller Grundkrankheiten, welche epileptische Zustände bedingen können, um genuine Epilepsie. (Cfr. pag. 9 und 37.)

Ueber den psychischen Befund greife ich aus der Krankengeschichte folgende Bemerkungen heraus:

„Orientirungsvermögen normal, Rechnen äusserst verlangsamt. Patient ist etwas dement. Geographie gleich Null, z. B. kennt er die Hauptstadt von Hessen nicht, ebensowenig die der hessischen Provinzen. Auch die sonstigen Kenntnisse sind gering.“

Zu dieser Behauptung über das Vorhandensein eines mässigen Grades von Demenz bildet folgende Associationsprüfung eine vorzügliche Ergänzung:

Name: S. Nr. II, 1.
Datum: 10. XI. 1897.
Tageszeit: 9 Uhr 35 Min. vormittags.

XI.	R.-Z.	XII.	R.-Z.
1. Kopf: Horn.	($2^4/_5$ Sec.)	1. Tisch: Stuhl.	($2^2/_5$ Sec.)
2. Hand: Bein.	($18^4/_5$ „)	2. Stuhl: Tisch.	($3^1/_5$ „)
3. Fuss: Tisch.	($5^3/_5$ „)	3. Spiegel: Spiegel.	($9^1/_5$ „)
4. Gehirn: gehen (?).	($18^4/_5$ „)	4. Lampe: (spricht Unverständliches.)	(40 Sec.)
5. Lunge: Lunge.	(22 „)	5. Sopha: ein Tisch.	(22 „)
6. Magen: hungern.	(15 „)	6. Bett: ein Tisch.	($13^4/_5$ „)

XIII.
1. Treppe: Stube. (5 Sec.)
2. Zimmer: Tisch. ($27^1/_5$ „)
3. Haus: Bein. (9 „)
4. Palast: Tisch. ($14^3/_5$ „)
5. Stadt: Tisch. ($6^2/_5$ „)
6. Strasse: Bäume. ($3^3/_5$ „)

XIV.
1. Berg: Haus. ($5^4/_5$ Sec.)
2. Fluss: Haus. ($15^3/_5$ „)
3. Thal: Bein. ($5^4/_5$ „)
4. Meer: Haus. ($10^1/_5$ „)
5. Sterne: Beine. ($3^1/_5$ „)
6. Sonne: Mond. ($2^3/_5$ „)

XV.
1. Wurzel: Haus. (15 Sec.)
2. Blatt: Bein. (3 „)
3. Stengel: Bein. ($8^1/_5$ „)
4. Blume: Hund. ($13^3/_5$ „)
5. Knospe: Bein. ($6^1/_5$ „)
6. Blüthe: das Namen. ($19^1/_5$ „)

XVI.
1. Spinne: Kind.
2. Schmetterling: Bein.
3. Adler: Kind.
4. Schaf: das Namen.
5. Löwe: das Beinen.
6. Mensch: Tisch.

XVII.
1. Mann: Tisch.
2. Frau: Kind.
3. Mädchen: Hund.
4. Knabe: Tisch.
5. Kinder: Hund.
6. Enkel: Bein.

XVIII.
1. Bauer: Tisch. ($5^1/_5$ Sec.)
2. Bürger: Stuhl. (6 „)
3. Soldat: Tisch. ($17^1/_5$ „)
4. Pfarrer: Kind. (5 „)
5. Arzt: Tisch. ($3^3/_5$ „)
6. König: Bauer. ($5^3/_5$ „)

Es treten in diesem Bogen folgende Momente hervor:

1. Die grosse Aermlichkeit des Vorstellungsschatzes, verbunden mit Erscheinungen von Stereotypie.

Manche Worte kehren mehrfach wieder.

Zum Beispiel: Tisch als Reaction auf XI_3 Fuss, XII_2 Stuhl, XII_5 Sopha, XII_6 Bett, XIII_2 Zimmer, XIII_1 Palast, XIII_5 Stadt, XVI_6 Mensch, XVII_1 Mann, XVII_4 Knabe, XVIII_1 Bauer, XVIII_3 Soldat, XVIII_5 Arzt, also dreizehnmal unter 46 Reactionen; ferner Bein als Reaction auf XI_2 Hand, XIII_3 Haus, XIV_3 Thal, XIV_5 Sterne, XV_2 Blatt, XV_3 Stengel, XV_5 Knospe, XVI_2 Schmetterling, XVI_5 Löwe (das Beinen), XVII_6 Enkel, also zehnmal unter 46 Reactionen, ferner Haus als Reaction auf XIV_1 Berg, XIV_4 Meer, XV_1 Wurzel; Kind als Reaction auf XVI_1 Spinne, XVI_3 Adler, XVII_2 Frau, XVIII_4 Pfarrer; Hund als Reaction auf XV_4 Blume, XVII_3 Mädchen, XVII_5 Kinder.

Stellt man die associativ ausgelösten Worte zusammen, so erhält man einen ausserordentlich engen Kreis von Vorstellungen:

Bein, Lunge, hungern; Haus, Stube, Tisch, Stuhl, Spiegel, Bäume, Mond, Kind, Bauer, Hund, Horn (Reaction auf Kopf, wahrscheinlich ist Kuhhorn der Mittelbegriff, der ihm aus seiner ländlichen Heimat geläufig ist).

Von den übrigen Associationen ist XI_1 Gehirn: „gehen" anscheinend eine Klangassociation; XV_6 Blüthe: das Namen, wiederkehrend in XVI_4 Schaf: das Namen ist unverständlich; die Association zu XII_4 Lampe war zu undeutlich gesprochen, um verwerthet zu werden.

Das Wesentliche ist die grosse Dürftigkeit des oben hervortretenden Vorstellungsschatzes, in welchem lediglich die Gegenstände der unmittelbaren Umgebung, speciell einer ländlichen, aus welcher der Kranke stammt, vertreten sind. Die Wiederholung von

Worten bezieht sich wesentlich auf Gegenstände, welche ihm in seiner gegenwärtigen Umgebung oft wahrnehmbar sind (Tisch, Haus).

Alle diese Momente zusammen beweisen die ausserordentliche Aermlichkeit seines Vorrathes an Vorstellungen viel deutlicher, als man dieselbe aus dem Studium der Krankengeschichte, beziehungsweise aus seinen spontanen Aeusserungen erkennen kann.

2. Die Reactionszeiten, welche mit der pag. 157 beschriebenen Secundenuhr gemessen wurden, sind fast durchwegs ausserordentlich lang, was bei der Einfachheit der Reaction umso auffallender erscheint, zum Beispiel:

XI_2 Hand: Bein in $18^4/_5$ Secunden,
XIII_2 Zimmer: Tisch in $27^1/_5$ Secunden,
XI_5 Lunge: Lunge in 22 Secunden.

Diese Zahlen bringen die enorme Langsamkeit, welche sich bei dem Kranken in der Unterhaltung bei den klinischen Besuchen zeigt, zu einem messbaren Ausdruck.

Jedenfalls stellen diese wenigen Untersuchungen das Charakteristische des Zustandes sehr klar heraus.

Es handelte sich hier um einen jugendlichen Epileptischen, welcher insofern den Formen des angeborenen Schwachsinns nahesteht, als die Krankheit wahrscheinlich sehr zeitig, nämlich im dritten Jahr begonnen hat, so dass schon in der ersten Schulzeit ein pathologischer Einfluss auf seine Lernfähigkeit vorhanden gewesen ist.

Ich gebe nun ein weiteres Beispiel zur Ergänzung nach der Richtung der später ausbrechenden Epilepsie.

Ottilie H., geb. 12. VII. 1852, Näherin aus D. Normale Entwickelung. In der Schule mässige Fortschritte. Schon als Kind Charakteranomalieen: misstrauisch, heimtückisch, boshaft. Rechtzeitig menstruirt. In späteren Stellungen schwer zu behandeln. Mit 21 Jahren Niederkunft. Während der Schwangerschaft „Anfälle“, aus denen sich allmählich die jetzt noch bestehenden Krämpfe entwickelten. Seit jener Zeit pathologische Steigerung der Charakterfehler; bedrohte ihre eigene Mutter. Exhibitionirte im Kreise der Ihrigen. Gab namentlich in ihren Dämmerzuständen öfters Veranlassung zu öffentlichem Anstoss. Aufnahme am 7. III. 1897. Während des hiesigen Aufenthaltes ganz unregelmässig auftretende, bald mehr, bald weniger gehäufte Anfälle von zum Theil rein hysterischem, zum Theil ausgesprochen epileptischem Charakter, wobei namentlich der Grad und die Dauer der Bewusstseinsstörung ein auffällig wechselnder und verschiedenartiger ist. In allerletzter Zeit gehäuftere Anfälle, protrahirtere Dämmerzustände. Auf psychischem Gebiete eigenartige „Beschränktheit“, stehende Redensarten, Gemeinplätze etc., daneben grosse Umständlichkeit und Weitschweifigkeit in ihren Erzählungen.

Die Prüfung der Associationen ergibt folgendes Resultat:

Name: H. Nr. I, 1.
Datum: 14. II. 1898.
Tageszeit: 4 Uhr nachmittags.

I.

1. hell: oh Gott, hilf mir, dass ich arbeiten kann zu jeder Stund.
2. dunkel: nicht arbeiten.
3. weiss: schwarz.
4. schwarz: oh Gott, hilf mir.
5. roth: oh Gott, mach meinen Körper gesund.

6. gelb: bleich.
7. grün: die Hoffnung.
8. blau: Demuth.

II.
1. breit: kurz.
2. hoch: klein.
3. tief: ins Wasser.
4. dick: schmal.
5. dünn: Gott sei bei mir, dass ich nicht zu dünn werde.
6. rund: zu jeder Stund.
7. eckig: Gott sei bei mir, dass ich nicht in die vier Ecken komme.
8. spitz: kurz?

III.
1. ruhig: Gott folgen.
2. langsam: ich will recht flink sein, ich habe keine Langsamkeit im Körper.
3. schnell: fortgehen.

IV.
1. rauh: zart.
2. glatt: hoch?
3. fest: nicht so fest.
4. hart: weich.
5. weich: ruhig.

V.
1. kalt: warm.
2. lau: heiss.
3. warm: kalt.
4. heiss: warm.

VI.
1. leise: flink.
2. laut: nicht so laut.
3. kreischend: folgsam.
4. gellend: —

VII.
1. duftig: wohlriechend.
2. stinkend: guter Geruch.
3. moderig: thun die Motten fressen.

VIII.
1. süss: sauer.
2. sauer: süss.
3. bitter: süss.
4. salzig: zuckerig, da sollte ich was Salziges essen, da esse ich lieber süss.

IX.
1. schmerzhaft: soll gut bleiben.
2. kitzlich: nicht kitzeln.
3. hungrig: wenn ich nicht muss, in Gottes Namen.
4. durstig: Wasser trinken.
5. ekelerregend: will ich nicht dazu kommen.

X.
1. schön: ich war mal schön, jetzt nur Gesundheit und Arbeit.
2. hässlich: bis ins Alter, nur Gesundheit.

Name: H. Nr. II, 1.
Datum: 14. II. 1898.
Tageszeit: $4^1/_4$ Uhr nachmittags.

XI.
1. Kopf: richtig sauber halten.
2. Hand: richtig abwaschen.
3. Fuss: ordentliche Stiefel tragen.
4. Gehirn: bei Verstand bleiben.
5. Lunge: nie zu einer Krankheit kommen auf diese Art.
6. Magen: Gott soll mir den Schmerz heraustreiben.

XII.
1. Tisch: in Ordnung halten.
2. Stuhl: darauf sitzen.
3. Spiegel: alsmal hineinsehen, aber nicht im Uebermuth, blos wenn man muss.
4. Lampe: immer anstecken, richtig reinigen.
5. Sopha: ausbürsten, in schönes Zimmer stellen.
6. Bett: in der Krankheit nicht darin liegen.

XIII.
1. Treppe: nicht hinunterstürzen.
2. Zimmer: schön in Ordnung halten.
3. Haus: komme ich nie dazu.
4. Palast: beim Grossherzog gesehen und heute Nacht von ihm geträumt.
5. Stadt: komme ich nicht hinein.
6. Strasse: schön spazieren gehen, Gott bitten, dass nichts passirt.

XIV.
1. Berg: über Berg und Thal schauen.
2. Fluss: schwimmen als Thiere drin, acht geben, dass man nicht hineinfällt.
3. Thal: da ist wunderschön.
4. Meer: will ich nicht darauf, da ist ein Bruder von mir abgefahren nach Amerika.
5. Sterne: die sind am Himmel, wollte Gott mir dadurch Gesundheit schenken.
6. Sonne: im Sommer scheint sie und ist für die kranken Menschen gut, wenn man die freie Luft geniessen kann.

XV.
1. Wurzel: sind an die Bäume.
2. Blatt: schreiben.
3. Stengel: die soll Gott dies Jahr richtig und gesund blühen lassen.
4. Blume: Gott mag sie erhalten.
5. Knospe: wünsche, dass sie richtig mit Gott aufbrechen.
6. Blüthe: wünsche, dass ich die Freiheit geniesse.

XVI.
1. Spinne: bringt Glück.
2. Schmetterling: fliegen im Sommer im Garten herum.
3. Adler: fliegen im Darmstädter Wald.
4. Schaf: wenn ich Schafe sehe, oh Glück, Glück, Glück.
5. Löwe: die sieht man nicht mehr.
6. Mensch: soll richtig in der Welt sein, sonst ist er verloren.

XVII.
1. Mann: ich will nie einen Mann, nur Gesundheit und Arbeit.
2. Frau: habe gerne mit ihnen zu thun, wenn sie richtig sind.
3. Mädchen: wünsche ich, dass Gott ihnen alles Leid abnimmt.
4. Knabe: mein Bruder hat fünf, an die denke ich immer.
5. Kinder: denke ich auch viel, Gott soll sie gesund erhalten.
6. Enkel: die Grossmutter selig, die war so lieb, Grossvater selig war Oberrechnungsrevisor.

XVIII.
1. Bauer: hat seinen Acker zu versehen, hat barbarisch zu thun.
2. Bürger: Bürgersleut in Darmstadt sind auch richtig.
3. Soldat: hatte ich meine zwei Brüder im Kriege, die haben sehr gelitten.
4. Pfarrer: Herr Pfarrer in Darmstadt hat mich immer bestellt.
5. Arzt: Herr Dr. Fehr.
6. König: vom König habe ich als viel gehört, aber noch nie gesehen.

Nr. III, 1.

Name: H.
Datum: 14. II. 1898.
Tageszeit: $4\frac{1}{2}$ Uhr nachmittags.

XIX.
1. Krankheit: ich habe schon was durchgemacht im Leben.
2. Unglück: wünsche ich Niemandem in der Welt.
3. Verbrechen: mit dem habe ich nichts zu thun, lieber Gott, das kenne ich nicht.
4. Noth: habe ich viel durchgemacht, weil Vater selig nicht richtig gehandelt.
5. Verfolgung: die wünsche ich Niemandem.
6. Elend: ist was Schreckliches, ach das ist jammervoll; ich denke, ach Gott, ach Gott, er wird mir meins noch abnehmen.

XX.
1. Glück: wünsche ich mir vom lieben Gott.
2. Belohnung: darauf würde ich gar nicht sehen, wenn ich nur gesund würde.
3. Wohlthat: wünsche ich all den hiesigen Herrn.
4. Gesundheit: die wünsche ich mir von Herzen, ach, Gott wird mich auch erhören.
5. Friede: soll im Hause sein, für Streitigkeiten bin ich gar nicht.

6. Freude: die habe ich noch wenig genossen.

XXI.

1. Ach: wie wird mir's noch gehen.
2. Oh: Gott, wie wird mir's noch gehen.
3. Pfui: tausend, nur nicht Schrecklicheres durchmachen und gesund werden, Gott! erhör mich.
4. Ha: oh Himmel, hilf mir.
5. Halloh: das ist nichts für mich.
6. Au: soll mir nichts weh thun.

XXII.

1. Zorn: will ich hier keinen haben, die hohen Aerzte, Gott, sollen es mir verzeihen.
2. Liebe: aus Dankbarkeit.
3. Hass: will ich gegen keinen Menschen haben.
4. Licht: welch ein Lichtstrahl kommt vom Himmel.
5. Furcht: fürchten thue ich mich auch alsmal.
6. Schrecken: den wünsch ich mir nicht.

XXIII.

1. Trieb: habe ich auch nicht gern.
2. Wille: da will ich alles thun, was die hohen Herren wünschen.
3. Befehl: werde ich Folge leisten, so bin ich es von Kindheit auf gewöhnt.
4. Wunsch: möchte ich erfüllt wissen.
5. Thätigkeit: alles thun, was mir befohlen wird.
6. Entschluss: den Entschluss habe ich, Gott soll mir alles richtig, gut und gesund zukommen lassen.

XXIV.

1. Verstand: den wünsch' ich mir bis ins hohe Alter.
2. Einsicht: ich sehe ein, dass ich richtig bin und wünsche mir nur einen Ausgang.
3. Klugheit: wünsch' ich mir bis an mein Lebensende.
4. Absicht: Absichten habe ich lauter gute.
5. Erkenntniss: sehe ich ein, dass ich viel muss erkennen lernen.
6. Dummheit: die möchte ich nicht haben, dumm bin ich auch nicht.

XXV.

1. Bewusstsein: ich weiss noch alles, sogar von Kindheit auf könnte ich ganze Stücke erzählen.
2. Schlaf: schlafen thue ich gut und bin als glücklich und da wünsche ich, die anderen Leute sollten auch so einen guten Schlaf haben.
3. Traum: ich träume fast jede Nacht.
4. Erinnerung: an unsere Jugendzeit.
5. Gedächtniss: habe ich als noch sehr gut.
6. Denken: thue ich als viel.

XXVI.

1. Gesetz: auf Gott; alles Folge leisten, was in der Bibel steht.
2. Ordnung: die habe ich sehr gern.
3. Sitte: sich ordentlich betragen, das thue ich auch.
4. Recht: ich wünsch', das alles so bleibt im Recht; ich denke, Gott wird mich erhören.
5. Gericht: möchte ich nichts zu thun haben, aber Gerichtsherrn kenne ich auch viel.
6. Staat: für Staat bin ich nicht, aber richtig tragen thue ich mich.

Die wesentlichen Erscheinungen sind folgende:

1. Die Beziehung des in dem Reizwort gegebenen Elementes auf die eigene Person; das Ich taucht in überraschend vielen Antworten auf.

2. Das häufige Auftauchen von religiösen Vorstellungen in der Antwort, besonders „Gott“ kehrt andauernd wieder. Meist sind die Elemente Nr. 1 und 2 in einem Satz vereinigt, ihre Person steht zu Gott fortwährend in enger Beziehung.

I_1 hell: oh Gott, hilf mir, dass ich etc.

I_4 schwarz: oh Gott, hilf mir.

I_6 roth: oh Gott, mach meinen Körper gesund.

II_5 dünn: Gott sei bei mir, dass ich nicht zu dünn werde.

II_7 eckig: Gott sei bei mir, dass ich nicht in die vier Ecken komme.

IX_3 hungrig: wenn ich nicht muss, in Gottes Namen.

XI_6 Magen: Gott soll mir den Schmerz heraustreiben.

XIV_5 Sterne: die sind am Himmel, wollte Gott mir dadurch Gesundheit schenken.

XVII_3 Mädchen: wünsche ich, dass Gott ihnen alles Leid abnimmt.

XVII_5 Kinder: denke ich auch viel, Gott soll sie gesund erhalten.

XIX_3 Verbrechen: mit dem habe ich nichts zu thun, lieber Gott, das kenne ich nicht.

XIX_6 Elend: ist etwas Schreckliches, ach das ist jammervoll, ich denke, ach Gott, ach Gott, er wird mir meins noch abnehmen.

XX_1 Glück: wünsche ich mir vom lieben Gott.

XX_4 Gesundheit: die wünsche ich mir von Herzen, ach Gott wird mich auch erhören.

XXI_2 Oh: Gott, wie wird mir's noch gehen.

XXI_3 Pfui: Tausend, nur nichts Schreckliches durchmachen und gesund werden, Gott erhör mich.

XXI_4 Ha: oh Himmel hilf mir.

XXII_1 Zorn: will ich hier keinen haben, die hohen Aerzte, Gott sollen es mir verzeihen.

XXIII_6 Entschluss: den Entschluss habe ich, Gott soll mir alles richtig, gut und gesund zukommen lassen.

XXVI_4 Recht: ich wünsch', dass alles so bleibt im Recht; ich denke Gott wird mich erhören.

Abgesehen von der Verbindung des Egocentrischen mit dem Religiösen ist das Ich häufig allein betont, wofür ich folgende Belege zusammenstelle:

III_2 langsam: ich will recht flink sein, ich habe keine Langsamkeit im Körper.

IX_5 ekelerregend: will ich nicht dazu kommen.

X_1 schön: ich war mal schön, jetzt nur Gesundheit und Arbeit.

XIII_3 Haus: komme ich nie dazu.

XIV_4 Meer: will ich nicht darauf, da ist ein Bruder von mir abgefahren nach Amerika.

XIX_1 Krankheit: ich habe schon was durchgemacht im Leben.

XIX_2 Unglück: wünsche ich Niemandem in der Welt.

XX_2 Belohnung: darauf würde ich gar nicht sehen, wenn ich nur gesund würde.

XX_5 Friede: soll im Hause sein, für Streitigkeiten bin ich gar nicht.

XX_6 Freude: die habe ich noch wenig genossen.

XXI_1 Ach: wie wird mir's noch gehen.

XXI_5 Halloh: das ist nichts für mich.

XXI_6 Au: soll mir nichts weh thun.

XXII_3 Hass: will ich gegen keinen Menschen haben.

XXII_5 Furcht: fürchten thue ich mich auch alsmal.

XXII_6 Schrecken: den wünsch ich mir nicht.

XXIII_1 Trieb: habe ich auch nicht gern.

XXIII_1 Wunsch: möchte ich erfüllt wissen.

XXIV_1 Verstand: den wünsch' ich mir bis ins hohe Alter.

XXIV_2 Einsicht: ich sehe ein, dass ich richtig bin und wünsche mir nur einen Ausgang.

XXIV_3 Klugheit: wünsch' ich mir bis an mein Lebensende.

XXIV_4 Absicht: Absichten habe ich lauter gute.

XXIV_5 Erkenntniss: sehe ich ein, dass ich viel muss erkennen lernen.

XXIV_6 Dummheit: die möchte ich nicht haben, dumm bin ich auch nicht.

XXV_1 Bewusstsein: ich weiss noch alles, sogar von Kindheit auf könnte ich ganze Stücke erzählen.

XXV_2 Schlaf: schlafen thue ich gut, und bin als glücklich, und da wünsche ich, die anderen Leute sollten auch so einen guten Schlaf haben.

XXV_5 Gedächtniss: habe ich als noch sehr gut.

XXV_6 Denken: thue ich als viel.

XXVI_2 Ordnung: die habe ich sehr gern.

XXVI_3 Sitte: sich ordentlich betragen, das thue ich auch.

XXVI_5 Gericht: möchte ich nichts zu thun haben, aber Gerichtsherren kenne ich auch viel.

XXVI_6 Staat: für Staat bin ich nicht, aber richtig tragen thue ich mich. (Die gleiche Auffassung des Reizwortes, wie bei der angeborenen Schwachsinnigen, cfr. pag. 353.)

Es zeigen sich also neben den 20 Associationen, in welchen das Ich in engster Verbindung mit Gott genannt ist, ausserdem noch 32 rein egocentrische Associationen, während Gott allein nur in relativ wenigen Associationsreihen als Hauptbegriff vorkommt, nämlich in der Reaction auf:

III_1 ruhig: Gott folgen.

XV_3 Stengel: die soll Gott dies Jahr richtig und gesund blühen lassen.

XV_4 Blume: Gott mag sie erhalten.

Daraus ist ersichtlich, dass neben den Associationsreihen, in welchen das „Ich“ und „Gott“ eng verknüpft sind, in verhältnissmässig viel mehr Fällen das Ich allein vorherrscht, während Gott allein nur in wenigen vorkommt.

Hier tritt die jedem erfahrenen Irrenarzt bekannte stark egocentrische Religiosität vieler Epileptiker, welche bedauerlicherweise in unserer Zeit an manchen Orten dazu geführt hat, die Epileptischen den Händen der Aerzte zu entziehen und sie in geistlich geleitete Anstalten unterzubringen, ausserordentlich scharf hervor.

Der vorliegende Fall ist ein Musterbeispiel für die völlig pathologische Grundlage dieser Art von Religiosität.

Dabei zeigt sich neben diesem mit Religiosität verkleideten egocentrischen Wesen als häufige Erscheinung

3. eine zu letzterem in Widerspruch stehende Unterwürfigkeit und süssliche Höflichkeit, wie sie ebenfalls bei vielen Epileptischen bekannt ist.

Ich greife folgende Beispiele heraus:

XX_3 Wohlthat: wünsche ich all den hiesigen Herren.

XXII_1 Zorn: will ich hier keinen haben, die hohen Aerzte. Gott sollen es mir verzeihen.

XXIII_2 Wille: da will ich alles thun, was die hohen Herren wünschen.

XXIII_3 Befehl: werde ich Folge leisten, so bin ich es von Kindheit auf gewöhnt.

XXIII$_5$ Thätigkeit: alles thun, was mir befohlen wird.

XXVI$_1$ Gesetz: auf Gott; alles Folge leisten, was in der Bibel steht.

Das Wesentliche liegt in der stereotypen Wiederkehr gewisser Vorstellungsgruppen bei der Reaction auf die verschiedensten Reizworte, welche bei Normalen eine adäquate Wirkung haben sollten.

Die in diesem Individuum herrschenden Elemente, besonders die „Ich"-Gruppe, drängen sich in abnormer Weise in den Vordergrund; hier liegt bei aller individuellen Verschiedenheit, die sich aus der Herkunft, der Heimat, den Lebensschicksalen, der Zeit des Beginns der Krankheit erklären, das gleiche, krankhafte Moment vor, wie bei dem oben geschilderten jugendlichen Epileptischen (cfr. pag. 353).

Schliesslich hebe ich noch folgendes Moment hervor:

In den ersten drei Gruppen des zweiten Bogens, in denen es sich hauptsächlich um Körpertheile und um Gegenstände der unmittelbaren Umgebung handelt, überwiegen die Thätigkeitsassociationen in auffallender Weise.

XI$_1$ Kopf: richtig sauber halten.

XI$_2$ Hand: richtig abwaschen.

XI$_3$ Fuss: ordentliche Stiefel tragen.

XII$_1$ Tisch: in Ordnung halten.

XII$_2$ Stuhl: darauf sitzen.

XII$_3$ Spiegel: alsmal hineinsehen.

XII$_4$ Lampe: immer anstecken, richtig reinigen.

XII$_5$ Sopha: ausbürsten, in schönes Zimmer stellen.

XII$_6$ Bett: in der Krankheit nicht drin liegen (!).

XIII$_1$ Treppe: nicht hinunterstürzen.

XIII$_2$ Zimmer: schön in Ordnung halten.

XIII$_6$ Strasse: schön spazieren gehen.

XIV$_1$ Berg: über Berg und Thal schauen.

Die Thätigkeitsassociationen sind bei diesen Gruppen viel häufiger als bei anderen. Sie entsprechen der vielgeschäftigen Art, wie sie sich bei vielen Epileptischen findet, und die in den Notizen der Krankengeschichte speciell bei dieser Kranken hervorgehoben ist.

Jedenfalls bieten die mitgetheilten Aufnahmen einen guten Einblick in eine Anzahl charakteristischer Eigenheiten des vorliegenden Krankheitszustandes.

Es ist schon aus diesen wenigen Beispielen ersichtlich, dass die angewandte Methode tief in die Symptomatologie und Differentialdiagnostik der Schwachsinnsformen hineinführt. Wenn wir auch diese Punkte hier nicht weiter verfolgen können, wollen wir doch noch an einigen anderen ausgeprägten Krankheitszuständen prüfen, ob dieselbe imstande ist, charakteristische Züge herauszustellen.

Ich gebe nun ein Beispiel von Associationen bei katatonischem Schwachsinn:

S., Rosa, aus W., geb. 2. II. 1866. Aufgenommen 28. XI. 1896, entlassen 15. VII. 1898, nach H. transferirt. Heredität negirt. Nie ernsthaft krank. Herbst 1891: Magenkatarrh mit Magenkrämpfen; seit dieser Zeit psychisch erregter. Im December und Januar 1891—1892 dadurch auffällig, dass sie mit dem Gedanken umging, die Religion zu wechseln.

26. IV. 1892. Sehr erregt, spricht fortwährend von ihrem Liebhaber und vom Heiraten. Die Erregung hielt acht Tage an, Ruhelosigkeit, schlechter Schlaf, mangelhafte Esslust. Alsdann vorübergehend beruhigter.

6. VI. 1892. Rückfall: sehr erotisch, warf Ring und Broche in den Abort.

Vom 30. VI. bis 6. XI. 1892 in der Irrenanstalt in H. In der Zwischenzeit anscheinend genesen, arbeitete fleissig und sehr geschickt.

Im Nachsommer 1896 erneute Erkrankung: liess auf Spaziergängen den Urin unter sich gehen, wurde immer erregter, hochgradig erotisch, machte wahnhafte Aeusserungen über ihren Liebhaber, versuchte in dessen Wohnung einzudringen.

28. XI. 1896. Aufnahme in die Klinik: Wahnideen von häufig phantastischem, confabulirendem Charakter, dabei ein pathologischer Optimismus. Zuweilen scheinbare Personenverkennung. Stereotypes spielendes Gebahren. Vielfach Stereotypieen in Haltung und namentlich in ihren Bewegungen. Verzückte Stellungen. Auffälliges Festhalten an einem bestimmten Gesichtsausdruck. Bewusstes Vorbeisprechen (Paralogie).

Als Musterbeispiel katatonischer Association greife ich nur zwei Reihen des ersten Bogens heraus, an denen man das Charakteristische schon erkennen kann. Diese lauten: I_1 hell: blau, I_2 dunkel: grün, I_3 weiss: braun, I_4 schwarz: guten Tag Wilhelm, I_5 roth: braun, I_6 gelb: ist die Falschheit, I_7 grün: Grünspan, I_8 blau: himmelblau, II_1 breit: schmal, II_2 hoch: bin ich, II_3 tief: am tiefsten, II_4 dick: schwanger, II_5 dünn (ohne Reaction), II_6 rund: spitz, II_7 eckig (ohne Reaction), II_8 spitz (ohne Reaction).

Das Wesentliche ist Folgendes: 1. Mitten in einer Reihe von scheinbar normalen Associationen taucht bei I_4 plötzlich eine vollkommen unpassende, sonderbare Phrase auf: guten Tag Wilhelm, die wie ein Scherz wirkt. Ebenso macht die Antwort auf II_2 hoch: „bin ich" den Eindruck eines Witzes, da sie eine kleine Person ist, und die Beziehung dieses Wortes auf die eigene Person überhaupt auffallend ist.

2. Während sie ziemlich weitliegende Associationen an mehreren anderen Stellen bildet (zum Beispiel I_3 weiss: braun, I_6 gelb: ist die Falschheit) spricht sie nach II_5 dünn, II_7 eckig, II_8 spitz gar kein Wort aus. Es erscheint dies nicht als Unfähigkeit wie in dem beschriebenen Fall von angeborenem Schwachsinn (pag. 352), sondern als momentaner Negativismus, wie er bei Katatonischen häufig ist.

3. Das Merkwürdigste ist der normale Charakter einer relativ grossen Zahl von Associationen. Gerade in diesem Widerspruch zwischen häufigen normalen Associationen mit plötzlich auftauchenden ganz sonderbaren, manierirten Vorstellungsverbindungen liegt ein wichtiges klinisches Kriterium der Katatonie.

Als Beleg hierfür gebe ich eine Aufnahme bei einer ausgeprägt Katatonischen, bei welcher die uns beschäftigende Methode den klinischen Befund gerade nach der Seite der scheinbaren Normalität sehr deutlich herausstellt.

B., Eva, geb. 16. XI. 1871, Gastwirthsgattin aus F. Von acht Geschwistern gestorben ein Knabe im Alter von $10^1/_2$ Jahren, nachdem er „infolge Genickkrampfes" seit seinem 4. Jahre epileptisch gewesen war; ein zweiter Bruder litt ebenfalls an „Krämpfen". Bis zur Pubertät nie ernstlich krank. Mit 14 Jahren menstruirt, seitdem dysmenorrhoische Beschwerden.

Erkrankte 1893 zum erstenmal ohne ersichtliche Ursache an psychischer Depression, verweilte vom 9. V. bis 9. XII. 1893 in der Privatanstalt der Franciscanerinnen zu Neuwied. Zeigte dort: Aengstlichkeit, Nahrungsverweigerung, machte ernstliche Selbstmordversuche, war vorwiegend deprimirt, zuweilen vorübergehend erregt, gegen die Umgebung aggressiv, auch sollen damals Hallucinationen bestanden haben. — Zu Hause nach der Entlassung relativ genesen. — Heirat am 12. XI. 1895. — Am 26. VIII. 1896 Geburt eines kräftigen, gesunden Kindes. Im Wochenbett erneute psychische Depression: Angst, weint viel, zeigt kein Interesse für das Kind, wird feindselig gegen den Mann; Selbstanklagen und Suicidgedanken treten in den Vordergrund.

I. Aufnahme 28. IX. 1896 bis 8. XI. 1897. Anfangs apathisch, gleichgiltig, Selbstanklagen, Versündigungsideen, keine Sinnestäuschungen. Keine Menses. Vielfach sehr kopfhängerisch, wortkarg, abweisend, lacht häufig ohne besonderen Anlass laut auf.

Vom 5. II. 1897 wird sie motorischer und erregter: greift die Umgebung an, neigt zeitweise zum Schmieren, schläft sehr unruhig. Aeussert: „In die Hölle möchte ich, weil es Zeit für mich ist, Thiere sollen mich fressen" etc.

In der Folge wechselt heftige motorische Erregung mit ruhigen Zeiten, in denen sie wortkarg und deprimirt ist, ab.

Am 14. V. 1897 kehren die Menses wieder.

Das Körpergewicht zeigt eine rapide Zunahme.

Im Juli ist die Stimmung eine vorwiegend heitere.

20. IX. 1897. In den letzten Wochen beruhigter, äussert Heimweh.

8. XI. 1897. Vom Mann abgeholt.

26. XI. 1897. Wieder eingeliefert, war zu Hause erregt, verkannte ihre Umgebung, äusserte wiederholt Wahnideen, fühlte sich beeinträchtigt und verspottet. — Bei der II. Aufnahme, wiederum deutliche Personenverkennung; hält die Pflegerinnen für verkleidete Männer.

Im Allgemeinen ein ziemlich gleichmässiges, stumpfes und interesseloses Verhalten, das gelegentlich durch Erregungszustände unterbrochen wird. Sehr häufiges völlig motivloses Lachen, spielendes Wesen mit stereotypem Charakter.

Diagnose: Katatonischer Schwachsinn.

Die Prüfung der Associationen ergiebt Folgendes:

Name: B., Eva. Nr. I, 1.
Datum: 15. II. 1898.
Tageszeit: 11 Uhr vormittags.

I.

1. hell: finster.
2. dunkel: klar.
3. weiss: Silber.
4. schwarz: Trauer.
5. roth: Liebe.
6. gelb: Falschheit.
7. grün: Hoffnung.
8. blau: demüthig.

II.

1. breit: schmal.
2. hoch: schön.
3. tief: unten.
4. dick: dünn.
5. dünn: dünner, am dünnsten, auch am gesündesten.
6. rund: plump.
7. eckig: vielerlei Aufmerksamkeiten auf sich.
8. spitz: frauenhaft, mädchenhaft, erbaulich, bequem gemacht an Ordensstelle.

III.

1. ruhig: gemüthlich, behaglich.

2. langsam: träge.
3. schnell: mit Aufmerksamkeit, immer schön.

IV.
1. rauh: grob.
2. glatt: zart.
3. fest: gebunden.
4. hart: Zuschnitt.
5. weich: fest.

V.
1. kalt: schön.
2. lau: (schüttelt mit dem Kopf) mollig.
3. warm: am Platz.
4. heiss: kalt.

VI.
1. leise: schön.
2. laut: auch schön.
3. kreischend: sehr schön.
4. gellend: auch schön, wunderschön.

VII.
1. duftig: bläulich, Thau.
2. stinkend: riechend.
3. moderig: ebenfalls stinkend.

VIII.
1. süss: zutraulich, verliebt.
2. sauer: Geschmack.
3. bitter: nicht gut gehend.
4. salzig: Thräne.

IX.
1. schmerzhaft: Leiden.
2. kitzlich: empfindlich.
3. hungrig: nicht satt.
4. durstig: trunksüchtig.
5. ekelerregend: —

X.
1. schön: o ja.
2. hässlich: darf man gar nicht sagen.

Von dem zweiten Bogen geben wir nur die erste Gruppe wieder.

XI.
1. Kopf: leidend.
2. Hand: Händedruck, dabei kommt man oft in verkehrte Verlegenheiten.
3. Fuss: Schwatzen ist die Hauptsache.
4. Gehirn: kann gegessen werden.
5. Lunge: hat nichts zu sagen, das kann man essen.
6. Magen: Beschwerden.

In dieser Aufnahme treten folgende Eigenthümlichkeiten hervor:

1. Im Allgemeinen herrschen verständliche Associationen vor: I_3 weiss: Silber, II_3 tief: unten, II_6 rund: plump, III_1 ruhig: gemüthlich, behaglich, IV_1 rauh: grob, IV_2 glatt: zart, IV_3 fest: gebunden, V_2 lau: mollig, VII_2 stinkend: riechend, VII_3 moderig: ebenfalls stinkend, VIII_1 süss: zutraulich, verliebt, VIII_2 sauer: Geschmack, VIII_4 salzig: Thräne, IX_1 schmerzhaft: Leiden, IX_2 kitzlich: empfindlich, IX_3 hungrig: nicht satt, IX_4 durstig: trunksüchtig.

Diese 17 Associationen unterscheiden sich nicht von den bei Normalen.

Ebenso liegt die symbolistische Auffassung der Farben: I_4 schwarz: Trauer, I_5 roth: Liebe, I_6 gelb: Falschheit, I_7 grün: Hoffnung, I_8 blau: demüthig (Demuth) in normalpsychologischer Breite und bedeutet dem Sprachgebrauch nach verwandte Vorstellungen.

2. Es sind eine Anzahl von Gegentheilassociationen vorhanden: I_1 hell: finster, I_2 dunkel: klar, II_1 breit: schmal, II_4 dick: dünn, IV_5 weich: fest, V_4 heiss: kalt, also bei 46 Reactionen sechsmal. Auch dieses Moment erscheint normal.

3. Erscheinungen von Stereotypie bei völligem Fehlen von directer Wiederholung der Frage treten deutlich hervor: cfr. III_3 mit Aufmerksamkeit, offenbar Iterativerscheinung zu II_7 Auf-

merksamkeiten, ferner das Wort schön in III_3 schnell: mit Aufmerksamkeit immer schön, dann wiederkehrend in V_1 kalt: schön, VI_1 leise: schön, VI_2 laut: auch schön, VI_3 kreischend: sehr schön, VI_4 gellend: auch schön, wunderschön. Hier liegt ein pathologisches Moment vor.

4. Plötzliches Auftreten von ganz incohärenten Vorstellungsreihen in der Reaction auf ein Reizwort: II_5 dünn: dünn, dünner, am dünnsten, auch am gesündesten; II_7 und II_8: vielerlei Aufmerksamkeiten auf sich; frauenhaft, mädchenhaft, erbaulich, bequem gemacht an Ordensstelle; III_3 schnell: mit Aufmerksamkeit immer schön. Aehnliche Erscheinungen treten bei ihr in Gruppe XI auf: Hand: „Händedruck, dabei kommt man oft in verkehrte Verlegenheiten“, Fuss: „Schwatzen ist die Hauptsache“.

Während die Momente Nr. 1 und 2 die Kranke zeitweilig ganz normal erscheinen lassen, verrathen 3 und 4 einen pathologischen Zustand, der sich durch Stereotypie und Incohärenz als Katatonie verräth.

In dem Umstand, dass Katatonische öfter längere Wortreihen bilden, deren Incohärenz mit Ideenflucht verwechselt wird, liegt ein Anlass zu diagnostischen Irrthümern, indem fälschlich die relativ günstige Diagnose Manie gestellt wird. Andererseits kann leicht Manie vorgetäuscht werden, während es sich um Erregungen anderer Art handelt.

Gerade um diese Zustände zu analysiren, hat sich die hier beschriebene Untersuchungsmethode als sehr brauchbar erwiesen. Ich gebe als Beispiel eine Anzahl von Untersuchungsbögen von Tobsüchtigen, bei denen es sich speciell um die Unterscheidung von maniakalischen und katatonischen Erregungszuständen handelt.

M., Dorothea, geb. D. aus N., Landwirthsfrau, geb. 11. XI. 1846. Erblich schwer belastet: Vater gestorben an Suicid; Mutter geisteskrank; eine Schwester und ein Bruder desgleichen, zwei Nichten mütterlicherseits ebenfalls geistesgestört.

Aufgenommen am 5. III. 1898, entlassen 19. III. 1898 (ungeheilt nach H.).

In der Nacht vom 16. zum 17. II. 1898 erkrankte Patientin ganz plötzlich, ohne bis dahin jemals krank gewesen zu sein. Sie schrie ohne Anlass: „ich bin verloren, ich bin verloren, mein Jesus hält mich nicht“, verlangte vom Mann, er solle niederknien und mit ihr beten. Der Erregung vorhergegangen war eine Betstunde eines Missionärs aus L., in welcher die Kranke sich schon aufgeregt hatte. (?) In den nächsten Tagen fühlte sie sich subjectiv „nicht so ganz recht“, war dabei leicht gehobener Stimmung, bei der Arbeit „begeisterter“ wie sonst. In der Folgezeit wechselten Phasen psychischer Depression mit Erregungszuständen ab. Letztere setzten meist ganz unvermittelt ein. In ihrer Aufregung schlug die Kranke auf ihre Umgebung los, spuckte und war schwer im Bett zu halten. In Zeiten relativer Beruhigung wusste sie, dass sie erregt gewesen sei. In der Erregung klagt und jammert sie beständig, glaubt, sie müsse predigen und tauge selbst nichts, zeigte häufig Furcht: „Die Ratten wollen sie beissen, der Teufel müsse sie holen, über dem Bett sei eine Ratte, die nach ihr sehe, sie müsse von ihrem Blute hergeben.“ 8 Tage vor der Aufnahme steigerten sich die Aufregungszustände.

In der Klinik in fortwährender Unruhe und leichter motorischer Erregung. Die einmal intendirte Bewegung wird in den mannigfaltigsten Spielarten weiter gesponnen. Die Kranke schwatzt und lärmt fortwährend. Stimmung bald ängstlich, bald weinerlich-schreckhaft, bald verzückt. Andauernde ideenflüchtige Verwirrtheit (?). Der Symptomencomplex ist als ein manischer zu bezeichnen. Pupillen zeigen eine etwas enge Mittellage, reagiren jedoch deutlich. Paralyse ausgeschlossen.

Die Prüfung der Associationen ergibt folgendes Resultat:

Name: Frau M. aus N. Nr. I, 1.
Datum: 5. III. 1898.
Tageszeit: $5^1/_2$ Uhr nachmittags.

I., 1. hell: Hölle und Himmel.
2. dunkel: dunkel.
3. weiss: weiss.
4. schwarz: schwarz, grün, roth und gar nichts.
5. roth: der Tod auch todt.
6. gelb: gelb, grün, blau, roth, schwarz.
7. grün: Nie! Nie! Nie! Nie! Nie! Nie!
8. blau: blau — hinau.

II.
1. breit: breit! All die liebe Leut.
2. hoch: hoch! In dieses grosse Leid.
3. tief: tief, ganz unter die Erde.
4. dick; und viel und fett.
5. dünn: dünn! ja!
6. rund: wie? rund! Nur die Köpf.
7. eckig: ja! ja!
8. spitz: spitz! klein, rein, fein, nein! nein sagen, jagen!

III.
1. ruhig: Pfui!
2. langsam: ja!
3. schnell: schnell, kurz, dick, rund, alt . . ins Meer hinein.

IV.
1. rauh: rauh, kurz, alt, dick, kurz, murz, burz.
2. glatt: glatt.
3. fest: fest.
4. hart: ja so, so, alt.
5. weich: so? weich? Was wollen Sie mir sagen. Alt, weich, alt, das sind 1, 2, 3, 4, 5, 7, 8, 9, 10 Weiber. Wieviel Mal sie rum machen? da muss man lachen.

V.
1. kalt: keit in alle Welt man tragen.
2. lau: rauh man sagen.
3. warm: gemahnt. Ja! nicht klagen.
4. heiss: heiss. Hier ist Erde und Beschwerde kalt, ach alt.

VI.
1. leise: leise, ja! und die Kinder.
2. laut: stark, gross, dick, fett, alt, mick, hie und hau und Frau.

VII.
1. duftig: kalt, nass, eckig.
2. stinkend: faul, dick, dick, mick, lick.

VIII.
1. süss: ja lieb! All die Liebe ist gebliebe.
2. sauer: sauer, fauler. Rust, Rust? Lust.
3. bitter: Gitter, ja Gitter.
4. salzig: wie? Ja! Sallen sich.

IX.
1. schmerzhaft: ja es ist schmerzhaft.
2. kitzlich: kurzsichtig.
3. hungrig: ja! und Durst und Wurst.
4. durstig: stoss dich! wasch dich! putz dich?
5. ekelerregend: hat in der Ecke noch gehängt.

X.
1. schön: schön! Es war schön. Ich war leise auf dem Eise.
2. hässlich: garstiger Ekel! Ich hab dich jetzt im Maul. Da hängt er dort! Jetzt muss er fort.

In diesem Bogen treten als wesentliche Momente hervor:

1. Wiederholungserscheinungen, nämlich I_2 dunkel, I_3 weiss, I_4 schwarz, I_6 gelb, I_8 blau, II_1 breit, II_2 hoch, II_3 tief,

II_5 dünn, II_6 rund, II_8 spitz, III_3 schnell, IV_1 rauh, IV_2 glatt, IV_3 fest, IV_5 weich, V_4 heiss, VI_1 leise, VIII_2 sauer, IX_1 schmerzhaft, X_1 schön.

Bei 46 Versuchen kehrt 21mal in der Antwort das Wort der Frage wieder. Dazu kommen noch folgende Wiederholungserscheinungen: I_7 nie, nie, nie, nie, nie, nie; IV_6 alt, alt, u. a.

2. Klangassociationen: I_1 hell: Hölle, I_5 roth: Tod, I_8 blau: hinau, II_1 breit: Leut. II_2 Leid (wahrscheinlich Klangassociation zu „Leut" in II_1), II_8 klein, rein, fein, nein, IV_1 kurz, murz, burz, IV_5 machen, lachen. V_2 sagen (wahrscheinlich Klangassociation zu tragen in V_1), V_3 klagen (wahrscheinlich Klangassociation zu sagen in V_2), V_4 Erde, Beschwerde, kalt, alt, VI_2 dick, mick; hau, Frau, VII_2 dick, mick, lick, VIII_1 Liebe, gebliebe; VIII_2 sauer, fauler; Rust, Lust, VIII_3 bitter: Gitter, VIII_4 salzig: sallen sich, IX_3 Durst, Wurst, X_1 leise, Eise, X_2 dort, fort.

Ferner erklären sich am besten als ganz lose Klangassociationen III_1 ruhig: pfui, IX_2 kitzlich: kurzsichtig. In den 46 Reactionen finden sich 28—30 Associationen zum Theil ganz sinnloser Art, bei denen das Wort lediglich als Klangerscheinung, nicht als Vorstellung-vermittelndes Zeichen gewirkt hat.

3. Erscheinungen von Stereotypie, speciell Wiederauftauchen von Klanggebilden, welche früher associativ ausgelöst waren, an unpassender Stelle, zum Beispiel das Wort ja, zuerst in II_5, dann in II_7 eckig: ja, ja, III_2 langsam: ja, IV_4 hart: ja, V_3 warm: gemahnt, ja, VI_1 leise: leise, ja, VIII_1 süss: ja lieb, VIII_3 bitter: Gitter, ja, VIII_4 salzig: wie? ja! sallen sich, IX_1 schmerzhaft: ja, IX_3 hungrig: ja. Also in 46 Antworten kommt das Wort „ja" elfmal an unpassenden Stellen vor. Andere Erscheinungen von Stereotypie besonders in Bezug auf sinnlose Phrasen fehlen.

4. Reaction mit Wortreihen. Fast niemals wird mit einem Wort reagirt, sondern es knüpft sich an die Antwort, deren associativer Zusammenhang meist erkennbar ist, eine ganze Reihe von Worten. Darunter sind manchmal Wortfolgen, die in eine bestimmte Vorstellungsgruppe gehören, zum Beispiel I_4 schwarz, grün, roth etc.; I_6 gelb: gelb, grün, blau, roth, schwarz; IV_6: 1, 2, 3, 4, 5, 7, 8, 9, 10.

Der zweite Bogen stimmt damit überein:

Name: Frau M. Nr. II, 1.
Datum: 5. III. 1898.
Tageszeit: $^1/_2$5 Uhr nachmittags.

XI.

1. Kopf: Kotz! Kotz! Kotz!
2. Hand: Land. Ist es aber ruh, sagt die Hand.
3. Fuss: Pfui! Fuss! Fuss! Fuss!
4. Gehirn: Gegaurn! Gegaurn!
5. Lunge: und Leber und alles ist dran.
6. Magen: Rotzen, Ekel, Abscheu!

XII.

1. Tisch: Ja! Alles von oben bis unten!
2. Stuhl: Ja! Haus und alles.
3. Spiegel: Ja! Der Spiegel ist die Welt!
4. Lampe: Ja! Alles in der Welt!
5. Sopha: Sopha!
6. Bett: die Welt! Alles hinein!

XIII.
1. Treppe: Eisen, entzweisen und Hitze dazu.
2. Zimmer: Sogar das Zimmer muss dazu.
3. Haus: und da hinaus! Ins Haus!
4. Palast: wenn du was hast!
5. Stadt: Stadt und Haus und Land und Dorf.
6. Strasse: den Ort und haben ihr Wort!

XIV.
1. Berg: Wollen wir alles besteigen!
2. Fluss: Meer, alles hinein . . . .
3. Thal: Berg und Hügel! Ich hab' Flügel.
4. Meer: der Bach, Fluss und die Elbe!
5. Sterne: in die Schlange, in die Ratte, in die Maus, ist das Eis!
6. Sonne: Sonne! Dickwurz, Erbsen, Bohnen, alles was möcht, das nimmt der Knecht.

XV.
1. Wurzel: Wurzel auch noch das Meer hinein!
2. Blatt: und die Dickwurz! Ich muss ins Meer!
3. Stengel: Dengel und der Engel . . .
4. Blume: die Lili, die Lume, die Krume!
5. Knospe: auch noch dran! . . . .
6. Blüthe: will auch noch schneiden und die Knospen leiden und die Henkel . . . .

XVI.
1. Spinne: bei die Binne! das muss besinne.
2. Schmetterling: der Schmetterling . .
3. Adler: der Adlo! Madlo! . . .
4. Schaf: das Schaf sogar, das muss kreischen.
5. Löwe: Alles! Alles ist hin.
6. Mensch: du willst schon ernten und hast noch nicht getrunken! Du willst die Ernte machen und lachen . . . .

XVII.
1. Mann: du bist ein fauler Mann, dich wollen wir nicht han.
2. Frau: die Frau! . . . .
3. Mädchen: Mädchen! . . . .
4. Knabe: Knabe! die Frau kommt gar nicht drin.
5. Kinder: du willst Samen tragen
6. Enkel: — [und Blumen ernten.

XVIII.
1. Bauer: Bauer! Bauer! Bauer!
2. Bürger: Bürger, Bürger . . . .
3. Soldat: der Soldat muss schiessen.
4. Pfarrer: Pfanger! Fanger!
5. Arzt: Aas! Nur Aas! Das Blümchen wasche ab!
6. König: König, Kaiser, Kurfürst Hessen und dann bleibt die Welt gesessen.

Es sind jedes Mal nur die ersten Worte des Redestromes aufgezeichnet. Der Ruf des Reizwortes erfolgt jedesmal, nachdem Patientin zur Ruhe aufgefordert ist und einen Augenblick schweigt.

Die Analyse dieses Bogens ergibt Folgendes:

1. Wiederholungserscheinungen: XIII_5 Stadt, XV_1 Wurzel: Wurzel etc., XVI_2 Schmetterling: der Schmetterling, XVI_4 Schaf: das Schaf sogar, XVII_2 die Frau, XVII_3 Mädchen, XVII_4 Knabe: Knabe, XVIII_1 Bauer: Bauer, Bauer, Bauer, XVIII_2 Bürger, Bürger, XVIII_3 Soldat: der Soldat, XVIII_6 König: König. Also elfmal Wiederholungserscheinungen unter 46 Versuchen.

2. Klangassociationen, bei denen manchmal nur Theile des Reizwortes auslösend wirken: XI_1 Kopf: Kotz, Kotz, Kotz, XI_2 Hand: Land, ist es aber ruh, sagt die Hand, XI_3 Fuss: pfui, Fuss, Fuss, Fuss, XI_4 Gehirn: Gegaurn, Gegaurn, XII_6 Bett: Wett (möglicherweise durch das vorher aufgetauchte Wort Welt mitbedingt), XIII_1 Treppe: Eisen, entzweisen, XIII_3 Haus: und da hinaus.

XIII_4 Palast: wenn du was hast, XIII_6: Ort, Wort, XIV_3: Hügel, Flügel, XIV_5: möcht, Knecht, XV_3 Stengel: Dengel und der Engel, XV_4 Blume: die Lili, die Lume, die Krume. XV_6 Blüthe: Will auch noch schneiden und die Knospen leiden und die Henkel (wahrscheinlich nachträgliche Klangassociation zu Stengel, Dengel, Engel in XV_3), XVI_1 Spinne, bei die Binne, das muss besinne, XVI_3 Adler: Adlo, Madlo, XVI_6: machen, lachen, XVII_1: du bist ein fauler Mann, dich wollen wir nicht han, XVIII_4 Pfarrer: Pfanger, Fanger, XVIII_5 Arzt: Aas, nur Aas, XVIII_6 König: König, Kaiser, Kurfürst Hessen und dann bleibt die Welt gesessen.

3. Erscheinungen von Stereotypie in der Wiederkehr früher ausgelöster Worte, zum Beispiel das Wort „alles" in $XII_{1, 2, 4 \text{ und } 6}$, XIV_2, XIV_6, XVI_5, ferner das Wort „ja" in XII_{1-4}, das Wort „Dickwurz" in XIV_6 und XV_2. „Meer" in XIV_2, XV_1, XV_2. Auch in diesem Bogen sind jedoch die Stereotypieerscheinungen relativ selten.

4. Reaction mit Wortreihen. Niemals wird mit einem Wort geantwortet, meistentheils ist dabei ein associativer Zusammenhang erkennbar oder lässt sich ohne zu starken Zwang annehmen. Oft war es unmöglich, die ganze Reihe zu fixiren. Das Reizwort wurde erst geäussert, nachdem die Patientin jedesmal zur Ruhe aufgefordert war.

Demnach zeigen beide Aufnahmen (Bogen I und II), die nur kurze Zeit auseinander liegen, in allen Punkten Uebereinstimmung. Das Wesentliche sind Klangassociationen und Reihenbildung, sowie Wortwiederholungen. Es handelt sich um einen maniakalischen Zustand mit voraussichtlich guter Prognose, abgesehen von der Möglichkeit des periodischen Auftretens. Der charakteristische Unterschied gegenüber den katatonischen Erregungen liegt in dem Zurücktreten der Stereotypie, in der Gleichmässigkeit im Auftreten der Reihenassociationen, im völligen Ueberwiegen der Klangassociationen.

Jedenfalls ist in diesem Fall aus den wenigen Bögen ein ebenso klares Bild der Krankheit zu erlangen wie aus der Krankengeschichte, während man dabei den wissenschaftlichen Vortheil hat, die Erscheinungen zahlenmässig festlegen zu können.

Nachdem sich die Methode zur Aufnahme momentaner Zustände gut bewährt hatte, lag es nahe, sie in geeigneten Fällen zum Studium des Ablaufes von ganzen Krankheitsprocessen zu verwenden, wie es schon bei der Untersuchung mit den Schematen betreffend Orientirtheit, Schulkenntnisse und Rechenvermögen geschehen ist.

Der zuletzt beschriebene Fall konnte aus äusseren Gründen, da Transferirung in eine andere Anstalt nöthig war, in dieser Hinsicht nicht behandelt werden.

Ich greife dafür zwei andere Fälle heraus, bei denen mit der vorliegenden Methode durch Monate hindurch bis zur Entlassung in bestimmten Zwischenräumen der Zustand festgelegt worden ist, so dass man aus der Vergleichung der Bögen einen vorzüglichen Einblick in den Ablauf des Krankheits-, beziehungsweise Genesungsprocesses gewinnt. Gleichzeitig werden diese Fälle dazu dienen, den grossen Unterschied zwischen einer Heilung nach einem maniakalischen Anfall und der Remission eines katatonischen Processes wissenschaftlich festzustellen.

Beispiel: Wilhelm B. aus B., Apothekengehilfe, geb. 7. III. 1871. Aufgenommen am 2. VI. 1897. (Krankengeschichte cfr. pag. 220—227.)

Es liegen mir zum Vergleich eine Reihe von Aufnahmen vor, aus denen ich zunächst den Bogen I vom 22. VII. 1897 herausgreife.

Name: Wilhelm B. Nr. 1, 1.
Datum: 22. VII. 1897.
Tageszeit: 4 Uhr nachmittags.

I.

1. hell: dunkel.
2. dunkel: hell.
3. weiss: weiss ist hell, weiss ist die Unschuld, keusch ist die Jungfrau.
4. schwarz: blau.
5. roth: blau.
6. gelb: blau.
7. grün: blau.
8. blau: Demuth, Bavaria sei's Panier, Corps Bavaria sei's Panier, Corps Bavaria sei's Panier, Würzburger Regiment.

II.

1. breit: eng.
2. hoch: altus.
3. tief: tief, Greimer, blaue Spitzen.
4. dick: dick, crassus, fuchsus.
5. dünn: dünn ist dünn, tenuis.
6. rund: rund hat Recht, my Gentleman, zwei Kinder genüge.
7. eckig: nix eckig, rund, Prinzregent Luitpold.
8. spitz: Spitz ist mein Name.

III.

1. ruhig: Ruhig, Silentium, mein Name ist Bavaria, kennen Sie mich?
2. langsam: grad schnell, Bavaria, Bavaria, Bavaria.
3. schnell: nix schnell, langsam, Bavaria sei's Panier, Bavaria.

IV.

1. rauh: Rauh, Bavaria, Otto sein' Schwester ist dumm, mein Name ist Secondelieutenant Meuser.
2. glatt: —
3. fest. Festland, bleib im Land, nähre dich redlich, mein Name ist gnädige Hochfrau.
4. hart: nix hart gesotte, weich, ich bin hartleibig, Bappelwasser, Bappelwasser.
5. weich: weiche Eier sind besser wie harte.

V.

1. kalt: grad net kalt.
2. lau: Bappelwasser gesoffe.
3. warm: warm Mailüftel weht.
4. heiss: heiss blüht ein Blümelein.

VI.

1. leise: mein Name ist Kaiser.
2. laut: laut grad net, engherzig.
3. kreischend: grad net, leck mich am Arsch.
4. gellend: gelb hüpft der Floh über den Popo.

VII.

1. duftig: duftig hüpft der Floh.
2. stinkend: nein, anständig.
3. moderig: grad net, Bavaria.

VIII.

1. süss: nix, die beisse die Vögel todt.
2. sauer: sauer ist der Floh, Saueramphor.
3. bitter: gibts nicht bitter.
4. salzig: salzig ist der Fisch, über den Popo, ich hab Katzenjammer.

IX.

1. schmerzhaft: schmerzhaft grad net, Snadahupfl sei's Panier, Bavaria, Bavaria.
2. kitzlich: nicht kitzlich, mein Name ist Illich, Illich, Illich, Iris Crême, Patschuli.
3. hungrig: grad net.
4. durstig: —
5. ekelerregend: ekelerregend, Pfui, Pfui, Pfui, gebockforzt.

X.

1. schön: net schön, traurig.
2. hässlich: grad net.

Die Analyse dieses Bogens ergibt folgende wesentliche Erscheinungen:

1. Mitten in einer Reihe von normalpsychologischen Associationen finden sich als Reaction lange Wortfolgen mit mehr oder minder zusammenhängendem Inhalt; z. B. zwischen I_2 dunkel: hell, und I_4 schwarz: blau findet sich die Reihen-Association I_3 weiss: weiss ist hell, weiss ist die Unschuld, keusch ist die Jungfrau.

2. Es kehren bestimmte Worte stereotyp an Stelle einer adäquaten Association auf neue Reizworte wieder; z. B. I_4 schwarz: blau, I_5 roth: blau, I_6 gelb: blau, I_7 grün: blau. Ferner das Wort Bavaria, welches zuerst in der Reaction I_8 blau: Demuth, Bavaria (die bayerische Farbe ist blau-weiss) vorhanden ist, und gleich hier als Ausgangspunkt einer Reihe dient: cfr. I_8 Bavaria sei's Panier, Corps Bavaria sei's Panier, Corps Bavaria sei's Panier, Würzburger Regiment. Dasselbe taucht später wie eine Zwangshandlung an einer Reihe von ganz unpassenden Stellen auf, nämlich in: III_1 ruhig: ruhig, Silentium, mein Name ist Bavaria, kennen Sie mich?, III_2 langsam: grad schnell, Bavaria, Bavaria, Bavaria; III_3 schnell: nix schnell, langsam, Bavaria sei's Panier, Bavaria: IV_1 rauh: Raub, Bavaria, Otto sein' Schwester ist dumm, mein Name ist Seconde-Lieutenant Meuser. VII_3 moderig: grad net, Bavaria. IX_1 schmerzhaft: schmerzhaft, grad net, Snadahupfl sei's Panier, Bavaria, Bavaria.

Aehnlich verhält es sich mit den Worten „Panier“ (cfr. I_8, III_3, IX_1), „Bappelwasser“ (cfr. IV_4, V_2), „Floh“ (VI_4, VIII_2). Sehr häufig kehrt die Phrase „mein Name ist“ an unpassenden Stellen wieder (cfr. II_8, IV_1, IV_3, VI_1, IX_2).

3. Manche von den intercurrent auftretenden Reihenassociationen sind ganz oder zum Theil ohne ersichtlichen Zusammenhang, z. B. II_6 rund: rund hat Recht, my gentleman, zwei Kinder genüge; IV_3 fest: Festland, bleib im Land, nähre dich redlich, mein Name ist gnädige Hochfrau; IV_4 hart: nix hart gesotte, weich, ich bin hartleibig, Bappelwasser, Bappelwasser: VIII_1 süss: nix, die beisse die Vögel todt.

4. Es zeigen sich eine auffallende Menge von Negationen neben Gegentheils-Associationen: III_2 langsam: grad schnell, Bavaria etc.. V_1 kalt: grad net kalt, VI_2 laut: laut, grad net, VI_3 kreischend: grad net, leck mich am Arsch, VII_2 stinkend: nein, anständig. VII_3 moderig: grad net, VIII_3 bitter: gibts nicht bitter, IX_2 kitzlich: nicht kitzlich, IX_3 hungrig: grad net, X_1 schön: net schön, traurig. X_2 hässlich: grad net.

5. Es sind öfter Klangassociationen vorhanden oder als ausgefallene Bindeglieder zu ergänzen: IV_1 rauh: Raub, Bavaria etc. VI_1 leise: Mein Name ist Kaiser (wahrscheinlich Klangassociation zu leise, mit der stereotypen Phrase „mein Name ist“ verbunden; IX_2 kitzlich: nicht kitzlich, mein Name ist Illich, Illich, Illich u. s. f. (wahrscheinlich aus Lautbestandtheilen von **kitzlich** entstanden).

In Verbindung mit den öfter auftretenden langen Reihen machen diese Klangassociationen zunächst einen maniakalischen Eindruck, ebenso wie die heftigen Bewegungen, welche in der Krankengeschichte beschrieben sind (cfr. pag. 225). Es sind jedoch die unter

2—4 beschriebenen Momente ebenso wie der unter 1. erwähnte Wechsel von kurzen Reactionen mit langen Wortfolgen sehr in Bezug auf Katatonie bedenklich.

Es wurde nun versucht, mit dieser Methode den weiteren Ablauf der Krankheit zu studiren. Am 11. August zeigten sich folgende Reactionen:

Name: Wilhelm B. Nr. I, 2.
Datum: 11. VIII. 1897.
Tageszeit: 4 Uhr nachmittags.

I.
1. hell: blau.
2. dunkel: hell.
3. weiss: schwarz.
4. schwarz: Raben flattern am Kyffhäuser rum.
5. roth: Apotheker Roth.
6. gelb: Katholikenverbindung.
7. grün: schwarz, Lehrer Grün.
8. blau: Demut, treu.

II.
1. breit: Keller.
2. hoch: altus.
3. tief: Strassburger Münster.
4. dick: Darm, Darmentzündung.
5. dünn: Dünndarmentzündung.,
6. rund: difolium.
7. eckig: Morphiumvergiftung.
8. spitz: Tageblatt.

III.
1. ruhig: (ausgelassen).
2. langsam: saepe noctu interdiu, langsam hüpft der Floh.
3. schnell: Elitereiter.

IV.
1. rauh: rauh, dickern.
2. glatt: (ausgelassen).
3. fest: fest hüpft der Floh über den Popo.
4. hart: (ausgelassen).
5. weich: weich, hartleibig, sauf Ricinusöl.

V.
1. kalt: halt, halli, halloh.
2. lau: laue Lüftel weht.
3. warm: Austerlitz, da hat's geblitzt, kalt, mein Name ist Achenbach.
4. heiss: kalt.

VI.
1. leise: leise hüpft der Floh.
2. laut: laut.
3. kreischend: (ausgelassen).
4. gellend: Hupffeld.

VII.
1. duftig: duftig, hartgesotten.
2. stinkend: Teufelsdreck, Asa foetida.
3. moderig: modrig, Bocker, Gunkelhahn.

VIII.
1. süss: dulce et decorum pro patria mori.
2. sauer: sauer, Spinatstecherei.
3. bitter: Bittermandel, Wermuttroppe.
4. salzig: salzig, nu ja der Wallenstein.

IX.
1. schmerzhaft: schmerzhaft auf schwere Säbel.
2. kitzlich: kitzlich, gern, bocke, ficke.
3. hungrig: durstig.
4. durstig: sauf Bier, dass de wächst.
5. ekelerregend: Hochstapler, B. (Name eines Fabrikanten).

X.
1. schön: schön, dulce et decorum.
2. hässlich: schön.

Die Analyse dieses Bogens ergibt in Bezug auf die oben hervorgehobenen Punkte Folgendes:

1. Es treten wiederum mitten zwischen kurzen, inhaltlich und formell normalen Reactionen lange Reihen auf, zum Beispiel zwischen I_3 weiss: schwarz — und I_5 roth: Apotheker Roth — heisst es bei I_4 schwarz: Raben flattern am Kyffhäuser rum.

2. Es sind immer noch stereotyp wiederkehrende Worte und Phrasen vorhanden, welche sich theilweise schon in der Aufnahme vom 22. VII. gefunden haben, so kehrt die Phrase: „es hüpft der Floh“ (cfr. frühere Aufnahme) in folgenden Reactionen wieder: III_2 langsam: saepe noctu interdiu, langsam hüpft der Floh, IV_3 fest: fest hüpft der Floh über den Popo, VI_1 leise: leise hüpft der Floh.

Die frühere Phrase: „Mein Name ist“ taucht auf in V_3 warm: Austerlitz, da hat's geblitzt, kalt, mein Name ist Achenbach. Ebenso zeigt sich Nachwirkung früherer Reactionen wahrscheinlich in VII_1 duftig: duftig, hartgesotten. Letzteres Wort ist hier ohne jeden erdenklichen Zusammenhang, während es in der Aufnahme vom 22. VII. in verständlicher Verbindung vorkommt, nämlich in IV_4 hart: hartgesotten, IV_5 weich: weiche Eier.

3. Manche Reactionen und Reihen zeigen wie am 22. VII. etwas ganz Unerklärliches und Sprunghaftes, zum Beispiel V_3 warm: Austerlitz, da hat's geblitzt, kalt, mein Name ist Achenbach. Hierin kann man „geblitzt“ als Klangassociation zu Austerlitz, „kalt“ als Gegensatz zu warm, „mein Name ist“ als Reproduction der früher schon vorhandenen Phrase auffassen. Das Auftauchen der Namen „Austerlitz“ und „Achenbach“ ist jedoch völlig unerklärlich.

Ferner ist ganz sprunghaft: VII_3 moderig: modrig, Becker, Gunkelhahn (wahrscheinlich aus „Gickelhahn“ umgeformt), sodann VIII_2 sauer: sauer, Spinatstecherei; VIII_4 salzig: salzig, nu ja der Wallenstein.

4. Die früher geschilderte Erscheinung der Negation ist vollständig verschwunden. Auch die Zahl der Gegentheilsassociationen ist gering, I_2 dunkel: hell, I_3 weiss: schwarz, IX_3 hungrig: durstig, X_2 hässlich: schön.

5. Es sind nur wenige Klangassociationen vorhanden: V_1 kalt: halt, halli, halloh, V_3: Austerlitz, geblitzt.

Einige Reactionen erwecken den Anschein, als ob Theile eines Wortes associativ auslösend gewirkt haben. Vielleicht ist die ganz sonderbare Association II_6 rund: „Difolium“ so zu erklären, dass der erste Theil des Wortes **dü**nn, welches unmittelbar vorher steht, die dem Kranken als früherem Apotheker geläufige Bezeichnung **di**folium ausgelöst hat. Ebenso ist die darauf folgende unverständliche Reaction II_7 eckig: Morph**ium**vergiftung vielleicht auf das Wort difol**ium** zu beziehen, dessen letzter Bestandtheil das anregende Moment gewesen sein kann. Nimmt man diese Erklärung nicht an, so gehört die Association eckig: Morphiumvergiftung zu den ganz incohärenten Vorstellungsreihen.

Jedenfalls spielt die Klangassociation im Rahmen der ganzen Aufnahme eine verschwindende Rolle, während dieselbe am 22. VII. noch sehr deutlich war.

Es tritt nun in diesem Bogen ein fünftes Moment hervor: Das häufige Auftreten unmittelbarer Wortwiederholung. Während die Klangassociationen und die Negationen zurückgegangen sind, ist diese Erscheinung häufiger geworden, cfr. I_5 roth: Apotheker Roth, I_7 grün: schwarz, Lehrer grün, IV_1 rauh: rauh, IV_3 fest:

fest etc., IV_5 weich: weich, V_2 lau: laue Lüftel weht, VI_1 leise: leise hüpft etc., VI_2 laut: laut, VII_1 duftig: duftig, VII_3 moderig: modrig, VIII_2 sauer: sauer etc., VIII_4 salzig: salzig etc., IX_1 schmerzhaft: schmerzhaft etc., IX_2 kitzlich: kitzlich, X_1 schön: schön.

Demnach ist in diesem Bogen eine Veränderung des Zustandes gegen früher ersichtlich. Klangassociationen und Negationen sind seltener. Dafür sind die Wiederholungen des Reizwortes vermehrt. Das Symptom der Stereotypie und Incohärenz ist dagegen unverändert vorhanden.

Es hat also keine proportionale Rückbildung aller Grundelemente des Zustandes stattgefunden, sondern es sind nur die manieähnlichen Symptome seltener geworden, während die speciell auf Katatonie verdächtigen Symptome unverändert weiter bestehen. Immerhin ist eine scheinbare Besserung durch das Abklingen der manischen Züge angedeutet.

Thatsächlich ist bei dem Kranken im Lauf des Monates August eine weitere äussere Beruhigung eingetreten, so dass er am 30. VIII. als scheinbar genesen entlassen werden konnte.

Er selbst hielt sich für ganz gesund, wovon auch der ihn abholende Vater völlig überzeugt war. Eine Associationsprüfung kurz vor der Entlassung, welche nunmehr mit den gleichen Reizworten im psychophysischen Laboratorium unter genauer Zeitmessung erfolgen konnte, ergab folgendes höchst auffallende Resultat:

Name: Wilhelm B. Nr. I, 3.
Datum: 27. VIII. 1897.
Tageszeit: 5 Uhr abends.

	Zeigerstellung	R.-Z. in σ
I.		
1. hell: (Fehler)		
2. dunkel: (Fehler)		
3. weiss: (Fehler)		
4. schwarz: (Fehler)		
5. roth: roth	4719—5469	750
6. gelb: gelb	(Uhr versagt)	
7. grün: grün	6444	975
8. blau: schwarz	7837	1393
II.		
1. breit: breit	9208	1371
2. hoch: hoch	0541	1333
3. tief: niedrig	2646	2105
4. dick: Bier	3545	899
5. dünn: dünn	8309	4764
6. rund: Edelweiss	9992	1603
7. eckig: Zinn	0013	21(!)
8. spitz: Bromkali	1736	1723
III.		
1. ruhig: Hoffmannstropfen	1929	193
2. langsam: Lithium	3262	1333
3. schnell: Amerika	4207	945

	Zeigerstellung	R.-Z. in σ
IV.		
1. rauh: Wein	4695	488
2. glatt: NHO_3	6795	2100
3. fest: K_2CO_3	7426	631
4. hart: Eisenchlorid	3422	5996
5. weich: Kupfer	3520	98
V.		
1. kalt: (Fehler)		
2. lau: (Fehler)		
3. warm: (Fehler)		
4. heiss: (Fehler)		
VI.		
1. leise: bald	8931—9465	534
2. laut: (ausgelassen).		
3. kreischend: Katzenjammer	9970	505
4. gellend: (ausgelassen).		
VII.		
1. duftig: duftig	4122	4152
2. stinkend: Sonne	4536	414
3. moderig: Hämatogen	5494	958
VIII.		
1. süss: Bromidia	6039	545

	Zeigerstellung	R.-Z. in σ
2. sauer: Sauerstoff	7042	1003
3. bitter: Dermatol	7495	453
4. salzig: Elektricität	1103	3608
IX.		
1. schmerzhaft: Autosuggestion	1687	584
2. kitzlich: Hypochondrie	2499	812
3. hungrig: elektrische Batterie	6137	3636
4. durstig: Hebel	6826	689
5. ekelerregend: Atmosphäre	7522	696
X.		
1. schön: chlorsaures Kali	9084—9752	668
2. hässlich: Acorometer	14045	4293

Es findet sich bei der Analyse des Bogens Folgendes:

1. Association von Wortreihen fehlt ganz, was zunächst einen sehr besonnenen und normalen Eindruck macht, wenn man die früheren Bögen vergleicht.

2. Es zeigt sich nach circa sieben ziemlich verständlichen Reactionen eine grosse Zahl von ausserordentlich sprunghaften und in ihrer Entstehung unerklärlichen Associationen, II_6 rund: Edelweiss, II_7 eckig: Zinn, II_8 spitz: Bromkali, III_1 ruhig: Hoffmannstropfen, III_2 langsam: Lithium, III_3 schnell: Amerika, IV_1 rauh: Wein, IV_2 glatt: NHO_3, IV_3 fest: K_2CO_3, IV_4 hart: Eisenchlorid, IV_5 weich: Kupfer, VI_3 kreischend: Katzenjammer (cfr. Aufnahme vom 22. VII.; VIII_4 salzig: salzig ist der Fisch über den Popo, ich hab Katzenjammer), VII_2 stinkend: Sonne, VII_3 moderig: Hämatogen, VIII_1 süss: Bromidia, VIII_3 bitter: Dermatol, VIII_4 salzig: Elektricität, IX_1 schmerzhaft: Autosuggestion, IX_2 kitzlich: Hypochondrie, IX_3 hungrig: elektrische Batterie, IX_4 durstig: Hebel, IX_5 ekelerregend: Atmosphäre, X_1 schön: chlorsaures Kali, X_2 hässlich: Acorometer.

3. Die ersten sieben Associationen von I_5 an, welche diesen Charakter nicht zeigen, sind fast sämmtlich Wortwiederholungen. I_6 roth, I_6 gelb, I_7 grün, II_1 breit, II_2 hoch. Nur I_8 blau: schwarz, und II_3 tief: niedrig — bilden eine Ausnahme. Dadurch wird der Gegensatz zwischen der anfänglichen Normalität und der ausserordentlichen Sprunghaftigkeit fast aller späteren Reactionen noch schärfer.

Jedenfalls erscheint diese radicale Aenderung in der Art der Reaction nach den ersten sieben Versuchen als ein stark abnormer Zug. Es wird gewissermaassen das pathologische Moment der Stereotypie und Incohärenz im Lauf der Untersuchungsreihe wieder hervorgelockt. Ob hier eine abnorm leichte Erschöpfbarkeit des normalen „Vermögens“ vorliegt, bleibt dahingestellt.

4. An einigen Stellen scheint es, als ob die mit dem Reizwort nicht zusammenhängenden Reactionsworte unter sich eine Associationsreihe bildeten, zum Beispiel haben die ganz sonderbaren Reactionen auf IV_{2-5}: NHO_3, K_2CO_3, Eisenchlorid, Kupfer vielleicht einen Zusammenhang. Ebenso bilden die Reactionen ad VII_3 und VIII_{1-4} Hämatogen, Bromidia, Sauerstoff (Reizwort: sauer), Dermatol, Elektricität wenigstens insofern eine zusammenhängende Gruppe, als sie dem Untersuchten aus seinem Beruf als wissenschaftlich gebildetem Apotheker sehr geläufig sind.

Es treten also bei ihm an Stelle der eigentlichen Reaction auf die Reizworte im Sinne einer Association Vorstellungsreihen und Gruppen aus seinem allgemeinen Gedankenkreis ins Bewusstsein. Hier überwiegt das Innere völlig über die Besonderheit des einzelnen Reizes, worin man ein stark abnormes Moment bei diesem scheinbar Geheilten erblicken muss. Dazu kommt noch folgende zeitliche Erscheinung:

5. Eine Anzahl von Reactionen, welche gar keinen Zusammenhang mit dem Reizwort aufweisen, erfolgen in einer ausserordentlich kurzen Zeit. Während B. zu einer so einfachen, aber normalen Reaction wie II_3 tief: niedrig 2646—541 = 2105 σ, also zwei Secunden braucht, erfolgt die sonderbare Reaction eckig: Zinn in 10013—9992 = 21 σ = $^1/_{50}$ Secunde, das heisst es liegt wahrscheinlich gar keine akustisch-sprachliche Reaction vor, sondern die fast völlige Coïncidenz einer anderweitig ausgelösten sprachlichen Aeusserung mit einem Reiz.

Die Reaction III_1 ruhig: Hoffmannstropfen erfolgt in 1929—1736 = 193 σ = $^1/_5$ Secunde, IV_3 fest: K_2CO_3 in 7426—6795 = 631 σ = $^6/_{10}$ Secunden, ähnlich VI_3 kreischend: Katzenjammer in 9970—9465 = 505 σ = $^1/_2$ Secunde, ferner VIII_3 bitter: Dermatol in 7495—7042 = 453 σ.

Andererseits kommen wieder enorm lange Zeiten vor.

Die unter 2—5 beschriebenen Symptome: rasches Aufhören normaler Associationen, grosse Sprunghaftigkeit, Ueberwiegen der inneren Momente gegenüber dem äusseren Reiz, enorme Schwankungen der Reactionszeit, machen nun trotz der scheinbaren Besserung noch einen völlig abnormen Eindruck, welcher zu der Annahme einer in Remission befindlichen Katatonie viel besser passt als zu dem vorhandenen Anschein der völligen Genesung nach Ablauf einer „maniakalischen“ Erkrankung. Ich nehme daher an, dass es sich um temporäre Rückbildung eines katatonischen Processes handelt, der später zu neuen Ausbrüchen kommen wird.

Um den grossen Unterschied zwischen maniakalischer und katatonischer Erregung deutlich zu machen, oder vielmehr um die Brauchbarkeit der Methode für die Unterscheidung dieser Krankheitsgruppen zu zeigen, schliesse ich nun einen Fall an, bei dem der Ablauf des Erregungszustandes bis zur völligen Genesung verfolgt worden ist.

Beispiel. Johannes S., Baumwart, aus Gross-Linden, geb. am 8. III. 1873, aufgenommen am 3. VI. 1897.

Diagnose: Manie.

Wir gehen von der folgenden Associationsprüfung aus:

Name: Johannes S. — Nr. I, 1.
Datum: 2. VII. 1897.
Tageszeit: 10 Uhr 5 Min. vormittags.

I.

1. hell: klar und dunkel ist auch wahr.
2. dunkel: weiss wie Schnee, grün wie Klee, oh du himmelblauer See.
3. weiss: ist nicht blau, schwarz ist nicht weiss.
4. schwarz: Wichs, Bartwichse.
5. roth: Bleistift.

6. gelb: Kaffee, Mocca, Mehl.
7. grün: Salicyipulver.
8. blau: Ostereier.

II.

1. breit: weit.
2. hoch: tief, niedrig.
3. tief: dick, Terpentin.
4. dick: mal, man.
5. dünn: Friederich Augustulus hiess der letzte Kaiser; Rom.
6. rund: rund, kugelrund.
7. eckig: Ecksteinass.
8. spitz: blau, blutig, Arkansas, Texas, a b c d e f g h i k l m n, Marschall Niel.

III.

1. ruhig: mohig, still ruht der See.
2. langsam: immer langsam voran, dass der Krähwinkler Landsturm nachkommen kann.
3. schnell: Schnellfeuer.

IV.

1. rauh: kaltig Wetter.
2. glatt: glatt, warmes Wetter.
3. fest: Festlichkeiten auf der Stell.
4. hart: ist weiss.
5. weich: weich, Quecksilber, Silber, Platin, Gold, Kampher, Spiritus, Venus.

V.

1. kalt: alt.
2. lau: Warmwasser, Bad, schwitzen.
3. warm: Baurath Schnitzel, Baumwart Sch. (sein Name).
4. heiss: heiss, kalt Wasser, Bad Nauheim, Mineralquellen.

VI.

1. leise: leise a noch, Leierkasten.
2. laut: laut.
3. kreischend: speuzend.
4. gellend: Grillen.

VII.

1. duftig: blumig.
2. stinkend: Geiz ist die Wurzel alles Uebels.
3. moderig: Moos.

VIII.

1. süss: süss, Sauerteig.
2. sauer: Wasser.
3. bitter: Mineral.
4. salzig: salzig, Pfeffer.

IX.

1. schmerzhaft: schmerzlich.
2. kitzlich: gritzlich.
3. hungrig: durstig, blutig, Ludwig Langohr.
4. durstig: Abraham und Eva schlugen sich um einen Zwieback.
5. ekelerregend: Wer nennt mir jene Blume.

X.

1. schön: Baumiller, atlasweiss, sonnengleich.
2. hässlich: hässlich.

In den 46 Reactionen treten hauptsächlich folgende Momente hervor:

1. An Stelle eines Wortes werden ganze Reihen vorgebracht, deren associativer Zusammenhang mehr oder minder deutlich ist (cfr. I_1, I_2, I_3, I_6 etc.). Oefter handelt es sich um geläufige Wortreihen, die durch ein Element ausgelöst werden, z. B. III_2 langsam: Immer langsam voran, dass der Krähwinkler Landsturm nachkommen kann.

Fasst man auch diejenigen Reactionen, bei welchen mindestens zwei Worte auftreten, unter den Begriff der Reihe, so ist diese Erscheinung in 29 Fällen vorhanden.

2. Auf manche Reizworte hin tauchen ganz entfernt liegende Vorstellungen auf, deren Zusammenhang manchmal kaum oder gar nicht erkennbar ist; z. B. I_7 grün: Salicylpulver, I_8 blau: Ostereier, V_3 warm: Baurath, VIII_3 bitter: Mineral, X_1 schön: Baumiller.

Wir wollen diese Associationen als sprunghaft bezeichnen, wobei die Frage ganz offen gelassen ist, ob dieselben mittelbar mit dem Reizwort oder unmittelbar mit einem vorhergehenden Wort zusammenhängen oder ganz aus inneren Ursachen auftreten. In einzelnen Fällen kann es sich auch darum handeln, dass der Untersuchende den Zusammenhang der Vorstellungen nicht, beziehungsweise erst später erfasst; z. B. könnte man die jedenfalls ungewöhnliche Reaction: I_8 blau: Ostereier zur Noth für verständlich halten.

Wir wollen also mit dem Begriff „sprunghaft" nichts als das plötzliche Auftreten von zunächst unverständlichen Reactionen bezeichnen, ohne über den wirklichen psychophysiologischen Charakter derselben etwas auszusagen. Es handelt sich lediglich um einen vorläufigen klinischen Nothbehelf, der jedoch besser ist als die scharf determinirenden Begriffe, wie z. B. „mittelbare" Association, worin implicite der mittelbare Zusammenhang mit dem Reizwort behauptet wird.

Die Zahl dieser sprunghaften Associationen kann natürlich nur die Bedeutung einer ungefähren Schätzung haben. In dem vorliegenden Bogen beträgt sie circa 6.

3. Oft kommen Klangassociationen, entweder direct auf das Reizwort oder im Ablauf der oben erwähnten Reihen vor. Dabei ist auffallend, dass oft wenige Lautbestandtheile eines Wortes als auslösendes Moment für die Klangassociation wirken.

Ich hebe folgende Associationen hervor: I_1 hell: klar... wahr, I_2 dunkel: weiss wie Schnee, grün wie Klee, oh du himmelblauer See, II_1 breit: weit, II_7 eckig: Ecksteinass, III_1 ruhig: mohig, V_1 kalt: alt, VI_1 leise: leise ...., Leierkasten, VI_3 kreischend: speuzend, VI_4 gellend: Grillen, VII_3 moderig: Moos, IX_2 kitzlich: gritzlich, IX_3: blutig, Ludwig.

Ferner lassen sich Theile von unverständlichen Associationsreihen als Klangassociationen auf frühere Wortgebilde erklären. z. B. scheinen die ganz seltsamen Reactionen V_2 warm: „Baurath Schnitzel, Baumwart Sch." folgendermassen entstanden zu sein. Das Wort Schnitzel hat lautliche Beziehungen zu dem in der Reaction zu V_2 aufgetauchten Wort schwitzen, welches seinerseits einer leicht verständlichen Reihe (cfr. V_2 lau: Warmwasser, Bad. schwitzen) angehört. Das Wort Baumwart hat lautliche Verwandtschaft mit Baurath. Interessant ist, dass die Klangassociation auf Schwitzen: Schnitzel sich zwischen die letzteren beiden zusammengehörigen Worte einschiebt.

Es wirkt nicht mehr ein Wort als Ganzes, es wird nicht mehr gereimt, sondern einzelne Lautbestandtheile der Worte scheinen selbstständig als Klangreize zu wirken, so dass die associirten Worte wie Umstellungen jener Elemente mit weiteren Zuthaten erscheinen.

Manchmal sind offenbar sogar einzelne Laute genügend, um Worte hervorzurufen, in denen jene Laute eine Rolle spielen, z. B. in II_8: a, b, c, d, e, f, g, h, i, k, l, **m**, **n**, **M**arschal **N**iel. Dabei ist zu bemerken, dass Sch. Baumwart und Gärtner ist, so dass ihm Namen von Blumen etc. nahe liegen. Immerhin wird man als auslösendes Moment die Laute **m**, **n** betrachten können, da sonst in keiner Weise das plötzliche Abbrechen der Buchstabenreihe und das Auftauchen gerade dieser Worte aus der unendlichen Menge der Möglichkeiten zu erklären ist.

Ob derartige übermässige Wirkungen einzelner Laute auch bei anderen sonderbaren und sonst nicht erklärlichen Associationen, z. B. Ludwig, Langohr vorliegen, bleibt dahingestellt. Jedenfalls legen obige Beobachtungen den Gedanken nahe, die auf den ersten Anschein unverständlichen Associationen darauf hin zu untersuchen, wie weit sie sich als Weiterbildungen von Worttheilen erklären lassen.

Dabei muss in Betracht gezogen werden, dass öfter die Bindeglieder zwischen dem Reizwort und einem späteren Theil der Reihe verloren gehen können. Manchmal gibt bei diesem Kranken ein später aufgenommener Bogen den Schlüssel zur Erklärung einer ganz auffallenden Association, z. B. hatte die am 2. Juli früh um 10 Uhr circa 5 bis 10 Minuten vor dem vorliegenden Bogen gemachte Aufnahme als Reaction ad VIII_1 süss: ergeben: sauer. Teich. Die eben analysirte Aufnahme enthält als Reaction auf süss: sauer. Sauerteig. Offenbar liegt hier das bei der früheren Gelegenheit fehlende Bindeglied vor, so dass die vollständige Reihe lauten würde: süss—sauer, Sauerteig, Teich, derart, dass Teich eine Klangassociation zu Teig ist.

Jedenfalls spielt die Klangassociation, und zwar auf ganze Worte und auf einzelne Lautbestandtheile eines Wortes bei Sch. eine grosse Rolle. Ihre Zahl ist circa 16 bei 46 Versuchen. Vergleicht man diesen Associationsbogen mit einem kurz vorher aufgenommenen, so stimmen beide in den genannten Punkten völlig überein.

Ich hebe aus diesem ohne genauere Analyse folgende Züge hervor: ad 1 Reihen: II_3 tief: blau, o du himmelblauer See, stillst nicht mein Herzeleid, stillst nicht mein Weh. III_3 schnell: Feuer, blitzt, kracht, Trompeter von Säckingen, VIII_3 bitter: Malz, Kaffee, Pfarrer Kneipp, ohne Zucker.

ad 2 Auftauchen scheinbar ganz unzusammenhängender Associationen: VI_1 leise: Petrus, IX_2 kitzlich: Bismarckapfel, Apotheker, Lateinisch.

ad 3 Klangassociationen: II_1 breit: ist nicht weit, II_6 rund: ist nicht kund, IV_5 weich: ist nicht leis, Johannes Theiss, VII_1 duftig: lieblich, wonnig, sonnig, VIII_2 sauer: Essig, so ess' ich. Zu den Klangassociationen, bei denen Theile des Reizwortes bestimmend wirken, gehören wahrscheinlich: VI_2 laut: Blattlaus, Blutlaus, ferner, VII_3 moderig: Moos, X_2 hässlich: schmerzlich, schmilzt.

Beide dicht hintereinander liegende Aufnahmen zeigen in den wesentlichen Zügen völlige Uebereinstimmung und lassen diejenigen Eigenthümlichkeiten erkennen, welche man bei der Manie sensu strictiori findet.

4. Oefter wird in der Reaction das Reizwort wiederholt (cfr. I_3, II_6, III_2, IV_2, IV_3, IV_6, V_4, VI_1, VI_2, VIII_1, VIII_4, IX_1, X_2), im Ganzen 13mal.

Durch vielfache Untersuchungen ist nun bei dieser monatelang dauernden Krankheit der Ablauf, soweit er sich aus dem Verhalten der Associationen auf die gleichen Reizworte ergibt, studirt worden.

Es liegen mir weitere Blätter vom 5. VII., 6. VII., 25. VII., 25. VIII., 6. IX. und 13. X. vor. Der Vergleich dieser experimentellen Aufnahmen gewährt einen viel besseren Einblick in die verschiedenen Stadien des Processes, als ihn die parallel damit geführte sorgfältige Krankengeschichte bietet. Wir wollen nur die Aufnahmen vom 6. VII., 25. VIII., 6. IX. und 13. X. wiedergeben und mit kurzen Erläuterungen versehen, um das Wesentliche des Verlaufes durch die Vergleichung dieser fünf Blätter klarzustellen.

Name: Johannes S. Nr. I, 3.
Datum: 6. VII. 1897.
Tageszeit: 11 Uhr 45 Min. vormittags.

I.
1. hell: klar.
2. dunkel: wahr.
3. weiss: schwarz.
4. schwarz: ist Grundfarbe.
5. roth: ist Gegenfarbe.
6. gelb: ist Eiweiss, Ei, Kolibri.
7. grün: blau.
8. blau: blau, Stift.

II.
1. breit: weit.
2. hoch: tief, niedrig, Athmungsnoth.
3. tief: tief.
4. dick: dick, schwer.
5. dünn: dünn.
6. rund: Kugel.
7. eckig: Eckstein.
8. spitz: spitz.

III.
1. ruhig: ruhig.
2. langsam: langsam, Tempo 1, 2, 3, 4, 5, 6.
3. schnell: Schnellfeuer.

IV.
1. rauh: kalt.
2. glatt: Eis.
3. fest: Fest — Ueberzeugung. Fest steht und fest die Wacht am Rhein.
4. hart: hartgesottenes Ei.
5. weich: reich.

V.
1. kalt: kalt.
2. lau: lau.
3. warm: warm ist Feuer.
4. heiss: heiss.

VI.
1. leise: leise.
2. laut: Kraft.
3. kreischend: kräuselnd.
4. gellend: Grille, Groll.

VII.
1. duftig: blumig, wonnig.
2. stinkend: Steinöl, Petroleum, Philadelphia.
3. moderig: Morast, Arrest.

VIII.
1. süss: sauer.
2. sauer: Teig, Gleichgewicht.
3. bitter: kalt.
4. salzig: Mineral.

IX.
1. schmerzhaft: Schmerz.
2. kitzlich: kitzlich.
3. hungrig: da hab' ich nix im Leib.
4. durstig: durstig.
5. ekelerregend: Pfui!

X.
1. schön: heit.
2. hässlich: ist grässlich, schwarz auf weiss ist Blendung, nur braun ist Grundfarbe.

In dieser Aufnahme zeigt sich Folgendes: Ad 1. Die Reaction mit ganzen Reihen von Worten ist seltener. Häufig erfolgt nur ein Wort als Reaction. Von den Reihen sind die meisten associativ leicht verständlich, zum Beispiel II_2 hoch: tief, niedrig, Athmungsnoth, III_2 langsam: langsam, Tempo 1, 2, 3, 4, 5, 6. IV_3 fest: fest, Ueberzeugung, fest steht und fest die Wacht am Rhein. IV_4 hart: hartgesottenes Ei, VII_2 stinkend: Steinöl, Petroleum, Philadelphia. Im Ganzen sind circa 15 Reactionen mit Wortreihen vorhanden.

Ad 2. Sehr sprunghaft ist nur die Reihe I_6 gelb: ist Eiweiss, Ei, Kolibri. Der Zusammenhang der Reihen ist im Allgemeinen viel enger als bei der Untersuchung am 2. VII. Ganz entfernt liegende Associationen unmittelbar hinter dem Reizwort fehlen völlig.

Ad 3. Es sind wieder viele Klangassociationen vorhanden, von denen sich manche auf ein der Frage vorhergehendes Wort beziehen, zum Beispiel I_3 dunkel: wahr (Klangassociation zu klar in I_1 hell: klar), II_1 breit: weit, II_7 eckig: Eckstein, III_3 schnell: Schnellfeuer, IV_6 weich: reich, VI_3 kreischend: kräuselnd, VI_4 gellend: Grille, Groll, VIII_3 sauer: Teig, Gleichgewicht, — wobei wahrscheinlich Teich als Bindeglied zwischen „Teig" und „Gleich" zu ergänzen ist (cfr. die früheren Bögen) —, X_2 hässlich: grässlich.

Die früher häufigen Fälle, in denen nur einige Lauttheile eines Wortes selbstständig Klangassociationen auslösten, sind sehr selten geworden, jedoch kommen immer noch derartige Erscheinungen vor: VI_4 gellend: Grille Groll, VII_4 moderig: Morast, Arrest. Auch ist die Gesammtzahl der Klangassociationen geringer (circa 11 gegen 16 am 2. VII.).

Auch in dieser Beziehung ist ebenso wie bei 1 und 2 eine leichte Remission bemerkbar, zu einer Zeit, während welcher für den blossen Anblick überhaupt keine Aenderung des Zustandes bemerklich war.

4. In vielen Fällen tritt als Antwort das Reizwort als Ganzes auf und wird dann erst associativ verarbeitet, zum Beispiel I_8 blau: blau, Stift, II_2 tief: tief, II_4 dick: dick, II_5 dünn: dünn, III_1 ruhig: ruhig, IV_3 fest: fest . . ., V_1 kalt: kalt, V_2 lau: lau, V_3 warm: warm ist Feuer, V_4 heiss: heiss, VI_1 leise: leise, IX_1 schmerzhaft: Schmerz, IX_2 kitzlich: kitzlich, IX_4 durstig: durstig. Im Ganzen sind circa 17 solche Wiederholungserscheinungen vorhanden.

Die „Flucht" der Vorstellungen im Sinne eines raschen Ueberganges ist geringer geworden. An Stelle der sofortigen Weiterbildung von dem in dem Reizwort gegebenen Anfang aus, bleibt der Kranke öfter zunächst an diesem Wort hängen. Es liegt hier eine Art von „Haftung" vor, wie man das Phänomen im Gegensatz zur „Flucht" nennen kann. Das Auftreten dieser Erscheinung spricht ebenfalls dafür, dass schon jetzt (6. VII.) wenige Tage nach der ersten Aufnahme (2. VII.) sich Remissionserscheinungen oder mindestens Aenderungen des Zustandes bemerklich machen.

Wir lassen nun den Bogen vom 25. VIII. folgen:

Name: Johannes S. Nr. I, 5.
Datum: 25. VIII. 1897.
Tageszeit: 10 Uhr 30 Min. vorm.

I.

1. hell: hell ist hell und dunkel ist dunkel.
2. dunkel: dunkel ist dunkel und am Arsch geleckt ist schwarz, Stiefelwichs.
3. weiss: weiss ist weiss, ein Hemd ist weiss.
4. schwarz: schwarz, Sie haben e schwarzen Frack an.
5. roth: roth ist roth und todt ist todt.
6. gelb: gelb ist gelb.

7. grün: grün ist grün.
8. blau: blau ist blau. Blaue ist Bläue und Kupfervitriol.

II.

1. breit: breit ist breit und weit ist weit, es gibt einen breiten Weg zur Seligkeit und schmalen.
2. hoch: hoch ist hoch und niedrig ist niedrig.
3. tief: tief Athem schöpfen.
4. dick: Gott verdamm mich, halt das Maul, sonst geb' ich dir dick.
5. dünn: dünn ist dünn.
6. rund: wund ist wund, wenn sie granulirt, dann heilt sie.
7. eckig: eckig, dreieckig.
8. spitz: spitz ist spitz, wenn ich eine Nadel hab und Sie steche, dann spüren Sie's auch.

III.

1. ruhig: ruhig, der See ruhig ist.
2. langsam: langsam ist langsam, langsamer Schritt beim Militär.
3. schnell: schnell ist schnell, wenn ich springe.

IV.

1. rauh: rauh ist rauh, wenn die Luft rauh ist, dann ist kalt.
2. glatt: glatt ist glatt, wenn ich Schlittschuh fahre.
3. fest: fest ist fest.
4. hart: hart ist hart und weich ist weich.
5. weich: hartgesottenes Ei und weichgesottenes Ei.

V.

1. kalt: kalt ist kalt, wenn er Durchfall hat im höchsten Grad, hat er Cholera.
2. lau: lau ist lau, wenn ich lauwarmes Wasser hab, dann wasch ich mich in lauwarm Wasser.
3. warm: warm ist warm, wenn mer bei 30° Hitz arbeitet, schwitzen die Sohlen.
4. heiss: heiss ist heiss, wenn's heiss Wetter ist, dann schwitz ich.

VI.

1. leise: leise ist leise, wenn ich Ihnen eine leise Ohrfeige gebe, dann purzeln Sie.
2. laut: laut, soll ich noch lauter schreien?
3. kreischend: ist speuzend.
4. gellend: ist am Arsch geleckt bei mir.

VII.

1. duftig: duftig ist duftig, wenn ich eine schöne Rose habe.
2. stinkend: stinkend, wenn ich am A B herum fege, dann stink ich auch.
3. moderig: modrig ist moosig, Torfstreu.

VIII.

1. süss: süss ist süss, ich brauch keinen Zucker.
2. sauer: sauer, wenn ich e Schoppen Essig sauf, dann nehm ich ab.
3. bitter: bitter ist bitter, es gibt bitter Mandeln und süsse Mandeln.
4 salzig: Salz ist Salz, wenn in der Suppen kein Salz ist, hat sie keine Kraft.

IX.

1. schmerzhaft: schmerzt. mich schmerzt's auch, wenn mir Jemand e Wund schlägt.
2. kitzlich: Ei, ich fang Ihne gleich an kitzlich, ich geb' Ihne e Ohrfeig', dass Sie fliege.
3. hungrig: ich hab' kein Hunger eben.
4. durstig: durstig, da trink ich Wasser.
5. ekelerregend: ekelerregend ist, wenn man Scheissdreck frisst.

X.

1. schön: schön ist, wenn ich mich morgens wasche und spül mir den Mund aus.
2. hässlich: hässlich, in der medicinischen Klinik sind a Leut von mir gestorben.

Die Analyse des Bogens vom 25. VIII. ergibt Folgendes:

Ad 1. Es treten in den Reactionen wieder viel mehr R e i h e n auf als am 6. VII., diese sind jedoch fast ausnahmslos als A n e i n a n d e r r e i h u n g von verwandten oder entgegengesetzten

Vorstellungen verständlich. Sie nähern sich oft der Art von flüssigen Unterhaltungen, wie man sie bei „Schwatzhaften" findet, zum Beispiel: II_3 spitz: spitz ist spitz, wenn ich eine Nadel hab' und Sie steche, dann spüren Sie's auch, III_2 langsam: langsam ist langsam, langsamer Schritt beim Militär, IV_2 glatt: glatt ist glatt, wenn ich Schlittschuh fahre, VIII_1 süss: süss ist süss, ich brauch' keinen Zucker. Die Zahl der Associationsreihen bei den Reactionen ist gleich der Zahl der Reizworte (46).

Ad 2. Die ganz sprunghaften Associationen, wie sie in den ersten Aufnahmen vorkamen, sind völlig verschwunden.

Ad 3. Es sind folgende Klangassociationen vorhanden: I_5 roth: roth ist roth und todt ist todt. II_1 breit: breit ist breit und weit ist weit, es gibt einen breiten Weg zur Seligkeit, VI_3 kreischend: speuzend (cfr. die Aufnahme vom 2. VII.). Dazu kommen noch einige Associationen, bei denen es sich vielleicht um Klangassociationen auf Worttheile handelt, wie es in den ersten Bögen hervortrat, nämlich VII_3 moderig: modrig ist moosig, Torfstreu. Ferner hängt in VI_4 gellend: ist am Arsch geleckt bei mir, das Stichwort geleckt möglicherweise als Klangassociation mit dem ersten Theil von gellend zusammen, da im Uebrigen so sprunghafte Associationen nicht mehr in der Aufnahme hervortreten. Im Ganzen sind nur circa fünf Klangassociationen vorhanden,

Jedenfalls ist in dieser Beziehung eine bedeutende Veränderung gegen den Befund am 6. VII. festzustellen, die wir als weitere Rückbildung des Zustandes auffassen können.

Ad 4. Das oben beschriebene Phänomen der Wiederholung des Reizwortes in der Antwort ist noch häufiger geworden, meist finden sich sogar Verdoppelungen, verbunden durch „ist", I_1 hell: hell ist hell . . ., I_2 dunkel: dunkel ist dunkel . . ., I_3 weiss, weiss ist weiss . . ., cfr. weiter I_4, I_5, I_6, I_7, I_8, II_1, II_2, II_3, II_6, II_7, II_8, III_1, III_2, III_3, IV_1, IV_2, IV_3, IV_4, V_1, V_2, V_3, V_4, VI_1, VI_2, VII_1, VII_2, VII_3, VIII_1, VIII_2, VIII_3, VIII_4, IX_1, IX_4, X_1, X_2. Dieses Phänomen ist im Gegensatz zu der Aufnahme am 2. VII. fast ausnahmslos vorhanden und ist zahlenmässig in die erste Stelle gerückt (in 38 Fällen bei 46 Reactionen).

Es zeigt sich also bei der Vergleichung der Bögen vom 2. VII., 6. VII. und 25. VIII. zwischen den unter 3 und 4 beschriebenen Phänomenen ein umgekehrtes Verhältniss. Je seltener die Klangassociationen werden, desto häufiger werden die Wiederholungserscheinungen; dabei übersteigt die Zahl der letzteren das normale Maass vollständig, viel mehr als am 6. VII., ebenso wie die Associationsreihen am 25. VIII. häufiger sind als am 6. VII. Somit hat sich der sprunghafte Charakter der Reactionen und die Neigung zu Klangassociationen zurückgebildet, während die Wortwiederholung und die Reihenbildung stärker hervortritt.

Wir geben nun zum Schluss die Aufnahmen vom 6. IX. und 13. X. 1897, werden jedoch nur letztere noch genauer analysiren:

Name: Johannes S. Nr. I, 6.
Datum: 6. IX. 1897.
Tageszeit: 12 Uhr mittags.

I.

1. hell: hell ist hell, wenn e Decke weiss ist, weiss von Kalk.
2. dunkel: dunkel ist e Farbe, schwarz, Ebenholz.
3. weiss: weiss ist weiss, Sie haben ein weisses Hemd an.
4. schwarz: schwarz ist schwarz und das ist dunkelbraun, carmoisinroth.
5. roth: roth, feuriger Kopf.
6. gelb: gelb ist gelb, Eigelb, Eiweiss, Dotter.
7. grün: grün ist auch eine Farbe, die Blätter sind grün, es gibt hellgrün.
8. blau: blau ist blau, es gibt Kugelblaustärke, Kupfervitriol.

II.

1. breit: breit ist breit, es gibt breite Strassen und schmale Strassen, breiter Weg zur Seligkeit und einen schmalen.
2. hoch: hoch ist hoch, freie Weitsprung, freie Hochsprung.
3. tief: tief, wenn ich tief Athem schöpfe, dann thue ich Brust raus.
4. dick: dick, ich will nicht dick werden.
5. dünn: dünn, dünner Faden der ist dünn.
6. rund: rund ist rund, e Rad ist rund, Fahrrad ist rund, Billardbälle ebenfalls.
7. eckig: eckig ist dreieckig, Dreieck, Viereck.
8. spitz: spitz ist spitz, Nadel ist spitz.

III.

1. ruhig: ruhig ist ruhig.
2. langsam: langsam, wenn ich langsam gehe, dann geh ich langsam.
3. schnell: schnell, wenn's Schnellfeuer gibt, gibt's Schnellfeuer.

IV.

1. rauh: rauh, dann ist's kalt.
2. glatt: glatt ist glatt, Spiegel, Glatteis.
3. fest: fest, fest wie Eisen.
4. hart: hart ist hart, wenn ich ein Ei hart koche, dann ist's hart.
5. weich: weich ist weich und mitleidig ist mitleidig.

V.

1. kalt: kalt ist kalt, bei 0° gefriert es.
2. lau: lau ist lauwarm.
3. warm: warm ist warm, mir is nix warm.
4. heiss: heiss ist heiss, heiss Wasser verbrüht.

VI.

1. leise: leise, wenn ich leis spreche, so spreche ich leis'.
2. laut: laut.
3. kreischend: kreischend ist kreischend und spreuzend ist spreuzend.
4. gellend: gellend ist gellend.

VII.

1. duftig: duftig, e Blume riecht duftig.
2. stinkend: stinkend, e Haufe Scheisse, das ist stinkend. das haben se mer zu fresse gegeben.
3. moderig: modrig ist moderig.

VIII.

1. süss: süss ist süss, Zucker ist süss.
2. sauer: sauer ist sauer, wenn ich Essig trinke, dann nehm ich ab.
3. bitter: bitter ist bitter, es gibt bittere Mandeln und süsse Mandeln.
4. salzig: salzig sind Salze, Bad Soden, Bad Nauheim.

IX.

1. schmerzhaft: schmerzhaft ist, wenn ich e Wunde geschlagen bekomm.
2. kitzlich: kitzeln ist kitzeln.
3. hungrig: hungrig, ich habe keinen Hunger.
4. durstig: durstig, wenn ich Durst hab', hab' ich Durst.
5. ekelerregend: ekelerregend ist ekelerregend. Chlorgeruch.

X.

1. schön: schön ist schön, schöne Schrift, aber nicht wie die weisen Professoren, die e Schrift haben, wenn sie e Recept verschreiben, dass sich Gott erbarme.
2. hässlich: hässlich ist hässlich.

Nr. I, 7.

Name: Johannes S.
Datum: 13. X. 1897.
Tageszeit: 4 Uhr nachmittags.

I.

1. hell: klar.
2. dunkel: Farbe, blau, schwarz.
3. weiss: Grundfarbe.
4. schwarz: Wichse.
5. roth: Hessen hat weiss-roth.
6. gelb: Orange.
7. grün: Blätter.
8. blau: die Luft.

II.

1. breit: Fluss, Rhein.
2. hoch: Thurm.
3. tief: Meer.
4. dick: Baum, Umfang.
5. dünn: Faden.
6. rund: Kugel.
7. eckig: Körper, Viereck, Dreieck.
8. spitz: Nadel.

III.

1. ruhig: See.
2. langsam: Schritt.
3. schnell: Galopp.

IV.

1. rauh: wenn's kalt ist.
2. glatt: Eisfläche.
3. fest: Eisen ist fest.
4. hart: Stahl.
5. weich: Ei.

V.

1. kalt: Winter.
2. lau: Frühjahr.
3. warm: Sommer.
4. heiss: wenn's Wasser kocht.

VI.

1. leise: Luft.
2. laut: Ton.
3. kreischend: wenn einer zornig wird.
4. gellend: Vieh stösst manchmal solche Laute aus.

VII.

1. duftig: Blume.
2. stinkend: Pfuhl, Mist.
3. moderig: Torf.

VIII.

1. süss: Zucker.
2. sauer: Apfelwein, Essig.
3. bitter: bittre Mandel.
4. salzig: Mineralwasser.

IX.

1. schmerzhaft: wenn ich eine Wunde habe.
2. kitzlich: wenn man sich sticht.
3. hungrig: wenn ich Hunger hab.
4. durstig: muss mer trinken.
5. ekelerregend: wenn ich vor etwas Scheu hab.

X.

1. schön: Rose.
2. hässlich: Gestalt.

Die Aufnahme vom 6. IX. zeigt fast genau den gleichen Befund wie die vom 25. VIII., in der wir Rückbildungserscheinungen zu erkennen glaubten. Die Aufnahme vom 13. X. lässt nun thatsächlich eine fast völlige Rückkehr zum Normalen erkennen.

Ad 1. Meist wird mit einem Wort reagirt. Immerhin ist noch eine gewisse Weitschweifigkeit einzelner Reactionen bemerkenswerth, z. B. V_4 heiss: wenn's Wasser kocht, VI_3 kreischend: wenn einer zornig wird, VI_4 gellend: Vieh stösst manchmal solche Laute aus.

Rechnet man wieder die Fälle, in denen die Reaction aus mindestens zwei Worten besteht, hinzu, so ist Association von Wortreihen noch in circa 16 Fällen vorhanden.

Ad 2. Die Zusammenhänge der Reactionen und Reihen sind überall deutlich ersichtlich. Bemerkenswerth ist, dass fast immer zu den Adjectiven Gegenstände oder Dinge, welche die betreffende Eigenschaft haben, associirt werden, z. B. I_4 schwarz: Wichse, I_6 gelb: Orange, I_7 grün: Blätter, I_8 blau: die Luft, II_1 breit: Fluss, Rhein, II_2 hoch: Thurm, II_3 tief: Meer, II_4 dick: Baum, Umfang; II_5 dünn: Faden, II_6 rund: Kugel, II_8 spitz: Nadel, III_1 ruhig: See, III_3 schnell: Galopp, IV_2 glatt: Eisfläche; IV_3 fest: Eisen ist fest. IV_4 hart: Stahl, IV_5 weich: Ei, V_1 kalt: Winter, V_3 warm: Sommer, VI_2 laut: Ton, VII_1 duftig: Blume, VII_2 stinkend: Pfuhl, Mist, VII_3 moderig: Torf, VIII_1 süss: Zucker, VIII_2 sauer: Apfelwein, Essig; X_1 schön: Rose, X_2 hässlich: Gestalt.

In dieser Art der Associationen tritt eine völlige Aenderung im Gegensatz zu früheren Aufnahmen hervor: Es handelt sich fast immer um Beziehung der allgemeinen Eigenschaftsworte auf bestimmte Gegenstände und Dinge.

3. Klangassociationen fehlen völlig. Es ist in dieser Beziehung seit dem 2. Juli eine fortschreitende Abnahme zu erkennen.

4. Wiederholungen des Reizwortes in der Antwort fehlen völlig. Diese Erscheinung, welche am 2. Juli zuerst hervorgetreten und seitdem andauernd stärker geworden war, die sich auch auf dem Bogen vom 6. September noch sehr häufig zeigte, ist also in relativ kurzer Zeit ganz verschwunden, ebenso wie die Klangassociationen. In Bezug auf diese Störung wird also nach allmählichem Anwachsen in dieser kurzen Zeit nachgeholt, was in Bezug auf die Klangassociationen, die im Anfang eine grosse Zahl aufweisen. im Laufe einer viel längeren Zeit geschehen ist.

Die unter 1 bis 4 beschriebenen Störungen (Reihenbildung, sprunghafter Charakter, Klangassociation, Wiederholung des Reizwortes) lassen sich in vergleichender Weise darstellen (Fig. 86).

In diesen Curven sind folgende Eigenthümlichkeiten des Krankheitsverlaufes ersichtlich:

1. Zu Beginn des Processes (cfr. Bogen vom 2. VII.) gruppiren sich die Hauptsymptome nach ihrer Häufigkeit in folgender Weise:

a) Associationsreihen in der Reaction (29).

b) Klangassociationen (16).

c) Wiederholungserscheinungen (13).

d) Sprunghafte Reactionen (6).

2. Die Curve der Klangassociationen verläuft in einer anscheinend gesetzmässigen Weise fortschreitend nach abwärts, so dass am 13. October der Nullpunkt erreicht wird.

3. Die Curve der sprunghaften Reactionen verläuft ebenfalls ohne Schwankung nach abwärts. Der Nullpunkt ist jedoch schon circa am 25. VIII. erreicht.

4. Die Curve der Wiederholungserscheinungen zeigt bis 25. August einen den unter 2 und 3 genannten Curven (betreffend Klangassociation und sprunghaften Charakter der Reaction) völlig entgegengesetzten Verlauf.

Es scheint hier ein indirect proportionales Verhältniss zwischen zwei Symptom-Gruppen vorzuliegen. Der psychophysiologische Grund dieser sonderbaren Erscheinung ist vielleicht der, dass im Gegensatz zu der Klangassociation. welche psychologisch den Uebergang von einer Vorstellung zu einer benachbarten bedeutet.

in der Wiederholung des Reizwortes eine Art Hemmung und Einschränkung auf den Reiz vorliegt. Diese Annahme würde den antithetischen Verlauf der Curven erklären.

5. Während die Verminderung der Klangassociationen in sehr langer Zeit allmählich erfolgt, fällt die Curve der Wiederholungserscheinungen, die fortschreitend bis 25. VIII. (beziehungsweise bis zum September) angestiegen ist, gegen das Ende der Krankheit rasch ab.

Fasst man die Wiederholung des Reizwortes als Resultat eines Hemmungsvorganges auf, welcher dem raschen Uebergang von einer Vorstellung auf die andere entgegenwirkt, so könnte man das Ansteigen der Wiederholungserscheinungen bei

Fig. 86.

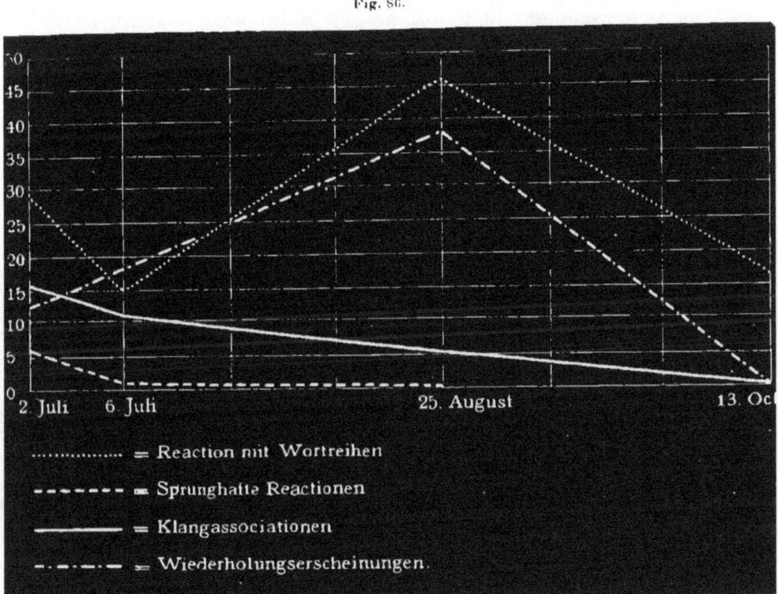

Verminderung der Klangassociationen als Symptom dafür auffassen, dass das cerebrale Gleichgewicht im Begriff ist, sich wieder herzustellen. Der relativ rasche Uebergang zur Genesung würde dann begreiflicher sein.

Jedenfalls erscheint es nothwendig, bei weiteren Untersuchungen das Wechselverhältniss dieser Symptome ins Auge zu fassen.

6. Die Curve der Associationsreihen erscheint insofern sehr unregelmässig, als dieselbe am 6. VII. eine Senkung, dann wieder einen starken Anstieg zeigt. Erstere stimmt zu der relativen Verminderung der Klangassociationen und der sprunghaften Reactionen am gleichen Tage. Man könnte im Hinblick auf diese drei Erscheinungen an eine der leichten Remissionen denken.

welche im Beginn maniakalischer Erkrankungen öfter zur klinischen Beobachtung kommen.

Um so merkwürdiger ist im Hinblick auf das eben über die Bedeutung der Wiederholungserscheinungen Gesagte der Umstand, dass am 6. VII. die Zahl dieser relativ grösser ist als am 2. VII., worin man wieder das antithetische Verhalten dieser beiden Symptome erkennen kann.

Andererseits ist es völlig unklar, wie das starke Ansteigen der Reihen-Association im weiteren Ablauf (cfr. die Curven, Ordinate vom 25. VIII.) bei Verminderung der Klangassociationen psychophysiologisch erklärt werden soll.

Nur die vergleichende Untersuchung vieler Fälle wird im Stande sein, das gegenseitige Verhältniss dieser Symptome festzustellen und die Gründe dieser Symptomgruppirungen zu ermitteln.

Jedenfalls ist bei der Vergleichung der zu verschiedenen Zeiten gemachten Aufnahmen die ganze Art des Ablaufes in ausserordentlich deutlicher Weise ersichtlich. Es ist in associativer Beziehung eine völlige Rückkehr zur Norm erfolgt. Nur deutet sich in dem Auftreten von Wortreihen in den Reactionen noch ein manischer Zug an.

Man kann im vorliegenden Fall den Process der Rückbildung psychopathischer Symptome ebenso deutlich nachweisen, wie sich z. B. in der körperlichen Sphäre die allmähliche Resorption eines pleuritischen Exsudates durch Percussion klarlegen lässt.

Die Methode gewährt demnach die Möglichkeit, nicht blos bestimmte psychopathische Symptome als vorhanden zu constatieren, sondern sie auch zahlenmässig festzulegen und im gewissen Sinne messbar zu machen, was das nächste Ziel einer exacten Symptomenlehre sein muss.

Ferner bietet sie überraschende Einblicke in das gegenseitige Verhältniss bestimmter Grundphänomene und in die psychophysiologische Bedeutung gewisser Symptomverbindungen, deren Studium nothwendig ist, wenn aus einer blossen Symptomenlehre eine wahrhaft physiologische Psychopathologie hervorgehen soll.

Schlusswort.

Zum Abschluss dieses Buches liegt es mir ob, nochmals die principielle Absicht desselben zu betonen und die Punkte namhaft zu machen, die einer weiteren Bearbeitung bedürfen.

Wir haben uns bemüht, die Geisteskranken, sowie ihre willkürlichen und unwillkürlichen Aeusserungen als Naturerscheinungen zu betrachten und die verschiedenen Methoden zur Analyse derselben festzustellen.

An mehreren Stellen wurde versucht, unter Anpassung an die Beschaffenheit der psychopathologischen Untersuchungsgegenstände neben den schon bewährten neue Methoden zu schaffen, welche eine genauere Unterscheidung bestimmter psychopathischer Zustände ermöglichen sollen.

Auch nach dieser Vervollständigung bleibt jedoch in der Lehre von den Hilfsmitteln unserer Wissenschaft noch viel zu thun, was nur durch die gemeinsame Arbeit verschiedener Richtungen und Schulen im weiten Gebiet der Psychopathologie geleistet werden kann.

Wenn es mir gelungen sein sollte, auf der Basis der Untersuchungsmethoden eine Verständigung zwischen diesen verschiedenen Bestrebungen, die sich unter Verkennung der gemeinsamen Züge zur Zeit noch in mehr oder weniger heftiger Fehde entgegenstehen, zu erzielen und eine Vereinigung aller Kräfte auf dem wissenschaftlichen Boden der Analyse anzubahnen, so ist eine der Hauptaufgaben dieses Buches erreicht.

Mögen dann auch die einzelnen Bestandtheile dieses Systems von Methoden fortschreitend durch Besseres ersetzt werden, mögen auch neue Methoden nach anderen Gesichtspunkten geschaffen werden, die rascher und sicherer zu der angestrebten Unterscheidung und psychophysiologischen Gruppirung von Symptomen führen, so wird doch die Idee der methodischen Analyse in diesen Aenderungen, Weiterbildungen und Verbesserungen herrschen.

Um der gegebenen Zusammenstellung von Methoden vollständig den Charakter einer dogmatischen Beschränkung zu nehmen, will ich zum Schluss kurz die Punkte bezeichnen, an welche die weitere Entwickelung anknüpfen kann.

Zur methodischen Darstellung der optischen Erscheinungen bei Geisteskranken werden fortschreitend alle neuen Hilfsmittel der photographischen Technik (z. B. Farbenphotographie, Stereoskop-Farbenphotographie etc.) herangezogen werden müssen. Dabei kommt es darauf an, die besonderen Erfordernisse unserer Wissenschaft, vor Allem scharfe Hervorhebung des physiognomisch Wesentlichen und des Charakteristischen in Haltung und Bewegung fest im Auge zu behalten.

Praktisch wird es sich darum handeln, diejenigen Behörden, von welchen in finanzieller Beziehung die Ausstattung der psychiatrischen Anstalten abhängt, von der Nothwendigkeit und dem diagnostischen Werth dieser Untersuchungen zu überzeugen und dadurch die Mittel zu den erforderlichen technischen Einrichtungen und Hilfsmitteln zu erlangen.

Aehnlich steht es mit der objectiven Untersuchung der Bewegungsvorgänge, welche den optischen Erscheinungen bei den Geisteskranken zugrunde liegen. Auch hier ist eine instrumentelle Ausstattung unerlässlich, wenn über das wichtige Thema der kataleptischen und katatonischen Spannungszustände ein objectiv vergleichbares Material geschaffen werden soll.

Was die weitere Entwickelung der motorischen Methoden betrifft, so wird sich neben den mechanischen Constructionsversuchen, die ich in diesem Gebiet gemacht habe, möglicherweise die Elektrophysiologie unter Anknüpfung an *Tarchanoff's* Experimente [1]) als brauchbar erweisen, um physische Begleiterscheinungen psychischer Vorgänge zu studiren.

Auch die Analyse der akustischen Aeusserungen von Geisteskranken wird eine weitere Uebertragung von technischen Methoden erfordern, deren Einführung von dem Einzelnen nur dann durchgesetzt werden kann, wenn er von dem klinischen Werth dieser, den musikalischen und rhythmischen Kern der menschlichen Sprache betreffenden Untersuchungen überzeugt ist.

Anders liegt es bei den auf die Untersuchung der psychischen Inhalte gerichteten Methoden. Ich glaube gezeigt zu haben, dass auch, abgesehen von den psychophysischen Untersuchungen im engeren Sinne, welche an Geisteskranken nur in relativ wenigen Fällen ausgeführt werden können, durch consequente Durchführung eines einfachen physiologischen Principes, nämlich durch

Messung von Reiz und Wirkung,

unter Anwendung der gleichen Reihe von Reizen, welche die Vergleichbarkeit der Resultate gewährleistet, eine Menge von neuen Einblicken in die feineren Unterschiede bestimmter Krankheitsbilder gewonnen werden kann.

Ferner ist erwiesen, dass es auch in den Fällen, welche einer Untersuchung mit Instrumenten völlig widerstreben, mit Hilfe einfacher Methoden nach dem Princip des gleichen Reizes gelingt, die Grundsymptome messbar zu machen und die Gruppirung der Symptome, sowie den Ablauf derselben zahlenmässig herauszustellen.

---

[1]) Cfr. *Tarchanoff, Pflüger's* Archiv, 1890. — *Sticker*, Ueber Versuche einer objectiven Darstellung von Sensibilitätsstörungen. Wien. klin. Rundschau, 1897, Nr. 30 und 31.

Ohne den Werth instrumenteller Einrichtungen, speciell den eines psychophysischen Laboratoriums zu unterschätzen, meine ich, dass der klinische Fortschritt wesentlich von der allgemeinen Einführung solcher einfacher Methoden, deren Anwendung in einem bescheiden ausgestatteten klinischen Untersuchungszimmer möglich ist, abhängen wird. Nur dadurch kann über die einfachsten klinischen Fragen ein vergleichbares Material beschafft und eine Verständigung erzielt werden.

Was die besondere Gestaltung betrifft, die ich in den Untersuchungsschematen der allgemeinen Idee des gleichen Reizes gegeben habe, so ist es wahrscheinlich, dass dieselbe bei fortschreitender Erfahrung über den psychophysiologischen Werth bestimmter Reize und Fragen sich ändern wird.

Sollten sich vorläufig eine Anzahl von gleichgesinnten Collegen dazu verstehen, im Wesentlichen dieselben Reize anzuwenden, die ich aus der grossen Menge des Möglichen herausgegriffen habe, so würde das in diesem Buche vorliegende Material möglichst unbefangener Naturbeobachtung sich rasch vermehren und eine objective Vergleichbarkeit von Krankheitszuständen in verschiedenen Theilen eines Landes und bis zu gewissem Grade bei verschiedenen Völkern entstehen. Ausscheidung der werthlosen und Einfügung neuer Reize würde dann einer späteren Verständigung vorbehalten bleiben.

Falls die besondere Wahl der Fragen und Reizworte bei der Prüfung der Orientirtheit, der Schulkenntnisse, des Rechenvermögens und der Associationen auf Bedenken stösst, so wird es sich für den Einzelnen empfehlen, abgesehen von der Zusammensetzung der Schemata wenigstens das Princip des gleichen Reizes festzuhalten und sich dadurch in Bezug auf die ihm brauchbar erscheinenden Worte und Aufgaben ein vergleichbares Material zur zahlenmässigen Feststellung von Symptomen zu schaffen.

Auch werden wir uns bemühen müssen, noch andere Functionen neben den hier geprüften in den Bereich der methodischen Untersuchung zu ziehen. Zum Beispiel ist eine exacte Prüfung der Aufmerksamkeit ein dringendes Bedürfniss für den weiteren Ausbau der Psychophysiologie und Psychopathologie. Einen technischen Versuch, die Ausdrucksbewegungen bei der Aufmerksamkeit speciell an der Stirnmusculatur objectiv in Form von Curven sichtbar zu machen, habe ich völlig übergangen, weil er noch keine einwandfreien Resultate ergeben hat, weil ferner das ganze Capital der Aufmerksamkeit psychologisch noch nicht geklärt ist.

Ferner muss versucht werden, durch experimentelle Untersuchung im Zusammenhang mit der klinischen Beobachtung die mit den Worten Verstehen, Begreifen, Urtheilen, Schliessen bezeichneten Thätigkeiten deutlicher herauszustellen, als es die formale Logik und die empirische Psychologie bisher zustande gebracht hat.

Wir müssen hier vorläufig noch warten, bis die experimentelle Psychophysik in der methodischen Auflösung dieser Vorgänge weiter vorgeschritten ist als jetzt. Vom klinischen Standpunkt empfiehlt es sich, diesem Bestreben dadurch entgegenzukommen, dass wir den grossen Sammelbegriff des Schwachsinns durch Anwendung einfacher Methoden nach dem Princip des gleichen Reizes in die natürlichen Gruppen auflösen, wozu in der Symptomenlehre der Katatonie, der Epilepsie, der progressiven Paralyse u. s. f. eine Reihe von klinischen Vorarbeiten schon geleistet sind.

Nur durch dieses Zusammenarbeiten der Psychophysiologie und der klinischen Psychopathologie wird es gelingen, zu einem Verständniss der Störungen des Verstandes zu kommen. Auch hier gehen die Aufgaben der Psychopathologie weit über den Rahmen hinaus, den wir uns in dieser Lehre von den Untersuchungsmethoden stellen konnten.

Jedenfalls glaube ich erwiesen zu haben, dass nur die methodische Analyse der Naturerscheinungen, die sich uns bei den Geisteskranken zeigen, imstande ist, eine exacte Symptomenlehre als Grundlage der wissenschaftlichen Psychopathologie zu schaffen.

Sachregister.

Ablauf des Kniephänomens bei Aequilibrirung des Unterschenkels 24.
— von Geisteskrankheiten 280.
— von Krankheitsprocessen 11, 369, 387.
— von Vorstellungen 327, 333.
— zeitlicher 155, 156.
Ablenkung 326.
— durch Gehörstäuschungen 275.
— durch innere Vorgänge 325.
Abnormitäten, dauernde 127.
— der Gemüthslage 113.
— morphologische 290.
— morphologische, Messung der 10.
— psychische 118.
— sexuelle 106.
Abort 199.
Abstraction 167.
Accentuation 140, 147, 148.
Achillessehnenreflex 35.
Addiren 293.
Additionen 294.
Aehnlichkeit, Princip der 27.
Aequilibrirung 24, 27, 137.
— des Unterschenkels 115.
Affect 117, 199, 229, 248, 260, 266, 269, 270, 274, 275, 277.
— depressiver 183.
Alkoholdelirien 282.
Alkoholismus 199.
Alkohol-Psychosen, motorische Störungen bei A. 135.
Alkohol, Verursachung von epileptischen Zuständen durch A. 114.
Alkoholvergiftung 178.
Alkoholwirkung 118, 125, 130, 176.
Allosexualität 105.
Amnesie 72, 73, 107, 109, 122, 124, 129, 133, 261, 264, 283.
Analyse, dreidimensionale, von Bewegungen 134.
Anamnese 113.
Anfälle 37, 50, 69, 77, 110, 149, 196, 298.
— epileptische 257.
— paralytische 196.
— von Irresein 256.
— von Melancholie 243.
Angelpunkt des Apparates zur Analyse von Ausdrucksbewegungen 97.
Angst 146, 149, 171, 172.
Anregung 176.
Anschauung 13.
Antagonisten 40, 42, 65.
Antrieb 176.
— plötzlicher A. zu Handlungen 106, 109.
Apathie 75, 199, 225.
Apperception 10.
Arbeit, geistige 23.
— körperliche 23.
Arbeitsleistung 23.
— unbewusste 63, 64, 67, 81.
Arbeitshypothesen 293.
Arbeit, unbewusste 62.
Arzneimittel, Einfluss von A. auf psychische Vorgänge 176.
Associationen 119, 233, 235, 326, 353.
— äussere 329, 330.
— innere 329.
— Eintheilung der 336.
— mittelbare 330.
— paraphasische 330.
— springende 335.
— Urtheils-A. 335.
Associationsbögen 219.
Associationsformen 335.
Associationszeiten 327.
Ataxie 38, 39, 137.
— tabische 4.
Auffassungsfähigkeit 168, 175, 194, 327.
Aufmerksamkeit 169, 311.
Aufregungszustände 151.
— epileptische 51.
— bei larvierter Epilepsie 109.
Ausdruck, psychomotorischer 100, 101.
Ausdrucksbewegungen 22, 93, 94, 100, 236.
— Darstellung der 101.
— dreidimensionale Analyse von A. 93.
Ausdruck von Empfindungen 169.
Ausfallserscheinungen 195, 302.
Ausschaltung, partielle 177.
Ausschlag, Erhöhung des A. bei dem Kniephänomen 35.
— Höhe des 24.
— Steigerung des A. bei dem Kniephänomen 39.
— Verminderung des A. 33.
— Verschiedenheit des A. bei gleichem Reiz 29.
— Wechsel des 46.
Aussprache 140.
Automatismus 55.
— epileptischer 4.
Axen, verschiedene A. der Pupille 91.

Bedeutung, psychophysiologische, von Symptomen 21.
Beeinflussbarkeit 55.
Befehlsgebung 12.
Begleiterscheinungen, motorische, der psychischen Vorgänge 27, 101, 169.
Bertillonage 10.
Beschreibung 2, 147.

Beschreibung acustischer Aeusserungen 140.
— optischer Erscheinungen 4, 11.
Besonnenheit 122.
Bewegung, Anomalieen der 4, 134.
Bewegungen, Analyse von 258.
Analyse von B. in den drei Dimensionen 96.
- automatische 47, 60.
- bei Geisteskranken 22.
experimentell bewirkte 11.
feinere, der Nervensubstanz 22.
— Formen von 27.
— Imitation von 19.
manierirte 77.
- passive 18, 19.
psychomotorische 47, 54, 55, 69, 77, 134, 174.
- Reaction auf gesehene 12.
- Reaction auf passive 13.
sonderbare 260.
unbewusste 62.
- unwillkürliche 27, 61.
- willkürlich nachahmbare 61.
Bewegungsantriebe 332.
Bewegungsdrang 236.
Bewegungsempfindungen 174.
Bewegungsreihen 11.
- katatonische 9, 16.
Bewegungsseher 11.
Bewusstlosigkeit 37, 50, 112, 313.
Bewusstsein 37, 61, 63, 141, 173.
Schwankungen des 109
Bewusstseinsstörung 109.
Bleisaum 105.
Bleivergiftung 74, 105.
Blödsinn bei Paralyse 17.
Breviloquenz 68.

Charakter, Constanz des 106.
— sanguinischer 55.
Chloroformvergiftung 178.
Chronometer 157.
Chronoskop 90, 157, 161, 163.
Cocainvergiftung 178.
Coëxistenz 329.
Coïncidenz von Symptomen 34.
Collaps 151.
Combinationsphotographie 218.
Combination von Symptomen 184.
Confabulation 8, 277.
Contracturen 61, 227.
Controle der Reactionszeiten 161.
Copula 335.
Correlat, materielles, der psychischen Vorgänge 23, 81.
— psychisches, eines nervösen Erregungszustandes 171.
Cremasterreflex 43.
Criminalgutachten 102.
Curven, Form von 27, 29.
— Form von C. bei dem Kniephänomen 24, 35.
Cylinder, rotirende, am Phonographen 142.

Dämmerzustände 67, 109, 110, 114, 122, 124, 127, 132, 154, 177, 282, 301, 303, 315.
postepileptische 51.
Darstellung, akustisch-verbale 2.
— der optischen Erscheinungen 4.
— dreidimensionale 137.
— dreidimensionale, der optischen Erscheinungen 7.
— dreidimensionale, von Bewegungen 115.
— flächenhafte, der optischen Erscheinungen 7.
mit optischen Methoden 5.
optisch-verbale 2.
— von Spracherscheinungen 153.
Deduction 167.
Defecte, dauernde 314.
Delicte, homosexuelle 106.
Delirien 177.
Delirium alcoholicum 72, 154.
— tremens 176.
Dementia paralytica 194.
— paranoïdes 32, 285.
— senilis 245.
Denken, bewusstes 61.
- wortloses 310.
Depression 32.
Deviation, conjugirte 197.
Dialecte 153.
Dialoge, Aufnahme von D. 142.
Dicrotismus bei den Kniephänomencurven 42.
Dipsomanie 175.
Disposition des Nervensystems 33.
Doppelcharakter von Symptomencomplexen 8.
Druck, Uebertragung des Druckes 98.
Dynamik, cerebrale 22.
Dynamometer 23.
Dyslexie 197.

Eifersucht 278.
Eigensinn 15.
Eindruck, momentaner 146.
Eindrücke, Succession von E. 175.
Einfachheit von Methoden 181.
Einfluss, cerebraler 23.
— cerebraler auf Reflexe 24.
Einfühlung 336.
Eintritt, freiwilliger, in eine psychiatrische Anstalt 109.
Ejaculation 132.
Elektromotor 144.
Element, galvanisches, bei phonographischen Apparaten 145.
Empfindungen 104, 167, 168, 175.
— Störung der 104.
Energie, Erhaltung der 65.
Entlassung 250.
Entweichungen, plötzliche 127.
Entwickelungshemmung 113.
Epilepsie 9, 36, 37, 45, 48, 51, 53, 67, 80, 81, 103, 114, 121, 122, 175, 177, 194, 304, 313, 315, 353.
— genuine 50, 297.
— larvirte 102, 105, 133.
— notorische 109.
— symptomatische 51.
Erfahrung 167, 168.
Ergograph 23.
Erinnerungslosigkeit 107, 109, 127, 132, 193.
Erinnerungslücken 240, 264.
Erinnerungsstörung 201, 202, 203, 207, 220—224, 238, 241.
Erinnerungstäuschung 193.
Erinnerungsvermögen 182, 236.
Ermüdung 63, 137, 139, 176.
Erreglichkeit 127.
— abnorme, der Nervensubstanz 103.
Erregungen, manische 32.
— motorische 266.
— sprachliche 68, 69.
Erregungszustände 226, 262.
Erscheinungen, optische bei Geisteskranken 22.
Erschöpfung 134, 328, 332.
Erschöpfungspsychosen 333.
Erschütterung des Apparates bei Untersuchung des Kniephänomens 37.
Erysipel 151.
Euphorie 38, 121, 128.
Exhibition 53.
Extase 251.

Facialisgebiet 49, 50, 51.
Fähigkeit, allgemeiner Begriff der 167.

Fähigkeiten 303.
Fallapparat 163.
Fallenlassen, willkürliches, des Unterschenkels 47.
Fallhöhe 163.
Falten des Gesichtes, physiognomische Bedeutung der 7.
Fassungsvermögen 5.
Federkraft am Phonographen 144.
Fehler, constante 324.
— constante, bei dem Rechnen 306, 307.
Fehlreactionen 327.
Fieber bei Geisteskranken 9.
Fixirpunkt 90.
Flickworte 232.
Frageformen, sonderbare 207.
Fussclonus 35, 37, 40, 74, 137.

Gebet, Heilung durch 64.
Gedächtniss 8, 37, 112, 176, 193, 196, 281.
Gedächtnissschwäche 199.
Gedächtnisstörungen 200, 205.
Gedankenlesen 94, 100.
Gefässsystem, cerebrales 197.
Gefühlsbetonung 172, 179.
Geisteskrankheit, allgemeine Kriterien der 106, 113.
— functionelle 152.
— periodische 32, 59, 67, 112, 114, 151, 271.
— transitorische 102, 103, 105, 109, 113, 133, 149, 297.
Gelenkbeschaffenheit 30.
Gemeingefährlichkeit 112.
Gemüthsbeschaffenheit 117.
Gemüthsdepression 253, 254.
Gemüthsverstimmung 242.
Geschwindigkeit, wachsende 144.
Gesetzmässigkeit des Ablaufes von Psychosen 259.
Gesichtsausdruck, erstaunter, bei Polyneuritis 9.
Gesichtsreize 175.
Gesticulation 19.
— bei Manie 7.
Gewicht bei Geisteskranken 114, 264.
— bei progressiver Paralyse 39.
Gewichtscurven 249.
Gewichtsschwankungen 33.
Gewichtszunahme 72.
Gewöhnung 176.
Gifte, psychophysische Wirkung der 328, 331.
Gipfel, Abflachung der, bei den Kniephänomencurven 43.
Gleichgiltigkeit 199, 276.
Gleichheit des Reizes 12, 14, 18, 21, 155, 166, 180, 280, 293, 374.
— der Ursachen bei gleichen Symptomen 333.
Gleichmuth 279.
Graphophon 144.
Grenzfälle von Nerven- und Geisteskrankheit 169.
Grössenideen 8, 38, 154, 217, 218.
Grössenwahn 82.

Hallucinationen 31, 154, 177, 233.
— akustische 278.
Hallucinatorische Zustände 11.
Halsmark, Myelitis des H. 41.
Halsstarrigkeit 8, 59.
Haltung 22, 134, 152.
— Abnormitäten der 139.
— experimentell bewirkte 11.
— nach Erreichung des Gipfels bei den Kniephänomencurven 46.
— normale 100.
— Starrheit der 68, 226.
— Typus der 101.
Haltungslosigkeit 38.
Hammer zur Untersuchung des Kniephänomens 25.
Handgriff, *Jendrassik*'scher 65.
Harmonie, prästabilirte 95.
Hebel am Schreibapparat 25.
Hebelmechanismus am Phonographen 144.
Heiterkeit 279.
— abnorme 116.
— intercurrente, bei Depressionszuständen 246.
Hemmung 8, 10, 60, 67, 248, 253, 257, 260, 265, 266, 315, 323.
— bei den Knieschnenreflexen 61.
— der Kniephänomencurven 38, 56.
— des Kniephänomens 37.
— gesetzmässige, des Kniephänomens 30.
— momentane 210.
— psychische 58, 74, 78, 156.
— sprachliche 57, 75, 267.
Herdkrankheiten 196, 199.
Herdsymptome 196, 216.
Heredität 15, 68, 102, 105, 109, 245, 254, 267, 278.
Hippus 90.
Hirnbasis, Blutgefässe der 52.
Homosensualität von Sinnestäuschungen 180.
Homosexualität 105, 133.
Hydrocephalus 152.
Hyperakusis 172.
Hypnotismus 13.
Hypochondrie 2, 31, 35, 183.
Hysterie 13, 31, 35, 45, 51, 61, 65, 81, 103, 105, 137, 177, 179, 227, 230, 257.
— accidentelle 40.
— traumatische 62.
Hysteroepilepsie 49, 54, 56, 291.

Ideenflucht 31, 216, 237, 333.
Ideenassociation des Kindes 333.
Idiotenunterricht 290.
Idiotie 53.
Illusion 177.
Impulse, epileptische 120.
Impulsivität 118.
Incohärenz 234, 371, 379.
Individualität des Beobachters 12.
Individual-Psychologie 174, 176.
Induction 167.
Infectionskrankheiten 177, 184.
— Psychosen bei 226.
Innervation 23.
— Störungen der 48, 115.
— Vermehrung der 47.
Innervationszustände 14.
Intellect 114.
Intelligenz 40, 113, 155.
Intelligenzprüfung 155.
Intelligenzstörungen 102.
Interesselosigkeit 102.
Interferenz 44.
Intoleranz gegen Alkohol 102.
Intoxication 152.
— des Nervensystems 105.
Iris 86.
Irismusculatur 82.
Iterativerscheinungen 146, 199, 307, 311, 316.

Katalepsie 13, 16, 19, 69, 76, 77, 93, 134, 137, 251.
Katatonie 8, 13, 15, 16, 59, 60, 61, 69, 77, 79, 93, 150, 154, 197, 208, 217, 219, 227, 230, 237, 240, 251, 258, 266, 287, 313, 316, 317, 321, 324, 372.
— Grimmassen bei 5.
Kenntnisse, geographische, geschichtliche, nationale, religiöse 285.
Kinematographie 11, 152.

Klangassociation 329, 330, 336, 354, 368, 378.
Klangverhältnisse 147.
Kniephänomene 43, 74, 115, 157, 163, 194, 263.
— Fehlen der 30, 77.
— Steigerung der 35, 36, 64, 257.
— spastische Form der 40.
Kniesehnenreflex 24.
Kopfschmerzen 104, 109.
Kopfverletzung 62, 105.
Koprolalie 53.
Kraftübertragung 137, 172.
Kraftzuwachs 55.
Krämpfe 105.
Krampfanfälle 37.
Krankengeschichten 2, 154, 184.
Krankheitsbewusstsein 60, 201, 204, 205, 242.
Krankheitseinsicht 32, 72, 273.
Krankheitsgefühl 247.
Kriterien, objective, von psychischen Zuständen 169.
Kritiklosigkeit 116.

Laboratorium, psychophysisches 3, 296.
Lachen, plötzliches 226.
Lähmungen 193.
Laute, menschliche, Bildung von 141.
— Reproduction von 141.
— unarticulirte 149.
Lebhaftigkeit von Empfindungen 172.
Lehrbücher 1.
Leitungsbahnen, sensible 177.
Lichtempfindung 169.
Lichtquelle, variable 85.
Lichtreize, Abstufung der L. bei der Pupillenuntersuchung 82, 91.
Lichtstärke 84.
Lippenschlüssel, *Cattell*'scher 328.
Localisationslehre 27.
Lockerung von Gedankenzusammenhängen 279.

Maasseinheit bei der Pupillenuntersuchung 83.
— in der Psychopathologie 154.
Magnesiumlicht 6.
— Verbindung von M. mit Tageslicht 6.
Mangel einer Reaction als positives Symptom 13, 17.
Manie 7, 11, 17, 31, 32, 172, 218, 220, 227, 230, 236, 241, 288, 291, 333.
Manie, Schulkenntnisse bei 288.
— periodische 7, 8.
Manierirtheit 68, 210, 238, 319.
Mechanik des Gehirns 23, 61, 65.
Mehrdeutigkeit sinnlicher Eindrücke 177.
Melancholie 2, 10, 59, 60, 68, 72, 153, 242, 246, 248, 249, 266, 271, 287.
— periodische 268.
— subacute 268.
— typische 154.
Meningitis 74.
Menses, Einfluss der M. auf Psychosen 32, 53.
Meteorismus 225.
Methoden, Allgemeines 1.
— analytische 219.
— anatomische 26.
— Entwickelung der 2.
— fortlaufende 293.
— graphische 153.
— motorisch-graphische 22.
— optisch-verbale 2.
— psychophysische 2, 24, 304.
— verbale 2, 140.
— Uebertragung von 3.
Metronom 156.
Mitbewegungen 19, 174.
— psychomotorische 174.
Milieu 112.
Mikroskop, physiologisches 24.
Missbildungen 48.
Mittheilbarkeit 181.
Moment, mechanisches 29, 62.
— mechanisches, bei Untersuchung des Kniephänomens 25.
— variables, im Nervensystem 30.
Momentverschluss 11.
Monographieen 2.
Monotonie 149.
Morphologie, Abnormitäten der M. bei Geisteskranken 10.
Morse-Taster 101, 163, 164.
Multiplicationen 294.
Muskelphysiologie 45.
Muskelstarre 251, 258.
Mutacismus 17, 18, 19, 227.

Nachahmung, unwillkürliche 174.
Nachwirkung, abnorme 322.
— psychomotorische 51.
— von Klängen 309.
— von Reizen 65.
Nahrungsverweigerung 8, 10, 75.
Narben bei Epileptischen 105, 115.
Nase, Asymmetrie der 53.
Nasenwurzel, Abnormität der 53.
Nasolabialfalte 7.
Nebenerscheinungen bei methodischer Untersuchung 296.
— physiognomische 324.
Nebensymptome 314, 315.
Nebenzüge bei der Aufnahme von Fragebögen 17.
Negativismus 8, 13, 17, 19, 21, 59, 60, 69, 76, 93, 151, 314, 315, 320.
Nervenerregungen, Abhängigkeit der Muskelzustände von den 22.
Nervenkrankheiten 102.
— functionelle 26, 95.
— organische 65.
Nervenpathologie 139.
Nervenstörungen, functionelle 35.
Nervenwirkung, Ausschaltung der 27.
Neurasthenie 81, 332.
Neurose 118.
— functionelle 63.
Niederschreiben, fortlaufendes 331.
Niveau, Erhöhung des N. bei der Kniephänomencurve 62, 67.
— Schwankungen des N. der Kniephänomencurven 38, 63.
— Senkung des N. bei den Kniephänomencurven 39, 68, 69, 81.
— Steigerung des N. bei Kniephänomencurven 55.
Normalität, Kriterien der 285.
Notenschrift 147.

Oberbewusstsein 61.
Oeffnung des Stromes bei psychophysischen Versuchen 164.
Ohnmacht 53, 199.
Ohnmachtsanfälle 197.
Ohrbildung, Abnormitäten der 9.
Opiumvergiftung 178.
Opticus, Atrophie des 196.
Orientirtheit 8, 180, 183, 184, 193, 201, 202, 203, 204, 209, 216, 220—224, 231, 233, 235, 241, 242, 243, 245, 247, 252, 254, 265, 274, 282.

Orientirtheit, partielle 260, 261.
räumliche 182.
— zeitliche 182.
Ortsveränderung, Erinnerung an 123.

Pachymeningitis 152.
Paralexie 195.
Parallelismus von motorischen und psychischen Störungen 121.
Paralogie 211, 237, 239, 241, 287. 314, 318, 321.
Paralyse, progressive 82, 92, 196, 199, 216, 286, 288, 304.
tabische 38.
Paranoia 2. 7, 72, 154, 175, 183, 218, 234, 266, 270, 274, 275, 278, 325.
Paraphasie 197.
Parapraxie 19.
Parese, spastische 4.
Parästhesieen bei Epileptischen 50.
Pendelbewegung 24, 27, 29.
des Beines 54.
des Unterschenkels 40, 122.
Perception 169, 311.
Periodicität 51, 80, 313, 326.
— bei Epileptischen 48.
bei Schulkenntnissen 288.
des Kniephänomens 30.
— des Rechenvermögens 303.
von Erregungen 33, 53.
Personenverkennung 209, 216, 230, 235, 239.
Phantasie 233.
— kindliche 108.
Phonetik 153.
Phonogramm 149.
— als Unterrichtsmittel 152.
Phonograph 141.
Phonographie 144.
Photographie 5.
Momentaufnahmen 6.
Sammlung aus der Salpêtrière 6.
Photometer 83, 84.
Phrasen 201, 204, 210, 233, 385.
Physiognomik 6, 7, 10, 59, 95, 174, 178, 210, 228, 259, 296.
Pigmentfarben 333.
Poliklinik, psychiatrische 50, 51.
Polyneuritis 9, 205.
Prädisposition 113.
Princip, einheitliches, zur Erklärung der Gehirnvorgänge 23.
Prodromalerscheinungen, sprachliche 227.
Progression von Hebungen und Senkungen des Kniephänomens 52.
Prostration 9.
Psychologie, Abstractionen der 175.
— Schulbegriffe der 167.
Psychopathologie 3, 388.
Aufgaben der 153.
Bewegungserscheinungen in der 139.
experimentelle 27.
Hilfsmittel der 7.
— wissenschaftliche 166.
Psychophysiologie 24. 102.
Psychopathia sexualis 107.
Psychosen, symptomatische 77, 225.
— transitorische 245, 258, 262.
Puls, Störungen des P. bei Neurosen 49.
Pupille, Abnormitäten der Form 82.
— Anpassungsfähigkeit der 91.
bei photographischen Aufnahmen 6.
— Bewegung der 82.
— Differenz der beiden 92, 74, 196.
— Excentricität der 88.
Form der 83.
— Methoden der Pupillenmessung 82, 85.
Trägheit der 82, 89.
Reaction der P. auf Licht 38, 39, 82, 194, 199.
Pupillenreflex 169.
Pupillen, reflectorische Starre der 82.
— Weite der 38, 83, 86, 90, 91.
Pyramidenbahnen 40.
Pyramidenstränge 65.

Quadriceps 27, 40, 42, 44, 63, 163.

Rathlosigkeit 245, 247.
Reaction, Abstufung der 30.
— Analyse von 168.
— Beschleunigung der 327.
— elektrische 35.
— motorische 157.
— musculäre 90, 164.
— perverse, der Pupille auf Licht 93.
— sprachliche 19, 77, 266, 248.
— verschiedene, bei gleichem Reiz 81.
Reactionslosigkeit 17, 253.
Reactionslosigkeit, als positives Symptom 296.
— sprachliche 259.
Reactionszeiten 60, 314.
— Schwankungen der 156.
— Verlängerung der 325.
— Verlangsamung der 75, 78, 252, 315.
Rechenschema 295.
Rechenvermögen 72, 117, 194, 293, 312.
— beim Zählen von Gegenständen 301.
— Bestandtheile des Rechenvermögens 303.
— scheinbare Störungen des 318.
Reconvalescenz 169, 249, 261, 272.
Rededrang 8, 121.
Redewendungen, eigenthümliche 233.
Reflex 81.
— Ablauf von 55.
— als Grundschema der Gehirnvorgänge 22.
— als Grundschema der Kraftübertragung 23.
— Beziehung von Reflexhemmung und Reflexsteigerung 82.
— Hemmung von 22, 23, 67, 81.
— Rückenmarksreflexe 82.
— Steigerung von 22, 23, 55.
Reflexmultiplicator 37, 137.
Reflexschema 23, 178.
Reflextheorie 172.
Reichthum des Wortmateriales 210.
Reihen, gedächtnissmässige 284.
— von Kniephänomen-Curven 29.
Reiz, Aenderung des 168.
— Auslösung des R. bei dem Kniephänomen 24.
— mechanische 14.
— optische 13.
— subcorticale 177.
— thermische 104.
— Variation des 83.
— verbale 13.
— Wahl der 177.
— zeitliches Moment des 156.
Reizapparat 162.
— akustischer 163.
— optischer 163.
— tactiler 163.
Reizerscheinungen 127, 139.
Reizschwelle 168.
Reizsymptome 121.
Reizworte 101, 328, 335.
— Auswahl der 335.

Religiosität bei Geisteskranken 230, 237.
— egocentrische 9.
Remissionen 257.
— bei Katatonie 77.
Reminiscenzen, sprachliche 329, 332.
Retouche 7.
Rheostat 83, 88.
Rheostatenstellung 85.
Rheumatismus 105.
Rhythmik 148.
Rhythmus 140, 146.
Rigidität der Musculatur 195.
Rollen, phonographische 143, 144.
Rückenmarkskrankheiten 138.
— organische 64, 65.
Rückfall 273.

Satzbildung 275.
— Abnormitäten der 68.
Schädelmaasse 114.
Schalltrichter 142, 143.
Schallverstärkung 141, 143.
Schimpfworte 199, 200.
Schlaflosigkeit 104, 109.
Schlafzustand 109.
Schlaganfall 43.
Schlauch am Phonographen 142.
Schleifung der Rollen am Phonographen 143.
Schluckbewegungen, katatonische 76.
Schmerzempfindung 180.
Schreckhaftigkeit 49.
Schreibapparat bei der Untersuchung des Kniephänomens 25.
Schreibhebel 101, 137, 157.
Schreibkrämpfe 228.
Schreibstörung 199.
— paralytische 38.
Schrift, Untersuchung der 23.
Schulkenntnisse 284.
Schwachsinn 2, 15, 17, 113, 134, 169, 241, 268, 276, 277, 285.
— angeborener 11, 290, 315.
— Aufregungszustände bei 291.
— epileptischer 51, 134.
Schwankung, seitliche 98, 138.
Schweissabsonderung, Störungen der S. bei Epilepsie 51.
Schwierigkeit, fortschreitende, von Rechenaufgaben 295.
Schwindel 105.
Selbstbeobachtung 169.
Selbstkritik 113.
Selbstüberschätzung 117.
Selbstvorwürfe bei Katatonie 15.
Selbstwahrnehmung 23, 95, 174.
Senium 287.
Senkung, abnorm starke, der Kniephänomencurven 69.
Sensibilitäts-Störungen 41, 49.
Septicaemie 9.
Simulation 34, 80, 132.
Sinneseindrücke 176.
Sinnesempfindungen 171.
Sinnesreize 166.
Sinnestäuschungen 48, 59, 146, 171, 176, 183, 235, 241, 254, 257, 275, 278.
— akustische 179.
— alkoholistische 178.
— Aufeinanderfolge der 180.
— Einfluss äusserer Momente 180.
— des Temperatursinnes 180.
— gustatorische 179.
— hysterische 179.
— olfactorische 179.
— optische 178.
— sporadische 180.
Sklerose, multiple 65, 137.
Somnambulismus 105.
Sonderbarkeiten, physiognomische 314.
Sonderlinge 199.
Sonnenstich 68.
Spaltbildung des Oberkiefers 53.
Spannung 57, 62, 67, 268.
— bei dem Kniesehnenreflex 73.
— elektrische 83, 145.
— psychische 75, 77.
— tonische 37.
— willkürliche 30.
Spannungsirresein 80, 266.
Spannungszustände 13.
Spasmen 35, 41.
Spastische Form der Kniephänomene 81.
Species 293, 315.
Speichelfluss 53.
— bei Epilepsie 51.
Spieltrieb 8.
Sprachapparate, cerebrale 312.
Sprache als Darstellungsmittel 141.
— bei Idioten 153.
— normale 149.
— Untersuchung der 155.
Sprachmusculatur 141, 153.
Sprachstörungen 2, 22, 38, 43, 49, 257.
— nach Alkoholmissbrauch 109.
Sprechweise, maniakalische 7.
Sprunghaftigkeit der Associationen 121, 373.
Starrheit der Haltung 9.
Stauungspapille 49, 50, 51, 177.
Steigerung, periodische, von Symptomen 33.
Steilheit der Gipfel bei den Kniephänomencurven 42.
Stereoskop-Porträts 7, 152.
Stereotypie 8, 32, 69, 77, 146, 205, 210, 219, 245, 246, 266, 268, 304, 321, 326.
— sprachliche 319, 373.
Stichworte, klinische 217.
Stimmungsanomalieen 183, 184, 241, 280.
Stimmungsausdrücke 19.
Stimmungswechsel 230, 246.
Stimmwerkzeuge 141.
Störung, krankhafte, der Geistesthätigkeit 106.
— motorische 26.
Stoffwechselstörungen 33.
Stoss, Uebertragung des S. 98.
Stottern 254.
Stufenfolge von Rechenaufgaben 293.
Stuhlverstopfung 75.
Stummheit 314.
Stupor 60, 93.
Stütze für den Oberschenkel 24.
Stützgerüst am Apparat zur Analyse von Ausdrucksbewegungen 96, 135.
Stromkreise 165.
Stromschluss 101.
Stromstärke, constante 83.
Stromunterbrechung 157.
Subjectivismus 1, 140.
Subtractionen 294.
Suggestibilität 15, 16, 18, 55, 174.
— für Bewegungen 13, 14.
Suggestivfragen 122.
Suicid 246.
Surrogathandlungen, sexuelle 106.
Symptome, Verhältniss von Symptomen zu einander 313.
— Wechselverhältniss von Symptomen 20, 387.
Symptomenlehre 280, 388.
Symptomverbindungen 251.

Tabes 243.
Tastsinn 177.
Technik, phonographische 141.
— photographische 6.
Telephon 143.

Temperaturempfindung 177.
Tempo 144.
Thee, Wirkung des 23.
Tobsucht 53, 149, 150, 229.
Tonfall 319.
Tonfarbe 332.
Tonfolgen 149.
Tonhöhe 147, 148.
Tonlage 144.
Trauma 105.
— als Ursache von Nervenkrankheiten 48.
— als Ursache von Psychosen 39.
Tremor 56, s. Zittererscheinungen.
— der Hände 49.
Trichter, phonographische 141.
Tumor cerebri 51, 177.
— der Hypophyse 51.
Typhus abdominalis, Psychosen nach 291.
Typus, Veränderung des 29, 122.

Uebergänge, gradlinige, bei den Kniephänomencurven 81.
Uebung 176.
Uhrwerk 157, 161.
Umdeutung, visionäre 176, 177.
Umdrehungsgeschwindigkeit am Phonographen 141, 143.
Umlaufszeit, Variation der 44.
Unbesonnenheit 106, 108, 109.
Unentschlossenheit 246.
Unfähigkeit 314, 319, 321.
Unorientirtheit 185, 193, 195, 197, 199, 202, 203, 204, 208, 209, 216, 220—224, 231, 233, 235, 238, 260, 265, 266.
Unterbewusstsein 61.
Unterhaltung mit Kranken 181.
Untersuchungsschemata 13, 181.
Untersuchungszimmer, klinische 284.
Unwissenheit 287.
Unzucht 106.
Urtheilsassociationen 334.
Urtheilsfähigkeit 113.
Urtheilslosigkeit 102.
Uterinkrämpfe 227.

Verarbeitung von Eindrücken 194.
Verbigeration 16.
Verblödung 37.
Verdrehungen 239.
Verfälschung des Bewusstseins 275.
Verfolgungswahn 8, 31, 72, 183, 274, 325.
Vergiftungsideen 8, 262.
Vergleichbarkeit 2, 168, 209, 244, 273, 285, 313.
— von Empfindungen 169.
— von Fragebögen 292.
— von Rechenprüfungen 296.
Verknüpfung von Symptomen 246.
Vermögen, geistiges 168, 281, 293.
Verschiedenheiten, individuelle, des Rechenvermögens 294.
Verstärkung, psychogene 65.
Verstand 167.
Versuch, psychologischer 23, 167.
Verwechselungen bei dem Rechnen 315.
Verwirrtheit 2, 4, 9, 102, 146, 152, 176, 184, 193, 196, 197, 199, 216, 217, 218, 330, 239, 241, 256, 264, 266, 333.
— hallucinatorische 178.
Volksgewohnheit 178.
Volkslieder 288.
Vorstellungen, Beziehungs-V. 335, Farben-V. 333, Raum-V. 333, Successions-V. 335, Zahlen-V. 333, Zeit-V. 333.
Vorstellungsschatz 333, 334.

Wachsaal, photographische Aufnahmen im 6.
Wachscylinder 141.
Wahlacte 164.
Wahnideen 7, 31, 68, 176, 210, 233, 234, 239, 245, 246, 260, 269, 280, 325.
— expansive 7.
— phantastische 7.
Wahrnehmung 168, 169, 173, 176, 177, 178, 281.
— bewegter Gegenstände 174.
— mehrfache 146.
Weiterbildung, associative 195, 219, 266.
Weitschweifigkeit 276.
Wiederholungserscheinungen 68, 150, 199, 330, 317, 319, 368, 379, 387.
Wiederholungsmethode 328.
Wille, Anstrengung des 196.
Willenlosigkeit 246.
Willensentspannung 47, 65, 67.
Wirkungen, verschiedene bei gleichem Reiz 29.
Wollustgefühl 106.
Wort als Ausdrucksmittel 146.
— als Darstellungsmittel 140.
— als Zeichen für Vorstellungen 140.
Wortassociation 311, 315, 336.
Wortcommando 12, 13, 75.
Wortempfindung 334.
Wortergänzungen 329.
Wortfindung 196.
Wortkargheit 251.
Wortmaterial 328.
Wortreichthum 245, 246.
Wortreihen 231, 326, 375.
Wortreize 13.
Wuth 128, 132.

Zahlbegriffe 310, 311.
Zahlenelemente 322.
Zahlworte 310.
Zeichensprache, musikalische 147, 148.
Zeichnung 5.
Zeitmessung 327, 374.
— bei Associationen 328.
— bei Rechenprüfungen 296.
Zeitschätzung 238.
Zeitsinn 283.
Zeit, Variation der, bei kinematographischen Aufnahmen 11.
Zerfahrenheit 246.
Zersetzungsprocess, psychischer 279.
Zittererscheinungen 37, 38, 39, 42, 63, 64, 69, 80, 102, 103, 105, 115, 126, 226, 271, 256.
— Analyse der Z. bei Nervenkrankheiten 95.
Zorn 118.
Zuckungen 133.
Zungenbiss bei Epileptischen 50.
Zurückbeziehung bei Sinnestäuschungen 178.
Zusammenhangslosigkeit, sprachliche 146.
Zwangshandlungen 319.

www.ingramcontent.com/pod-product-compliance
Lightning Source LLC
Chambersburg PA
CBHW032338280326
41935CB00008B/375

* 9 7 8 3 7 4 4 6 7 3 0 5 1 *